U0067735

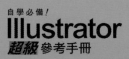

自學必備！
Illustrator
超級參考手冊

自學必備!
Illustrator
超級參考手冊

井村克也 著・吳嘉芳 譯

Illustrator スーパーリファレンス
CC 2017/2015/2014/CC/CS6対応

自學必備！
Illustrator
超級參考手冊

零基礎也能看得懂、學得會

CC 2018/2017/2015/2014/CC/CS6 適用
Windows & Mac

感謝您購買旗標書,
記得到旗標網站
www.flag.com.tw
更多的加值內容等著您…

● FB 官方粉絲專頁:旗標知識講堂

● 旗標「線上購買」專區:您不用出門就可選購旗標書!

● 如您對本書內容有不明瞭或建議改進之處,請連上旗標網站,點選首頁的 聯絡我們 專區。

若需線上即時詢問問題,可點選旗標官方粉絲專頁留言詢問,小編客服隨時待命,盡速回覆。

若是寄信聯絡旗標客服 email, 我們收到您的訊息後,將由專業客服人員為您解答。

我們所提供的售後服務範圍僅限於書籍本身或內容表達不清楚的地方,至於軟硬體的問題,請直接連絡廠商。

學生團體　訂購專線:(02)2396-3257 轉 362
　　　　　傳真專線:(02)2321-2545

經銷商　　服務專線:(02)2396-3257 轉 331
　　　　　將派專人拜訪
　　　　　傳真專線:(02)2321-2545

國家圖書館出版品預行編目資料

自學必備!Illustrator 超級參考手冊
井村克也 著;吳嘉芳 譯
臺北市:旗標, 2018.05　面;　公分

ISBN 978-986-312-513-6 (平裝)

1. Illustrator (電腦程式)

312.49I38　　　107002959

作　　者/井村 克也
翻譯著作人/旗標科技股份有限公司
發 行 所/旗標科技股份有限公司
　　　　　台北市杭州南路一段 15-1 號 19 樓
電　　話/(02)2396-3257 (代表號)
傳　　真/(02)2321-2545
劃撥帳號/1332727-9
帳　　戶/旗標科技股份有限公司
監　　督/陳彥發
執行企劃/林佳怡
執行編輯/林佳怡
美術編輯/陳奕愷 · 薛詩盈 · 林美麗
封面設計/古鴻杰
校　　對/林佳怡

新台幣售價:550 元
西元 2024 年 6 月 初版 7 刷
行政院新聞局核准登記-局版台業字第 4512 號
ISBN 978-986-312-513-6
版權所有・翻印必究

ILLUSTRATOR SUPER REFERENCE by Katsuya Imura
Copyright © 2017 Katsuya Imura
All rights reserved.
First published in Japan by Sotechsha Co., Ltd., Tokyo
This Traditional Chinese language edition is published by arrangement with Sotechsha Co., Ltd., Tokyo in care of Tuttle-Mori Agency, Inc., Tokyo through AMANN CO., LTD., Taipei.

本著作未經授權不得將全部或局部內容以任何形式重製、轉載、變更、散佈或以其他任何形式、基於任何目的加以利用。

本書內容中所提及的公司名稱及產品名稱及引用之商標或網頁, 均為其所屬公司所有, 特此聲明。

序

Illustrator 是為了設計 PostScript 字型而開發出來的軟體。當作繪圖設計軟體開始銷售之後，不斷強化功能，至今最新版本為 CC 2018，總計版本為 22。自推出以來，在二十年的歲月中，電腦從高價的特殊機器，進化成隨身必備的產品，同時期出現的網際網路，也成長為與現有媒體截然不同的新產物。

原本 Illustrator 是針對印刷領域開發，如今有更多使用者把它當作網頁繪圖設計之用。隨著時代變遷，增加了注重網頁製作趨勢以及支援平板電腦等新裝置功能的 Illustrator，或許不再是最流行的應用程式。但是，在競爭激烈的 IT 領域中，為什麼 Illustrator 仍被眾多專家接受並且持續使用，想到這一點，我認為最大的原因是 Illustrator 是「可以按照想法繪圖」的工具。儘管 Illustrator 擁有許多功能，但是基本原則仍是利用「貝茲曲線」來繪製路徑。只要掌握路徑操作，就可以瞭解許多可以快速變形或編輯的功能，並發現這是格外好用的應用程式。

本書包含了 CC 2017 的新功能，並且運用圖示，以淺顯易懂的方式，說明 Illustrator 大部分的功能。你不用從頭開始，一字不漏地讀到最後，掌握所有的功能。建議你盡量快速瀏覽過全部的頁面，有時間再詳讀也沒關係。這樣應該可以找到過去完全不曉得的功能或用法。一點點知識差異，將成為影響 Illustrator 是否好用的關鍵，也會大幅增加工作時間。

假如本書對你在使用 Illustrator 方面，有任何助益，我將深感榮幸。

感謝：
筆者在撰寫本書時，受到許多人的幫助。在此對各位相關人員，致上誠摯的謝意。另外，使用本書的讀者，我想藉此表達我的感謝。

2017 年 1 月
井村克也

本書範例檔案

本書的範例檔案，請透過網頁瀏覽器 (如：Firefox、Chrome、Microsoft Edge) 連到以下網址，將檔案下載到你的電腦中，以便跟著書上的說明進行操作。

範例檔案下載連結：

https://www.flag.com.tw/DL.asp?FT536

(輸入下載連結時，請注意大小寫必須相同)

將檔案下載到你的電腦中，只要解開壓縮檔案就可以使用了！

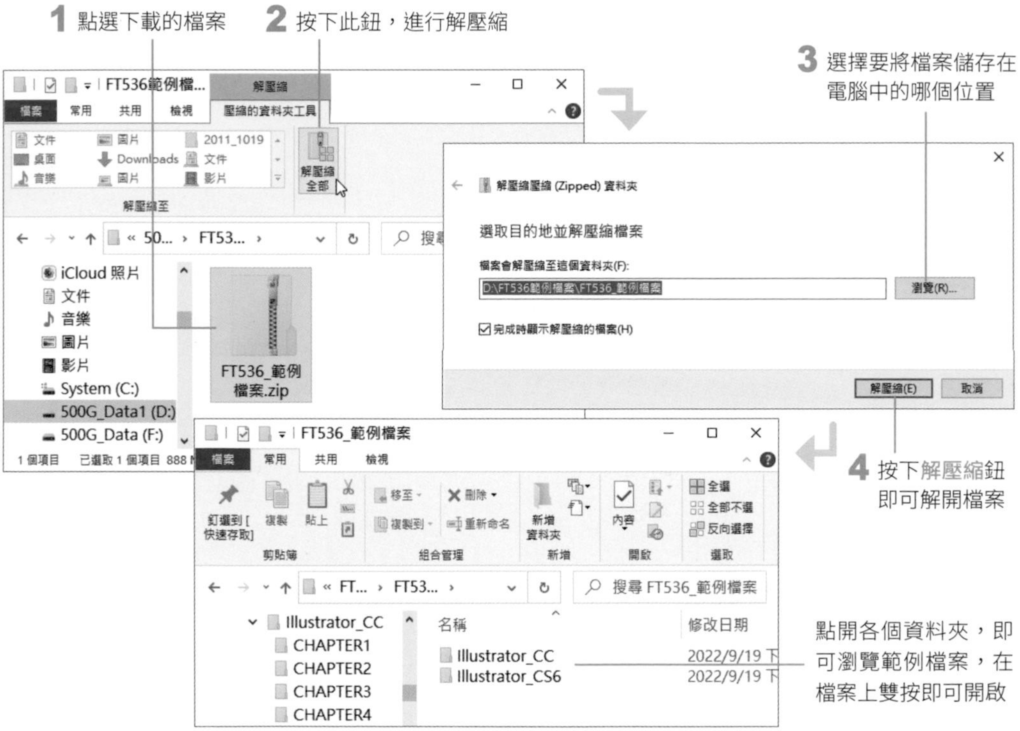

1 點選下載的檔案
2 按下此鈕，進行解壓縮
3 選擇要將檔案儲存在電腦中的哪個位置
4 按下解壓縮鈕即可解開檔案
點開各個資料夾，即可瀏覽範例檔案，在檔案上雙按即可開啟

本書範例檔案分成兩個資料夾，分別為「Illustrator_CC」及「Illustrator_CS6」資料夾，「Illustrator_CC」資料夾中的檔案是支援 Illustrator CC 2018/2017/2015/2014 的格式；「Illustrator_CS6」資料夾則是支援 Illustrator_CS6 格式，請依你所使用的 Illustrator 版本來開啟對應的檔案。

此外，本書中的範例，有部份字型為日文字型或是付費字型，若你的電腦中沒有安裝相同字型，當你開啟範例檔案時，Illustrator 會出現字體問題交談窗，請按下**開啟**鈕，以「替代字型」來開啟檔案，雖然顯示效果會和書上有些微差異，但不影響其操作。

CONTENTS

序 …… p.03
關於光碟 …… p.04
本書的讀法、用法 …… p.09
本書的結構 …… p.10

CHAPTER 1 繪圖前必學的基礎知識

1-1 Illustrator 的特色 …… p.1-2
1-2 Illustrator 的介面 …… p.1-4
1-3 建立新文件 …… p.1-6
1-4 開啟舊檔案 …… p.1-10
1-5 「工具」面板的用法 …… p.1-12
1-6 面板與停駐 …… p.1-14
1-7 工作區域與螢幕模式 …… p.1-18
1-8 調整顯示比例與顯示位置 …… p.1-19
1-9 畫面顯示模式 …… p.1-21
1-10 善用快速鍵 …… p.1-22
1-11 顯示檔案 …… p.1-23
1-12 設定工作區域 …… p.1-25

CHAPTER 2 繪製物件

2-1 學習路徑的結構 …… p.2-2
2-2 繪製線條 …… p.2-4
2-3 「曲線工具」與「Shaper 工具」 …… p.2-8
2-4 繪製各種圖形 …… p.2-11
2-5 徒手繪圖（鉛筆工具與繪圖筆刷工具） …… p.2-21
2-6 「點滴筆刷工具」與「橡皮擦工具」 …… p.2-25
2-7 影像描圖 …… p.2-28
2-8 繪製圖表 …… p.2-31
2-9 使用透視格點繪圖 …… p.2-37

CHAPTER 3 選取物件

3-1 選取物件 ………… p.3-2
3-2 使用「直接選取工具」 ………… p.3-5
3-3 使用其他選取工具或選取指令 ………… p.3-6
3-4 使用「圖層」面板選取 ………… p.3-8
3-5 使用選取選單 ………… p.3-10
3-6 將多個物件組成群組 ………… p.3-14
3-7 鎖定物件 ………… p.3-15
3-8 隱藏物件（關閉顯示） ………… p.3-16

CHAPTER 4 編輯物件

4-1 移動與刪除物件 ………… p.4-2
4-2 拷貝物件 ………… p.4-5
4-3 調整路徑 ………… p.4-8
4-4 把直線轉換成曲線 ………… p.4-10
4-5 使用各種工具調整路徑 ………… p.4-11
4-6 使用「合併工具」連接路徑 ………… p.4-18
4-7 使用即時尖角讓邊角變圓滑 ………… p.4-19
4-8 對齊物件 ………… p.4-21
4-9 形狀建立程式工具 ………… p.4-26
4-10 圖層操作 ………… p.4-29
4-11 利用「排列順序」命令改變前後關係 ………… p.4-34

CHAPTER 5 設定顏色

5-1 設定物件的顏色 ………… p.5-2
5-2 「色票」面板 ………… p.5-13
5-3 「色彩參考」面板 ………… p.5-20
5-4 設定筆畫 ………… p.5-22
5-5 「寬度工具」與寬度描述檔 ………… p.5-26
5-6 製作漸層 ………… p.5-29
5-7 製作圖樣 ………… p.5-35
5-8 設定不透明度與漸變模式 ………… p.5-38
5-9 外觀 ………… p.5-42

CHAPTER 6　各種改變物件外觀的功能

6-1　即時上色 ………… p.6-2
6-2　漸層網格 ………… p.6-7
6-3　製作及使用筆刷 ………… p.6-13
6-4　調整多個物件的顏色 ………… p.6-28
6-5　使用「繪圖樣式」面板 ………… p.6-38
6-6　活用符號 ………… p.6-42
6-7　不透明度遮色片 ………… p.6-47

CHAPTER 7　變形物件

7-1　利用邊框變形物件 ………… p.7-2
7-2　變形物件（縮放、旋轉、反轉、傾斜） ………… p.7-6
7-3　漸變 ………… p.7-12
7-4　利用「改變外框工具」變形物件 ………… p.7-16
7-5　外框筆畫 ………… p.7-17
7-6　位移複製 ………… p.7-18
7-7　分割物件 ………… p.7-20
7-8　在路徑中製作透明孔（複合路徑） ………… p.7-22
7-9　製作剪裁遮色片 ………… p.7-24
7-10　液化工具 ………… p.7-27
7-11　封套扭曲（彎曲效果） ………… p.7-29

CHAPTER 8　文字的輸入與排版

8-1　輸入文字與操作文字物件 ………… p.8-2
8-2　編輯文字 ………… p.8-14
8-3　OpenType、異體字 ………… p.8-27
8-4　段落設定與排版 ………… p.8-29
8-5　方便的文字處理功能 ………… p.8-39
8-6　字元樣式、段落樣式 ………… p.8-46

CHAPTER 9 善用「效果」

9-1 何謂「效果」？ ……………………………………………… p.9-2
9-2 「3D」效果 ……………………………………………… p.9-6
9-3 「風格化」效果 ……………………………………………… p.9-11
9-4 「扭曲與變形」效果 ……………………………………………… p.9-14
9-5 「路徑管理員」面板 /「路徑管理員」效果 ………… p.9-17
9-6 「轉換為以下形狀」效果 ……………………………………………… p.9-20
9-7 其他效果 ……………………………………………… p.9-23
9-8 Photoshop 效果 ……………………………………………… p.9-26

CHAPTER 10 儲存/轉存/動作/列印

10-1 依照用途儲存圖稿 ……………………………………………… p.10-2
10-2 製作網頁用影像時的注意事項(對齊像素格點) … p.10-12
10-3 資產轉存(轉存為螢幕適用) ……………………………… p.10-15
10-4 轉存成 Photoshop 格式 ……………………………… p.10-20
10-5 儲存成網頁用 ……………………………………………… p.10-22
10-6 運用切片 ……………………………………………… p.10-25
10-7 拷貝與轉存 CSS ……………………………………………… p.10-28
10-8 利用「動作」與「批次」進行自動化操作 ……… p.10-31
10-9 「置入」與「連結」面板 ……………………………… p.10-36
10-10 點陣化貝茲曲線物件 ……………………………… p.10-43
10-11 封裝必要資料 ……………………………………………… p.10-44
10-12 將「剪裁標記」製作成物件 ……………………………… p.10-45
10-13 列印與分色 ……………………………………………… p.10-46

CHAPTER 11 利用「偏好設定」讓Illustrator變得更好用

11-1 「偏好設定」交談窗 ……………………………………………… p.11-2
11-2 編輯鍵盤快速鍵 ……………………………………………… p.11-11
11-3 色彩設定 ……………………………………………… p.11-12
11-4 「尺標」、「參考線」、「格點」、「資訊」面板 ……… p.11-15
11-5 匯出設定與匯入設定 ……………………………………………… p.11-23
11-6 Creative Cloud 資料庫 ……………………………… p.11-24

本書的讀法、用法

Super Reference 系列主要以初學者到中階者為對象，是利用大量豐富的彩色圖示，解說應用程式用法的參考手冊。

本書以初次使用「Adobe Illustrator 中文版」的初學者，及將 Illustrator 發揮在 DTP、LOGO 設計、網頁設計、繪圖等專業用途的使用者為對象。希望學會 Illustrator，運用在 DTP 及網頁設計上的使用者，利用這本書，可以記住全部的功能。

▶ 初學者

初學者請利用 CHAPTER 1 學會介面及偏好設定等繪圖前的基本技巧，再從 CHAPTER 2 開始學會基本繪圖方法、填色及筆畫、外觀等設定，還有物件編輯等各種效果的功能。

▶ 進階內容與快速鍵請見 TIPS

以 TIPS 方式呈現有用的技巧及方便的鍵盤快速鍵。剛開始學習 Illustrator 的初學者，可以先跳過這個部分。

▶ 注意事項請見 POINT

與操作有關的內容，必須特別注意的事項會在 POINT 當中說明。

▶ 在學校、研討會上的運用

本書的各章結構也可以當作課程使用 。請運用在 Illustrator 教學、演講、研討會上。

▶ 本書的製作環境

本書是在 Windows 10 的環境下進行操作，使用其他 Windows 版本或 Mac 的人，也能以幾乎一模一樣的操作來學習。Mac 的使用者請自行替換成以下快速鍵。

Ctrl 鍵 → ⌘ 鍵　　　Alt 鍵 → option 鍵

・Adobe Illustrator 是 Adobe System 公司的商標。
・Windows 是美國 Microsoft Corporation 在美國及其他國家的註冊商標。
・Macintosh、Mac、OS X、macOS 是美國 Apple Inc. 在美國及其他國家的註冊商標。
・其他公司名稱、商品名稱屬於相關公司的商標或註冊商標，本文中省略表記。
・關於出現在本書中的說明及範例運用結果，筆者及 Sotech（股）公司概不負任何責任。
請根據您個人的責任範圍來執行。
・本書在製作時，已力求正確描述，萬一內容有誤或描述不正確，本公司概不負任何責任。
・本書內容是根據當時的資料撰寫，可能出現沒有預告就更動的情況。
・此外，受到系統環境、硬體環境的影響，可能發生無法按照書中說明的動作或操作來執行的情形，敬請見諒。

本書的結構

本書是由以下項目構成。CHAPTER 是依照功能及操作，由單元構成，所以能立刻找到想瞭解的操作解說。操作流程是按照編號來說明，初學者也能簡單掌握操作方法。

各個 CHAPTER 進一步細分成單元。想要瞭解更具體的內容或功能時，請利用單元編號及名稱來尋找

支援版本顯示為橘色，不支援版本顯示成灰色

引言扼要說明了該單元的概要

使用頻率分成 3 個等級

依照步驟編號來執行操作，可以輕易學會操作

在 POINT 中，記載了本文及步驟中沒有提及的注意事項及替代性操作方法等

在 TIPS 中，說明了新功能及與該單元有關的技巧

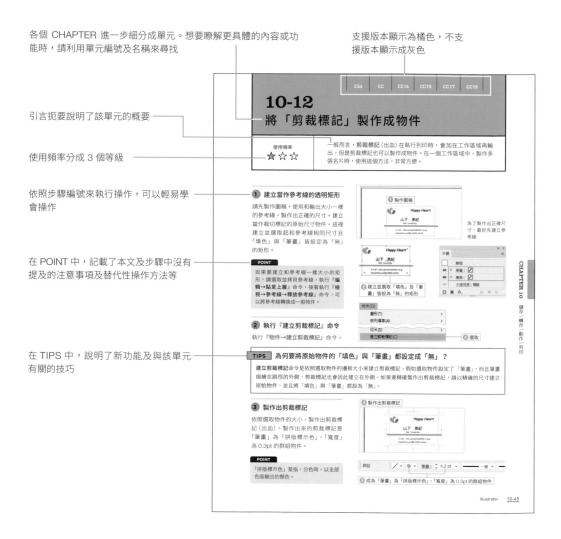

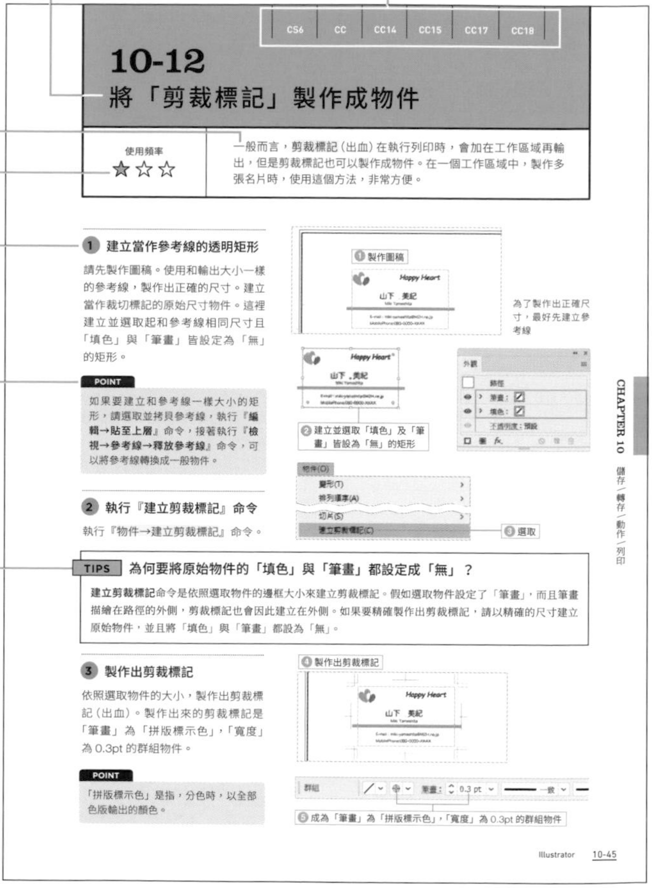

CS6 CC CC14 CC15 CC17 CC18

10-12
將「剪裁標記」製作成物件

使用頻率 ★☆☆

一般而言，剪裁標記（出血）在執行列印時，會加在工作區域再輸出，但是剪裁標記也可以製作成物件。在一個工作區域中，製作多張名片時，使用這個方法，非常方便。

1 建立當作參考線的透明矩形

請先製作圖稿。使用和輸出大小一樣的參考線，製作出正確的尺寸。建立當作裁切標記的原始尺寸物件。這裡建立並選取起和參考線相同尺寸且「填色」與「筆畫」皆設定為「無」的矩形。

POINT

如果要建立和參考線一樣大小的矩形，請選取並拷貝參考線，執行『編輯→貼至上層』命令，接著執行『檢視→參考線→釋放參考線』命令，可以將參考線轉換成一般物件。

2 執行『建立剪裁標記』命令

執行『物件→建立剪裁標記』命令。

❶ 製作圖稿
Happy Heart
山下 美紀
為了製作出正確尺寸，最好先建立參考線
❷ 建立並選取「填色」及「筆畫」皆設為「無」的矩形
外觀
路徑
筆畫：
填色：
不透明度：預設
物件(O)
變形(T)
排列順序(A)
切片(S)
建立剪裁標記(C)
❸ 選取

TIPS 為何要將原始物件的「填色」與「筆畫」都設定成「無」？

建立剪裁標記命令是依照選取物件的邊框大小來建立剪裁標記。假如選取物件設定了「筆畫」，而且筆畫描繪在路徑的外側，剪裁標記也會因此建立在外側。如果要精確製作出剪裁標記，請以精確的尺寸建立原始物件，並且將「填色」與「筆畫」都設為「無」。

3 製作出剪裁標記

依照選取物件的大小，製作出剪裁標記（出血）。製作出來的剪裁標記是「筆畫」為「拼版標示色」，「寬度」為 0.3pt 的群組物件。

POINT

「拼版標示色」是指，分色時，以全部色版輸出的顏色。

❹ 製作出剪裁標記
Happy Heart
山下 美紀
群組
筆畫：0.3 pt
❺ 成為「筆畫」為「拼版標示色」，「寬度」為 0.3pt 的群組物件

CHAPTER 10 儲存／轉存／動作／列印

Illustrator 10-45

CHAPTER

1

繪圖前必學的基礎知識

在使用 Illustrator 創作之前，要先了解 Illustrator 的特色，以及新增文件、工具及面板等畫面操作的基礎知識。

CS6 | CC | CC14 | CC15 | CC17 | CC18

1-1 Illustrator 的特色

使用頻率 ★☆☆	Illustrator 是設計師與創作者必備的繪圖軟體。從運用在商業印刷上的插畫及設計，到製作使用於網頁上的影像，所有繪圖工作 Illustrator 都可以勝任。

● Illustrator 這套軟體

Illustrator 是繪圖類軟體（Photoshop 是影像類軟體）。Illustrator 在眾多繪圖類軟體中，線條的描繪彈性極高，所以深受許多創作者喜愛，而成為所謂的業界標準。

點陣影像

影像類的檔案是由密集的小點集合而成，所以放大或變形之後，影像會變粗糙

▶ 彈性十足的 Illustrator

使用 Photoshop 等影像軟體製作的點陣影像，在「放大、變形」後，影像畫質會變差。但是使用 Illustrator 繪製的影像是以數學公式描繪，所以執行放大、縮小、旋轉等變形操作，線條依舊可以維持平滑。另外，即使是曲線或斜線，也不會變成鋸齒狀。

Illustrator 的影像

即使放大、縮小、變形，畫質也不會變差

組合物件，製作插圖

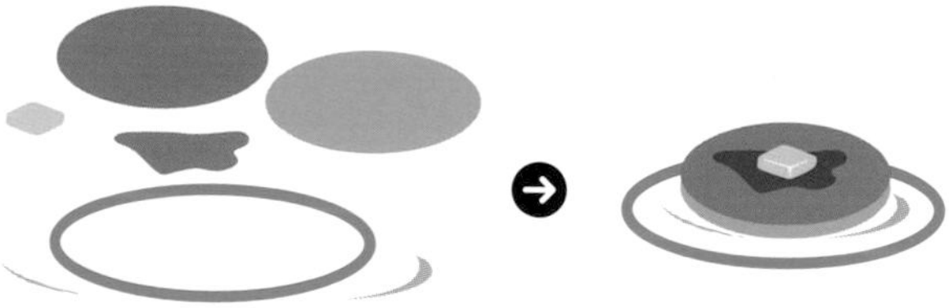

▶ Illustrator 的繪畫結構

在 Illustrator 中，繪製出來的圖形、置入的點陣圖影像，稱作物件。使用 Illustrator 繪圖時，可以繪製幾個物件再重疊組合。製作出來的圖，就稱作圖稿。

TIPS 照片編修使用的是 Photoshop

調整照片或合成等編修作業，必須使用 Photoshop 來處理。在 Illustrator 中，可以置入影像，再使用 Photoshop 濾鏡等進行簡單編修，但是無法進行專業的編輯。使用平板電腦時，繪製色調微妙的圖稿時，使用 Photoshop 會比 Illustrator 更合適。

Illustrator 的功用

▶ 製作印刷用檔案

使用 Illustrator 製作的圖形，能以無鋸齒的平滑線條來印刷，因此適合用來製作型錄、手冊、海報或圖表、插畫等素材。

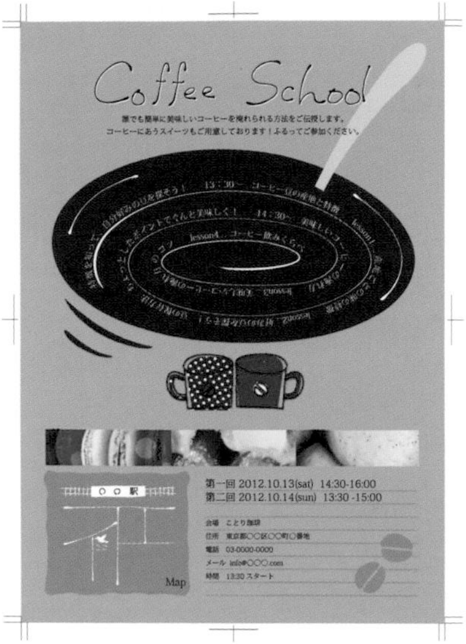

Coffee School
第一回 2012.10.13(sat) 14:30-16:00
第二回 2012.10.14(sun) 13:30 -15:00
Map

可以製作型錄、手冊、海報等印刷品用的素材

> **TIPS　頁數多的印刷品要使用 InDesign**
>
> 製作頁數較多的印刷品時，使用 InDesign 的工作效率較好。最好「以 Illustrator 製作素材，用 InDesign 排版」，分別運用。

▶ 製作經常重複使用的 LOGO

公司 LOGO 等會以各種尺寸重複使用的影像，最好用可以隨意縮放的 Illustrator 來製作。另外，除了印刷用檔案，還可以當作網頁素材，匯出成點陣影像，這也是一大優點。

會以各種尺寸呈現的公司 LOGO 或商標，最好使用 Illustrator 製作

▶ 網頁素材

Illustrator 可以匯出成 SVG、JPEG、GIF、PNG 等影像格式，所以也適合製作 Banner 或按鈕等網頁影像。

HOME

▶ 播放用跑馬燈

Illustrator 也可以製作播放用的跑馬燈素材。開啟新檔案時，選擇文件檔案，可以製作出最適合影像大小的文件。

> **TIPS　Illustrator 做不到的事情**
>
> Illustrator 在繪製圖像方面幾乎萬能，但是無法以影像的像素為單位，進行修改。例如，去除照片中的雜點或影像合成（在照片中加入一個人）等。這種工作請使用 Photoshop 來執行。

1-2
Illustrator 的介面

使用頻率	
☆☆☆	Illustrator 和 Photoshop 的操作畫面都是採取一樣的設計。由於面板數量很多，畫面解析度至少需要 1,280×1,024。

Illustrator 的視窗與面板

Illustrator 的視窗環境結構如下所示。

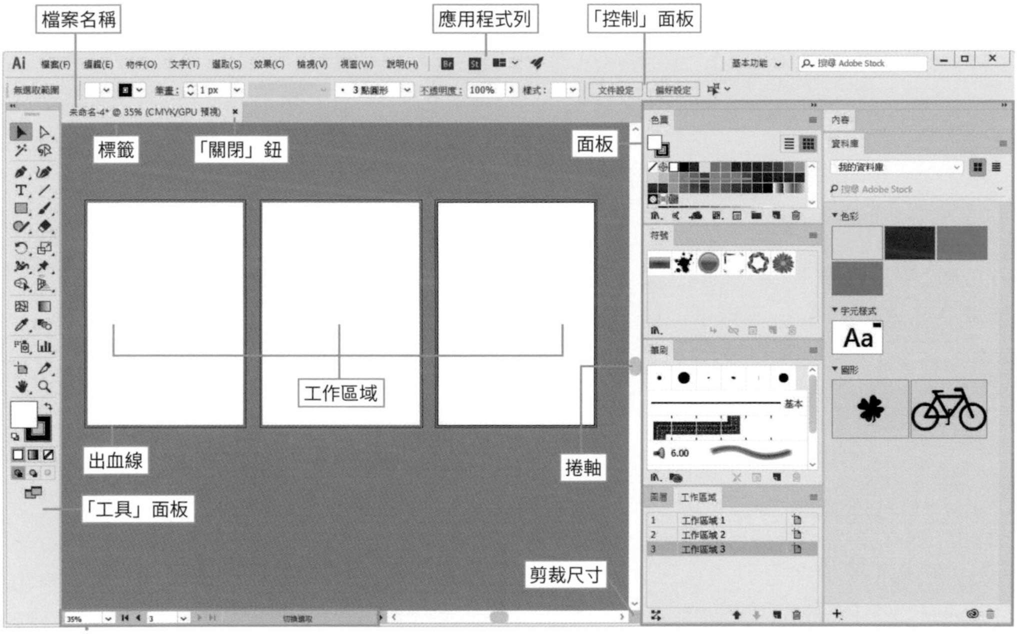
檔案名稱
應用程式列
「控制」面板
標籤
「關閉」鈕
面板
工作區域
出血線
捲軸
「工具」面板
剪裁尺寸

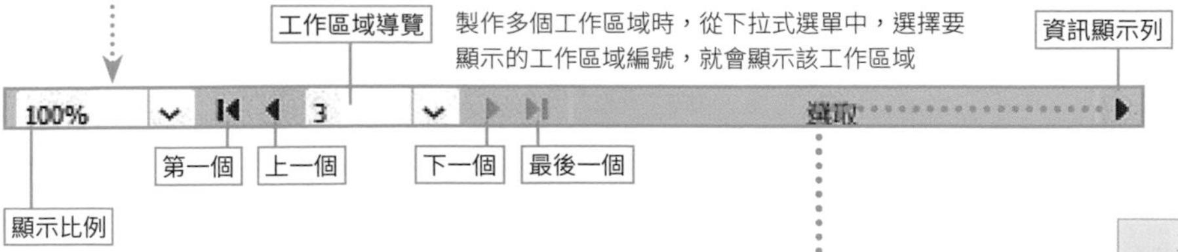
工作區域導覽
資訊顯示列
100%
3
選取
第一個
上一個
下一個
最後一個
顯示比例

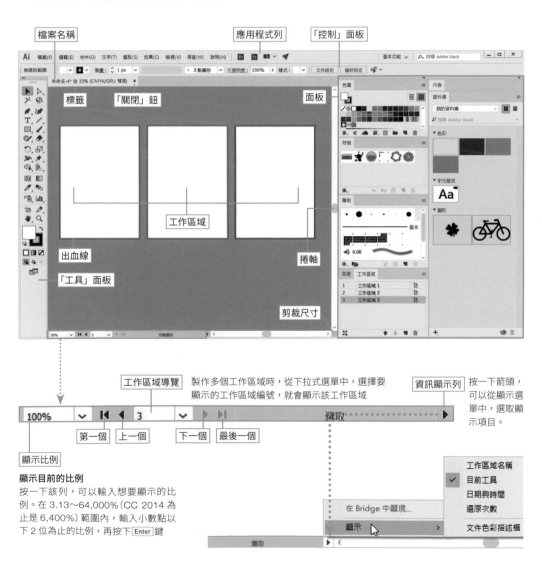

製作多個工作區域時，從下拉式選單中，選擇要顯示的工作區域編號，就會顯示該工作區域

按一下箭頭，可以從顯示選單中，選取顯示項目。

顯示目前的比例
按一下該列，可以輸入想要顯示的比例。在 3.13～64,000%（CC 2014 為止是 6,400%）範圍內，輸入小數點以下 2 位為止的比例，再按下 Enter 鍵

工作區域名稱
目前工具
日期與時間
還原次數
文件色彩描述檔
在 Bridge 中顯現...
顯示
選取

TIPS 觸控工作區域

從 Illustrator CC 2014 開始，針對支援 Windows 觸控裝置的電腦，提供「觸控工作區域」。按下畫面上方的 ![] (僅支援觸控裝置的機器才會顯示)，就會切換成觸控工作區域，變成適合以手指操作，功能有限的畫面。

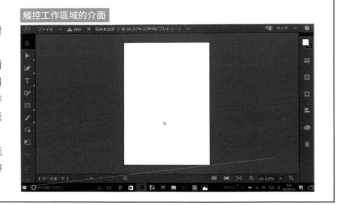

按下觸控工作區域的 ![] 鈕，就能恢復一般模式的畫面。此外，本書是使用一般模式來說明。

觸控工作區域的介面

●「開始」工作區域（CC 2015.2 之後的版本）

從 CC 2015.2 開始，啟動 Illustrator 後，會顯示「開始」工作區域，可以開啟最近使用過的文件或建立新文件。

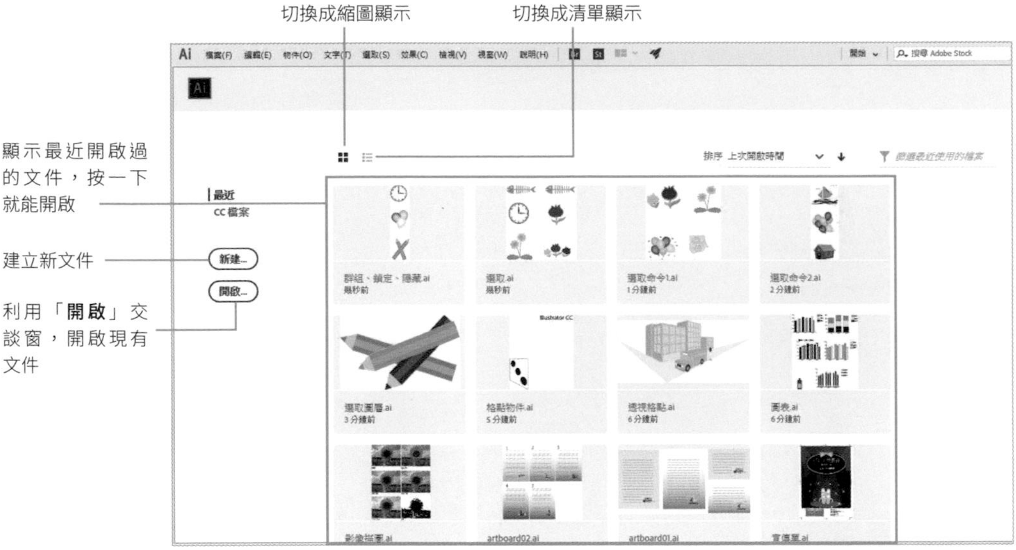
切換成縮圖顯示
切換成清單顯示
顯示最近開啟過的文件，按一下就能開啟
建立新文件
利用「**開啟**」交談窗，開啟現有文件
最近
CC 檔案
新建...
開啟...

POINT

在**偏好設定**交談窗中的**一般**（請參考 **11-2 頁**）中，取消勾選**沒有文件開啟時顯示開始工作區**，就不會顯示**開始**工作區域。

POINT

Illustrator 採用深色典雅的版面配色，讓你更容易聚焦在圖像上，為了使印刷在書上的效果最為清晰舒適，本書的視窗畫面，選用淺灰色的版面配色為主。

1-3 建立新文件

使用頻率	
★★★	在 Illustrator 中，必須設定成最適合製作用途的色彩模式。以下要說明建立文件的方法以及從範本開始製作文件的方法。

執行「檔案→新增」命令

從全新的白紙狀態開始製作插圖時，請執行『檔案→新增』命令 Ctrl + N（或按下開始工作區域的新建鈕，也同樣可以建立新文件）。開啟新增文件交談窗，設定名稱、色彩模式、工作區域數量、大小等項目。

檔案(F) 編輯(E) 物件(O) 文字(T) 選取(S) 效果
新增(N)... Ctrl+N
從範本新增(T)... Shift+Ctrl+N
開啟舊檔(O)... Ctrl+O
打開最近使用過的檔案(F)
在 Bridge 中瀏覽... Alt+Ctrl+O
關閉檔案(C) Ctrl+W
儲存(S) Ctrl+S
另存新檔(A)... Shift+Ctrl+S
儲存拷貝(Y)... Alt+Ctrl+S

❶ 選取

「新增文件」交談窗（CC 2017 之後的版本）

選取文件的用途後，選擇尺寸、色彩模式等預設集。

❶ 選擇文件的用途

❷ 選擇預設集

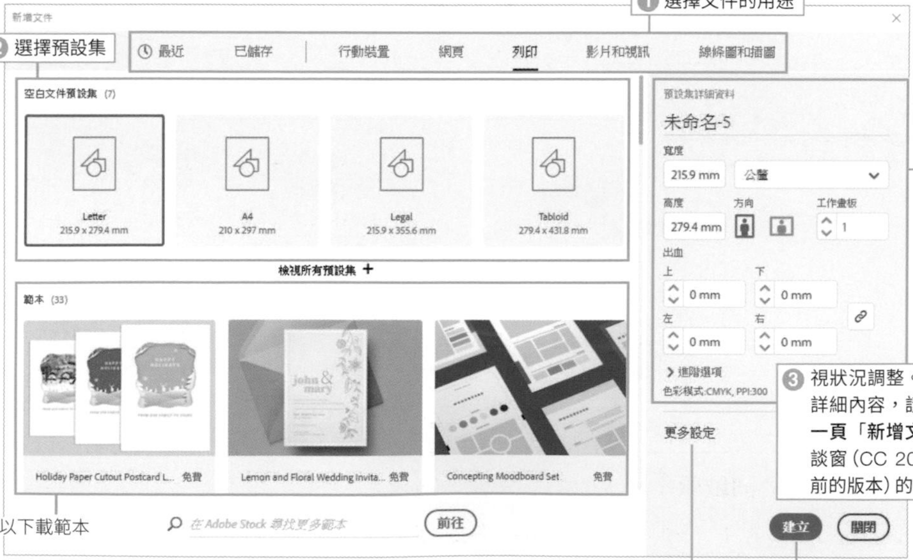
新增文件
最近 已儲存 行動裝置 網頁 列印 影片和視訊 線條圖和插圖
空白文件預設集 (7)
Letter 215.9 x 279.4 mm
A4 210 x 297 mm
Legal 215.9 x 355.6 mm
Tabloid 279.4 x 431.8 mm
檢視所有預設集 +
範本 (33)
Holiday Paper Cutout Postcard L... 免費
Lemon and Floral Wedding Invita... 免費
Concepting Moodboard Set 免費
在 Adobe Stock 尋找更多範本
前往
預設集詳細資料
未命名-5
寬度
215.9 mm 公釐
高度 方向 工作畫板
279.4 mm 1
出血
上 下
0 mm 0 mm
左 右
0 mm 0 mm
進階選項
色彩模式:CMYK, PPI:300
更多設定
建立 關閉

❸ 視狀況調整。項目的詳細內容，請參考**下一頁「新增文件」**交談窗（CC 2015.3 之前的版本）的說明

可以下載範本

開啟詳細設定的畫面。內容請參考「**新增文件**」（CC 2015.3 之前的版本）

❹ 按下此鈕

●「新增文件」交談窗（CC 2015.3 之前的版本）

在 Illustrator CC 2015.3 之前的新增文件交談窗中，可以設定名稱、色彩模式、工作區域數量、大小等。

設定新檔案的名稱，先維持預設狀態也沒關係，儲存檔案時，還可以更改。

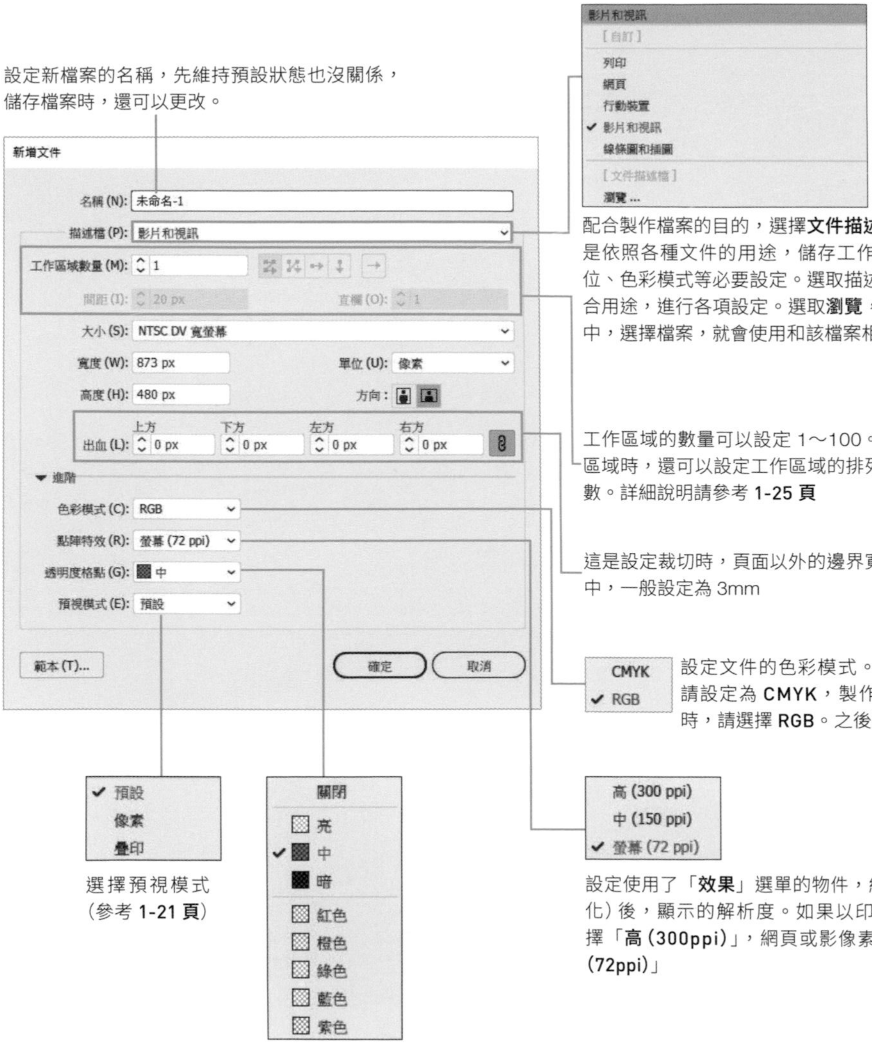

影片和視訊
[自訂]
列印
網頁
行動裝置
影片和視訊
線條圖和插圖
[文件描述檔]
瀏覽…
新增文件
名稱 (N): 未命名-1
描述檔 (P): 影片和視訊
工作區域數量 (M): 1
間距 (I): 20 px
直欄 (O): 1
大小 (S): NTSC DV 寬螢幕
寬度 (W): 873 px
單位 (U): 像素
高度 (H): 480 px
方向：
上方
下方
左方
右方
出血 (L): 0 px 0 px 0 px 0 px
進階
色彩模式 (C): RGB
點陣特效 (R): 螢幕 (72 ppi)
透明度格點 (G): 中
預視模式 (E): 預設
範本 (T)...
確定
取消
CMYK
RGB
預設
像素
疊印
關閉
亮
中
暗
紅色
橙色
綠色
藍色
紫色
高 (300 ppi)
中 (150 ppi)
螢幕 (72 ppi)

配合製作檔案的目的，選擇**文件描述檔**。文件描述檔是依照各種文件的用途，儲存工作區域的大小、單位、色彩模式等必要設定。選取描述檔之後，可以配合用途，進行各項設定。選取**瀏覽**，在開啟的交談窗中，選擇檔案，就會使用和該檔案相同的描述檔

工作區域的數量可以設定 1～100。設定了多個工作區域時，還可以設定工作區域的排列順序、間距、欄數。詳細說明請參考 **1-25 頁**

這是設定裁切時，頁面以外的邊界寬度。在商用印刷中，一般設定為 3mm

設定文件的色彩模式。以印刷為目的，請設定為 **CMYK**，製作網頁或影像素材時，請選擇 **RGB**。之後還可以更改

選擇預視模式（參考 **1-21 頁**）

設定使用了「**效果**」選單的物件，經過平面化（點陣化）後，顯示的解析度。如果以印刷為目的，請選擇「**高 (300ppi)**」，網頁或影像素材請選擇「**螢幕 (72ppi)**」

選取透明度格點的顏色。只有「**描述檔**」選擇了「**影片和視訊**」時，才能選取這個項目。這裡的設定後續可以在**文件設定**中調整（請參考 **1-8 頁**）

TIPS 在 CC 2017 開啟原本的「新增文件」交談窗

在「**偏好設定**」交談窗中的「**一般**」面板中，勾選「**使用舊版「新增檔案」介面**」（請參考 **11-2 頁**），就會顯示 CC 2015.3 之前的「**新增文件**」交談窗，而不是最新的「**新增文件**」交談窗。

● 確認及調整文件的設定

執行『檔案→文件設定』命令（Alt＋Ctrl＋P），可以調整在新增文件中，選取的文件描述檔設定內容，如單位、出血、透明度、格點等設定。文件（工作區域）大小，利用後面介紹的工作區域工具 ，就可以調整。

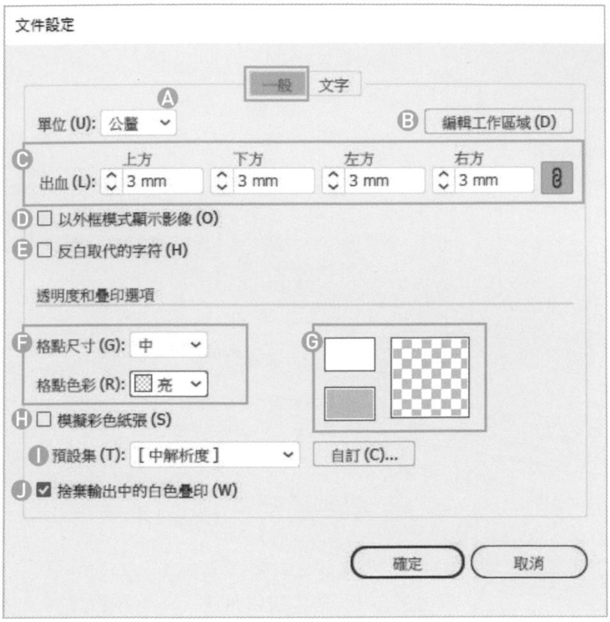

文件設定
一般
文字
單位 (U): 公釐
編輯工作區域 (D)
上方
下方
左方
右方
出血 (L): 3 mm 3 mm 3 mm 3 mm
以外框模式顯示影像 (O)
反白取代的字符 (H)
透明度和疊印選項
格點尺寸 (G): 中
格點色彩 (R): 亮
模擬彩色紙張 (S)
預設集 (T): [中解析度]
自訂 (C)...
捨棄輸出中的白色疊印 (W)
確定
取消
A
B
C
D
E
F
G
H
I
J

Ⓐ 設定在操作文件時，使用的單位

Ⓑ 選取工作區域工具，工作區域會變成編輯狀態

Ⓒ 設定裁切時，頁面外的邊界。在商用印刷時，通常設定為 3mm

Ⓓ 若要以外框模式顯示置入影像，就勾選此項目

Ⓔ 開啟使用其他電腦製作的 Illustrator 檔案時，若該檔案使用了系統裡沒有的字型或字體時，該部分會以粉紅色反白顯示

Ⓕ 選取顯示透明度格點時，格點的大小與顏色

Ⓖ 按一下，可以設定成你喜愛的顏色

Ⓗ 如果要將工作區域印刷在彩色紙張上，可以將背景設定成類似的紙張顏色，進行模擬。紙張顏色是利用「**格點色彩**」來設定

Ⓘ 包含透明部分的工作區域，若要轉存成點陣影像（或透過剪貼簿貼上）時，請將工作區域點陣化，變成點陣圖，再設定解析度（請參考 **10-55 頁**）

Ⓙ **填色**與**筆畫**是白色的物件，如果有疊印屬性，以 PDF 輸出或用 EPS 格式儲存檔案時，會刪除疊印屬性

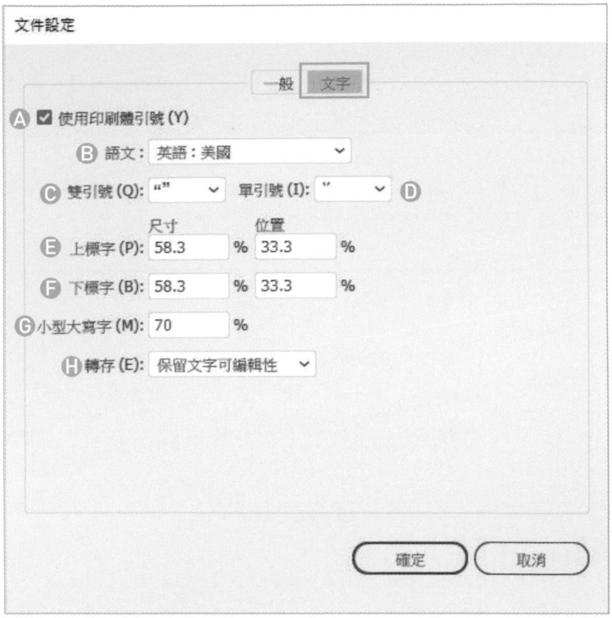
文件設定
一般
文字
A 使用印刷體引號 (Y)
B 語文：英語：美國
C 雙引號 (Q): “”
單引號 (I): ‘’ D
尺寸
位置
E 上標字 (P): 58.3 % 33.3 %
F 下標字 (B): 58.3 % 33.3 %
G 小型大寫字 (M): 70 %
H 轉存 (E): 保留文字可編輯性
確定
取消

POINT

執行『**檔案→從範本新增**』命令，可以使用以前的範本檔案。

- Ⓐ 勾選後，會自動調整選取語言的雙引號及引號的種類
- Ⓑ 選擇勾選**使用印刷體引號**後的語言
- Ⓒ 勾選**使用印刷體引號**時，選擇雙引號的種類
- Ⓓ 勾選**使用印刷體引號**時，選擇單引號的種類
- Ⓔ 設定在**字元**面板中，字體變成上標字時的文字大小與基線位移值
- Ⓕ 設定在**字元**面板中，字體變成下標字時的文字大小與基線位移值
- Ⓖ 設定在**字元**面板中，更改成**小型大寫字**時的文字大小
- Ⓗ 轉存成舊版 Illustrator 格式時，設定如何轉存文字資料

✔ 保留文字可編輯性
保留文字外觀

保留外觀，將所有文字建立外框

為了盡可能保留修改文字的功能，而直接儲存文字。但是，有時為了維持一定的外觀，而可能出現每個字變成不同物件的情況。若使用了 OpenType 等 Illustrator CS 後續版本才有的功能，會進行外框化

TIPS 使用範本

從 CC 2017 開始，在「**新增文件**」交談窗中，可以下載發布在 Adobe Stock 上的範本。

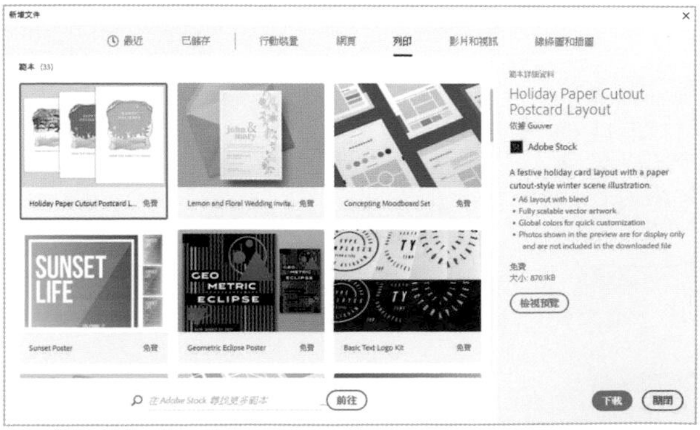
新增文件
最近
已儲存
行動裝置
網頁
列印
影片和視訊
線條畫和插圖
Holiday Paper Cutout Postcard Layout
Adobe Stock
SUNSET LIFE
GEO METRIC ECLIPSE
下載
關閉

1-4 開啟舊檔案

使用頻率	
★★★	在 Illustrator 中，不僅可以開啟現有的 Illustrator 檔案，使用其他繪圖軟體製作的檔案，也可在 Illustrator 中開啟。

● 開啟既有的檔案

執行『檔案→開啟舊檔』命令（Ctrl＋O），可以開啟已儲存的 Illustrator 檔案或其他影像格式檔案。

① 執行此命令

檔案(F) 編輯(E) 物件(O) 文字(T) 選取(S) 效果
新增(N)... Ctrl+N
從範本新增(T)... Shift+Ctrl+N
開啟舊檔(O)... Ctrl+O
打開最近使用過的檔案(F)
在 Bridge 中瀏覽... Alt+Ctrl+O
關閉檔案(C) Ctrl+W
儲存(S) Ctrl+S
另存新檔(A)... Shift+Ctrl+S
儲存拷貝(Y)... Alt+Ctrl+S
另存範本...
儲存選取的切片...
回復(V) F12
搜尋 Adobe Stock...
置入(L)... Shift+Ctrl+P

② 選取此檔案

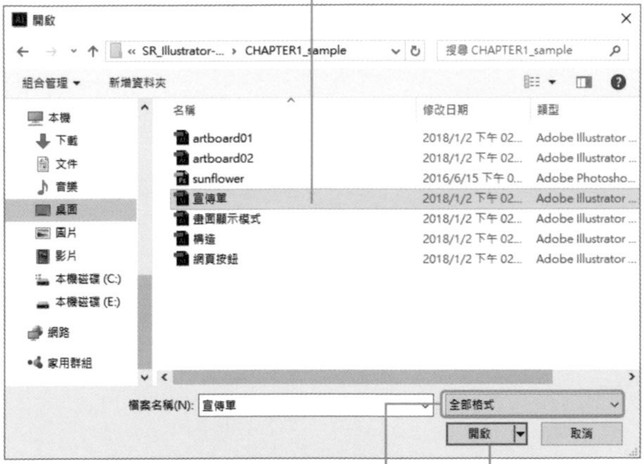

開啟
« SR_Illustrator-... › CHAPTER1_sample
搜尋 CHAPTER1_sample
組合管理 新增資料夾
本機 下載 文件 音樂 桌面 圖片 影片 本機磁碟 (C:) 本機磁碟 (E:) 網路 家用群組
名稱 修改日期 類型
artboard01 2018/1/2 下午 02... Adobe Illustrator...
artboard02 2018/1/2 下午 02... Adobe Illustrator...
sunflower 2016/6/15 下午 0... Adobe Photosho...
宣傳單 2018/1/2 下午 02... Adobe Illustrator...
畫面顯示模式 2018/1/2 下午 02... Adobe Illustrator...
構造 2018/1/2 下午 02... Adobe Illustrator...
網頁按鈕 2018/1/2 下午 02... Adobe Illustrator...
檔案名稱(N): 宣傳單
全部格式
開啟 取消

可以選擇要顯示的檔案格式　③ 按下**開啟**鈕

④ 開啟檔案

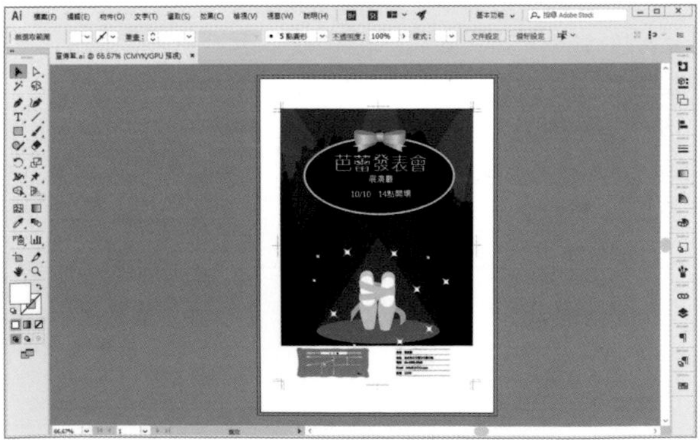

芭蕾發表會

POINT

如果開啟的是 Photoshop 等點陣類的檔案，在 Illustrator 中，會當作一個物件來開啟。但是無法編輯像素單位。

POINT

執行『**檔案→打開最近使用過的檔案**』命令，可以從選單中，直接選取最近使用過的文件。

「最近使用過的檔案」工作區域（CC 2015 之後的版本）

自 CC 2015 開始，可以使用和開始工作區域（請參考 **1-5 頁**）非常類似的最近使用過的檔案工作區域。在偏好設定交談窗的一般面板中，勾選「開啟檔案時顯示最近使用的檔案工作區」（請參考 **11-2 頁**），執行『檔案→開啟舊檔』命令，就會顯示最近使用的檔案工作區域（註：CC 2018 已取消此項目）。

「最近使用的檔案」工作區域

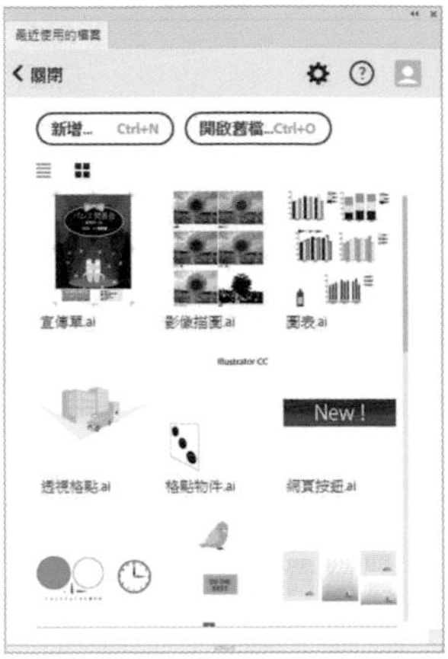
最近使用的檔案
關閉
新增... Ctrl+N
開啟舊檔... Ctrl+O
宣傳單.ai
影像描圖.ai
圖表.ai
New !
透視格點.ai
格點物件.ai
網頁按鈕.ai

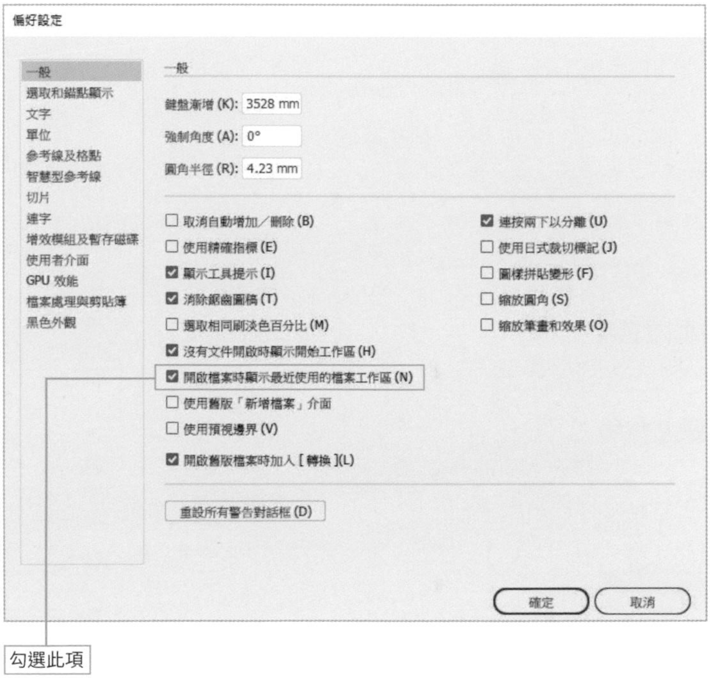
偏好設定
一般
選取和錨點顯示
文字
單位
參考線及格點
智慧型參考線
切片
連字
增效模組及暫存磁碟
使用者介面
GPU 效能
檔案處理與剪貼簿
黑色外觀
鍵盤漸增 (K): 3528 mm
強制角度 (A): 0°
圓角半徑 (R): 4.23 mm
取消自動增加／刪除 (B)
使用精確指標 (E)
顯示工具提示 (I)
消除鋸齒圖稿 (T)
選取相同刷淡色百分比 (M)
沒有文件開啟時顯示開始工作區 (H)
開啟檔案時顯示最近使用的檔案工作區 (N)
使用舊版「新增檔案」介面
使用預視邊界 (V)
開啟舊版檔案時加入 [轉換](L)
連按兩下以分離 (U)
使用日式裁切標記 (J)
圖樣拼貼變形 (F)
縮放圓角 (S)
縮放筆畫和效果 (O)
重設所有警告對話框 (D)
確定
取消
勾選此項

TIPS 可開啟的檔案格式

Illustrator 可以開啟的檔案格式如右圖的清單所示。若想要開啟除此之外的檔案，會出現錯誤訊息，無法開啟檔案。另外，開啟文字檔案時，會自動放入文字方塊內。

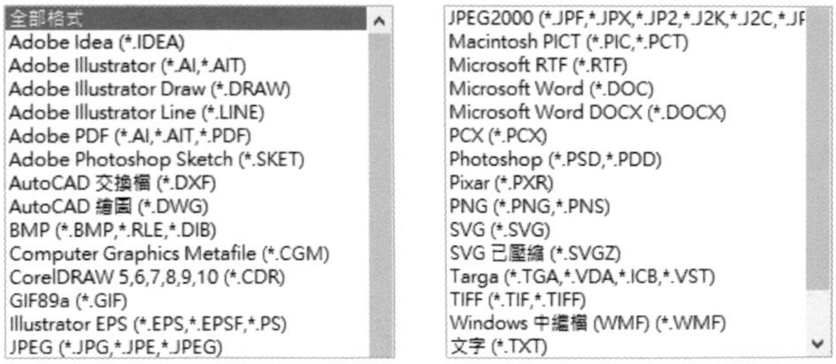
全部格式
Adobe Idea (*.IDEA)
Adobe Illustrator (*.AI,*.AIT)
Adobe Illustrator Draw (*.DRAW)
Adobe Illustrator Line (*.LINE)
Adobe PDF (*.AI,*.AIT,*.PDF)
Adobe Photoshop Sketch (*.SKET)
AutoCAD 交換檔 (*.DXF)
AutoCAD 繪圖 (*.DWG)
BMP (*.BMP,*.RLE,*.DIB)
Computer Graphics Metafile (*.CGM)
CorelDRAW 5,6,7,8,9,10 (*.CDR)
GIF89a (*.GIF)
Illustrator EPS (*.EPS,*.EPSF,*.PS)
JPEG (*.JPG,*.JPE,*.JPEG)
Macintosh PICT (*.PIC,*.PCT)
Microsoft RTF (*.RTF)
Microsoft Word (*.DOC)
Microsoft Word DOCX (*.DOCX)
PCX (*.PCX)
Photoshop (*.PSD,*.PDD)
Pixar (*.PXR)
PNG (*.PNG,*.PNS)
SVG (*.SVG)
SVG 已壓縮 (*.SVGZ)
Targa (*.TGA,*.VDA,*.ICB,*.VST)
TIFF (*.TIF,*.TIFF)
Windows 中繼檔 (WMF) (*.WMF)
文字 (*.TXT)

CS6 | CC | CC14 | CC15 | CC17 | CC18

1-5
「工具」面板的用法

使用頻率 ★★★

這裡可以選取繪製、變形物件或填色工具，也可以進行填色與筆畫的設定，或切換畫面顯示模式等。按下工具面板上顯示的按鍵，還能迅速切換工具。

「工具」面板

相同系統的子工具，會被隱藏起來。在預設狀態下，含有子工具的工具，會在圖示右下方加上小三角形 ◢ 。

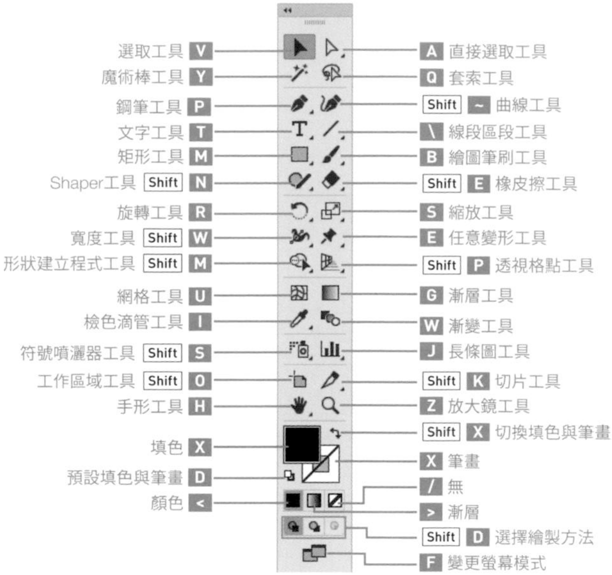

選取工具 V
魔術棒工具 Y
鋼筆工具 P
文字工具 T
矩形工具 M
Shaper工具 Shift N
旋轉工具 R
寬度工具 Shift W
形狀建立程式工具 Shift M
網格工具 U
檢色滴管工具 I
符號噴灑器工具 Shift S
工作區域工具 Shift O
手形工具 H
填色 X
預設填色與筆畫 D
顏色 <
A 直接選取工具
Q 套索工具
Shift ~ 曲線工具
\ 線段區段工具
B 繪圖筆刷工具
Shift E 橡皮擦工具
S 縮放工具
E 任意變形工具
Shift P 透視格點工具
G 漸層工具
W 漸變工具
J 長條圖工具
Shift K 切片工具
Z 放大鏡工具
Shift X 切換填色與筆畫
X 筆畫
/ 無
> 漸層
Shift D 選擇繪製方法
F 變更螢幕模式

POINT

Mac 版的**曲線工具**，其快速鍵是「'」。

POINT

若要快速選取各項工具，使用快速鍵比較方便。請務必切換成英文輸入模式，再按下按鍵。

POINT

我們也可以自行設定快速鍵，詳細說明請參考 **11-11 頁**。

▶ 顯示子工具

用滑鼠左鍵長按工具鈕，就會顯示子選單。按下工具即可選用。

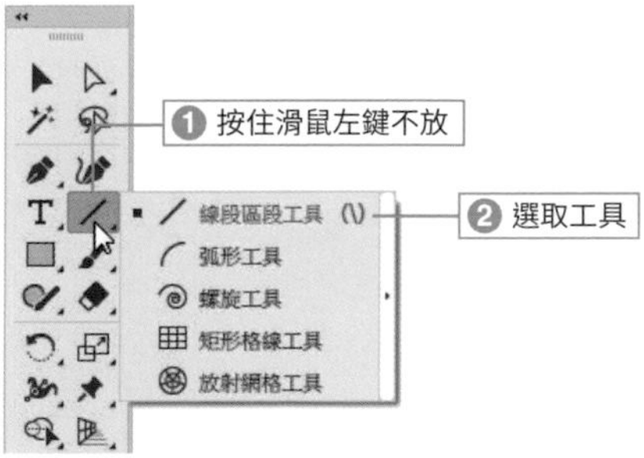

❶ 按住滑鼠左鍵不放
❷ 選取工具
線段區段工具 (\)
弧形工具
螺旋工具
矩形格線工具
放射網格工具

POINT

按下 Alt 鍵＋按一下工具鈕，可以依序選取隱藏起來的工具。

TIPS **浮動工具面板**

子工具可以從**工具**面板中分離出來，顯示成浮動面板的狀態。

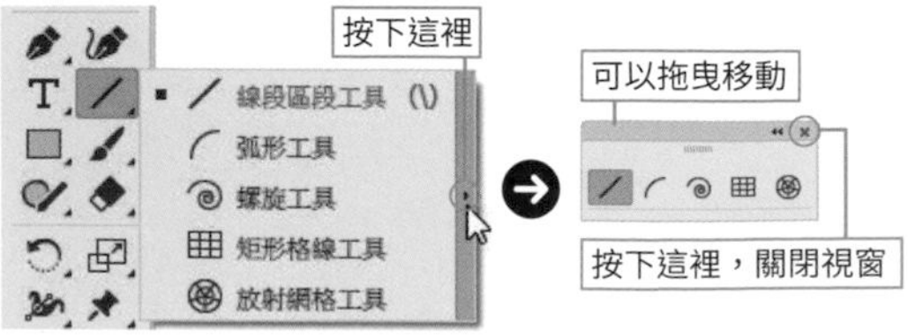

按下這裡
線段區段工具 (\)
弧形工具
螺旋工具
矩形格線工具
放射網格工具
可以拖曳移動
按下這裡，關閉視窗

▶ 浮動的「工具」面板

工具面板和其他面板一樣，可以從停駐變成能隨意移動，放置在任意位置上。

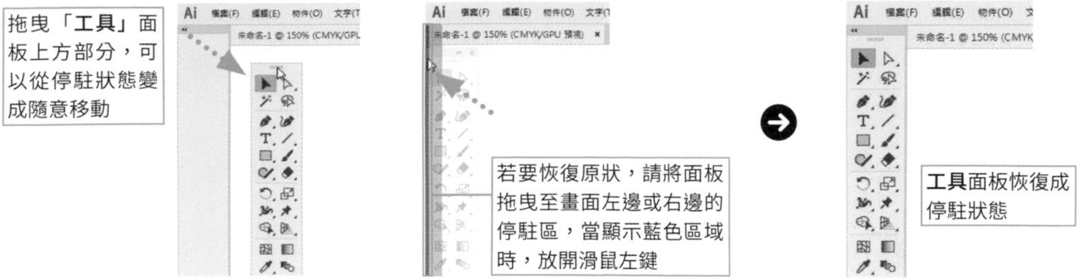
拖曳「工具」面板上方部分，可以從停駐狀態變成隨意移動
若要恢復原狀，請將面板拖曳至畫面左邊或右邊的停駐區，當顯示藍色區域時，放開滑鼠左鍵
工具面板恢復成停駐狀態

▶「工具」面板的顯示

按下工具面板上方的 ▸▸ ◂◂ 鈕，可以切換顯示成一列或兩列。不論是在停駐或浮動狀態都可以調整成一列或兩列。

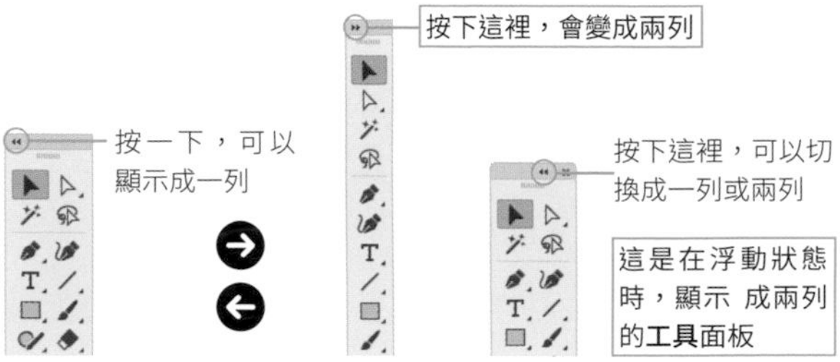
按一下，可以顯示成一列
按下這裡，會變成兩列
按下這裡，可以切換成一列或兩列
這是在浮動狀態時，顯示 成兩列的工具面板

● 自訂工具面板（CC 之後的版本）

我們可以自訂工具面板，只將自己常用的面板整合在一起。

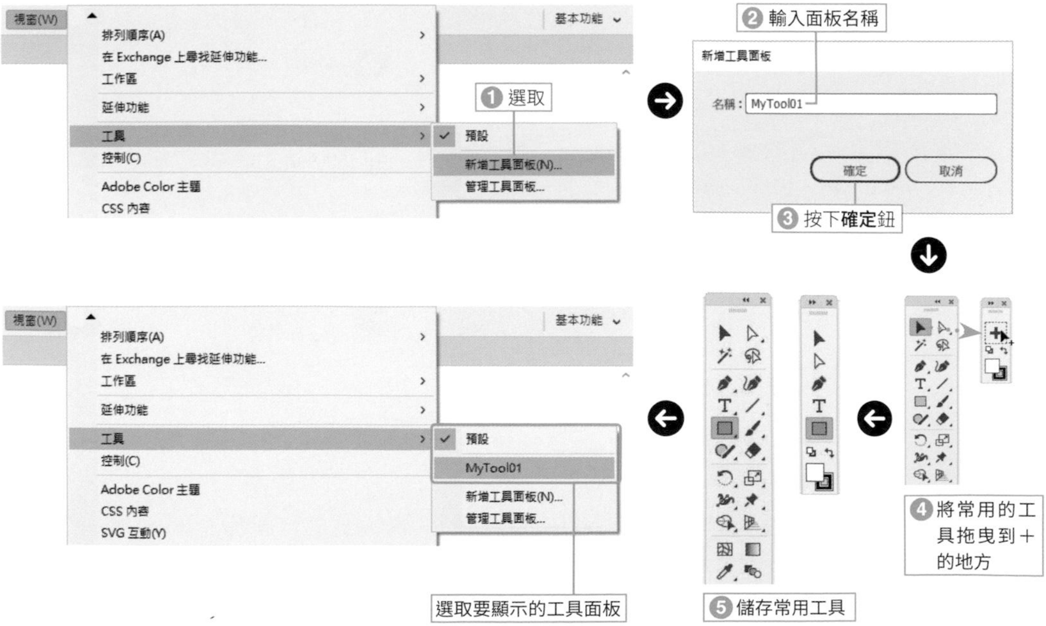
視窗(W)
排列順序(A)
在 Exchange 上尋找延伸功能...
工作區
延伸功能
工具
控制(C)
Adobe Color 主題
CSS 內容
基本功能
預設
新增工具面板(N)...
管理工具面板...
❶ 選取
❷ 輸入面板名稱
新增工具面板
名稱：MyTool01
確定
取消
❸ 按下確定鈕
❹ 將常用的工具拖曳到＋的地方
❺ 儲存常用工具
MyTool01
SVG 互動(Y)
選取要顯示的工具面板

1-6 面板與停駐

使用頻率 ☆☆☆

Illustrator 的物件顏色或筆畫寬度等屬性，在選取物件的狀態，可以利用各種面板來完成設定。各個面板收合在畫面右邊的停駐區（顯示為灰色的部分）。

顯示面板

Illustrator 的面板是採用頁次標籤的方式來顯示，可以重疊整合多個面板，只要按下上方的標籤名稱，就能切換顯示面板。各面板的詳細設定將在其後的章節中做介紹。

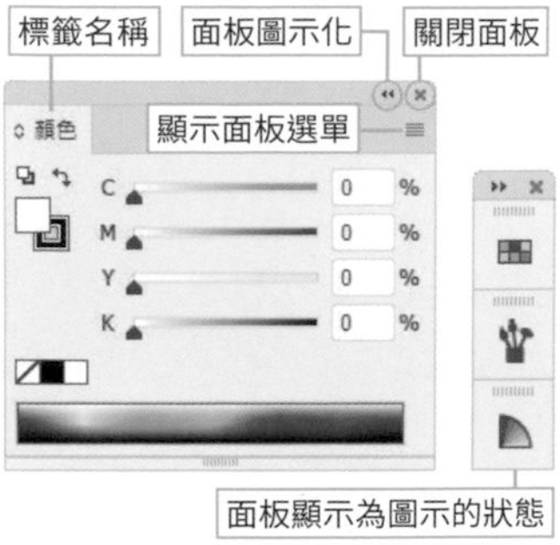

標籤名稱
面板圖示化
關閉面板
顏色
顯示面板選單
C
M
Y
K
面板顯示為圖示的狀態

POINT

按下 Tab 鍵，可以暫時隱藏**工具**面板、**控制**面板及其他所有面板。想要擴大繪圖範圍時，使用這個方法，就很方便。按下 Shift ＋ Tab 鍵，除了**工具**面板與**控制**面板之外，其他面板全都會隱藏起來。

展開停駐面板與圖示面板

各面板會整合在畫面右側的停駐區（顯示為灰色的部分），如果要顯示整個面板，請按下停駐狀態上方的 ◂◂ ，展開停駐的面板。

另外，按下展開後面板上方的 ▸▸ ，可以收合面板，恢復成圖示面板。如果要關閉顯示的面板，可以按一下圖示面板、面板標籤或面板右上方的 ▸▸ 。

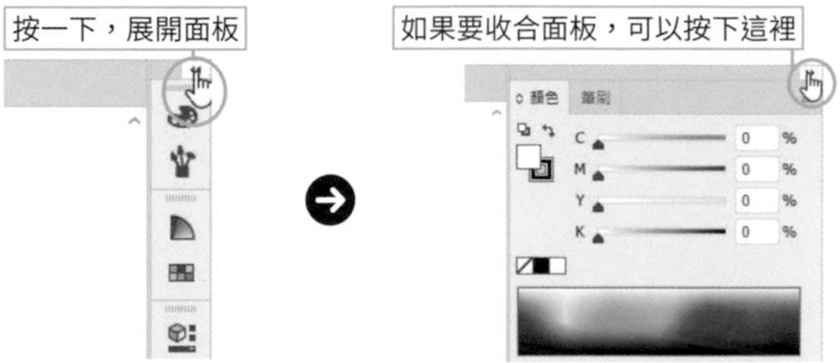

按一下，展開面板
如果要收合面板，可以按下這裡
顏色
筆刷

按一下圖示面板
只顯示按下的面板。
再按一下圖示面板，
就會恢復原狀
色彩參考
色票

TIPS 自動收合圖示面板

在**偏好設定**交談窗的**使用者介面**頁次中，勾選**自動收合圖示面板**（請參考 **11-8 頁**），當切換成其他應用程式，或按下顯示面板以外的區域，顯示的面板就會自動恢復成圖示面板。此外，也可以在停駐區上方按下滑鼠右鍵，利用快速鍵選單來完成這項設定。

▶ 移出及收合至停駐區

拖曳面板上方（標籤名稱處），可以將面板移出停駐區，放在你喜歡的位置。

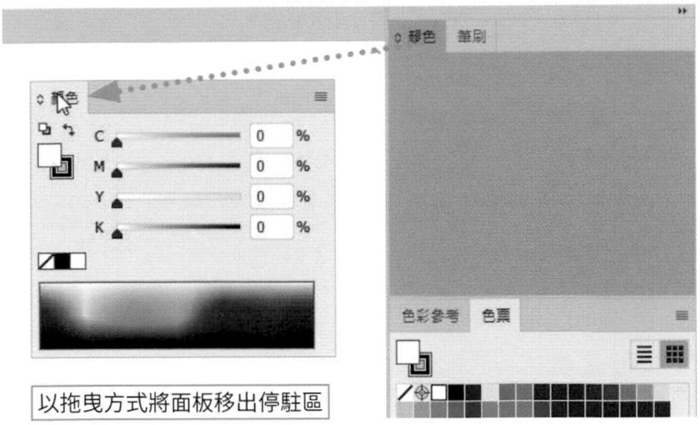
顏色
筆刷
C
M
Y
K
色彩參考
色票
以拖曳方式將面板移出停駐區

將面板上方拖曳至停駐區，就可以收合至停駐區。此時，面板會收合在顯示為藍色的部分。在停駐區可以顯示為展開或收合狀態。另外，也可以將面板收合至畫面左側的工具面板旁。

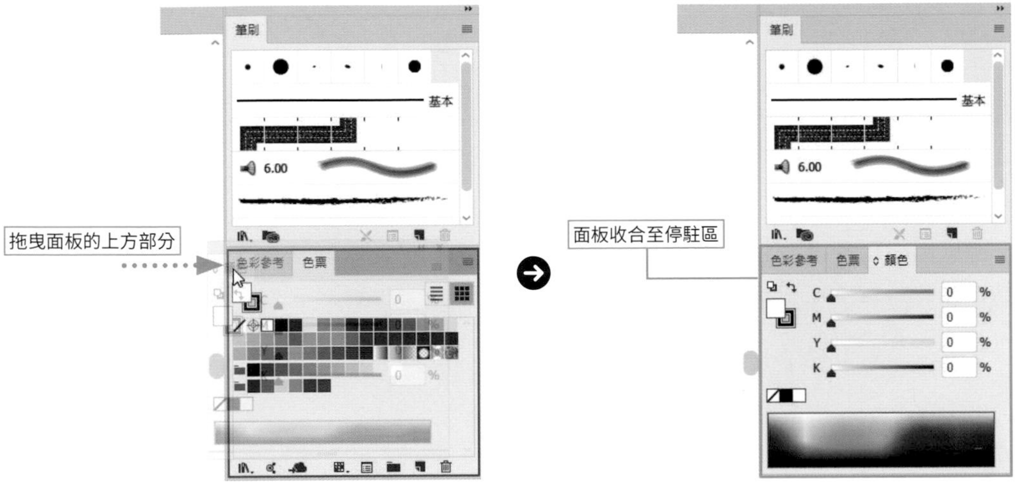
筆刷
基本
6.00
拖曳面板的上方部分
色彩參考
色票
面板收合至停駐區
顏色
C
M
Y
K

▶ 呼叫出未顯示的面板

在預設狀態下，沒有顯示的面板，可以執行視窗選單，選取面板名稱，就會顯示出來。

如果想關閉面板，請按下面板右上方的 ✖。已經顯示在畫面上的面板，如果位於其他面板的後方，可以按一下面板名稱，就能切換顯示。

視窗(W)
排列順序(A)
在 Exchange 上尋找延伸功能...
工作區
延伸功能
工具
控制(C)
Adobe Color 主題
CSS 內容
SVG 互動(Y)
了解
內容
分色預視
動作(N)
圖層(L) F7
顯示在前面的面板，會呈現勾選狀態

▶ 面板選單

按下面板右上方的 ≡ ，會顯示面板的面板選單，能執行面板上沒有的操作。

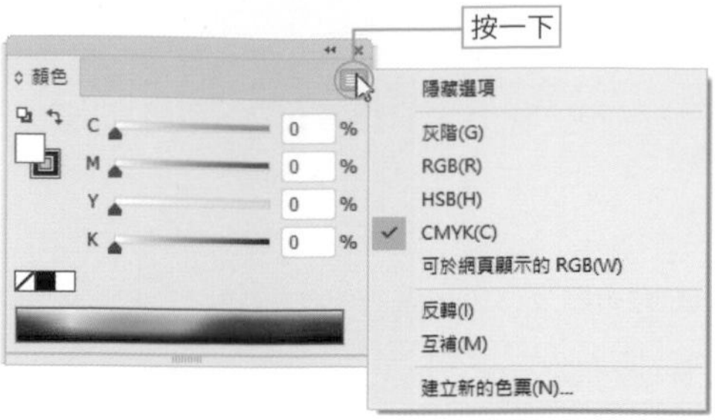
按一下
顏色
隱藏選項
灰階(G)
RGB(R)
HSB(H)
CMYK(C)
可於網頁顯示的 RGB(W)
反轉(I)
互補(M)
建立新的色票(N)...

▶ 顯示、隱藏面板選項

面板標籤左方如果出現 ◇ ，代表面板中含有選項。

按下 ◇ ，可以顯示或隱藏面板選項。或者也可以在標籤部分雙按滑鼠左鍵。

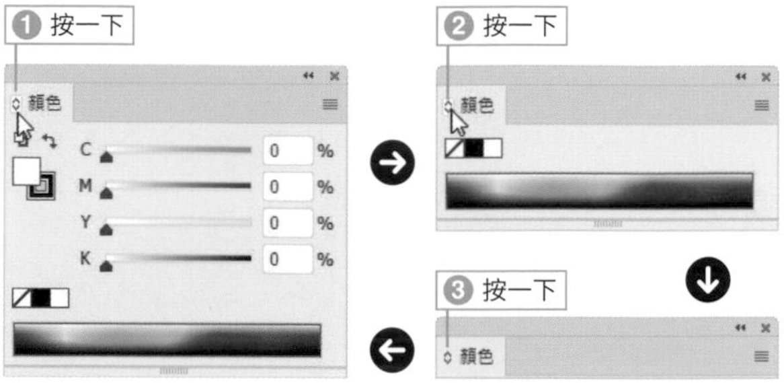
❶ 按一下
❷ 按一下
❸ 按一下
顏色

▶ 獨立與合併面板

拖曳各個面板標籤名稱，可以讓面板獨立出來。此時，不論面板是收合在停駐區或移出停駐區都可以。

另外，也可以與其他面板重疊，合併成一個面板。此時，不論面板是收合在停駐區或移出停駐區都可以。

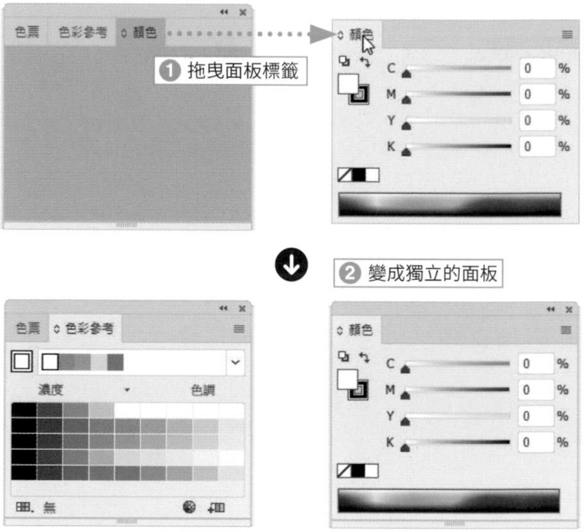
色票
色彩參考
顏色
❶ 拖曳面板標籤
❷ 變成獨立的面板
濃度
色調

❶ 拖曳面板標籤
❷ 合併面板
色票
色彩參考
顏色
濃度
色調

「控制」面板

Illustrator 在預設狀態下，會在畫面上方部分顯示控制面板。控制面板會顯示其他面板或經常用命令設定的項目，是非常方便的面板。

選取物件時的**控制**面板

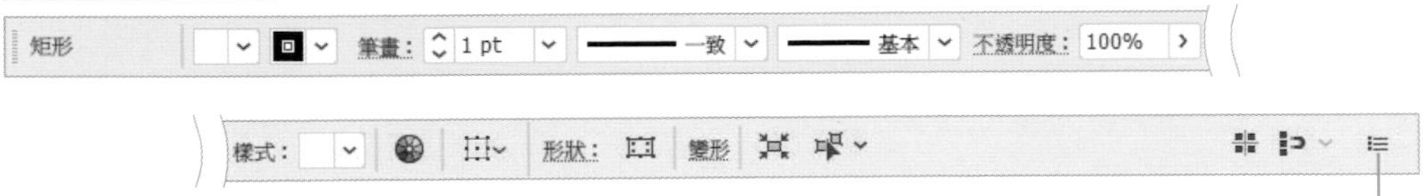
矩形
筆畫：
1 pt
一致
基本
不透明度：
100%
樣式：
形狀：
變形

按一下這裡，可以選取「**控制**」面板的結合位置或顯示在「**控制**」面板中的項目。

使用**文字工具**輸入或選取文字時的**控制**面板

字元
筆畫：
不透明度：
100%
字元：
微軟正黑體
Light
12 pt
段落：
對齊
變形

POINT

顯示在**控制**面板中的項目會隨著視窗的寬度而改變。使用寬度較窄的螢幕時，有時會顯示成和上圖不一樣的狀態。

POINT

拖曳**控制**面板左側部分，可以變成浮動狀態。

設定**控制**面板的結合位置

可選取要顯示在**控制**面板中的項目。有勾選的符號，表示會顯示在**控制**面板中

固定至頂部
固定至底部
靠齊像素
剪裁遮色片
即時上色
即時尖角

在控制面板中出現虛線底線的項目，按一下會顯示面板，可以進行詳細設定。利用控制面板顯示的面板，內容和執行視窗選單，開啟的面板一樣。

筆畫：
1 pt
一致
基本
不透明度：
100%
一般
不透明度：
100%
製作遮色片
剪裁
反轉遮色片
獨立混合
去底色群組
不透明度與遮色片定義去底色形狀

在控制面板開啟一般的面板

1-7 工作區域與螢幕模式

使用頻率 ★☆☆

在 Illustrator 中，面板的種類、位置、大小等操作環境，稱作「工作區域」。另外，切換螢幕模式，可以讓操作視窗擴大至整個螢幕畫面。

儲存工作區域

你可以選用預設的工作區域或自訂符合個人習慣的工作區域。再根據操作類型，來切換工作區域，以顯示符合用途的面板。

選取「新增工作區域」

按下應用程式列的顯示工作區域鈕，可切換想使用的工作區域。如果要儲存目前的操作環境，請選取新增工作區域，或執行『視窗→工作區→新增工作區域』命令。

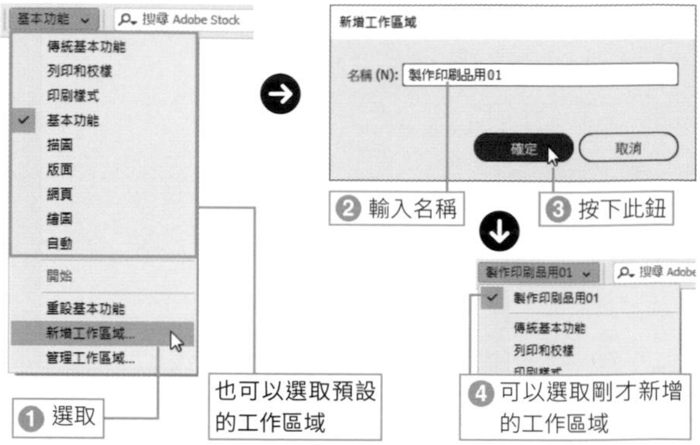
基本功能
搜尋 Adobe Stock
傳統基本功能
列印和校樣
印刷樣式
基本功能
描圖
版面
網頁
繪圖
自動
開始
重設基本功能
新增工作區域...
管理工作區域...
❶ 選取
也可以選取預設的工作區域
新增工作區域
名稱 (N): 製作印刷品用01
確定
取消
❷ 輸入名稱
❸ 按下此鈕
製作印刷品用01
製作印刷品用01
傳統基本功能
列印和校樣
❹ 可以選取剛才新增的工作區域

POINT

若要刪除工作區域，執行『**視窗→工作區→管理工作區域**』命令，開啟交談窗選取要刪除的工作區域，再按下 🗑 即可。

有效運用畫面的螢幕模式

按下工具面板最下方的圖示，可以切換螢幕模式。

正常螢幕模式
含選單列的全螢幕模式
全螢幕模式

POINT

按下 F 鍵（半形），可依序切換螢幕模式。如果想暫時隱藏面板，使用這個快速鍵就很方便。

正常螢幕模式

含選單列的全螢幕模式

全螢幕模式

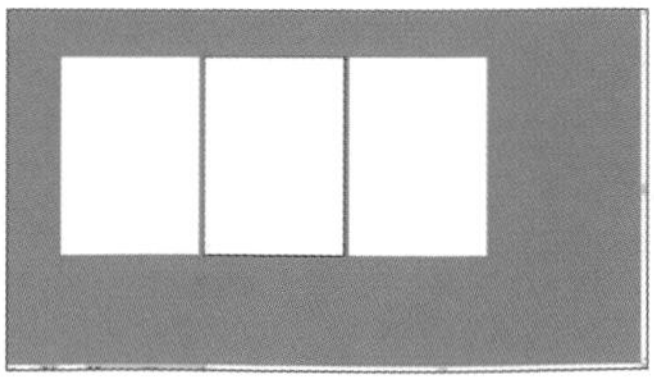

1-8 調整顯示比例與顯示位置

使用頻率 ☆☆☆

調整顯示比例及位置是建立工作區域的基本操作。方法有幾種，你只要記住比較方便操作的步驟即可。

調整顯示比例（放大／縮小）

Illustrator 可以調整顯示比例，方便繪製或編輯小物件。調整顯示比例的方法有幾種。

顯示為 100%

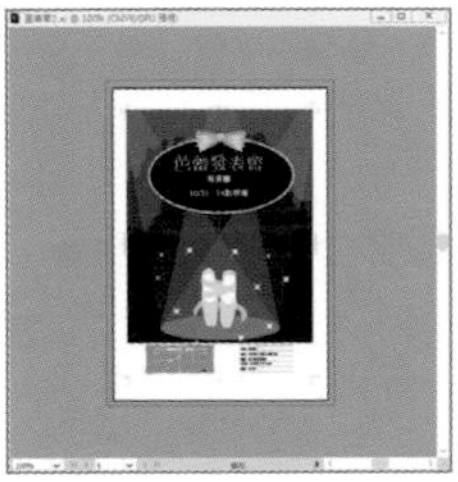

顯示為 50%

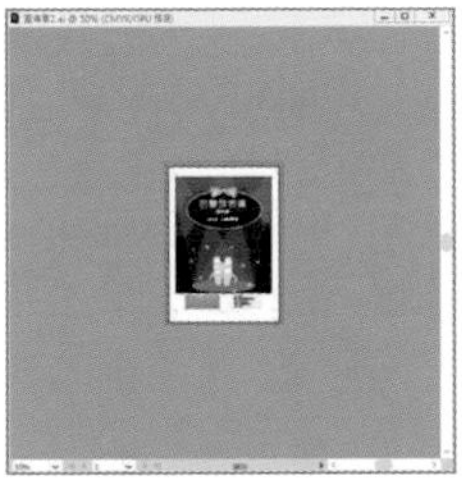

使用「放大鏡工具」

使用放大鏡工具 按一下畫面，就能放大顯示，按住 Alt 鍵不放，再按一下滑鼠左鍵，會縮小顯示。放大鏡工具 可以使用右列的 快速鍵來執行。

放大　Ctrl ＋ Space ＋按一下或 Ctrl ＋ +

縮小　Alt ＋ Ctrl ＋ Space ＋按一下或 Ctrl ＋ -

用「放大鏡工具」指定範圍

使用放大鏡工具 在想要放大顯示的地方拖曳，能放大顯示拖曳後的範圍。

❶ 使用「放大鏡工具」拖曳

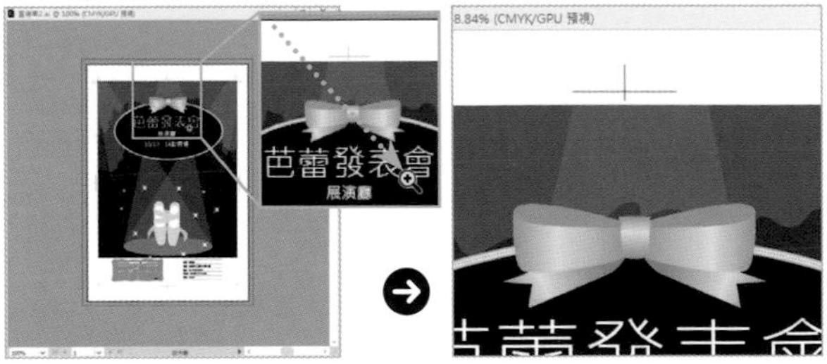
芭蕾發表會
展演廳

❷ 放大顯示拖曳後的範圍

TIPS　啟用 GPU 時的動畫縮放

內建 GPU 的 PC 或 Mac，往右移動**放大鏡工具**，會放大顯示畫面，往左移動，能縮小顯示畫面。執行『**檢視→ GPU 預視**』命令後，會關閉動畫的縮放功能。

另外，在**偏好設定**交談窗的**效能**面板中，關閉**動畫的縮放**，也會關閉該項功能（請參考 11-9 頁）。

POINT

拖曳並按住滑鼠左鍵，再按下 Space 鍵，會固定選取範圍，不放開滑鼠左鍵並拖曳，可以移動選取範圍。

▶ 使用「檢視」選單中的命令

執行『檢視→實際尺寸』命令（Ctrl＋1），會以 100% 顯示工作區域。執行『檢視→使工作區域符合視窗』命令（Ctrl＋0），會顯示為執行中工作區域能顯示的最大比例。

▶ 在「工具」面板雙按滑鼠左鍵

在工具面板中的放大鏡工具 上雙按滑鼠左鍵，會顯示實際尺寸（顯示為 100%），在手形工具 上雙按滑鼠左鍵，能以原尺寸顯示，更改成畫面顯示。

▶ 使用「顯示比例」列縮放

按下繪圖視窗左下方的顯示比例列，可以輸入顯示比例。請在 3.13～64,000%（CC 2014 之前的版本是 6,400%）的範圍內，輸入至小數點以下第二位為止的任意比例，再按下 Enter 鍵。

但是，以「像素預視」模式（請參考 **1-21 頁**）顯示時，會顯示為整數。

100%
1
在這裡雙按滑鼠左鍵，顯示為反白狀態時，輸入比例，按下 Enter 鍵

● 捲動畫面調整顯示位置

建立圖稿時，稍微放大後，就無法看見全貌。使用捲軸或手形工具 ，可以在視窗中顯示看不到的部分。

▶ 使用「手形工具」

手形工具 就像使用實際手掌來移動畫紙般，捲動圖稿。

POINT

按下 Space 鍵時，即使正在使用輸入文字以外的工具，也會切換成**手形工具** 。

●「導覽器」面板

使用導覽器面板，可以調整顯示區域或畫面顯示尺寸。

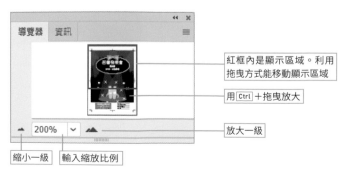

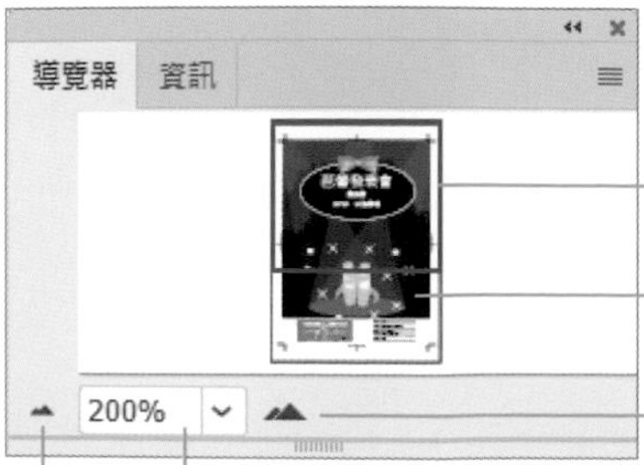
導覽器
資訊
200%
紅框內是顯示區域。利用拖曳方式能移動顯示區域

用 Ctrl＋拖曳放大

放大一級

縮小一級

輸入縮放比例

1-9
畫面顯示模式

使用頻率 ★★☆	在 Illustrator 中，提供了各種顯示模式，包括以物件填色狀態顯示的預視模式、只顯示路徑的外框模式、疊印預視、像素預視等。

兩種畫面顯示模式

在 Illustrator 操作視窗中，包含「預視（GPU 預視／ CPU 預視）」（一邊顯示實際印刷影像，一邊操作的模式）以及「外框」（只顯示物件路徑的操作模式）等兩種畫面顯示模式。切換預視與外框的快速鍵是 Ctrl ＋ Y 鍵。

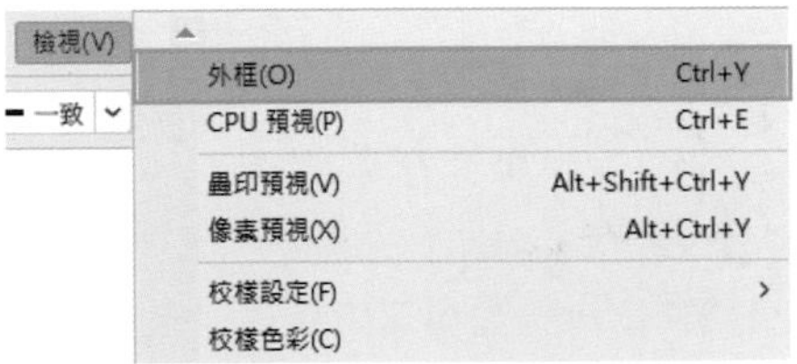
檢視(V)
一致
外框(O) Ctrl+Y
CPU 預視(P) Ctrl+E
疊印預視(V) Alt+Shift+Ctrl+Y
像素預視(X) Alt+Ctrl+Y
校樣設定(F)
校樣色彩(C)

預視
外框

TIPS GPU 預視／ CPU 預視

在可以開啟「GPU 效能」的 PC ／ Mac 中，「GPU 預視」比較快速。但是，無法正確繪圖時，請改用「CPU 預視」。

疊印預視

執行『檢視→疊印預視』命令（Alt ＋ Shift ＋ Ctrl ＋ Y）是設定在下層物件，合成上層物件顏色的疊印印刷時，顯示印刷結果的模式。

預視
疊印預視
DO THE BEST
DO THE BEST

POINT

關於疊印的設定，請參考 **5-12 頁**。

像素預視

執行『檢視→像素預視』命令（Alt ＋ Ctrl ＋ Y），可以模擬以 PNG 或 JPEG 等影像格式，轉存製作中圖稿時的模式。

預視
像素預視

在像素預視中，可以模擬顯示在瀏覽器中的狀態

POINT

切換成**像素預視**時，**檢視**選單中的**靠齊格點**會變成**靠齊像素**。開啟**靠齊像素**，移動物件時，會依照像素來移動物件。

1-10
善用快速鍵

使用頻率
★☆☆

如果想迅速完成 Illustrator 的操作，與只用滑鼠繪圖的情況相比，同時運用 Ctrl 鍵或 Alt 鍵，更能提高工作效率。記住以下這些快速鍵，才是真正學會 Illustrator 的捷徑。

右手用滑鼠，左手用鍵盤

Illustrator 的滑鼠操作包括按一下（右鍵）、雙按、長按（按住滑鼠左鍵不放）、拖曳等四種。除此之外，滑鼠的操作也會與 Ctrl 鍵、Alt 鍵、Shift 鍵一起搭配使用。

厲害的 Illustrator 使用者，左手一定放在鍵盤上，隨時都在不停地操作。基本上，Illustrator 是用右手操作滑鼠來繪圖，但是若要按照自己的想法來繪圖，左手的操作會成為重要關鍵。因為 Ctrl 鍵、Alt 鍵、Shift 鍵一般是用左手按壓的快速鍵。Illustrator 的各項工具與 Ctrl 鍵、Alt 鍵、Shift 鍵組合，操作起來會更方便。另外，Illustrator 的按鍵操作與滑鼠操作的搭配有一定的原則。

修飾鍵	狀態	操作內容
Shift 鍵	選取時	可以選取多個物件
	繪圖時	固定長寬比，使用**矩形工具**時，能繪製出正方形，使用**橢圓形工具**時，能畫出正圓形。
	移動時	移動物件時，移動方向可以固定以 45 度為單位
Alt 鍵	選取時	暫時切換**直接選取工具**與**群組選取工具**
	繪圖時	從中心開始繪製矩形或橢圓形等
	移動時	拷貝選取的物件
	變形時	以點選位置為中心，設定數值，進行編輯
Ctrl 鍵		選取任何工具，按下 Ctrl 鍵，就會變成**選取工具** 使用**選取工具**時，會切換成**直接選取工具**
Space 鍵		除了使用**文字工具**輸入文字，按下 Space 鍵，會切換成**手形工具**
Ctrl ＋ Space 鍵		不論選取哪種工具，同時按下 Ctrl 鍵與 Space 鍵時，會變成放大（放大顯示）工具
Alt ＋ Ctrl ＋ Space 鍵		不論選取哪種工具，同時按下 Alt 鍵、Ctrl 鍵、Space 鍵，會變成縮小（縮小顯示）工具

此外，大部分的 Illustrator 選單命令都有快速鍵可以使用。熟悉後，就不用開啟選單，也能執行命令。實際操作 Illustrator 時，請徹底運用左手。

按下滑鼠右鍵顯示的快速鍵選單

按下滑鼠右鍵（Mac 是按住 Ctrl 鍵不放再按一下），就會顯示目前可以套用的快速鍵選單。選取物件時，就會顯示可以套用在該物件上的選單命令，假如沒有選取任何物件，則會顯示與畫面操作有關的選單。

1-11 顯示檔案

使用頻率 ☆☆☆

在 Illustrator 的預設狀態，視窗會收合成標籤頁次，但是也能獨立顯示成單一視窗。

將開啟的檔案顯示成標籤頁次

開啟多個檔案時，以標籤方式顯示在視窗中。選取標籤，即可切換顯示的檔案。

開啟多個檔案，會顯示成標籤，
按一下就能切換顯示的檔案
宣傳單.ai @ 76% (CMYK/GPU 預視)
artboard01.ai @ 63% (CMYK/GPU 預視)

TIPS 標籤的檔案名稱

當檔案經過修改，卻還沒儲存時，在標籤的檔案名稱最後，會顯示「*」。

一般（上圖）與更改後的狀態（下圖）

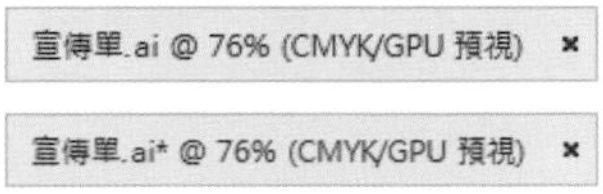
宣傳單.ai @ 76% (CMYK/GPU 預視)
宣傳單.ai* @ 76% (CMYK/GPU 預視)

按下應用程式列的▪▪⌄，可以選擇多個檔案的排列方法。

TIPS 如果要獨立顯示視窗

如果要讓每個檔案都顯示成獨立的視窗，請拖曳標籤名稱，將檔案分離。

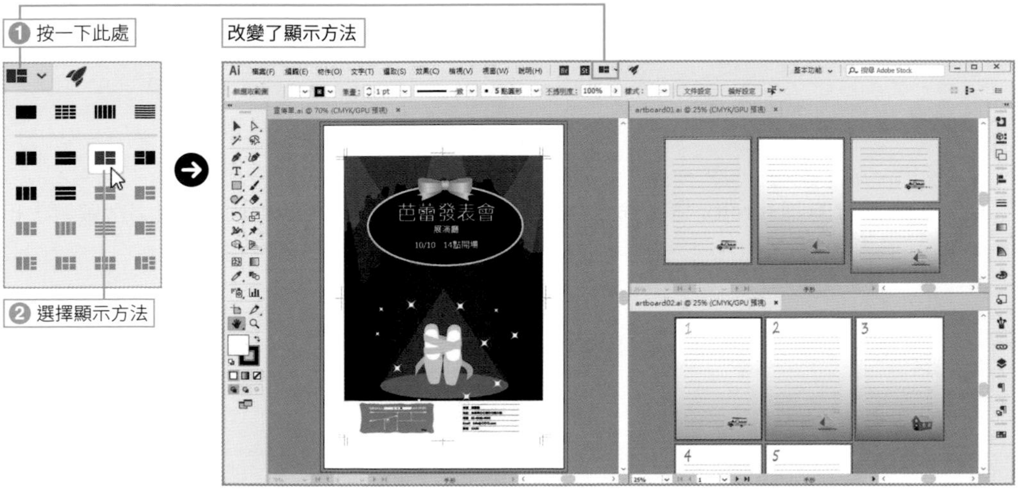
❶ 按一下此處
❷ 選擇顯示方法
改變了顯示方法
芭蕾發表會

新增一個和目前操作中插圖相同的視窗

執行『視窗→新增視窗』命令，可以顯示另一個與目前圖稿一起同步的視窗。由於兩個視窗同步，所以一個可以當作操作用放大顯示，另一個當作確認用，顯示整體狀態，一邊確認狀態，一邊執行製作。

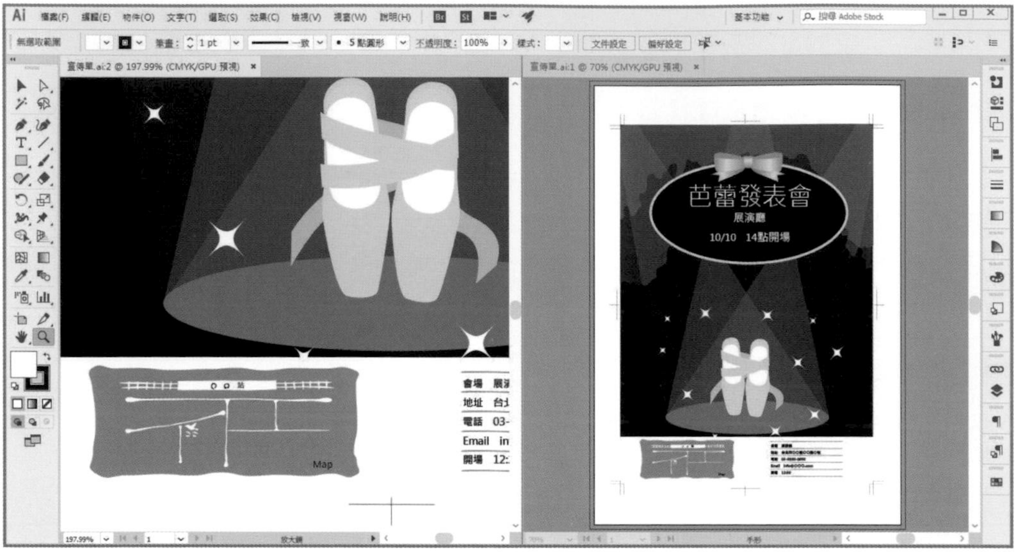

芭蕾發表會
展演廳
10/10 14點開場

開啟新畫面，可以一邊放大顯示，另一邊顯示整體狀態來執行操作。

TIPS 可以儲存操作狀態的新畫面

執行『**檢視→新增檢視視窗**』命令，可以將當時的比例及顯示位置的狀態，命名儲存起來。儲存後的畫面狀態，可以在**檢視**選單中選取並呼叫出來。

1-12 設定工作區域

使用頻率 ★★☆	「工作區域」是製作圖稿用的範圍，最多可以建立 100 個。列印圖稿或轉存成 PDF 時，會以工作區域為單位來輸出。顯示在工作區域左上方的數字會變成頁碼，你也可以把工作區域當作頁數。

何謂「工作區域」？

工作區域是指，圖稿的完成尺寸。繪製圖稿的工作區域邊界顯示為黑色，代表示執行中的工作區域。除了在新增文件時，可以設定工作區域，使用工作區域工具 ，也可以新增或刪除工作區域。此外，工作區域也能個別設定尺寸。

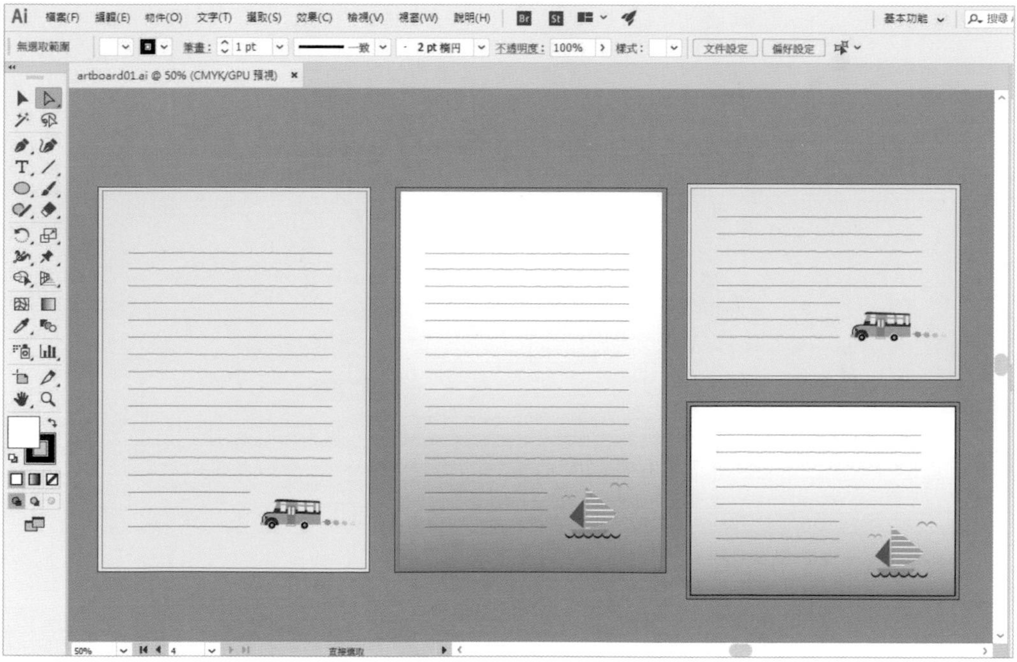

artboard01.ai @ 50% (CMYK/GPU 預視)

一個檔案中，可以設定多個工作區域。各個工作區域還能設定不同尺寸

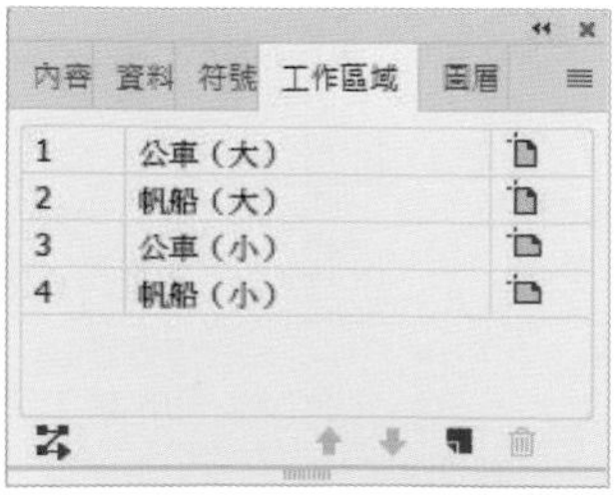

內容 資料 符號 工作區域 圖層
1 公車（大）
2 帆船（大）
3 公車（小）
4 帆船（小）

在「**工作區域**」面板中，會列出所有的工作區域

POINT

執行『**檢視→隱藏工作區域**』命令（Shift＋Ctrl＋H），可以隱藏工作區域。若要重新顯示，執行『**檢視→顯示工作區域**』命令。

▶ 使用「工作區域工具」建立及編輯新工作區域

使用工作區域工具 [icon]，可以新增或刪除工作區域、調整大小、移動位置等編輯步驟。操作方法和處理矩形物件相同。

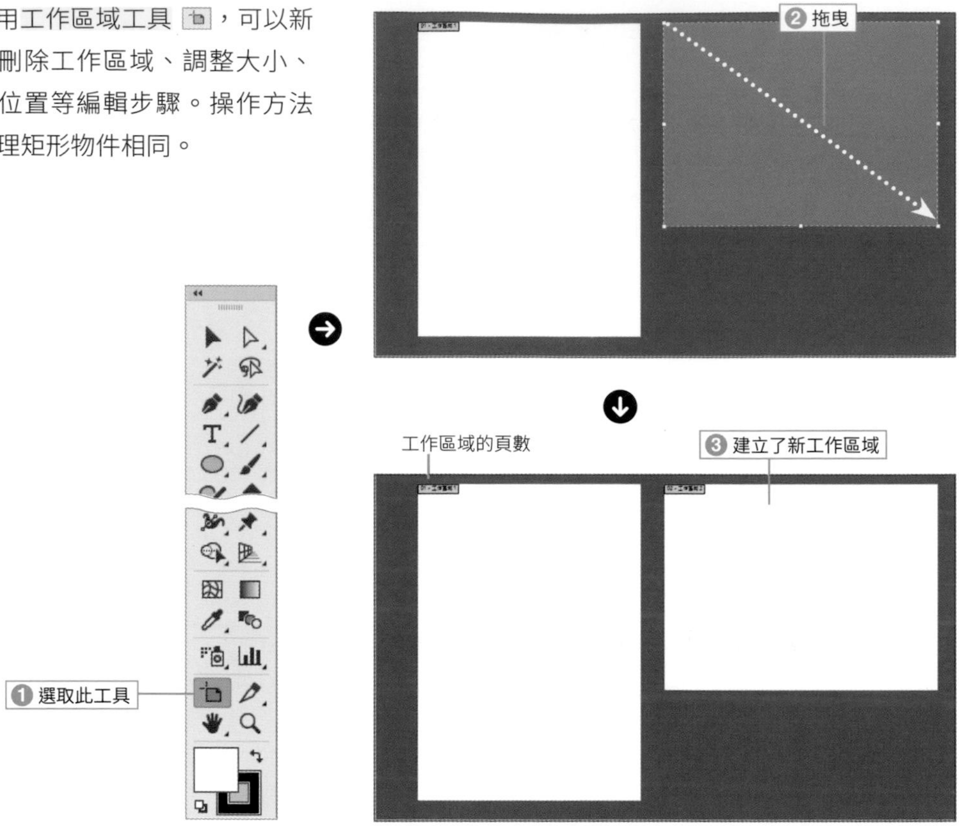

❷ 拖曳
工作區域的頁數
❸ 建立了新工作區域
❶ 選取此工具

TIPS　在工作區域中再建立工作區域

我們也可以在大的工作區域中，建立小的工作區域。此時，請利用 Shift ＋拖曳來建立工作區域。

POINT

使用**工作區域工具** [icon] 按一下物件，可以建立和物件大小一樣的工作區域。如果物件建立了群組，會建立和群組物件邊界方框一樣大小的工作區域。

▶ 調整大小及位置

拖曳顯示在周圍的虛線框，可以調整工作區域的大小。另外，拖曳工作區域，能隨意安排位置。按下 Alt ＋拖曳，可以拷貝工作區域。

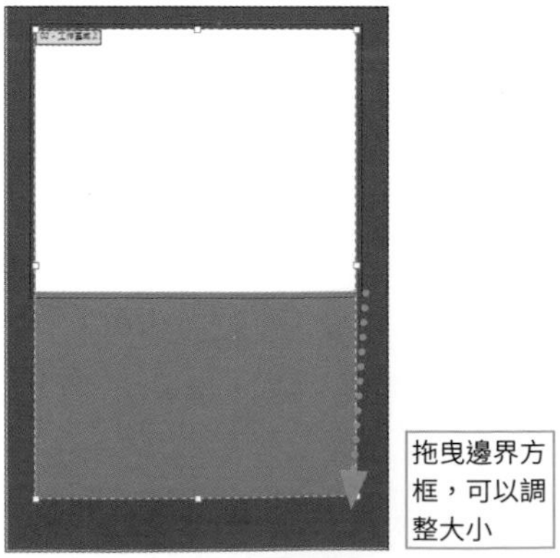

拖曳邊界方框，可以調整大小

TIPS　和工作區域一起移動物件

按下「**控制**」面板的「**移動 / 拷貝具有工作區域的圖稿**」 [icon]，移動 / 拷貝工作區域時，可以同時移動 / 拷貝工作區域上的物件。

▶ 「工作區域工具」的「控制」面板

在工作區域工具中 ，可以針對選取的工作區域，利用控制面板設定大小等數值。

可以從預設集選取工作區域大小
選擇工作區域的方向
輸入工作區域名稱
工作區域
自訂
名稱：
工作區域 1
新增工作區域
按一下可以刪除選取中的工作區域。只刪除工作區域，物件會保留下來
按下這個按鈕，在移動 / 拷貝工作區域時，連工作區域上的物件也會一起移動 / 拷貝

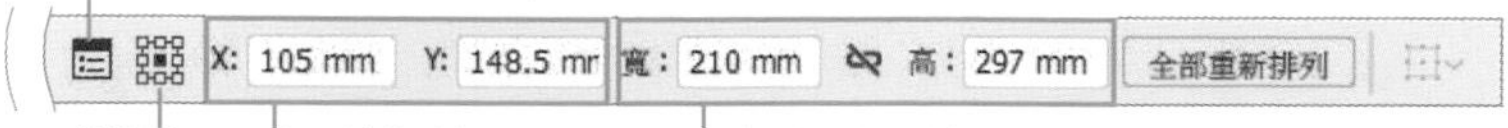
開啟**工作區域選項**交談窗
X: 105 mm
Y: 148.5 mr
寬：210 mm
高：297 mm
全部重新排列
基準點
工作區域的座標
可以設定工作區域的大小

● 「工作區域」面板

在文件內建立的工作區域會顯示在工作區域面板裡。在工作區域面板中，能新增、拷貝、刪除工作區域。

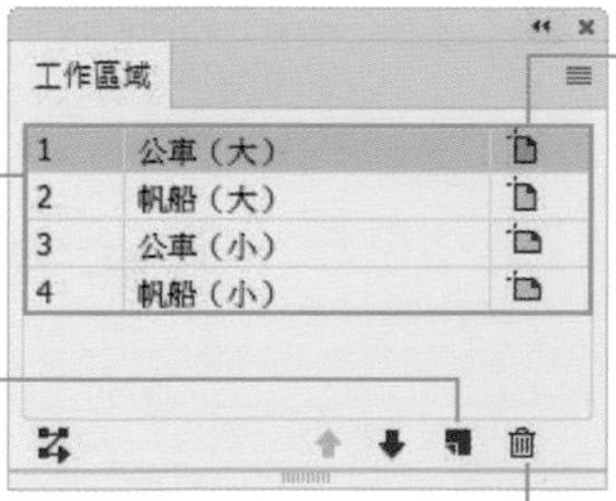
工作區域
1 公車（大）
2 帆船（大）
3 公車（小）
4 帆船（小）
目前選取中的工作區域
建立新的空白工作區。新工作區域的大小和選取中的工作區域一樣
・顯示檔案內的工作區域。
・使用「**工作區域工具**」選取工作區域，可以在「**控制**」面板中設定工作區域的名稱。
・在名稱上雙按滑鼠左鍵，也可以設定工作區域名稱。
・按住 Shift 鍵不放再按一下，可以選取多個工作區域。
刪除選取中的工作區域

TIPS **連同物件拷貝工作區域**

將工作區域名稱拖放至**新增工作區域**鈕 ，可以連工作區域內的物件也一併拷貝。

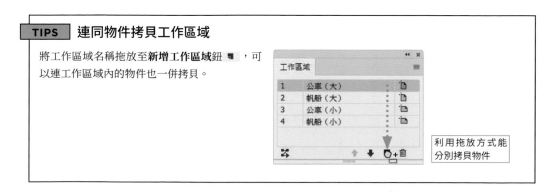

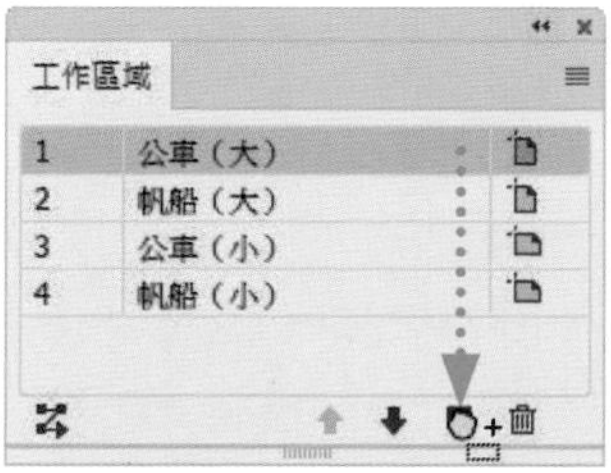
工作區域
1 公車（大）
2 帆船（大）
3 公車（小）
4 帆船（小）
利用拖放方式能分別拷貝物件

TIPS 依照工作區域儲存檔案

存檔時，利用選項設定，可以按照工作區域來分開儲存檔案。儲存的檔案名稱會變成「檔案名稱 _ 工作區域名稱」。

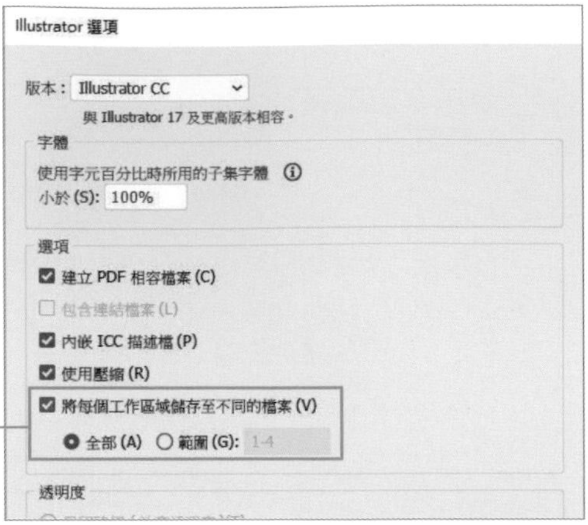

Illustrator 選項
版本：Illustrator CC
與 Illustrator 17 及更高版本相容。
字體
使用字元百分比時所用的子集字體
小於 (S): 100%
選項
建立 PDF 相容檔案 (C)
包含連結檔案 (L)
內嵌 ICC 描述檔 (P)
使用壓縮 (R)
將每個工作區域儲存至不同的檔案 (V)
全部 (A)
範圍 (G): 1-4
透明度

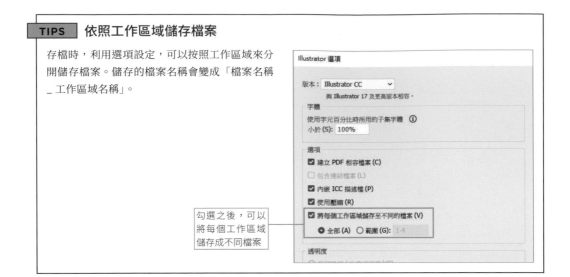

勾選之後，可以將每個工作區域儲存成不同檔案

排列工作區域

顯示在工作區域面板中的工作區域並沒有與實際工作區域的排列順序同步。不過，在工作區域面板中，調整工作區域的排列順序時，能更改實際工作區域的順序。請和下面一樣，調整工作區域的排列順序。

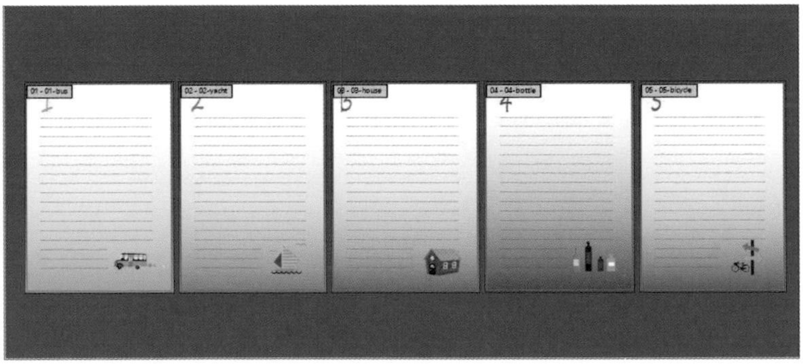

工作區域
1 01-bus
2 02-yacht
3 03-house
4 04-bottle
5 05-bicycle

這是目前工作區域的排列順序。由左到右的順序會在「**工作區域**」面板中，以由上往下的順序顯示。

1 利用面板設定排列順序

在「**工作區域**」面板中，調整工作區域的排列順序。請拖曳工作區域的名稱，或按下面板下方的箭頭按鈕。

決定排列順序後，在面板選單執行『**重新排列所有工作區域順序**』命令。

❶ 拖曳或利用面板下方的箭頭按鈕調整工作區域的排列順序

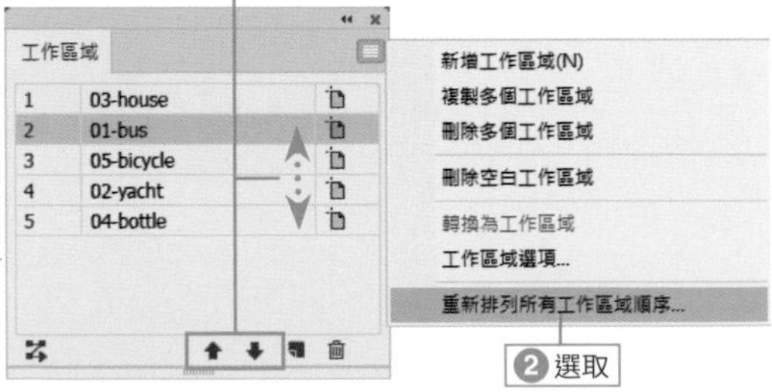

工作區域
1 03-house
2 01-bus
3 05-bicycle
4 02-yacht
5 04-bottle
新增工作區域(N)
複製多個工作區域
刪除多個工作區域
刪除空白工作區域
轉換為工作區域
工作區域選項...
重新排列所有工作區域順序...

❷ 選取

❷ 設定配置

設定工作區域的配置及橫欄、間距，再按下**確定**鈕。

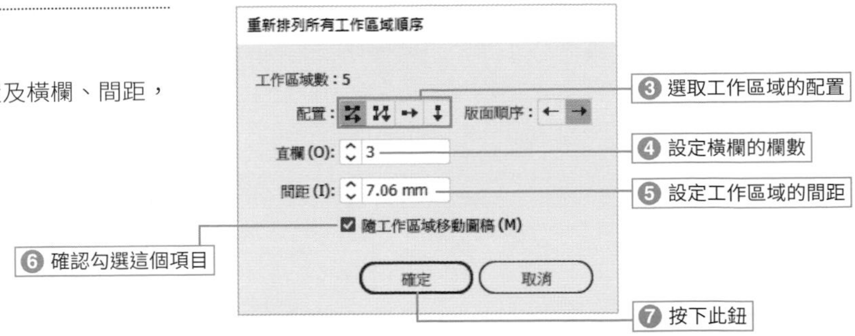
重新排列所有工作區域順序
工作區域數：5
配置：
版面順序：
直欄 (O): 3
間距 (I): 7.06 mm
隨工作區域移動圖稿 (M)
確定
取消
❸ 選取工作區域的配置
❹ 設定橫欄的欄數
❺ 設定工作區域的間距
❻ 確認勾選這個項目
❼ 按下此鈕

❸ 改變工作區域的排列順序

依照設定後的排列順序及配置，重新顯示工作區域。

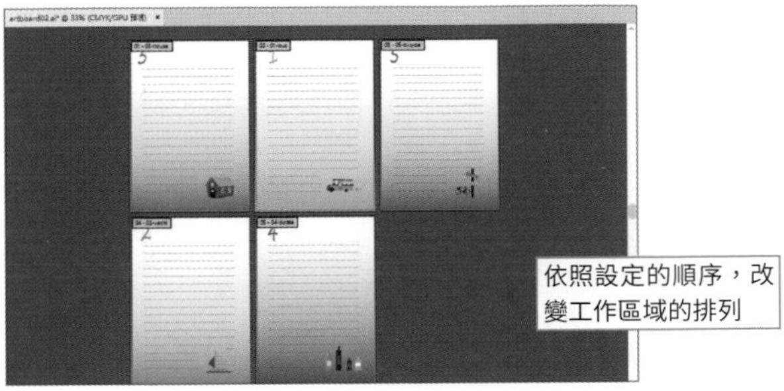
依照設定的順序，改變工作區域的排列

● 設定工作區域選項

在工具面板中的工作區域工具上 雙按滑鼠左鍵，或按下控制面板的 ，會開啟工作區域選項交談窗，能設定精準的尺寸或顯示參考線等。

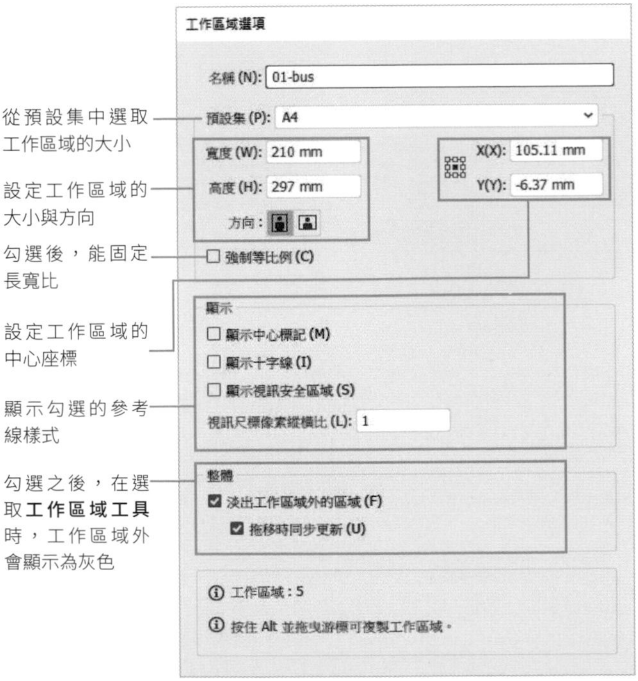
工作區域選項
名稱 (N): 01-bus
預設集 (P): A4
寬度 (W): 210 mm
高度 (H): 297 mm
方向：
X(X): 105.11 mm
Y(Y): -6.37 mm
強制等比例 (C)
顯示
顯示中心標記 (M)
顯示十字線 (I)
顯示視訊安全區域 (S)
視訊尺標像素縱橫比 (L): 1
整體
淡出工作區域外的區域 (F)
拖移時同步更新 (U)
工作區域：5
按住 Alt 並拖曳游標可複製工作區域。
從預設集中選取工作區域的大小
設定工作區域的大小與方向
勾選後，能固定長寬比
設定工作區域的中心座標
顯示勾選的參考線樣式
勾選之後，在選取工作區域工具時，工作區域外會顯示為灰色

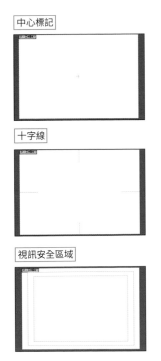

中心標記

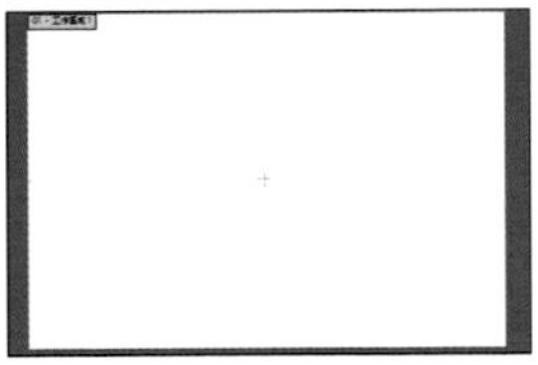

十字線

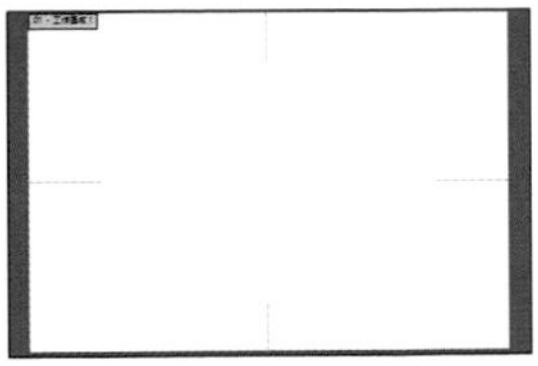

視訊安全區域

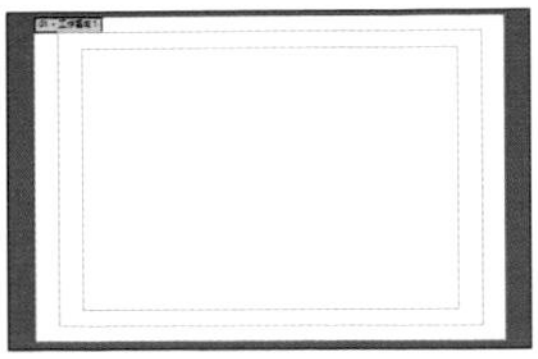

TIPS 在所有工作區域中，拷貝相同物件

若要使用多個工作區域製作多種變化，有時會在所有工作區域置入相同物件。執行『**編輯→在所有工作區域上貼上**』命令（Alt＋Shift＋Ctrl＋V），可將拷貝或剪下的物件貼至所有工作區域的相同位置。

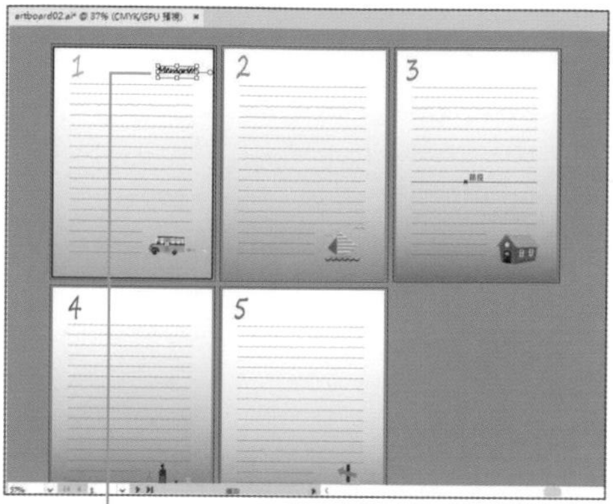

選取要置入其他工作區域中的物件，執行『**編輯→剪下**』命令

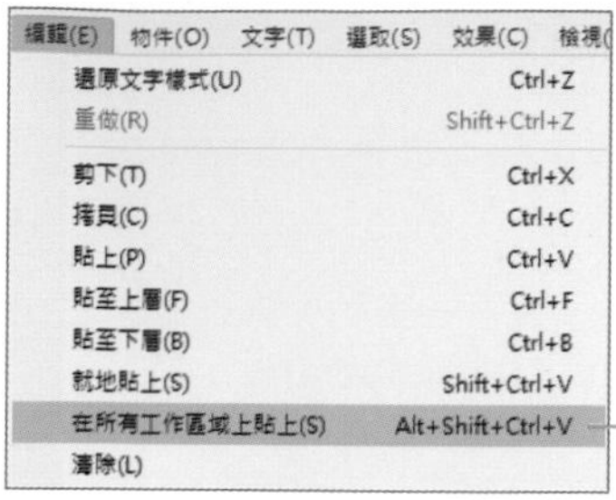
編輯(E) 物件(O) 文字(T) 選取(S) 效果(C) 檢視(
還原文字樣式(U) Ctrl+Z
重做(R) Shift+Ctrl+Z
剪下(T) Ctrl+X
拷貝(C) Ctrl+C
貼上(P) Ctrl+V
貼至上層(F) Ctrl+F
貼至下層(B) Ctrl+B
就地貼上(S) Shift+Ctrl+V
在所有工作區域上貼上(S) Alt+Shift+Ctrl+V
清除(L)

選取

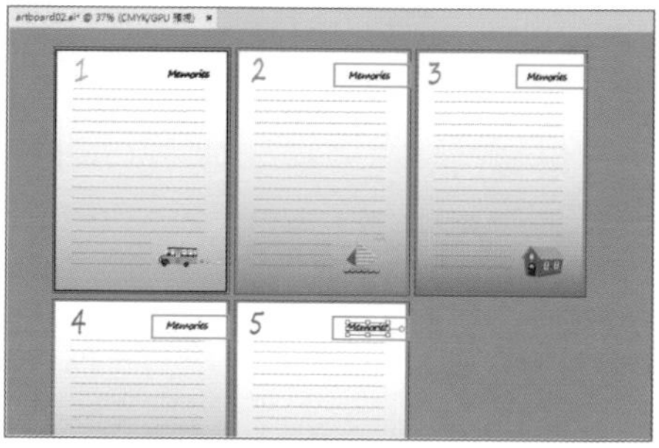

貼至全部的工作區域

POINT

貼上物件時，是以各工作區域左上方為基準，因此遇到大小不同的工作區域時，可能無法貼在期望的位置上。

TIPS 開啟了舊版 CS3 檔案時的處理方式

如果舊版 CS3 的檔案中，設定了裁切標記時，開啟「**轉換為工作區域**」交談窗，可以設定要建立何種尺寸的工作區域。

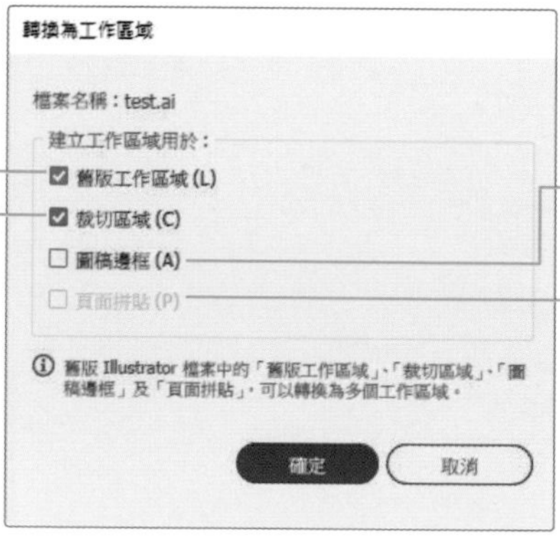
轉換為工作區域
檔案名稱：test.ai
建立工作區域用於：
舊版工作區域 (L)
裁切區域 (C)
圖稿邊框 (A)
頁面拼貼 (P)
舊版 Illustrator 檔案中的「舊版工作區域」、「裁切區域」、「圖稿邊框」及「頁面拼貼」，可以轉換為多個工作區域。
確定
取消

※ 可以選取多個項目

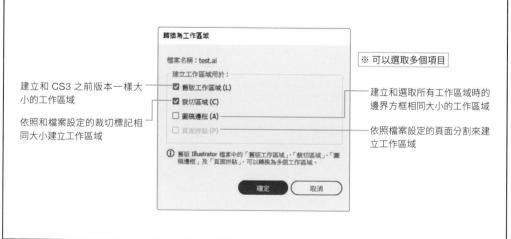

建立和 CS3 之前版本一樣大小的工作區域

依照和檔案設定的裁切標記相同大小建立工作區域

建立和選取所有工作區域時的邊界方框相同大小的工作區域

依照檔案設定的頁面分割來建立工作區域

CHAPTER

2

繪製物件

Illustrator 中，準備了許多繪製線條及圖形的工具，先掌握各項工具可以繪製出何種圖形，再搭配變形或組合物件的手法，就可以完成你想要的物件。

2-1 學習路徑的結構

使用頻率 ★☆☆

Illustrator 提供大量繪製線條及圖形用的工具。使用繪圖工具畫出來的線條或圖形，會變成路徑。因此，在你使用繪圖工具之前，請先瞭解路徑的結構。

路徑是這樣構成的

鑰點與區段

使用各種繪圖工具畫出來的線條或圖形，是由稱作路徑的線以及點所構成。路徑是，用稱作錨點的點連接，而點與點之間的線，稱作區段。

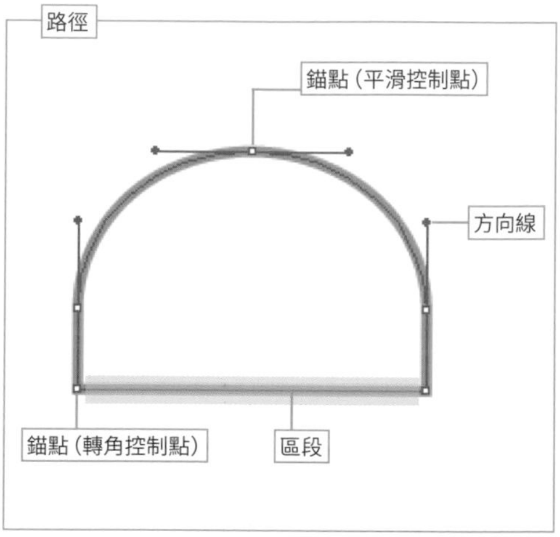
路徑
錨點（平滑控制點）
方向線
錨點（轉角控制點）
區段

「平滑控制點」與「轉角控制點」

大部分的圖形是由多個錨點的路徑所構成。連接曲線區段，在兩個方向出現一直線方向線的錨點，稱作平滑控制點。另外，連接區段的其中一邊是直線區段的錨點，則稱作轉角控制點。

曲線的彎曲程度由方向線決定

線段的彎曲程度是根據方向線（控制把手）的輔助線角度與長度而定。方向線愈長，曲線的彎曲度愈大；方向線愈短，曲線的彎曲度愈小。兩個錨點都沒有方向線，會變成直線。

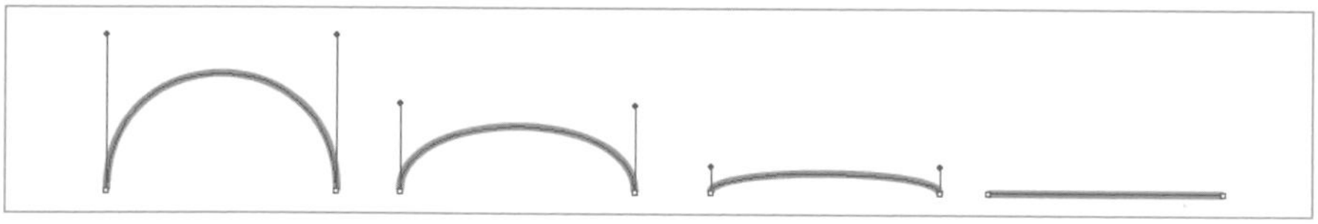

方向線的長度愈長，彎曲度愈大

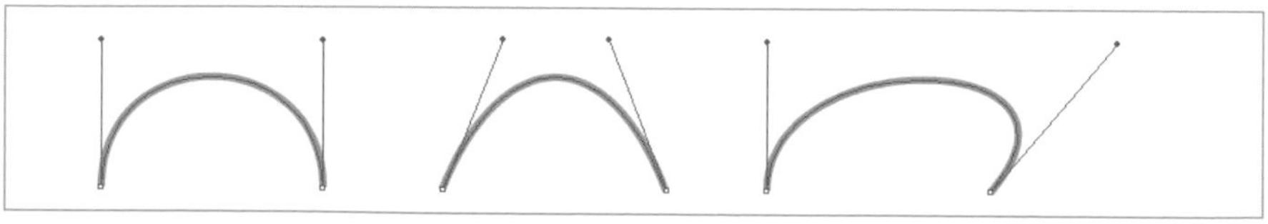

即使錨點的位置相同，也會隨著方向線的角度而改變曲線的形狀

開放路徑與封閉路徑

兩端分開的路徑稱作開放路徑，兩端閉合的路徑，稱作封閉路徑。

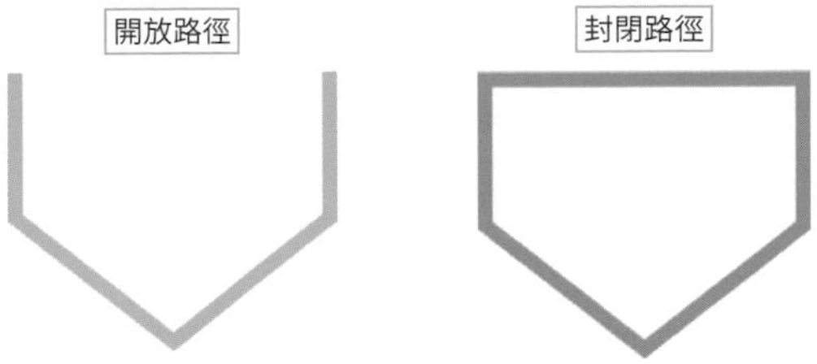
開放路徑
封閉路徑

物件的筆畫與填色

Illustrator 的物件可以分別設定路徑的顏色 (筆畫) 與路徑內部的顏色 (填色)。此外，還可以設定透明度，讓顏色變透明，或利用漸層來填色。關於顏色的設定，請參考 CHAPTER 5。

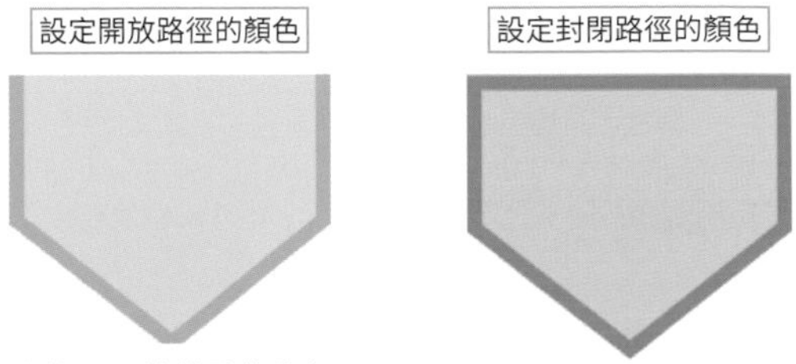
設定開放路徑的顏色
設定封閉路徑的顏色

連接了兩端錨點的路徑內部，會變成「填色」

TIPS 外觀

基本上，路徑的形狀會變成線條或圖形的形狀。但是利用**外觀** (請參考 **5-42 頁**) 的設定，可以讓路徑與物件的形狀變得不一樣。

物件的上下關係與繪製方法

物件具有前後關係，重疊之後，上方物件會遮住下方物件。在預設狀態下，新物件會建立在最上層。

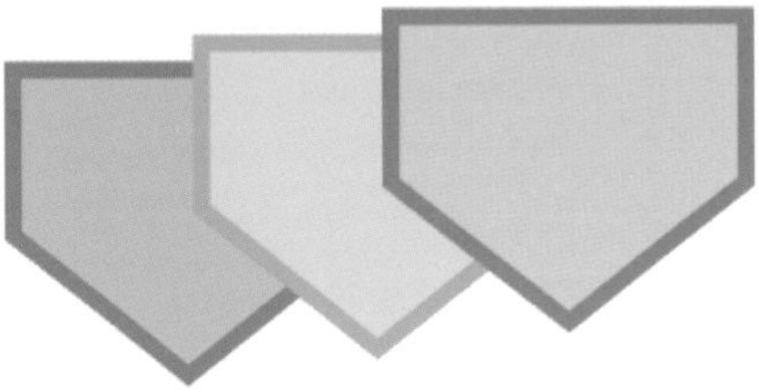

利用工具面板下方的設定，可以在最下層建立物件，或在物件的內部繪圖 (可以用 Shift + D 鍵切換)。

建立物件之後，還可以調整物件的前後關係 (請參考 **4-34 頁**)。另外，也能使用圖層來管理階層結構 (請參考 **4-31 頁**)。

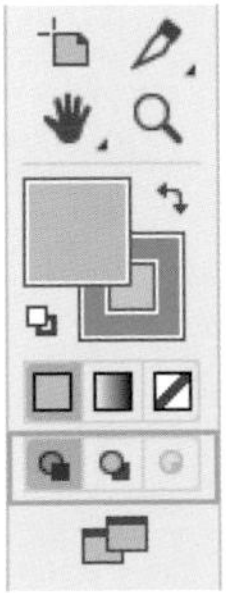

TIPS 在內部繪圖

在內部繪圖時，會建立剪裁遮色片路徑。請參考 **7-24 頁**。

CS6 | CC | CC14 | CC15 | CC17 | CC18

2-2
繪製線條

使用頻率	
☆☆☆	使用鋼筆工具及線段區段工具，可以繪製線條。尤其鋼筆工具是 Illustrator 獨特的貝茲曲線，在繪製各種平滑曲線時，是不可缺少的重要工具。

用「鋼筆工具」繪製連續的直線

使用鋼筆工具，以點、按滑鼠的方式，可以繪製連接各點的連續線。

1 按一下起點與下一個點

按一下滑鼠左鍵建立線段的起點，接著再按一下建立下一個點。

POINT

按下滑鼠左鍵時，若同時按住 Shift 鍵不放，可以繪製出水平線、垂直線、角度限制為 45 度的線條。

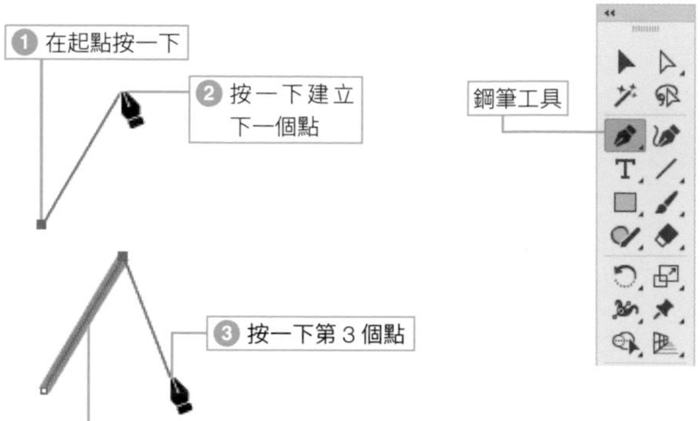

① 在起點按一下
② 按一下建立下一個點
鋼筆工具
③ 按一下第 3 個點

連接按下滑鼠左鍵後的 2 個點，繪製出線條。

2 畫出線條

連接起點與下一個點會變成直線。如果要繼續描繪直線，再按下下一個點。線條的顏色會套用目前選取中的「筆畫」顏色（請參考 **5-2 頁**）。

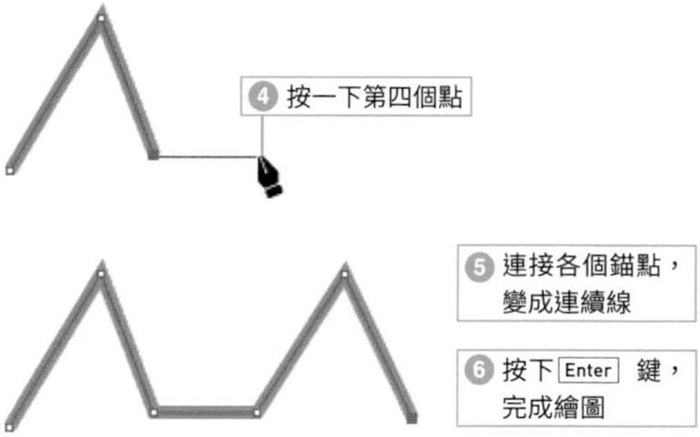

④ 按一下第四個點
⑤ 連接各個錨點，變成連續線
⑥ 按下 Enter 鍵，完成繪圖

3 按下 Enter 鍵，完成繪製

繼續按一下，會畫出連接點擊點的連續線段。如果要結束繪製步驟，請按下 Enter 鍵。

POINT

如果要結束繪製步驟，除了按下 Enter 鍵，也可以按住 Ctrl 鍵不放，並且按一下沒有圖形的部分，這樣也會取消選取狀態。

TIPS　顯示橡皮筋

自 CC 2014 開始，從上一個錨點到滑鼠游標的位置為止，會顯示接下來繪製線條的橡皮筋。如果要和舊版本一樣，隱藏橡皮筋，請執行『**編輯→偏好設定→選取和錨點顯示**』命令，利用**啟用橡皮筋，用於：**項目（請參考 **11-4 頁**），關閉不想顯示橡皮筋的工具（在 CC 2014 是關閉**針對鋼筆工具啟用橡皮筋**）。

繪製封閉的圖形（封閉路徑）

使用鋼筆工具[鋼筆圖示]連接起點與終點，就可以繪製出封閉的圖形（封閉路徑）。

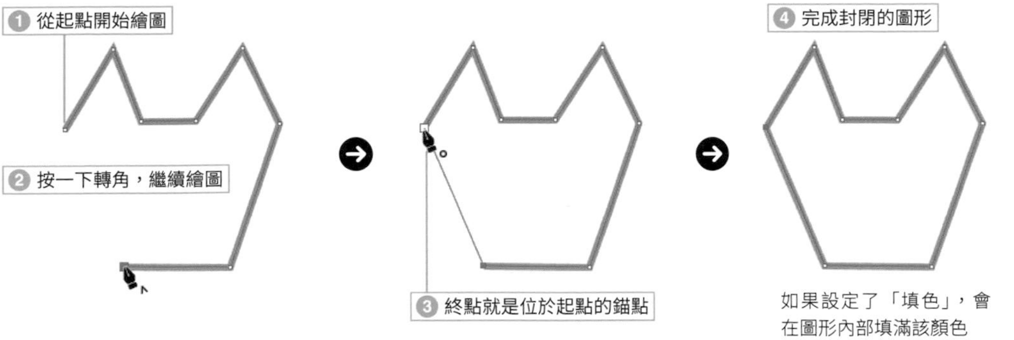

① 從起點開始繪圖
② 按一下轉角，繼續繪圖
③ 終點就是位於起點的錨點
④ 完成封閉的圖形

如果設定了「填色」，會在圖形內部填滿該顏色

POINT

按住 Shift 鍵不放，同時按一下，可以繪製出水平線、垂直線、角度限制為 45 度的線條。

POINT

封閉圖形時，在起點拖曳，最後的路徑會變成曲線。

TIPS 恢復到上個步驟的狀態

執行『**編輯→還原**』命令（Ctrl＋Z），可以恢復成上一個步驟的狀態。

TIPS 使用「線段區段工具」[線段區段圖示]繪製直線

除了**鋼筆工具**[鋼筆圖示]，使用**線段區段工具**[線段區段圖示]，也可以繪製直線。**線段區段工具**[線段區段圖示]不是用按一下，而是從起點往終點拖曳來繪圖。但是，**線段區段工具**[線段區段圖示]無法畫出具有尖角且相連的直線。而且也無法畫出連續線。

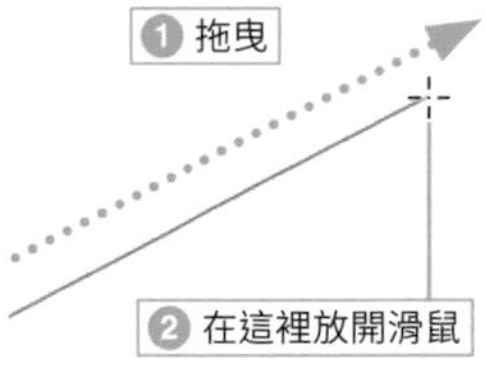

① 拖曳
② 在這裡放開滑鼠

繪製曲線

如果要繪製曲線，必須使用鋼筆工具[鋼筆圖示]。使用鋼筆工具[鋼筆圖示]拖曳，在與拖曳方向相反的方向，會顯示控制曲線彎曲度的方向線（控制把手）。利用錨點與控制把手，一邊控制彎曲度，一邊畫出曲線。

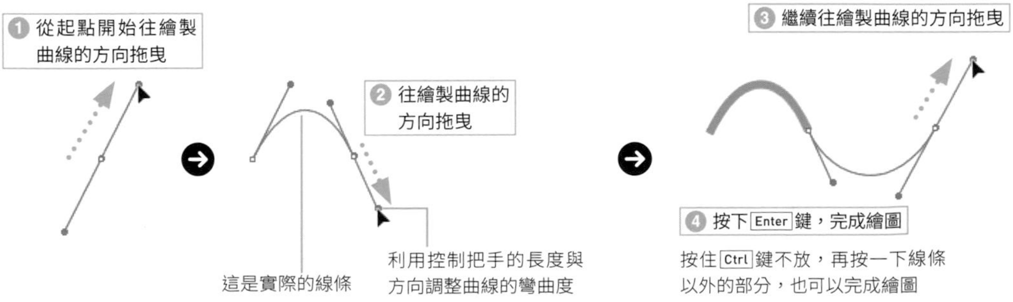

① 從起點開始往繪製曲線的方向拖曳
② 往繪製曲線的方向拖曳
這是實際的線條
利用控制把手的長度與方向調整曲線的彎曲度
③ 繼續往繪製曲線的方向拖曳
④ 按下 Enter 鍵，完成繪圖

按住 Ctrl 鍵不放，再按一下線條以外的部分，也可以完成繪圖

POINT

調整方向線時，在拖曳滑鼠游標的反方向上，也會自動建立相同長度的方向線。從 CC 2014 開始，按住 Ctrl 鍵不放同時拖曳，反方向的方向線會維持不動的狀態，只調整拖曳方向的方向線長度。

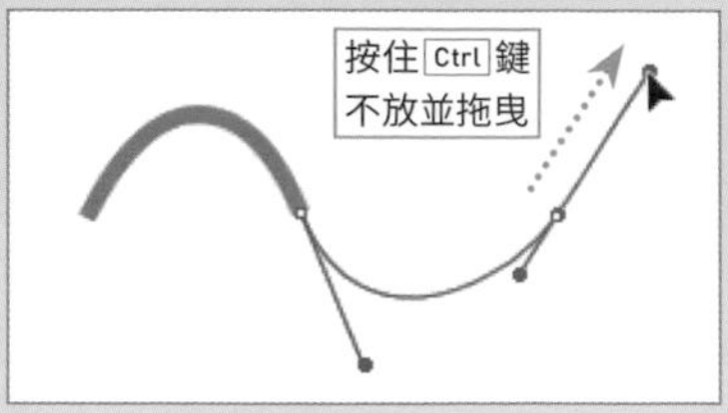
按住 Ctrl 鍵
不放並拖曳

TIPS 鋼筆工具 的快速鍵與智慧型參考線

使用**鋼筆工具**時，按住 Ctrl 鍵，可切換成**直接選取工具**。按住 Alt 鍵，會切換成**錨點工具**（CS6 是**轉換錨點工具**）。按下半形的 P 鍵，可以選取**鋼筆工具**。

使用智慧型參考線時（請參考 **11-20 頁**），不用按住 Shift 鍵，也能輕鬆畫出水平線、垂直線。

在曲線之後畫出直線

這是使用鋼筆工具，繪製曲線之後，再畫出直線的方法。

TIPS 如何在已經結束繪圖的線條上，繼續繪製？

暫時結束繪圖的線條，可用**鋼筆工具**，將游標重疊在路徑端的錨點上，當游標變成 的狀態時按一下，就能從該處開始繼續繪圖。

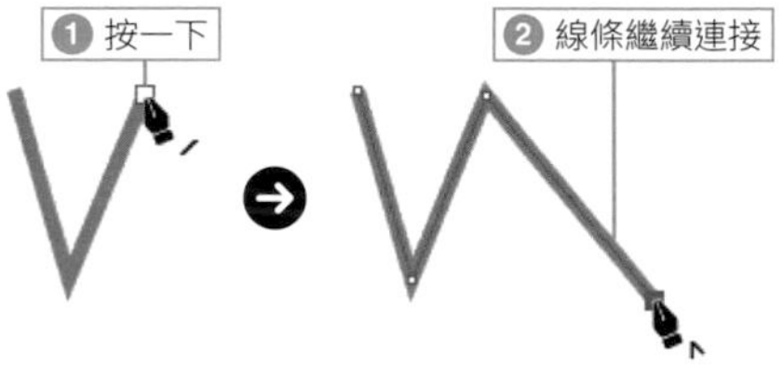
❶ 按一下
❷ 線條繼續連接

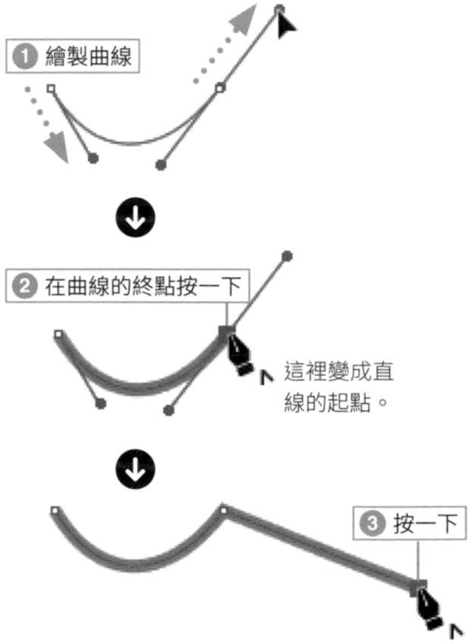
❶ 繪製曲線
❷ 在曲線的終點按一下
這裡變成直線的起點。
❸ 按一下

在直線之後畫出曲線

這是使用鋼筆工具，繪製直線之後，再畫出曲線的方法。

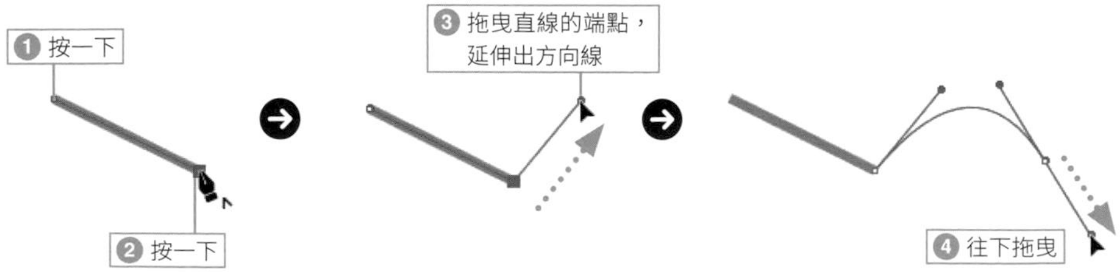
❶ 按一下
❷ 按一下
❸ 拖曳直線的端點，延伸出方向線
❹ 往下拖曳

TIPS 平滑控制點

選取平滑控制點時，方向線會顯示為一直線。這種方向線看起來是一條線，其實能控制旁邊其他區段的彎曲度。

使用**直接選取工具**，編輯方向線的方向與長度，可以隨意變形路徑的形狀（參考 **4-8 頁**）。

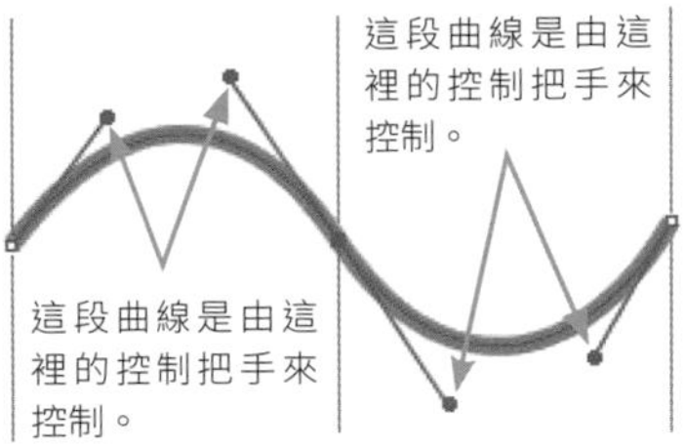

這段曲線是由這裡的控制把手來控制。
這段曲線是由這裡的控制把手來控制。

繪製駱駝的駝峰狀曲線

使用鋼筆工具，可以把兩段曲線繪製成用銳角連接的駝峰形狀。關鍵技巧在於，繪製第一個駝峰之後，要按住滑鼠左鍵不放，同時按下 Alt 鍵，建立方向線。

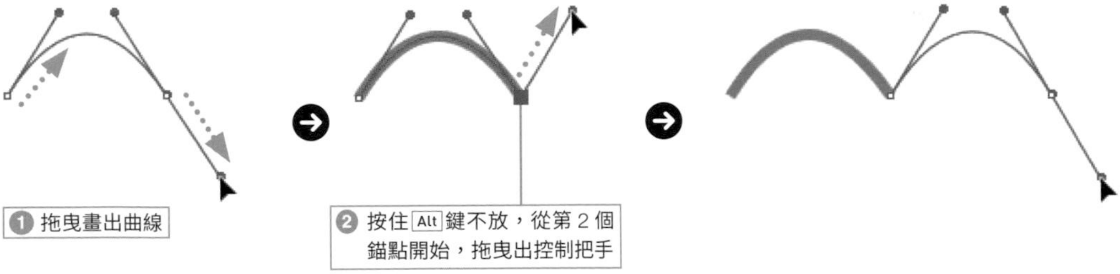

❶ 拖曳畫出曲線
❷ 按住 Alt 鍵不放，從第 2 個錨點開始，拖曳出控制把手

TIPS 繪圖中改變方向線的方向

在 Illustrator 中，使用**鋼筆工具**拖曳方向線的過程中，按下 Alt 鍵，可以將單邊的方向線獨立出來，改變路徑的方向。

此時，請按住 Alt 鍵不放，直到確定方向線的方向為止。若在途中放開，就會改變最初描繪的曲線形狀。

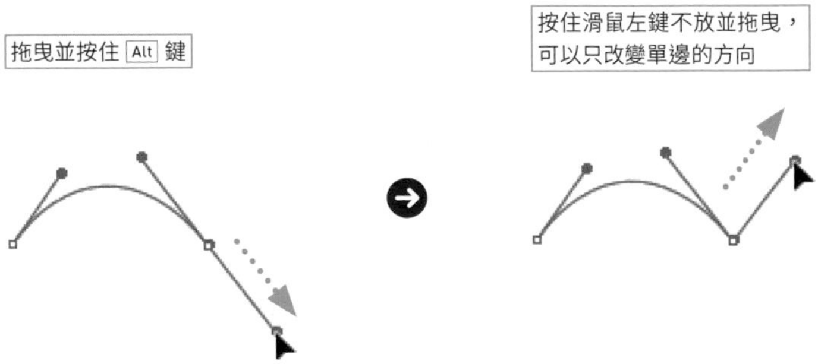

拖曳並按住 Alt 鍵
按住滑鼠左鍵不放並拖曳，可以只改變單邊的方向

CS6 CC CC14 CC15 CC17 CC18

2-3 「曲線工具」與「Shaper 工具」

使用頻率 ★☆☆	從 CC 2014 開始新增的曲線工具，只要點、按滑鼠就可以輕鬆操作，適合觸控工作區的繪圖工具。此外，CC 2015 新增的 Shaper 工具，是繪製圖形與合成圖形的工具。雖然這些工具主要使用於觸控工作區，但是在一般模式下也能使用。

使用「曲線工具」繪製曲線

曲線工具是利用通過曲線的錨點位置來繪圖。

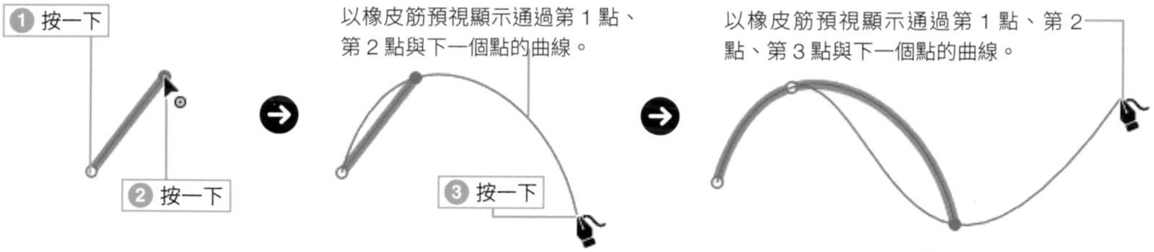

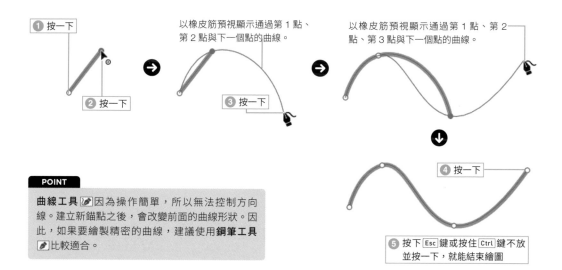

❶ 按一下
❷ 按一下
以橡皮筋預視顯示通過第 1 點、第 2 點與下一個點的曲線。
❸ 按一下
以橡皮筋預視顯示通過第 1 點、第 2 點、第 3 點與下一個點的曲線。

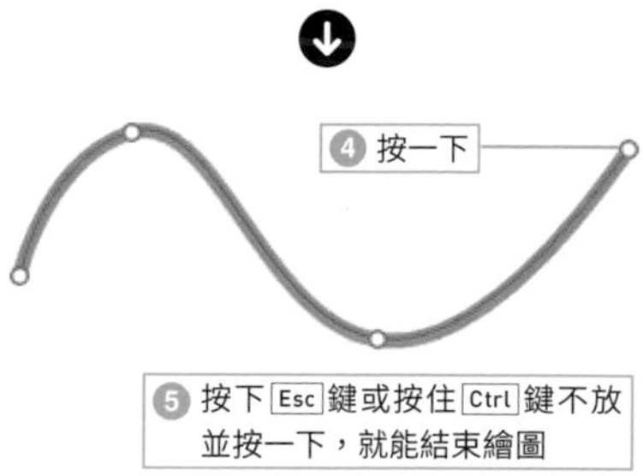

❹ 按一下
❺ 按下 Esc 鍵或按住 Ctrl 鍵不放並按一下，就能結束繪圖

POINT

曲線工具因為操作簡單，所以無法控制方向線。建立新錨點之後，會改變前面的曲線形狀。因此，如果要繪製精密的曲線，建議使用**鋼筆工具**比較適合。

使用「曲線工具」繪製直線

如果要使用曲線工具繪製直線，只要在錨點上雙按滑鼠左鍵（或按住 Alt ＋按一下）。

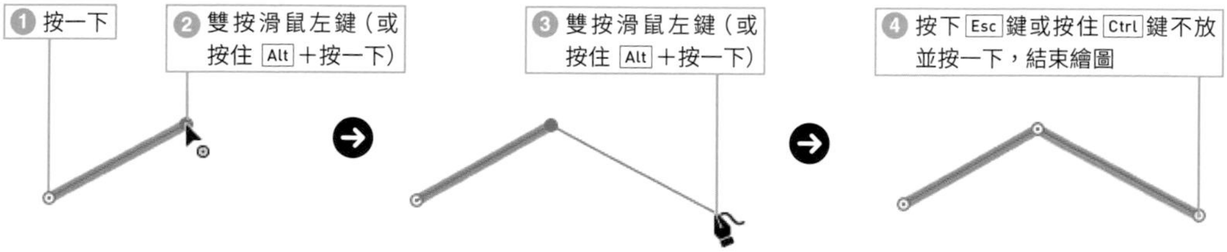

❶ 按一下
❷ 雙按滑鼠左鍵（或按住 Alt ＋按一下）
❸ 雙按滑鼠左鍵（或按住 Alt ＋按一下）
❹ 按下 Esc 鍵或按住 Ctrl 鍵不放並按一下，結束繪圖

使用「Shaper 工具」繪製圖形

只要拖曳出大致的圖形，就會轉換成適當的圖形。

繪製直線

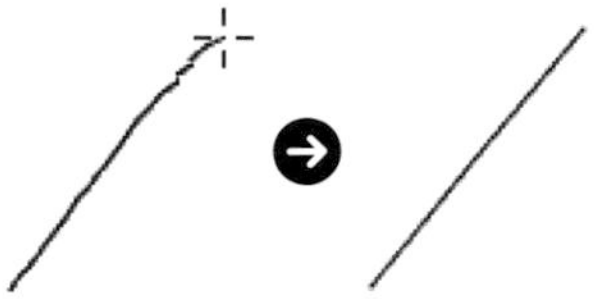

繪製圓形

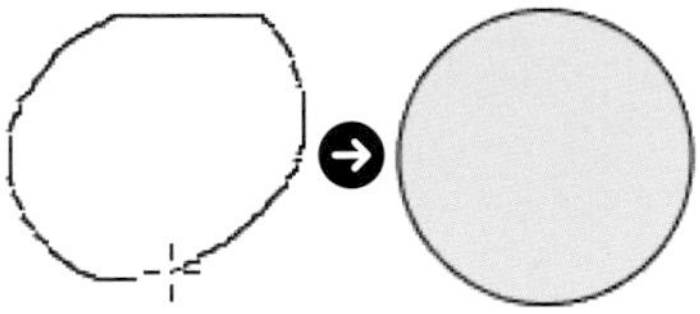

繪製正三角形

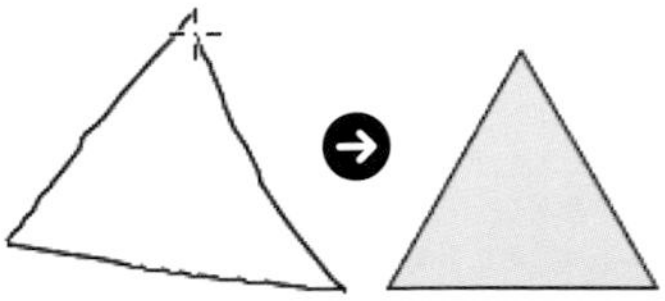

繪製多邊形

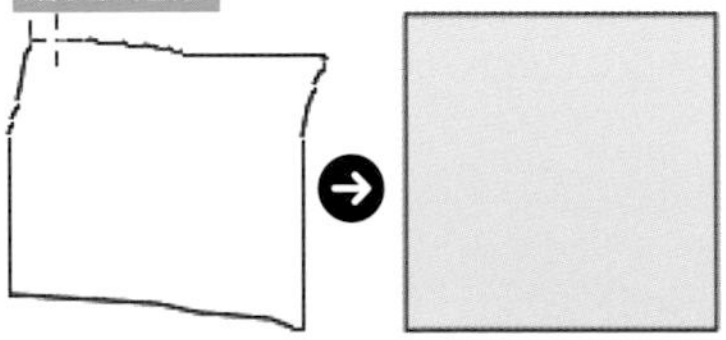

POINT

使用 **Shaper 工具**，可以繪製的物件包括「直線」、「矩形」、「圓形、橢圓形、正三角形、正六角形」，這些全都會變成即時物件。

使用 Shaper 工具合併或刪除物件

使用 Shaper 工具，可以合併或刪除重疊的物件。請以鋸齒狀拖曳方式來設定要合併或刪除的部分。完成合併或刪除的物件，會變成稱作 Shaper Group 的特殊群組物件。

拖曳穿過兩個物件，會合併該物件

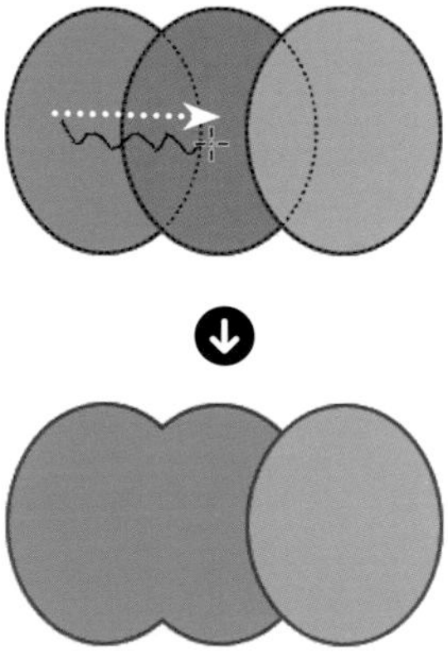

在相同物件內的重疊區域拖曳，可以刪除「填色」

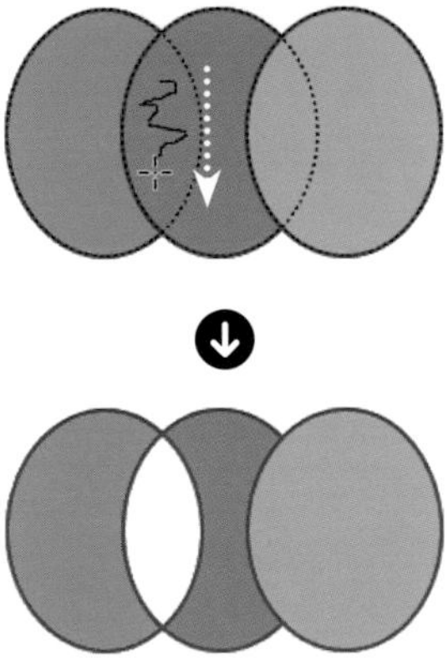

在線上拖曳，會刪除線條

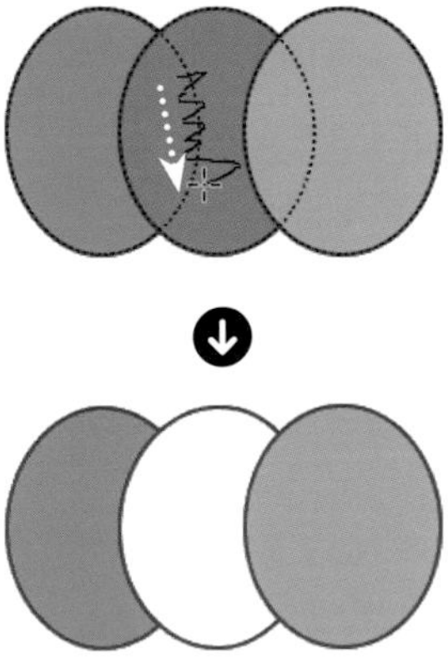

▶ 編輯 ShaperGroup 物件

ShaperGroup 物件可以使用 Shaper 工具，選取所有物件或個別選取物件。

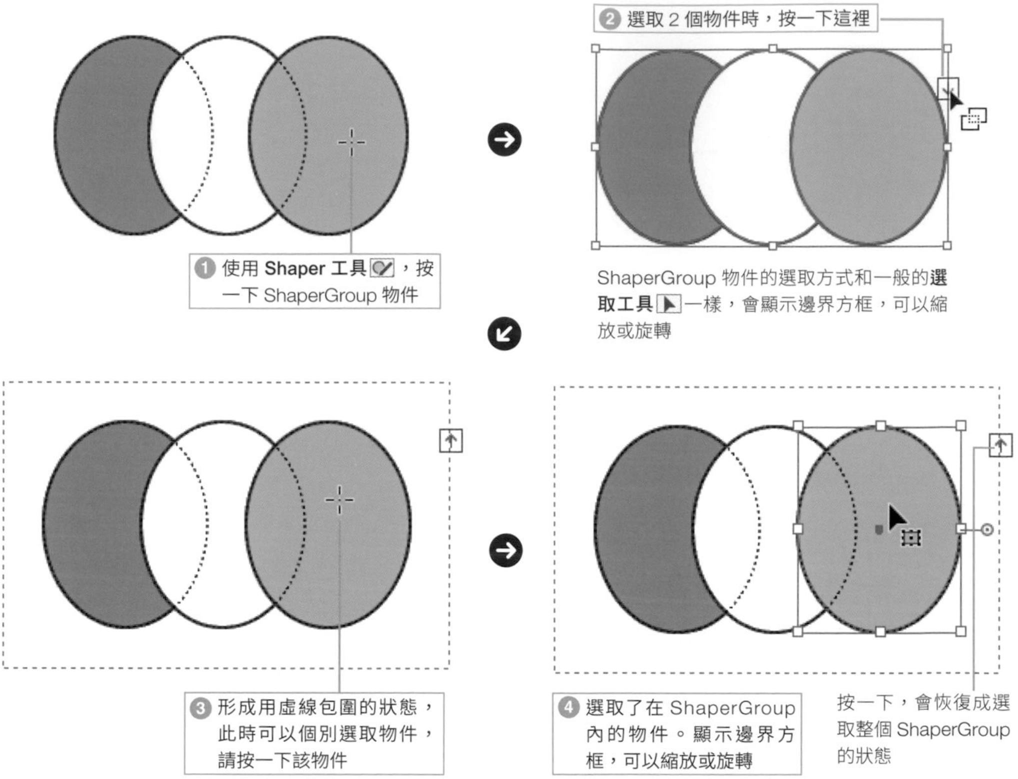

❶ 使用 **Shaper 工具**，按一下 ShaperGroup 物件
❷ 選取 2 個物件時，按一下這裡
ShaperGroup 物件的選取方式和一般的**選取工具**一樣，會顯示邊界方框，可以縮放或旋轉
❸ 形成用虛線包圍的狀態，此時可以個別選取物件，請按一下該物件
❹ 選取了在 ShaperGroup 內的物件。顯示邊界方框，可以縮放或旋轉
按一下，會恢復成選取整個 ShaperGroup 的狀態

POINT

選取 ShaperGroup 物件後，執行『**物件→展開**』命令，可以轉換成一般的物件群組。

2-4 繪製各種圖形

使用頻率	
★★★	在 Illustrator 中，提供繪製矩形、橢圓形、多邊形等標準圖形的工具，以及描繪星形、螺旋、格線、太陽反光等工具。

繪製矩形正方形（矩形工具）

使用矩形工具，可以繪製矩形（正方形）（快速鍵是按下半形 M 鍵）。在矩形工具中，包含可以繪製邊角為直角的矩形工具，以及邊角為圓角的圓角矩形工具。

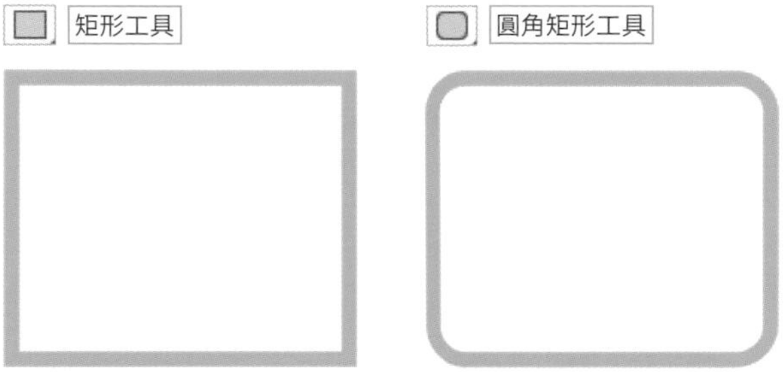
矩形工具
圓角矩形工具

以對角線方式拖曳，繪製矩形（圓角矩形）

使用矩形工具（圓角矩形工具）拖曳，可以畫出對角線等於拖曳長度的矩形。

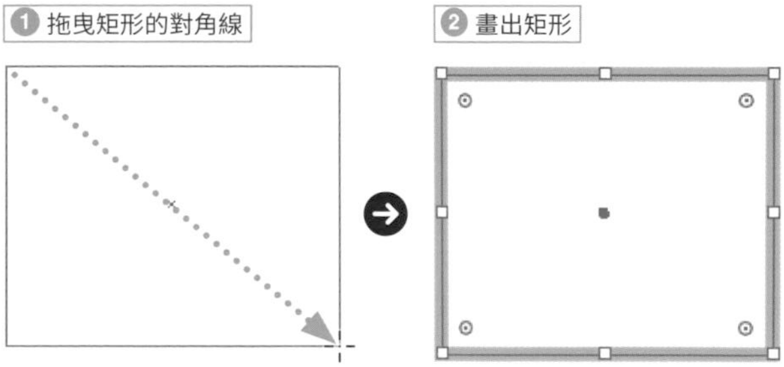
1 拖曳矩形的對角線
2 畫出矩形

TIPS 利用「效果」選單製作圓角

執行『**效果→風格化→圓角**』命令，會當作矩形物件的外觀，讓矩形變成圓角矩形。關於**效果**的詳細說明，請參考 **9-2 頁**。

TIPS 在拖曳的過程中，調整圓角大小

使用**圓角矩形工具**拖曳路徑的過程中，加上以下操作，可以調整圓角的大小。

↑鍵：放大圓角半徑
↓鍵：縮小圓角半徑
←鍵：圓角半徑歸 0，變成矩形
→鍵：圓角半徑變成最大

▶ 從中心繪圖

使用矩形工具 [▢]（或圓角矩形工具 [▢]），按住 Alt 鍵不放並拖曳，可以從矩形的中心（對角線的交叉點）畫出圖形。

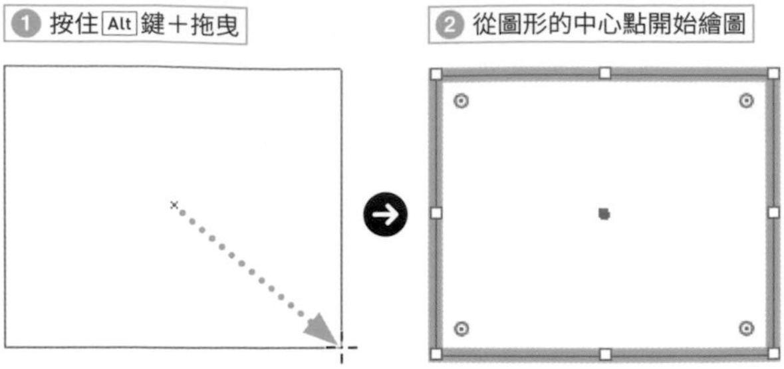

1 按住 Alt 鍵＋拖曳
2 從圖形的中心點開始繪圖

> **TIPS 矩形的圓角半徑**
>
> 圓角的大小是利用內接圓角的圓形半徑來設定。換句話說，矩形短邊的一半為該矩形可以設定的最大圓角半徑。

> **TIPS 在繪圖的過程中改變位置**
>
> 使用**矩形工具** [▢]（或**圓角矩形工具** [▢]）拖曳時，按下 Space 鍵繼續拖曳，可以移動矩形的位置。

▶ 用設定數值的方式繪製矩形

使用矩形工具 [▢]（或圓角矩形工具 [▢]），在想要繪製矩形的起點按一下，開啟矩形（圓角矩形）交談窗，設定高度、寬度、圓角半徑（限圓角矩形）的數值，即可繪圖。以設定數值的方式繪圖時，剛才按下滑鼠的位置會成為矩形的左上角。

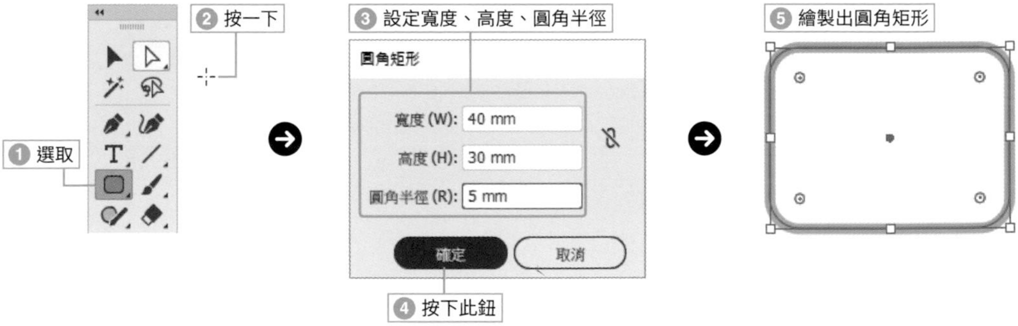

1 選取
2 按一下
3 設定寬度、高度、圓角半徑
圓角矩形
寬度 (W): 40 mm
高度 (H): 30 mm
圓角半徑 (R): 5 mm
確定
取消
4 按下此鈕
5 繪製出圓角矩形

POINT

交談窗內的的單位，是使用在**偏好設定**交談窗中，**單位**頁次內的**一般**設定的單位。

▶ 繪製正方形

使用矩形工具，按住 Shift 鍵不放並拖曳，可以畫出正方形。若要用設定數值的方式繪製正方形，請將寬度與高度設定為相同數值。

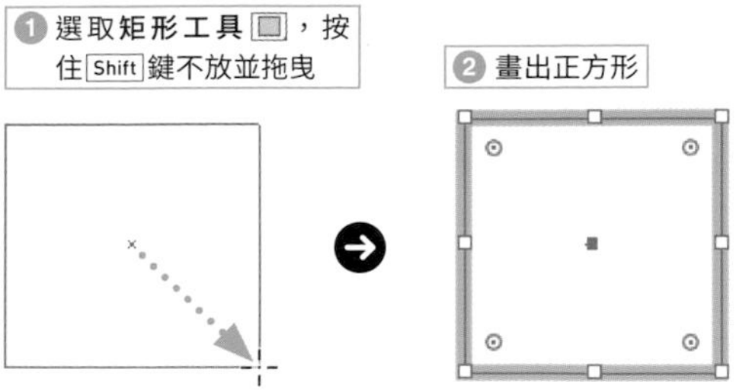

❶ 選取矩形工具，按住 Shift 鍵不放並拖曳
❷ 畫出正方形

TIPS 使用智慧型參考線繪製正方形

開啟**智慧型參考線**（請參考 **11-20 頁**）的**對齊參考線**功能，會在 45 度線上顯示參考線，只要拖曳，就能畫出正方形。

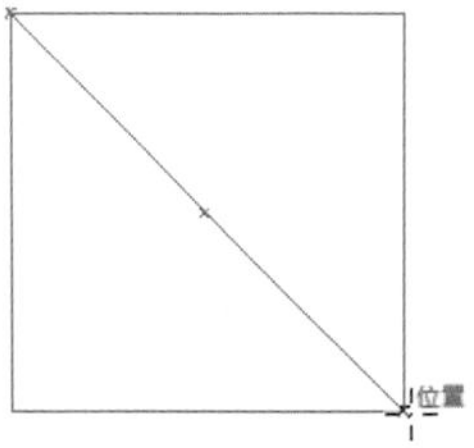

位置

使用智慧型參考線，可以輕易畫出正方形

● 矩形、圓角矩形的即時形狀設定（自 CC 2014 起）

從 CC 2014 開始，使用矩形工具或圓角矩形工具繪製的圖形，會成為『即時形狀』，在變形面板中（按下控制面板的形狀），可以把大小、旋轉角度、圓角大小當作圖形的屬性來設定。

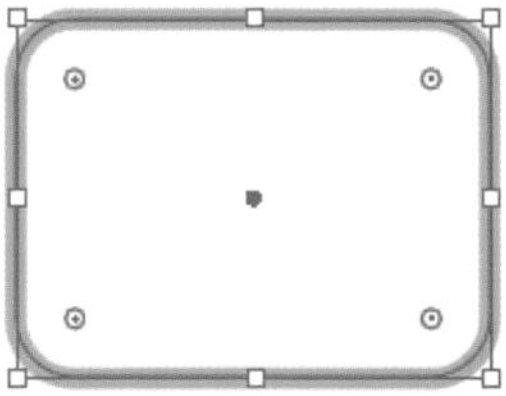

▶ 保持圓角的形狀

和以前的物件一樣，利用錨點，可以控制圓角大小，但是繪圖之後，也能調整圓角大小，或只讓部分邊角變圓角。另外，拖曳或利用面板改變大小時，會保持圓角的形狀，不會讓圓角變形。

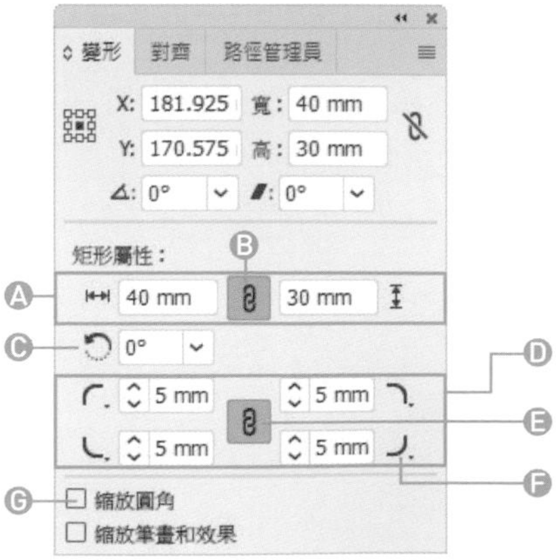

變形
對齊
路徑管理員
X: 181.925
寬: 40 mm
Y: 170.575
高: 30 mm
0°
0°
矩形屬性：
40 mm
30 mm
0°
5 mm
5 mm
5 mm
5 mm
縮放圓角
縮放筆畫和效果
A
B
C
D
E
F
G

Ⓐ 顯示位置與大小
Ⓑ 調整大小時，是否維持長寬比
Ⓒ 設定角度，可以旋轉物件
Ⓓ 可以分別設定各個邊角的圓角大小
Ⓔ 可以設定是否同步調整 4 個邊角以改變圓角大小
Ⓕ 按一下，可以改變圓角的形狀

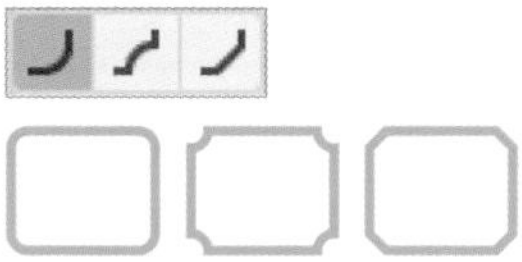

Ⓖ 開啟這項功能，縮放圖形時，也會同步縮放圓角

另外，使用選取工具選取物件時，會在邊角顯示尖角 Widget，拖曳可以改變圓角大小。詳細說明請參考即時尖角（**4-19 頁**）。

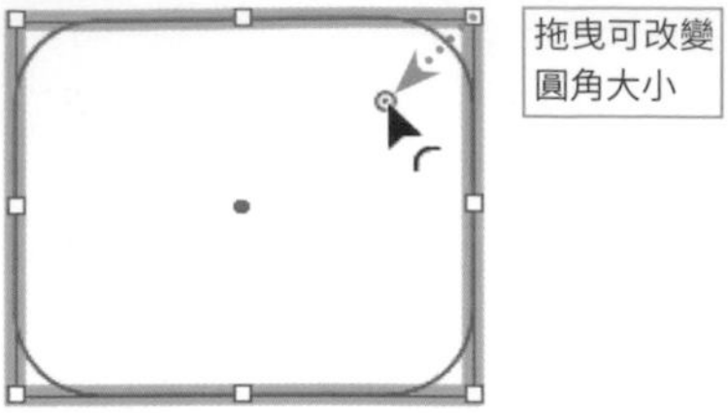

拖曳可改變圓角大小

▶「即時形狀」之前的圓角矩形

使用 CC 2014 之前的版本建立矩形或圓角矩形時，沒有即時形狀的屬性。如果要當作即時形狀來處理，請執行『物件→外框→轉換為形狀』命令。

> **POINT**
>
> 執行『**物件→外框→展開形狀**』命令，可以將含有即時形狀屬性的物件，轉換成一般路徑圖形。

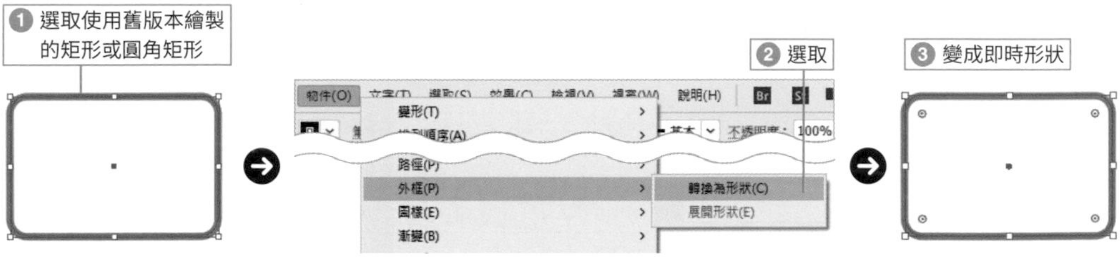

❶ 選取使用舊版本繪製的矩形或圓角矩形
❷ 選取
❸ 變成即時形狀
物件(O)
說明(H)
變形(T)
外框(P)
圖樣(E)
漸變(B)
轉換為形狀(C)
展開形狀(E)
100%

● 繪製橢圓形（圓形）（橢圓形工具）

使用橢圓形工具，可以繪製橢圓形（圓形）（快速鍵是按下半形 L 鍵）。橢圓形工具是矩形工具的子工具。

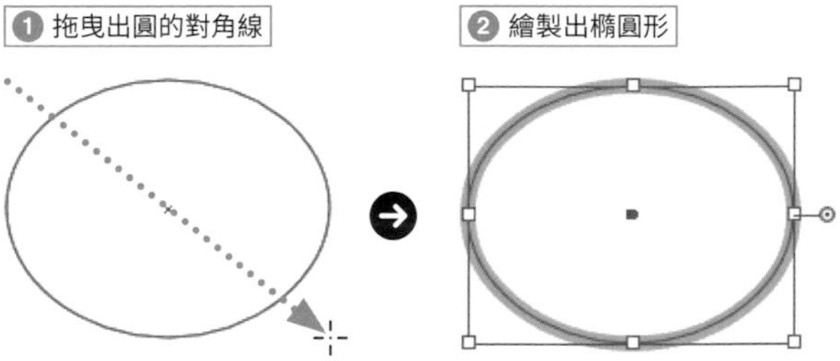

❶ 拖曳出圓的對角線
❷ 繪製出橢圓形

▶ 拖曳繪製橢圓形

使用橢圓形工具拖曳，可以畫出拖曳長度為對角線的橢圓形。另外，按住 Shift 鍵不放並拖曳，能畫出正圓形。

> **POINT**
>
> 按住 Alt 鍵不放並繪製，可以從橢圓的中心開始繪圖。
>
> 按住 Shift 鍵不放並拖曳，可以畫出正圓形。

> **TIPS　以設定數值的方式繪製橢圓形**
>
> 想要繪製橢圓形時，使用**橢圓形工具**在畫面上按一下，可以開啟**橢圓形**交談窗，設定寬度與高度的數值。下一個橢圓形也可以用相同操作方式來繪製。

TIPS 繪製通過 2 點的橢圓形

使用**橢圓形工具**，以一般拖曳方式繪圖時，會畫出拖曳軌跡等於內接矩形對角線的橢圓形。如果要拖曳橢圓形的對角線，繪製通過指定 2 點的橢圓形時，請在開始拖曳之後，按下 Ctrl 鍵。

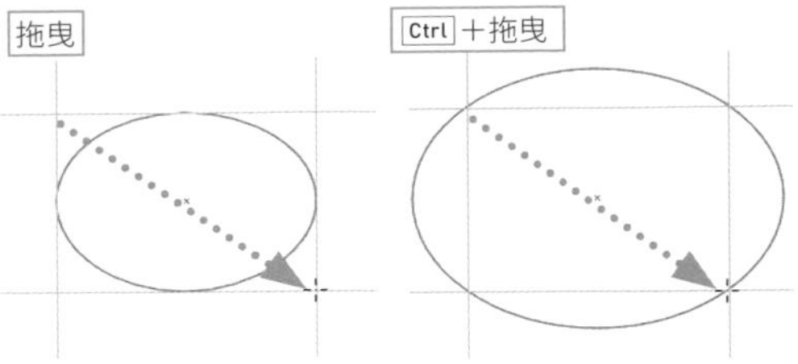
拖曳
Ctrl ＋拖曳

設定橢圓形的即時形狀（自 CC 2015.2 起）

從 CC 2015.2 開始，使用橢圓形工具繪製的圖形，會變成即時形狀，在變形面板中（按下控制面板的形狀），可以把大小、旋轉角度、圓形圖角度當作圖形的屬性來設定。在選取物件時，拖曳控制把手，也可以調整圓形圖的角度。

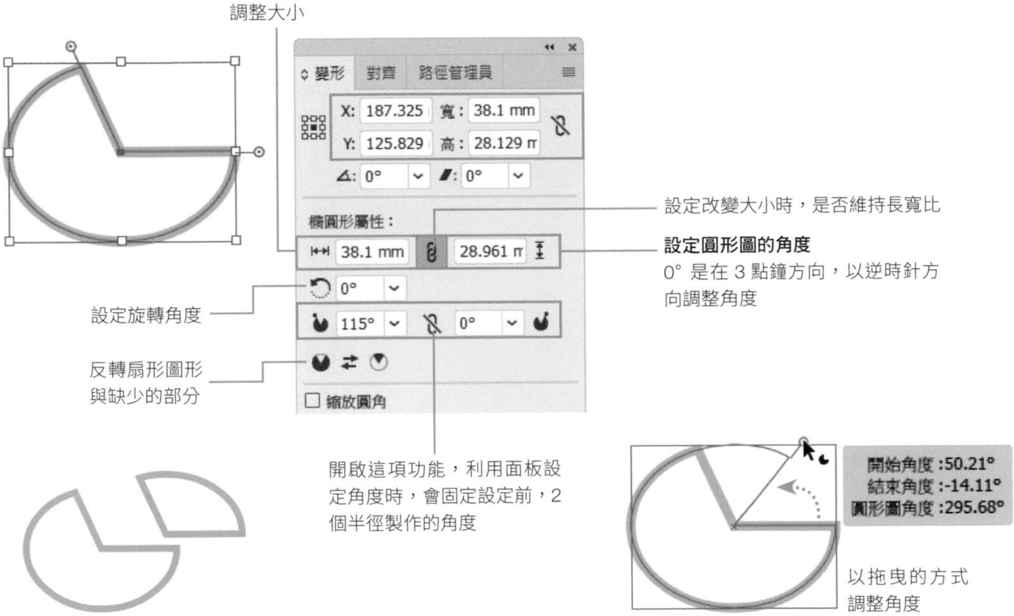
調整大小
變形
對齊
路徑管理員
X: 187.325
Y: 125.829
寬：38.1 mm
高：28.129 m
0°
0°
橢圓形屬性：
38.1 mm
28.961 m
0°
115°
0°
縮放圓角
設定改變大小時，是否維持長寬比
設定圓形圖的角度
0° 是在 3 點鐘方向，以逆時針方向調整角度
設定旋轉角度
反轉扇形圖形與缺少的部分
開啟這項功能，利用面板設定角度時，會固定設定前，2 個半徑製作的角度
開始角度 :50.21°
結束角度 :-14.11°
圓形圖角度 :295.68°
以拖曳的方式調整角度

TIPS 沒有「即時形狀」屬性以前的橢圓形

使用 CC 2015.1 之前的版本建立的橢圓形，沒有**即時形狀**屬性。如果要當作即時形狀來處理，請執行**『物件→外框→轉換為形狀』**命令。另外，執行**『物件→外框→展開形狀』**命令，可以將含有即時形狀屬性的物件，轉換成一般路徑圖形。

繪製圓弧（弧形工具）

弧形工具是描繪圓弧的工具，可以畫出連接拖曳起點與終點的圓弧。弧形工具是線段區段工具的子工具。

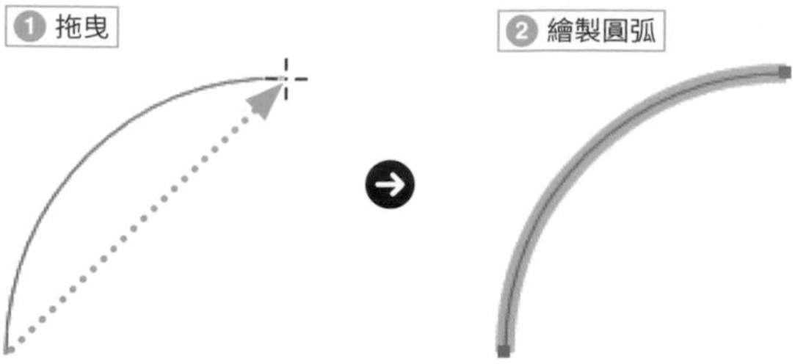

1 拖曳
2 繪製圓弧

POINT

按住Alt鍵並描繪圓弧，可以從圓弧的中心開始繪圖。
按住Shift鍵並拖曳，可以畫出正圓弧。

繪製正多邊形（多邊形工具）

使用多邊形工具，可以繪製正多邊形。多邊形工具是矩形工具的子工具。

以拖曳方式繪製正多邊形

使用多邊形工具拖曳，可以畫出多邊形。拖曳的起點成為正多邊形的中心，角度會隨著拖曳方向而產生變化。按住Shift鍵不放並拖曳，多邊形就不會旋轉。

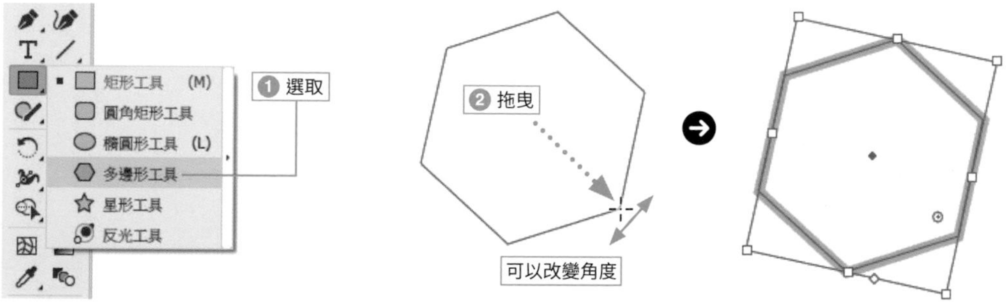

矩形工具 (M)
圓角矩形工具
橢圓形工具 (L)
多邊形工具
星形工具
反光工具
1 選取
2 拖曳
可以改變角度

TIPS 設定數值與調整頂點數量

使用**多邊形工具**，在想要描繪多邊形的位置按一下，開啟**多邊形**交談窗，可以利用數值設定半徑（從中心到錨點的距離）與邊數。另外，在拖曳的過程中，按下↑鍵或↓鍵，可以改變多邊形的邊數。

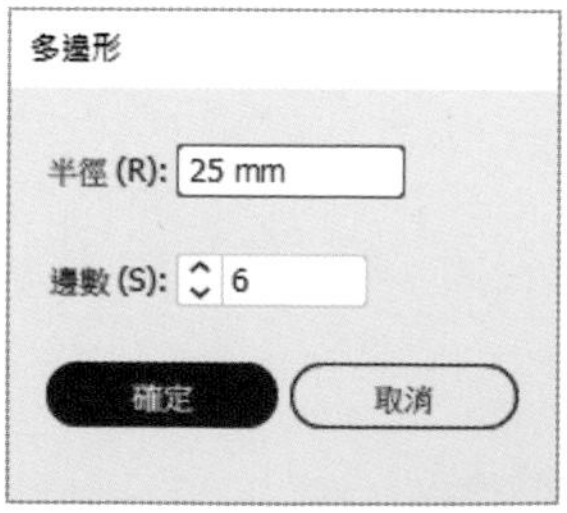

多邊形
半徑 (R): 25 mm
邊數 (S): 6
確定
取消

多邊形的「即時形狀」設定（自 CC 2015.2 起）

從 CC 2015.2 開始，使用多邊形工具⬡繪製的多邊形，會變成即時形狀，在變形面板中（按下控制面板的形狀），可以把邊數、旋轉角度、圓角類型、半徑、邊長當作屬性來設定。

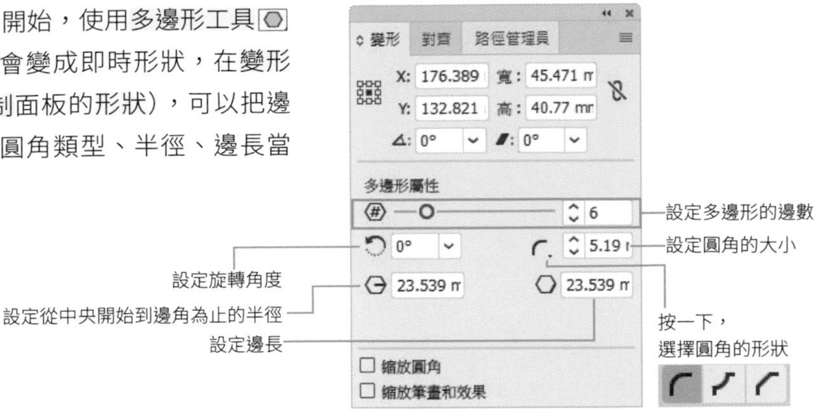

變形
對齊
路徑管理員
X: 176.389
寬：45.471
Y: 132.821
高：40.77
0°
0°
多邊形屬性
6
0°
5.19
23.539
23.539
縮放圓角
縮放筆畫和效果
設定多邊形的邊數
設定圓角的大小
設定旋轉角度
設定從中央開始到邊角為止的半徑
設定邊長
按一下，
選擇圓角的形狀

另外，使用選取工具▶選取，會在邊角顯示尖角 Widget，拖曳能改變圓角大小。詳細說明請參考即時尖角（**4-19 頁**）。

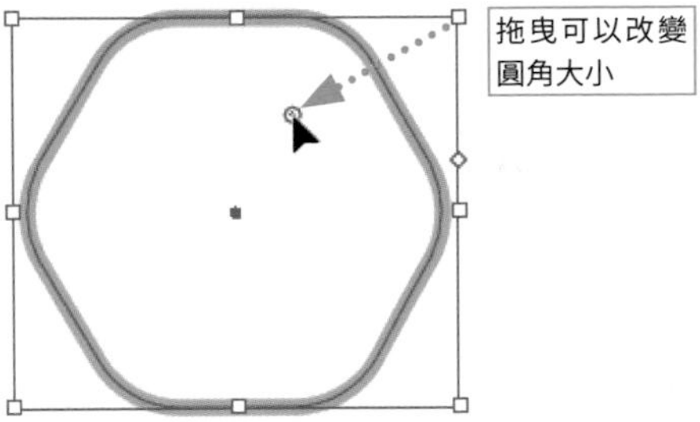

拖曳可以改變
圓角大小

> **TIPS　沒有「即時形狀」屬性之前的多邊形**
>
> 使用 CC 2015.1 之前的版本建立的多邊形，沒有即時形狀的屬性。如果要當作即時形狀來處理，請執行『**物件→外框→轉換為形狀**』命令。另外，執行『**物件→外框→展開形狀**』命令，可以將即時形狀的多邊形物件，轉換成一般路徑圖形。

繪製格線（矩形格線工具▦／放射網格工具◎）

格線工具是可以輕易製作出格線的工具。四角形格線可以用矩形格線工具▦繪製，圓形格線是使用放射網格工具◎繪製。這兩種工具都是線段區段工具⧄的子工具。使用這些工具拖曳，可以畫出格線。繪圖時，按下方向鍵，可以增減格線的數量。

矩形格線與放射網格

▶ 以設定數值的方式繪製網格

使用矩形格線工具[▦]或放射網格工具[◎]，在想要繪製網格的位置按一下，開啟矩形格線工具選項或放射網格工具選項交談窗，可以設定格線大小、分隔數量、偏斜效果。另外，在工具面板中的矩形格線工具[▦]或放射網格工具[◎]，雙按滑鼠左鍵，也可以開啟矩形格線工具選項或放射網格工具選項交談窗。

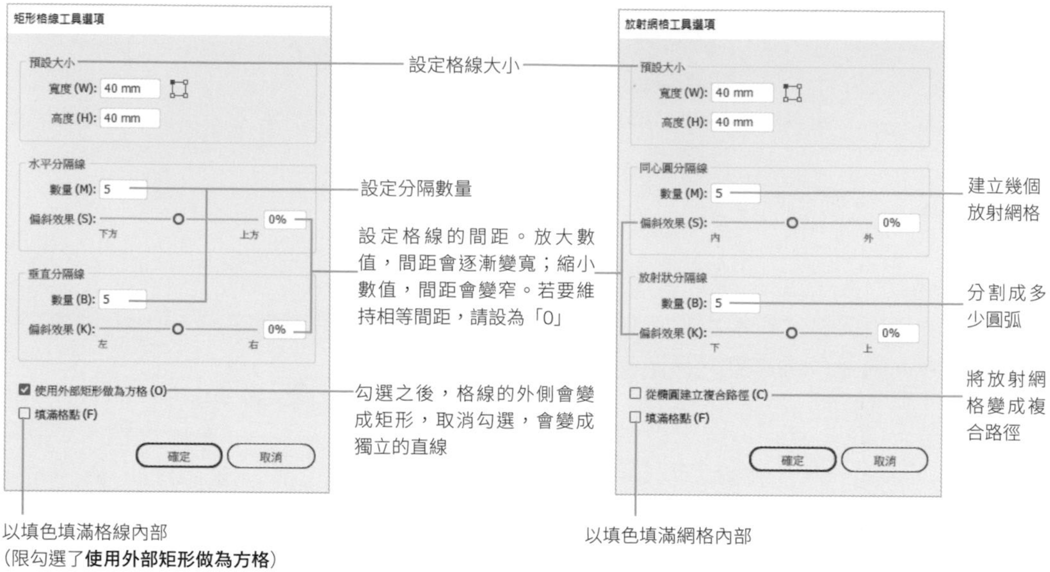
矩形格線工具選項
預設大小
寬度 (W): 40 mm
高度 (H): 40 mm
水平分隔線
數量 (M): 5
偏斜效果 (S): 0%
下方
上方
垂直分隔線
數量 (B): 5
偏斜效果 (K): 0%
左
右
使用外部矩形做為方格 (O)
填滿格點 (F)
確定
取消
設定格線大小
設定分隔數量
設定格線的間距。放大數值，間距會逐漸變寬；縮小數值，間距會變窄。若要維持相等間距，請設為「0」
勾選之後，格線的外側會變成矩形，取消勾選，會變成獨立的直線
以填色填滿格線內部
（限勾選了**使用外部矩形做為方格**）
放射網格工具選項
預設大小
寬度 (W): 40 mm
高度 (H): 40 mm
同心圓分隔線
數量 (M): 5
偏斜效果 (S): 0%
內
外
放射狀分隔線
數量 (B): 5
偏斜效果 (K): 0%
下
上
從橢圓建立複合路徑 (C)
填滿格點 (F)
確定
取消
建立幾個放射網格
分割成多少圓弧
將放射網格變成複合路徑
以填色填滿網格內部

● 繪製星形（星形工具[☆]）

使用星形工具[☆]，可以繪製星形。星形工具[☆]是矩形工具[□]的子工具。拖曳的起點會成為星形的中心，星形的角度會隨著拖曳方向而產生變化，按住 Shift 鍵不放並拖曳，星形就不會旋轉。

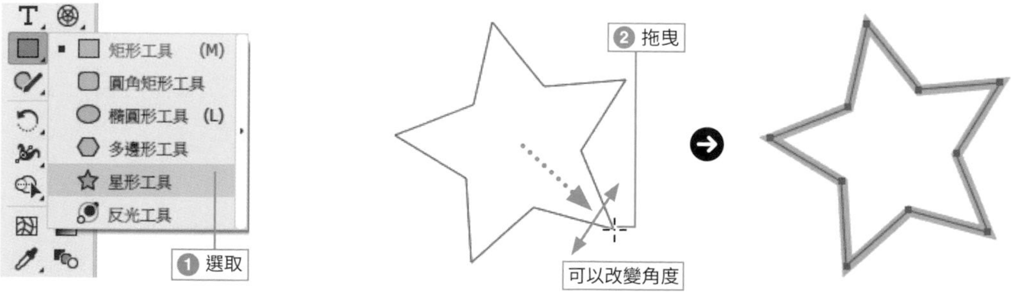
矩形工具 (M)
圓角矩形工具
橢圓形工具 (L)
多邊形工具
星形工具
反光工具
❶ 選取
❷ 拖曳
可以改變角度

TIPS 調整星形的頂點數量

在拖曳途中，按下[↑]鍵或[↓]鍵，可以改變星形的頂點數量。
另外，在拖曳時，按下[Ctrl]鍵，可以固定第 2 半徑，只調整第 1 半徑。

第 1 半徑
第 2 半徑

TIPS 以設定數值的方式繪圖

使用**星形工具**[☆]，在畫面上按一下，開啟**星形**交談窗，設定數值，即可繪圖。

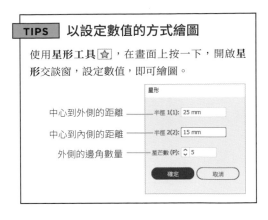

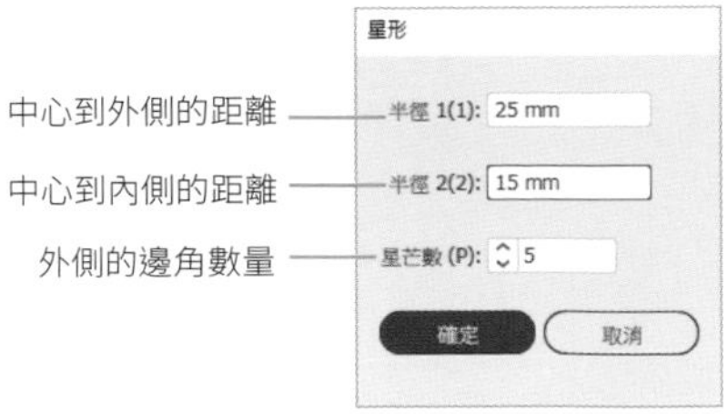

星形
中心到外側的距離
半徑 1(1): 25 mm
中心到內側的距離
半徑 2(2): 15 mm
外側的邊角數量
星芒數 (P): 5
確定
取消

繪製螺旋（螺旋工具[◎]）

使用螺旋工具[◎]，可以畫出螺旋形狀。螺旋工具是線段區段工具[／]的子工具。使用螺旋工具[◎]拖曳，就能畫出螺旋。拖曳的起點會成為螺旋的中心，螺旋的角度會隨著拖曳方向而產生變化。按住[Shift]鍵不放並拖曳，可以限制以 45 度為單位，旋轉螺旋的角度。

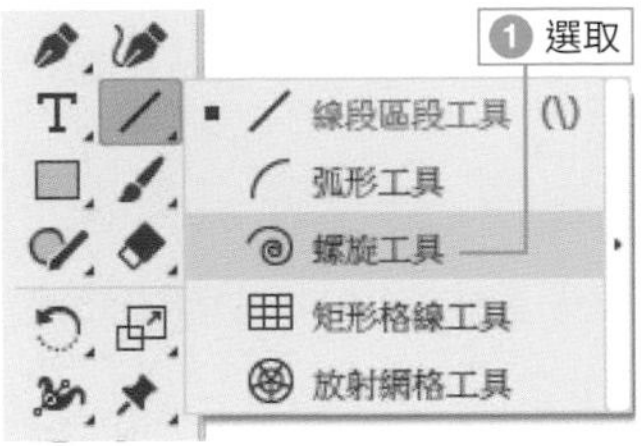

❶ 選取
線段區段工具 (\)
弧形工具
螺旋工具
矩形格線工具
放射網格工具

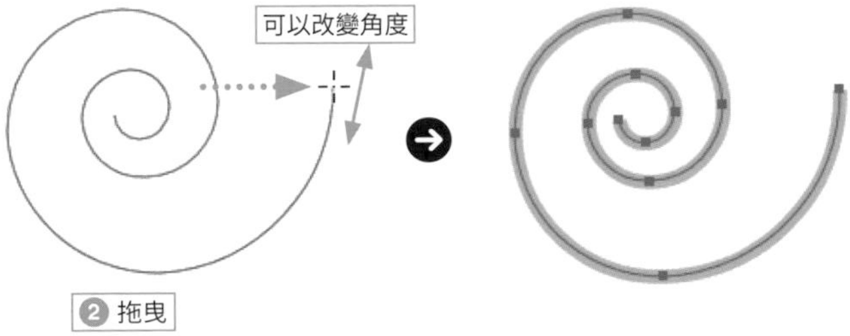

可以改變角度
❷ 拖曳

POINT

拖曳途中，按下[↑]鍵或[↓]鍵，可以改變往螺旋內側的長度（區段數量）。
使用**螺旋工具**[◎]拖曳，在繪圖過程中，按下[Space]鍵繼續拖曳，可以移動螺旋的位置。

TIPS 設定數值繪圖

使用**螺旋工具**[◎]，在畫面上按一下，開啟**螺旋**交談窗，設定數值，也可以繪圖

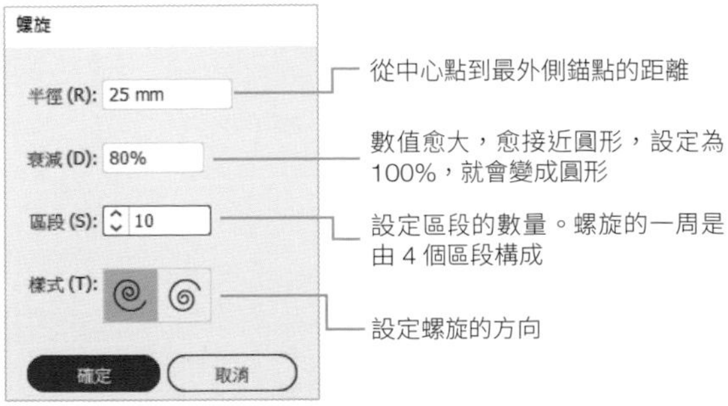

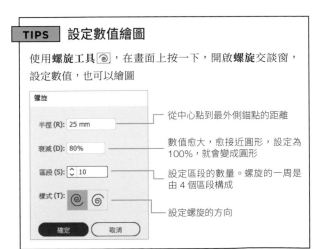

螺旋
半徑 (R): 25 mm
從中心點到最外側錨點的距離
衰減 (D): 80%
數值愈大，愈接近圓形，設定為 100%，就會變成圓形
區段 (S): 10
設定區段的數量。螺旋的一周是由 4 個區段構成
樣式 (T):
設定螺旋的方向
確定
取消

● 繪製反光（反光工具）

反光工具是繪製真實光線的工具。反光是由光的中心、光暈（後光）、放射線、光環構成。在各個元素中設定透明度，並於填色後的背景上繪製，就能呈現出適當的效果。反光工具是矩形工具的子工具。

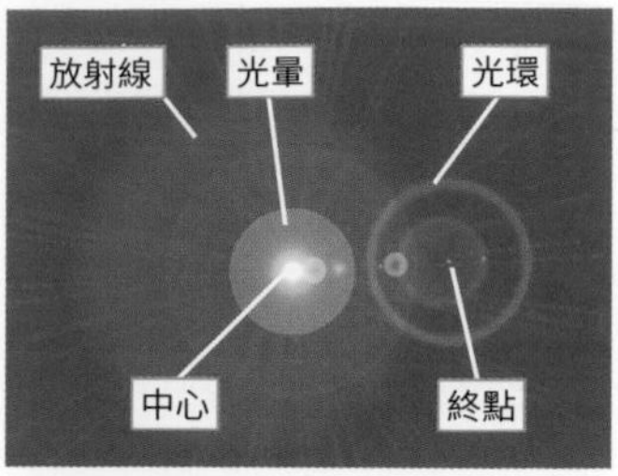

放射線
光暈
光環
中心
終點

POINT

如果要調整反光的顏色，請執行『**物件→展開**』命令，轉換成漸變物件。

▶ 以拖曳的方式繪製反光

選取反光工具，用拖曳的方式設定光暈大小。接著在繪製光環的地方移動游標，以拖曳的方式設定光環的位置。

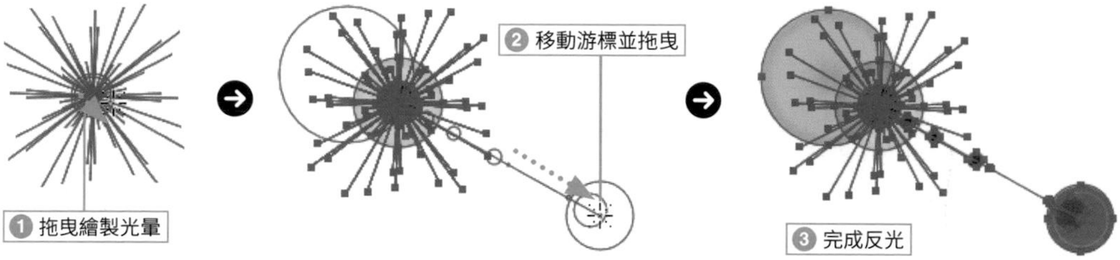

❶ 拖曳繪製光暈
❷ 移動游標並拖曳
❸ 完成反光

▶ 用交談窗設定反光的數值

在工具面板的反光工具上，雙按滑鼠左鍵，開啟反光工具選項交談窗，輸入中心大小及放射線的數量等，就能繪製出反光。繪圖後選取反光，在工具面板的反光工具上，雙按滑鼠左鍵，也能開啟反光工具選項交談窗，變更拖曳繪圖時的設定。

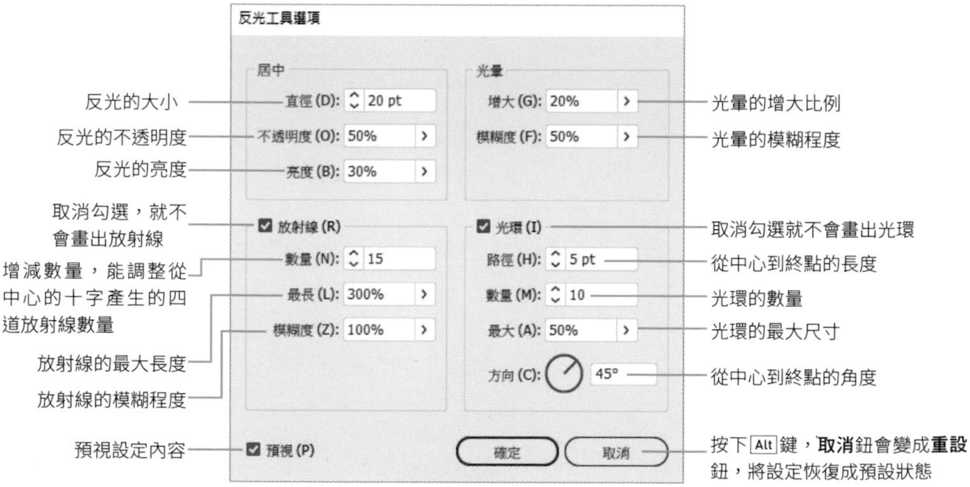

反光工具選項
居中
直徑 (D): 20 pt
不透明度 (O): 50%
亮度 (B): 30%
光暈
增大 (G): 20%
模糊度 (F): 50%
放射線 (R)
數量 (N): 15
最長 (L): 300%
模糊度 (Z): 100%
光環 (I)
路徑 (H): 5 pt
數量 (M): 10
最大 (A): 50%
方向 (C): 45°
預視 (P)
確定
取消
反光的大小
反光的不透明度
反光的亮度
取消勾選，就不會畫出放射線
增減數量，能調整從中心的十字產生的四道放射線數量
放射線的最大長度
放射線的模糊程度
預視設定內容
光暈的增大比例
光暈的模糊程度
取消勾選就不會畫出光環
從中心到終點的長度
光環的數量
光環的最大尺寸
從中心到終點的角度
按下 Alt 鍵，取消鈕會變成重設鈕，將設定恢復成預設狀態

2-5
徒手繪圖（鉛筆工具與繪圖筆刷工具）

使用頻率	
★★☆	使用鉛筆工具／繪圖筆刷工具，利用滑鼠拖曳或手寫板，可以手繪路徑。鉛筆工具會形成相同線寬的路徑，而繪圖筆刷工具可以套用筆刷面板中選擇的筆刷筆觸，表現出帶有強弱效果的手繪風線條。

使用「鉛筆工具」繪製線條

鉛筆工具可以畫出拖曳軌跡的線條。繪圖前，請先在控制面板中，設定筆畫粗細與顏色。

POINT

起點與終點在**鉛筆工具選項**交談窗（請參考 **2-24 頁**）的設定範圍內時，會自動形成封閉路徑。

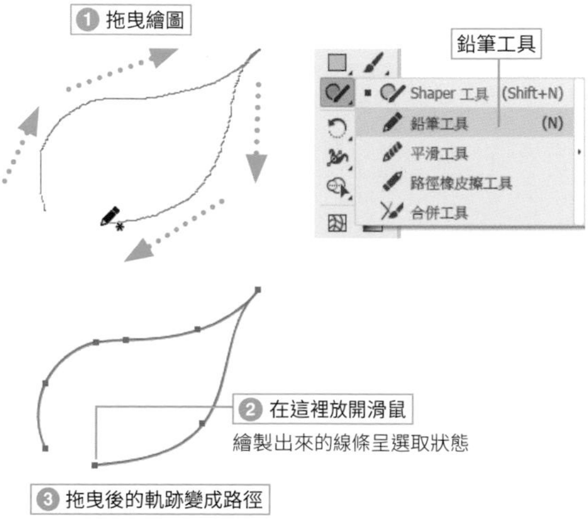

① 拖曳繪圖
鉛筆工具
Shaper 工具 (Shift+N)
鉛筆工具 (N)
平滑工具
路徑橡皮擦工具
合併工具
② 在這裡放開滑鼠
繪製出來的線條呈選取狀態
③ 拖曳後的軌跡變成路徑

TIPS 鉛筆工具的筆畫寬度

用**鉛筆工具**繪製的線條，會套用**筆畫**面板或**控制**面板中的筆畫粗細。

使用「鉛筆工具」延長、修正曲線

鉛筆工具可以在已經畫好的開放路徑端點，增加線條延長。當游標變成，就會自動連接起點，變成封閉路徑。

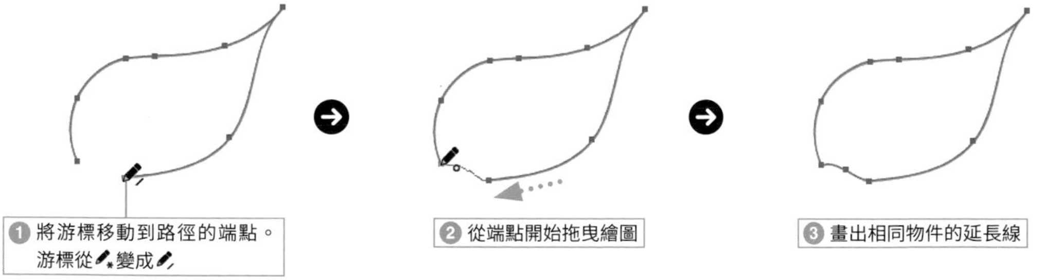

① 將游標移動到路徑的端點。
游標從變成
② 從端點開始拖曳繪圖
③ 畫出相同物件的延長線

POINT

使用**鉛筆工具**，在要修正的部分上拖曳，可以改變線條的形狀。如果要修正曲線，必須在「**鉛筆工具選項**」交談窗（請參考 **2-24 頁**），勾選「**編輯選定路徑**」。

使用「繪圖筆刷工具」繪圖

繪圖筆刷工具（快速鍵是半形B鍵）是以筆刷面板選取的筆刷，繪製拖曳後的軌跡。在筆刷面板中（快速鍵是F5鍵）可以儲存自訂筆刷（請參考 **6-23 頁**）。

1 選擇筆刷的種類

在工具面板中，選取繪圖筆刷工具，然後在筆刷面板或控制面板中，選擇筆刷的種類。請視狀況設定筆畫的顏色。

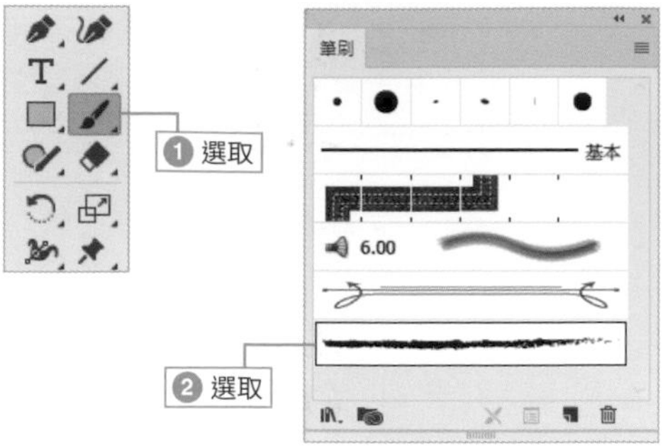

① 選取
筆刷
基本
6.00
② 選取

POINT

繪圖筆刷工具支援筆壓感應式手寫板，根據選取的筆刷設定，能畫出具有輕重力道的自然線條。

2 拖曳繪圖

拖曳至終點繪圖。建立拖曳軌跡的路徑，畫出套用了筆刷面板選取的筆觸的線條。

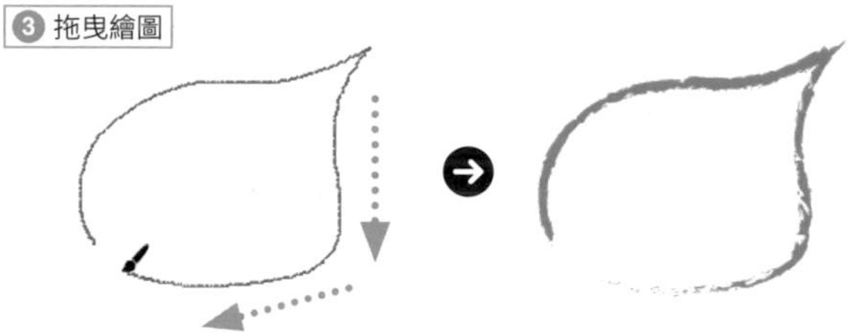

③ 拖曳繪圖

▶ 筆刷的種類

筆刷面板可以選取的筆刷分成 5 種。製作筆刷及詳細說明請參考 **6-13 頁**。

沾水筆筆刷

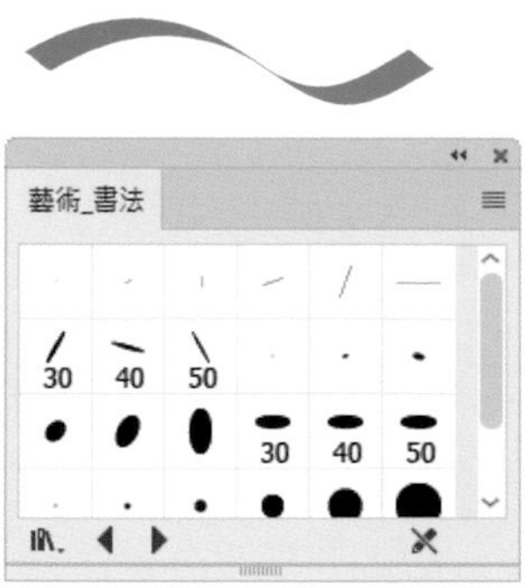

藝術_書法
30
40
50
30
40
50

散落筆刷

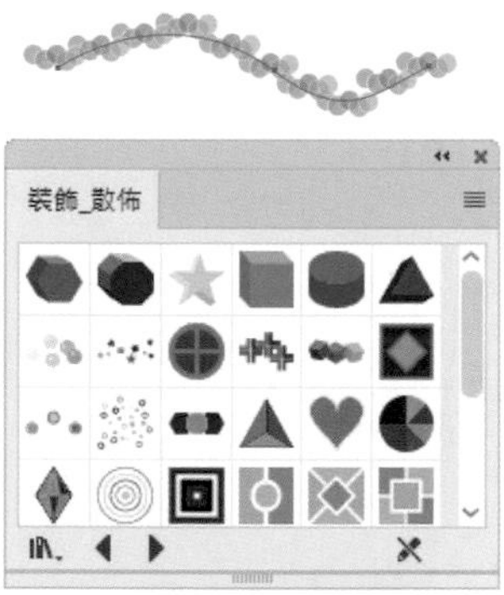

裝飾_散佈

線條圖筆刷

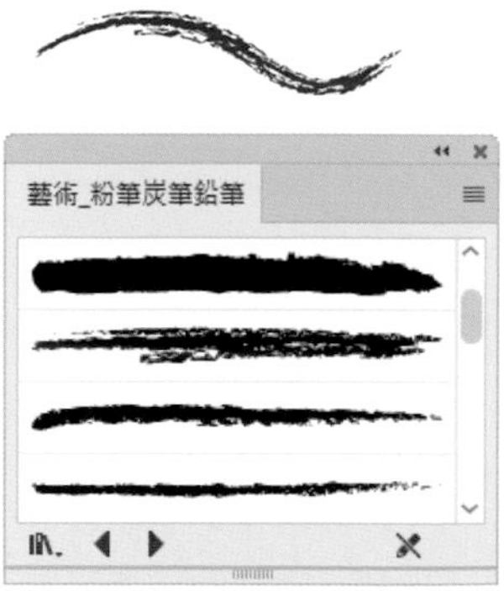

藝術_粉筆炭筆鉛筆

在此是透過「**筆刷資料庫選單**」，開啟對應的筆刷面板

圖樣筆刷

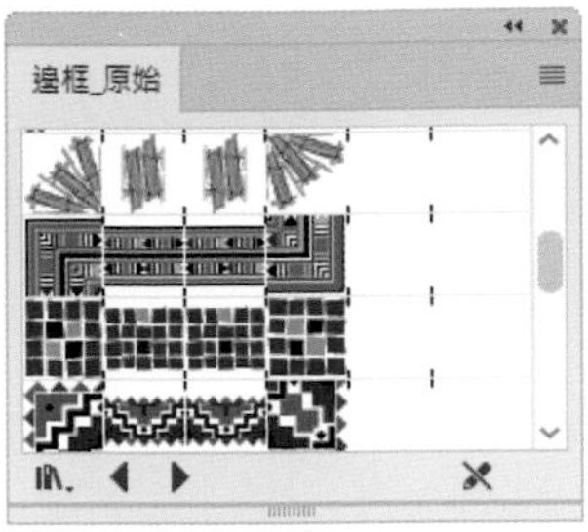
邊框_原始

毛刷筆刷

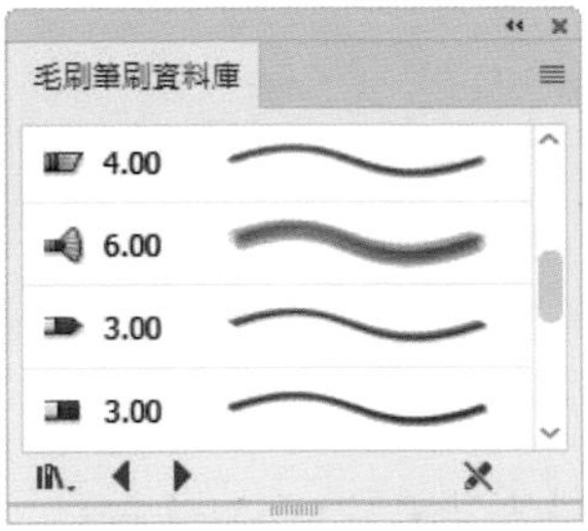
毛刷筆刷資料庫
4.00
6.00
3.00
3.00

POINT

繪圖筆刷工具與鉛筆工具的用法一模一樣。

TIPS 調整毛刷筆刷的不透明度與大小的快速鍵

使用毛刷筆刷繪圖時，按下數字鍵可以調整不透明度。按下 7 鍵代表不透明度 70%，按下 1 鍵不透明度 10%，按下 0 鍵是 100%，依序按下 7、5 鍵，會變成 75%。

另外，要調整筆刷大小，則是按 [鍵縮小，按] 鍵放大。

TIPS 毛刷筆刷的注意事項

毛刷筆刷的筆觸複雜，含有不透明度，如果工作區域內有 30 種以上的筆觸，執行儲存／列印／透明度平面化時，會跳出提醒的交談窗。

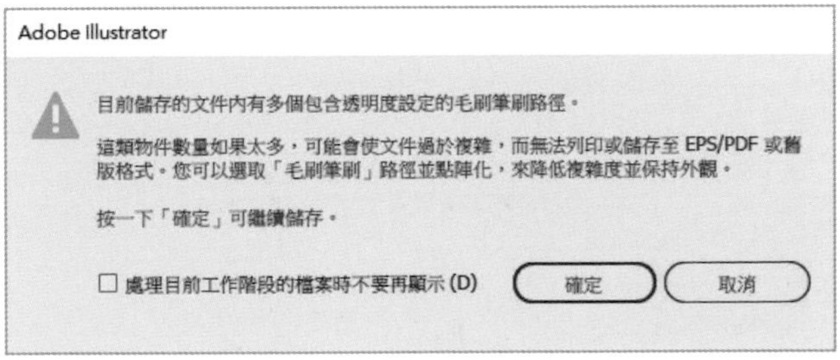
Adobe Illustrator
目前儲存的文件內有多個包含透明度設定的毛刷筆刷路徑。
這類物件數量如果太多，可能會使文件過於複雜，而無法列印或儲存至 EPS/PDF 或舊版格式。您可以選取「毛刷筆刷」路徑並點陣化，來降低複雜度並保持外觀。
按一下「確定」可繼續儲存。
處理目前工作階段的檔案時不要再顯示 (D)
確定
取消

儲存時，出現的提醒交談窗

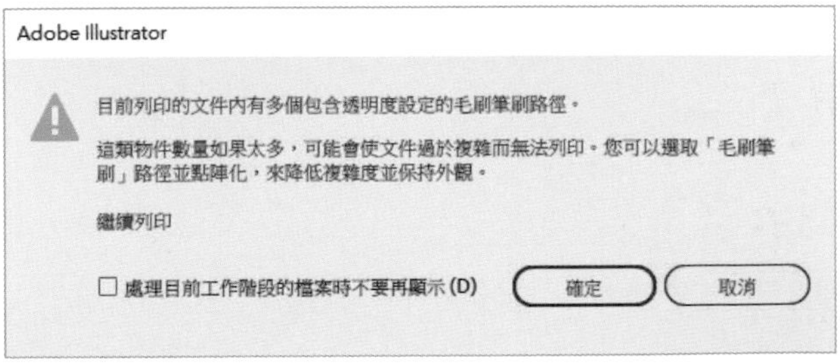
Adobe Illustrator
目前列印的文件內有多個包含透明度設定的毛刷筆刷路徑。
這類物件數量如果太多，可能會使文件過於複雜而無法列印。您可以選取「毛刷筆刷」路徑並點陣化，來降低複雜度並保持外觀。
繼續列印
處理目前工作階段的檔案時不要再顯示 (D)
確定
取消

列印時，出現的提醒交談窗

POINT

出現這個提醒交談窗時，代表可能無法執行儲存、列印、透明度平面化。假如無法處理，請對毛刷筆刷物件執行點陣化，轉換成影像（關於點陣化，請參考 **10-43 頁**）。請注意，經過點陣化之後，就無法更改路徑的形狀。

鉛筆工具選項／繪圖筆刷工具選項

在工具面板中的鉛筆工具（繪圖筆刷工具）上，雙按滑鼠左鍵，會開啟鉛筆工具選項交談窗（繪圖筆刷工具選項交談窗）。改變數值設定，可以調整用鉛筆工具（繪圖筆刷工具）建立的路徑錨點數量，改變線條的平滑度。

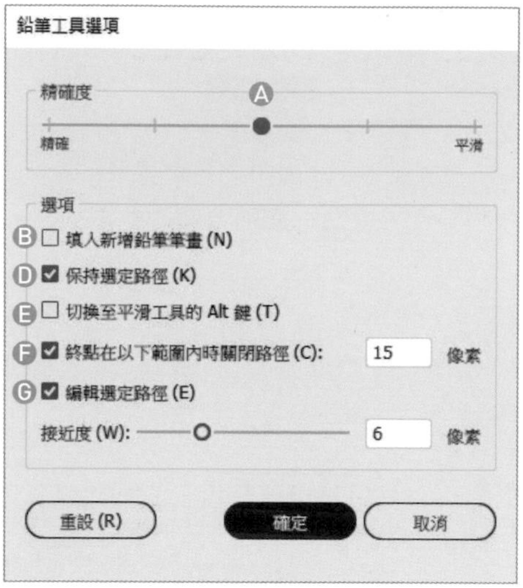

鉛筆工具選項
精確度
A
精確
平滑
選項
B 填入新增鉛筆筆畫 (N)
D 保持選定路徑 (K)
E 切換至平滑工具的 Alt 鍵 (T)
F 終點在以下範圍內時關閉路徑 (C): 15 像素
G 編輯選定路徑 (E)
接近度 (W): 6 像素
重設 (R)
確定
取消

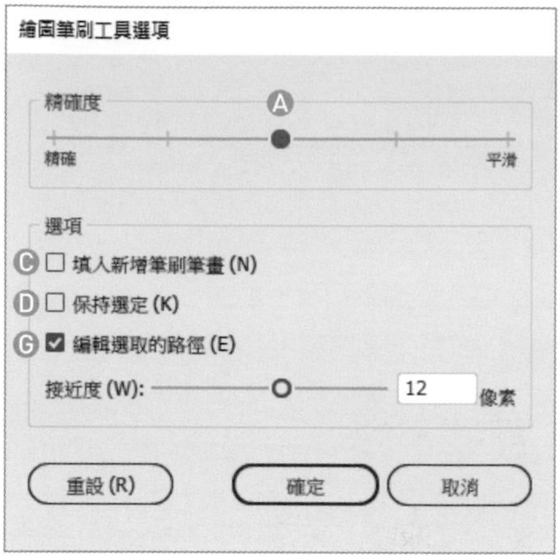

繪圖筆刷工具選項
精確度
A
精確
平滑
選項
C 填入新增筆刷筆畫 (N)
D 保持選定 (K)
G 編輯選取的路徑 (E)
接近度 (W): 12 像素
重設 (R)
確定
取消

Ⓐ 設定路徑的精確度。**精確**端會忠實記錄拖曳軌跡，但是錨點數量較多；**平滑**端會減少錨點數量，建立平滑曲線

Ⓑ 勾選之後，會以目前的「填色」設定填滿路徑內部。使用**鉛筆工具**繪製線條時，若不希望填滿路徑內部時，請取消勾選此項目

Ⓒ 勾選之後，會用目前的「填色」設定填滿筆畫。如果希望繪圖時，筆刷的填色隨時保持為「無」，請取消勾選這個項目

Ⓓ 勾選之後，會讓完成繪圖的曲線呈現選取狀態

Ⓔ 勾選之後，按下 Alt 鍵時，可以暫時使用平滑工具

Ⓕ 勾選之後，終點若在指定範圍內，會自動封閉路徑

Ⓖ 勾選之後，只會調整在設定範圍內的路徑

2-6
「點滴筆刷工具」與「橡皮擦工具」

使用頻率
★☆☆

點滴筆刷工具是用拖曳方式繪圖的工具。與鉛筆工具／繪圖筆刷工具不同，製作出來的物件會變成建立外框的路徑。橡皮擦工具是刪除拖曳部分的工具。對於手寫板的使用者而言，可說是在手繪插圖時，最適合的工具組合。

使用「點滴筆刷工具」繪圖

點滴筆刷工具（快速鍵是Shift＋B）是用筆刷面板中，選取的筆刷來繪製拖曳軌跡。和繪圖筆刷工具不同，畫出來的路徑會變成外框化物件。

1 選取筆刷種類

在工具面板，選取點滴筆刷工具。接著在筆刷面板或控制面板中，選取筆刷。此時，只能使用「沾水筆筆刷」。請視狀況，設定筆畫的顏色。

2 拖曳繪圖

以拖曳方式繪圖。拖曳之後，會建立含有填色的外框化路徑。

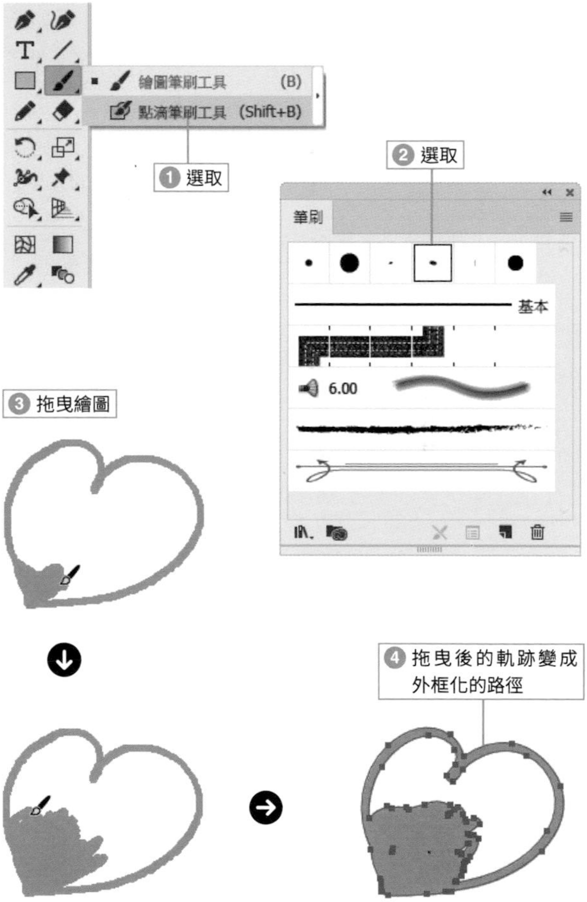

繪圖筆刷工具 (B)
點滴筆刷工具 (Shift+B)
1 選取
2 選取
筆刷
基本
6.00
3 拖曳繪圖
4 拖曳後的軌跡變成外框化的路徑

POINT

使用以下按鍵，可以調整筆刷大小。
]鍵：放大
[鍵：縮小

▶ 填色

物件的「填色」與點滴筆刷工具的「筆畫」同色時（但是物件的「筆畫」設為「無」），可以在物件上拖曳填色。

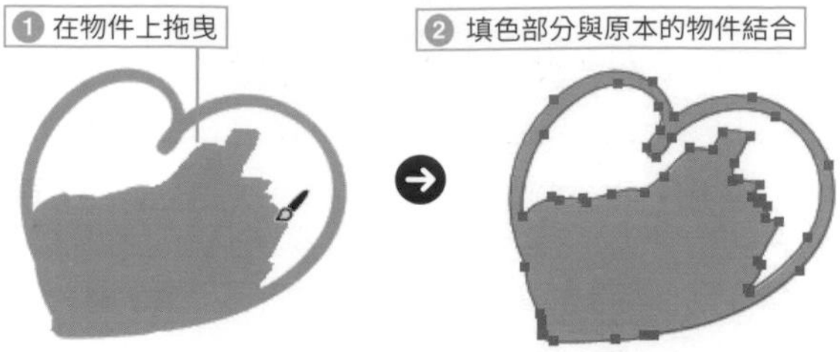

❶ 在物件上拖曳
❷ 填色部分與原本的物件結合

POINT

使用**點滴筆刷工具**繪製的物件，會變成外框化路徑。但是套用的顏色卻是繪圖時，「筆畫」設定的顏色。不過，若「筆畫」設定為「無」時，就會套用「填色」的顏色。

● 使用「橡皮擦工具」

橡皮擦工具（快速鍵是 Shift ＋ E）就像真的橡皮擦一樣，可以刪除在物件上拖曳過的部分。

1 在物件上拖曳

從工具面板，選取橡皮擦工具，在物件上要刪除的地方拖曳。

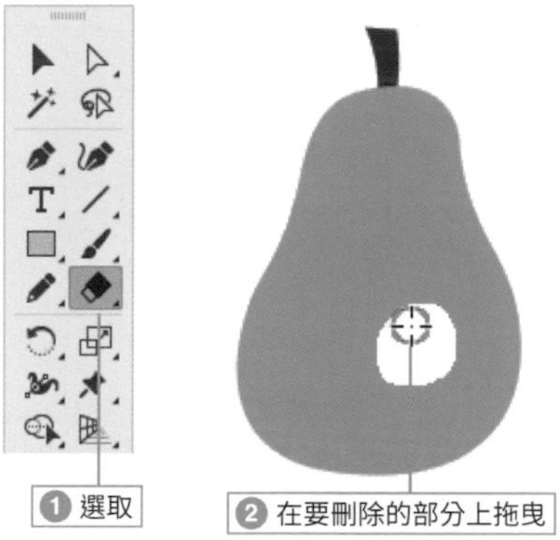

❶ 選取
❷ 在要刪除的部分上拖曳

POINT

使用以下按鍵，可以調整**橡皮擦工具**的大小。
] 鍵：放大
[鍵：縮小

2 刪除

刪除物件的內部時，該部分會變成有洞的「複合路徑」。關於「複合路徑」請參考 **7-22 頁**的說明。

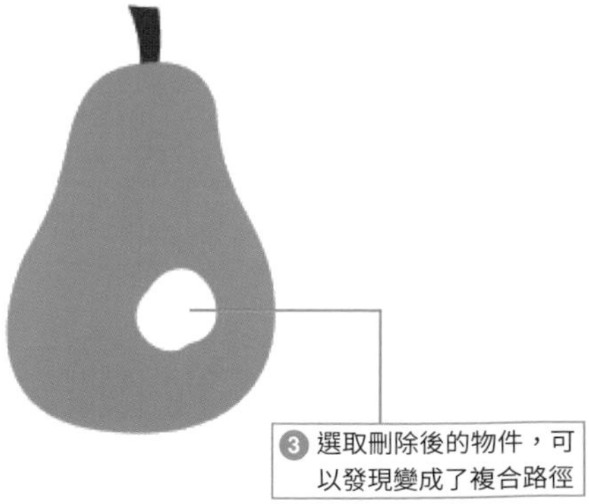

❸ 選取刪除後的物件，可以發現變成了複合路徑

POINT

使用手寫板時，畫筆用「**點滴筆刷工具**」，橡皮擦用「**橡皮擦工具**」，就能像真的拿著畫筆的感覺，繪製插畫。

點滴筆刷工具選項／橡皮擦工具選項

在工具面板中的點滴筆刷工具 (橡皮擦工具) 上雙按滑鼠左鍵，會開啟點滴筆刷工具選項交談窗 (橡皮擦工具選項交談窗)，可以編輯筆刷的形狀。設定內容與繪圖筆刷工具選項 (請參考 **2-24 頁**) 或沾水筆筆刷選項 (請參考 **6-17 頁**) 一樣。

勾選之後，只會合併選取的物件

請參考**繪圖筆刷工具選項** (2-24 頁)

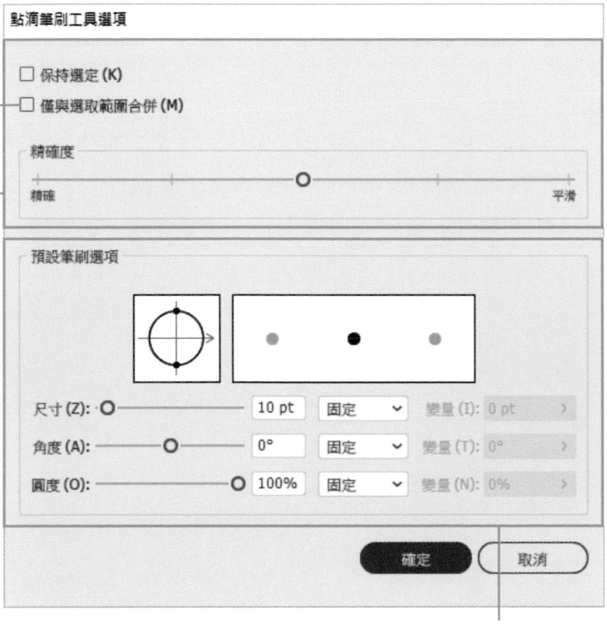

點滴筆刷工具選項
保持選定 (K)
僅與選取範圍合併 (M)
精確度
精確
平滑
預設筆刷選項
尺寸 (Z):
10 pt
固定
變量 (I):
0 pt
角度 (A):
0°
固定
變量 (T):
0°
圓度 (O):
100%
固定
變量 (N):
0%
確定
取消

請參考**沾水筆筆刷工具選項** (6-17 頁)

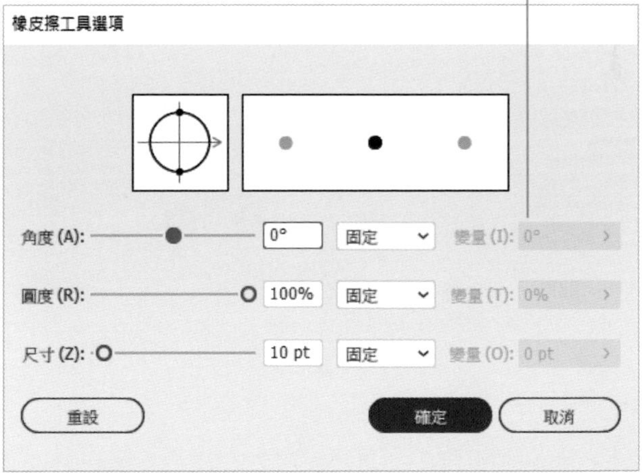

橡皮擦工具選項
角度 (A):
0°
固定
變量 (I):
0°
圓度 (R):
100%
固定
變量 (T):
0%
尺寸 (Z):
10 pt
固定
變量 (O):
0 pt
重設
確定
取消

2-7 影像描圖

使用頻率

★☆☆

影像描圖是從照片影像或掃描後的影像等點陣圖影像中，製作出路徑物件的功能。不僅能從影像的輪廓產生外框，也可以進行重現照片影像的描圖。從 CC 開始，提高了描圖的精準度，描圖的色彩數量也支援全彩，對於色階較多的部分，也能描繪出不錯的結果。

影像描圖

在 Illustrator 中，如果要描繪影像，請將影像置入圖稿（請參考 **10-36 頁**），再按下控制面板的影像描圖鈕。描圖之後，會變成中間圖形，調整設定，可以再次描圖。

1 選取影像

選取要描圖的影像。

POINT

執行『**物件→影像描圖→製作**』命令，也可以進行影像描圖。

① 選取置入的影像
② 按一下
影像描圖
遮色片
裁切影像
不透明度：
100%
變形

2 按下「影像描圖」鈕

按下在控制面板中的影像描圖鈕，就會自動描繪影像。

③ 完成描圖

3 調整描圖影像

利用描圖影像的控制面板，調整描圖狀態（請參考 **2-29 頁**）。另外，在此階段，還沒有完全變成路徑。

4 轉換成路徑

在影像描圖面板中，完成調整之後，在描圖影像的控制面板中，按下展開鈕，就能轉換成路徑。

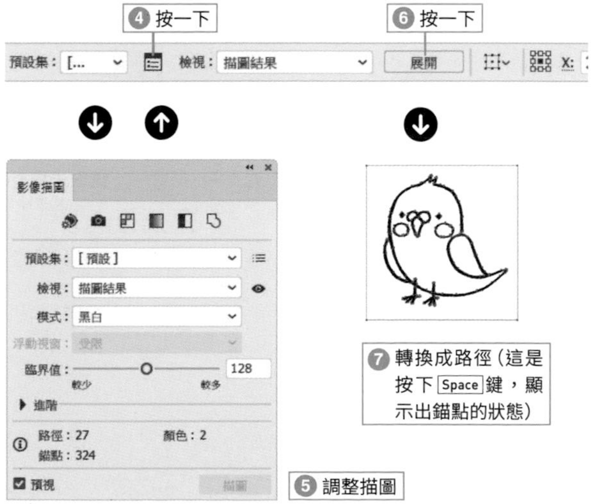
④ 按一下
⑥ 按一下
預設集：
檢視：
描圖結果
展開
影像描圖
預設集：
[預設]
檢視：
描圖結果
模式：
黑白
浮動視窗：
受限
臨界值：
128
較少
較多
進階
路徑：27
顏色：2
錨點：324
預視
描圖
⑤ 調整描圖
⑦ 轉換成路徑（這是按下 Space 鍵，顯示出錨點的狀態）

● 利用「影像描圖」面板進行控制

顯示成描圖結果的影像，並非 Illustrator 的路徑物件，而是暫時顯示的工作用影像。因此，在此狀態下，調整描圖選項的設定值，可以再次描圖。在影像描圖面板中，可以調整描圖影像的設定。

POINT

描圖結果的外框顏色是套用**偏好設定**交談窗中，**參考線及格點**的參考線設定。

POINT

如果以連結方式置入原始影像時，在展開描圖結果，轉換成路徑之前，使用 Photoshop 編輯後的結果，也會反映在描圖影像上。

利用預設集描圖

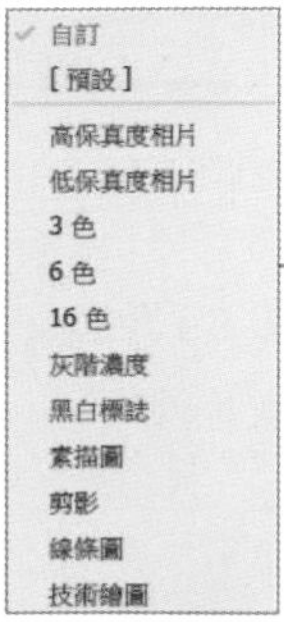

自訂
[預設]
高保真度相片
低保真度相片
3 色
6 色
16 色
灰階濃度
黑白標誌
素描圖
剪影
線條圖
技術繪圖

選擇顯示描圖結果的方法

描圖結果
描圖結果（含外框）
外框
外框（含來源影像）
來源影像

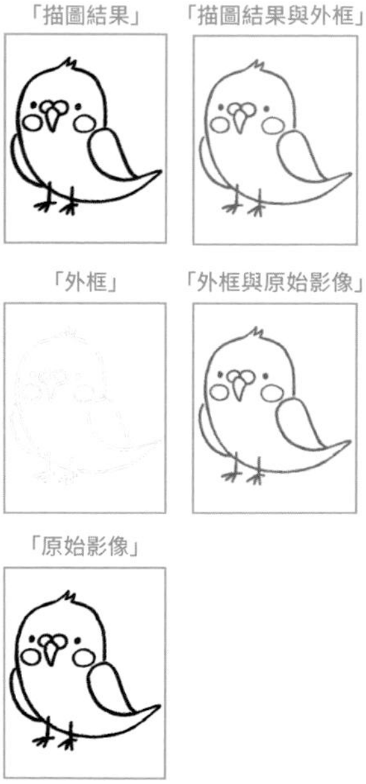

「描圖結果」
「描圖結果與外框」
「外框」
「外框與原始影像」
「原始影像」

直接按下這些常用的預設集按鈕，就可以描圖（請參考 **2-30 頁**）

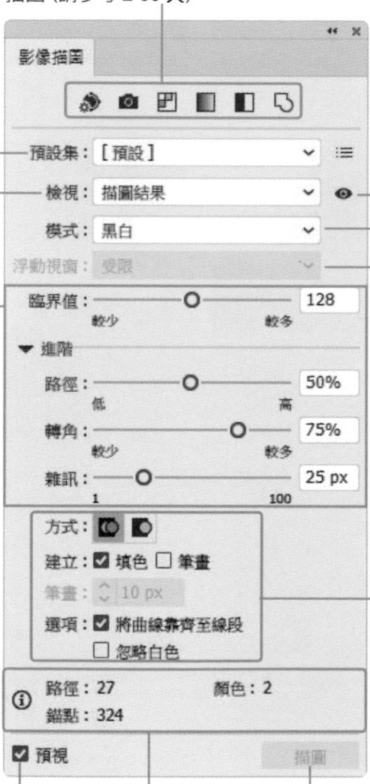

影像描圖
預設集：[預設]
檢視：描圖結果
模式：黑白
浮動視窗：受限
臨界值：
128
較少
較多
進階
路徑：
50%
低
高
轉角：
75%
較少
較多
雜訊：
25 px
1
100
方式：
建立：填色 筆畫
筆畫：10 px
選項：將曲線靠齊至線段
忽略白色
路徑：27
顏色：2
錨點：324
預視
描圖

按一下，可暫時顯示原始影像

選擇描圖結果的色彩模式

彩色
灰階
黑白

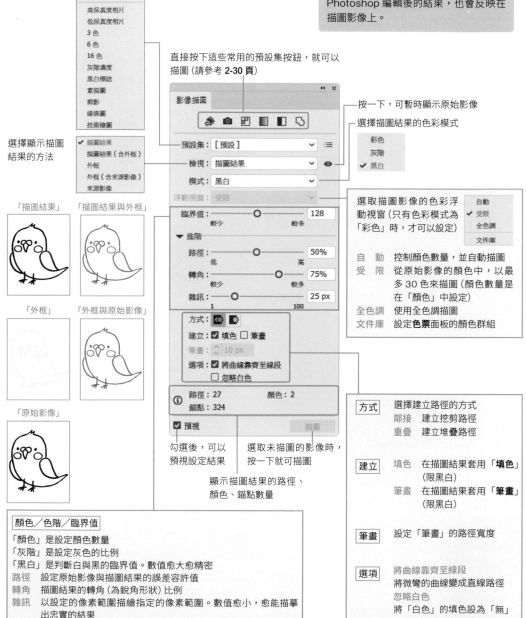

選取描圖影像的色彩浮動視窗（只有色彩模式為「彩色」時，才可以設定）

自動
受限
全色調
文件庫

自　動	控制顏色數量，並自動描圖
受　限	從原始影像的顏色中，以最多 30 色來描圖（顏色數量是在「顏色」中設定）
全色調	使用全色調描圖
文件庫	設定**色票**面板的顏色群組

勾選後，可以預視設定結果

選取未描圖的影像時，按一下就可描圖

顯示描圖結果的路徑、顏色、錨點數量

方式

選擇建立路徑的方式

鄰接　建立挖剪路徑

重疊　建立堆疊路徑

建立

填色　在描圖結果套用「**填色**」（限黑白）

筆畫　在描圖結果套用「**筆畫**」（限黑白）

筆畫

設定「筆畫」的路徑寬度

選項

將曲線靠齊至線段

將微彎的曲線變成直線路徑

忽略白色

將「白色」的填色設為「無」

顏色／色階／臨界值

「顏色」是設定顏色數量

「灰階」是設定灰色的比例

「黑白」是判斷白與黑的臨界值。數值愈大愈精密

路徑	設定原始影像與描圖結果的誤差容許值
轉角	描圖結果的轉角（為銳角形狀）比例
雜訊	以設定的像素範圍描繪指定的像素範圍。數值愈小，愈能描摹出忠實的結果

使用「預設集」描圖

在影像描圖面板中，提供了一些適合影像用途的預設集，只要利用按鈕或執行選單，就可以描圖。在影像描圖面板中，也可以選擇按鈕以外的預設集。對照片影像描圖，可以完成彩色的插畫風格。

影像描圖
預設集：[預設]
檢視：描圖結果
模式：黑白

原始影像

自動上色

高彩

低彩

灰階

黑白

TIPS 描圖用的調整影像

在影像描圖中，設定描圖選項，可以從原始影像中，建立描圖用的調整影像，再從該影像建立描圖影像。

利用遮色片決定描圖範圍

在針對置入影像進行影像描圖之前，可以先使用遮色片，決定描圖範圍。

❶ 選取置入畫面中，要進行描圖的影像

❷ 按一下

影像描圖
遮色片
裁切影像
不透明度：100%

❸ 拖曳邊界方框，設定遮色片範圍

TIPS 關於遮色片

遮色片是只要在原始影像建立剪裁遮色片路徑，執行影像描圖後，就會對整個原始影像描圖。編輯剪裁遮色片路徑，能調整遮色片範圍。

2-8 繪製圖表

使用頻率 ★☆☆

在 Illustrator 中，含有自動建立圖表的圖表工具。雖然比不上試算表軟體的圖表功能，但是在以商業印刷為目的的設計中，若要製作圖表，是非常方便的工具。

圖表類型

使用圖表工具可以繪製的圖表類型共有 9 種。工具面板的預設狀態是顯示長條圖工具。請根據你要製作成圖表的資料，選擇適合的圖表工具。製作好的圖表，後續仍可調整類型或資料。或者也可以一開始先用工具面板的圖表工具繪圖，之後再更改。

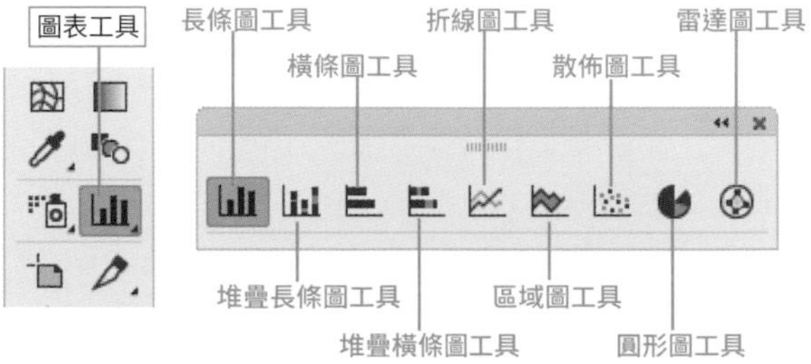
圖表工具
長條圖工具
橫條圖工具
折線圖工具
散佈圖工具
雷達圖工具
堆疊長條圖工具
堆疊橫條圖工具
區域圖工具
圓形圖工具

製作圖表

只要設定繪圖位置，輸入資料，就能製作出圖表。如果已有現成的圖表資料，可以拷貝＆貼上，以 Tab 字元分隔的文字。

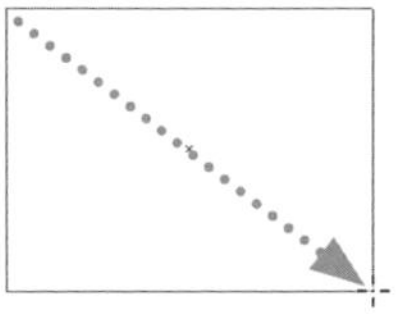

❶ 使用**長條圖工具**，拖曳圖表物件的範圍

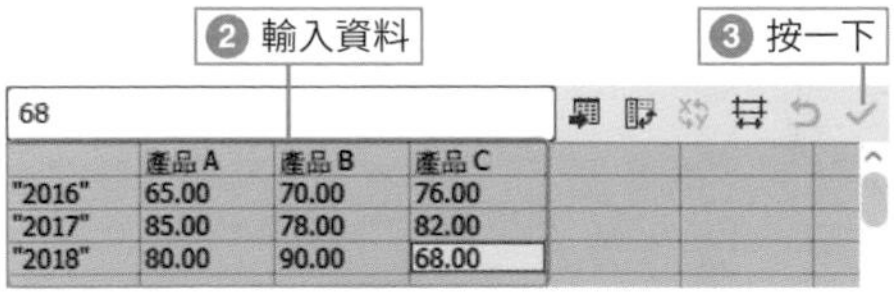
❷ 輸入資料
❸ 按一下
68

	產品 A	產品 B	產品 C
"2016"	65.00	70.00	76.00
"2017"	85.00	78.00	82.00
"2018"	80.00	90.00	68.00

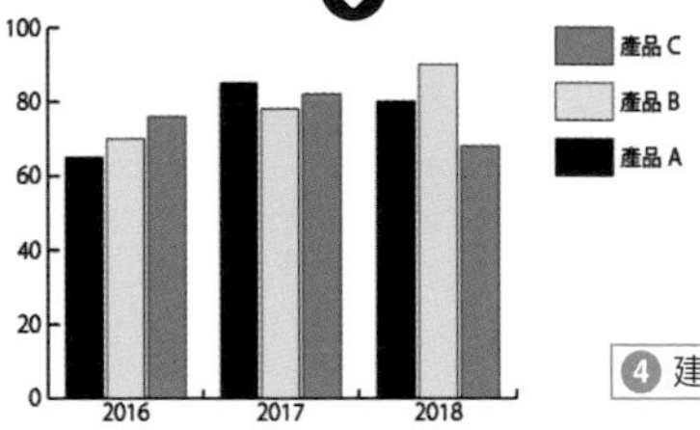
100
80
60
40
20
0
2016
2017
2018
產品 C
產品 B
產品 A

❹ 建立圖表

POINT

製作出圖表後，可以關閉圖表資料視窗。後續不僅可以調整圖表資料，也能更改圖表的形狀。

POINT

也能拷貝＆貼上 Excel 的儲存格資料。

TIPS 不拖曳，按一下畫面

如果不以拖曳的方式建立圖表，可以按一下畫面，開啟設定圖表寬度與高度的**圖表**交談窗。

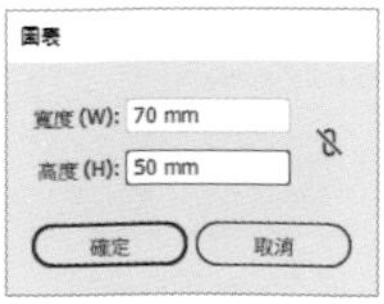
圖表
寬度 (W): 70 mm
高度 (H): 50 mm
確定
取消

「圖表資料」視窗

在圖表資料視窗中，輸入數值的部分，稱作工作表，工作表是由小的儲存格構成。

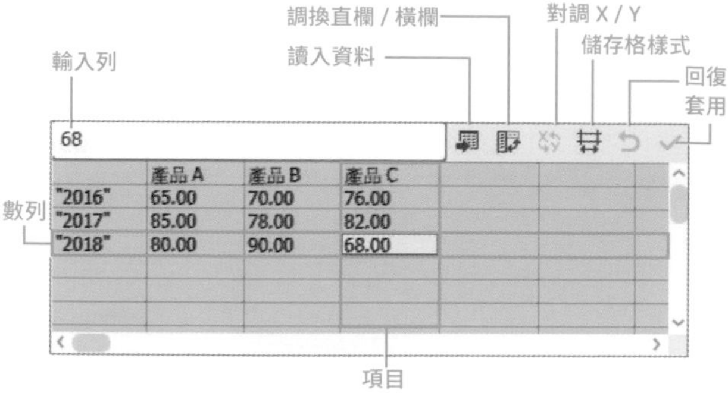

調換直欄 / 橫欄
對調 X / Y
儲存格樣式
輸入列
讀入資料
回復
套用
68
產品 A
產品 B
產品 C
"2016"
65.00
70.00
76.00
"2017"
85.00
78.00
82.00
"2018"
80.00
90.00
68.00
數列
項目

TIPS 圖表的物件

使用圖表工具製作的圖表物件是特殊群組物件，無法解散群組。如果要編輯內容，請使用**直接選取工具**或選取圖表編輯模式。

POINT

製作完成的圖表，可以設定圖例的位置、圖表寬度、座標軸刻度等圖表屬性。

POINT

在數列中使用數字時，會以雙引號 (") 包圍。

更改圖表的類型

製作出圖表後，可以執行『物件→圖表→類型』命令，調整圖表的類型。

POINT

選取圖表之後，在**工具**面板的**圖表工具**圖示，雙按滑鼠左鍵，也可以開啟**圖表類型**交談窗。

① 使用**選取工具**選取圖表

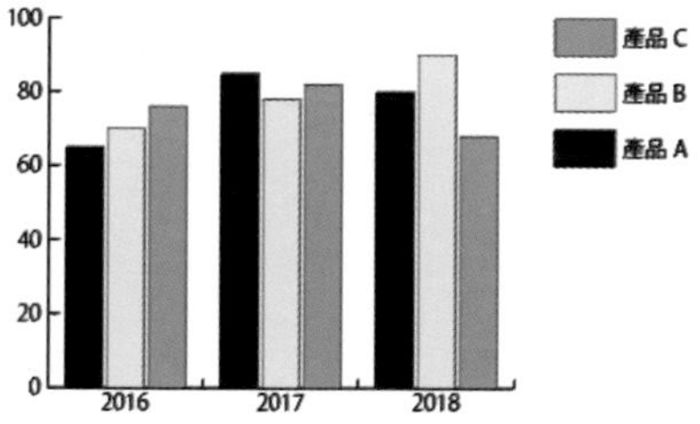

100
80
60
40
20
0
2016
2017
2018
產品 C
產品 B
產品 A

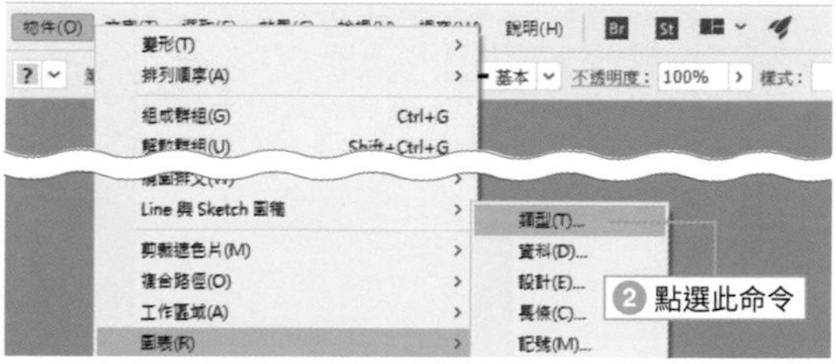

物件(O)
說明(H)
變形(T)
排列順序(A)
組成群組(G) Ctrl+G
解散群組(U) Shift+Ctrl+G
Line 與 Sketch 圖稿
剪裁遮色片(M)
複合路徑(O)
工作區域(A)
圖表(R)
類型(T)...
資料(D)...
設計(E)...
長條(C)...
記號(M)...
② 點選此命令
基本
不透明度：100%
樣式：

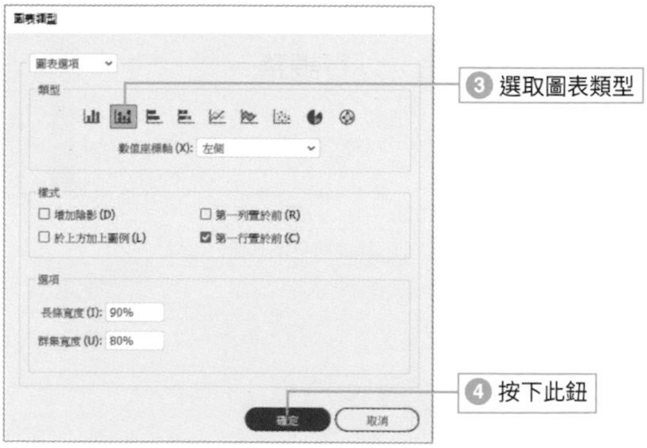

圖表類型
圖表選項
類型
③ 選取圖表類型
數值座標軸 (X): 左側
樣式
增加陰影 (D)
第一列置於前 (R)
於上方加上圖例 (L)
第一行置於前 (C)
選項
長條寬度 (I): 90%
群集寬度 (U): 80%
④ 按下此鈕
確定
取消

⑤ 改變圖表的類型

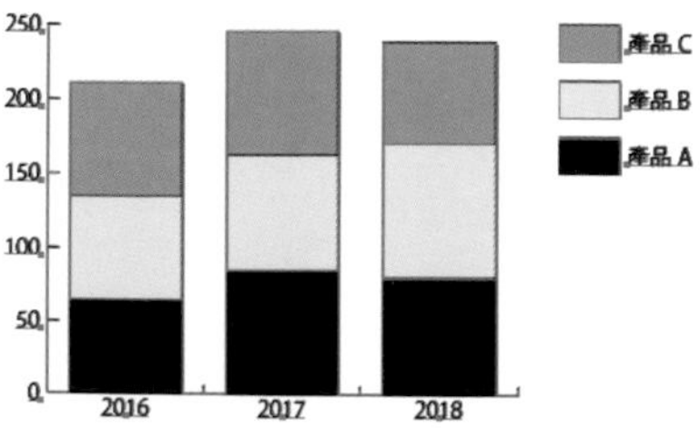

250
200
150
100
50
0
2016
2017
2018
產品 C
產品 B
產品 A

▶ 設定圖表的屬性

在圖表類型交談窗中，可以設定圖表的類型及樣式。

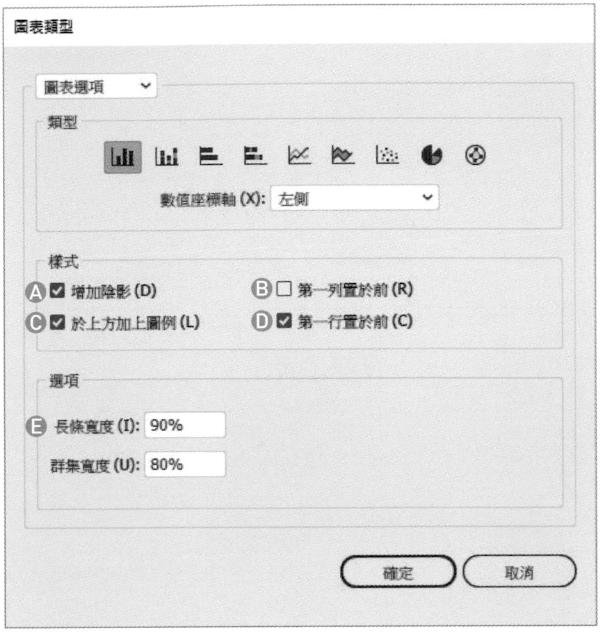

圖表類型
圖表選項
類型
數值座標軸 (X): 左側
樣式
A 增加陰影 (D)
B 第一列置於前 (R)
C 於上方加上圖例 (L)
D 第一行置於前 (C)
選項
E 長條寬度 (I): 90%
群集寬度 (U): 80%
確定
取消

加上陰影、圖例顯示在上方的圖表

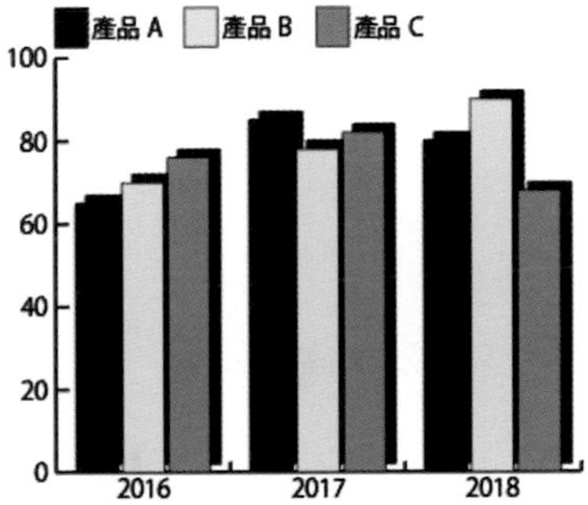

產品 A
產品 B
產品 C
100
80
60
40
20
0
2016
2017
2018

Ⓐ 在圖表中加上陰影

Ⓑ 勾選之後，左側的數列（範例是指「2016 年」）變成在前面

Ⓒ 在圖表上方加上圖例

Ⓓ 勾選之後，相同數列內的項目重疊時，設定哪個項目在前面。此範例是「產品 A」在前面

Ⓔ 設定長條圖的寬度

POINT

在**圖表類型**交談窗中，利用左上方的選項選單，可以設定「圖表選項」、「數值座標軸」、「類別軸（散佈圖是底部座標軸）」等 3 種項目（根據圖表的類型，也可能出現無法設定的情況）。

● 調整圖表的顏色

使用圖表工具製作出來的圖表顏色，利用直接選取工具[▷]或群組選取工具[▷+]，可以和一般物件一樣，進行調整。

由於圖表含有許多同色的元素，因此選取圖例之後，執行『選取→相同→填色顏色』命令，可以輕鬆選取相同顏色的部分。

另外，使用群組選取工具[▷+]，在圖例上雙按滑鼠左鍵，也可以選取同色部分。

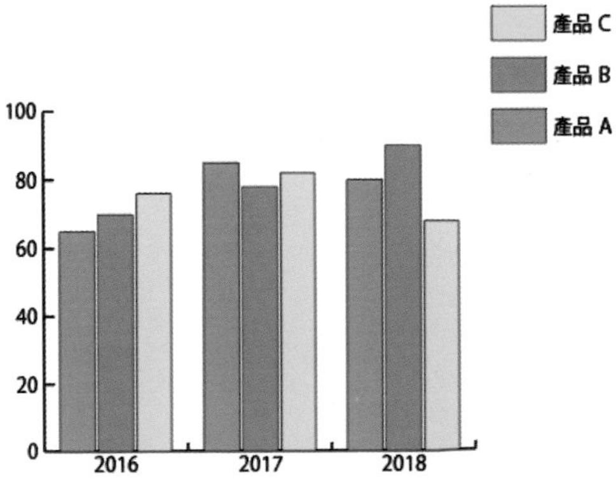

產品 C
產品 B
產品 A
100
80
60
40
20
0
2016
2017
2018

自訂圖表設計

儲存圖表設計，可以在長條圖套用原創設計。

1 將矩形置於下層，繪製水平線

在插圖四周繪製矩形，並且移動到下層。配合長條圖的數值，於伸縮位置畫出水平線。

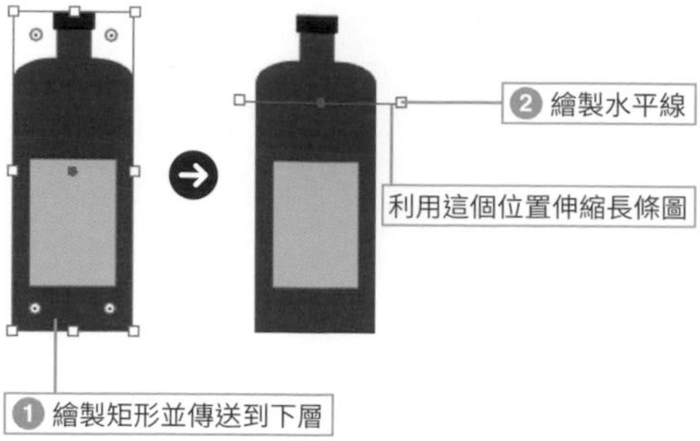

❷ 繪製水平線
利用這個位置伸縮長條圖
❶ 繪製矩形並傳送到下層

POINT

請畫出符合物件大小的矩形。矩形的「填色」設定會成為圖表設計的背景，「筆畫」請設定為「無」。

2 建立群組

選取全部物件，執行『物件→組成群組』命令（Ctrl＋G），建立群組。

❸ 全選
❹ 選取
物件(O)
300% (CMY
變形(T)
排列順序(A)
組成群組(G) Ctrl+G
解散群組(U) Shift+Ctrl+G
鎖定(L)
全部解除鎖定(K) Alt+Ctrl+2
隱藏(H)
顯示全部物件 Alt+Ctrl+3

3 將水平線變成參考線

使用直接選取工具，單獨選取水平線，執行『檢視→參考線→製作參考線』命令（Ctrl＋5），將水平線變成參考線。

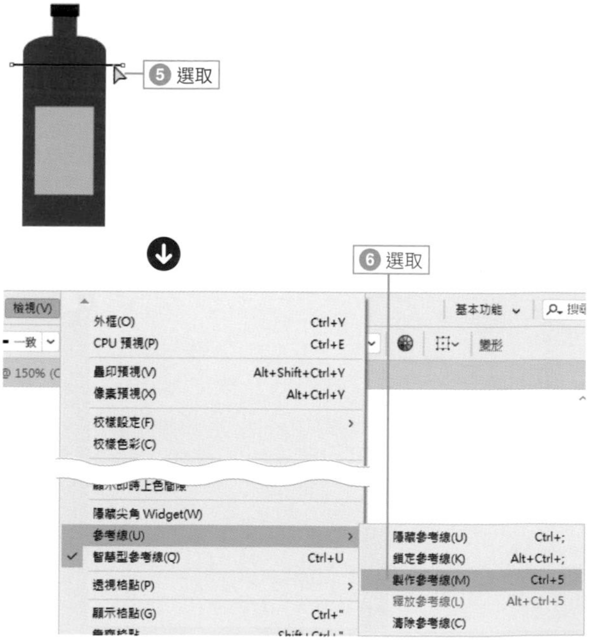

❺ 選取
❻ 選取
檢視(V)
基本功能
外框(O) Ctrl+Y
CPU 預視(P) Ctrl+E
疊印預視(V) Alt+Shift+Ctrl+Y
像素預視(X) Alt+Ctrl+Y
校樣設定(F)
校樣色彩(C)
隱藏尖角 Widget(W)
參考線(U)
智慧型參考線(Q) Ctrl+U
透視格點(P)
顯示格點(G) Ctrl+"
隱藏參考線(U) Ctrl+;
鎖定參考線(K) Alt+Ctrl+;
製作參考線(M) Ctrl+5
釋放參考線(L) Alt+Ctrl+5
清除參考線(C)

POINT

建立參考線時，請執行『**檢視→參考線→鎖定參考線**』命令（Alt＋Ctrl＋:），檢視是否勾選了這個選項，如果有，請取消選取。

POINT

Mac 的**鎖定參考線**，其鍵盤快速鍵是 option＋⌘＋;。

4 將物件儲存成設計

選取全部物件。請確認也一併選取了參考線。執行『物件→圖表→設計』命令。在圖表設計交談窗中，按下新增設計鈕，儲存選取的物件，接著按下重新命名鈕。

7 全選

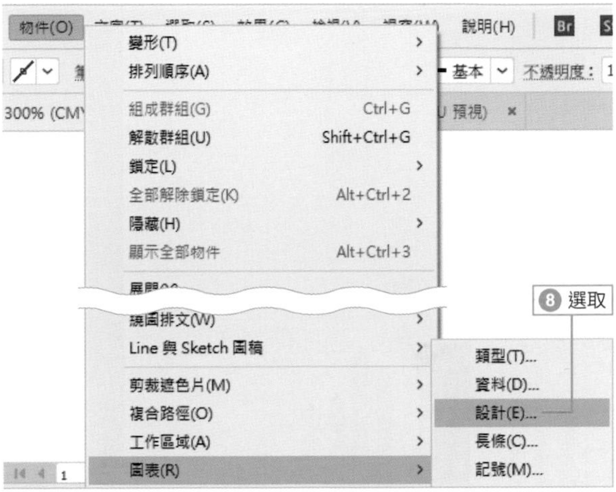

物件(O)
說明(H)
變形(T)
排列順序(A)
組成群組(G) Ctrl+G
解散群組(U) Shift+Ctrl+G
鎖定(L)
全部解除鎖定(K) Alt+Ctrl+2
隱藏(H)
顯示全部物件 Alt+Ctrl+3
Line 與 Sketch 圖稿
剪裁遮色片(M)
複合路徑(O)
工作區域(A)
圖表(R)
類型(T)...
資料(D)...
設計(E)...
長條(C)...
記號(M)...
8 選取

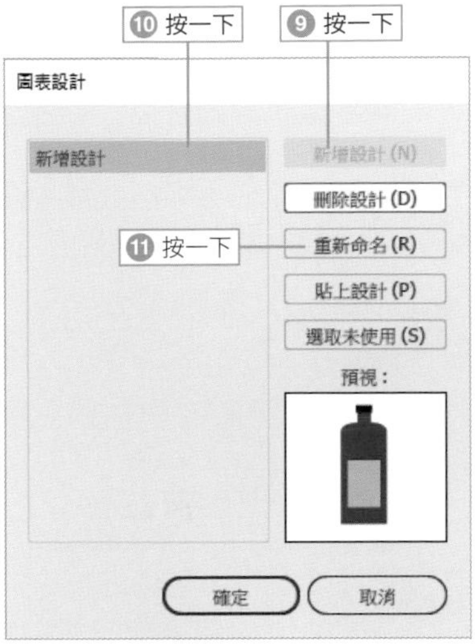

10 按一下
9 按一下
圖表設計
新增設計
新增設計 (N)
刪除設計 (D)
11 按一下
重新命名 (R)
貼上設計 (P)
選取未使用 (S)
預視：
確定
取消

5 儲存圖表設計

輸入設計名稱，按下確定鈕，就會儲存圖表設計。最後再按下確定鈕。

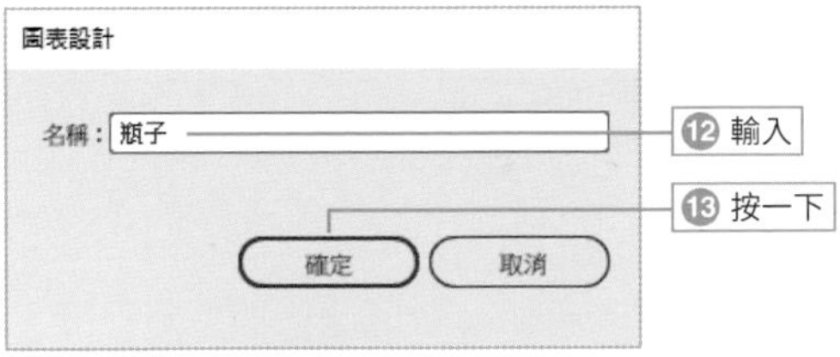

圖表設計
名稱：瓶子
12 輸入
13 按一下
確定
取消

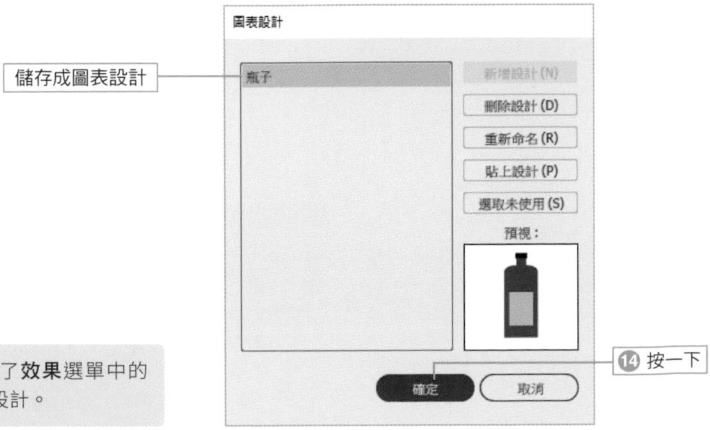

圖表設計
儲存成圖表設計
瓶子
新增設計 (N)
刪除設計 (D)
重新命名 (R)
貼上設計 (P)
選取未使用 (S)
預視：
14 按一下
確定
取消

POINT

如果物件的外觀套用了**效果**選單中的濾鏡，就無法儲存成設計。

在長條圖套用設計

接下來，試著將剛才製作的圖表設計套用在圖表中。選取圖表，執行『物件→圖表→長條』命令。

❶ 選取圖表

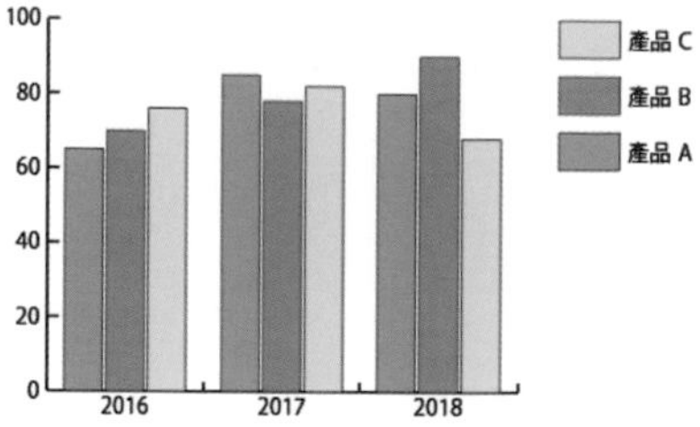

100
80
60
40
20
0
2016
2017
2018
產品 C
產品 B
產品 A

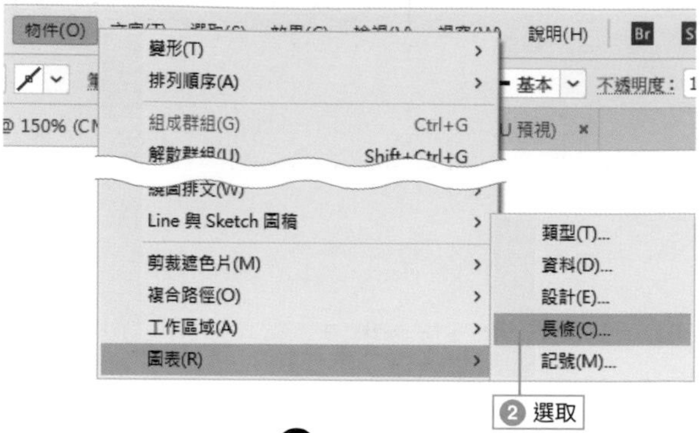

物件(O)
說明(H)
變形(T)
排列順序(A)
組成群組(G) Ctrl+G
解散群組(U) Shift+Ctrl+G
Line 與 Sketch 圖稿
剪裁遮色片(M)
複合路徑(O)
工作區域(A)
圖表(R)
類型(T)...
資料(D)...
設計(E)...
長條(C)...
記號(M)...
基本
不透明度：
@ 150%
❷ 選取

❻ 變成用酒瓶設計的圖表

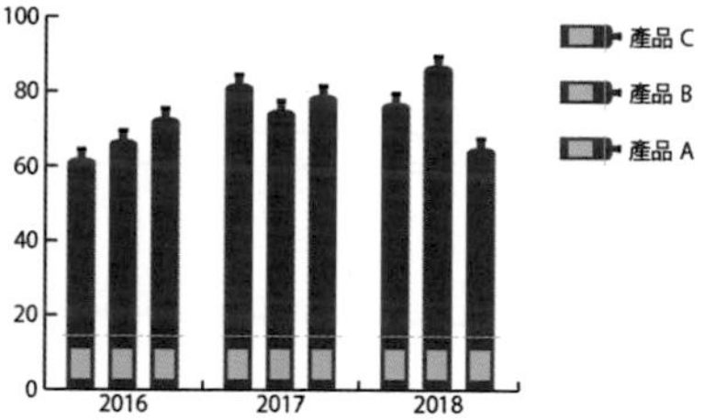

100
80
60
40
20
0
2016
2017
2018
產品 C
產品 B
產品 A

❸ 選取
長條圖
選擇長條設計：
無
瓶子
長條類型 (C): 滑動
❹ 選取
旋轉圖例設計 (R)
個別設計代表 (E):
個單位
不完整圖案 (F): 縮放設計
確定
取消
❺ 按一下

POINT

在圖表設計中，選取了設定為伸縮參考線的設計時，會在畫面上顯示參考線，但是印刷時不會有問題。

POINT

如果要使用套用在目前文件中的圖表設計，只要開啟該文件，就可以從交談窗中，選取設計。

2-9 使用透視格點繪圖

使用頻率	
★☆☆	「透視格點」是繪製含有消失點、有遠近感的插畫時，使用的特殊格點。在透視格點內，使用矩形工具或橢圓形工具等繪圖工具，可以沿著格點，用帶有透視感的狀態來繪圖。另外，把用一般模式繪製的物件，放入透視格點內，也能產生遠近感。

何謂「透視格點」？

透視格點是繪製具有遠近感的圖稿時，使用的格點。只要沿著格點繪圖，就能輕鬆畫出具有遠近感的物件。

使用了透視格點的圖稿

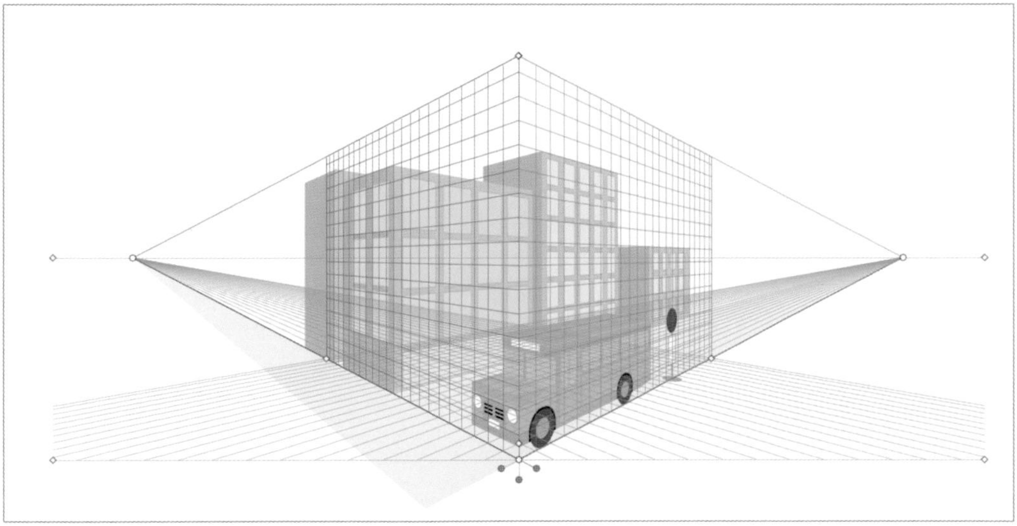

顯示或隱藏透視格點

執行『檢視→透視格點→顯示格點』命令（Shift＋Ctrl＋I），就能顯示透視格點。或者，選取工具面板中的透視格點工具，也會顯示透視格點。如果要隱藏透視格點，請執行『檢視→透視格點→隱藏格點』命令（Shift＋Ctrl＋I）。

另外，按下出現在畫面左上方 Widget 左上角的 ，也可以隱藏透視格點。

按一下，就會隱藏透視格點
選取

▶ 編輯透視格點

使用透視格點工具[icon]，拖曳格點的控制點，可以改變消失點的位置、格點平面的角度，設定成任意視角。

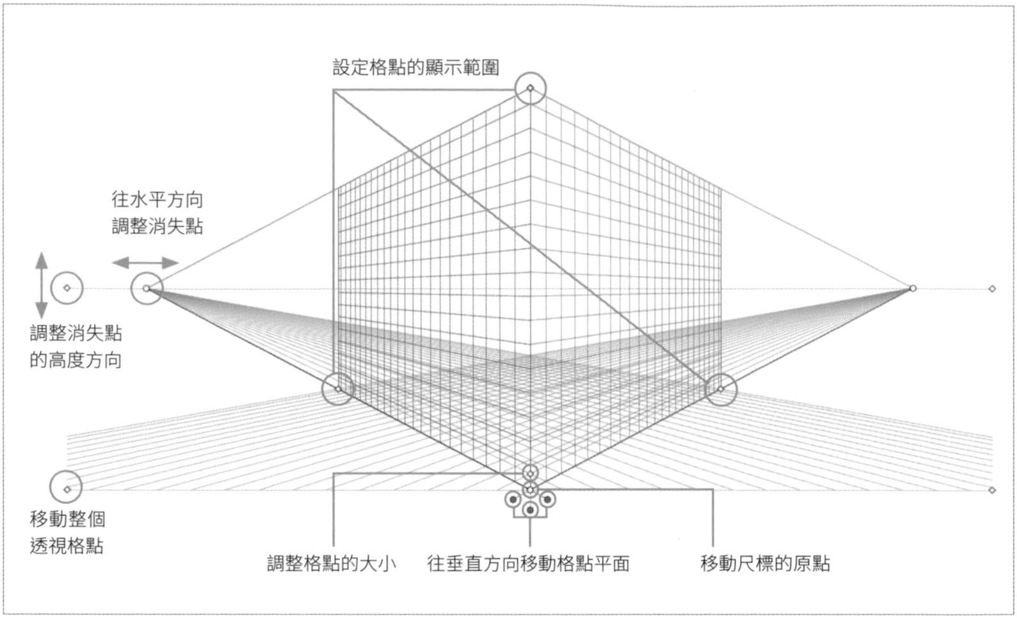

設定格點的顯示範圍
往水平方向
調整消失點
調整消失點
的高度方向
移動整個
透視格點
調整格點的大小
往垂直方向移動格點平面
移動尺標的原點

POINT

文件內只能顯示一個透視格點。假如要在多個工作區域使用，請移動透視格點。

POINT

在**工具**面板的**透視格點工具**[icon]或**透視選取工具**[icon]雙按滑鼠左鍵，會開啟**透視格點選項**交談窗，可以設定是否顯示 Widget 及 Widget 的位置。

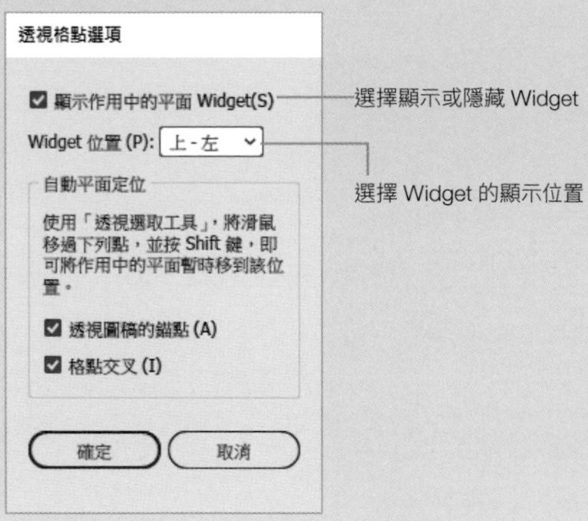

透視格點選項
顯示作用中的平面 Widget(S)
選擇顯示或隱藏 Widget
Widget 位置 (P): 上 - 左
選擇 Widget 的顯示位置
自動平面定位
使用「透視選取工具」，將滑鼠移過下列點，並按 Shift 鍵，即可將作用中的平面暫時移到該位置。
透視圖稿的錨點 (A)
格點交叉 (I)
確定
取消

▶ 選擇透視圖法（遠近圖法）及鎖定格點

執行『檢視→透視格點』命令，可以選擇不同消失點的透視圖法（遠近圖法）。另外，還可以設定是否鎖定格點。

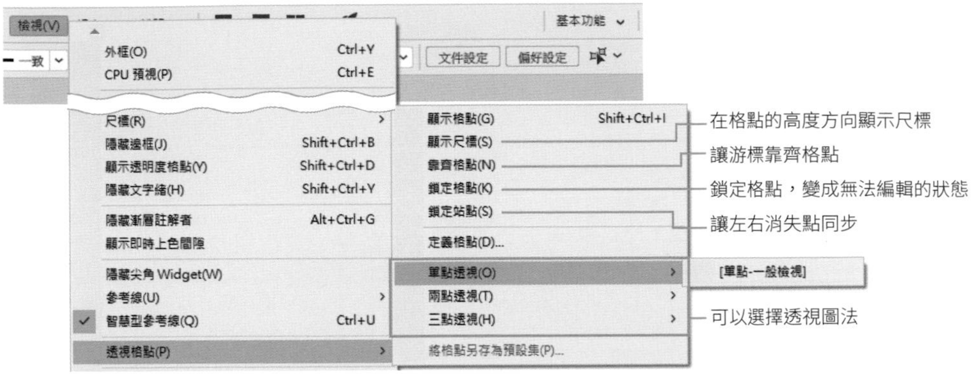

檢視(V)
基本功能
外框(O) Ctrl+Y
CPU 預視(P) Ctrl+E
文件設定
偏好設定
尺標(R)
隱藏邊框(J) Shift+Ctrl+B
顯示透明度格點(Y) Shift+Ctrl+D
隱藏文字緒(H) Shift+Ctrl+Y
隱藏漸層註解者 Alt+Ctrl+G
顯示即時上色間隙
隱藏尖角 Widget(W)
參考線(U)
智慧型參考線(Q) Ctrl+U
透視格點(P)
顯示格點(G) Shift+Ctrl+I
顯示尺標(S)
靠齊格點(N)
鎖定格點(K)
鎖定站點(S)
定義格點(D)...
單點透視(O)
兩點透視(T)
三點透視(H)
將格點另存為預設集(P)...
[單點-一般檢視]
在格點的高度方向顯示尺標
讓游標靠齊格點
鎖定格點，變成無法編輯的狀態
讓左右消失點同步
可以選擇透視圖法

一點透視法

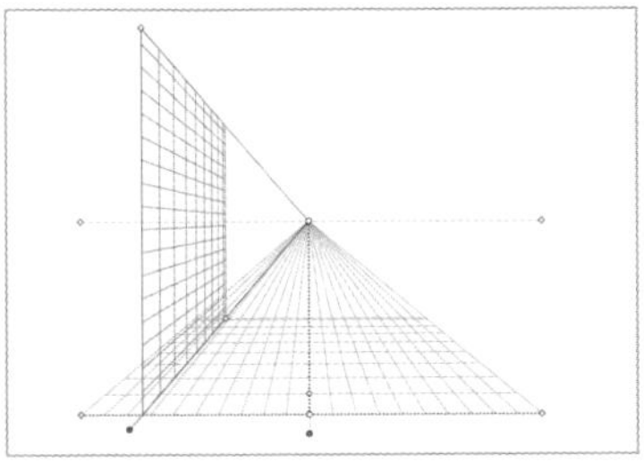

二點透視法

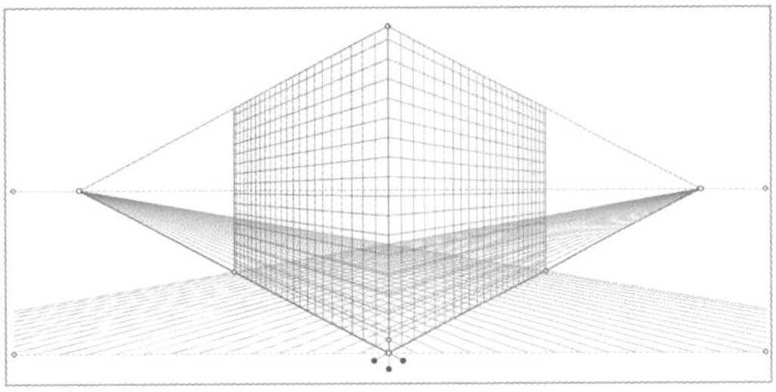

三點透視法

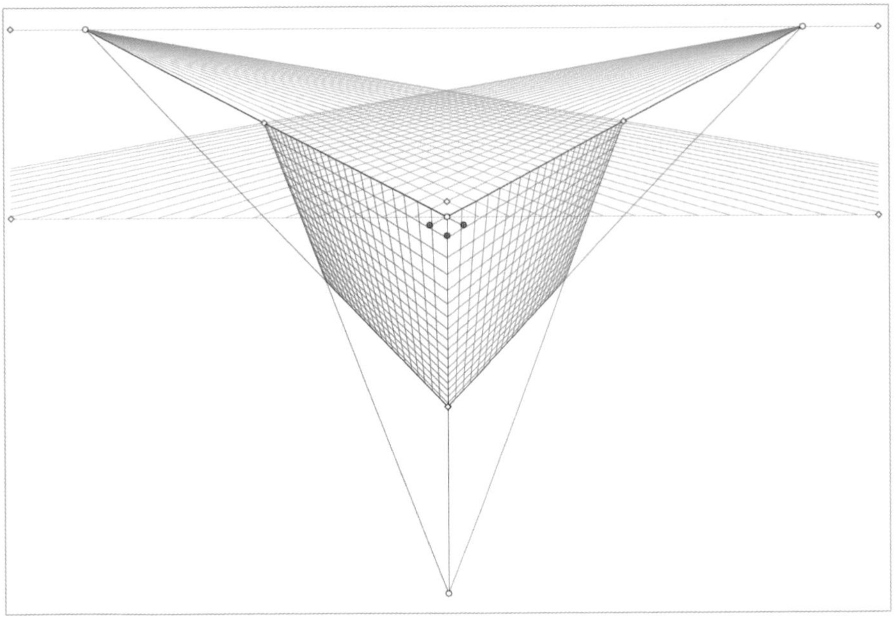

▶ 用格點狀態的交談窗定義透視格點

執行『檢視→透視格點→定義透視格點』命令，開啟定義透視格點交談窗，可以設定透視圖法的類型、單位、角度等。

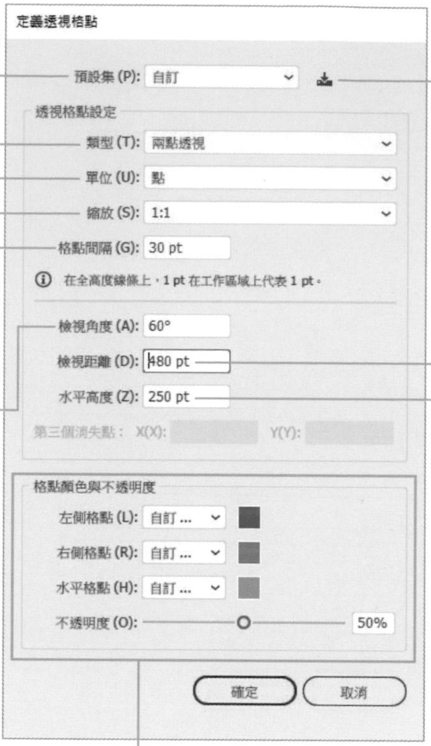

定義透視格點
預設集 (P): 自訂
透視格點設定
類型 (T): 兩點透視
單位 (U): 點
縮放 (S): 1:1
格點間隔 (G): 30 pt
在全高度線條上，1 pt 在工作區域上代表 1 pt。
檢視角度 (A): 60°
檢視距離 (D): 480 pt
水平高度 (Z): 250 pt
第三個消失點： X(X): Y(Y):
格點顏色與不透明度
左側格點 (L): 自訂 ...
右側格點 (R): 自訂 ...
水平格點 (H): 自訂 ...
不透明度 (O): 50%
確定
取消

叫出內建的預設集設定

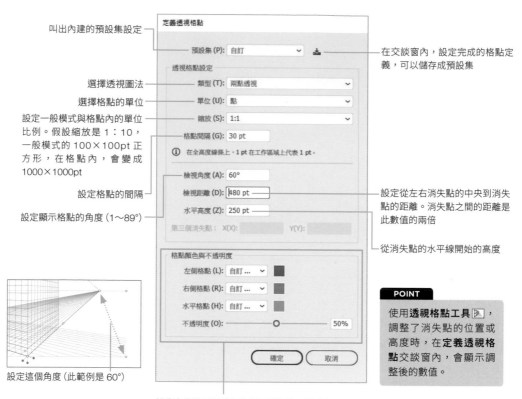

在交談窗內，設定完成的格點定義，可以儲存成預設集

選擇透視圖法

選擇格點的單位

設定一般模式與格點內的單位比例。假設縮放是 1：10，一般模式的 100×100pt 正方形，在格點內，會變成 1000×1000pt

設定格點的間隔

設定顯示格點的角度（1～89°）

設定從左右消失點的中央到消失點的距離。消失點之間的距離是此數值的兩倍

從消失點的水平線開始的高度

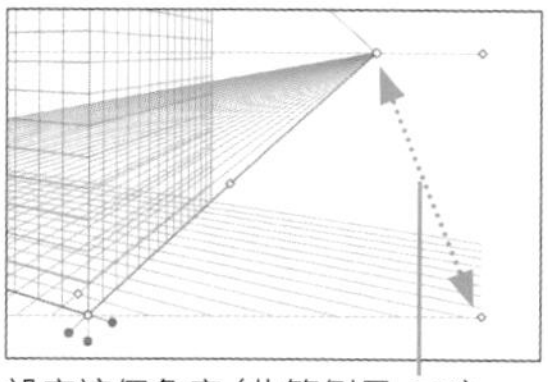

設定這個角度（此範例是 60°）

設定各格點平面的格點顯示顏色及不透明度

POINT

使用**透視格點工具**，調整了消失點的位置或高度時，在**定義透視格點**交談窗內，會顯示調整後的數值。

● 在透視格點內繪圖

在顯示透視格點的狀態，使用矩形工具等繪圖工具，沿著格點繪圖，就可以呈現出遠近感。

❶ 選取繪圖工具

❷ 使用 Widget 選取要繪製的格點平面

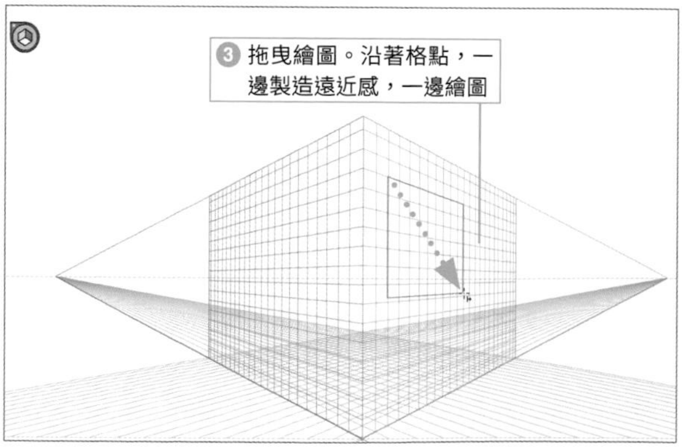

❸ 拖曳繪圖。沿著格點，一邊製造遠近感，一邊繪圖

▶ 選取格點平面的快速鍵

除了可以使用 Widget，點選成為透視格點繪圖對象的格點平面之外，也可以用快速鍵來選取。

另外，使用透視選取工具，在格點平面之間，移動物件時，也可以使用快速鍵。

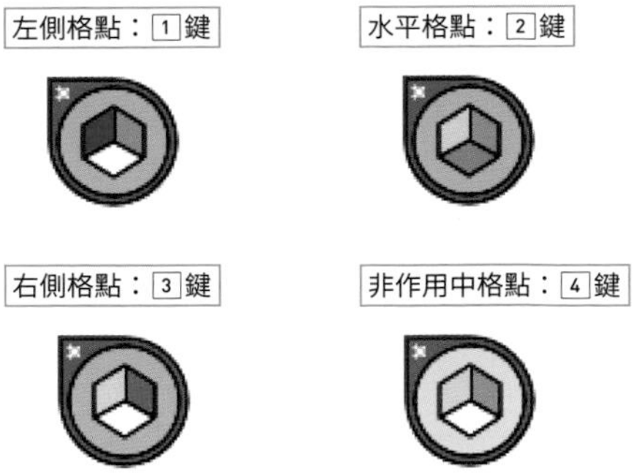
左側格點：1鍵
水平格點：2鍵
右側格點：3鍵
非作用中格點：4鍵

● 將一般物件移動至格點內

除了可以直接在透視格點內，繪製物件外，也能把在一般模式下，畫出來的物件移動到格點內。使用透視選取工具，就能將物件移動到格點內。在格點內，無法直接繪製或置入文字物件、符號等，但是一般模式繪製的物件可以移動置入格點內。

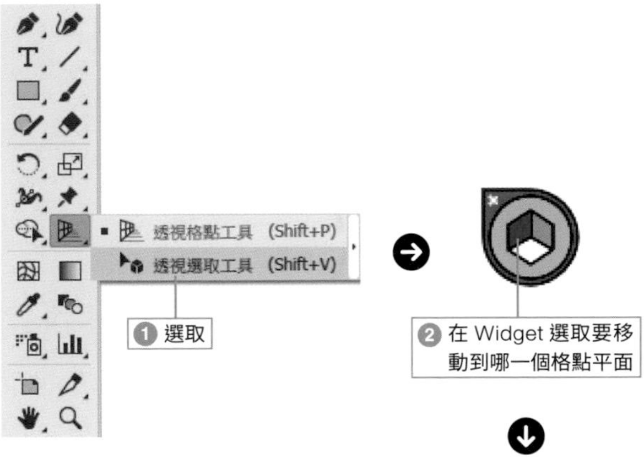
透視格點工具 (Shift+P)
透視選取工具 (Shift+V)
❶ 選取
❷ 在 Widget 選取要移動到哪一個格點平面

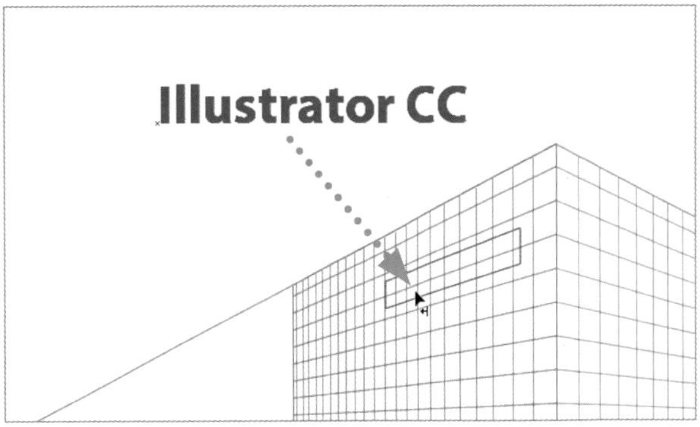
Illustrator CC

❸ 拖曳物件，就能將物件移動至格點內

POINT

選取物件，執行『**物件→透視→附加至作用中的平面**』命令，可以轉換成屬於選取格點平面的物件。

TIPS　修改格點內的文字物件

置入格點內的文字物件，會顯示成外框。使用**透視選取工具**，在文字物件上雙按滑鼠左鍵，可以修改文字。

移動及縮放格點內的圖形

置入格點內的物件，使用透視選取工具拖曳，可以保持格點內的透視感來移動物件。另外，拖曳控制點，可以縮放物件。

可以拖曳移動

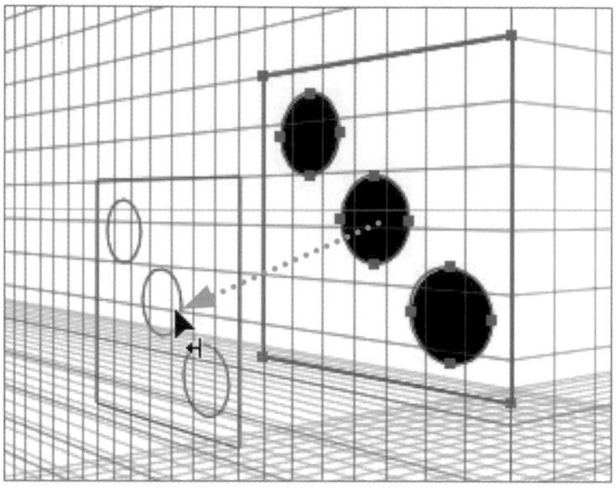

拖曳控制點，可以縮放物件

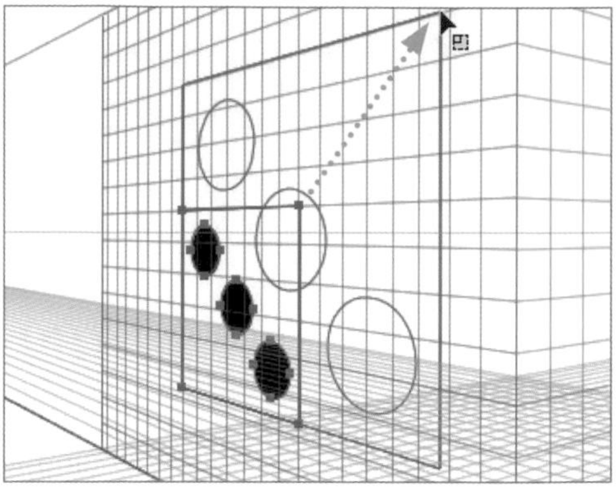

垂直移動

▶ 利用拖曳方式移動物件

使用透視選取工具拖曳，是在格點平面上移動物件，但是按下 5 鍵並拖曳，可以在垂直格點平面的方向上移動物件。

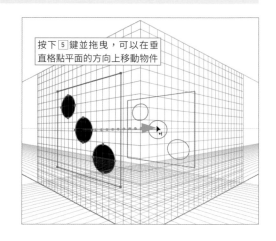

按下 5 鍵並拖曳，可以在垂直格點平面的方向上移動物件

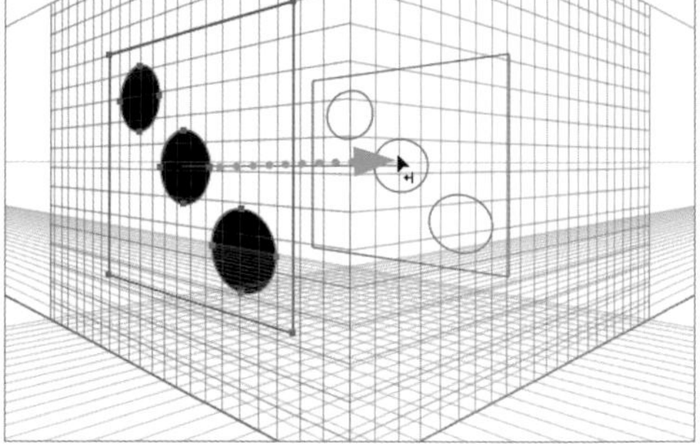

POINT

按住 Alt 鍵並拖曳，可以拷貝在透視格點內的物件。另外，執行『**物件→變形→再次變形**』命令（Ctrl＋D），可以連續拷貝物件。

TIPS 讓格點平面符合垂直移動後的物件

選取往垂直方向移動後的物件，執行『**物件→透視→移動平面以符合物件**』命令，格點平面就可以移動到選取物件上。

▶ 在格點平面拖曳垂直移動

使用透視選取工具，按住 Shift 鍵不放，並拖曳置入物件的格點平面，可以同時移動格點平面與物件。按住 Alt 鍵不放並拖曳，可以將物件拷貝至要移動到的格點平面上。

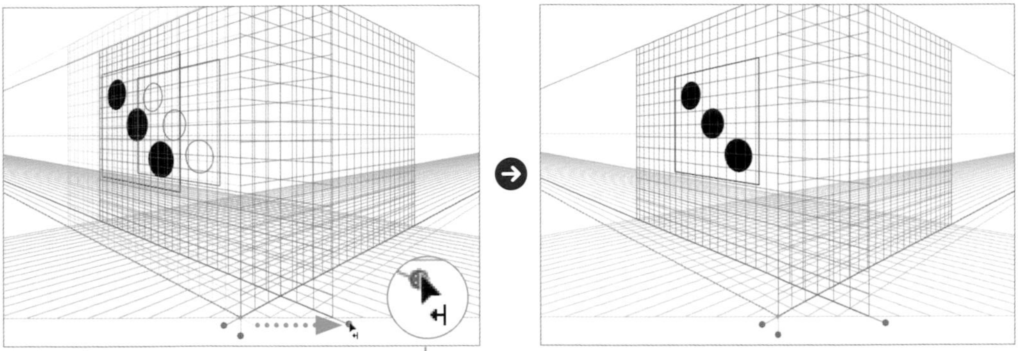

❶ 使用透視選取工具，按下 Shift ＋拖曳

❷ 和格點平面一起移動了格點上的物件

● 移動至其他格點平面

如果要將物件移動到別的格點平面，請使用透視選取工具，在拖曳過程中，按下移動目的地的格點平面快速鍵。

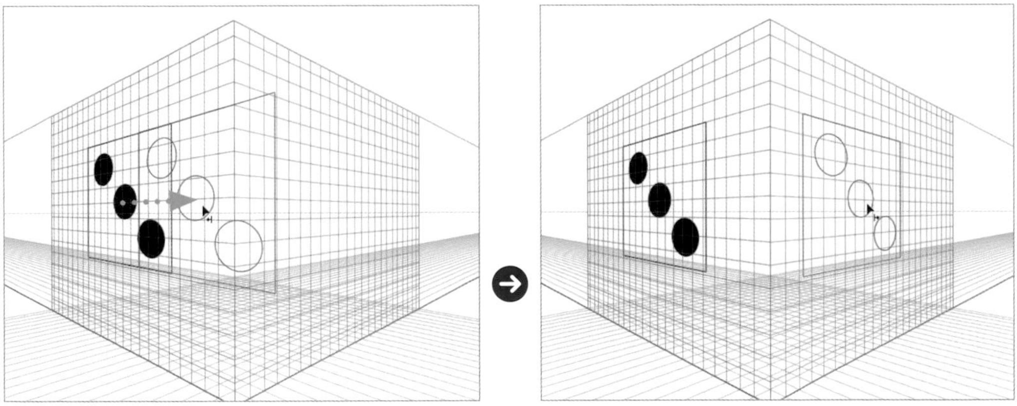

❶ 拖曳

1
2
3

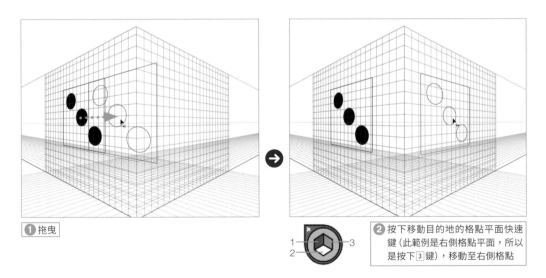

❷ 按下移動目的地的格點平面快速鍵（此範例是右側格點平面，所以是按下 3 鍵），移動至右側格點

鎖定站點，同時移動圖形與格點（自 CC 2017.1 起）

執行『檢視→透視格點→鎖定站點』命令，移動消失點，改變格點角度時，格點上的圖形也會一併移動。

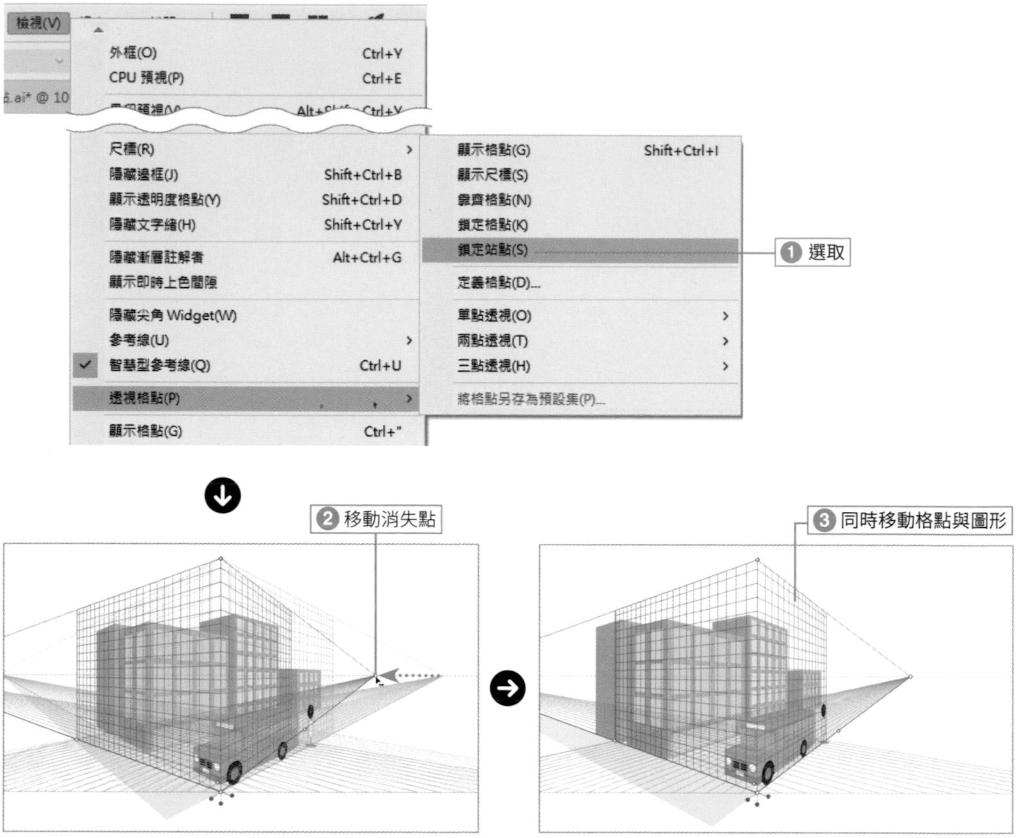

檢視(V)
外框(O) Ctrl+Y
CPU 預視(P) Ctrl+E
尺標(R)
隱藏邊框(J) Shift+Ctrl+B
顯示透明度格點(Y) Shift+Ctrl+D
隱藏文字緒(H) Shift+Ctrl+Y
隱藏漸層註解者 Alt+Ctrl+G
顯示即時上色間隙
隱藏尖角 Widget(W)
參考線(U)
智慧型參考線(Q) Ctrl+U
透視格點(P)
顯示格點(G) Ctrl+"
顯示格點(G) Shift+Ctrl+I
顯示尺標(S)
靠齊格點(N)
鎖定格點(K)
鎖定站點(S)
定義格點(D)...
單點透視(O)
兩點透視(T)
三點透視(H)
將格點另存為預設集(P)...
1 選取
2 移動消失點
3 同時移動格點與圖形

從透視格點中釋放物件

執行『物件→透視→隨透視釋放』命令，可以將選取的物件轉換成一般物件，形狀不變。

POINT

在工具面板的**透視選取工具**或**透視格點工具**雙按滑鼠左鍵，開啟**透視格點選項**交談窗，可以選擇要暫時顯示格點平面的錨點。

CHAPTER

3

選取物件

如果要設定物件的顏色或是變更物件的外觀，必須先將物件選取起來。選取物件的方法有很多種，請視狀況，選擇最適合的方法，就能提高工作效率。

CS6 | CC | CC14 | CC15 | CC17 | CC18

3-1 選取物件

使用頻率 ★★★	使用繪圖工具製作出來的物件，可以隨意改變顏色、移動位置、變形等編輯操作。但是必須先選取要編輯的物件後，才能執行。

選取工具

選取工具是用來選取整個物件。如果物件組成了群組，就會選取起整個群組。關於組成群組的說明，請參考 **3-14 頁**。

POINT

按住 Shift 鍵不放，再按一下滑鼠左鍵，可以選取多個物件。

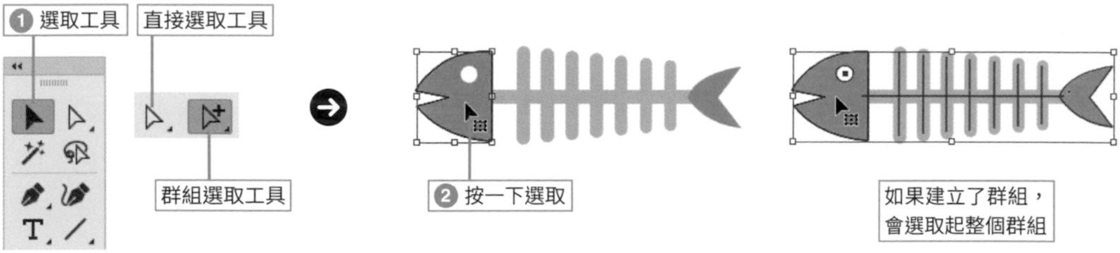

① 選取工具
直接選取工具
群組選取工具
② 按一下選取
如果建立了群組，
會選取起整個群組

▶ 使用選取範圍選取

使用選取工具拖曳，會顯示選取範圍，可以選取被選取範圍包圍或觸及的物件（建立群組時，會選取整個群組）。

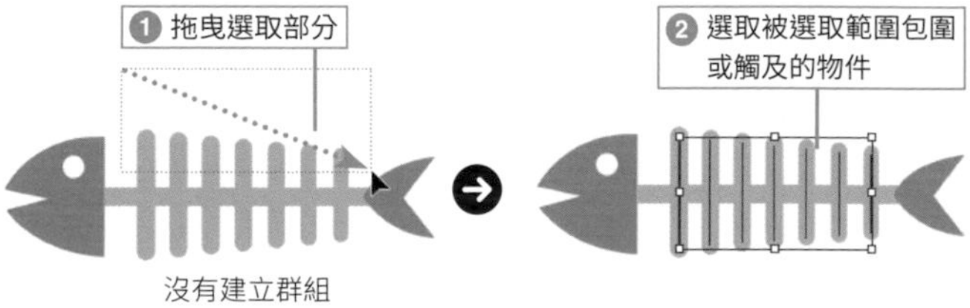

① 拖曳選取部分
② 選取被選取範圍包圍
或觸及的物件
沒有建立群組

編輯模式

使用選取工具，在物件上雙按滑鼠左鍵，即可進入編輯模式，單獨編輯該物件。其他物件會顯示成淺色，並且無法選取。假如該物件組成了群組，會變成只能編輯該群組物件的狀態，利用選取工具，可以編輯群組內的各個物件。進入編輯模式後，在工作中視窗上方，會顯示灰色列。假如物件內有多個群組，在編輯模式下，再次於群組物件上雙按滑鼠左鍵，就能編輯該群組內的物件。

1 在物件上雙按滑鼠左鍵

在物件上雙按滑鼠左鍵。右側範例是群組物件。

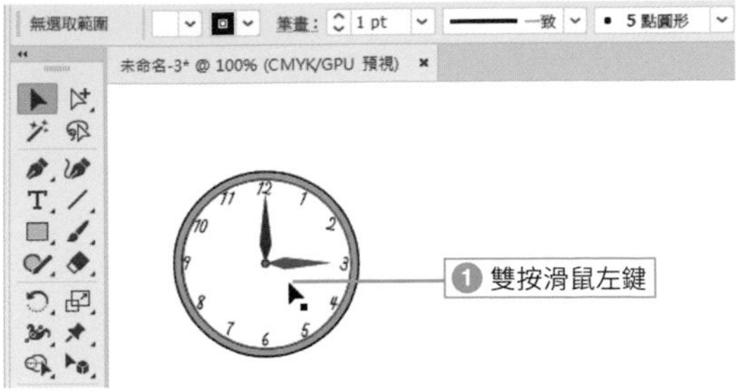

無選取範圍
筆畫：1 pt
一致
5 點圓形
未命名-3* @ 100% (CMYK/GPU 預視)
1 雙按滑鼠左鍵

2 進入編輯模式

進入編輯模式後，在控制面板下方，會出現灰色列。建立群組的物件，可以個別選取群組內的物件。

POINT

按下**控制**面板上的鈕，也可以進入編輯模式。

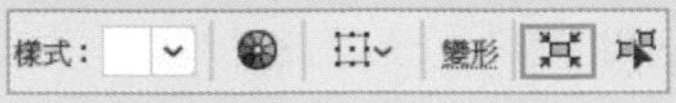

樣式：
變形

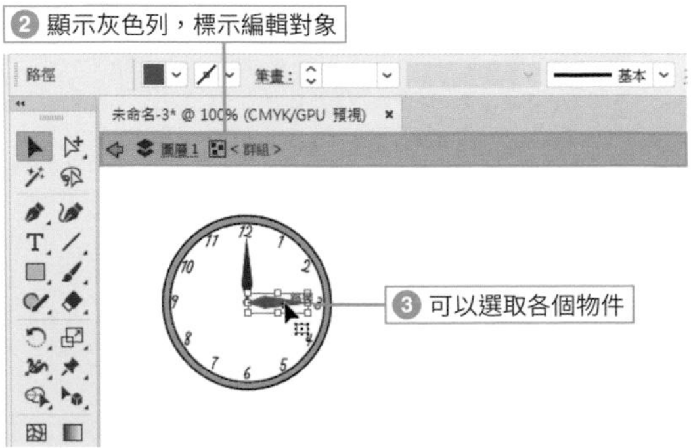

2 顯示灰色列，標示編輯對象
路徑
筆畫：
基本
未命名-3* @ 100% (CMYK/GPU 預視)
圖層 1 <群組>
3 可以選取各個物件

▶ 關閉編輯模式

如果要關閉編輯模式，請按一下灰色列。或是在物件以外的地方，雙按滑鼠左鍵，也可以關閉編輯模式。

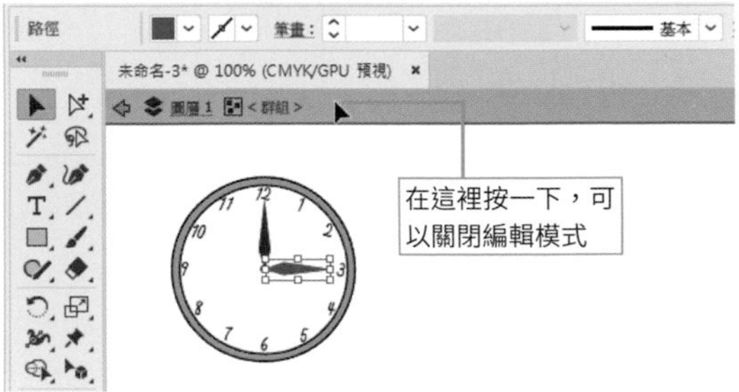

路徑
筆畫：
基本
未命名-3* @ 100% (CMYK/GPU 預視)
圖層 1 <群組>
在這裡按一下，可以關閉編輯模式

TIPS 隱藏邊界方框、隱藏中心點

使用**選取工具**選取物件後，會以稱作**邊界方框**、含有控制點的框線包圍物件。操控邊界方框，可以縮放、旋轉物件（請參考 **7-2 頁**）。執行『**檢視→隱藏邊框**』命令（Shift＋Ctrl＋B），會隱藏邊界方框，變得無法使用。如果要重新顯示，請執行『**檢視→顯示邊框**』命令。

另外，在**屬性**面板，可設定顯示／隱藏邊界方框的中心點。

文件資訊
屬性
疊印填色
疊印筆畫
影像地圖：無
URL:

檢視(V) 視窗(W) 說明(H)
外框(O) Ctrl+Y
GPU 預視(G) Ctrl+E
疊印預視(V) Alt+Shift+Ctrl+Y
像素預視(X) Alt+Ctrl+Y
校樣設定(F)
校樣色彩(C)
隱藏範本(L) Shift+Ctrl+W
尺標(R)
隱藏邊框(J) Shift+Ctrl+B
顯示透明度格點(Y) Shift+Ctrl+D
隱藏文字緒(H) Shift+Ctrl+Y
隱藏漸層註解者 Alt+Ctrl+G

狀態也可以使用

已經組成群組的物件，若又再組成群組時（「嵌套」群組物件狀態），同樣可用編輯模式。

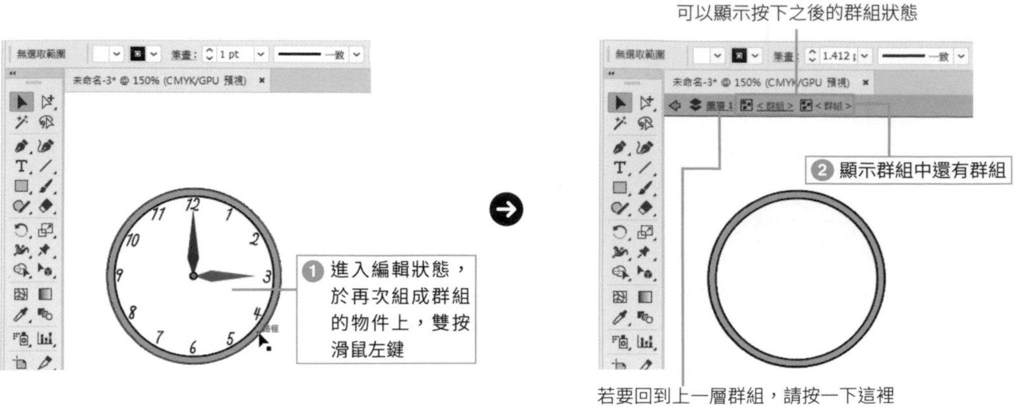

可以顯示按下之後的群組狀態
❶ 進入編輯狀態，於再次組成群組的物件上，雙按滑鼠左鍵
❷ 顯示群組中還有群組
若要回到上一層群組，請按一下這裡

TIPS 使用右鍵選單

選取群組物件，按下滑鼠右鍵，執行右鍵選單的『**分離選取的群組**』命令，也可以進入編輯模式。根據選取的物件不同，這裡顯示的名稱會變成『**分離選取的群組**』或『**分離選取的圖表**』。

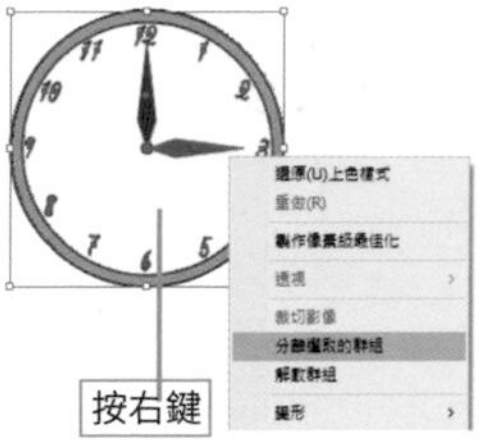

按右鍵

TIPS 可以使用編輯模式的物件

除了群組物件外，即時上色群組、複合路徑、漸層網格、影像檔案、剪裁遮色片等，都可使用編輯模式。

TIPS 與選取物件有關的偏好設定

在預設狀態，內部填上顏色的物件，按一下上色的部分，可以選取整個物件。執行『**編輯（Mac 是 Illustrator）→偏好設定→一般**』命令（Ctrl＋K），開啟**偏好設定**交談窗，在**選取和錨點顯示**中，勾選**僅依路徑選取物件**後，就會變成只在按下物件的路徑部分，才會選取物件。

另外，勾選**在滑鼠移過時反白錨點**，使用**直接選取工具**，將游標移動到錨點上時，會以強調方式顯示錨點。

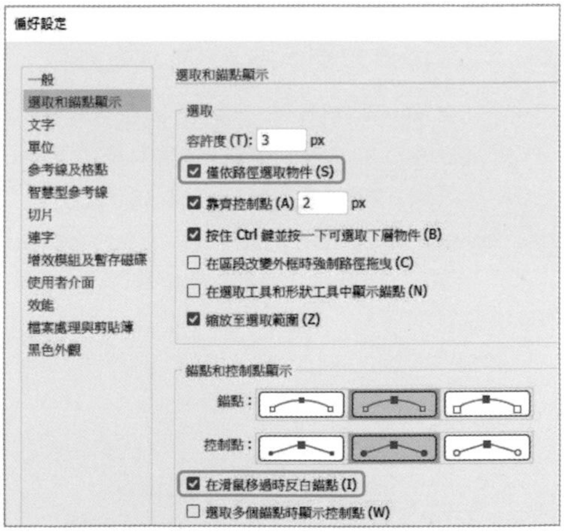

偏好設定
一般
選取和錨點顯示
文字
單位
參考線及格點
智慧型參考線
切片
連字
增效模組及暫存磁碟
使用者介面
效能
檔案處理與剪貼簿
黑色外觀
選取
容許度 (T): 3 px
僅依路徑選取物件 (S)
靠齊控制點 (A) 2 px
按住 Ctrl 鍵並按一下可選取下層物件 (B)
在區段改變外框時強制路徑拖曳 (C)
在選取工具和形狀工具中顯示錨點 (N)
縮放至選取範圍 (Z)
錨點和控制點顯示
錨點：
控制點：
在滑鼠移過時反白錨點 (I)
選取多個錨點時顯示控制點 (W)

3-2
使用「直接選取工具」

使用頻率 ☆☆☆	若要變形路徑的形狀，會使用直接選取工具 來選取、操控錨點、線段、方向線等，也可以選取整個物件。

選取群組內的物件

在設定了「填色」的物件內部按一下，可以選取群組內的一個物件。

POINT

使用**選取工具**時，按下 Ctrl 鍵，會暫時變成**直接選取工具**。

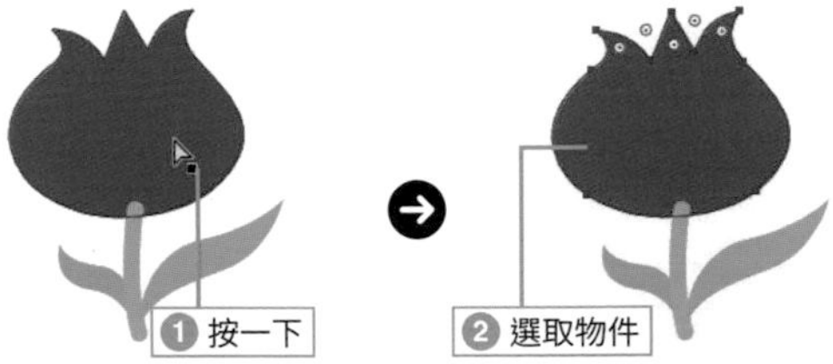

❶ 按一下
❷ 選取物件

選取區段

使用直接選取工具，在物件的路徑上移動游標時，區段上的游標會變成，按一下就可以選取該區段。

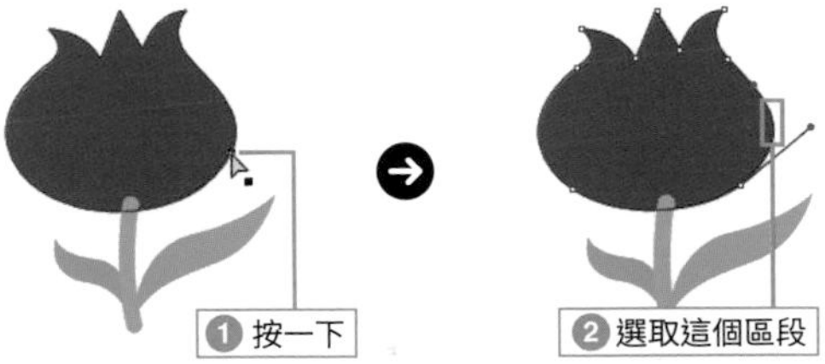

❶ 按一下
❷ 選取這個區段

選取錨點

使用直接選取工具，在物件的路徑上移動游標時，若移動到錨點上，游標就會變成，按一下就能選取該錨點。另外，選取中的錨點，其兩側的區段也會呈現選取狀態，同時顯示出與該區段有關的方向線。

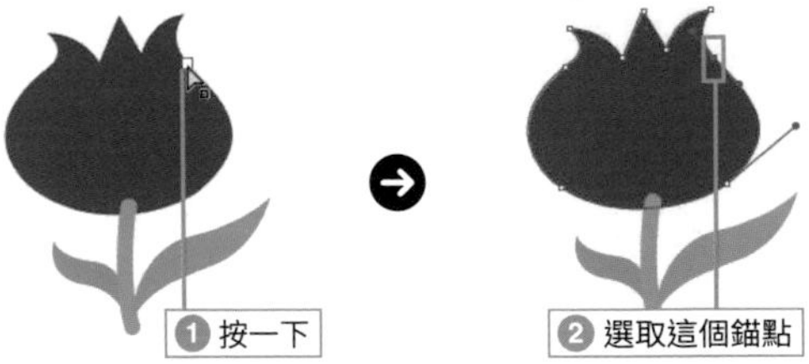

❶ 按一下
❷ 選取這個錨點

使用選取範圍選取

使用直接選取工具拖曳，會顯示框選的範圍，可以選取被框選到或觸及的區段及錨點。

POINT

按住 Shift 鍵不放，並按滑鼠左鍵，可選取多個錨點及區段。

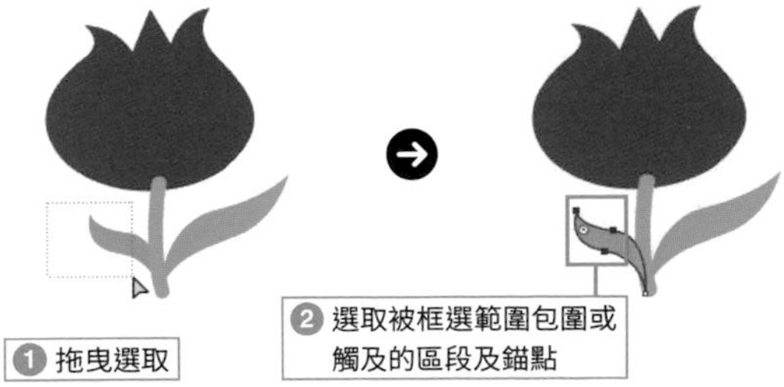

❶ 拖曳選取
❷ 選取被框選範圍包圍或觸及的區段及錨點

CS6 | CC | CC14 | CC15 | CC17 | CC18

3-3 使用其他選取工具或選取指令

使用頻率 ★★☆

只要記住群組選取工具、套索工具、魔術棒工具的用法，就可以增加選取物件的靈活性。

群組選取工具

群組選取工具是用來選取群組物件的其中一部分。

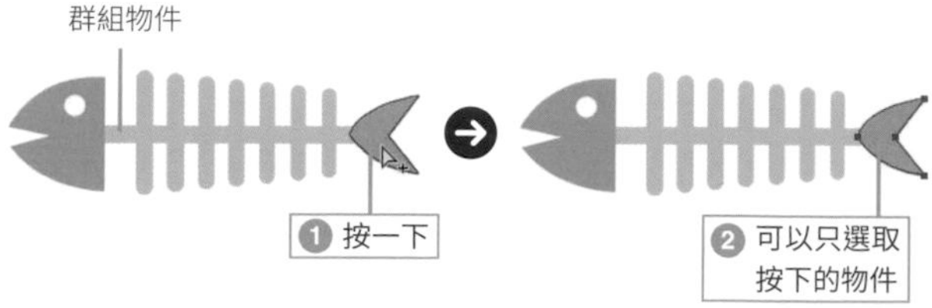

群組物件
❶ 按一下
❷ 可以只選取按下的物件

POINT

按住 Shift 鍵不放並按一下，可以選取多個物件。另外，用拖曳的方式，可以選取框選範圍內或觸及的物件。

套索工具

套索工具可以選取在拖曳範圍內的物件錨點及區段。

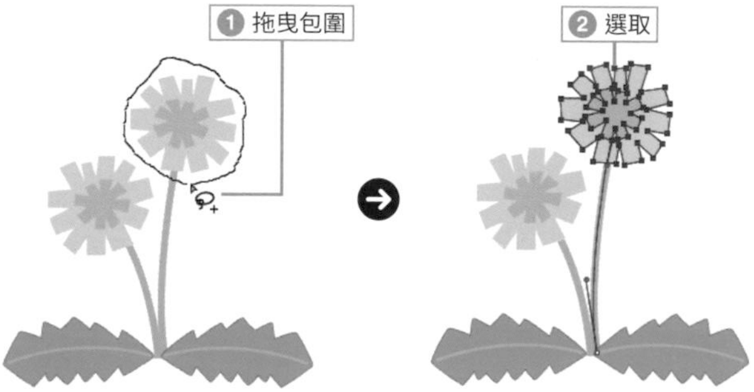

❶ 拖曳包圍
❷ 選取

各物件沒有建立群組

魔術棒工具

魔術棒工具會自動選取以相同色系設定的填色、筆畫顏色、筆畫寬度、不透明度的物件。

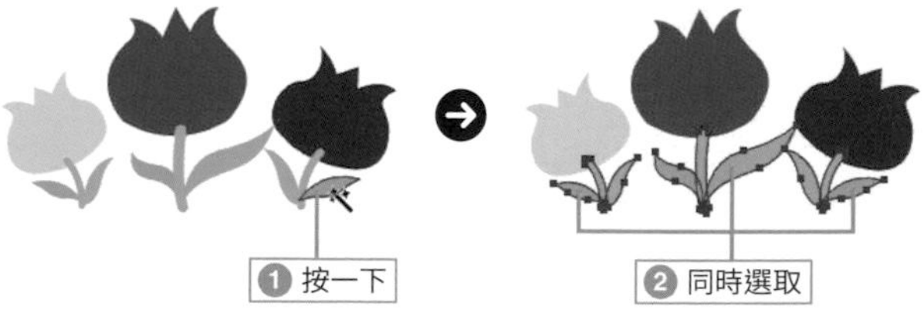

❶ 按一下
❷ 同時選取

▶ 「魔術棒工具」的設定

使用魔術棒工具選取的物件，可以在魔術棒面板中設定。執行『視窗→魔術棒』命令，或在工具面板中的魔術棒工具上，雙按滑鼠左鍵，就可以開啟魔術棒面板。

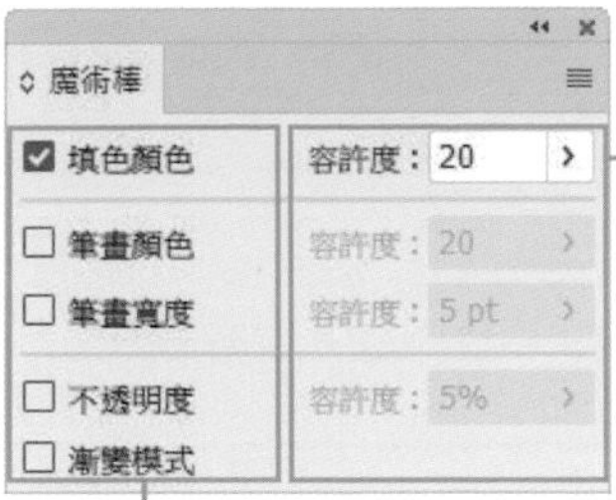

魔術棒
填色顏色
容許度：20
筆畫顏色
容許度：20
筆畫寬度
容許度：5 pt
不透明度
容許度：5%
漸變模式

設定與選取物件之間的差異。在一般的範例中，假設容許度為 20 ，按一下以 C：50 填色的物件，就會選取用 C30 到 C70 填色的物件

以勾選項目為選取對象

● 選取全部的物件

如果要選取工作區域內的所有物件，請執行『選取→全部』命令（Ctrl＋A）。

● 取消選取物件

▶ 取消選取全部物件

如果要取消選取物件的狀態，可以執行『選取→取消選取』命令（Shift＋Ctrl＋A）或用任何一種選取工具按一下沒有物件的位置。

▶ 取消部分物件的選取狀態

按住 Shift 鍵不放並按一下選取中的物件，就可以取消選取狀態。選取多個物件，卻不小心選錯物件時，請按住 Shift 鍵不放，同時再按一下選錯的物件，取消選取。

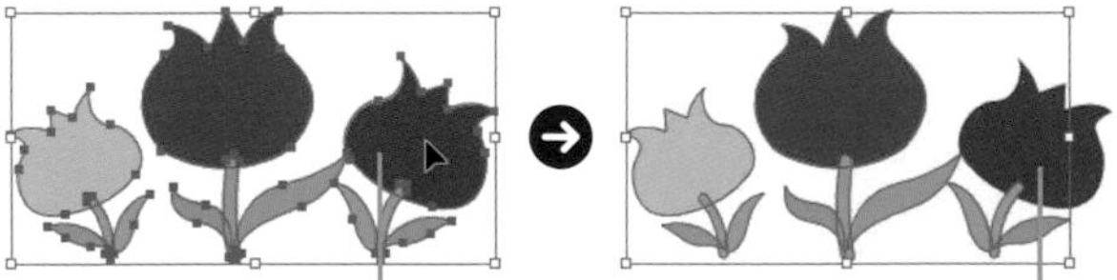

❶ Shift＋按一下選取物件

❷ 取消部分選取狀態

POINT

假如很難分辨選取了哪個物件時，按下 Space 鍵，就會隱藏邊界方框，顯示選取物件的路徑與錨點。

按下 Space 鍵並確認

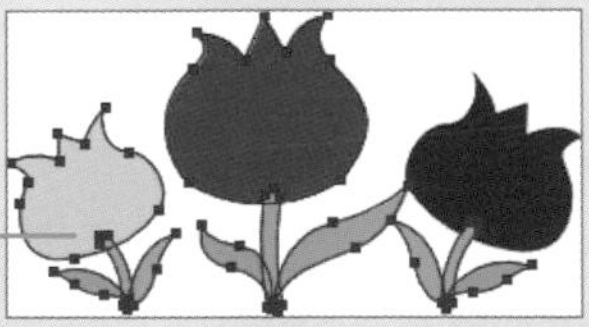

CHAPTER 3 選取物件

CS6 | CC | CC14 | CC15 | CC17 | CC18

3-4 使用「圖層」面板選取

使用頻率
★★☆

在圖層面板中，可以管理圖層及各個物件的排列方式，也能選取物件。就算是排列較複雜的物件，使用圖層面板，也能輕鬆選取。

● 使用「圖層」面板選取物件

在圖層面板的名稱清單中，按下右側○的右邊（或○），可以選取該圖層中的所有物件。選取的圖層會在清單右側，顯示和圖層顏色一樣的 ■ 。

1 按下清單○的右側

在圖層面板的名稱清單中，按下右側○的右邊（或○）。

POINT

假如沒有顯示**圖層**面板，請執行『**視窗→圖層**』命令（F7鍵）。

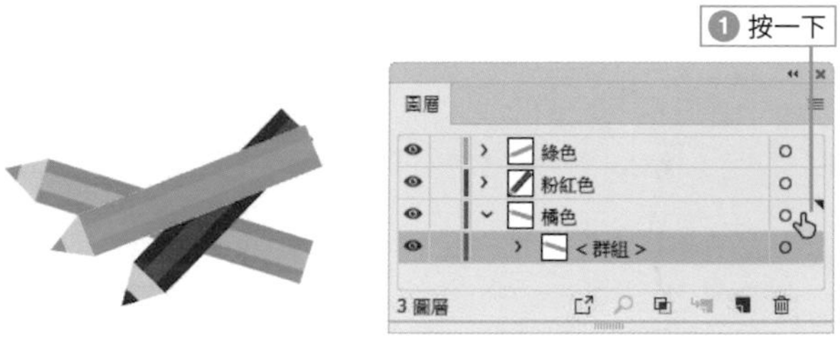

❶ 按一下
圖層
綠色
粉紅色
橘色
< 群組 >
3 圖層

2 選取物件

選取剛才按一下的物件。假如是群組物件，會選取起整個群組。

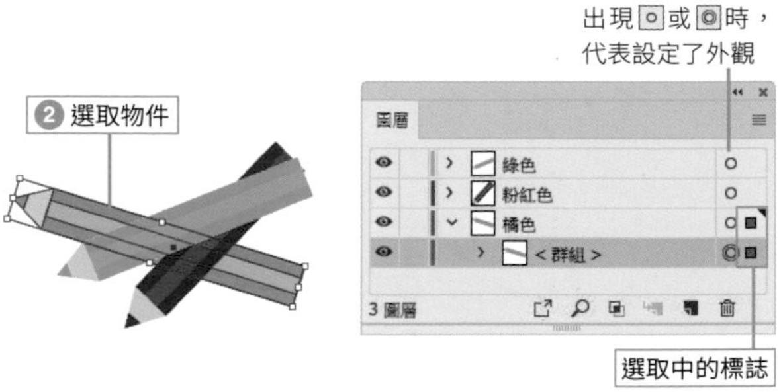

出現◎或◎時，代表設定了外觀
❷ 選取物件
圖層
綠色
粉紅色
橘色
< 群組 >
3 圖層
選取中的標誌

● 選取圖層群組內的物件

如果要選取圖層群組中的部分物件，在圖層面板中，按一下群組左側的 › ，就會以樹狀方式顯示並選取群組中的各個物件。

1 展開圖層

在圖層面板中，按下左側的 › ，以樹狀方式顯示物件。

❶ 按一下
圖層
綠色
< 群組 >
粉紅色
橘色
3 圖層

② 按一下物件的○右側

在圖層面板中，按一下選取物件的○右側（或○）。

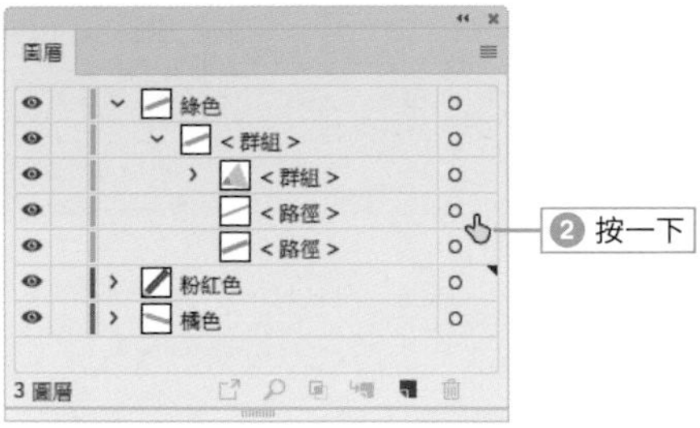
圖層
綠色
< 群組 >
< 群組 >
< 路徑 >
< 路徑 >
粉紅色
橘色
3 圖層
② 按一下

③ 選取物件

選取群組內的物件。

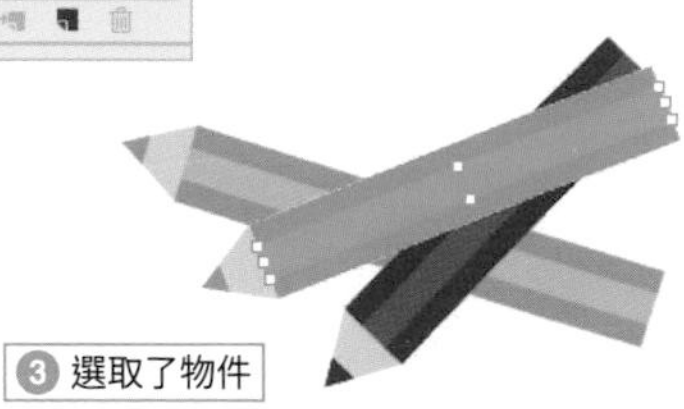
③ 選取了物件

選取多個物件

在圖層面板中，搭配使用 Shift 鍵，可以選取多個物件。

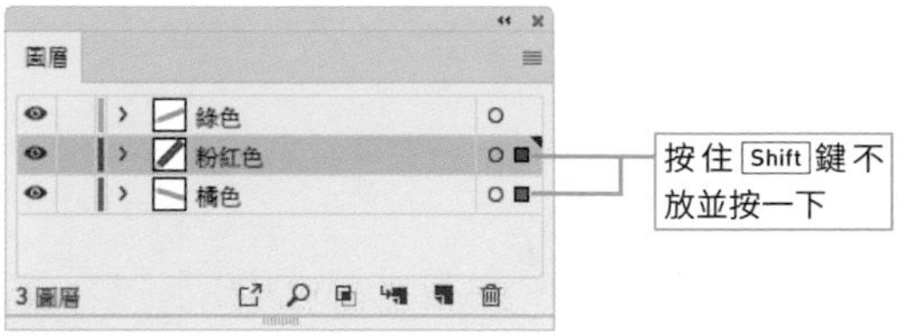
圖層
綠色
粉紅色
橘色
3 圖層
按住 Shift 鍵不放並按一下

> **TIPS 「圖層」面板也能管理排列順序**
>
> 在**圖層**面板中，除了可以選取物件之外，也能管理物件或圖層的排列順序。詳細說明請參考 **4-31 頁**。

> **POINT**
>
> 使用 Alt ＋按一下**圖層**面板的名稱部分，可以選取屬於該圖層（或群組）的全部物件。

取消選取

按住 Shift 鍵並按一下 = 圖層面板中，顯示選取狀態的 ▪ ，就可以取消選取。另外，執行『選取→取消選取』命令（Shift ＋ Ctrl ＋ A）或使用選取工具，在物件以外的位置按一下，也可以取消選取。

> **TIPS 關於主圖層、群組的選取標誌**
>
> 選取群組中的物件，或圖層中的物件等下層圖層時，包含該部分的主圖層右側，會顯示小 ▪ 。

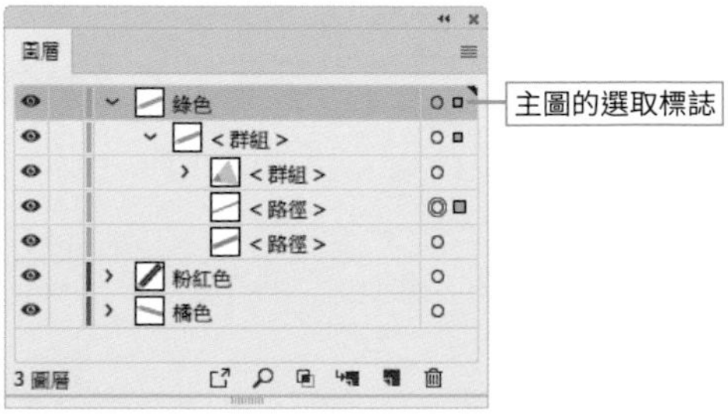
圖層
綠色
< 群組 >
< 群組 >
< 路徑 >
< 路徑 >
粉紅色
橘色
3 圖層
主圖的選取標誌

3-5
使用選取選單

使用頻率	
★★☆	在 Illustrator CC 中，可以利用選取選單，以各種方法來選取物件。尤其描繪複雜圖稿時，這些方法非常方便實用，請先記下來。

利用相同屬性選取

在選取選單中的相同命令中，可以選取所有填色或筆畫顏色、繪圖樣式、不透明度等項目相同的物件。

▶ 外觀

只選取和已選取物件有著相同外觀的物件。

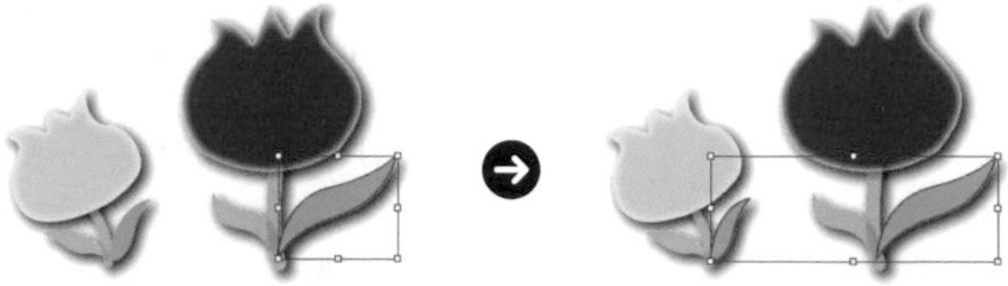

▶ 外觀屬性

只選取和外觀面板中已選取屬性相同的物件。

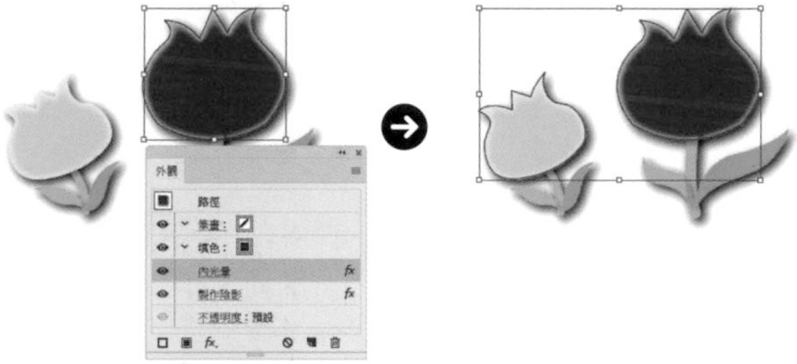
外觀
路徑
筆畫：
填色：
內光暈
製作陰影
不透明度：預設

▶ 漸變模式

只選取和已選取物件有著相同漸變模式的物件（這裡是指「色彩加深」）。

▶ 填色與筆畫

只選取和已選取物件有著相同「填色」與「筆畫」顏色的物件。

▶ 填色顏色

只選取和已選取物件有著相同「填色」顏色的物件。

▶ 筆畫顏色

只選取和已選取物件有相同「筆畫」顏色的物件。

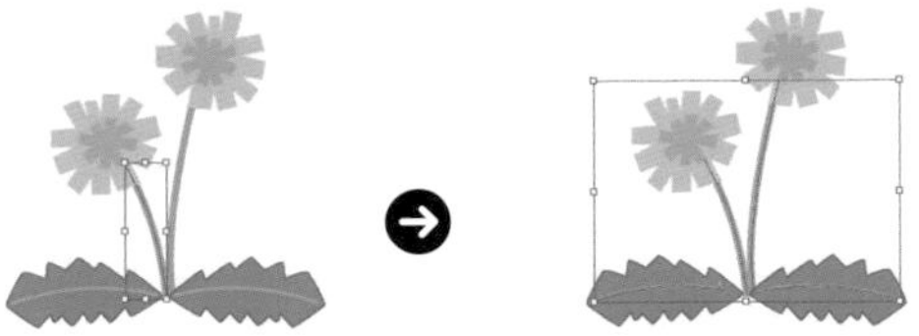

▶ 筆畫寬度

只選取和已選取物件有相同筆畫寬度的物件。

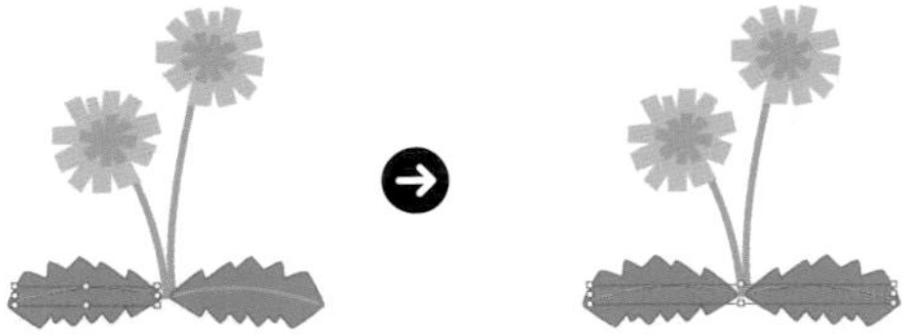

▶ 不透明度

只選取和已選取物件有相同不透明數值的物件。

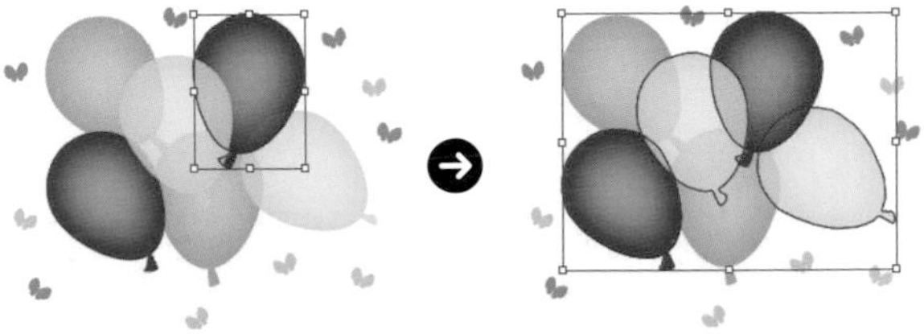

▶ 繪圖樣式

只選取和已選取物件有相同繪圖樣式的物件。

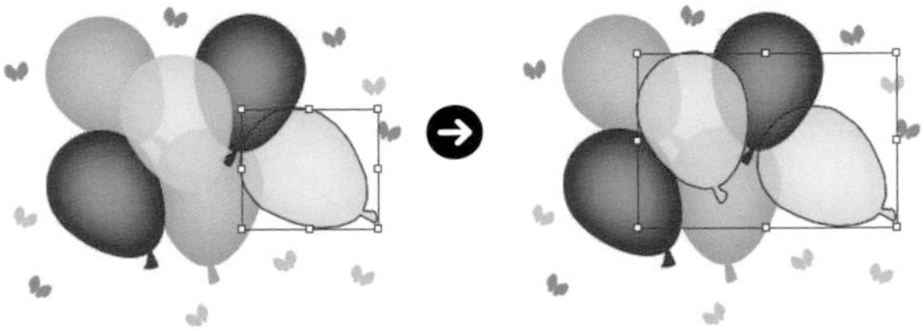

▶ 符號範例

只選取和已選取物件有相同符號範例的物件。

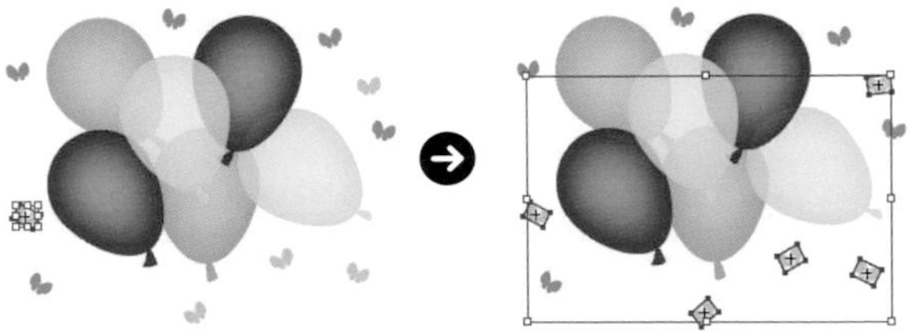

▶ 外框

只選取和已選取物件有著相同即時形狀屬性（矩形或橢圓形）的物件。

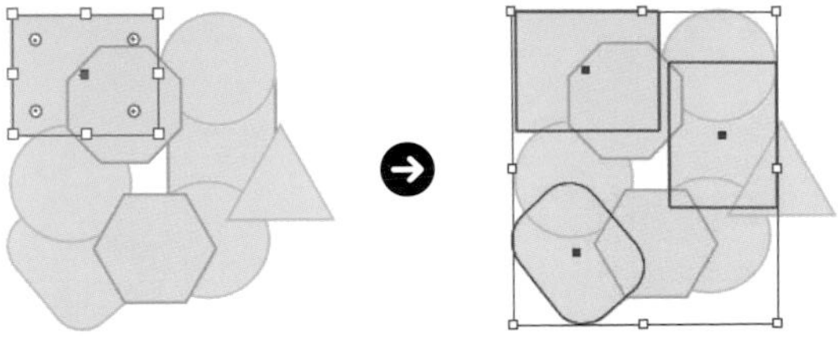

POINT

連結區塊系列是選取整個連結中的文字區塊。

POINT

沒有選取物件時，會選取和目前設定的「顏色」、「筆畫」、「樣式」、「不透明度」等屬性相同的物件。

TIPS 使用「控制」面板選取

利用**控制**面板，也可以使用和執行『**選取→相同**』命令一樣的功能。按下**選取類似物件**鈕 旁邊的 ，選擇和選取對象的相同屬性。一旦選取了相同屬性之後，下次只要按一下 鈕，就能選取有相同屬性的物件。

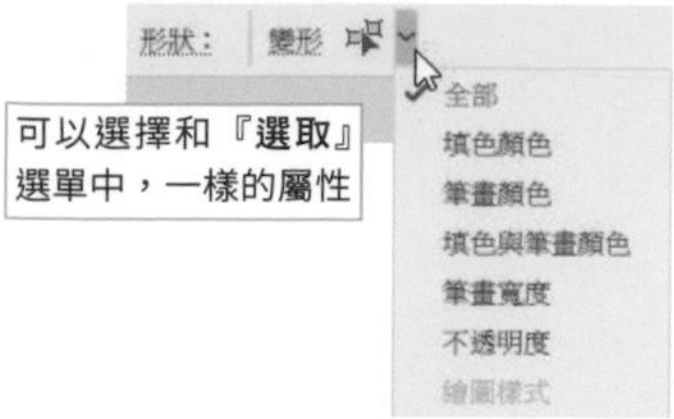
形狀：
矩形
可以選擇和『選取』選單中，一樣的屬性
全部
填色顏色
筆畫顏色
填色與筆畫顏色
筆畫寬度
不透明度
繪圖樣式

選取相同物件

「筆刷筆畫」或「文字物件」等，利用物件的屬性，可以篩選出特定的物件。另外，「孤立控制點」可以選取多餘的控制點。

▶ 筆刷筆畫／毛刷筆刷筆畫

筆刷筆畫會選取套用了筆刷的物件。毛刷筆刷筆畫可以只選取套用了毛刷筆刷的物件。

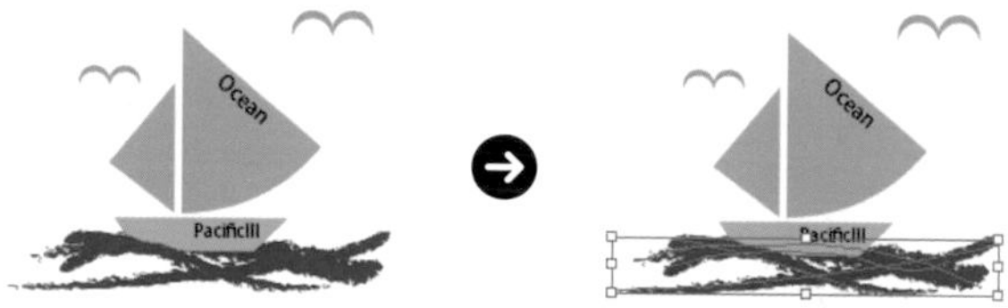
Ocean
Pacificlll

▶ 剪裁遮色片

選取剪裁遮色片。

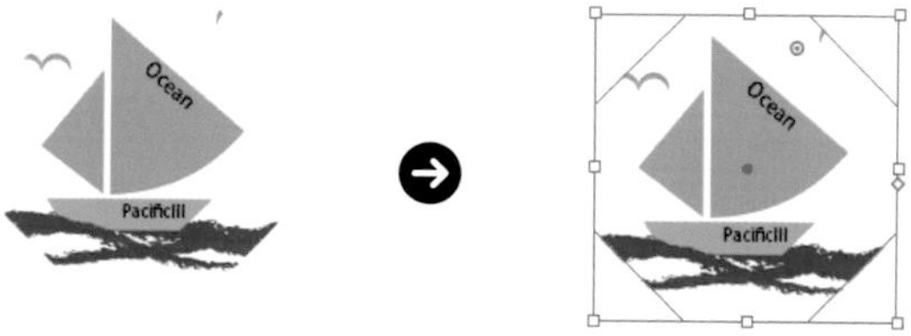
Ocean
Pacificlll

▶ 孤立控制點

選取孤立點或路徑上面多餘的錨點。

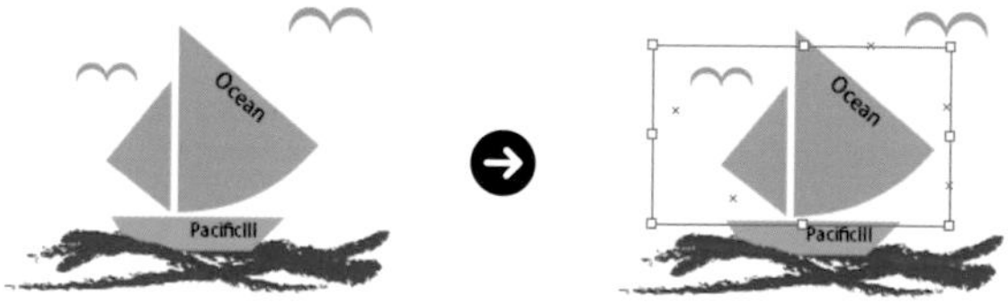
Ocean
Pacificlll

▶ 所有文字物件

選取所有文字物件。

Ocean
Pacificlll

POINT

點狀文字物件是只選取點狀文字物件，而**區域文字物件**是只選取區域內的文字物件。

▶ 同一圖層上的所有圖稿

選取和已選取物件在相同圖層上的所有物件。

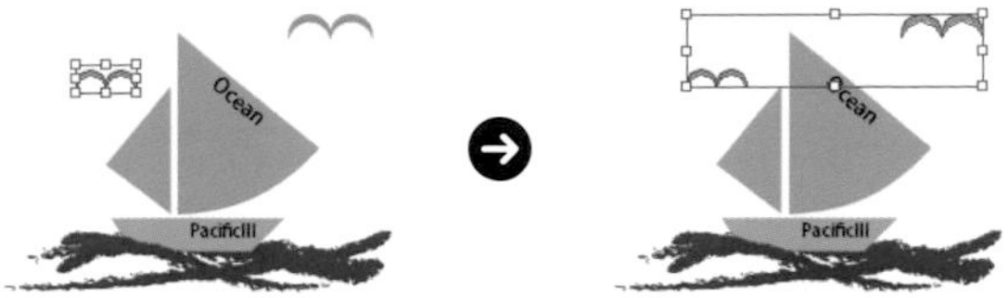
Ocean
Pacificlll
Ocean
Pacificlll

▶ 方向控制點

選取包含在已選取物件中的所有方向控制點。請使用直接選取工具[▷]選取。

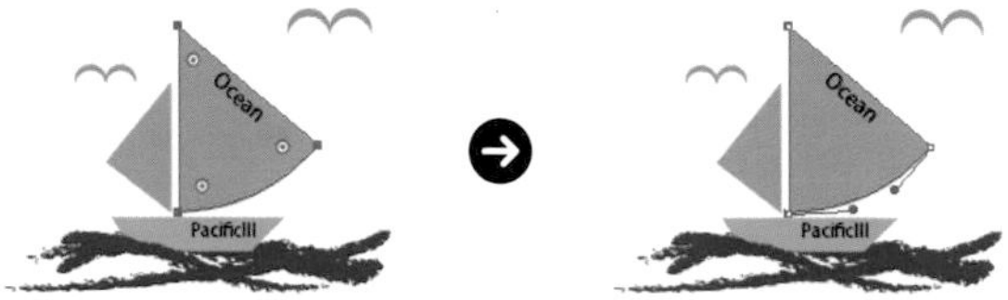
Ocean
Pacificlll
Ocean
Pacificlll

TIPS　沒有對齊像素格點

選擇**沒有對齊像素格點**，可以選取沒有與像素格點對齊的物件。轉存成網頁用影像時，這是很方便的檢查功能（註：此功能只有 CC 2017 才有提供，CC 2018 無此功能）。

● 已選取物件的上下層物件

物件重疊時，執行『選取→上方的下一個物件』命令（[Alt]＋[Ctrl]＋[]]）或執行『選取→下方的下一個物件』命令（[Alt]＋[Ctrl]＋[[]），可以輕鬆選取該物件上層或下層的物件。

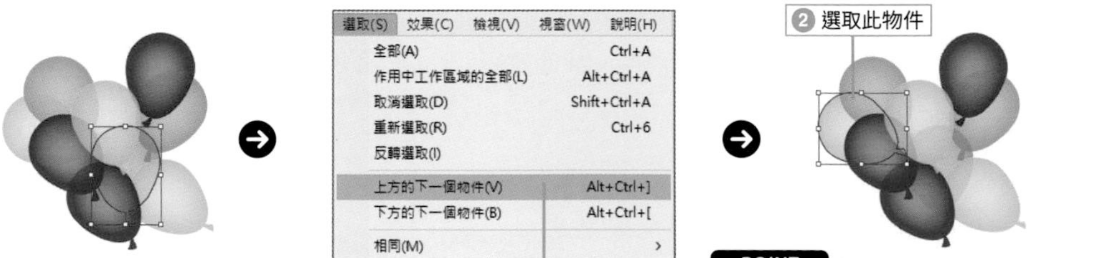
選取(S)　效果(C)　檢視(V)　視窗(W)　說明(H)
全部(A)　Ctrl+A
作用中工作區域的全部(L)　Alt+Ctrl+A
取消選取(D)　Shift+Ctrl+A
重新選取(R)　Ctrl+6
反轉選取(I)
上方的下一個物件(V)　Alt+Ctrl+]
下方的下一個物件(B)　Alt+Ctrl+[
相同(M)
物件(O)
1 點選此命令
2 選取此物件

POINT

在**圖層**面板中，可以查看各個物件的重疊順序。

TIPS　使用[Ctrl]＋按一下，選取下層物件

按住[Ctrl]鍵不放並按一下重疊的物件，可以依序選取下層物件。

TIPS　儲存選取範圍

在選取物件的狀態，執行『**選取／儲存選取範圍**』命令，可以替選取的物件命名並儲存起來。儲存起來的物件選取狀態會新增至**選取**選單中，隨時都可以呼叫出來。

CS6 | CC | CC14 | CC15 | CC17 | CC18

3-6 將多個物件組成群組

使用頻率 ★★★

在 Illustrator 中，可以將多個物件組成群組，當作一個物件來處理。另外，已經組成群組的物件，還能再次組成群組。

組成群組

選取多個物件，執行『物件→組成群組』命令（Ctrl＋G），可以組成群組。

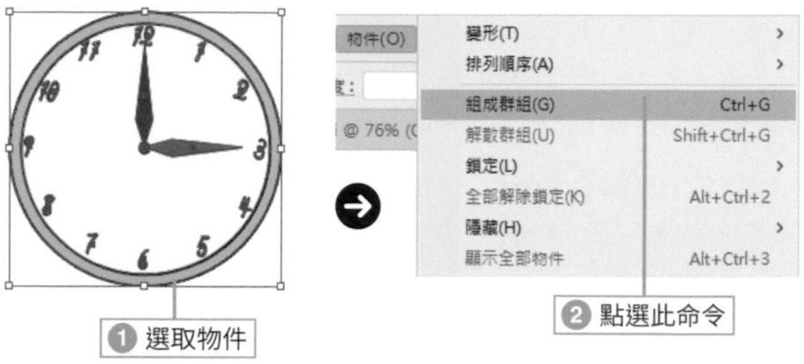

物件(O)
變形(T)
排列順序(A)
組成群組(G) Ctrl+G
解散群組(U) Shift+Ctrl+G
鎖定(L)
全部解除鎖定(K) Alt+Ctrl+2
隱藏(H)
顯示全部物件 Alt+Ctrl+3
@ 76%
❶ 選取物件
❷ 點選此命令

POINT

如果要編輯群組物件中的部分物件，可以使用**直接選取工具**或進入編輯模式（請參考 **3-2 頁**）。

POINT

使用**直接選取工具**，選取多個物件的錨點或區段，組成群組時，所有路徑會變成一個群組。

解散群組

請選取要解散群組的物件，執行『物件→解散群組』命令（Shift＋Ctrl＋G）。

解散群組的順序

如果是有多層群組的物件，解散群組時，只會恢復上一層狀態，無法解散所有物件的群組。複雜的群組物件若想恢復成完全獨立的物件時，必須執行多次解散群組命令。

TIPS 組成群組時的排列順序變化

重疊物件組成群組時，群組內的排列順序不會改變，卻會更改與其他物件的階層關係。組成群組時，會產生和群組內最上層物件相同階層的群組物件。請注意！一旦組成群組之後，即使解散群組，排列順序也不會恢復原狀。因為組成群組而讓排列順序產生變化，也同樣適用於使用圖層的情形。

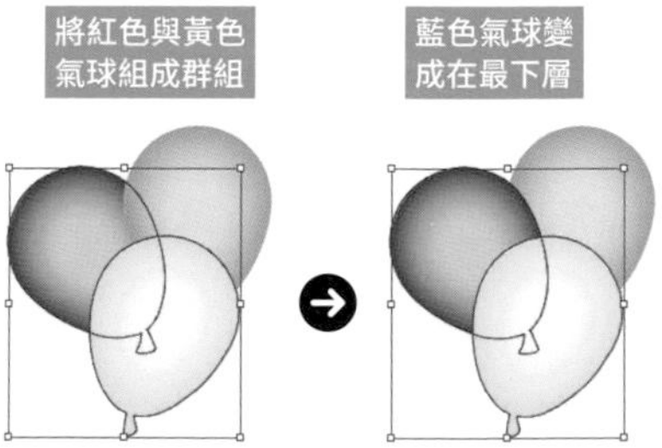

將紅色與黃色氣球組成群組
藍色氣球變成在最下層

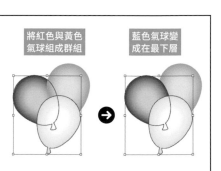

3-7 鎖定物件

使用頻率 ☆☆☆

選取物件，執行『物件→鎖定→選取範圍』命令，物件就會呈現無法選取的鎖定狀態。使用鎖定功能，比較容易選取重疊的物件。

1 選取物件

選取要鎖定的物件。

POINT

就算使用**直接選取工具**，選取物件的部分錨點，執行鎖定時，也會鎖定整個物件。

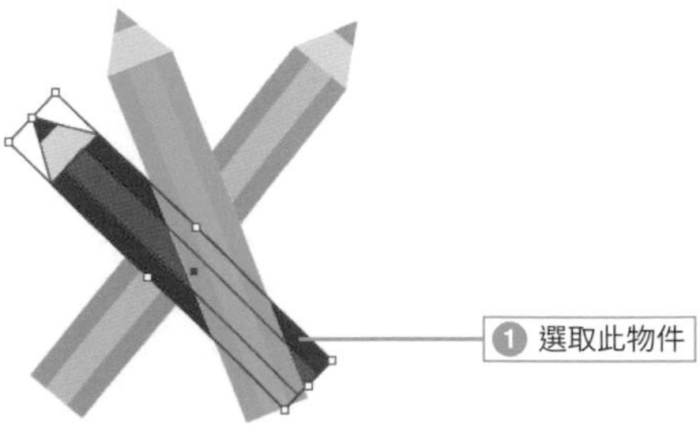

❶ 選取此物件

2 執行選單命令

執行『物件→鎖定→選取範圍』命令（Ctrl＋2）。

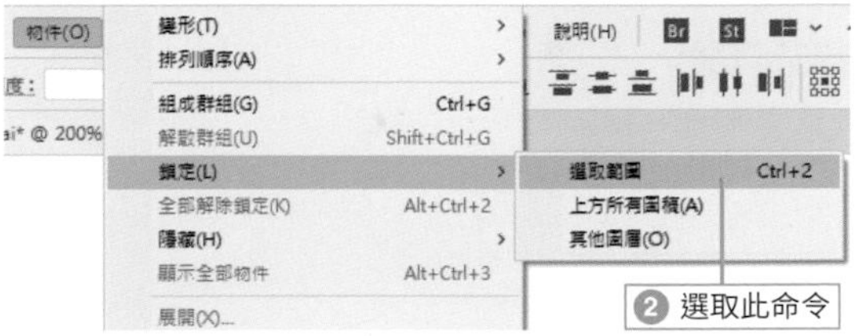

物件(O)
變形(T)
排列順序(A)
組成群組(G) Ctrl+G
解散群組(U) Shift+Ctrl+G
鎖定(L)
全部解除鎖定(K) Alt+Ctrl+2
隱藏(H)
顯示全部物件 Alt+Ctrl+3
選取範圍 Ctrl+2
上方所有圖稿(A)
其他圖層(O)
說明(H)
❷ 選取此命令

3 鎖定物件

物件呈現鎖定狀態，無法選取。

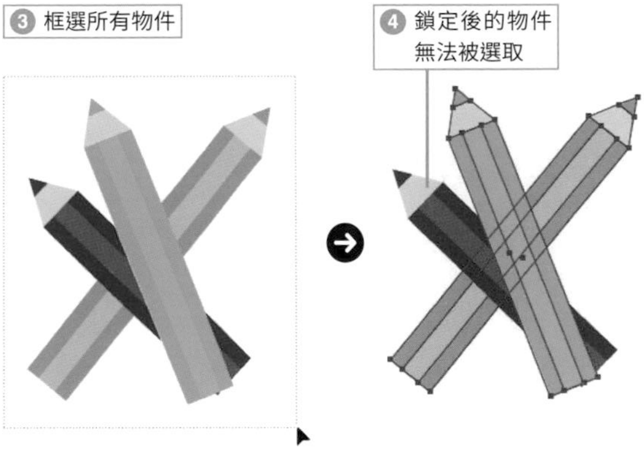

❸ 框選所有物件
❹ 鎖定後的物件無法被選取

取消鎖定

執行『物件→全部解除鎖定』命令（Alt＋Ctrl＋2）。全部解除鎖定是把所有鎖定中的物件解除鎖定。

鎖定其他圖層

除了目前選取的圖層外，希望將其他圖層都鎖定時，請執行『物件→鎖定→其他圖層』命令。

TIPS 使用圖層面板鎖定

使用**圖層**面板，也可以鎖定／取消鎖定物件。

圖層
圖層 3
<群組>
<群組>
<群組>
圖層 2
圖層 1
3 圖層
按一下即可鎖定

3-8
隱藏物件（關閉顯示）

使用頻率
★★☆

執行『物件→隱藏→選取範圍』命令，可以暫時隱藏某個物件。在多個物件重疊的情況，比較容易選取，能加快繪圖速度，提高工作效率。

1 選取物件

選取要隱藏的物件。

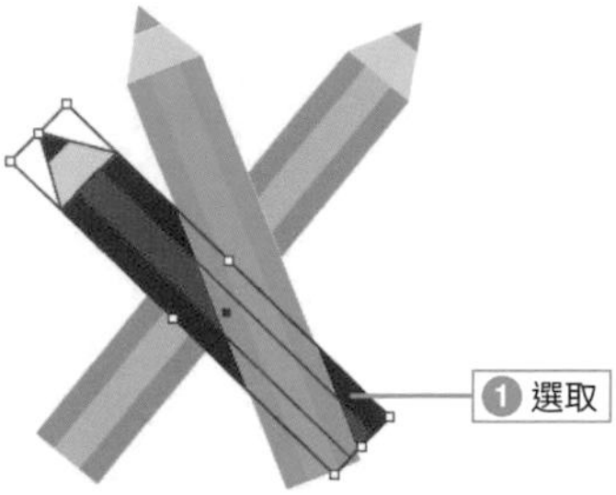
❶ 選取

2 執行選單命令

執行『物件→隱藏→選取範圍』命令（Ctrl＋3）。

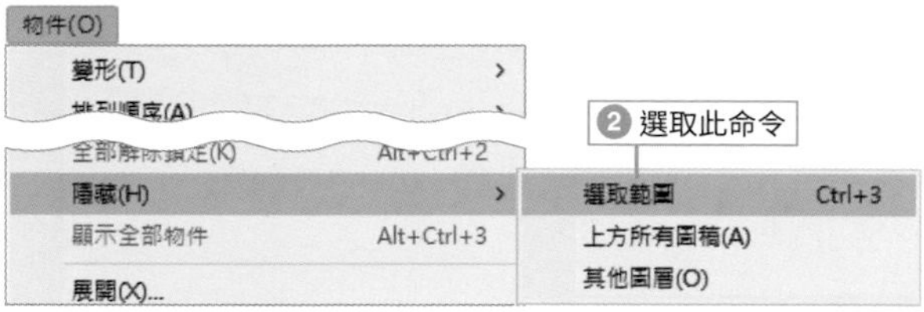
物件(O)
變形(T)
隱藏(H)
顯示全部物件 Alt+Ctrl+3
展開(X)...
❷ 選取此命令
選取範圍 Ctrl+3
上方所有圖稿(A)
其他圖層(O)

POINT

執行『**物件 / 隱藏 / 上方所有圖稿**』命令，會隱藏比選取物件更上層的物件，若執行『**其他圖層**』命令，可以隱藏在選取物件圖層以外的物件。

3 隱藏物件

物件就會被隱藏起來。

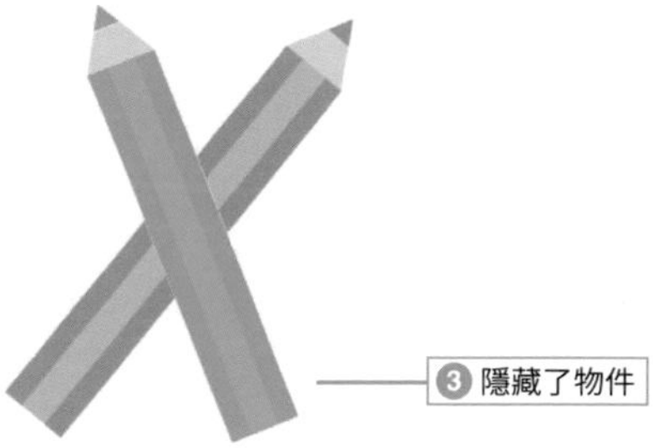
❸ 隱藏了物件

POINT

無法直接隱藏群組物件中的部分物件（需進入編輯模式），但可以隱藏整個群組物件。

● 顯示隱藏起來的物件

被隱藏的物件，不會顯示在畫面或預視中。如果要重新顯示，請執行『物件→顯示全部物件』命令（Alt＋Ctrl＋3）。顯示全部物件會套用在所有被隱藏的物件上，無法只顯示部分隱藏物件。

TIPS 使用「圖層」面板隱藏物件

使用**圖層**面板也可以顯示或隱藏物件。

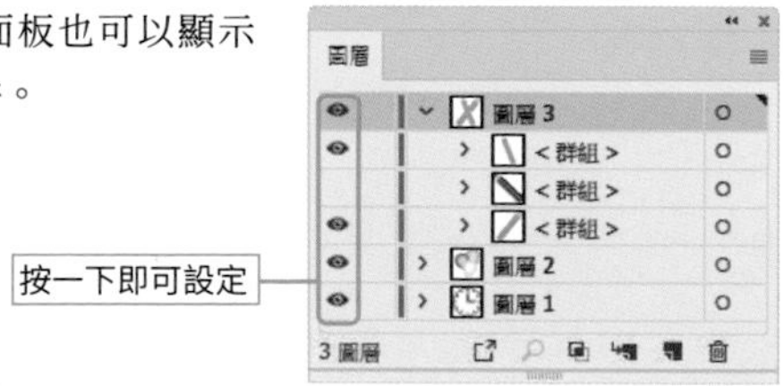
圖層
圖層 3
<群組>
<群組>
<群組>
圖層 2
圖層 1
3 圖層
按一下即可設定

CHAPTER

4

編輯物件

基本上，物件的形狀就是路徑的形狀。若要畫出想要的物件形狀，就必須執行編輯步驟。Illustrator 具備極為靈活、有彈性的編輯功能，能製作出你想要的線條或圖形。在還沒熟悉前，可能操作起來有點難度，不過這是 Illustrator 的基礎工作，請腳踏實地，認真學習。

4-1 移動與刪除物件

使用頻率	
★★★	使用 Illustrator 時，一定會遇到移動物件的操作。使用各種選取工具選取的物件，可以隨意移動到圖稿內的任何位置。

拖曳移動整個物件

使用選取工具[▶]，選取想移動的物件，然後直接拖曳。

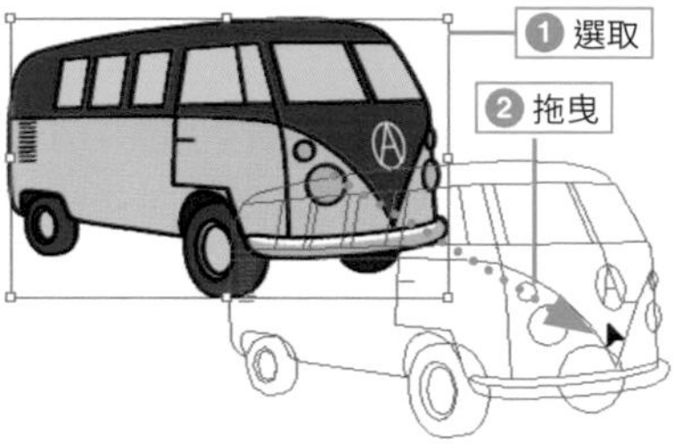

❶ 選取
❷ 拖曳

TIPS 拖曳拷貝

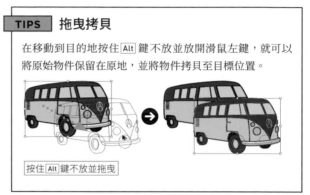

在移動到目的地按住 Alt 鍵不放並放開滑鼠左鍵，就可以將原始物件保留在原地，並將物件拷貝至目標位置。

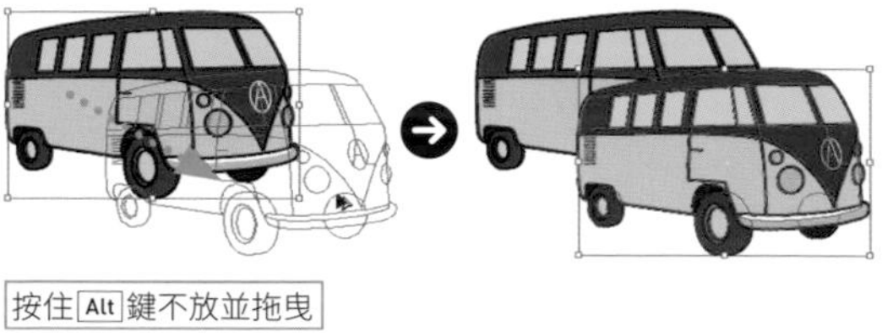

按住 Alt 鍵不放並拖曳

POINT

選取**選取工具**[▶]以外的工具時，按下 Ctrl 鍵，會暫時變成選取游標。這是非常重要的快速鍵，請一定要記住。

設定數值移動物件（利用『移動』命令移動物件）

使用選取工具[▶]選取要移動的物件，接著執行『物件→變形→移動』命令（Shift ＋ Ctrl ＋ M）。或者在工具面板中的選取工具[▶]上，雙按滑鼠左鍵。在開啟的移動交談窗中，設定位置與距離的數值，可以精準移動物件。

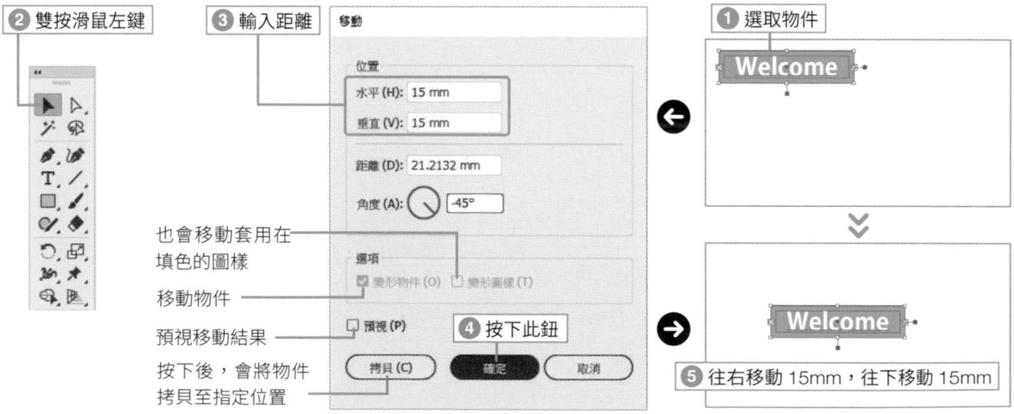

❷ 雙按滑鼠左鍵
❸ 輸入距離
移動
位置
水平 (H): 15 mm
垂直 (V): 15 mm
距離 (D): 21.2132 mm
角度 (A): -45°
選項
變形物件 (O)
變形圖樣 (T)
預視 (P)
❹ 按下此鈕
拷貝 (C)
確定
取消
也會移動套用在填色的圖樣
移動物件
預視移動結果
按下後，會將物件拷貝至指定位置
❶ 選取物件
Welcome
Welcome
❺ 往右移動 15mm，往下移動 15mm

請注意，從 Illustrator CS5 開始，垂直方向的移動，往下變成正值（+），往上變成負值（–）。

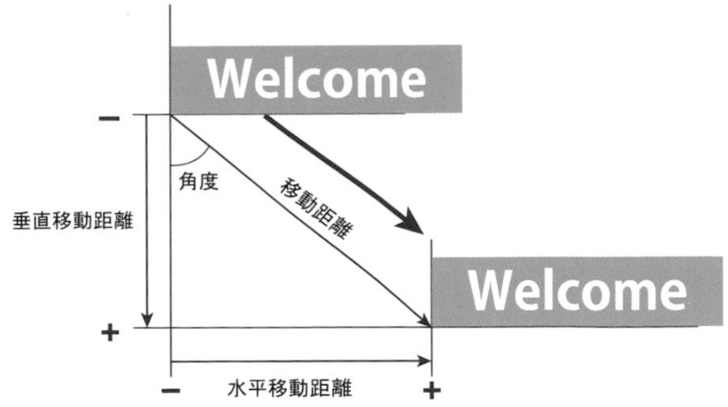
Welcome
–
角度
移動距離
垂直移動距離
Welcome
+
–
水平移動距離
+

TIPS 設定「移動」交談窗的單位

執行『**檔案→文件設定**』命令，開啟**文件設定**交談窗，在**一般**頁次中的**單位**，可以設定**移動**交談窗及**變形**面板的數值單位。如果設定了其他單位，使用文字輸入單位時，就會以**單位**中的設定換算輸入值，再顯示出來。

請根據表格來設定單位。

單位	設定文字
點	pt
英吋	in
公分	cm
像素	px
Pica	pi
公釐	mm

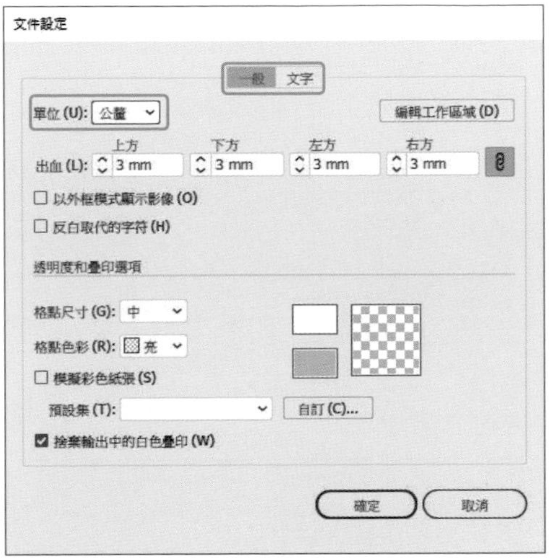
文件設定
一般 文字
單位 (U): 公釐
編輯工作區域 (D)
上方 下方 左方 右方
出血 (L): 3 mm 3 mm 3 mm 3 mm
以外框模式顯示影像 (O)
反白取代的字符 (H)
透明度和疊印選項
格點尺寸 (G): 中
格點色彩 (R): 亮
模擬彩色紙張 (S)
預設集 (T):
自訂 (C)...
捨棄輸出中的白色疊印 (W)
確定 取消

● 輸入座標資訊移動物件（利用「變形」面板移動物件）

使用變形面板（Shift＋F8 鍵）或控制面板，可以設定物件的絕對位置來移動物件。變形面板的座標是以尺標設定的原點為基準。關於尺標，請參考 **11-15 頁**的說明。

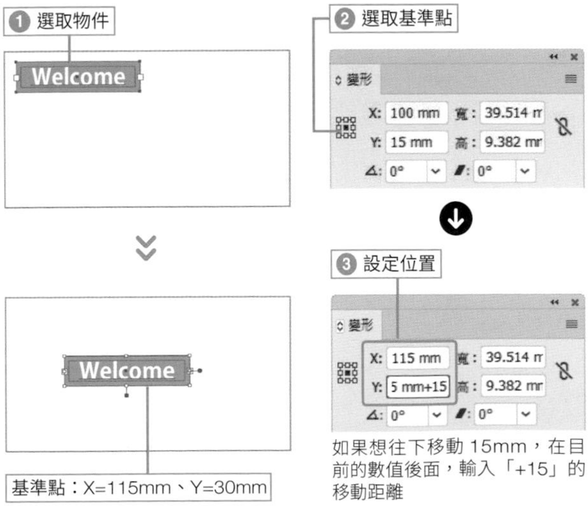
❶ 選取物件
Welcome
❷ 選取基準點
變形
X: 100 mm
寬: 39.514 m
Y: 15 mm
高: 9.382 mr
0°
0°
Welcome
❸ 設定位置
變形
X: 115 mm
寬: 39.514 m
Y: 5 mm+15
高: 9.382 mr
0°
0°
基準點：X=115mm、Y=30mm

如果想往下移動 15mm，在目前的數值後面，輸入「+15」的移動距離

使用方向鍵移動物件

選取物件，按下鍵盤的方向鍵，可以往左右上下的箭頭方向移動物件。在偏好設定交談窗中，設定成比拖曳還小的移動距離，就能輕鬆微調位置。

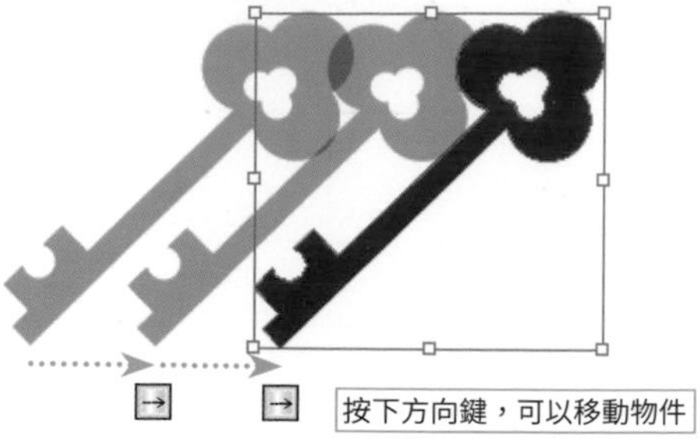

→
→
按下方向鍵，可以移動物件

▶ 設定方向鍵的移動距離

在偏好設定交談窗（Ctrl＋K）的一般，利用鍵盤漸增，可以設定移動距離。另外，使用方向鍵移動物件時，若同時按下 Shift 鍵，可以移動偏好設定的設定值 10 倍的距離。

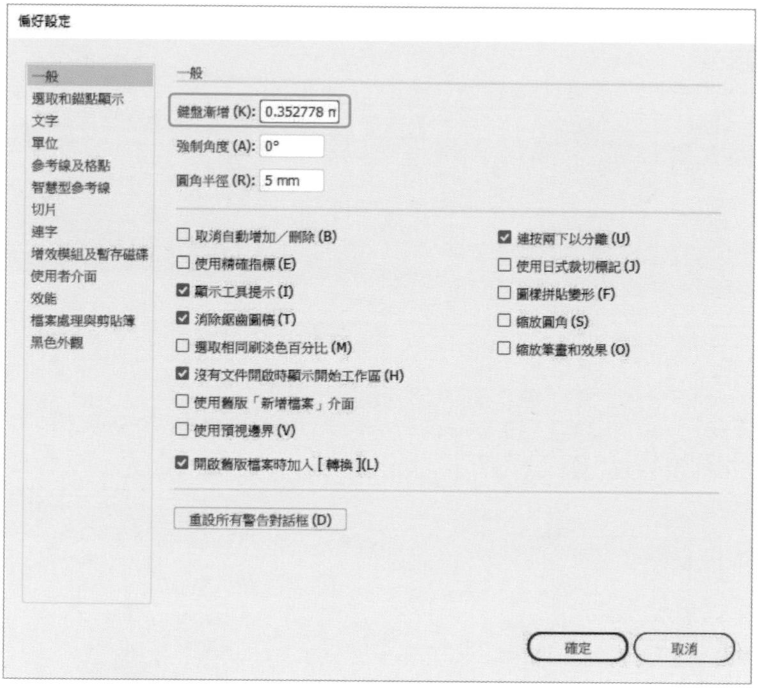

偏好設定
一般
選取和錨點顯示
文字
單位
參考線及格點
智慧型參考線
切片
連字
增效模組及暫存磁碟
使用者介面
效能
檔案處理與剪貼簿
黑色外觀
一般
鍵盤漸增 (K): 0.352778 m
強制角度 (A): 0°
圓角半徑 (R): 5 mm
取消自動增加／刪除 (B)
使用精確指標 (E)
顯示工具提示 (I)
消除鋸齒圖稿 (T)
選取相同刷淡色百分比 (M)
沒有文件開啟時顯示開始工作區 (H)
使用舊版「新增檔案」介面
使用預視邊界 (V)
開啟舊版檔案時加入 [轉換](L)
連按兩下以分離 (U)
使用日式裁切標記 (J)
圖樣拼貼變形 (F)
縮放圓角 (S)
縮放筆畫和效果 (O)
重設所有警告對話框 (D)
確定
取消

刪除物件

如果要刪除物件，可以使用選取工具▶，選取物件，再按下 Delete 鍵，或執行『編輯→清除』命令。

CS6 | CC | CC14 | CC15 | CC17 | CC18

4-2 拷貝物件

使用頻率 ☆☆☆	一般提到應用程式中的拷貝方法，通常會使用「拷貝」與「貼上」的組合。不過在 Illustrator 中，除了拷貝＆貼上，還可以使用 Alt ＋拖曳或用圖層面板拷貝等方法。

拷貝物件

拷貝物件的基本方法是，執行『編輯→拷貝』命令（Ctrl ＋ C），再執行『編輯→貼上』命令（Ctrl ＋ V），貼上拷貝物件。

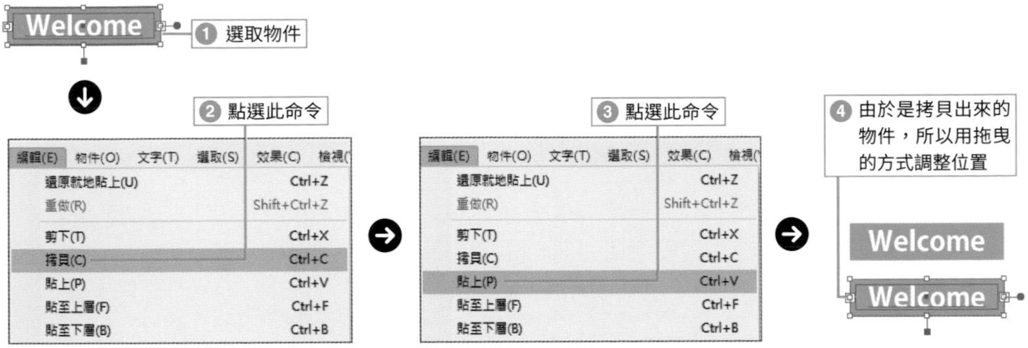

Welcome
1 選取物件
2 點選此命令
3 點選此命令
4 由於是拷貝出來的物件，所以用拖曳的方式調整位置
編輯(E) 物件(O) 文字(T) 選取(S) 效果(C)
還原就地貼上(U) Ctrl+Z
重做(R) Shift+Ctrl+Z
剪下(T) Ctrl+X
拷貝(C) Ctrl+C
貼上(P) Ctrl+V
貼至上層(F) Ctrl+F
貼至下層(B) Ctrl+B
Welcome
Welcome

TIPS 貼上物件的排列順序

貼上物件的排列順序是根據**工具**面板最下方的「繪製方法」而定。如果是**一般繪製**，會貼在最上層；若是**繪製下層**是貼在最下層；**繪製內側**是貼在選取物件的內部。

TIPS 貼至拷貝來源的圖層中

執行『**貼上時記住圖層**』命令，就會將拷貝後的物件，貼至相同圖層內。如果是拷貝其他文件中的物件，會在目標文件中，分別建立和拷貝來源一樣的物件圖層。

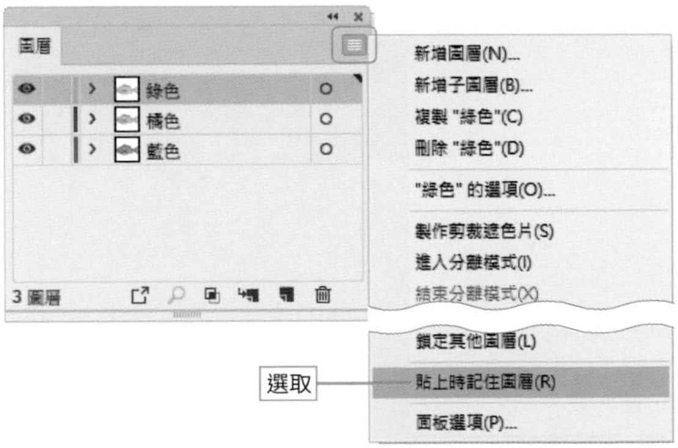

圖層
綠色
橘色
藍色
3 圖層
新增圖層(N)...
新增子圖層(B)...
複製 "綠色"(C)
刪除 "綠色"(D)
"綠色" 的選項(O)...
製作剪裁遮色片(S)
進入分離模式(I)
結束分離模式(X)
鎖定其他圖層(L)
貼上時記住圖層(R)
面板選項(P)...
選取

● 貼至上層／貼至下層

假如想將某個物件傳送到特定物件的上層（或下層）時，先執行『編輯→剪下』命令（Ctrl＋X），將物件移動到剪貼簿，接著執行『編輯→貼至上層』命令（Ctrl＋F）或執行『編輯→貼至下層』命令（Ctrl＋B），貼上物件。

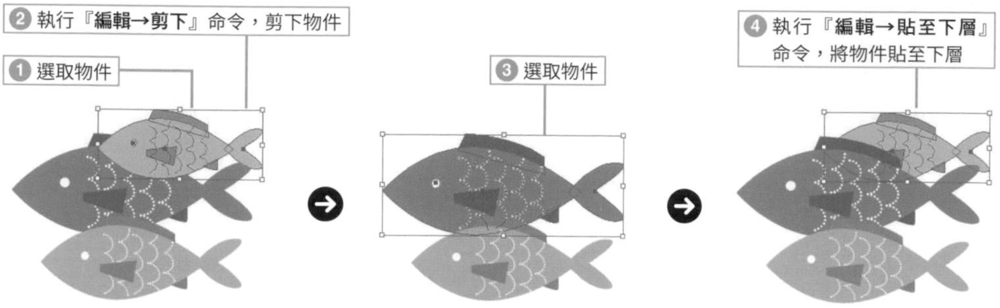

❷ 執行『編輯→剪下』命令，剪下物件
❶ 選取物件
❸ 選取物件
❹ 執行『編輯→貼至下層』命令，將物件貼至下層

TIPS 就地貼上

使用**就地貼上**、**貼至上層**、**貼至下層**命令，貼上物件時，貼上物件的位置會和剪下或拷貝物件時一模一樣。

TIPS 在所有工作區域上貼上

使用**在所有工作區域上貼上**命令時，可以在多個工作區域中，貼上拷貝或剪下的物件。詳細說明請參考 **1-30 頁**。

TIPS 群組物件的排列順序

若使用**群組選取工具**或**直接選取工具**，選取群組物件中的其中一個物件，剪下該物件，貼至其他物件的上層或下層時，剪下的物件會脫離群組，變成獨立的物件。反之，如果把獨立的物件，貼至群組物件中（需進入編輯模式），部分物件的上層或下層，貼上的物件也會變成該群組的一部分。

使用 Alt 鍵拖曳拷貝

拖曳移動物件時，如果在移動目的地按下 Alt 鍵，並放開滑鼠左鍵，就可以保留原始物件，在移動後的位置拷貝出物件。

❶ 按住 Alt 鍵不放並完成拖曳

將物件拖曳至目的地，按住 Alt 鍵不放並放開滑鼠左鍵。此時，請確認滑鼠游標變成了 ▶。

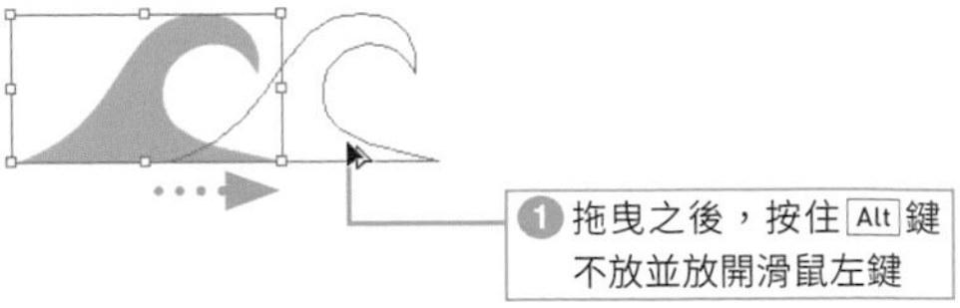

❶ 拖曳之後，按住 Alt 鍵
不放並放開滑鼠左鍵

❷ 拷貝物件

在目的地拷貝出另一個物件。

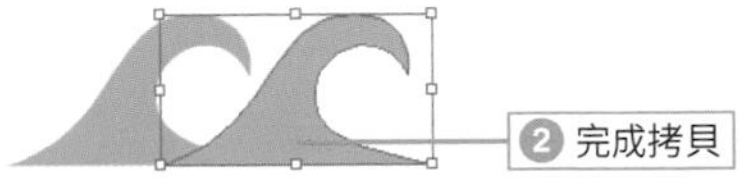

❷ 完成拷貝

❸ 以相同間隔連續拷貝物件

使用 Alt ＋拖曳，拷貝物件之後，按下 Ctrl ＋ D 鍵（執行『物件→變形→再次變形』命令的快速鍵），能以相同間隔反覆拷貝物件。

POINT

除了使用**選取工具** ▶ 移動物件，連以**縮放工具** 等各種變形工具的拖曳變形，也可以使用這種拷貝方法。

使用「圖層」面板拷貝物件

使用圖層面板，可以在不同圖層之間，拷貝物件。

❶ 按住 Alt ＋拖曳物件

使用圖層面板拷貝物件時，請在圖層面板（F7 鍵）中，選取當作拷貝來源的物件，然後使用 Alt ＋拖曳，移動至拷貝目的地。

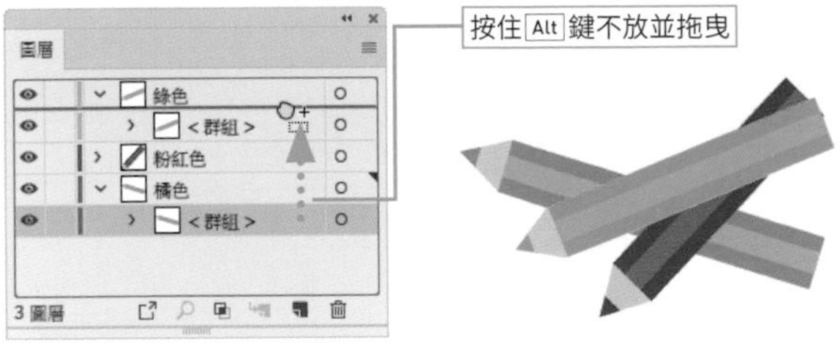

圖層
綠色
<群組>
粉紅色
橘色
<群組>
3 圖層
按住 Alt 鍵不放並拖曳

❷ 拷貝了物件

拷貝出另一個物件。這種方法也可以拷貝整個圖層。

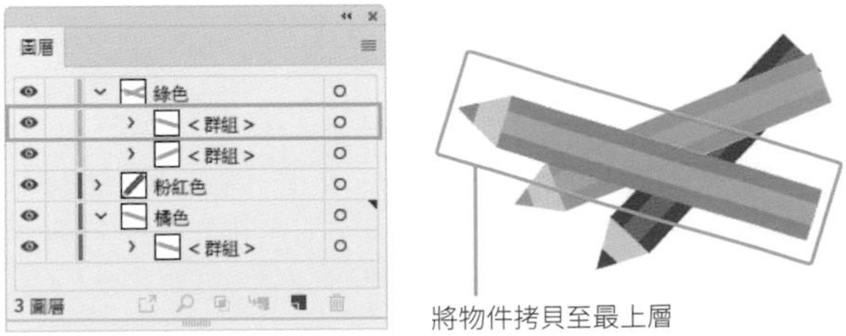

圖層
綠色
<群組>
<群組>
粉紅色
橘色
<群組>
3 圖層
將物件拷貝至最上層

4-3
調整路徑

使用頻率 ☆☆☆

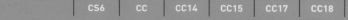

Illustrator 最大的特色是，可以操控物件的錨點或區段，隨意變形路徑的形狀。不論多麼微妙的曲線，都能變形成你想要的形狀。只要掌握物件的調整技巧，使用鋼筆工具時，就不用過於緊張。

調整曲線的彎曲程度

有幾種方法可以調整物件的曲線部分。

移動錨點

使用直接選取工具移動錨點，可以調整物件的曲線。

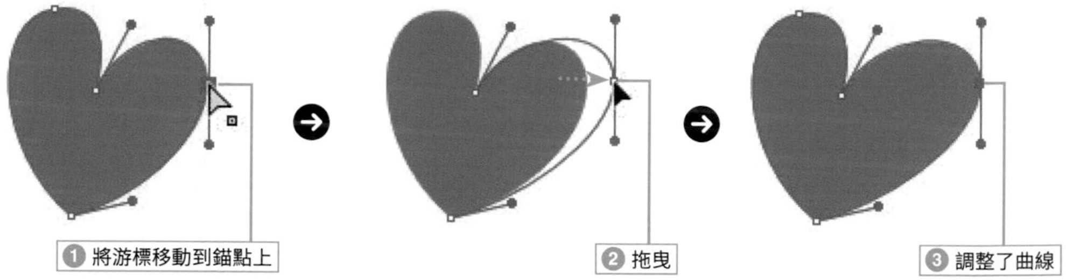
❶ 將游標移動到錨點上
❷ 拖曳
❸ 調整了曲線

POINT
我們也可以選取並同時移動多個錨點。

拖曳調整曲線

使用直接選取工具或錨點工具（此工具在鋼筆工具下），拖曳要調整的曲線，可以調整曲線的彎曲度。

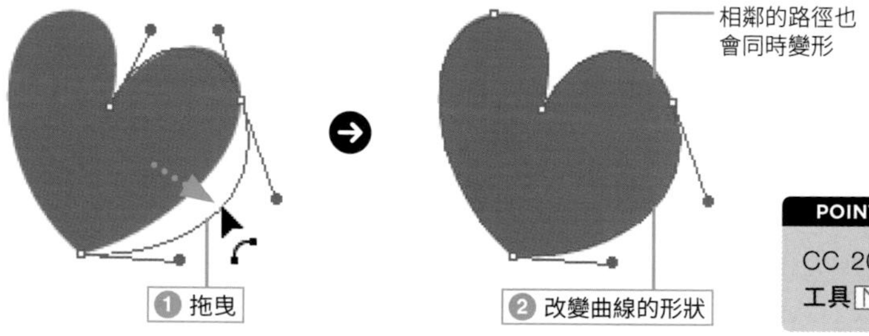
相鄰的路徑也
會同時變形
❶ 拖曳
❷ 改變曲線的形狀

POINT
CC 2015.3 之後的版本可以使用**錨點工具**。

TIPS CS6 版本

CS6 或尚未升級之前的 CC 版本，為了不讓相鄰的路徑變形，線段兩端的方向線會以相同方向調整長度，以改變曲線狀態。

CC 2014 之後的版本，在**偏好設定**交談窗中的**選取和錨點顯示**頁次，勾選「**在區段改變外框時強制路徑拖曳**」(請參考 **11-4 頁**)，就能執行和 CS6 一樣的調整。

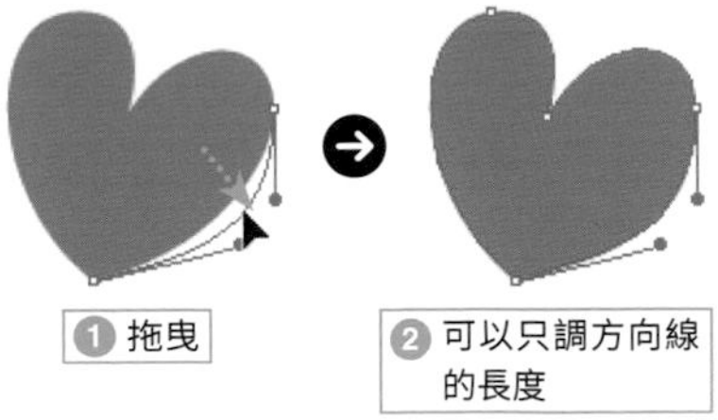

1 拖曳
2 可以只調方向線的長度

▶ 拖曳方向線調整曲線

使用直接選取工具，選取錨點，改變方向線（控制把手）的長度與方向時，能調整曲線的彎曲度。

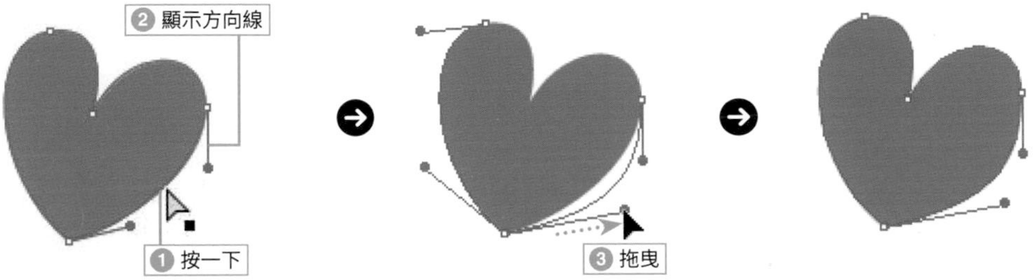

2 顯示方向線
1 按一下
3 拖曳

TIPS 讓方向線不同步變動的方法

一般而言，方向線會夾著錨點，形成直線，移動任何一個控制點，另一邊的控制點也會一起移動。使用**錨點工具**（CS6 是**轉換錨點工具**），可以不影響另一側的控制點來調整方向線。

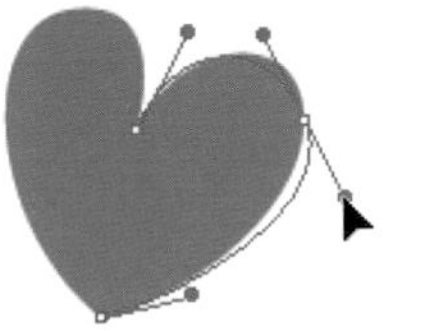

拖曳方向線，另一側的方向線也會一起移動

鋼筆工具 (P)
增加錨點工具 (+)
刪除錨點工具 (-)
錨點工具 (Shift+C)

使用**錨點工具**拖曳，另一側的方向線不會移動

TIPS 使用「鉛筆工具」拖曳調整曲線

使用**鉛筆工具**，在想要調整的部分上拖曳，可以修正線條的形狀。如果要調整曲線，請先雙按**鉛筆工具**，開啟**鉛筆工具選項**交談窗，勾選**編輯選定路徑**選項。

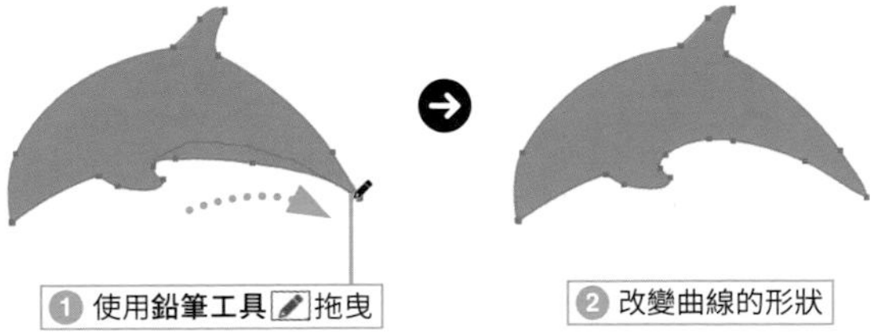

1 使用鉛筆工具拖曳
2 改變曲線的形狀

CS6 CC CC14 CC15 CC17 CC18

4-4 把直線轉換成曲線

使用頻率	從 Illustrator CC 開始，使用錨點工具拖曳直線區段，可以轉換成曲線。
★★☆	

1 將游標移動至直線區段

選取錨點工具，並將游標移動到直線區段上，游標會變成 。

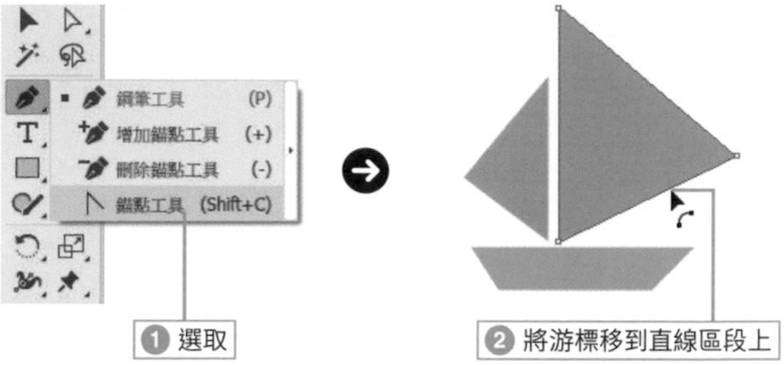

鋼筆工具 (P)
增加錨點工具 (+)
刪除錨點工具 (-)
錨點工具 (Shift+C)
① 選取
② 將游標移到直線區段上

2 拖曳變成曲線

拖曳之後，會從兩端的錨點延伸出方向線，讓直線變成曲線。

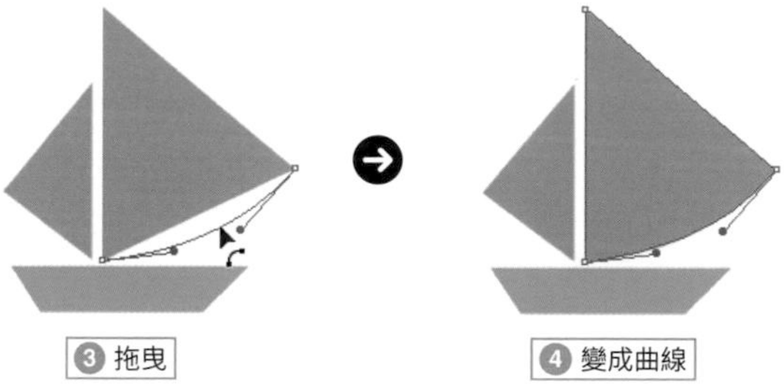

③ 拖曳
④ 變成曲線

TIPS 使用「改變外框工具」

以**直接選取工具**選取的直線區段，使用**改變外框工具**（此工具在縮放工具底下）拖曳，也能變成曲線。和**錨點工具**不同的地方在於，會在拖曳的位置建立錨點。

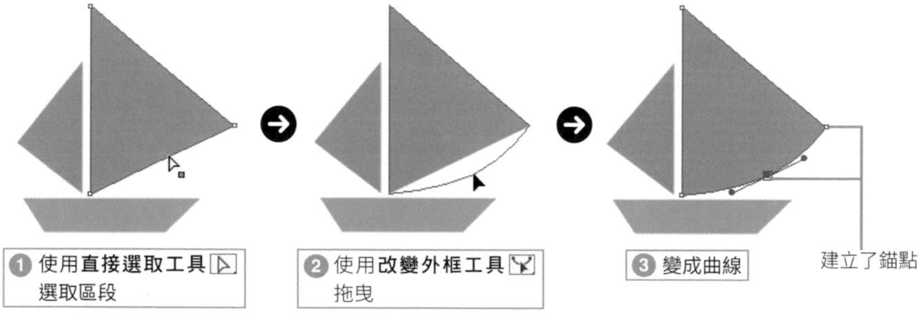

① 使用直接選取工具 選取區段
② 使用改變外框工具 拖曳
③ 變成曲線
建立了錨點

4-5 使用各種工具調整路徑

使用頻率	
★★☆	使用平滑工具（在Shaper 工具下）在曲線路徑上拖曳，可以減少錨點，讓線條變平滑。

讓曲線變平滑

使用「平滑工具」讓線條變平滑

使用平滑工具，可以保持曲線原來的形狀，並且減少錨點，讓曲線變平滑。

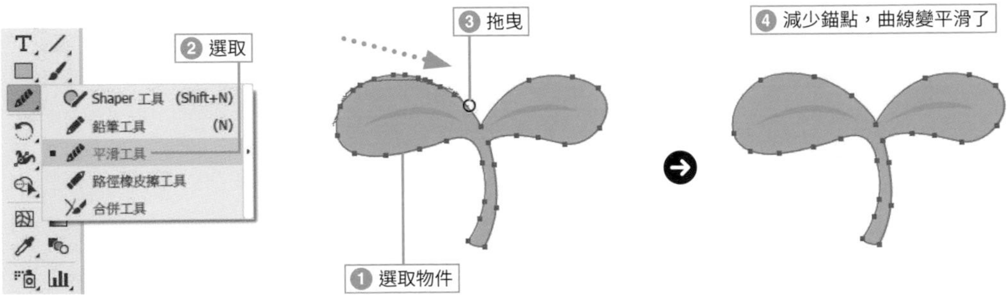

❷ 選取
Shaper 工具 (Shift+N)
鉛筆工具 (N)
平滑工具
路徑橡皮擦工具
合併工具
❸ 拖曳
❶ 選取物件
❹ 減少錨點，曲線變平滑了

簡化路徑

執行『物件→路徑→簡化』命令，可以減少選取路徑的錨點，變成平滑曲線。

❶ 執行簡化

選取路徑，執行『物件→路徑→簡化』命令。

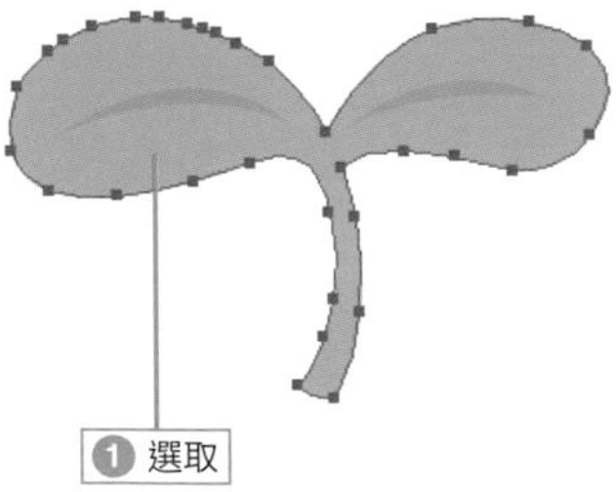

❶ 選取

※ 為了方便各位理解，按下 Space 鍵，顯示出錨點。

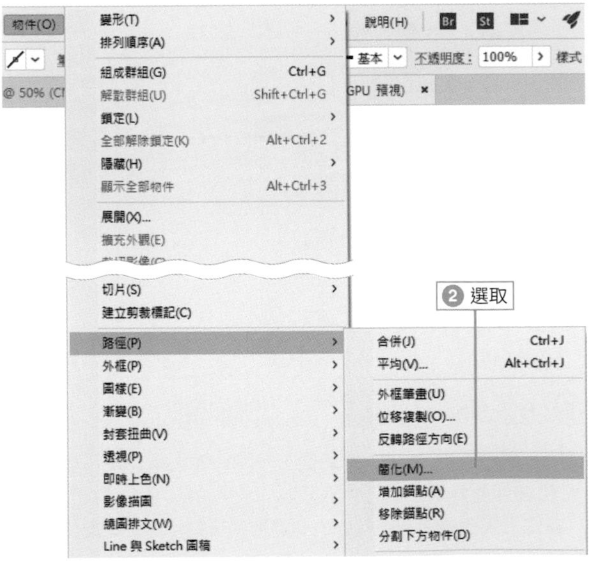

物件(O)
變形(T)
排列順序(A)
組成群組(G) Ctrl+G
解散群組(U) Shift+Ctrl+G
鎖定(L)
全部解除鎖定(K) Alt+Ctrl+2
隱藏(H)
顯示全部物件 Alt+Ctrl+3
展開(X)...
擴充外觀(E)
切片(S)
建立剪裁標記(C)
路徑(P)
外框(P)
圖樣(E)
漸變(B)
封套扭曲(V)
透視(P)
即時上色(N)
影像描圖
繞圖排文(W)
Line 與 Sketch 圖稿
說明(H)
基本
不透明度: 100%
樣式
GPU 預視)
合併(J) Ctrl+J
平均(V)... Alt+Ctrl+J
外框筆畫(U)
位移複製(O)...
反轉路徑方向(E)
簡化(M)...
增加錨點(A)
移除錨點(R)
分割下方物件(D)
❷ 選取

② 開啟「簡化」交談窗

利用簡化交談窗，進行簡化設定，再按下確定鈕。

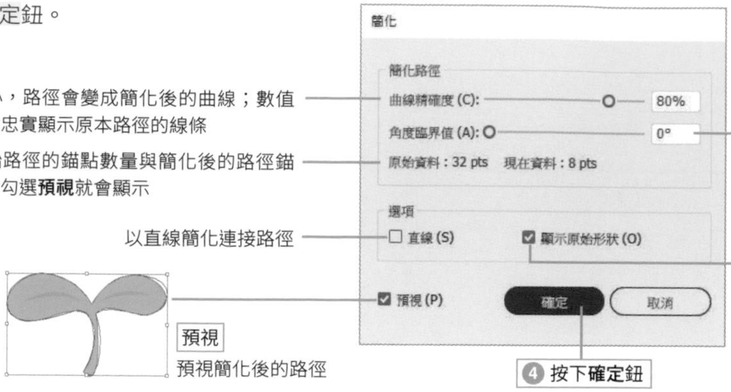
簡化
簡化路徑
曲線精確度 (C):
80%
角度臨界值 (A):
0°
原始資料：32 pts　現在資料：8 pts
選項
直線 (S)
顯示原始形狀 (O)
預視 (P)
確定
取消

③ 設定各個項目

數值愈小，路徑會變成簡化後的曲線；數值愈大，會忠實顯示原本路徑的線條

顯示原始路徑的錨點數量與簡化後的路徑錨點數量。勾選**預視**就會顯示

以直線簡化連接路徑

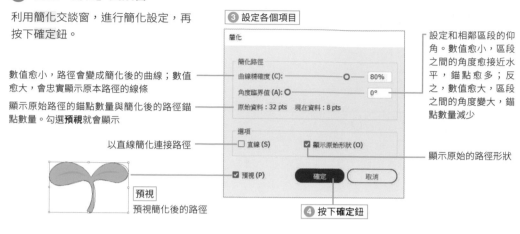

設定和相鄰區段的仰角。數值愈小，區段之間的角度愈接近水平，錨點愈多；反之，數值愈大，區段之間的角度變大，錨點數量減少

顯示原始的路徑形狀

預視

預視簡化後的路徑

④ 按下確定鈕

③ 完成簡化

簡化之後，減少了錨點數量。

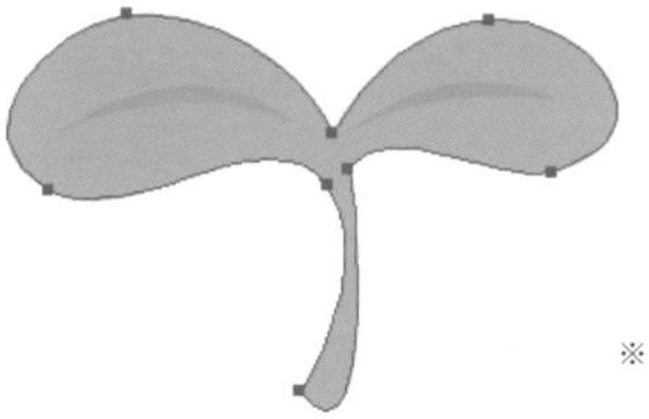

※ 為了方便各位理解，按下 Space 鍵，顯示出錨點。

● 在路徑增加錨點

如果要在路徑上增加錨點，可以使用增加錨點工具。

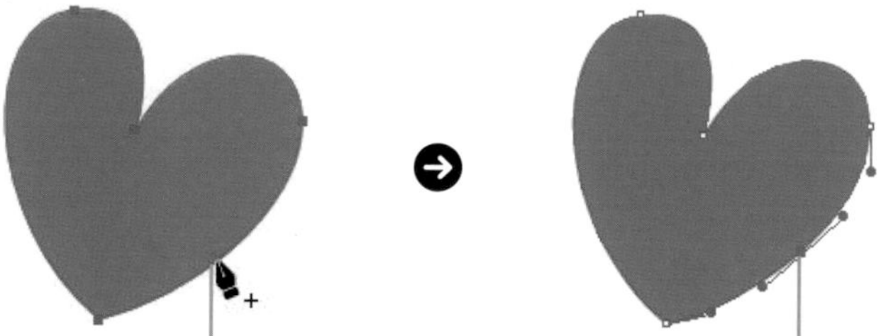

① 選取**增加錨點工具**後，按一下路徑

② 新增錨點

TIPS 使用「鋼筆工具」增加錨點

使用**鋼筆工具**時，在路徑上移動錨點，滑鼠游標會變成 ，按一下就能增加錨點。想使用**鋼筆工具**繪製新路徑，而不是在路徑上新增錨點時，請按住 Shift 鍵不放，再開始繪圖。這項功能可以在**偏好設定**交談窗的**一般**頁次中，勾選**取消自動增加／刪除**項目來做切換。

刪除錨點

如果要刪除路徑上多餘的錨點，請使用刪除錨點工具。刪除錨點之後，兩邊的錨點就會連接在一起。

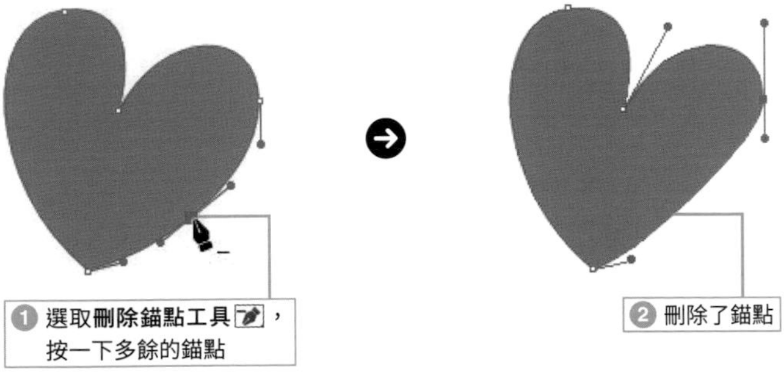

❶ 選取刪除錨點工具，按一下多餘的錨點
❷ 刪除了錨點

另外，使用直接選取工具選取錨點，再按下控制面板中的，也可以刪除錨點。

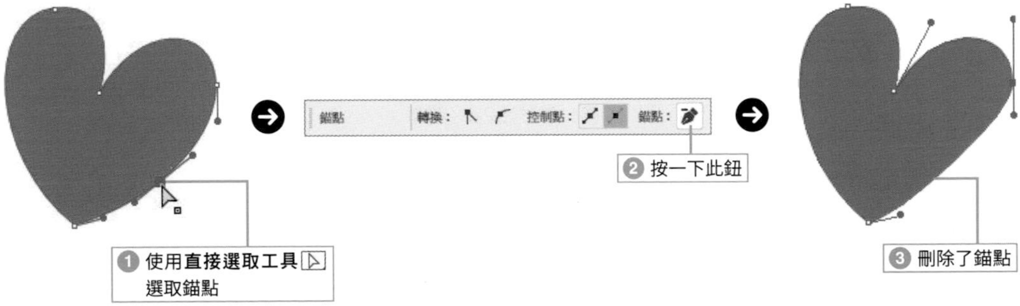

錨點
轉換：
控制點：
錨點：
❶ 使用直接選取工具選取錨點
❷ 按一下此鈕
❸ 刪除了錨點

TIPS 使用「鋼筆工具」刪除錨點

使用**鋼筆工具**時，將游標移動到路徑的錨點上，圖示會變成，按一下就可以刪除錨點。

刪除部分物件

若要刪除物件的某一部分，請用直接選取工具，選取區段或錨點，再按下 Delete 鍵。

▶ 刪除區段

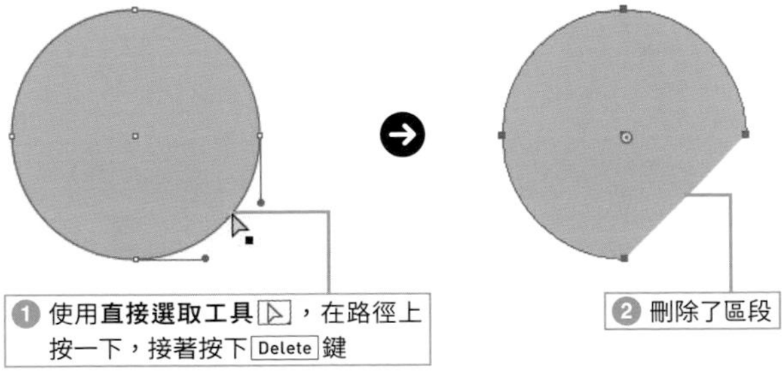

❶ 使用直接選取工具，在路徑上按一下，接著按下 Delete 鍵
❷ 刪除了區段

▶ 刪除錨點

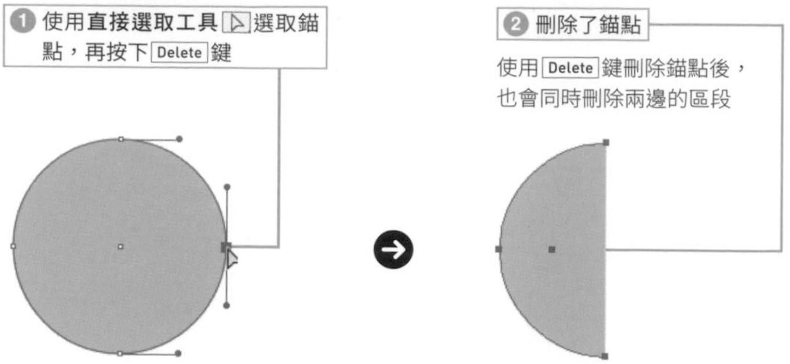

❶ 使用直接選取工具選取錨點，再按下 Delete 鍵
❷ 刪除了錨點
使用 Delete 鍵刪除錨點後，也會同時刪除兩邊的區段

▶ 使用「路徑橡皮擦工具」刪除物件

使用路徑橡皮擦工具，在選取的路徑上拖曳，可以只刪除拖曳後的部分。路徑橡皮擦工具是 Shaper 工具中的子工具。

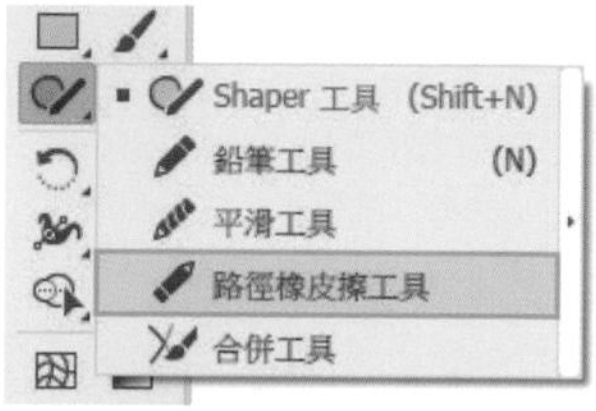

Shaper 工具 (Shift+N)
鉛筆工具 (N)
平滑工具
路徑橡皮擦工具
合併工具

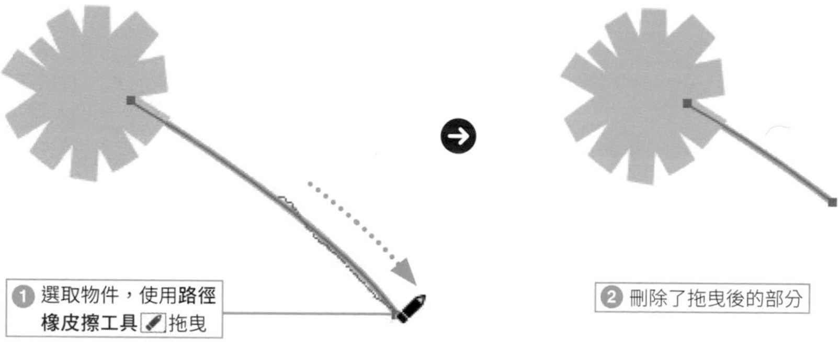

❶ 選取物件，使用路徑橡皮擦工具拖曳
❷ 刪除了拖曳後的部分

POINT

路徑橡皮擦工具的尖端是在圖示的左下部分。

POINT

使用**路徑橡皮擦工具**可以刪除的路徑，是呈現選取狀態的路徑。

● 將平滑控制點變成尖角控制點

使用錨點工具（CS6 是轉換錨點工具），按一下平滑控制點，能將平滑控制點變成尖角控制點。

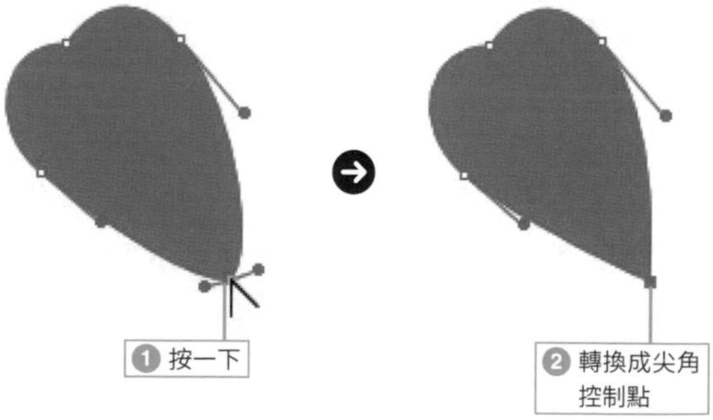

❶ 按一下
❷ 轉換成尖角控制點

POINT

使用**鋼筆工具**時，按住 Alt 鍵，就會暫時變成**錨點工具**。

或者，也可以使用直接選取工具選取錨點，再按下控制面板的。

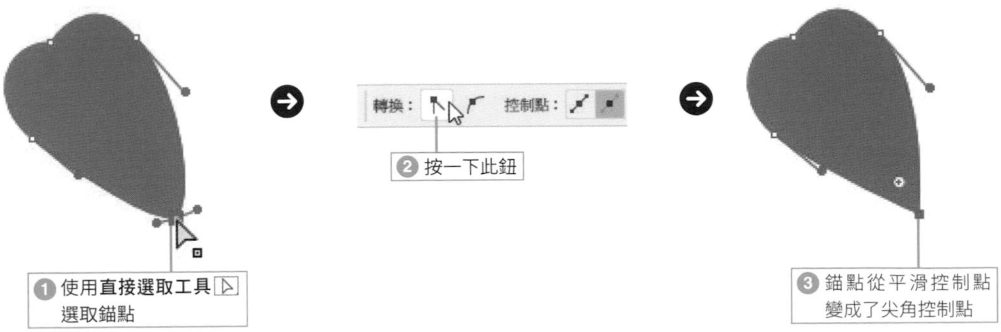

1 使用直接選取工具 選取錨點
轉換：
控制點：
2 按一下此鈕
3 錨點從平滑控制點 變成了尖角控制點

將尖角控制點變成平滑控制點

使用錨點工具（CS6 是轉換錨點工具）拖曳尖角控制點，拉出方向線，即可變成平滑控制點。

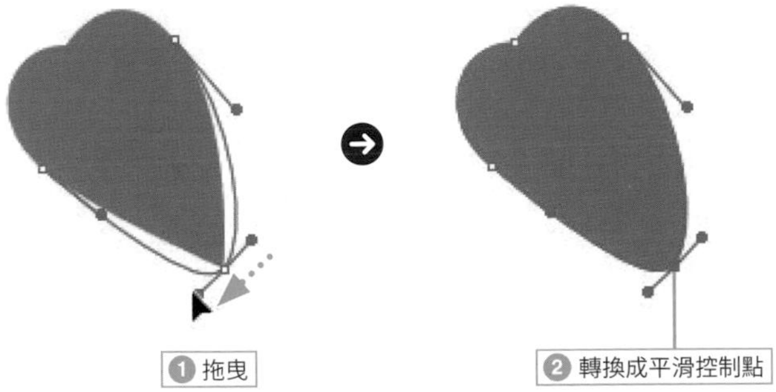

1 拖曳
2 轉換成平滑控制點

POINT

切換**錨點工具**的快速鍵是 Shift ＋ C 鍵。

或者，也可以使用直接選取工具選取錨點，再按下控制面板的。路徑的曲線會自動調整成平滑連接兩邊錨點的狀態。

1 使用直接選取工具 選取錨點
轉換：
控制點：
2 按一下此鈕
3 錨點從尖角控制點 變成了平滑控制點

分割路徑（剪刀工具）

如果要將相連的路徑分成兩段，可以使用剪刀工具。分割之後，請使用選取工具，編輯分割後的錨點。

POINT

剪刀工具是橡皮擦工具的子工具。

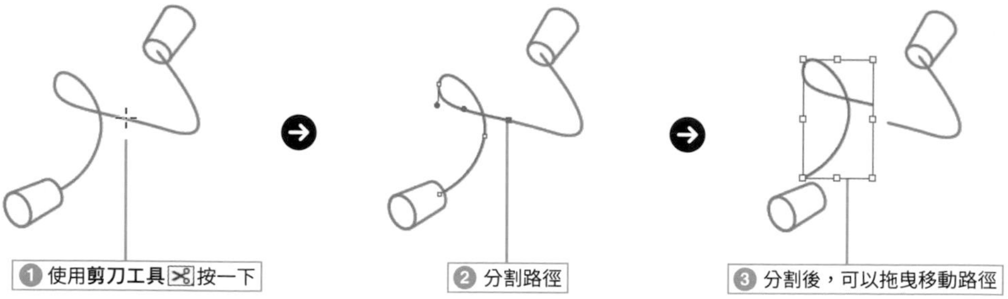

1 使用剪刀工具按一下
2 分割路徑
3 分割後，可以拖曳移動路徑

或者，也可以使用直接選取工具選取錨點，按下控制面板中的在選取的錨點處剪下路徑，就能用選取的錨點剪斷路徑。

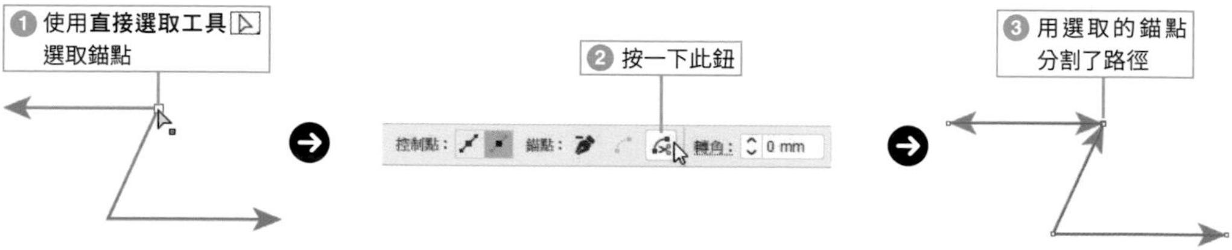

1 使用直接選取工具
選取錨點
2 按一下此鈕
控制點：
錨點：
轉角：
0 mm
3 用選取的錨點
分割了路徑

連接路徑

兩個開放路徑可以連接彼此的端點。用曲線連接與用直線連接的方法不一樣。

▶ 用曲線連接

如果要用曲線連接兩個路徑，請選取鋼筆工具，將游標移動到端點，游標的形狀會從變成，然後直接拖曳。游標移動到另一邊的端點，並以拖曳方式連接。

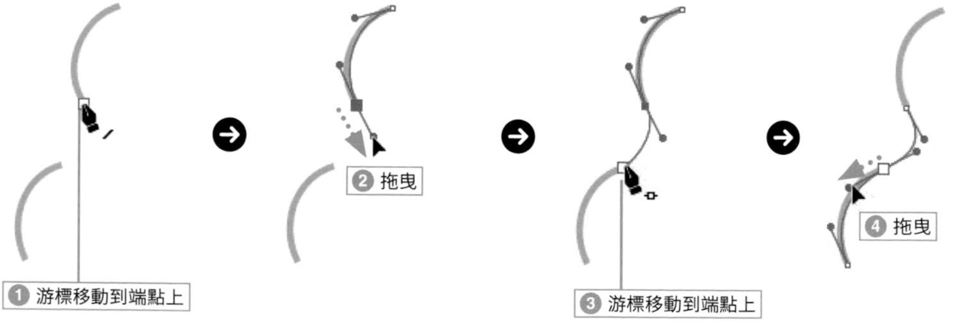

1 游標移動到端點上
2 拖曳
3 游標移動到端點上
4 拖曳

▶ 用直線連接分離的錨點

如果要用直線連接路徑，可以使用直接選取工具[▷]選取錨點，按下控制面板的連接選取的端點[⌐]，或執行『物件→路徑→合併』命令（Ctrl＋J）。

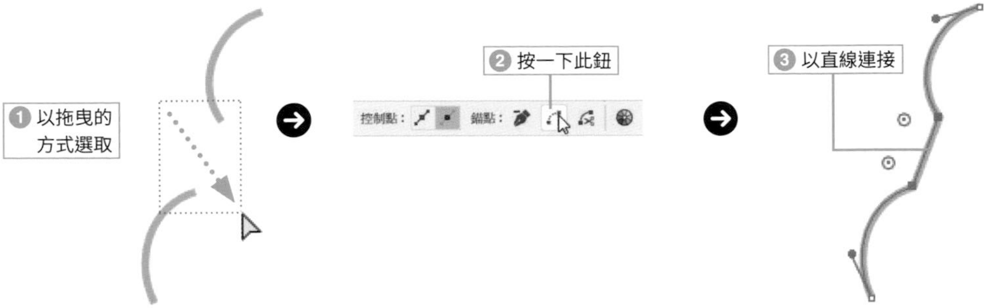

① 以拖曳的方式選取
② 按一下此鈕
控制點：
錨點：
③ 以直線連接

▶ 連接重疊的錨點

如果要連接重疊在一起的兩個錨點，可以按下控制面板的連接選取的端點[⌐]，或執行『物件→路徑→合併』命令（Ctrl＋J）。

POINT

兩個錨點完全重疊時，執行『**物件→路徑→平均**』命令（Alt＋Ctrl＋J），能讓兩者平均化，非常方便。

1 選取錨點

使用直接選取工具[▷]，在錨點處拖曳出選取範圍。

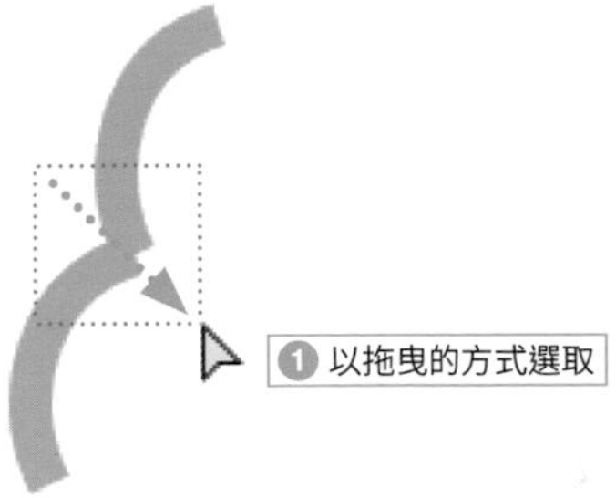

① 以拖曳的方式選取

POINT

選取時，為了確實選取到重疊的兩個錨點，一定要用選取範圍來選取。

2 執行「連接」

按下控制面板的連接選取的端點[⌐]。

② 按一下此鈕
控制點：
錨點：

3 完成連接

以尖角控制點連接路徑。

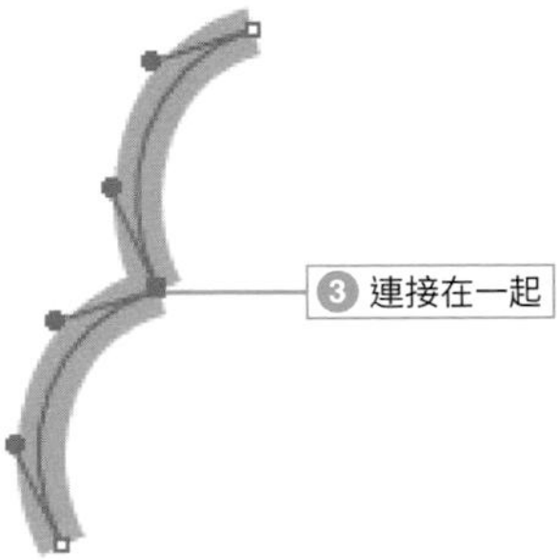

③ 連接在一起

POINT

從 Illustrator CS5 開始，重疊的錨點會以尖角控制點來連接。和 Illustrator CS4 之前的版本不同，不會開啟**連接**交談窗，所以無法選擇「尖角」或「平滑」。

4-6 使用「合併工具」連接路徑

使用頻率 ★☆☆	使用合併工具，可以連接不相連的開放路徑或重疊的開放路徑兩端。

連接不相連的路徑

1 選取「合併工具」

選取合併工具，連接如圖所示的開放路徑端點。

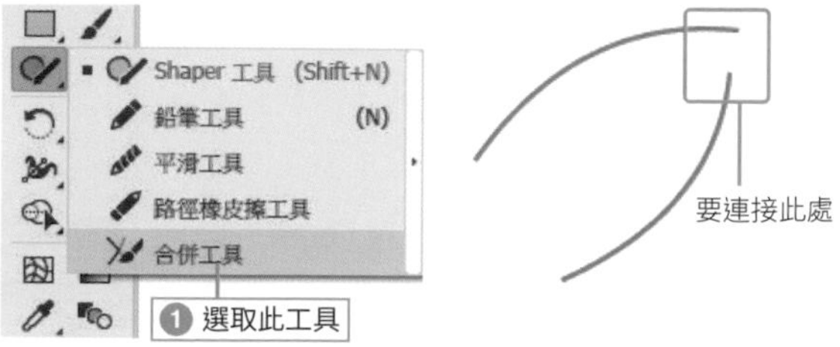

Shaper 工具 (Shift+N)
鉛筆工具 (N)
平滑工具
路徑橡皮擦工具
合併工具
1 選取此工具
要連接此處

2 拖曳要連接的路徑端點

拖曳開放路徑的端點，讓兩者重疊在一起，就能連接兩個端點。

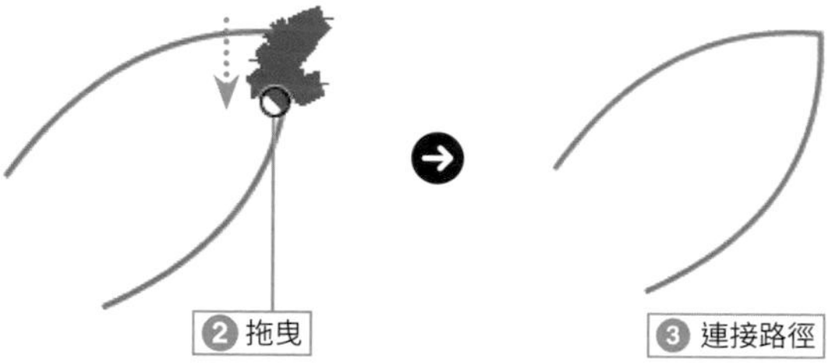

2 拖曳
3 連接路徑

刪除重疊路徑的突出部分

使用合併工具，在交疊的開放路徑的多餘部分上拖曳，就可以刪除超出範圍的部分。

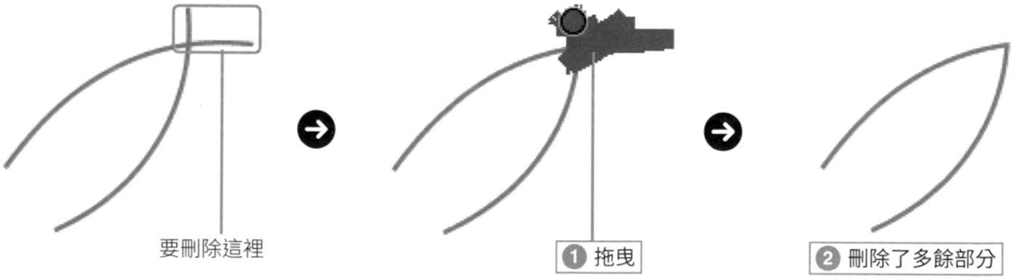

要刪除這裡
1 拖曳
2 刪除了多餘部分

POINT

使用**合併工具**連接的錨點會變成尖角控制點。

4-7 使用即時尖角讓邊角變圓滑

使用頻率 ★☆☆

使用直接選取工具，可以讓物件的尖角控制點變圓滑。

1 選取物件

使用直接選取工具選取物件，會顯示尖角 Widget。

2 拖曳尖角 Widget

拖曳尖角 Widget，就可以讓邊角變圓滑。

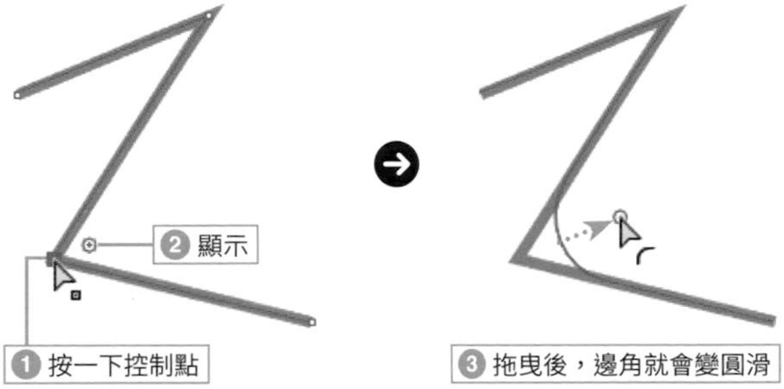

❷ 顯示
❶ 按一下控制點
❸ 拖曳後，邊角就會變圓滑

POINT

選取多個尖角控制點，只要拖曳一次，就可以同時變形所有尖角控制點。

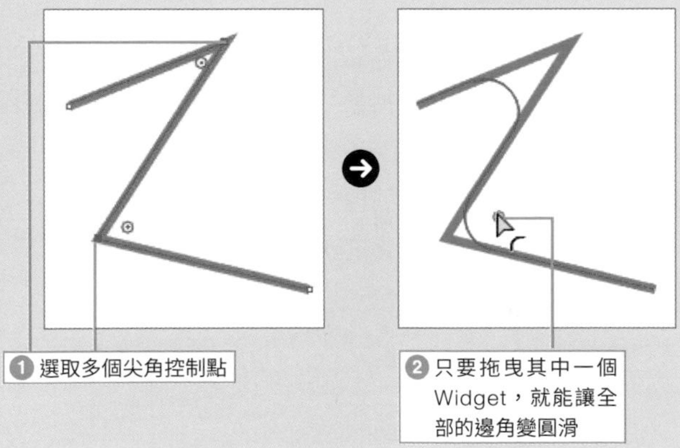

❶ 選取多個尖角控制點
❷ 只要拖曳其中一個 Widget，就能讓全部的邊角變圓滑

POINT

即時尖角是直接變形路徑的形狀。儲存成舊版本時，會保持變形後的路徑形狀。

TIPS 矩形與多邊形的即時形狀

繪製矩形或多邊形時，使用**選取工具**選取，也會顯示尖角 Widget。

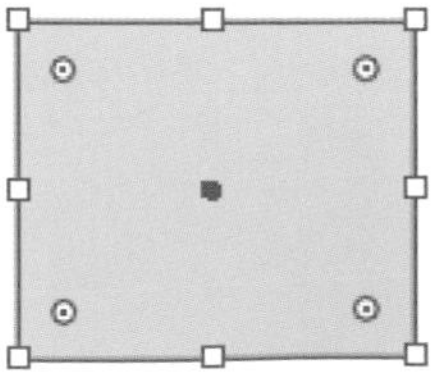

設定「轉角」交談窗

在尖角 Widget 上雙按滑鼠左鍵，會開啟轉角交談窗，可以設定尖角的「形狀」、「半徑」及「圓角」。

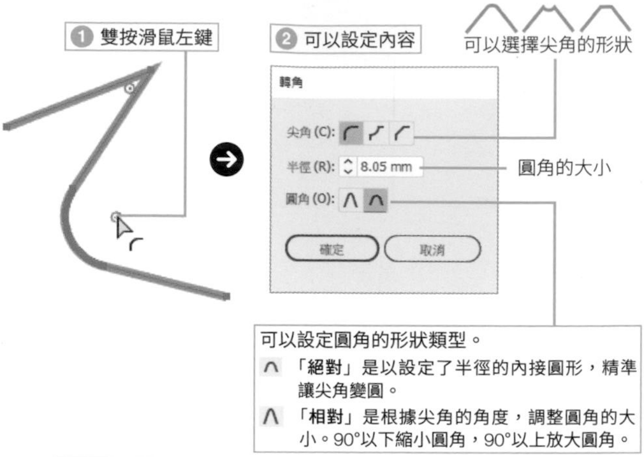

① 雙按滑鼠左鍵
② 可以設定內容
可以選擇尖角的形狀
轉角
尖角 (C):
半徑 (R): 8.05 mm
圓角的大小
圓角 (O):
確定
取消
可以設定圓角的形狀類型。
「絕對」是以設定了半徑的內接圓形，精準讓尖角變圓。
「相對」是根據尖角的角度，調整圓角的大小。90°以下縮小圓角，90°以上放大圓角。

POINT

選取顯示了尖角 Widget 的路徑或錨點時，在**控制**面板中，也會顯示**轉角**功能，可以設定圓角的大小。按下**轉角**的文字部分，可以開啟**轉角**交談窗。

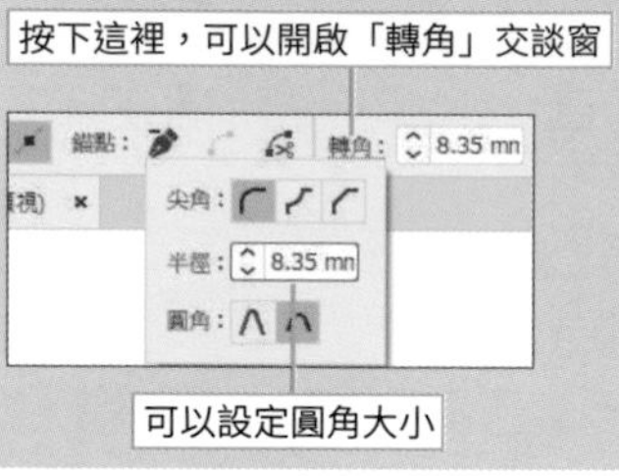

按下這裡，可以開啟「轉角」交談窗
錨點：
轉角：8.35 mm
尖角：
半徑：8.35 mm
圓角：
可以設定圓角大小

POINT

執行『**檢視→隱藏尖角 Widget**』命令，可以不顯示尖角 Widget。變成無法用拖曳來編輯路徑，但仍可以用**控制**面板的轉角。執行『**檢視→顯示尖角 Widget**』命令，就會重新顯示。

再次調整即時尖角

用即時尖角，讓邊角變圓後，使用直接選取工具按一下圓角部分，就會再次顯示尖角 Widget，可以調整圓角的形狀。如果大小設定成 0，就會恢復成原本沒有圓角的尖角狀態。

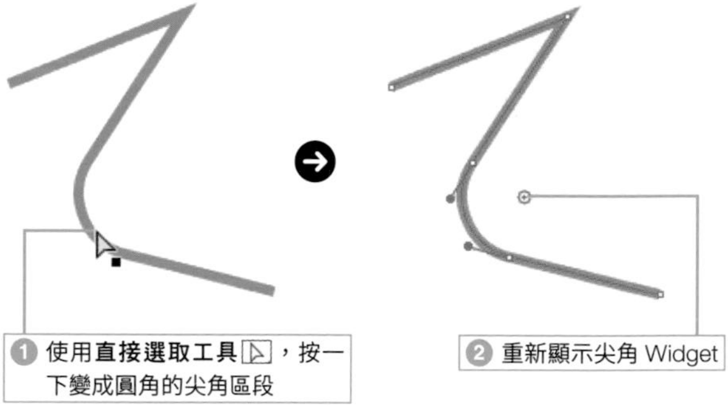

① 使用直接選取工具，按一下變成圓角的尖角區段
② 重新顯示尖角 Widget

TIPS 無法操作錨點或方向控制把手

用即時尖角建立的圓角部分，使用**直接選取工具**，操控錨點或方向控制把手，改變路徑的形狀後，就不會顯示尖角 Widget，無法用即時尖角編輯大小或形狀。

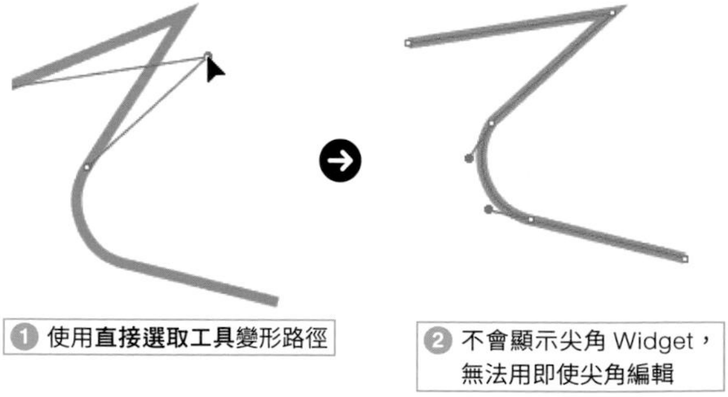

① 使用直接選取工具變形路徑
② 不會顯示尖角 Widget，無法用即使尖角編輯

4-8 對齊物件

使用頻率	
☆☆☆	如果要讓圖稿變美，就必須讓物件整齊排列。在 Illustrator 中，可以對齊物件或對齊各個錨點。

對齊物件（排列物件）

如果要對齊物件，可以使用對齊面板或控制面板。利用對齊面板對齊的物件，會以組成群組的物件為單位。

對齊關鍵物件

對齊物件時，可指定一個當作基準的關鍵物件，讓其他物件對齊關鍵物件的左側、中央或右側。

1 選取多個物件

使用選取工具[▶]，選取多個物件。

蝶マニアック
1 選取物件

2 按一下關鍵物件

按一下當作對齊基準的關鍵物件。以強調方式顯示關鍵物件。

蝶マニアック
2 按一下

3 按下對齊物件鈕

在對齊面板中，按下垂直齊上鈕。

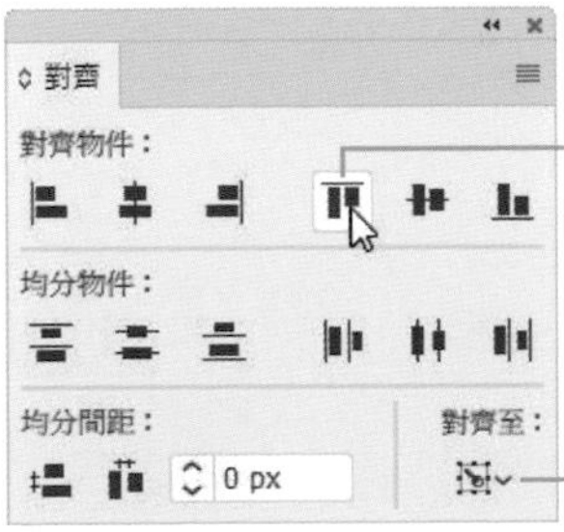
對齊
對齊物件：
3 按一下此鈕
均分物件：
均分間距：
對齊至：
0 px
對齊的基準設定為關鍵物件

POINT

如果沒有顯示**對齊**面板，請執行『**視窗→對齊**』命令（Shift＋F7鍵）。

4 完成物件對齊

全部的物件以關鍵物件的上端為基準，對齊關鍵物件。

蝶マニアック

TIPS 選取關鍵物件

按下**對齊**面板的按鈕時，最後選取的物件會變成關鍵物件。如果要取消關鍵物件，請在**對齊**面板選單中，執行『**取消關鍵物件**』命令。取消物件選取時，也會自動取消關鍵物件的設定。

▶ 沒有選取關鍵物件時

對齊物件時，如果沒有選取關鍵物件，會依照對齊面板右下方的對齊至：設定來決定對齊的基準。

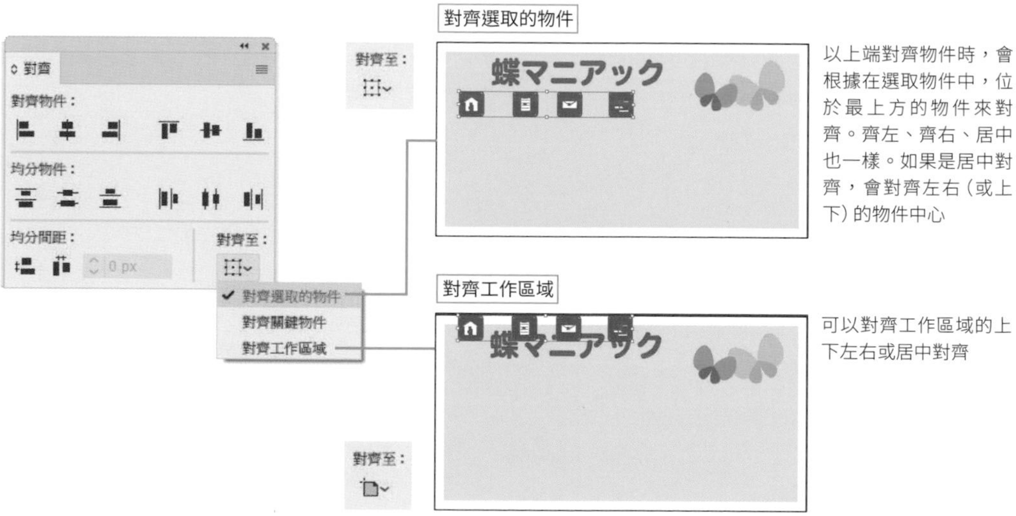

對齊
對齊物件：
均分物件：
均分間距：
0 px
對齊至：
對齊選取的物件
對齊關鍵物件
對齊工作區域
對齊至：
對齊選取的物件
蝶マニアック
以上端對齊物件時，會根據在選取物件中，位於最上方的物件來對齊。齊左、齊右、居中也一樣。如果是居中對齊，會對齊左右（或上下）的物件中心
對齊工作區域
蝶マニアック
可以對齊工作區域的上下左右或居中對齊
對齊至：

TIPS 使用「控制」面板設定

除了**對齊**面板之外，也可以使用**控制**面板來對齊或均分對齊物件或錨點。

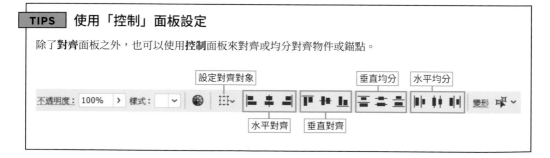

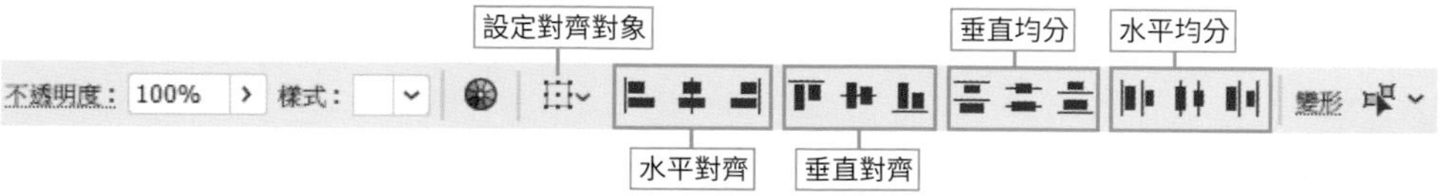

設定對齊對象
垂直均分
水平均分
不透明度：
100%
樣式：
變形
水平對齊
垂直對齊

均等分配物件（均分物件）

若要以相等間距排列物件，也是使用對齊面板。利用對齊面板排列物件時，是以組成群組後的物件為單位。

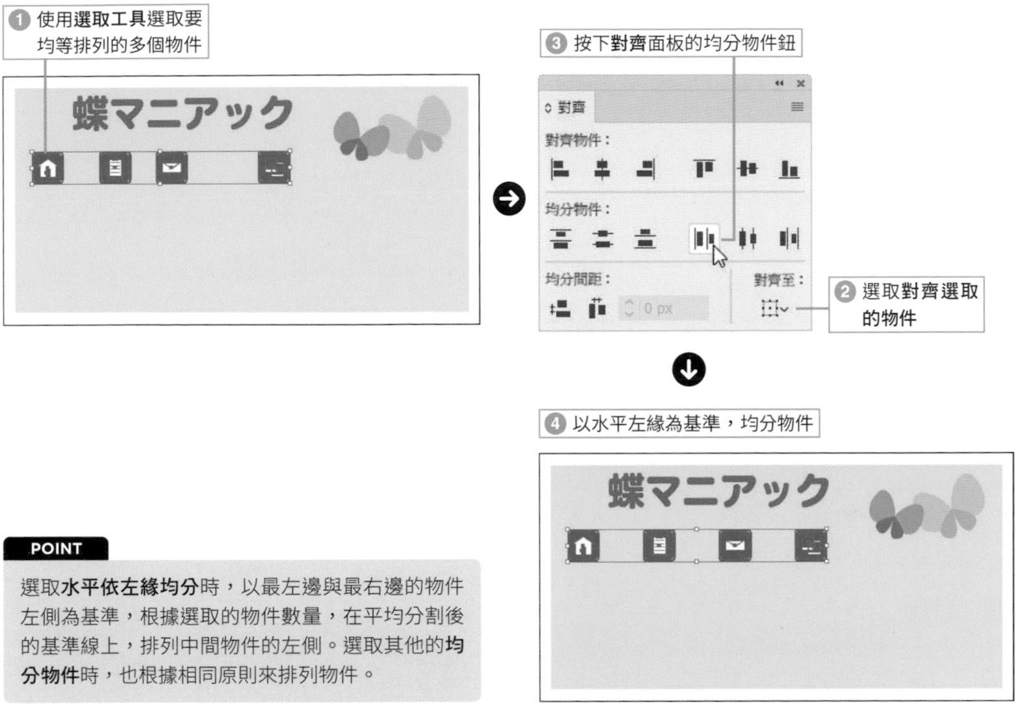

① 使用選取工具選取要均等排列的多個物件
蝶マニアック
③ 按下對齊面板的均分物件鈕
對齊
對齊物件：
均分物件：
均分間距：
對齊至：
0 px
② 選取對齊選取的物件
④ 以水平左緣為基準，均分物件
蝶マニアック

POINT

選取**水平依左緣均分**時，以最左邊與最右邊的物件左側為基準，根據選取的物件數量，在平均分割後的基準線上，排列中間物件的左側。選取其他的**均分物件**時，也根據相同原則來排列物件。

▶ 使用均分間距

使用均分間距，會以相同間距來排列物件。選取對齊選取的物件時，左右（或上下）的物件位置維持固定，均分間距配置其中的物件。選取對齊工作區域時，會在工作區域內，以均等的間距來排列物件。

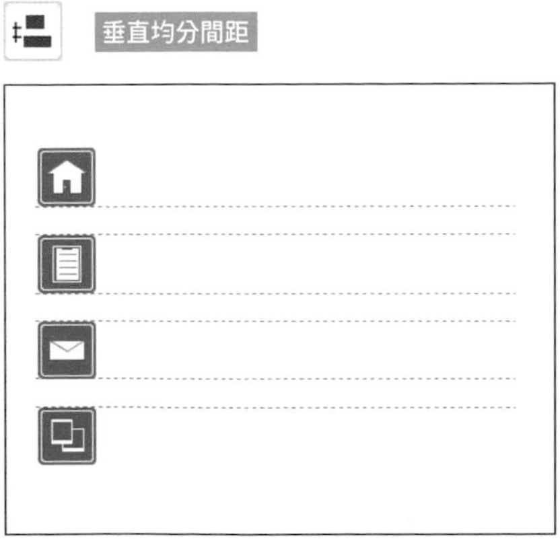

垂直均分間距

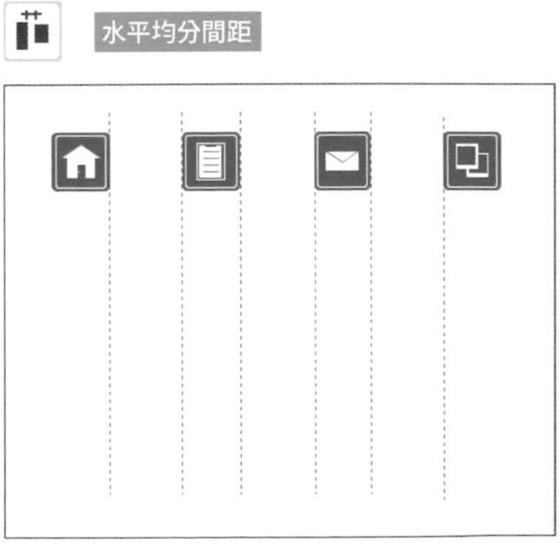

水平均分間距

▶ 以設定的間距數值均分

若要以精確的數值來均分物件，只要設定關鍵物件，就能以設定的間距 數值來均分配置。

① 使用選取工具選取要均分對齊的多個物件
蝶マニアック

② 按一下關鍵物件
蝶マニアック

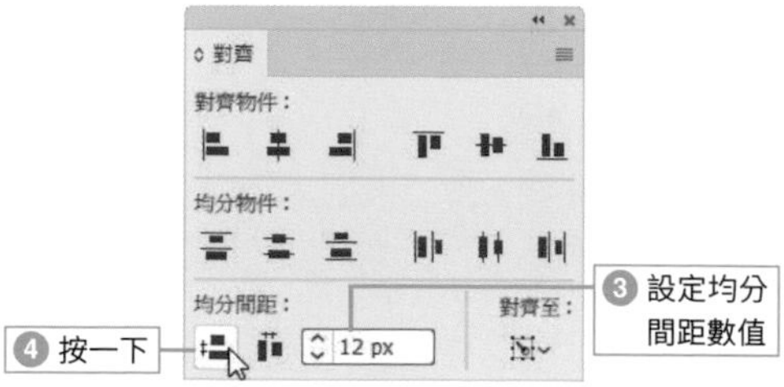

對齊
對齊物件：
均分物件：
均分間距：
對齊至：
12 px
③ 設定均分間距數值
④ 按一下

蝶マニアック
12 像素
12 像素
12 像素
⑤ 以相同間距對齊物件

POINT

使用**對齊**面板對齊物件時，如果要依垂直方向對齊，會以選取的錨點最上方為基準來對齊。如果使用下一頁介紹的**平均**命令的水平座標軸對齊，會對齊選取錨點上下位置的中央。顯示出來的結果會和**對齊**面板的垂直居中對齊一樣。

POINT

對齊方法選擇了**均分間距**時，物件之間的間距會變成設定好的間距數值。

● 使用預視邊界

在物件上套用「陰影」等「效果」時，有時物件的外觀看起來會大於實際的路徑。使用預視邊界選項是用來設定對齊或均分物件時的基準是實際的路徑，或是外觀較大的預視邊界。

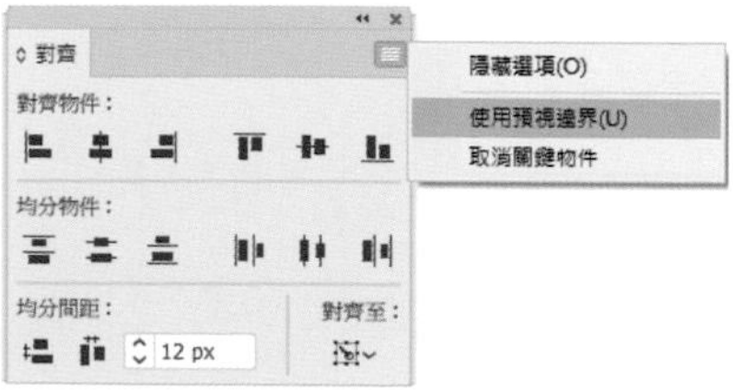

對齊
對齊物件：
均分物件：
均分間距：
對齊至：
12 px
隱藏選項(O)
使用預視邊界(U)
取消關鍵物件

沒有勾選「使用預視邊界」

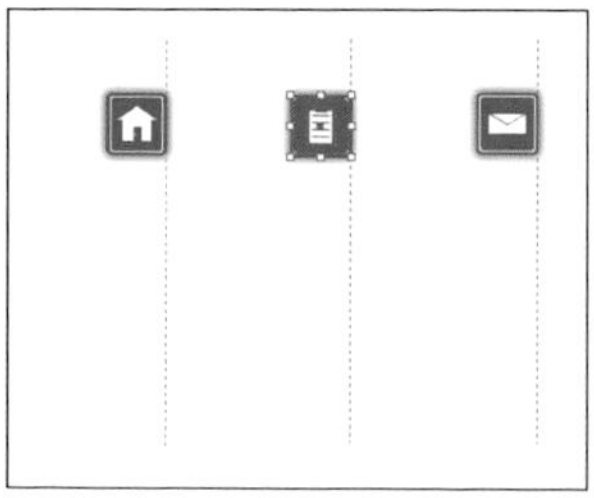

勾選「使用預視邊界」

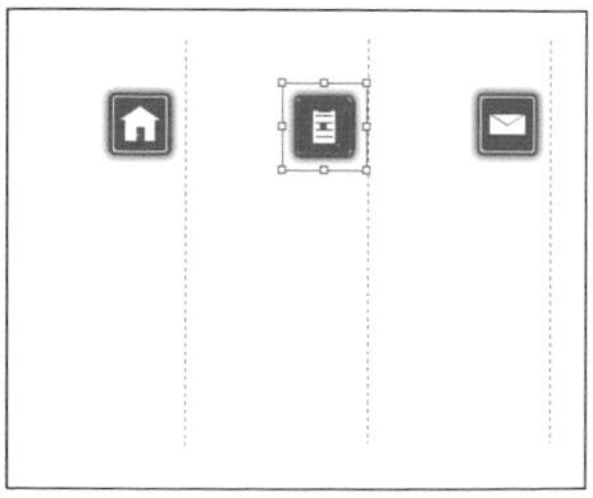

對齊錨點

使用「對齊」面板

如果要對齊錨點，請使用直接選取工具[▷]選取錨點，再利用對齊面板對齊、均分物件。

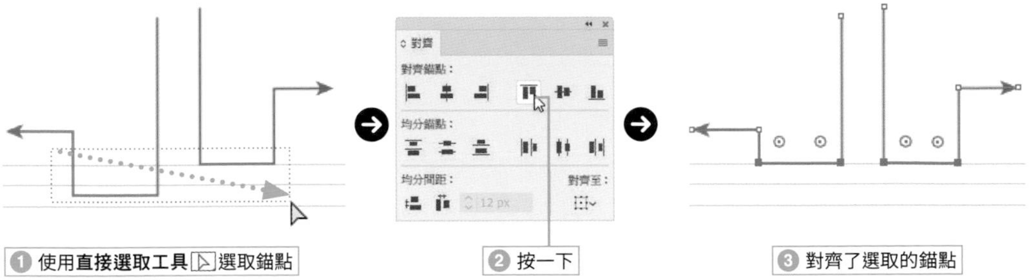

對齊
對齊錨點：
均分錨點：
均分間距：
對齊至：
❶ 使用**直接選取工具**[▷]選取錨點
❷ 按一下
❸ 對齊了選取的錨點

使用「平均」命令

執行『物件→路徑→平均』命令（Alt＋Ctrl＋J），也可以對齊選取的錨點。

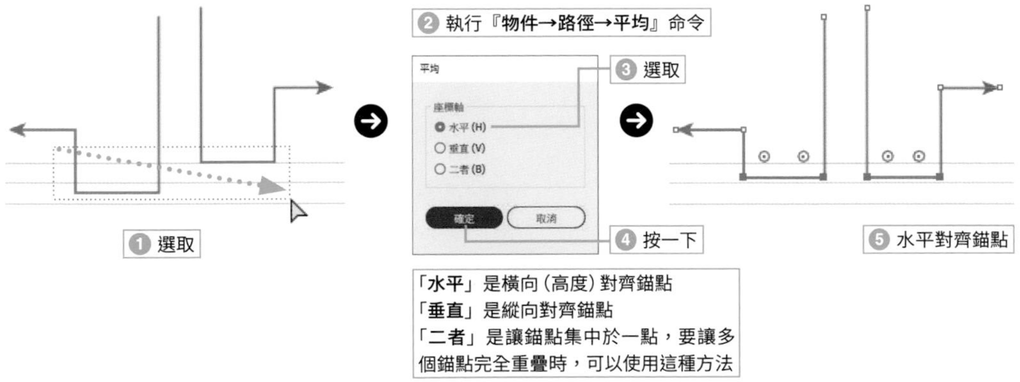

❷ 執行『**物件→路徑→平均**』命令
平均
座標軸
水平 (H)
垂直 (V)
二者 (B)
確定
取消
❶ 選取
❸ 選取
❹ 按一下
❺ 水平對齊錨點
「**水平**」是橫向（高度）對齊錨點
「**垂直**」是縱向對齊錨點
「**二者**」是讓錨點集中於一點，要讓多個錨點完全重疊時，可以使用這種方法

讓錨點集中於一點

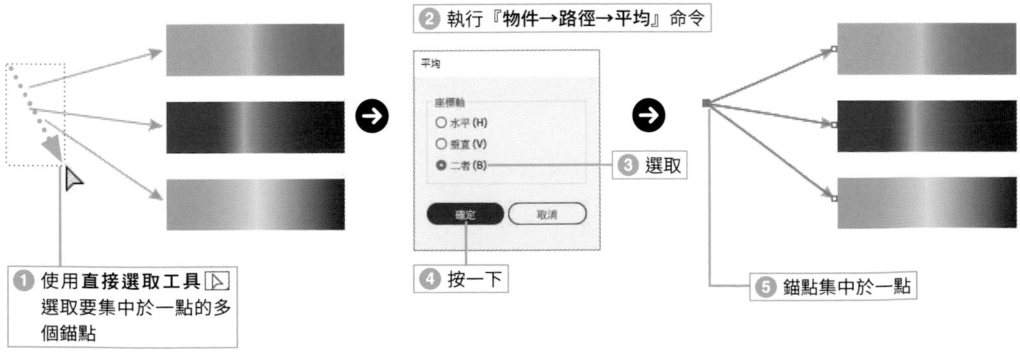

❷ 執行『**物件→路徑→平均**』命令
平均
座標軸
水平 (H)
垂直 (V)
二者 (B)
確定
取消
❶ 使用**直接選取工具**[▷]選取要集中於一點的多個錨點
❸ 選取
❹ 按一下
❺ 錨點集中於一點

4-9
形狀建立程式工具

使用頻率
★★☆

形狀建立程式工具是合併或刪除被重疊物件的路徑包圍的部分，製作出新物件形狀的工具。功能與路徑管理員類似，卻能以拖曳方式操作，比較直覺。

合併物件

1 選取物件

選取整個目標物件後，再選取工具面板中的形狀建立程式工具。

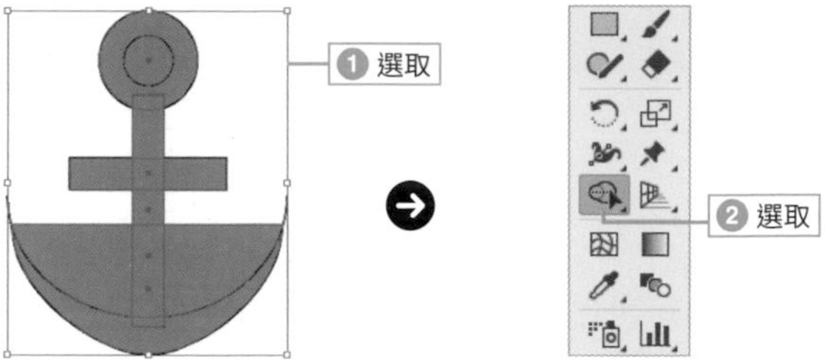

1 選取
2 選取

2 拖曳選取要合併的部分

當游標變成的狀態，拖曳選取要合併的部分。變成選取對象的部分，其周圍會被紅線包圍，內部以網點顯示。從 CC 2015 開始，可以用拖曳方式設定一筆完成的合併對象，但是之前的版本只能用直線指定，請分數次來合併。

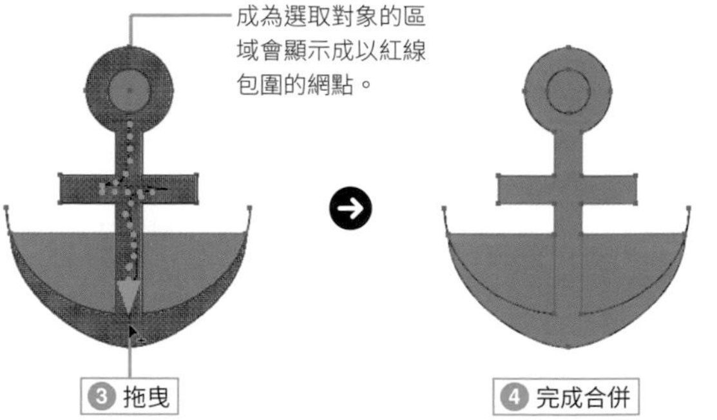

成為選取對象的區域會顯示成以紅線包圍的網點。
3 拖曳
4 完成合併

合併後的顏色，是以在**形狀建立程式工具選項**交談窗中的**選取顏色來源**的設定為主(請參考 **4-27 頁**)。這裡設定為「**圖稿**」

POINT

按住 Shift 鍵不放並拖曳，可以用矩形選取範圍選取要和合併的部分。

刪除物件

1 Alt ＋按一下要刪除的部分

使用形狀建立程式工具，按下 Alt 鍵，游標會變成，按一下或拖曳多餘的部分，就可以刪除。

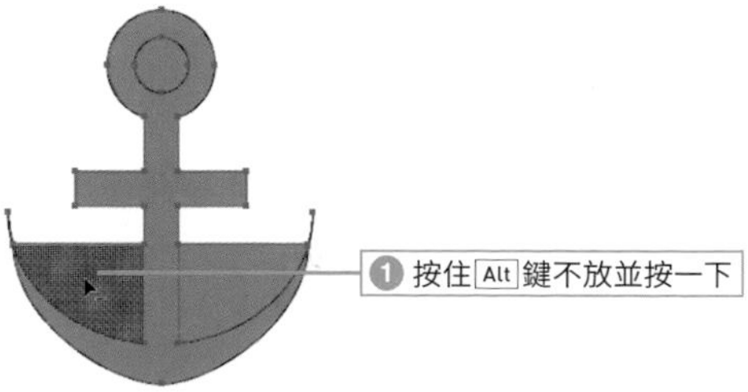

1 按住 Alt 鍵不放並按一下

2 Alt＋按一下，刪除不要的線條

按照相同的步驟，以 Alt ＋按一下，刪除不要的線條。

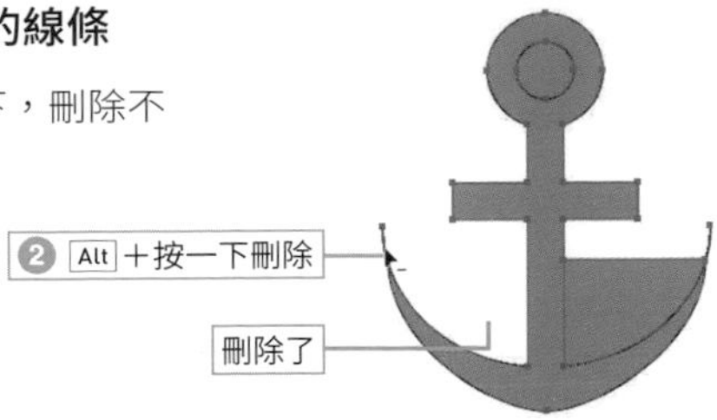
② Alt ＋按一下刪除
刪除了

3 刪除其他部分

同樣使用 Alt ＋按一下，刪除物件右側。如上面的圓孔所示，刪除物件內部後，會變成複合路徑。

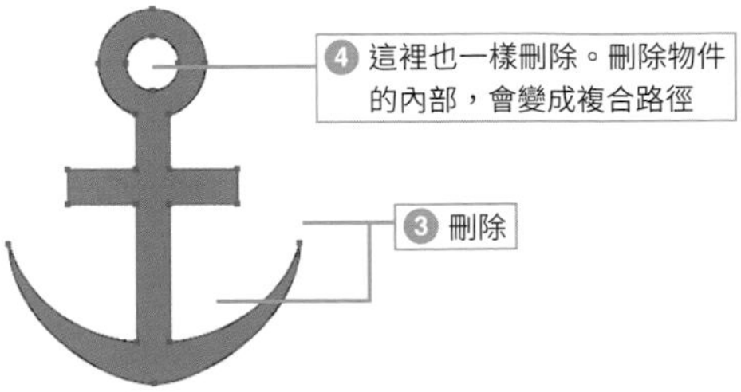
④ 這裡也一樣刪除。刪除物件的內部，會變成複合路徑
③ 刪除

● 形狀建立程式工具選項

在工具面板的形狀建立程式工具雙按滑鼠左鍵，會開啟形狀建立程式工具選項交談窗，可以設定選項。

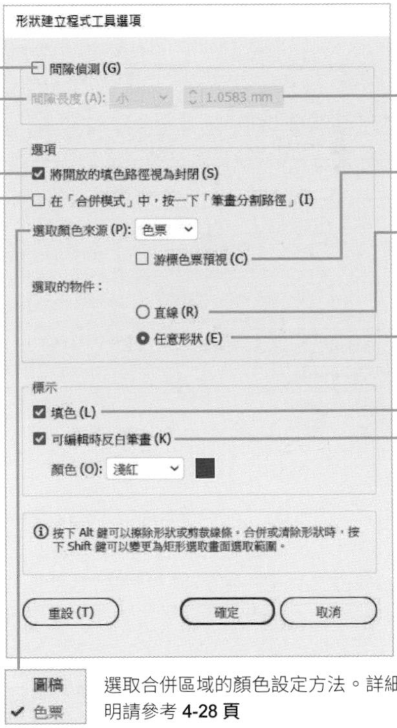
形狀建立程式工具選項
間隙偵測 (G)
間隙長度 (A): 小 1.0583 mm
選項
將開放的填色路徑視為封閉 (S)
在「合併模式」中，按一下「筆畫分割路徑」(I)
選取顏色來源 (P): 色票
游標色票預視 (C)
選取的物件：
直線 (R)
任意形狀 (E)
標示
填色 (L)
可編輯時反白筆畫 (K)
顏色 (O): 淺紅
按下 Alt 鍵可以擦除形狀或剪裁線條。合併或清除形狀時，按下 Shift 鍵可以變更為矩形選取畫面選取範圍。
重設 (T)
確定
取消
圖稿
色票

選取物件的路徑之間即使有間隙，也會當作封閉區域來偵測，變成合併、刪除的對象

設定要偵測的間隙長度

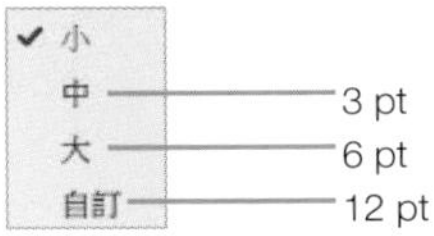
小
中 3 pt
大 6 pt
自訂 12 pt

在開放路徑設定「填色」時，會當作封閉路徑處理

開啟這個功能，游標重疊在路徑上，會變成。按一下會以連接選取對象路徑兩端的線條來分割區域

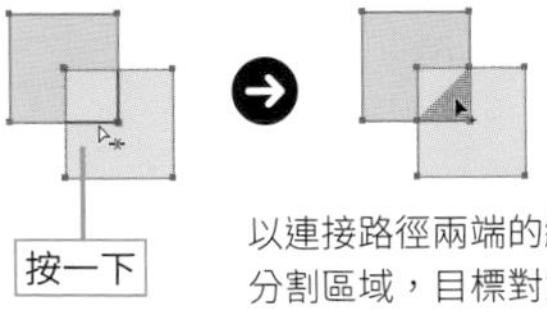
按一下

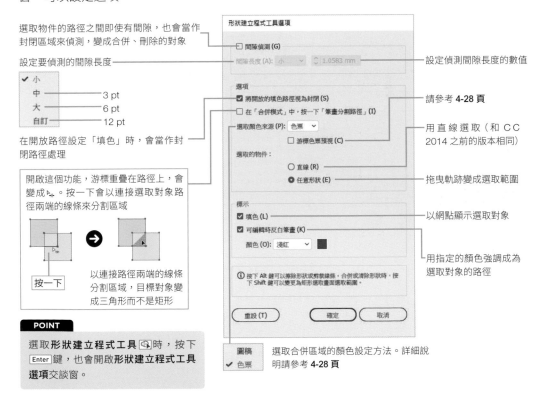

以連接路徑兩端的線條分割區域，目標對象變成三角形而不是矩形

設定偵測間隙長度的數值

請參考 **4-28 頁**

用直線選取（和 CC 2014 之前的版本相同）

拖曳軌跡變成選取範圍

以網點顯示選取對象

用指定的顏色強調成為選取對象的路徑

選取合併區域的顏色設定方法。詳細說明請參考 **4-28 頁**

POINT

選取**形狀建立程式工具**時，按下 Enter 鍵，也會開啟**形狀建立程式工具選項**交談窗。

合併區域的顏色與外觀

使用形狀建立程式工具合併的區域顏色，可以在形狀建立程式工具選項交談窗中的選取顏色來源，選擇要套用原本的物件顏色或色票。如果要套用色票，使用方法與即時上色油漆桶工具相同。

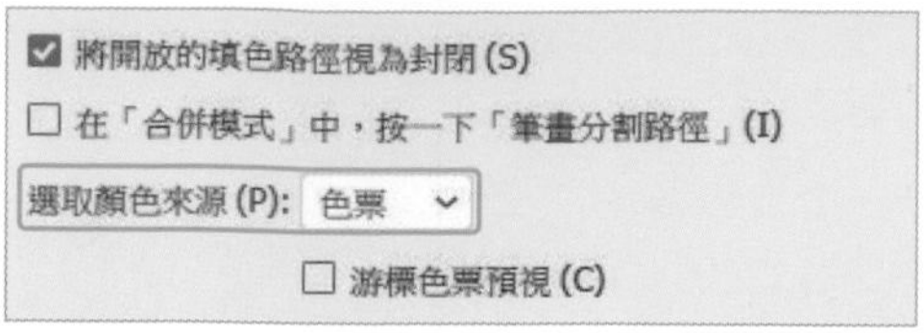

將開放的填色路徑視為封閉 (S)
在「合併模式」中，按一下「筆畫分割路徑」(I)
選取顏色來源 (P): 色票
游標色票預視 (C)

選取物件時

開始拖曳區域的顏色與外觀會成為合併區域的外觀。

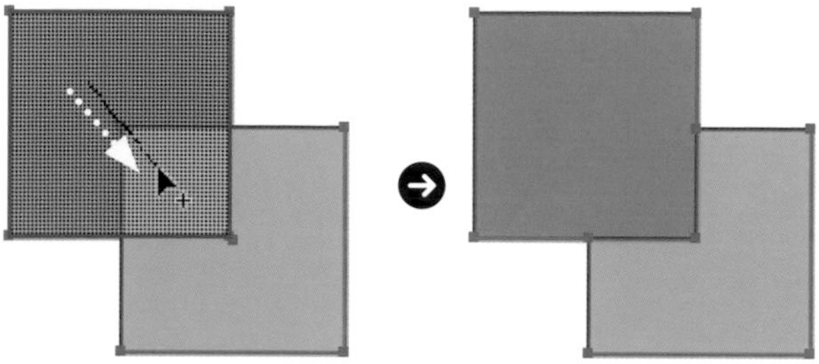

從橘色區域開始拖曳

選取部分的外觀變成橘色

POINT

從沒有物件的位置開始拖曳時，會套用放開滑鼠左鍵的位置外觀。假如在開始與結束的範圍內拖曳，都沒有物件時，會套用最上層的物件外觀。

選取色票時

拖曳前選取的顏色會成為合併區域的顏色。勾選形狀建立程式工具選項交談窗的游標色票預視項目，游標上方會顯示選取色票的顏色圖示，用方向鍵就可以調整顏色。

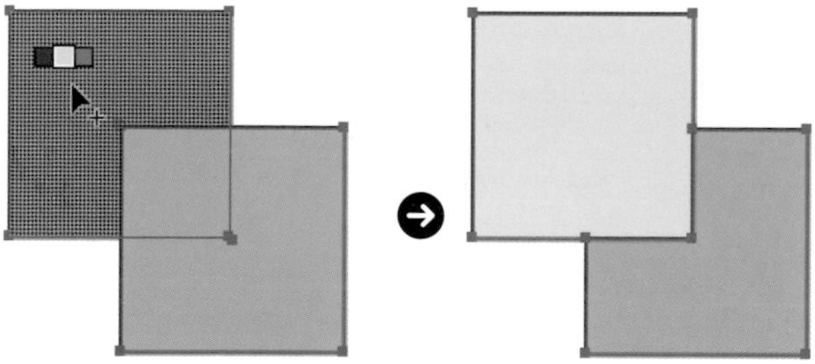

在**色票**面板中選取顏色。勾選**游標色票預視**項目，游標上方會顯示選取的顏色，可以用方向鍵選取

合併部分會變成選取的色票顏色。顏色以外的外觀，會套用開始位置的物件

POINT

顏色是利用色票來設定，其餘外觀的原則和選取**圖稿**時一樣。

POINT

勾選**游標色票預視**，使用方法與**即時上色油漆桶**工具相同。

4-10 圖層操作

使用頻率	
☆☆☆	Illustrator 的圖稿是重疊各種物件製作而成。在預設狀態下，新製作的物件會疊在最上方。瞭解物件的前後關係，就能輕而易舉製作出複雜的圖稿。

「圖層」面板是物件清單

在 Illustrator 中，所有的物件會依照排列順序顯示在圖層面板中（上層物件會顯示在上方）。物件可以整合在圖層或子圖層中。按下圖層面板中的 >，就可以展開圖層內容或顯示群組物件。

POINT

執行『**視窗→圖層**』命令（F7），可以顯示或隱藏**圖層**面板。

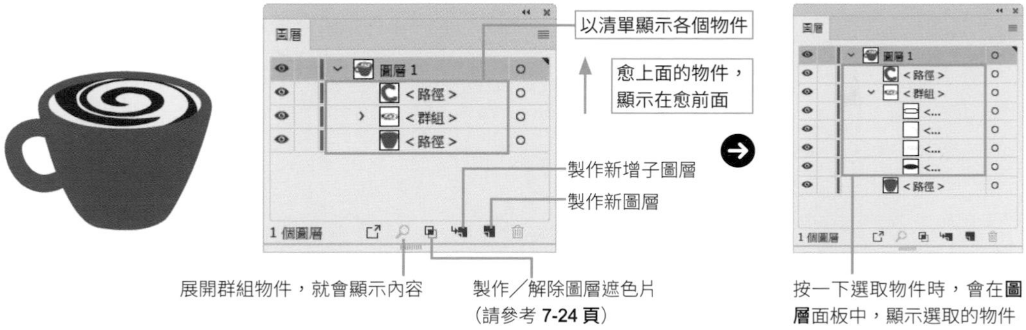

圖層
圖層 1
<路徑>
<群組>
<路徑>
1 個圖層
以清單顯示各個物件
愈上面的物件，顯示在愈前面
製作新增子圖層
製作新圖層
展開群組物件，就會顯示內容
製作／解除圖層遮色片（請參考 7-24 頁）
<...
按一下選取物件時，會在圖層面板中，顯示選取的物件

圖層的功能與優點

新增文件時，只有一個「圖層 1」圖層，但是如果有必要，也能建立其他圖層或子圖層。製作複雜的圖稿時，依照階層，用圖層管理操作，就不會誤選或刪除其他物件。圖層與物件一樣，上層圖層會顯示在圖層面板的上方。

TIPS 「製作新圖層」鈕的選項

Ctrl＋按一下（限新圖層）

會在圖層的最上方（最前面）建立新圖層。

Alt＋按一下（共通）

開啟**圖層選項**交談窗，製作新圖層（或子圖層）。

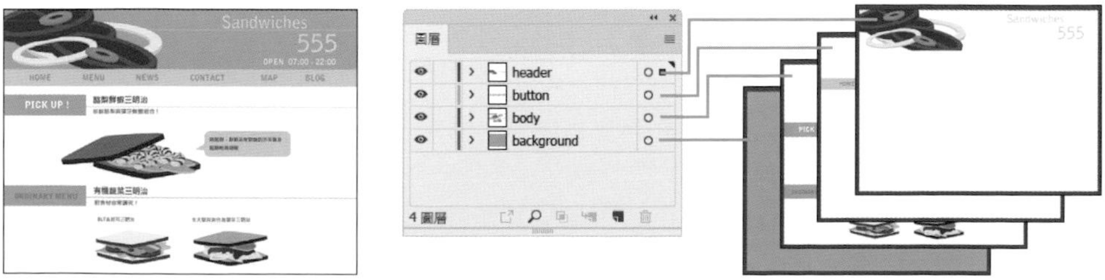

Sandwiches
555
PICK UP !
圖層
header
button
body
background
4 圖層

顯示、隱藏／鎖定、解除鎖定／範本

圖層面板的左邊方塊，可以切換顯示／隱藏顯示在圖層面板中的項目。每按一下，就會切換 與 ，同時也會切換顯示或隱藏實際的物件。圖層面板左起第 2 個方塊，可以設定鎖定／解除鎖定物件。每按一下，就會切換「鎖定」與「解除鎖定」，同時也會切換鎖定或解除鎖定實際的物件。

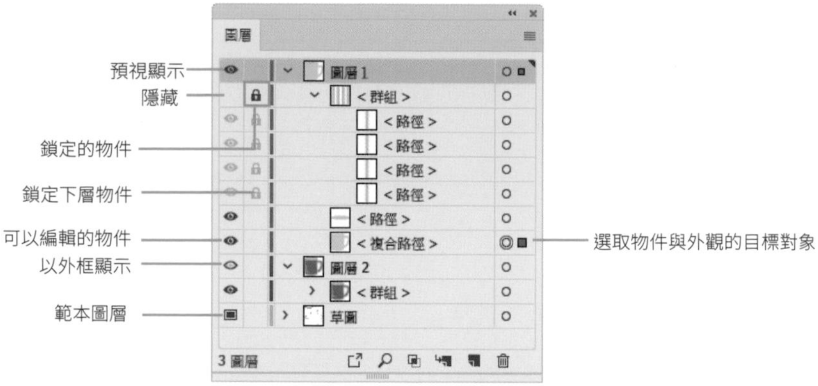
圖層
預視顯示
隱藏
鎖定的物件
鎖定下層物件
可以編輯的物件
以外框顯示
範本圖層
選取物件與外觀的目標對象
圖層 1
<群組>
<路徑>
<路徑>
<路徑>
<路徑>
<路徑>
<複合路徑>
圖層 2
<群組>
草圖
3 圖層

按下 的操作

Ctrl＋按一下	切換外框及預視。
Alt＋按一下	隱藏其他圖層的物件。
Ctrl＋Alt＋按一下	以外框顯示其他圖層物件。

按下 的操作

Alt＋按一下	取消目前圖層的鎖定狀態，再按一次 Alt＋按一下，會鎖定顯示的圖層。

TIPS 顯示、隱藏與下層群組的關係

隱藏群組物件時，下層圖層的物件的圖示會變成淺灰色 。這是表示與上層圖層（群組）同步的意思。

TIPS 上層物件的鎖定與下層物件的關係

圖層或群組鎖定之後，下層群組或路徑的圖示會變成淺灰色 。這代表解除上層圖層（群組）的鎖定狀態後，也會自動同步解除鎖定。相反地，鎖定下層物件後，再鎖定上層物件，先鎖定的下層路徑會變成 而不是 ，即使解除了上層物件的鎖定狀態，下層物件仍會繼續鎖定。

圖層／群組／路徑的選項設定

顯示在圖層面板中的圖層／群組／路徑，可以設定各自的名稱等選項。

▶ 圖層選項

在圖層面板選單中，執行『"(圖層名稱)" 的選項』命令，或在圖層面板的物件名稱右側沒有文字的部分，雙按滑鼠左鍵，就可以開啟圖層選項交談窗。

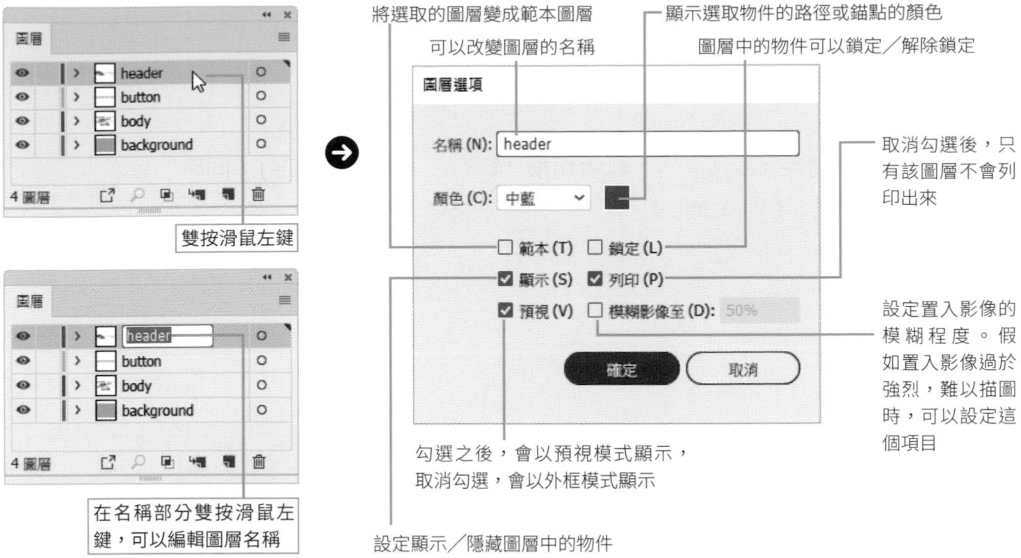
圖層
header
button
body
background
4 圖層
雙按滑鼠左鍵
圖層
header
button
body
background
4 圖層
在名稱部分雙按滑鼠左鍵，可以編輯圖層名稱
將選取的圖層變成範本圖層
可以改變圖層的名稱
顯示選取物件的路徑或錨點的顏色
圖層中的物件可以鎖定／解除鎖定
圖層選項
名稱 (N): header
顏色 (C): 中藍
範本 (T)
鎖定 (L)
顯示 (S)
列印 (P)
預視 (V)
模糊影像至 (D): 50%
確定
取消
取消勾選後，只有該圖層不會列印出來
設定置入影像的模糊程度。假如置入影像過於強烈，難以描圖時，可以設定這個項目
勾選之後，會以預視模式顯示，取消勾選，會以外框模式顯示
設定顯示／隱藏圖層中的物件

▶ 範本圖層

範本圖層是指，使用鋼筆工具描繪照片影像時，可以當作置入影像用的草圖圖層，非常方便。設定成範本圖層後，會自動鎖定圖層，在圖層選項交談窗中，將置入影像的透明度設定成比較淺。另外，範本圖層因為是草圖用圖層，所以不會列印出來。

TIPS　如果要同時設定多個圖層

如果要對多個圖層設定相同選項，可以在**圖層**面板中，按下 Ctrl ＋按一下，選取多個圖層後，再雙按滑鼠左鍵，開啟選項交談窗。

POINT

在**圖層**面板選單中，執行『**範本**』命令，可以將選取的圖層設定為範本圖層。

● 改變排列順序

顯示在圖層面板的圖層／群組／路徑，利用拖曳方式，可以改變排列順序。群組／路徑也能用拖曳方式，移動到其他圖層。另外，圖層也可以變成其他圖層的子圖層，而子圖層也能變成獨立的圖層。

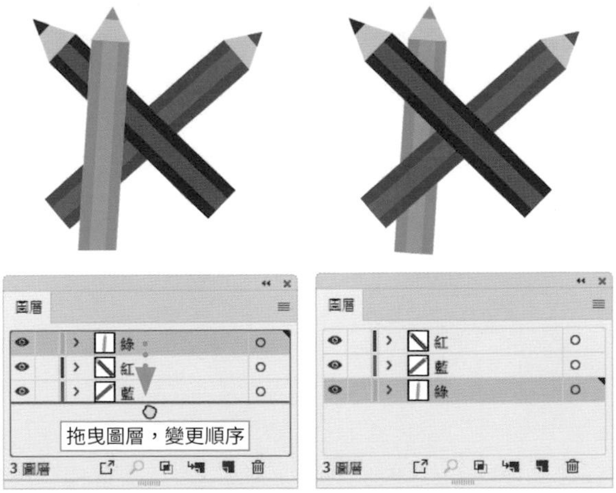
圖層
綠
紅
藍
拖曳圖層，變更順序
3 圖層
圖層
紅
藍
綠
3 圖層

拷貝物件

顯示在圖層面板中的圖層／群組／路徑，全都可以在圖層面板上拷貝。此時，路徑的排列順序會拷貝在選取圖層（群組、路徑）上方的相同位置。

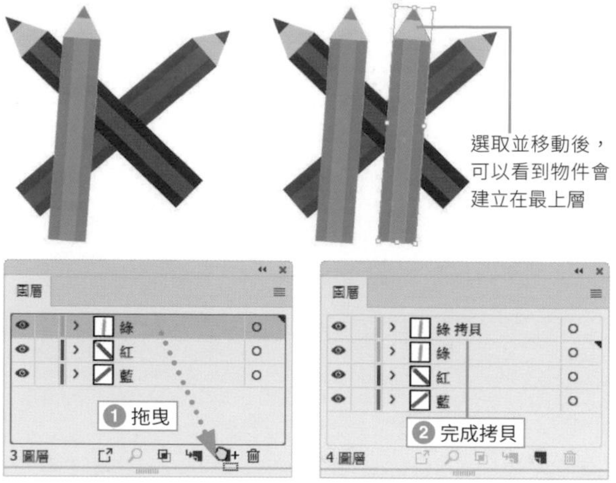

選取並移動後，可以看到物件會建立在最上層
圖層
綠
紅
藍
❶ 拖曳
3 圖層
圖層
綠 拷貝
綠
紅
藍
❷ 完成拷貝
4 圖層

TIPS 將路徑加入群組

把沒有組成群組的路徑拖曳到群組內，改變排列順序後，該物件也會包含在群組內。

TIPS 拷貝圖層

拖曳圖層時，按住 Alt 鍵不放，並放開滑鼠左鍵，就可以將圖層拷貝到目的地。

合併圖層

如果要將多個圖層合併成一個圖層時，請在圖層面板選單中，執行『合併選定的圖層』命令。此外，按住 Ctrl ＋按一下，選取多個圖層。在選取圖層後，按住 Shift ＋按一下，可以確認要與哪個圖層合併。設定成合併目標的圖層，會在圖層右上方顯示黑色三角形。

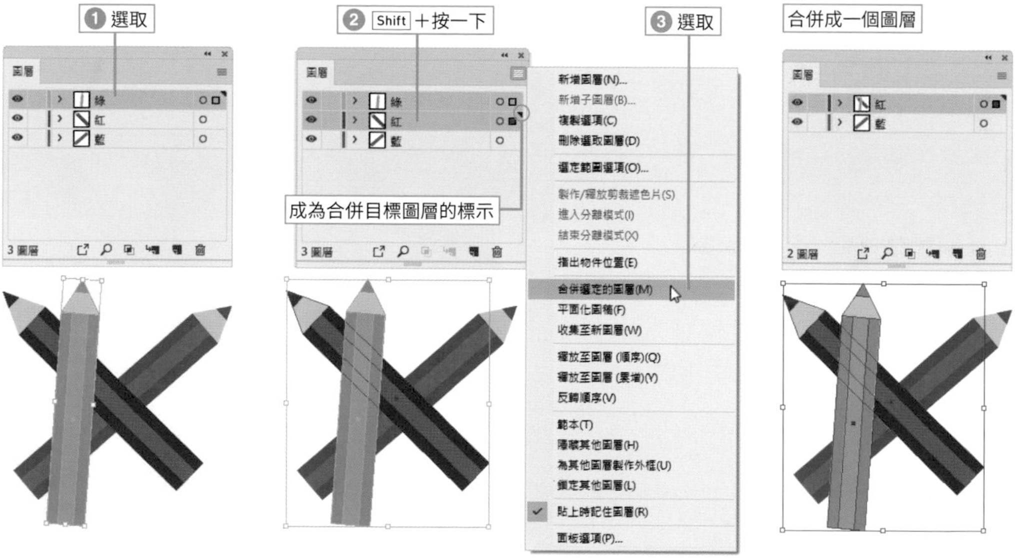

❶ 選取
❷ Shift ＋按一下
❸ 選取
合併成一個圖層
圖層
綠
紅
藍
3 圖層
成為合併目標圖層的標示
新增圖層(N)...
新增子圖層(B)...
複製選項(C)
刪除選取圖層(D)
選定範圍選項(O)...
製作/釋放剪裁遮色片(S)
進入分離模式(I)
結束分離模式(X)
指出物件位置(E)
合併選定的圖層(M)
收集至新圖層(W)
反轉順序(V)
範本(T)
隱藏其他圖層(H)
為其他圖層製作外框(U)
鎖定其他圖層(L)
貼上時記住圖層(R)
面板選項(P)...
2 圖層

※ 為了方便各位瞭解，這裡選取了物件，但實際上不需要選取物件。

> **TIPS 合併成新圖層**
>
> 如果要將選取圖層與新圖層合併時，選取圖層後，在**圖層**面板選單中，執行『**收集至新圖層**』命令。新產生的圖層會顯示在選取圖層中，和最上層圖層一樣的位置。

▶ 合併所有圖層

在圖層面板選單中，執行『平面化圖稿』命令，可以將全部圖層合併成一個圖層。合併的目標圖層與合併選定的圖層一樣，是在右上方顯示黑色三角形的圖層。

● 刪除圖層項目

如果要刪除圖層、群組、路徑……等項目，請先選取要刪除的圖層，按下圖層面板的刪除選取圖層鈕。如果不想開啟交談窗，直接刪除圖層，可以將圖層直接拖曳至刪除選取圖層鈕。

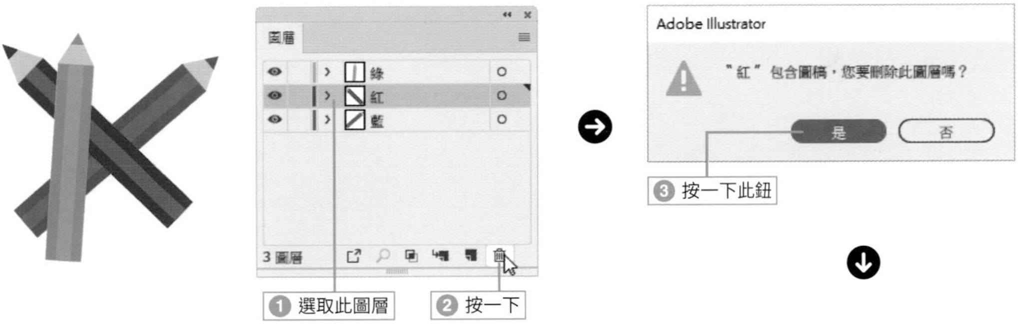

圖層
綠
紅
藍
3 圖層
Adobe Illustrator
"紅" 包含圖稿，您要刪除此圖層嗎？
是
否
❶ 選取此圖層
❷ 按一下
❸ 按一下此鈕

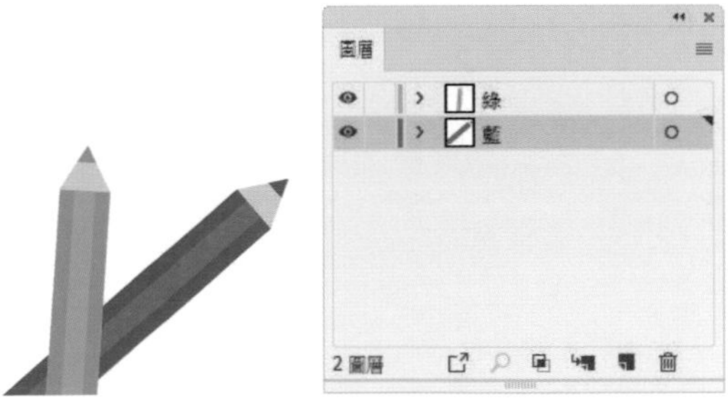

圖層
綠
藍
2 圖層

> **POINT**
>
> 如果是群組中的路徑，不會顯示交談窗。

> **TIPS 使用「圖層」面板選取物件**
>
> 在**圖層**面板中，按一下群組中的路徑右側，就可以選取該群組中的路徑。如果是圖層，則可以選取全部的路徑群組（請參考 **3-8 頁**）。

> **POINT**
>
> 拖曳到垃圾桶後，就可以不顯示交談窗，直接刪除。

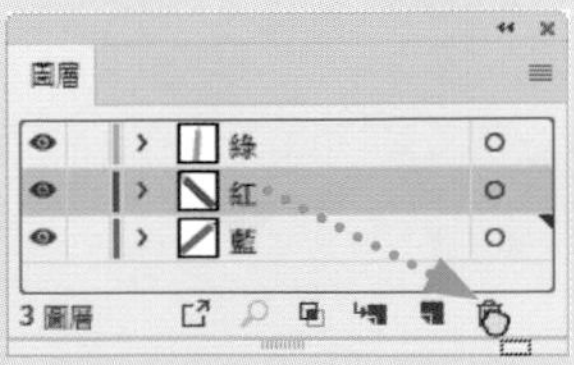

圖層
綠
紅
藍
3 圖層

CS6 | CC | CC14 | CC15 | CC17 | CC18

4-11
利用「排列順序」命令改變前後關係

使用頻率 ☆☆☆	執行『物件→排列順序』命令，可以將選取的物件移至上層或下層。使用快速鍵，能完成比圖層面板更快速的操作。

置前、置後

執行『物件→排列順序→置前（Ctrl＋]）或置後（Ctrl＋[）』命令，可以往上或下一層，改變排列順序。另外，這個命令改變的是同一個圖層內的排列順序。

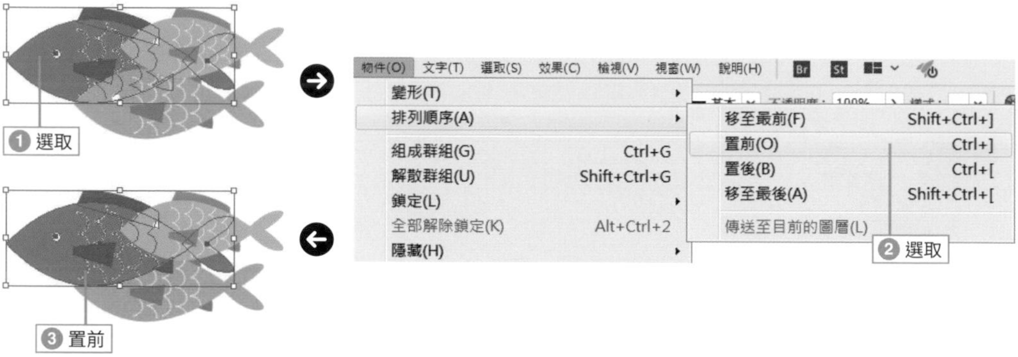

❶ 選取
物件(O) 文字(T) 選取(S) 效果(C) 檢視(V) 視窗(W) 說明(H)
變形(T)
排列順序(A)
組成群組(G) Ctrl+G
解散群組(U) Shift+Ctrl+G
鎖定(L)
全部解除鎖定(K) Alt+Ctrl+2
隱藏(H)
移至最前(F) Shift+Ctrl+]
置前(O) Ctrl+]
置後(B) Ctrl+[
移至最後(A) Shift+Ctrl+[
傳送至目前的圖層(L)
❷ 選取
❸ 置前

移至最前、移至最後

置前與置後是只改變一層的排列順序。如果要將物件移至最前或最後，請執行『物件→排列順序→移至最前（Shift＋Ctrl＋]）或移至最後（Shift＋Ctrl＋[）』命令。另外，移至最前或移至最後都是指在物件所屬的圖層中的最前／最後。

❶ 選取
物件(O) 文字(T) 選取(S) 效果(C) 檢視(V) 視窗(W) 說明(H)
變形(T)
排列順序(A)
組成群組(G) Ctrl+G
解散群組(U) Shift+Ctrl+G
鎖定(L)
全部解除鎖定(K) Alt+Ctrl+2
隱藏(H)
移至最前(F) Shift+Ctrl+]
置前(O) Ctrl+]
置後(B) Ctrl+[
移至最後(A) Shift+Ctrl+[
傳送至目前的圖層(L)
❷ 選取
❸ 移至最前

CHAPTER

5

設定顏色

在 Illustrator 中，可以設定物件顏色的，只有「筆畫」與「填色」，除了可填入單色外，還可以套用漸層與圖樣。此外，套用不透明度或漸變模式後，能在重疊的物件上，增加各種視覺效果，請牢牢記住這些技巧。

5-1
設定物件的顏色

使用頻率
☆☆☆

一般繪圖時，會先決定畫筆粗細與顏料的顏色後，才開始在畫布上作畫。不過在 Illustrator 中，先決定顏色再繪圖，也能為畫出來的物件上色。

物件的「填色」與「筆畫」

在由路徑構成的物件中，被路徑包圍的內部，可以用「填色」設定顏色，而路徑本身的顏色，是用「筆畫」設定。設定「填色」之後，被路徑包圍的部分，就會加上顏色。如果設為「無」，則會變成以透明填色的線圖。

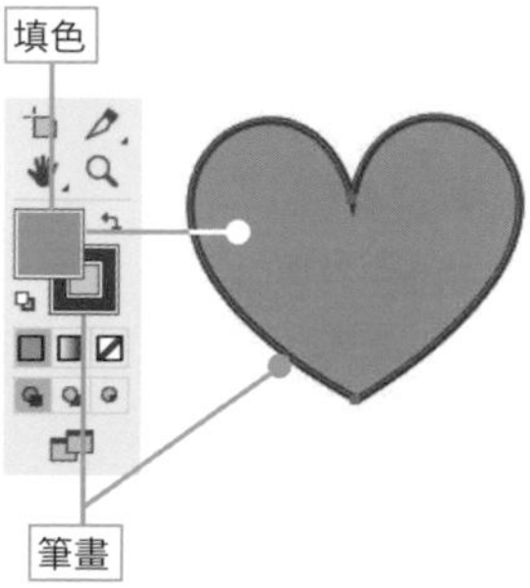
填色
筆畫

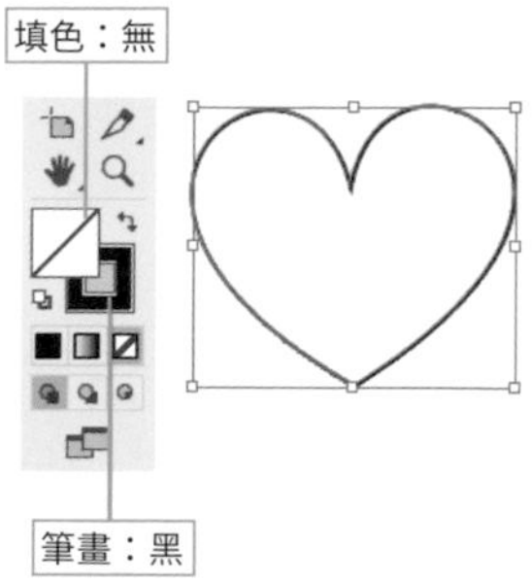
填色：無
筆畫：黑

POINT

使用**外觀**面板，可以在「填色」與「筆畫」設定多種顏色，呈現出複雜的外表（外觀）（參考下一頁）。分別設定每個「填色」與「筆畫」的狀態，稱作「基本外觀」。

選取「填色」方塊與「筆畫」方塊

設定物件顏色的方法有很多種，在設定顏色之前，必須選擇要設定「填色」或「筆畫」的顏色。我們可以在工具面板、顏色面板、色票面板（自 CC 起）中，選取要設定的對象。

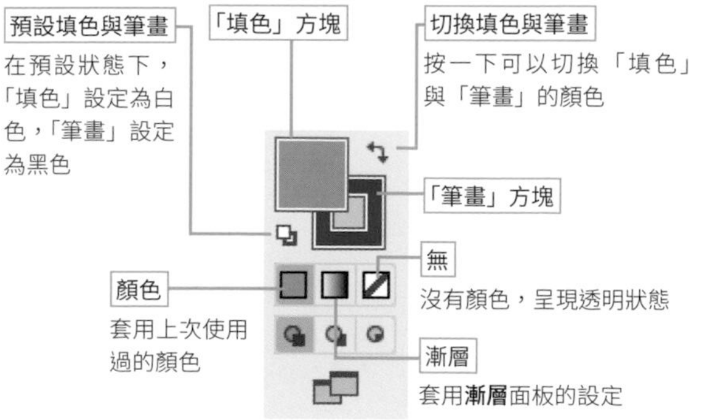
預設填色與筆畫
在預設狀態下，「填色」設定為白色，「筆畫」設定為黑色
「填色」方塊
切換填色與筆畫
按一下可以切換「填色」與「筆畫」的顏色
「筆畫」方塊
無
沒有顏色，呈現透明狀態
顏色
套用上次使用過的顏色
漸層
套用**漸層**面板的設定

POINT

使用**控制**面板或**外觀**面板設定顏色時，不用先選取設定對象。

POINT

執行『**視窗→顏色**』命令（F6 鍵），可以切換顯示或隱藏**顏色**面板。

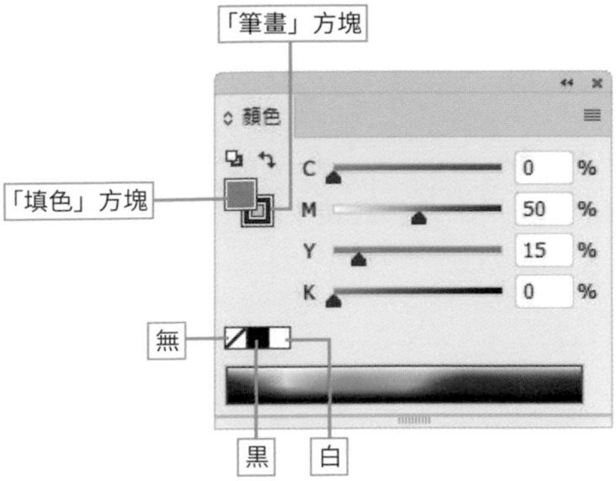
「筆畫」方塊
顏色
「填色」方塊
C 0 %
M 50 %
Y 15 %
K 0 %
無
黑
白

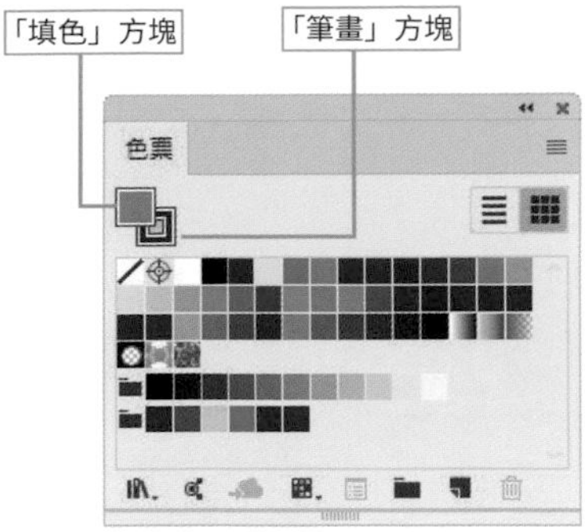
「填色」方塊
「筆畫」方塊
色票

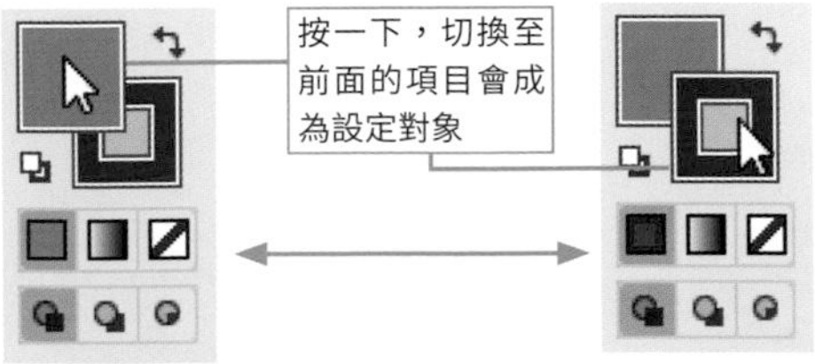
按一下，切換至前面的項目會成為設定對象

POINT

在**工具**面板，將「填色」方塊拖曳至「筆畫」方塊，「筆畫」的設定會變成「填色」的設定，反之也一樣。

另外，在外觀面板中，按一下也可以選取要設定的對象。

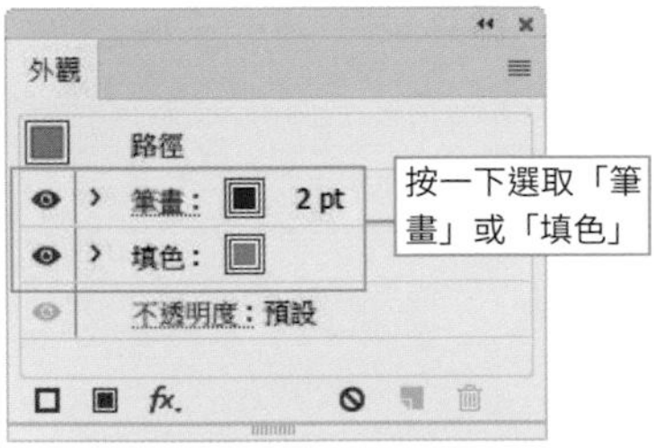
外觀
路徑
筆畫：
2 pt
填色：
不透明度：預設
按一下選取「筆畫」或「填色」

TIPS 「填色」與「筆畫」的鍵盤快速鍵

在英文模式按下 X 鍵，可以交替選取「填色」方塊與「筆畫」方塊。此外，按下 D 鍵，會恢復成預設狀態。

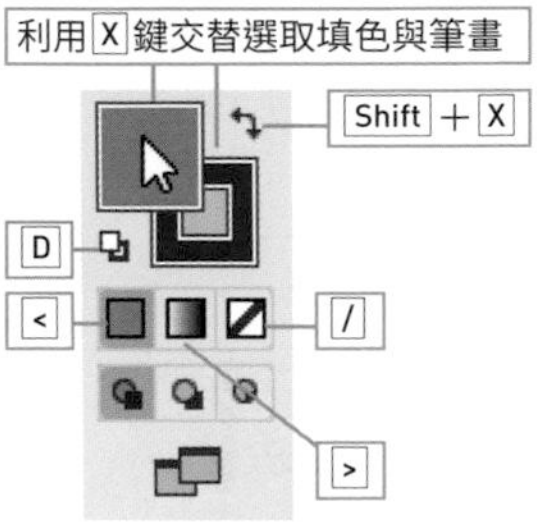
利用 X 鍵交替選取填色與筆畫
Shift + X
D
<
/
>

● 使用「控制」面板或「外觀」面板設定顏色

在控制面板或外觀面板中，按一下「填色」或「筆畫」的顏色方塊，就會顯示色票面板，可以選取顏色（關於色票，請參考 **5-13 頁**的說明）。

另外，按下 Shift ＋按一下色塊，也會顯示顏色面板，可以設定顏色。

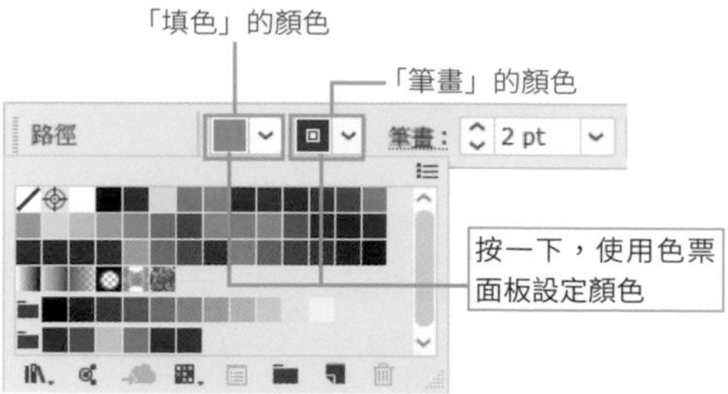
「填色」的顏色
「筆畫」的顏色
路徑
筆畫：
2 pt
按一下，使用色票面板設定顏色

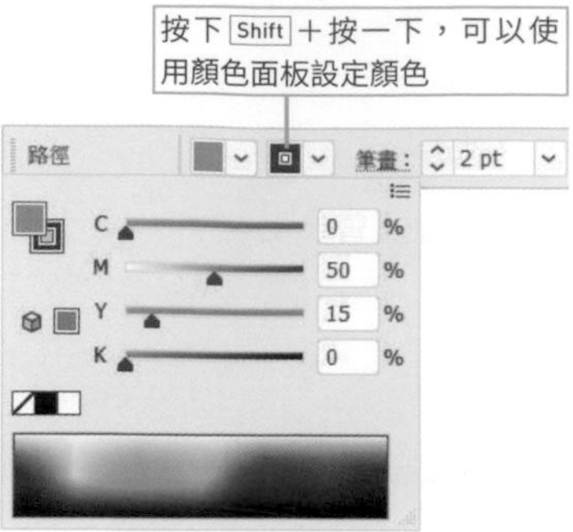
按下 Shift ＋按一下，可以使用顏色面板設定顏色
路徑
筆畫：
2 pt
C 0 %
M 50 %
Y 15 %
K 0 %

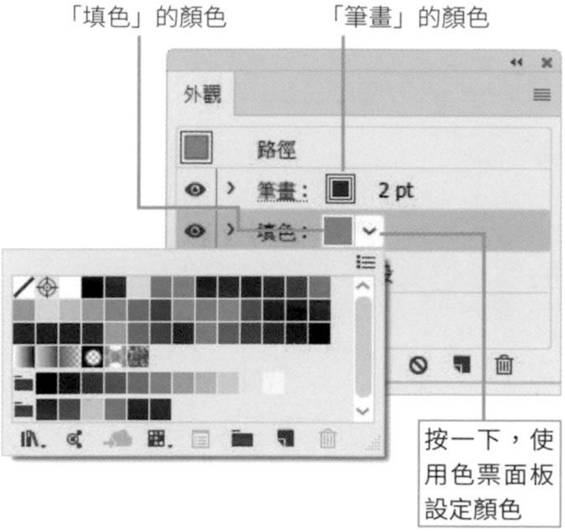
「填色」的顏色
「筆畫」的顏色
外觀
路徑
筆畫：
2 pt
填色：
按一下，使用色票面板設定顏色

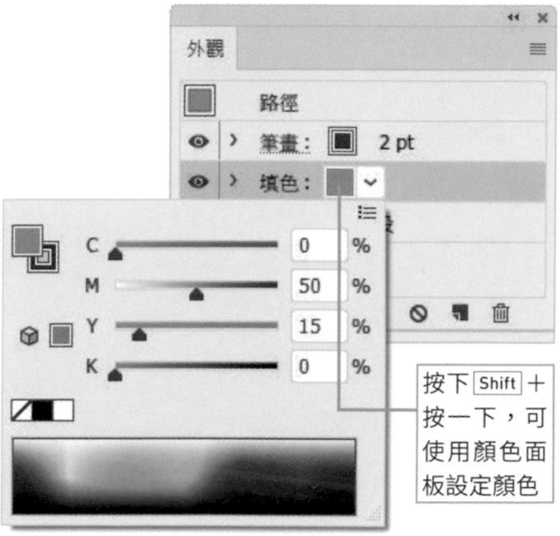
外觀
路徑
筆畫：
2 pt
填色：
C 0 %
M 50 %
Y 15 %
K 0 %
按下 Shift ＋按一下，可使用顏色面板設定顏色

● 使用「顏色」面板設定顏色

在顏色面板（F6 鍵）中，可以用數值設定「填色」與「筆畫」。

1 設定顏色

選取物件，按下顏色面板的「填色」方塊。拖曳滑桿，設定顏色。或者也可以直接輸入數值。

2 改變了顏色

更改了填色的顏色。

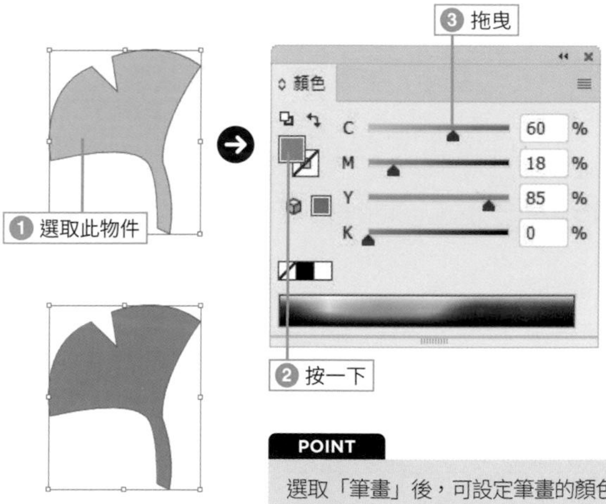
1 選取此物件
3 拖曳
顏色
C 60 %
M 18 %
Y 85 %
K 0 %
2 按一下

POINT

選取「筆畫」後，可設定筆畫的顏色。

▶ 使用色彩光譜列

按一下顏色面板的色彩光譜列，也可以選擇顏色。拉曳面板底部的邊框，可擴大面板，色彩光譜列會一起放大。另外，按住 Shift 鍵不放並按一下色彩光譜列，會依序更改色彩模式。

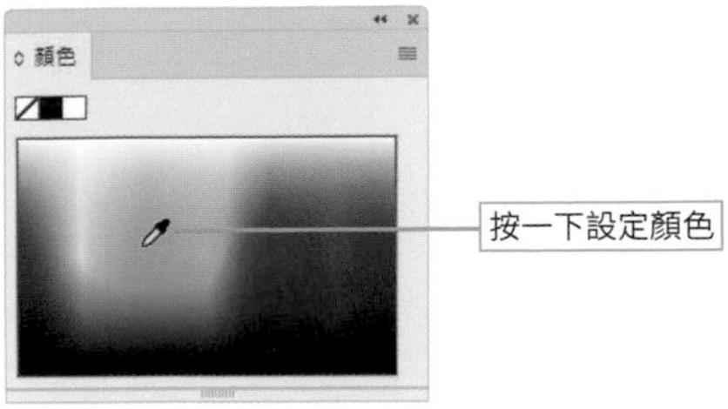

顏色
按一下設定顏色

▶ 設定色彩模式

在顏色面板選中，可選擇 5 種色彩模式。請依圖稿的製作目的來調整色彩模式。

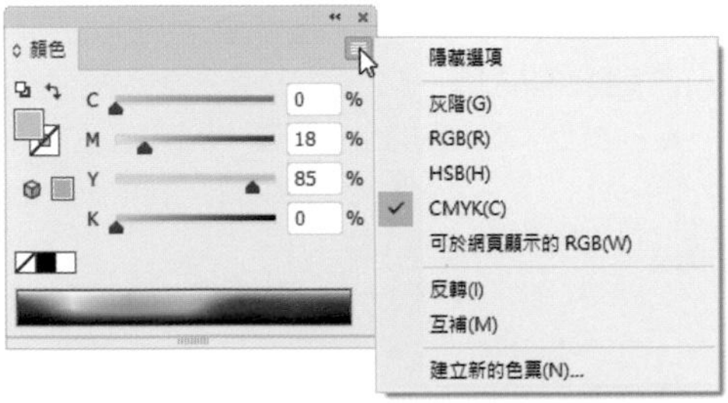

顏色
C 0 %
M 18 %
Y 85 %
K 0 %
隱藏選項
灰階(G)
RGB(R)
HSB(H)
CMYK(C)
可於網頁顯示的 RGB(W)
反轉(I)
互補(M)
建立新的色票(N)...

灰階

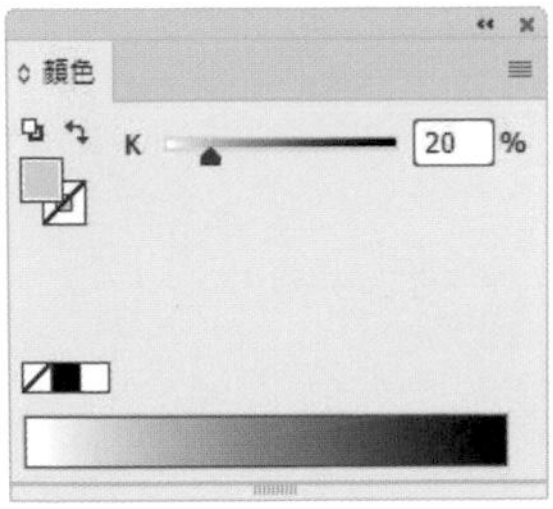

顏色
K 20 %

此模式是使用 256 色階（8 位元）的灰色調來表現圖稿

RGB

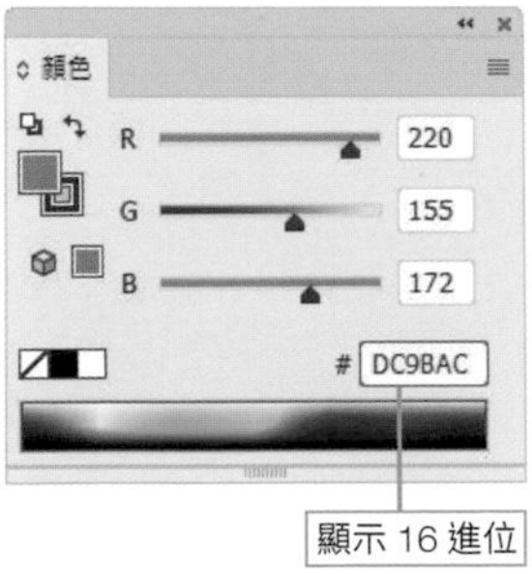

顏色
R 220
G 155
B 172
DC9BAC
顯示 16 進位

此模式是以 R（紅）、G（綠）、B（藍）等 3 種顏色的混合比例來表現顏色。電腦的螢幕顯示是由 RGB 構成，所以 RGB 色彩是用來製作顯示在網頁上或影像素材等畫面上為目的的圖稿。右下方顯示的 16 進位，可以拷貝貼至其他應用程式

HSB

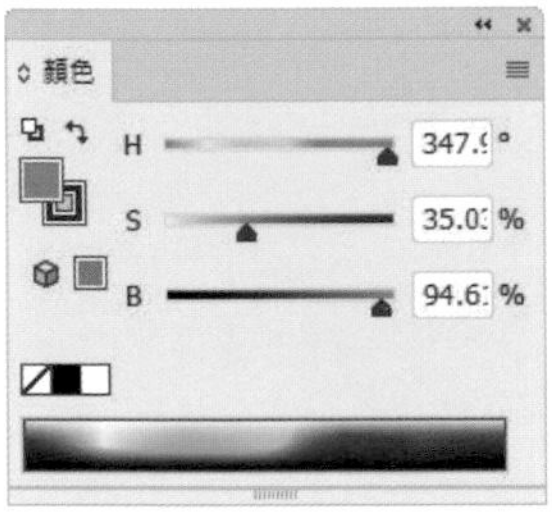

顏色
H 347.9 °
S 35.0 %
B 94.6 %

此模式是以 H（色相）、S（飽和度）、B（明度）來表現色彩

CMYK

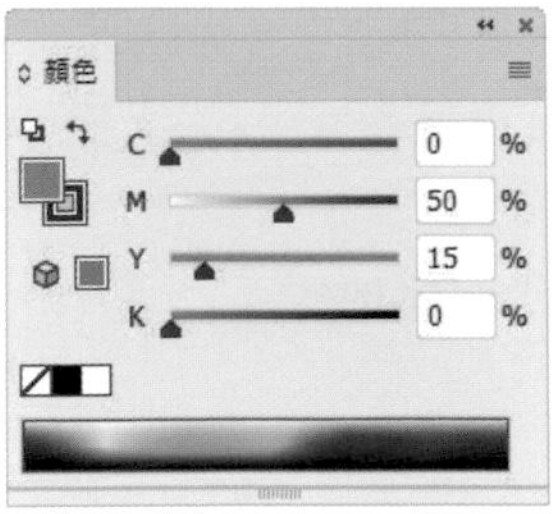

顏色
C 0 %
M 50 %
Y 15 %
K 0 %

此模式是以 C（青色）、M（洋紅）、Y（黃色）、K（黑色）等四種顏色來表現色彩。印刷時的油墨也是 CMYK，因此這種色彩模式會用來製作以印刷為目的的圖稿

可於網頁顯示的RGB

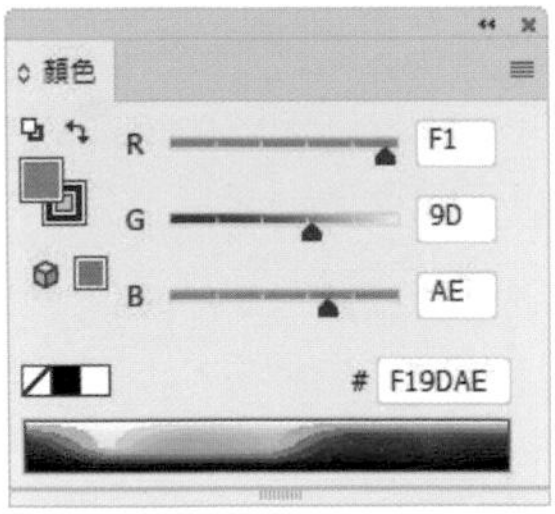

顏色
R F1
G 9D
B AE
F19DAE

此模式是製作網頁（Web）素材時，使用的色彩模式。由於網頁檔案是顯示在螢幕上，因此一般使用 RGB 色彩模式製作，但是實際上，Mac 或 Windows 等 OS 的差異，會讓顯示的顏色產生微妙變化。可於網頁顯示的 RGB 是指，不論哪個 OS 的瀏覽器，都同樣顯示 216 色

TIPS 關於色彩模式的設定與色域

在 Illustrator 中，建立新文件時，可以選擇文件的色彩模式（CMYK 色彩／ RGB 色彩）。一般而言，若要顯示在螢幕上，會以 RGB 模式製作圖稿，而印刷品則以 CMYK 模式為主。

由於色彩模式的特性，RGB 色彩的色域比 CMYK 色彩寬，因此可以使用較多顏色來呈現。另外，已經設定好的色彩模式，只要執行『**檔案→文件色彩模式**』命令，隨時都可以更改。

文件的色彩模式差異，在使用**顏色**面板設定顏色時，會比較明顯。例如，在 CMYK 模式的文件中，用 RGB 模式或 HSB 模式設定物件的顏色時，如果套用了 CMYK 模式無法表現的色域顏色，就會強制更改成 CMYK 模式色域內的顏色。這點在選取其他物件時，再次選取色域外的物件，就可以看出來。如果在 RGB 色彩模式中，設定的顏色超出 CMYK 的色域時，**顏色**面板左下方會顯示「超出色域的警告」圖示 ⚠ 及顏色。按下這個顏色圖示，會替換成接近 RGB 模式設定，但是位於 CMYK 色域內的顏色。若是超出可於網頁顯示色域的顏色時，會出現「超出色域警告」圖示 ⬢ 與顏色。按下這個顏色圖示，就能替換成接近設定顏色的網頁顯示色。

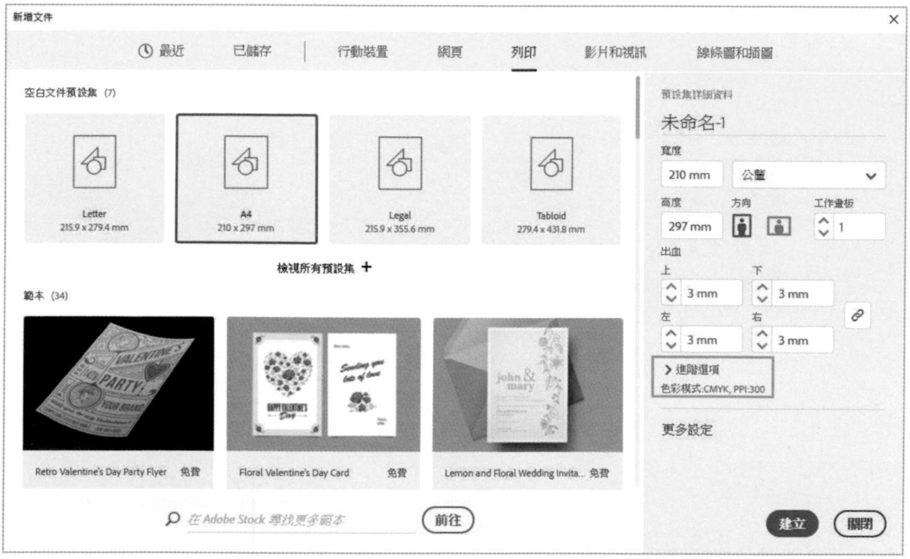

新增文件
最近
已儲存
行動裝置
網頁
列印
影片和視訊
線條圖和插圖
空白文件預設集 (7)
Letter
215.9 x 279.4 mm
A4
210 x 297 mm
Legal
215.9 x 355.6 mm
Tabloid
279.4 x 431.8 mm
檢視所有預設集 +
範本 (34)
Retro Valentine's Day Party Flyer 免費
Floral Valentine's Day Card 免費
Lemon and Floral Wedding Invita... 免費
在 Adobe Stock 尋找更多範本
前往
預設集詳細資料
未命名-1
寬度
210 mm
公釐
高度
方向
工作畫板
297 mm
1
出血
上
下
左
右
3 mm
3 mm
3 mm
3 mm
進階選項
色彩模式:CMYK, PPI:300
更多設定
建立
關閉

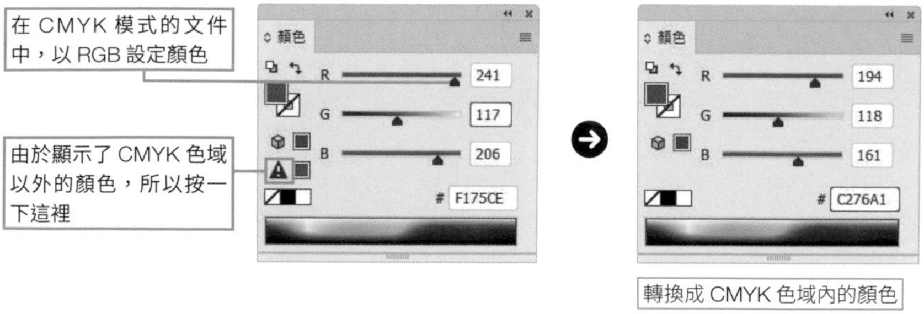

在 CMYK 模式的文件中，以 RGB 設定顏色
由於顯示了 CMYK 色域以外的顏色，所以按一下這裡
顏色
R
241
G
117
B
206
F175CE
顏色
R
194
G
118
B
161
C276A1
轉換成 CMYK 色域內的顏色

▶ 顏色的反轉與互補

在顏色面板選單中的反轉是反轉目前面板設定的顏色。互補是更改成面板顏色的補色（混合之後，會變成白色的兩種顏色）。

反轉是在 RGB 模式中，以 255 減去設定值的數值。即使是別的色彩模式，也會以 RGB 值來計算，所以反轉青色 60%、洋紅 30% 的物件顏色，也不會變成青色 40%、洋紅 70%、黃色 100%。

互補是以 HSB 模式的 H（色相）加上（或減去）180 的顏色。其他的色彩模式也是以 HSB 值計算出結果，再顯示成各種模式的近似色。

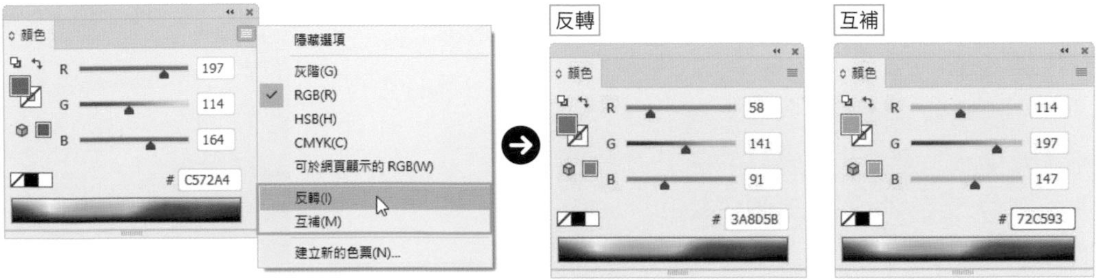

顏色
R 197
G 114
B 164
C572A4
隱藏選項
灰階(G)
RGB(R)
HSB(H)
CMYK(C)
可於網頁顯示的 RGB(W)
反轉(I)
互補(M)
建立新的色票(N)...
反轉
顏色
R 58
G 141
B 91
3A8D5B
互補
顏色
R 114
G 197
B 147
72C593

● 利用「檢色器」設定顏色

在顏色面板或工具面板的「填色」或「筆畫」顏色方塊上，雙按滑鼠左鍵，就會開啟檢色器交談窗，可以設定顏色。

在檢色器交談窗中，使用顏色區與顏色滑桿設定顏色。顏色滑桿顯示的是，以交談窗右側的顏色構成元素（HSB 或 RGB）選擇的顏色範圍。在顏色區中，顯示的是，在水平軸與垂直軸的其他元素範圍。

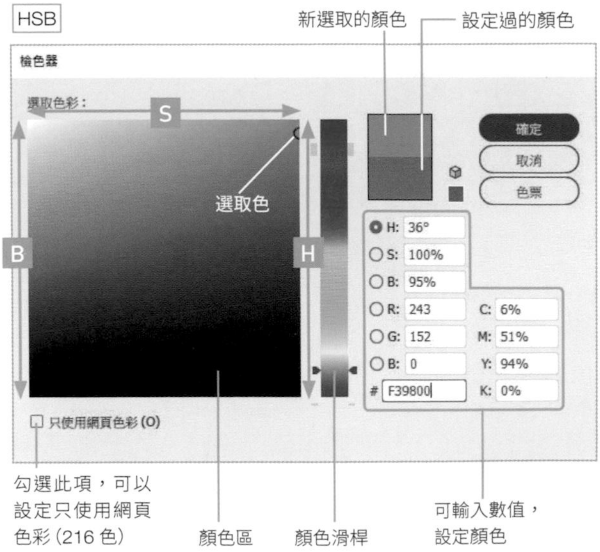

HSB
新選取的顏色
設定過的顏色
檢色器
選取色彩：
S
B
H
選取色
確定
取消
色票
H: 36°
S: 100%
B: 95%
R: 243
G: 152
B: 0
F39800
C: 6%
M: 51%
Y: 94%
K: 0%
只使用網頁色彩(O)
勾選此項，可以設定只使用網頁色彩（216 色）
顏色區
顏色滑桿
可輸入數值，設定顏色

例如，選擇 RGB 的「R」鈕，R 的顏色範圍會顯示在顏色滑桿中，其他的 G 與 B 的顏色範圍，是由顏色區的水平軸與垂直軸來顯示。在檢色器交談窗中，請組合顏色滑桿與顏色區來設定顏色。

RGB

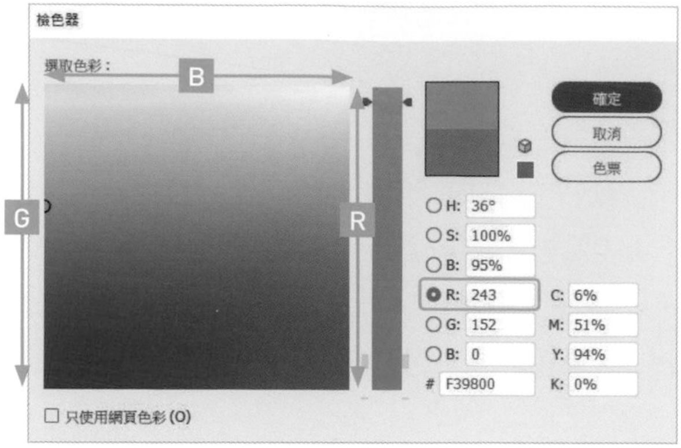

檢色器
選取色彩：
B
G
R
確定
取消
色票
H: 36°
S: 100%
B: 95%
R: 243
G: 152
B: 0
F39800
C: 6%
M: 51%
Y: 94%
K: 0%
只使用網頁色彩 (O)

▶ 顯示色票

按下檢色器交談窗右側的色票鈕，會顯示成色票，出現目前色票面板中的色票。在下面的搜尋區輸入搜尋條件，就會顯示包含條件名稱的色票。

顯示色票

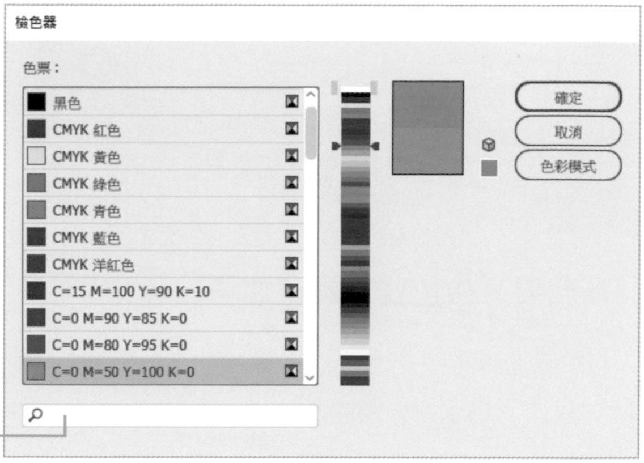

檢色器
色票：
黑色
CMYK 紅色
CMYK 黃色
CMYK 綠色
CMYK 青色
CMYK 藍色
CMYK 洋紅色
C=15 M=100 Y=90 K=10
C=0 M=90 Y=85 K=0
C=0 M=80 Y=95 K=0
C=0 M=50 Y=100 K=0
確定
取消
色彩模式

輸入搜尋條件，只會顯示包含條件名稱的色票

● 使用「色票」面板

色票面板可以儲存常用的顏色，只要按一下，就能選取顏色，是十分方便的面板。在色票中，除了用顏色面板建立的顏色，也可以儲存圖樣、漸層等上色屬性。另外，儲存的顏色能利用選項設定顏色類型。關於色票面板的詳細說明，請參考 **5-13 頁**。

1 選取填色

請先選取填色物件。

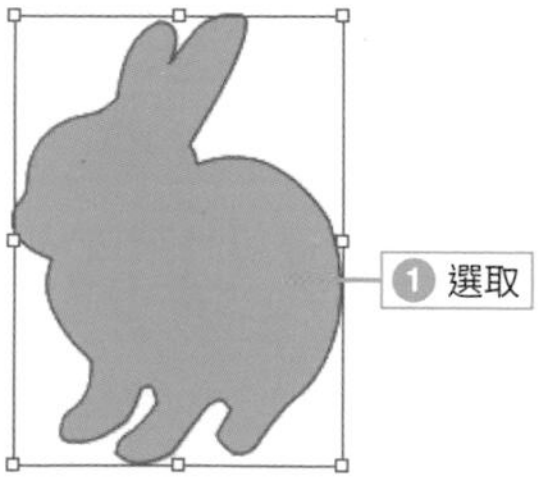

1 選取

② 按一下色票設定顏色

在色票面板中，選取「填色」或「筆畫」，接著按一下色票，就能更改選取物件的顏色。

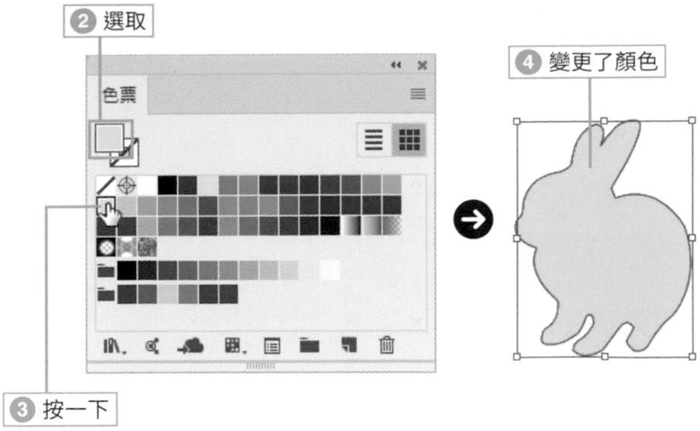

② 選取
色票
③ 按一下
④ 變更了顏色

TIPS 拖曳設定填色

將**色票**面板的色票拖曳到物件上，也可以設定顏色，不用選取物件。

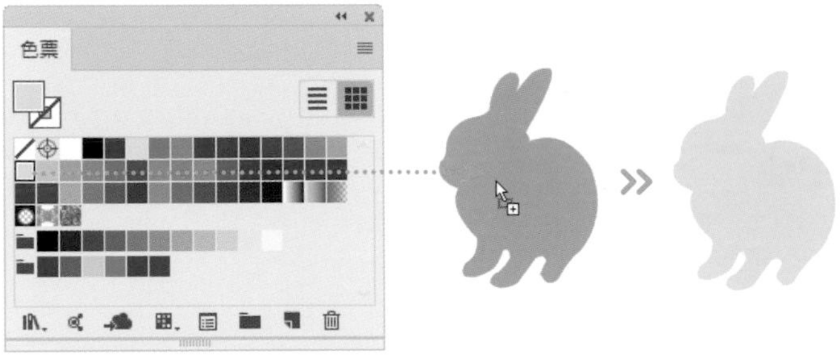

拖曳至物件上，也能套用顏色
色票

使用「色彩參考」面板

色彩參考面板（Shift＋F3鍵）是把顏色面板或色票面板選取的顏色當作基本色（基準色），可以選擇調和色彩或顏色群組的面板。

用法和色票面板一樣，按一下顏色或將顏色拖曳到物件上。關於色彩參考面板，請參考 **5-20 頁**的說明。

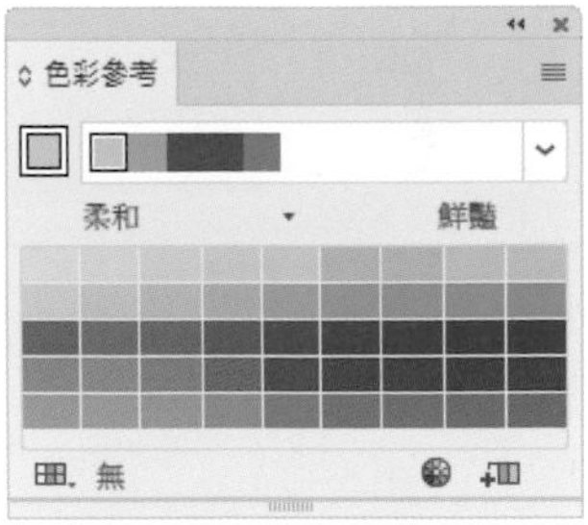

色彩參考
柔和
鮮豔
無

按一下色彩調和或顏色群組，可以套用顏色

TIPS 色彩類型

在 CMYK 模式的文件中，**顏色**面板可以設定的顏色，是以 CMYK 四色分版的印刷色。在 Illustrator 中，除了 CMYK 印刷色之外，也可以設定油墨製造商視為特殊墨色的特別色，以及能全版輸出的拼版標示色。印刷色、特別色、拼版標示色等，稱作**色彩類型**。關於特別色，請參考「使用特別色」(**5-17 頁**)。

使用「檢色滴管工具」設定其他物件的顏色

檢色滴管工具可以拷貝選取物件的上色設定（「填色」及「筆畫」的顏色、筆畫寬度、筆畫形狀等）。另外，用滴管工具取得的屬性，也能套用在其他物件上。

檢色滴管工具選取的物件上色設定，會變成最新的上色設定，反應在工具面板及顏色面板上，也可以用來繪製其他物件。

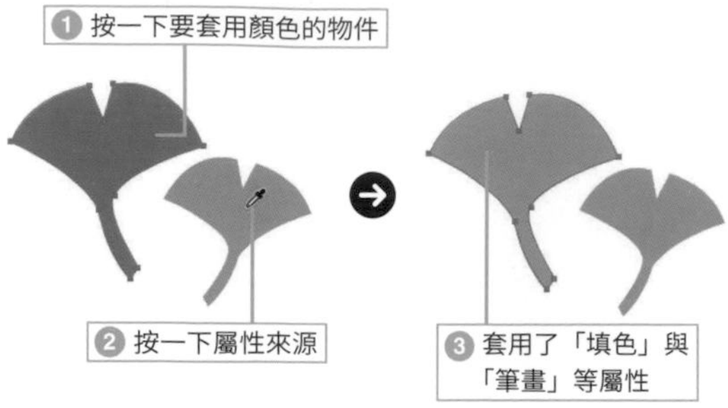

❶ 按一下要套用顏色的物件
❷ 按一下屬性來源
❸ 套用了「填色」與「筆畫」等屬性

▶ 使用「檢色滴管工具」套用目前的設定

Alt ＋按一下檢色滴管工具，使用檢色滴管工具拷貝的屬性，會套用在其他物件上。

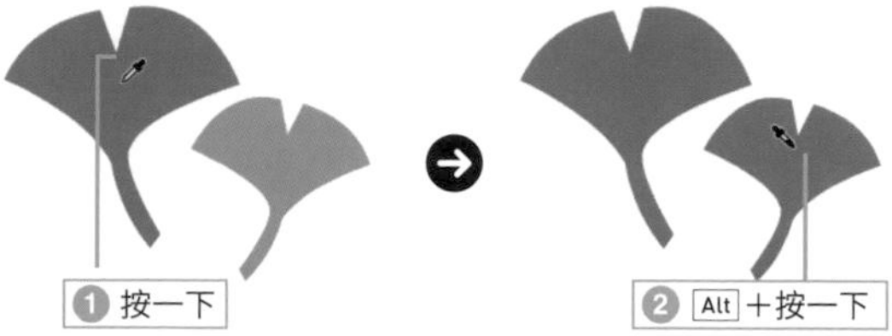

❶ 按一下
❷ Alt ＋按一下

POINT

沒有拷貝物件屬性，就按下 Alt ＋按一下，會套用最新的「填色」與「筆畫」設定。

▶ 使用「檢色滴管工具」套用文字物件的格式

檢色滴管工具也可以用在文字物件上。文字物件除了顏色之外，還能拷貝文字大小、字體等格式。從文字當中拷貝資訊時，游標會變成。

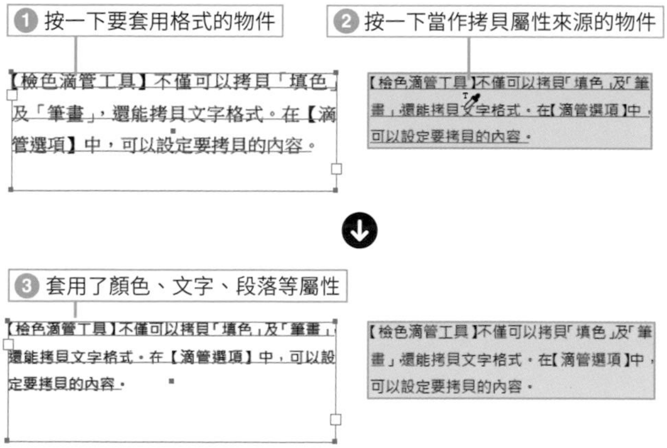

❶ 按一下要套用格式的物件
❷ 按一下當作拷貝屬性來源的物件
【檢色滴管工具】不僅可以拷貝「填色」及「筆畫」，還能拷貝文字格式。在【滴管選項】中，可以設定要拷貝的內容。
❸ 套用了顏色、文字、段落等屬性

POINT

在文字區域內的文字，會隨著按下滑鼠左鍵的位置而套用不同屬性。這裡因為按下的部分是填色，所以將填色與筆畫的顏色套用在文字上。

【檢色滴管工具】不僅可以拷貝「填色」及「筆畫」，還能拷貝文字格式。在【滴管選項】中，可以設定要拷貝的內容。
點選文字區域屬性

▶「檢色滴管工具」的選項

利用滴管選項交談窗，可以更改用檢色滴管工具[icon]拷貝的屬性。

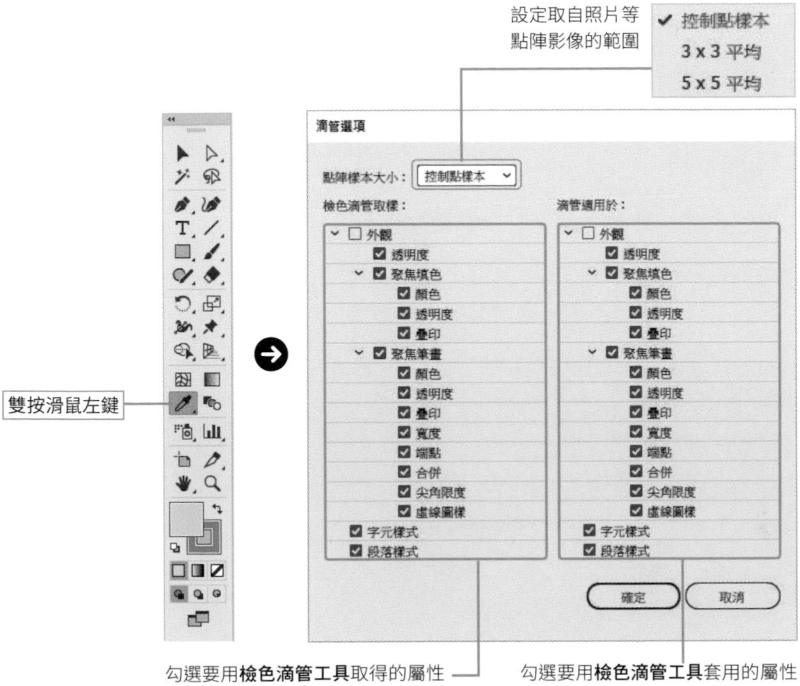
設定取自照片等
點陣影像的範圍
✔ 控制點樣本
3 x 3 平均
5 x 5 平均
雙按滑鼠左鍵
滴管選項
點陣樣本大小：
控制點樣本
檢色滴管取樣：
滴管適用於：
外觀
透明度
聚焦填色
顏色
透明度
疊印
聚焦筆畫
顏色
透明度
疊印
寬度
端點
合併
尖角限度
虛線圖樣
字元樣式
段落樣式
確定
取消
勾選要用檢色滴管工具取得的屬性
勾選要用檢色滴管工具套用的屬性

● 填色規則

「填色」的顏色會套用在路徑內部，但是若和以下範例一樣，路徑內部含有封閉圖形時，可以利用屬性面板的填色規則設定，清除封閉部分的顏色。

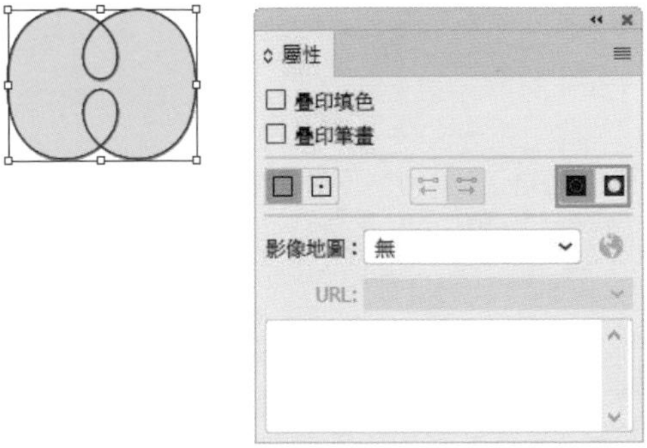
屬性
疊印填色
疊印筆畫
影像地圖：
無
URL:

預設狀態是選取「**使用非零迂迴填色規則**」，此時路徑最外側的內部，全都會用「填色」的顏色填滿。

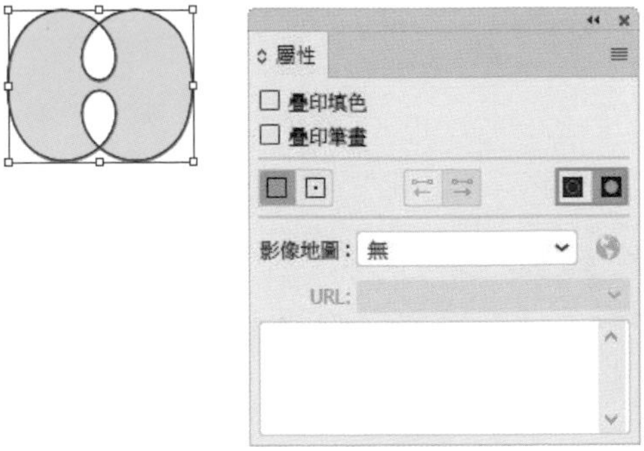
屬性
疊印填色
疊印筆畫
影像地圖：
無
URL:

選取「**使用奇偶填色規則**」，出現在路徑內側的封閉部分，不會套用顏色，而變成透明狀態。

關於疊印

在上層物件設定「疊印」，會在下層物件重疊上層物件再列印。如果想在畫面上，顯示設定了疊印的物件輸出結果，請執行『檢視→疊印預視』命令（Alt＋Shift＋Ctrl＋Y），勾選該項目。

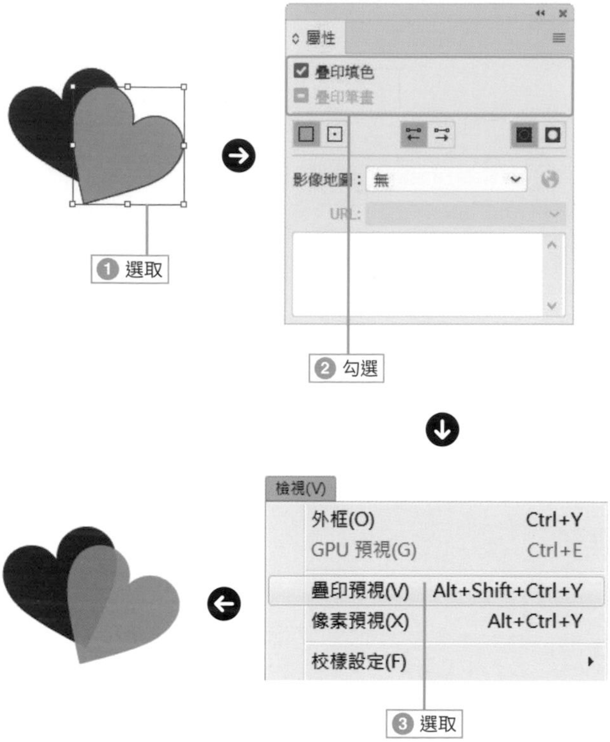

❶ 選取
屬性
疊印填色
疊印筆畫
影像地圖：無
URL:
❷ 勾選
檢視(V)
外框(O) Ctrl+Y
GPU 預視(G) Ctrl+E
疊印預視(V) Alt+Shift+Ctrl+Y
像素預視(X) Alt+Ctrl+Y
校樣設定(F)
❸ 選取

POINT

執行『**視窗→屬性**』命令（Ctrl＋F11鍵）可以切換顯示或隱藏**屬性**面板。

TIPS 黑色疊印

如果要在圖稿疊印黑色，分解顏色時，在**列印**交談窗中，請選取**黑色疊印**選項。
此外，執行『**編輯→編輯色彩→黑色疊印**』命令，可以針對含有特定比例黑色的物件，自動設定疊印。詳細說明請參考 **6-37 頁**。

5-2
「色票」面板

使用頻率	
☆☆☆	儲存在色票面板的顏色，只要按一下，就能套用在物件上。除了顏色之外，也能儲存漸層及圖樣。使用整體色，可以統一調整套用的顏色。

關於「色票」面板

色票面板會隨著色票種類而改變圖示的顯示形狀。使用面板下方的按鈕，可以管理色票。

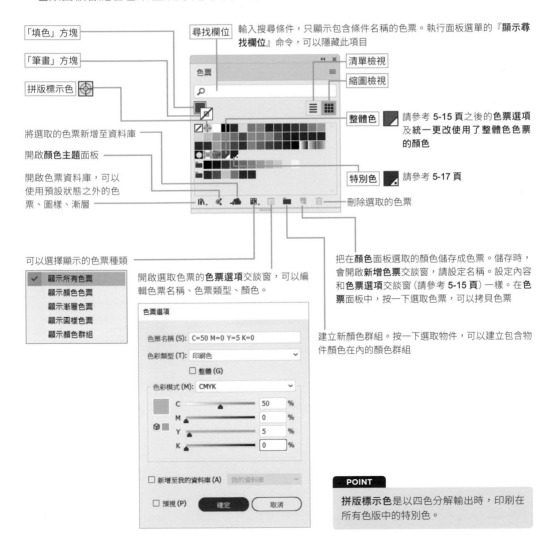

「填色」方塊

「筆畫」方塊

拼版標示色

將選取的色票新增至資料庫

開啟**顏色主題**面板

開啟色票資料庫，可以使用預設狀態之外的色票、圖樣、漸層

尋找欄位　輸入搜尋條件，只顯示包含條件名稱的色票。執行面板選單的『**顯示尋找欄位**』命令，可以隱藏此項目

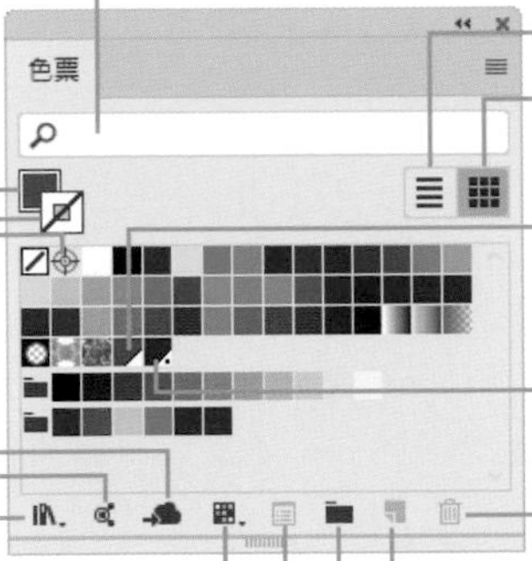
色票

清單檢視

縮圖檢視

整體色　請參考 **5-15 頁**之後的**色票選項**及**統一更改使用了整體色色票的顏色**

特別色　請參考 **5-17 頁**

刪除選取的色票

可以選擇顯示的色票種類

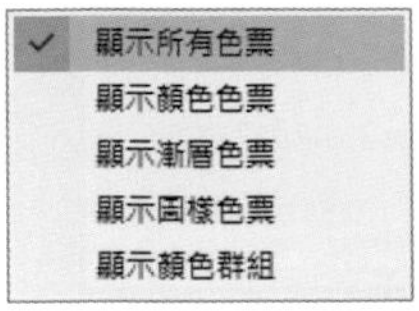
顯示所有色票
顯示顏色色票
顯示漸層色票
顯示圖樣色票
顯示顏色群組

開啟選取色票的**色票選項**交談窗，可以編輯色票名稱、色票類型、顏色。

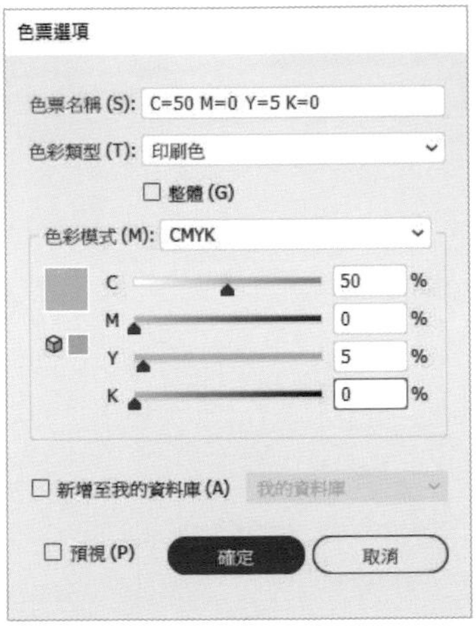
色票選項
色票名稱 (S): C=50 M=0 Y=5 K=0
色彩類型 (T): 印刷色
整體 (G)
色彩模式 (M): CMYK
C 50 %
M 0 %
Y 5 %
K 0 %
新增至我的資料庫 (A)
我的資料庫
預視 (P)
確定
取消

把在**顏色**面板選取的顏色儲存成色票。儲存時，會開啟**新增色票**交談窗，請設定名稱。設定內容和**色票選項**交談窗（請參考 **5-15 頁**）一樣。在色票面板中，按一下選取色票，可以拷貝色票

建立新顏色群組。按一下選取物件，可以建立包含物件顏色在內的顏色群組

POINT

拼版標示色是以四色分解輸出時，印刷在所有色版中的特別色。

另外，除了預設的縮圖檢視，利用色票面板選單的設定，也能改成清單檢視。顯示成清單時，在右側會出現色彩模式、整體色、特別色的標誌。

CMYK

色票
[無]
[拼版標示色]
白色
黑色
CMYK 紅色
橘、黃
褪色天空
葉子
高捲式髮型
C=1 M=78 Y=81 K=0
C=50 M=100 Y=0 K=0
灰階
明亮
無
拼版標示色
CMYK 色彩模式
整體色
Lab 色彩模式
特別色

RGB

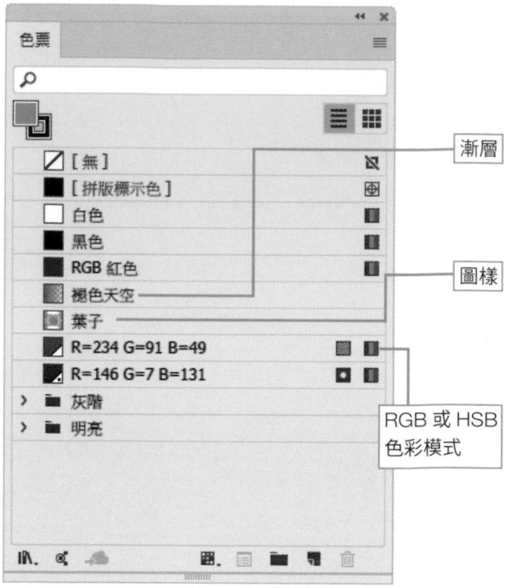

色票
[無]
[拼版標示色]
白色
黑色
RGB 紅色
褪色天空
葉子
R=234 G=91 B=49
R=146 G=7 B=131
灰階
明亮
漸層
圖樣
RGB 或 HSB
色彩模式

將顏色儲存成色票

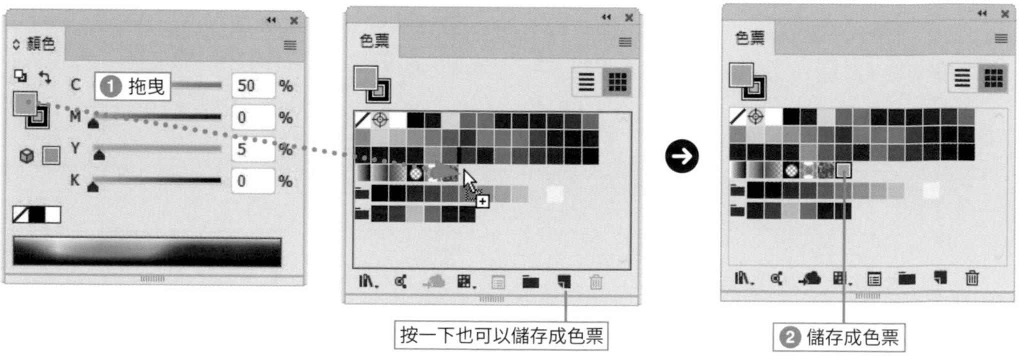

顏色
C
M
Y
K
1 拖曳
50
0
5
0
%
色票
按一下也可以儲存成色票
2 儲存成色票

POINT

漸層也可以使用相同步驟，儲存成色票。關於漸層的製作方法，請參考 **5-29 頁**的說明。

色票選項

所有的色票都可以加上獨立的名稱。以清單檢視色票面板，就可以瞭解這一點。另外，還可以調整顏色類型、色彩模式的設定、用顏色滑桿調整色彩。

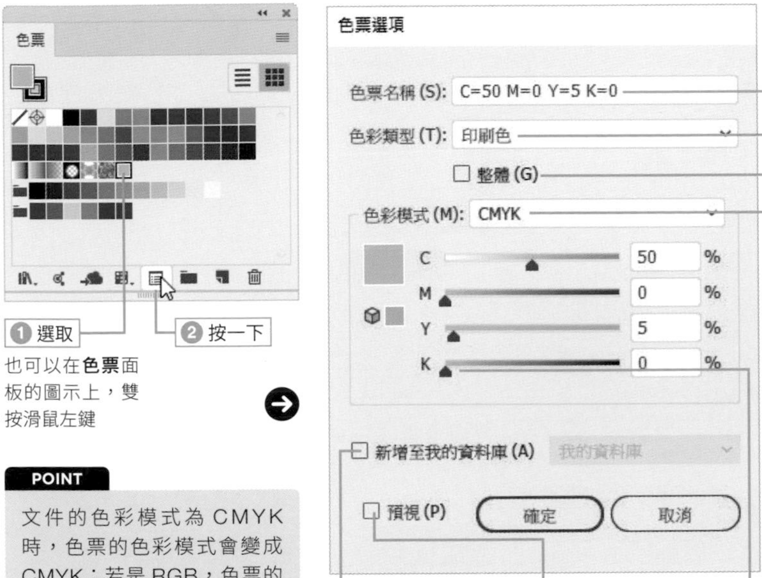

色票
色票選項
色票名稱 (S): C=50 M=0 Y=5 K=0
色彩類型 (T): 印刷色
整體 (G)
色彩模式 (M): CMYK
C 50 %
M 0 %
Y 5 %
K 0 %
新增至我的資料庫 (A) 我的資料庫
預視 (P)
確定
取消

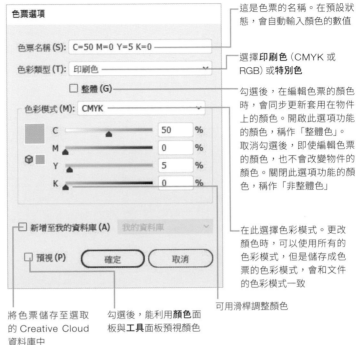

這是色票的名稱。在預設狀態，會自動輸入顏色的數值

選擇**印刷色**（CMYK 或 RGB）或**特別色**

勾選後，在編輯色票的顏色時，會同步更新套用在物件上的顏色。開啟此選項功能的顏色，稱作「整體色」。取消勾選後，即使編輯色票的顏色，也不會改變物件的顏色。關閉此選項功能的顏色，稱作「非整體色」

在此選擇色彩模式。更改顏色時，可以使用所有的色彩模式，但是儲存成色票的色彩模式，會和文件的色彩模式一致

可用滑桿調整顏色

勾選後，能利用**顏色**面板與**工具**面板預視顏色

將色票儲存至選取的 Creative Cloud 資料庫中

❶ 選取

❷ 按一下

也可以在**色票**面板的圖示上，雙按滑鼠左鍵

POINT

文件的色彩模式為 CMYK 時，色票的色彩模式會變成 CMYK；若是 RGB，色票的色彩模式也會變成 RGB。中途改變文件的色彩模式，會同步調整色票的色彩模式。

統一更改套用整體色色票的顏色

在物件套用整體色色票，編輯該色票的顏色後，可以同步更改套用在物件上的顏色。

1 套用整體色色票

在物件套用整體色色票。此範例是套用橘色。

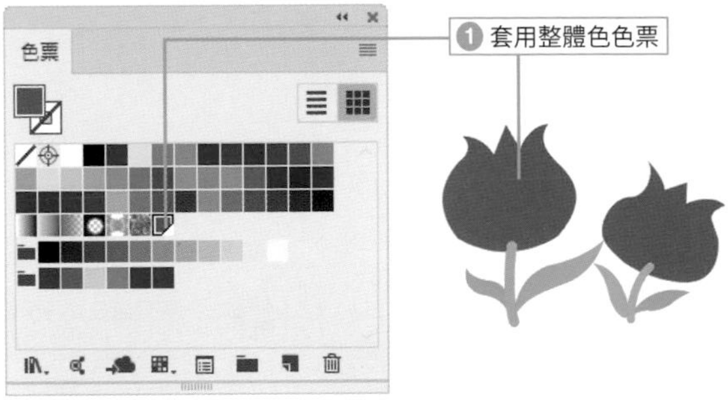

色票

❶ 套用整體色色票

2 編輯色票

用滑鼠雙按色票面板中的色票，開啟色票選項交談窗，編輯顏色。

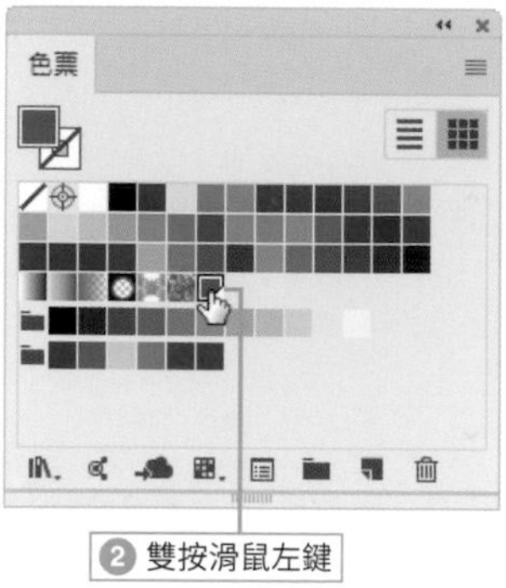
色票
② 雙按滑鼠左鍵

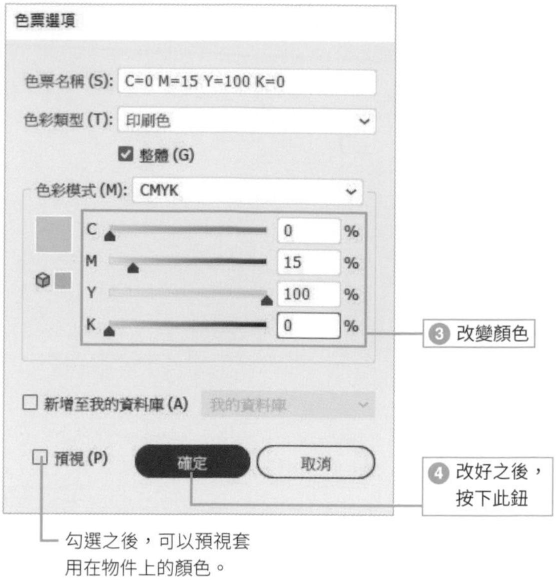
色票選項
色票名稱 (S): C=0 M=15 Y=100 K=0
色彩類型 (T): 印刷色
整體 (G)
色彩模式 (M): CMYK
C 0 %
M 15 %
Y 100 %
K 0 %
③ 改變顏色
新增至我的資料庫 (A)
我的資料庫
預視 (P)
確定
取消
④ 改好之後，按下此鈕
勾選之後，可以預視套用在物件上的顏色。

3 統一更改了顏色

改變了色票的顏色之後，套用整體色色票的物件顏色也會同步更新。

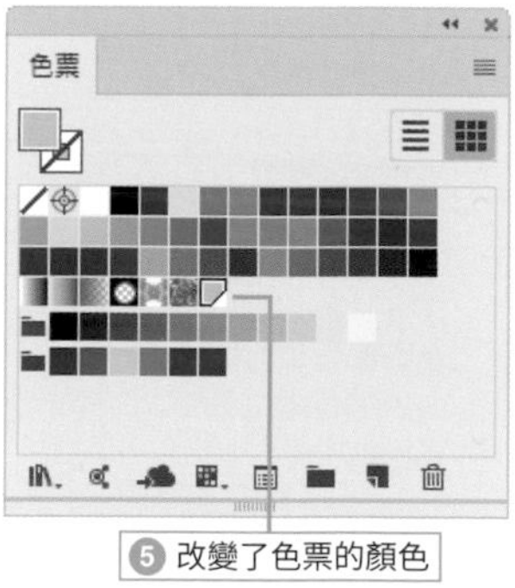
色票
⑤ 改變了色票的顏色

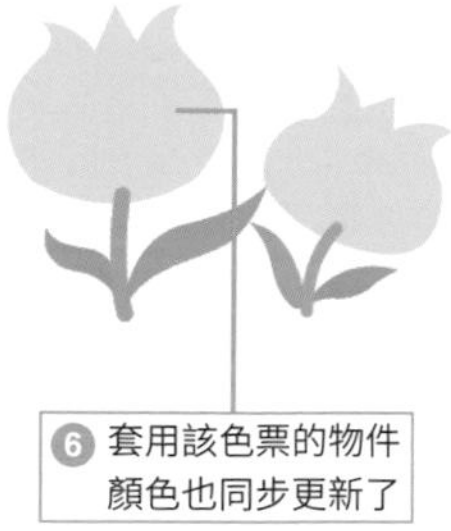
⑥ 套用該色票的物件顏色也同步更新了

顏色群組

整合多種顏色，可以儲存成顏色群組。顏色群組的前面，會顯示檔案夾圖示。只有單色的色票可以儲存成顏色群組（漸層與圖樣不行）。

▶ 利用選取的物件建立顏色群組

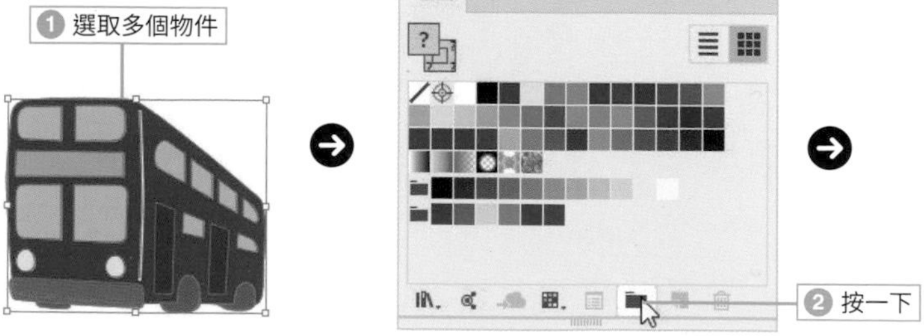
① 選取多個物件
色票
② 按一下

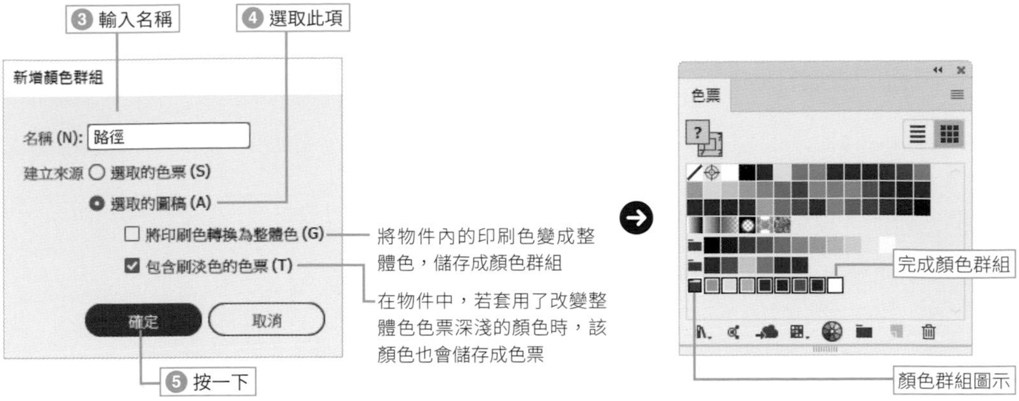
③ 輸入名稱
④ 選取此項
新增顏色群組
名稱 (N): 路徑
建立來源 ○ 選取的色票 (S)
選取的圖稿 (A)
將印刷色轉換為整體色 (G)
包含刷淡色的色票 (T)
確定
取消
⑤ 按一下
將物件內的印刷色變成整體色，儲存成顏色群組
在物件中，若套用了改變整體色色票深淺的顏色時，該顏色也會儲存成色票
色票
完成顏色群組
顏色群組圖示

POINT

利用**色票**面板選取顏色，按下**新增顏色群組**鈕，也可以建立顏色群組。

POINT

在顏色群組的檔案夾圖示上，雙按滑鼠左鍵，開啟編輯色彩交談窗，可以編輯顏色或建立新的顏色群組（請參考 **6-28 頁**）。

使用特別色

印刷時，將顏色分解成 CMYK 再輸出的顏色，稱作「印刷色」。使用 RGB 模式、HSB 模式、CMYK 模式、灰階模式等任何一種模式製作的顏色，都是印刷色。「特別色」是指，當作 CMYK 四色以外的色版來印刷，特別調製的顏色。

使用色表

在 Illustrator 中，可以使用 DIC（大日本油墨化學工業）、HKS、PANTONE、FOCOLTONE、TOKYO（東洋油墨製造）、TRUMATCH 等色表。如果要使用色表，必須先開啟色表的色票面板。

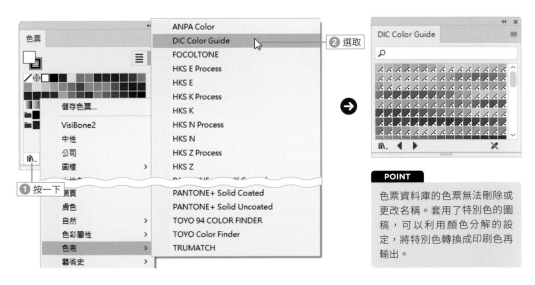

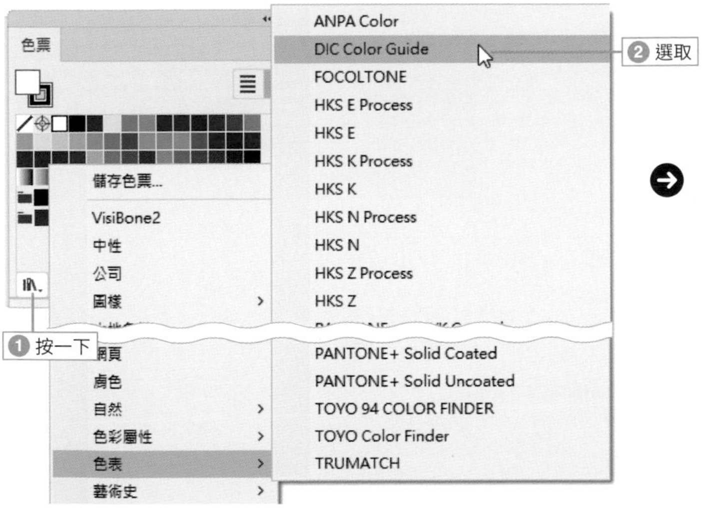
色票
儲存色票...
VisiBone2
中性
公司
圖樣
網頁
膚色
自然
色彩屬性
色表
藝術史
① 按一下
ANPA Color
DIC Color Guide
FOCOLTONE
HKS E Process
HKS E
HKS K Process
HKS K
HKS N Process
HKS N
HKS Z Process
HKS Z
PANTONE+ Solid Coated
PANTONE+ Solid Uncoated
TOYO 94 COLOR FINDER
TOYO Color Finder
TRUMATCH
② 選取

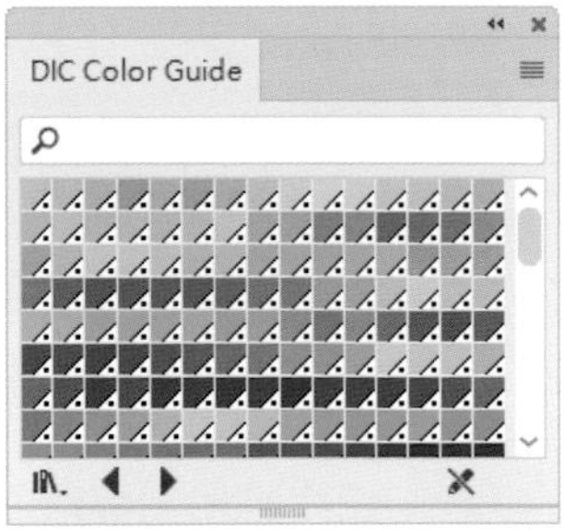
DIC Color Guide

POINT

色票資料庫的色票無法刪除或更改名稱。套用了特別色的圖稿，可以利用顏色分解的設定，將特別色轉換成印刷色再輸出。

TIPS 從選單中開啟

執行『**視窗→色票資料庫**』命令，可以開啟色票資料庫。

POINT

置入使用了雙色調等特別色的 Photoshop 檔案時，會將影像中包含的特別色自動新增到色票中。

TIPS 特別色選項

在**色票**面板的選單中，執行『**特別色**』命令，可以選擇將特別色轉換成印刷色的方法。

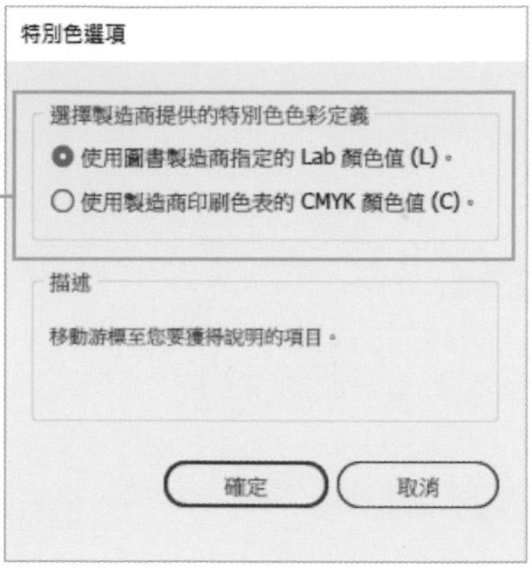

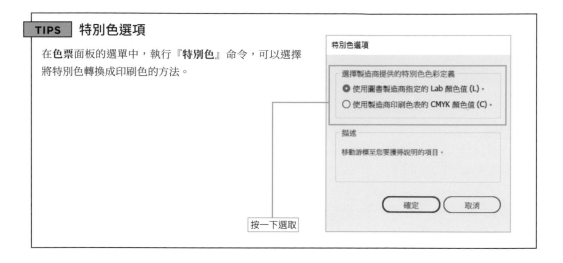

特別色選項
選擇製造商提供的特別色色彩定義
使用圖書製造商指定的 Lab 顏色值 (L)。
使用製造商印刷色表的 CMYK 顏色值 (C)。
描述
移動游標至您要獲得說明的項目。
確定
取消

按一下選取

在灰階影像套用顏色

我們可以在置入或嵌入文件的灰階影像套用顏色。請利用色票面板，設定灰階影像的「填色」，也可以使用特別色。影像含有 Alpha 色版時，可以只套用特別色。

套用了特別色的灰階影像

TIPS 使用其他圖稿的色票

儲存在**色票**面板中的色票，只能用於該圖稿。如果要使用套用在其他圖稿上的色票，請拷貝&貼上套用了該色票的物件。如此一來，套用在貼上物件的色票，就會儲存在**色票**面板中。
假如想儲存的色票數量較多，請按一下**色票**面板下方，**色票**面板資料庫選單的 ，執行『**其他資料庫**』命令，選擇載入其他 Illustrator 檔案。

TIPS 使用「顏色主題」

在**顏色主題**面板中（註：CC 2018 是 **Adobe Color 主題**面板），可以下載 Adobe Color CC 官網製作的顏色主題（五色組合）到資料庫，當作色票使用。另外，在 Adobe Color 網站中，可以發布自己製作的顏色主題。把其他使用者發布的顏色主題設定為我的最愛，也能顯示在自己的顏色主題面板中。

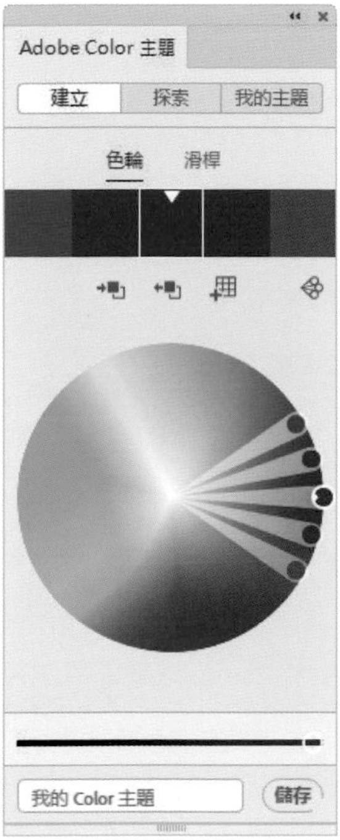

Adobe Color 主題
建立
探索
我的主題
色輪
滑桿
我的 Color 主題
儲存

TIPS 特別色、整體印刷色的「顏色」面板

使用色票選取特別色或整體印刷色時，在**顏色**面板中，不會顯示 CMYK 滑桿，只會顯示該顏色的滑桿。

按下**顏色**面板的 CMYK 色彩模式圖示，會變成 CMYK 模式（RGB 也一樣）。

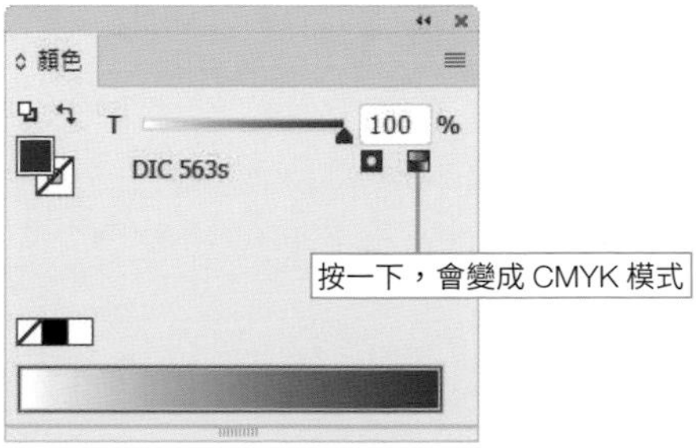

顏色
T
100
%
DIC 563s
按一下，會變成 CMYK 模式

5-3
「色彩參考」面板

使用頻率	
★☆☆	色彩參考面板是可以根據色票面板或顏色面板選取的顏色（「填色」或「筆畫」的顏色），選擇調和色彩的面板。更改調和規則，也會改變顏色組合。

關於「色彩參考」面板

色彩參考面板和色票面板一樣，只要按一下，就可以輕鬆選取顏色。

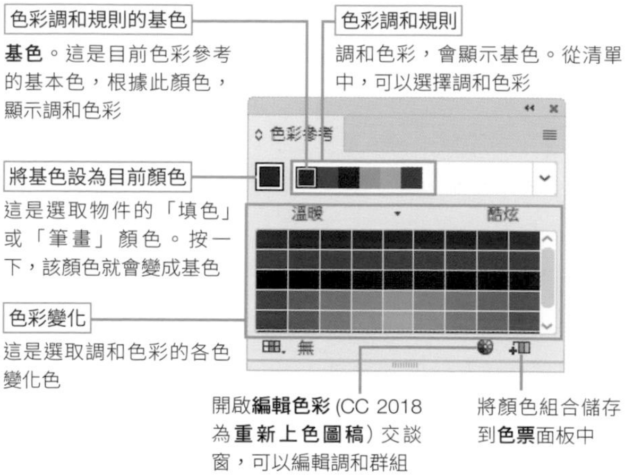
色彩調和規則的基色
基色。這是目前色彩參考的基本色，根據此顏色，顯示調和色彩
色彩調和規則
調和色彩，會顯示基色。從清單中，可以選擇調和色彩
色彩參考
將基色設為目前顏色
這是選取物件的「填色」或「筆畫」顏色。按一下，該顏色就會變成基色
溫暖
酷炫
色彩變化
這是選取調和色彩的各色變化色
無
開啟**編輯色彩**(CC 2018 為**重新上色圖稿**）交談窗，可以編輯調和群組
將顏色組合儲存到**色票**面板中

▶ 設定基色

根據色彩調和規則，顯示顏色組合的調和色彩以基色為基礎。

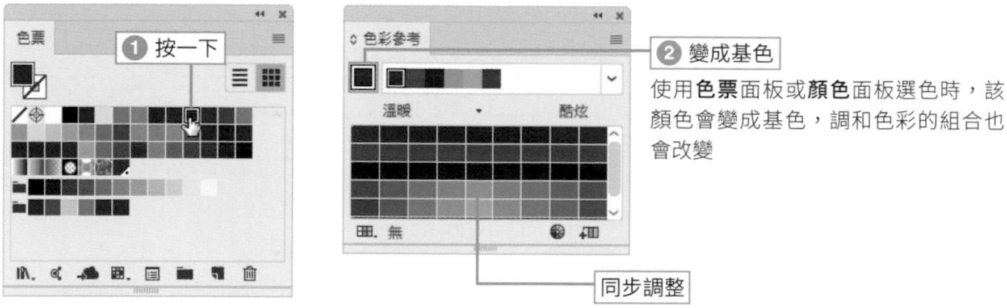
色票
❶ 按一下
色彩參考
❷ 變成基色
使用**色票**面板或**顏色**面板選色時，該顏色會變成基色，調和色彩的組合也會改變
溫暖
酷炫
無
同步調整

▶ 物件的顏色變成基色

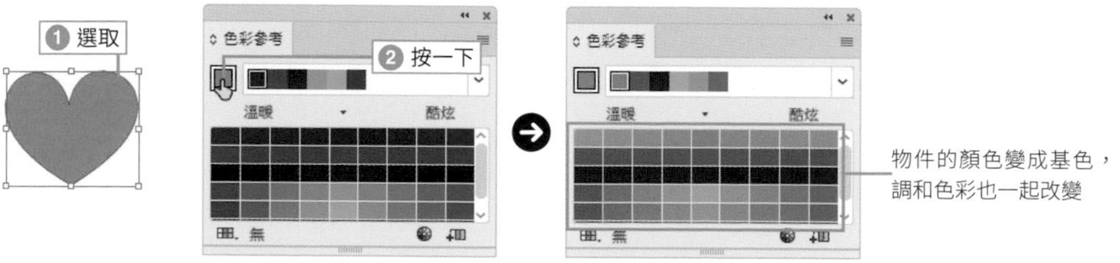
❶ 選取
色彩參考
❷ 按一下
溫暖
酷炫
無
物件的顏色變成基色，調和色彩也一起改變

▶ 色彩調和規則

色彩調和是把基色當作基本色，獲得調和的色彩組合，根據建立顏色的規則（色彩調和規則），從基色中自動產生調和色彩。更改色彩調和規則，調和色彩也會一併改變。

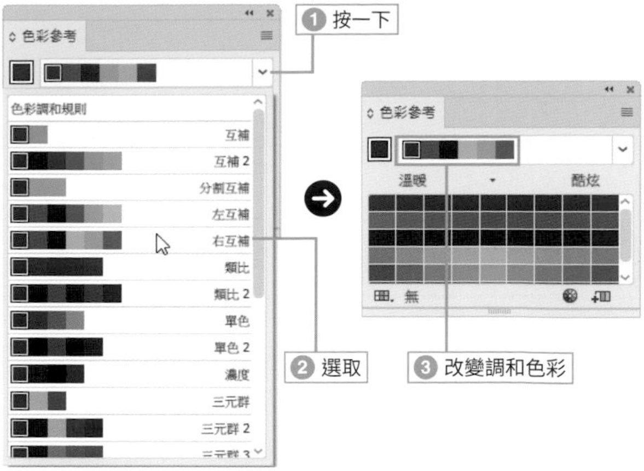

色彩參考
色彩調和規則
互補
互補 2
分割互補
左互補
右互補
類比
類比 2
單色
單色 2
濃度
三元群
三元群 2
❶ 按一下
❷ 選取
❸ 改變調和色彩
溫暖
酷炫

▶ 色彩變化

在色彩參考面板下方，會顯示以目前調和色彩顯示的各色變化。利用面板選單，可以切換顯示「色調／濃度」、「溫暖／酷炫」、「鮮豔／柔和」等三種變化。

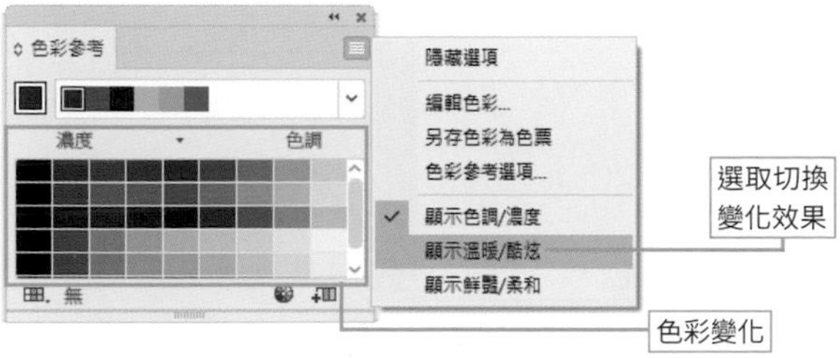

色彩參考
濃度
色調
隱藏選項
編輯色彩...
另存色彩為色票
色彩參考選項...
顯示色調/濃度
顯示溫暖/酷炫
顯示鮮豔/柔和
選取切換變化效果
色彩變化

顯示色調／濃度

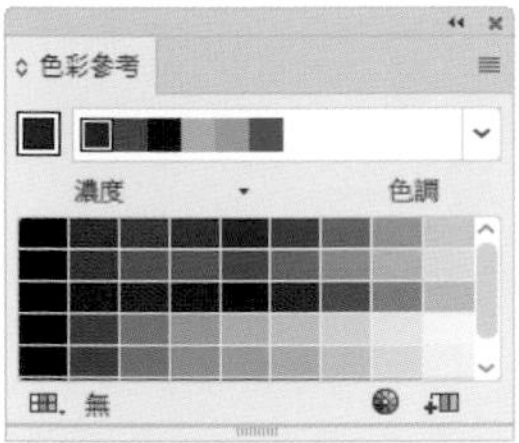

色彩參考
濃度
色調

調和色彩顯示在中央，左側顯示的是加上黑色的顏色，右側顯示的是加上白色的顏色

顯示溫暖／酷炫

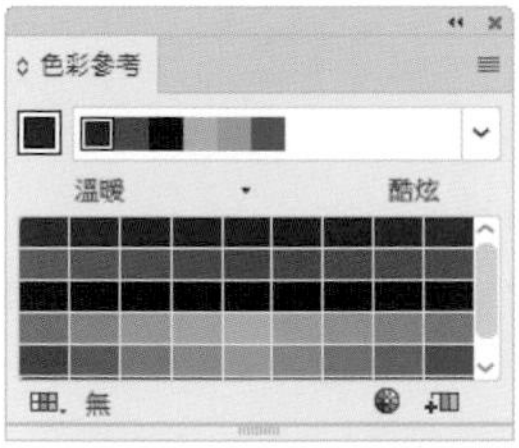

色彩參考
溫暖
酷炫

調和色彩顯示在中央，左側顯示的是加上紅色的顏色，右側顯示的是加上藍色的顏色

顯示鮮豔／柔和

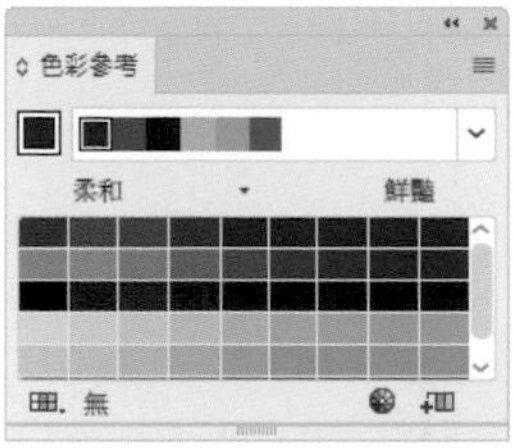

色彩參考
柔和
鮮豔

調和色彩顯示在中央，左側顯示的是減少飽和度，接近灰色的顏色，右側顯示的是增加飽和度，接近純色的顏色

TIPS　色彩參考選項

在**色彩參考**面板選單中，執行『**色彩參考選項**』命令，可以設定階數及變量。

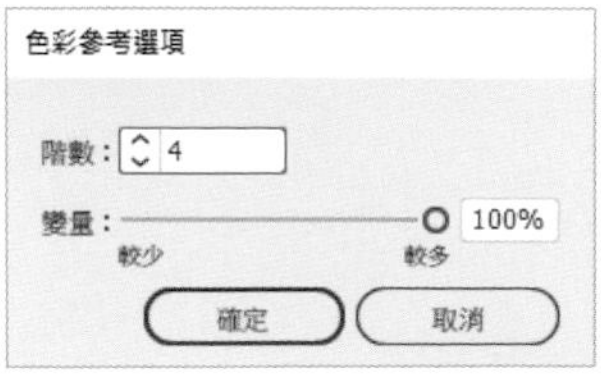

色彩參考選項
階數：4
變量：
100%
較少
較多
確定
取消

TIPS　開啟「編輯色彩」交談窗

按下**色彩參考**面板下方的 ，會以目前選取的調和色彩狀態，開啟**編輯色彩**（CC 2018 為**重新上色圖稿**）交談窗，可以編輯顏色組合。另外，編輯過的顏色組合也能儲存成顏色群組。請參考 **6-30 頁**。

CHAPTER 5 設定顏色

5-4 設定筆畫

使用頻率	
★★★	物件的線條（路徑）屬性可以在筆畫面板中，進行詳細設定。設定的內容包括筆畫寬度、筆畫種類、端點形狀、尖角形狀等，再搭配上顏色，就能表現出多采多姿的有趣效果。

設定筆畫的顏色

在 Illustrator 中，如果要繪製單純的線條，會將「填色」設為「無」，只設定「筆畫」的顏色與寬度。

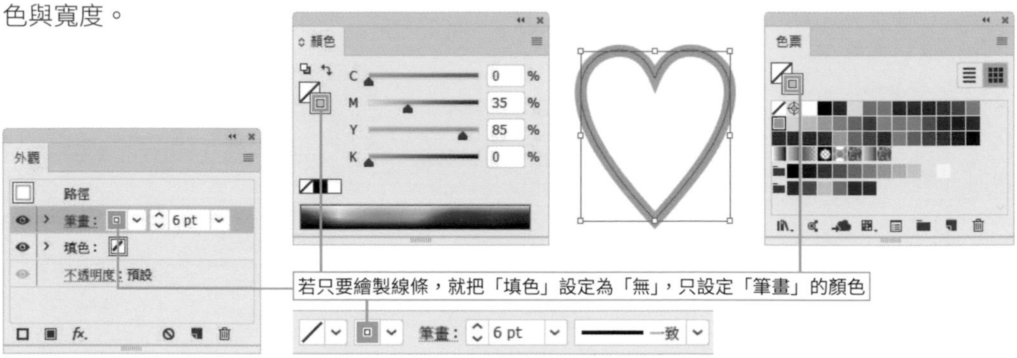

外觀
路徑
筆畫：6 pt
填色：
不透明度：預設
顏色
C 0 %
M 35 %
Y 85 %
K 0 %
色票
若只要繪製線條，就把「填色」設定為「無」，只設定「筆畫」的顏色
筆畫：6 pt
一致

不僅可以在「筆畫」設定顏色，還可以套用圖樣或漸層。

POINT

關於筆畫的漸層設定，請參考 **5-31 頁**。

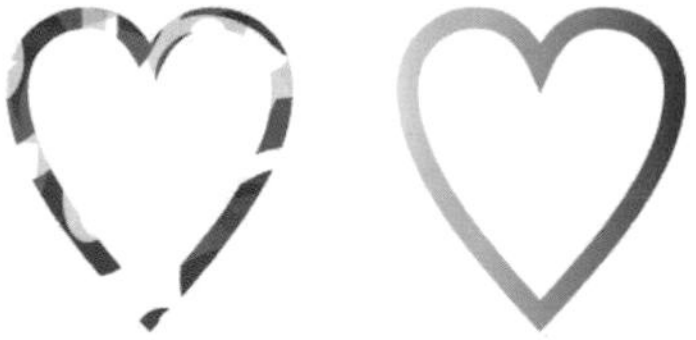

套用圖樣　　套用漸層

設定筆畫寬度

利用控制面板、筆畫面板、外觀面板，可以設定筆畫寬度。

控制面板

路徑
筆畫：6 pt

筆畫面板

筆畫
寬度：6 pt
端點：
尖角：
限度：4
對齊筆畫：
虛線
虛線 間隔 虛線 間隔 虛線 間隔
箭頭：
縮放：100% 100%
對齊：
描述檔：一致

外觀面板

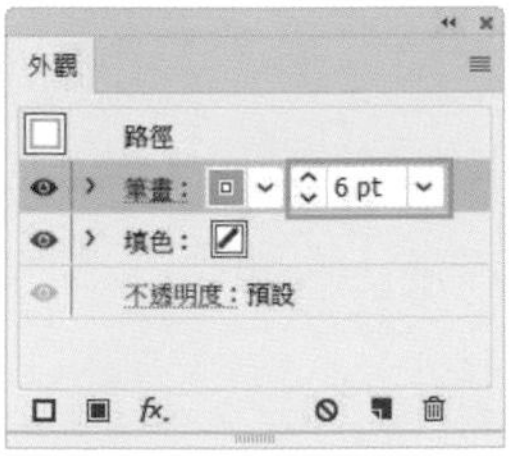

外觀
路徑
筆畫：6 pt
填色：
不透明度：預設

POINT

執行『**視窗→筆畫**』命令（Ctrl + F10 鍵），可以切換顯示或隱藏**筆畫**面板。

TIPS 「筆畫」面板中的單位

在**偏好設定**交談窗的**單位**頁次，可以設定**筆畫**面板中的寬度等單位。在寬度直接輸入單位，能將輸入值換算成**偏好設定**交談窗中的設定單位。請根據下表，輸入單位。

點	pt
Pica	pl
英吋	in
公釐	mm
公分	cm
Ha	H
像素	px

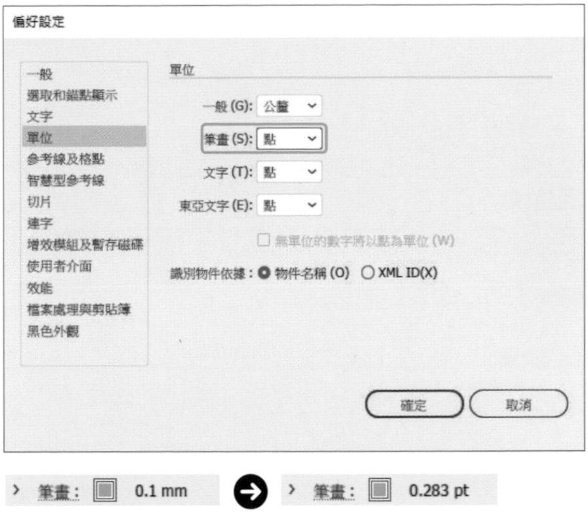
偏好設定
一般
選取和錨點顯示
文字
單位
參考線及格點
智慧型參考線
切片
連字
增效模組及暫存磁碟
使用者介面
效能
檔案處理與剪貼簿
黑色外觀
單位
一般 (G): 公釐
筆畫 (S): 點
文字 (T): 點
東亞文字 (E): 點
無單位的數字將以點為單位 (W)
識別物件依據：物件名稱 (O) XML ID(X)
確定
取消
筆畫： 0.1 mm
筆畫： 0.283 pt

轉換成**偏好設定**中的設定單位

端點

設定開放路徑的端點形狀。選取物件，在筆畫面板的端點項目中，按一下選取 3 個形狀中的其中一種。

▶ 平端點

端點變成方形，沒有超出錨點的位置。

平端點

▶ 圓端點

端點變成以錨點為中心，變成半圓形突起的形狀。半圓的直徑與筆畫寬度相等。

圓端點

▶ 方端點

端點變成超出錨點一半筆畫寬度的形狀。

方端點

POINT

在**筆畫**面板選單中，執行『**顯示選項**』命令，就會擴大面板，可以設定端點與尖角的形狀。

● 尖角

設定物件的尖角形狀。選取物件，在筆畫面板的尖角項目中，按一下任何一個形狀按鈕。

▶ 尖角

尖角變成尖銳形狀。

▶ 圓角

尖角變成圓弧形狀，圓弧的直徑與筆畫寬度相等。

▶ 斜角

尖角變成稜角形狀。

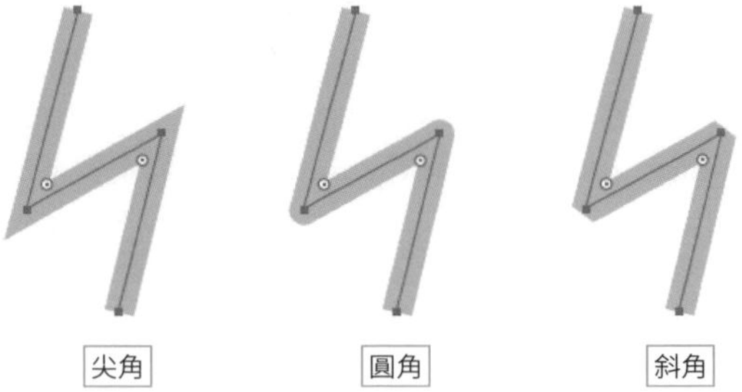

尖角
圓角
斜角

▶ 尖角限度

鋭角物件的「尖角」變成「圓角」後，尖銳的部分會變長。在 Illustrator 中，遇到這種尖鋭部分變長的情況，會自動變成「斜角」。

限度是決定從「尖角」切換成「圓角」的角度。限度是指，設定尖角時，角的形狀從尖角自動切換成圓角的比例。尖角的長度超過筆畫寬度乘上尖角的限度時，就會從尖角變成斜角。預設值是 4，事實上可以設定 1～500。

尖角：
限度：4
尖角的長度不到筆畫寬度
的 4 倍，所以變成**尖角**

尖角：
限度：3
尖角的長度超過筆畫寬度
的 3 倍，所以變成**斜角**

● 筆畫的位置

在筆畫面板的對齊筆畫，可以設定筆畫是繪製在路徑的中心、外側、內側等位置。

POINT

解說用的物件寬度是 34mm。

POINT

只有封閉路徑才能設**對齊筆畫**。

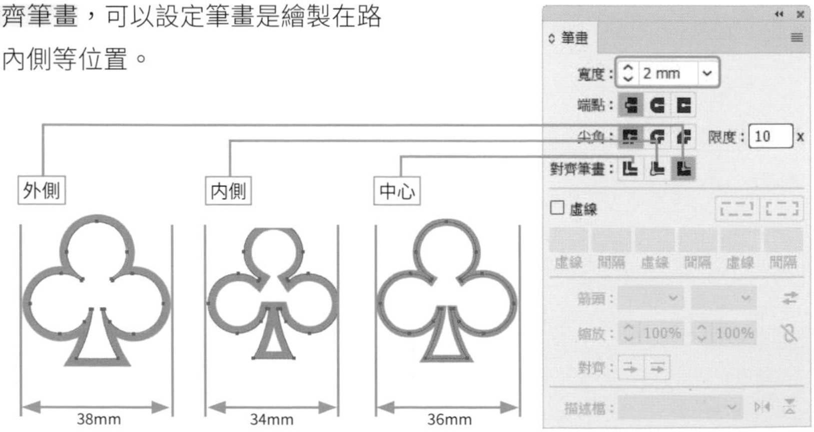

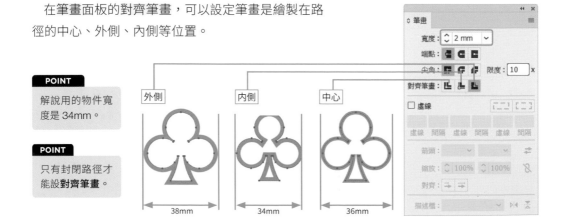

外側
內側
中心
38mm
34mm
36mm
筆畫
寬度：2 mm
端點：
尖角：
限度：10
對齊筆畫：
虛線
虛線
間隔
虛線
間隔
虛線
間隔
箭頭：
縮放：100%
100%
對齊：
描述檔：

● 設定虛線（虛線設定）

利用**筆畫**面板的虛線設定，可以繪製虛線。勾選虛線核取方塊，就能在文字方塊內，輸入虛線間隔。自左起依序在虛線（虛線的長度）、間隔、虛線、間隔輸入數值。這 6 個方塊不用全部填滿，但是一定要從左邊開始輸入。

從 Illustrator CS5 開始，可以調整成讓虛線對齊圖形的尖角與或路徑終點。假如沒有調整，就會和 Illustrator CS4 之前的版本一樣，從路徑終點開始，依序套用虛線與間隔。調整之後，虛線就會對齊圖形的尖角或路徑終點。

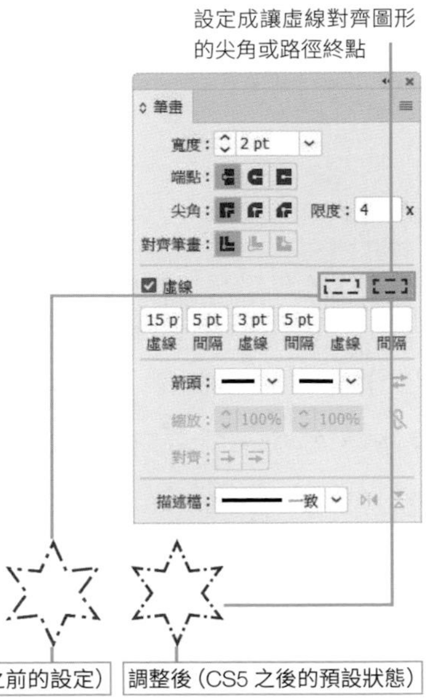

設定成讓虛線對齊圖形的尖角或路徑終點
筆畫
寬度：2 pt
端點：
尖角：
限度：4
對齊筆畫：
虛線
15 pt 5 pt 3 pt 5 pt
虛線 間隔 虛線 間隔 虛線 間隔
箭頭：
縮放：100% 100%
對齊：
描述檔：一致
沒有調整（CS4 之前的設定）
調整後（CS5 之後的預設狀態）

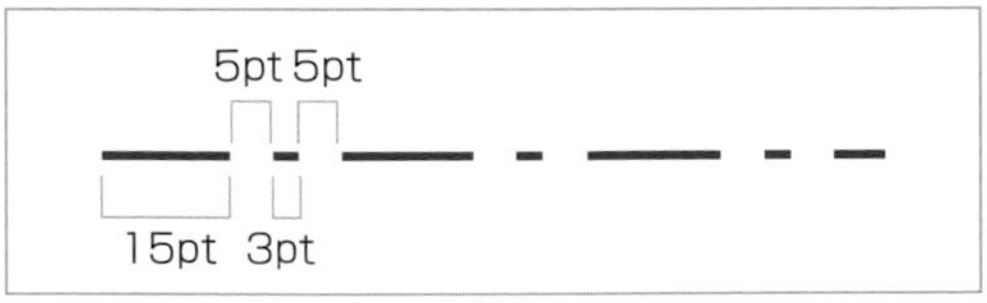

5pt 5pt
15pt 3pt

● 箭頭設定

在開放路徑的前端加上箭頭。

箭頭大小會根據筆畫寬度同步調整。在縮放欄位，可以設定相對於筆畫寬度的大小。箭頭的顏色是套用「筆畫」的顏色。

另外，還可以選擇箭頭的位置要對齊路徑的終點或從路徑的終點開始顯示。

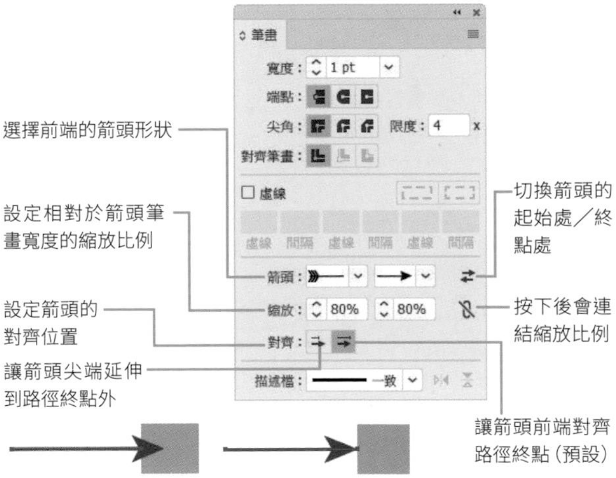

筆畫
寬度：1 pt
端點：
尖角：
限度：4
對齊筆畫：
虛線
虛線 間隔 虛線 間隔 虛線 間隔
箭頭：
縮放：80% 80%
對齊：
描述檔：一致
選擇前端的箭頭形狀
設定相對於箭頭筆畫寬度的縮放比例
設定箭頭的對齊位置
讓箭頭尖端延伸到路徑終點外
切換箭頭的起始處／終點處
按下後會連結縮放比例
讓箭頭前端對齊路徑終點（預設）

套用箭頭的開放路徑

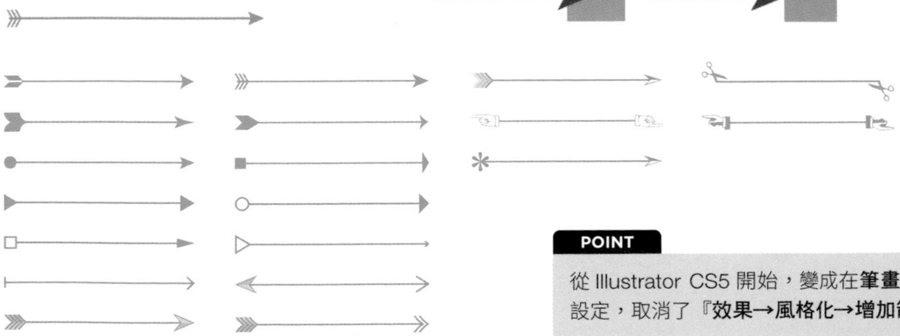

POINT

從 Illustrator CS5 開始，變成在**筆畫**面板進行箭頭設定，取消了『**效果→風格化→增加箭頭**』命令。

5-5
「寬度工具」與寬度描述檔

使用頻率 ★☆☆	使用寬度工具，可以調整部分路徑的寬度。另外，將編輯寬度後的路徑形狀儲存成「寬度描述檔」，就可以重複使用。

利用「寬度工具」改變部分筆畫的寬度

使用寬度工具，在路徑上的任何位置開始拖曳，可以調整筆畫寬度。

① 選取寬度工具

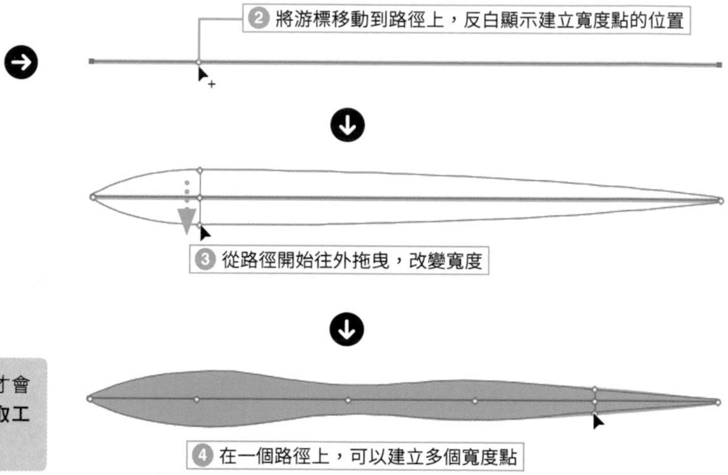
② 將游標移動到路徑上，反白顯示建立寬度點的位置
③ 從路徑開始往外拖曳，改變寬度
④ 在一個路徑上，可以建立多個寬度點

POINT

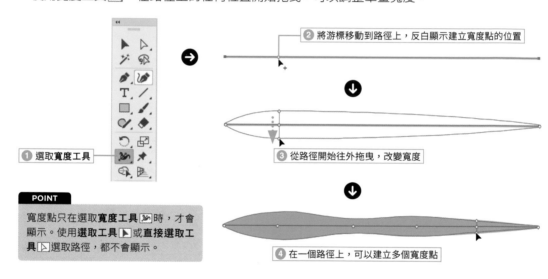

寬度點只在選取**寬度工具**時，才會顯示。使用**選取工具**或**直接選取工具**選取路徑，都不會顯示。

▶ 改變單側寬度

按住 Alt 鍵不放並拖曳，可以只改變單側寬度。

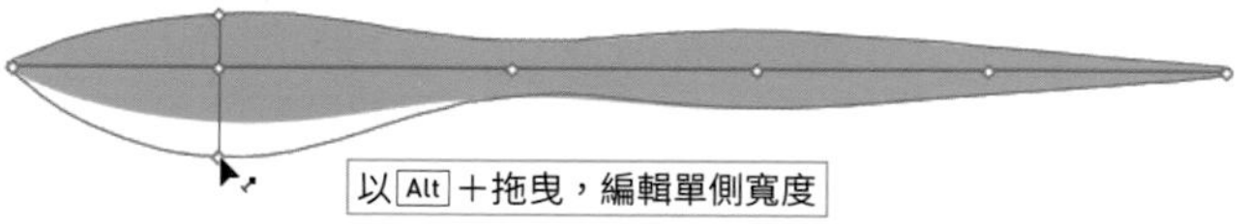
以 Alt ＋拖曳，編輯單側寬度

▶ 移動與複製寬度點

拖曳寬度點，可以改變位置。按下 Shift ＋拖曳，能同步移動相鄰的寬度點。按下 Alt ＋拖曳，可以複製寬度點。

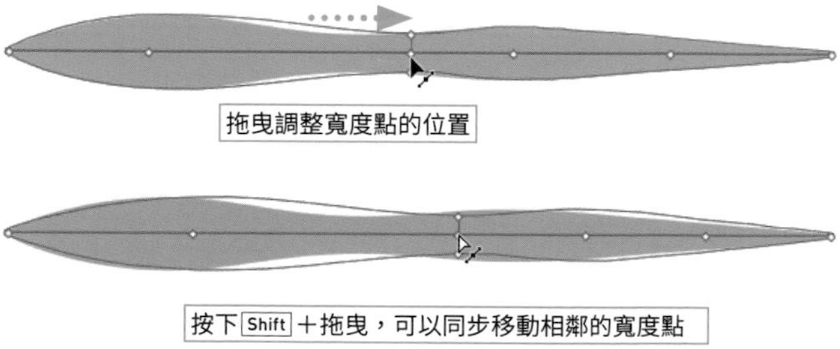
拖曳調整寬度點的位置
按下 Shift ＋拖曳，可以同步移動相鄰的寬度點

▶ 刪除寬度點

選取寬度點，按下 Delete 鍵。

▶ 設定寬度數值

在寬度點雙按滑鼠左鍵，會開啟寬度點編輯交談窗，可以用數值編輯寬度。

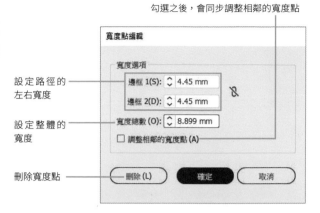

勾選之後，會同步調整相鄰的寬度點

設定路徑的左右寬度

設定整體的寬度

刪除寬度點

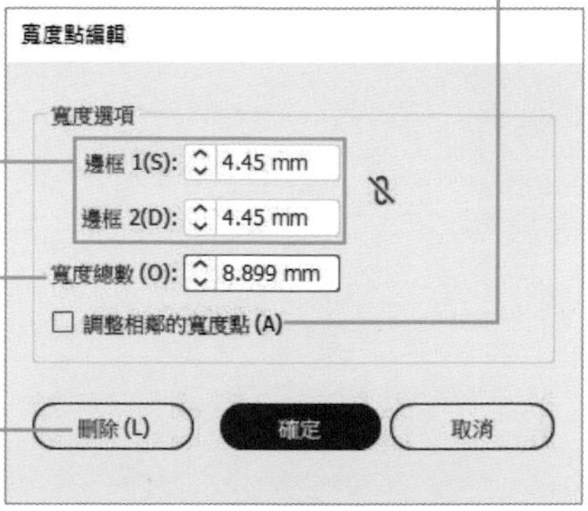

寬度點編輯
寬度選項
邊框 1(S): 4.45 mm
邊框 2(D): 4.45 mm
寬度總數 (O): 8.899 mm
調整相鄰的寬度點 (A)
刪除 (L)
確定
取消

▶ 重疊兩個寬度點

此外，還能移動、重疊寬度不同的寬度點。重疊寬度點時，開啟寬度點編輯交談窗，可以分別設定兩種寬度，如右圖所示。

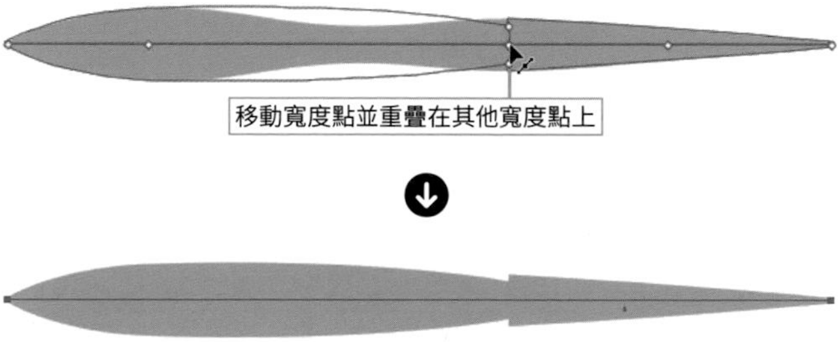

移動寬度點並重疊在其他寬度點上

重疊寬度點時的交談窗

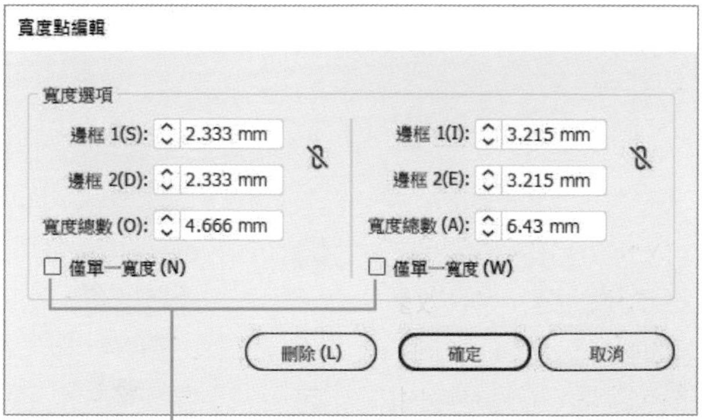

寬度點編輯
寬度選項
邊框 1(S): 2.333 mm
邊框 2(D): 2.333 mm
寬度總數 (O): 4.666 mm
僅單一寬度 (N)
邊框 1(I): 3.215 mm
邊框 2(E): 3.215 mm
寬度總數 (A): 6.43 mm
僅單一寬度 (W)
刪除 (L)
確定
取消

只保留勾選此項目的單一寬度，刪除另外一邊的寬度

使用寬度描述檔

儲存寬度描述檔

在控制面板或筆畫面板的描述檔中，將顯示的形狀儲存成寬度描述檔，可以利用清單選取的方式，套用在其他物件上。

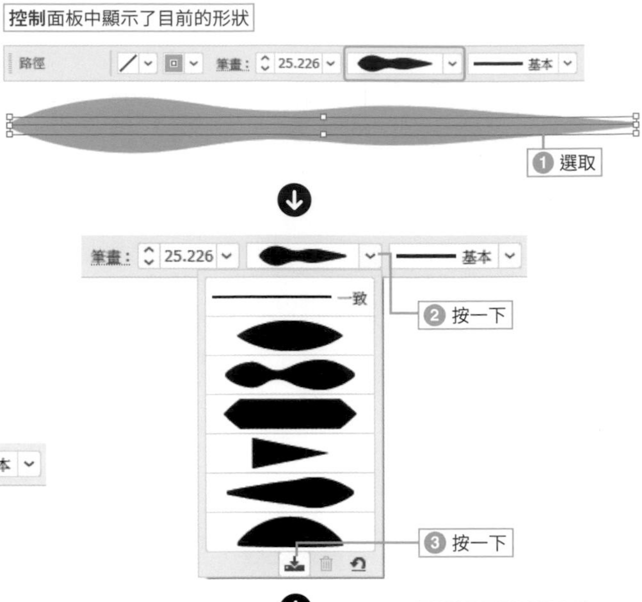

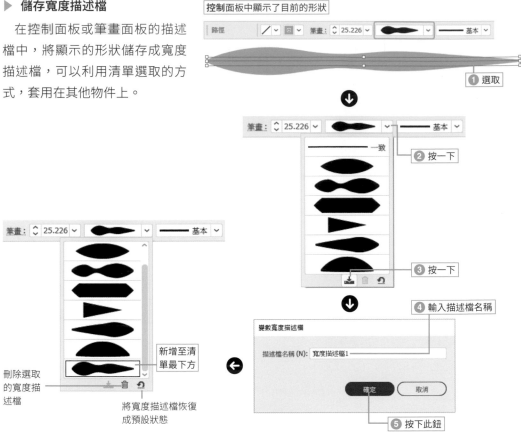

控制面板中顯示了目前的形狀
路徑
筆畫：25.226
基本
1 選取
筆畫：25.226
基本
一致
2 按一下
3 按一下

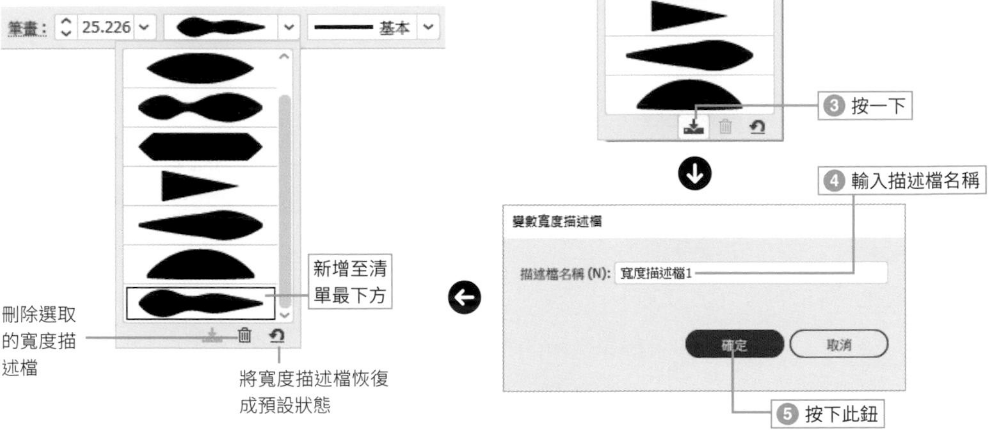

筆畫：25.226
基本
新增至清單最下方
刪除選取的寬度描述檔
將寬度描述檔恢復成預設狀態
4 輸入描述檔名稱
變數寬度描述檔
描述檔名稱 (N)：寬度描述檔1
確定
取消
5 按下此鈕

套用寬度描述檔

顯示在控制面板（或筆畫面板）中的寬度描述檔，利用清單選取方式，可以套用在其他的物件上。

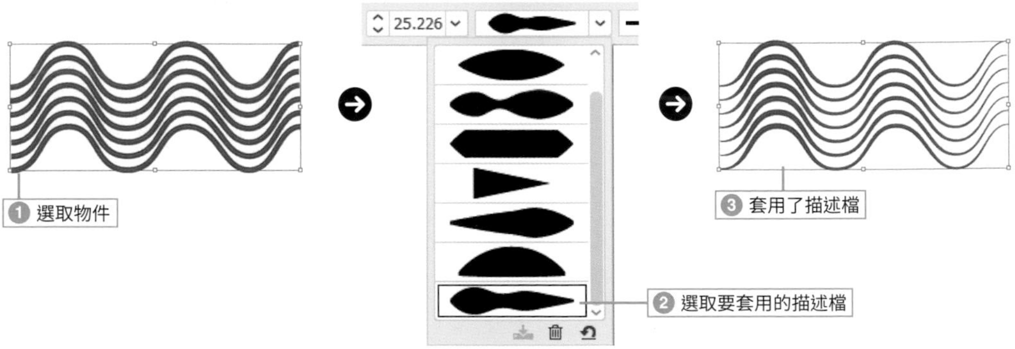

1 選取物件
25.226
2 選取要套用的描述檔
3 套用了描述檔

5-6 製作漸層

使用頻率	
★★☆	在色票面板中，提供了幾種可以套用在物件中的漸層，不過你也可以製作自己喜愛的漸層。漸層還能設定不透明度，可以大幅提升表現力。

製作、編輯漸層

製作漸層或編輯已套用的漸層效果，都是在漸層面板中進行。執行『視窗→漸層』命令（Ctrl＋F9鍵），就會顯示漸層面板。

1 設定起點的顏色

在起點雙按滑鼠左鍵，會開啟顏色面板或色票面板，可以設定起點的顏色。假如沒有顯示起點，請在漸層滑桿上按一下。

POINT

按下Ctrl＋按一下**漸層**面板的預視方塊（左上角的方塊），會恢復成預設狀態的黑白線性漸層。

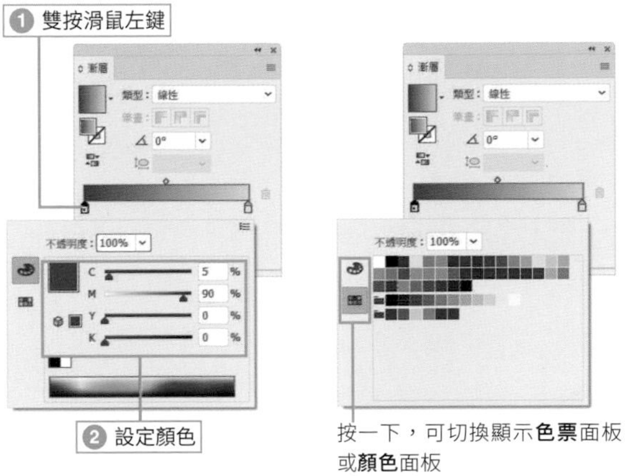

1 雙按滑鼠左鍵
漸層
類型：線性
不透明度：100%
C 5 %
M 90 %
Y 0 %
K 0 %
2 設定顏色
按一下，可切換顯示**色票**面板或**顏色**面板

2 設定終點的顏色

在終點雙按滑鼠左鍵，設定顏色。

POINT

按一下選取起點或終點，可以利用**顏色**面板或**色票**面板設定顏色。若要將漸層新增至**色票**面板，請按下Alt＋按一下選取該顏色。

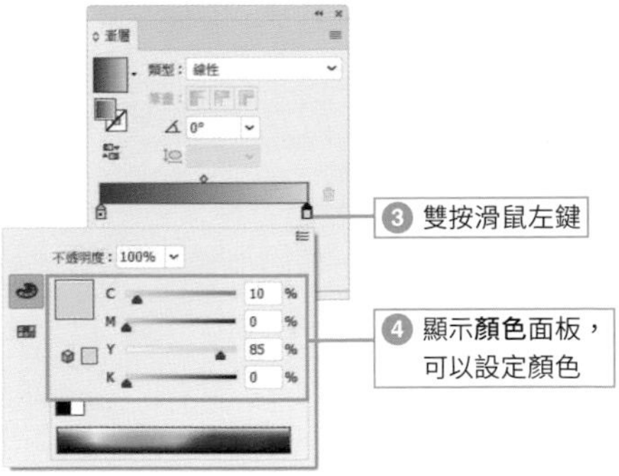

漸層
類型：線性
3 雙按滑鼠左鍵
不透明度：100%
C 10 %
M 0 %
Y 85 %
K 0 %
4 顯示**顏色**面板，可以設定顏色

3 設定類型與角度

請視個人需求，設定類型、角度與外觀比例。

POINT

以拖曳方式將製作完成的漸層儲存成色票，在相同文件內，可以重複套用在其他物件上。

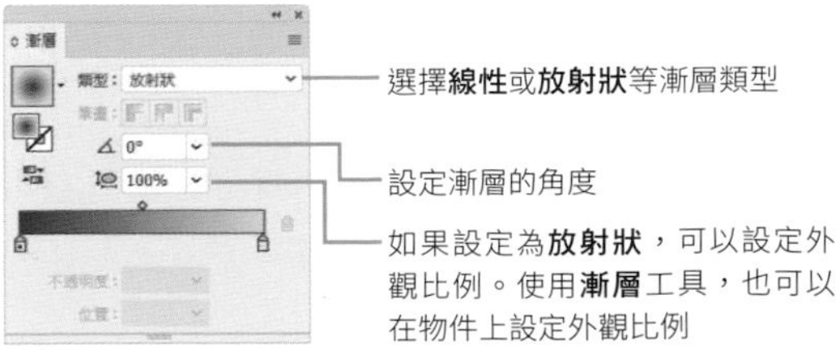

漸層
類型：放射狀
0°
100%
選擇**線性**或**放射狀**等漸層類型
設定漸層的角度
如果設定為**放射狀**，可以設定外觀比例。使用**漸層**工具，也可以在物件上設定外觀比例

▶ 漸層的類型、角度、外觀比例

漸層分成「線性」與「放射狀」等兩種類型。另外，利用「角度」可以設定漸層的覆蓋角度。如果是「放射狀」，使用「外觀比例」，可以變成橢圓形漸層。

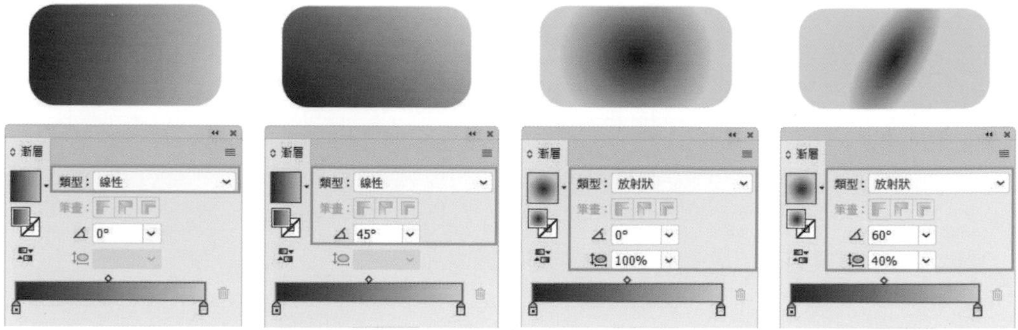

漸層
類型：線性
0°
漸層
類型：線性
45°
漸層
類型：放射狀
0°
100%
漸層
類型：放射狀
60°
40%

POINT

使用**漸層工具**，可以一邊預視套用在物件上的效果，一邊設定漸層。

▶ 設定起點／終點／中間點

移動起點／終點／中間點，可以為漸層的顏色變化加上強弱效果。

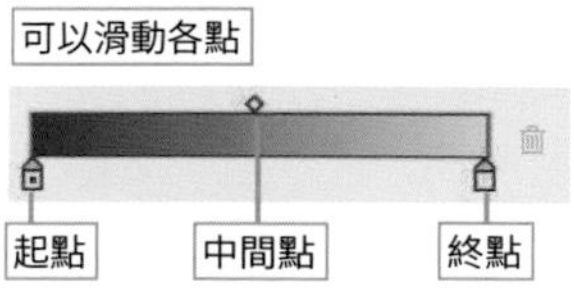

可以滑動各點
起點
中間點
終點

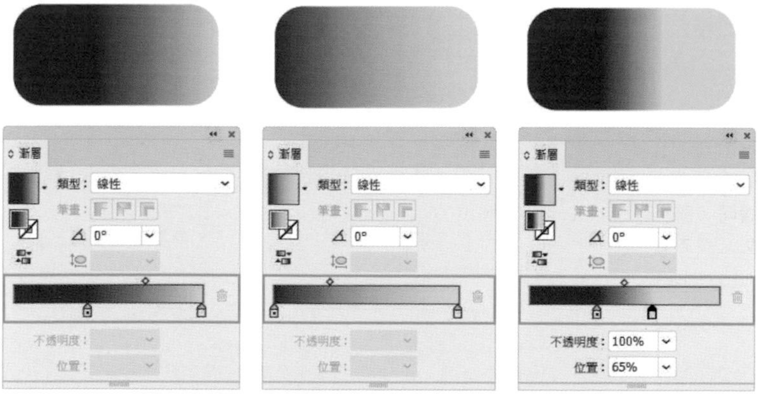

漸層
類型：線性
0°
不透明度：
位置：
漸層
類型：線性
0°
不透明度：
位置：
漸層
類型：線性
0°
不透明度：100%
位置：65%

漸層面板的位置方塊，會顯示選取的起點、終點位於何處，在漸層滑桿的左側為 0，右側為 100。另外，選取中間點時，顯示的是起點為 0，終點為 100 時，中間點位於何處。

▶ 設定不透明度

選取起點色與終點色之後，還可以套用不透明度。假如起點色與終點色為同色，可以設定逐漸淡出的漸層效果。

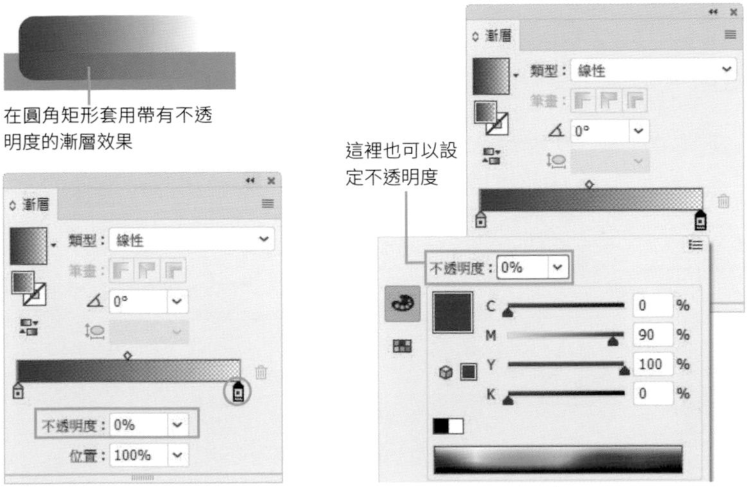

在圓角矩形套用帶有不透明度的漸層效果
漸層
類型：線性
筆畫：
0°
不透明度：0%
位置：100%
這裡也可以設定不透明度
漸層
類型：線性
不透明度：0%
C 0 %
M 90 %
Y 100 %
K 0 %

● 使用漸層填色

有幾種方法可以使用漸層填滿選取的物件。

1 選取物件

選取物件。

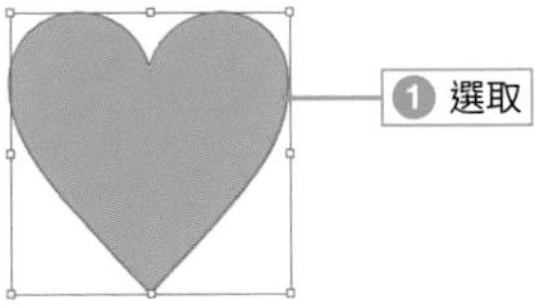

1 選取

2 設定漸層

利用工具面板、漸層面板、色票面板等其中一種，按一下先前設定的漸層。使用色票面板選取漸層時，請先在工具面板、漸層面板或色票面板中，設定套用漸層的對象為「填色」或「筆畫」。

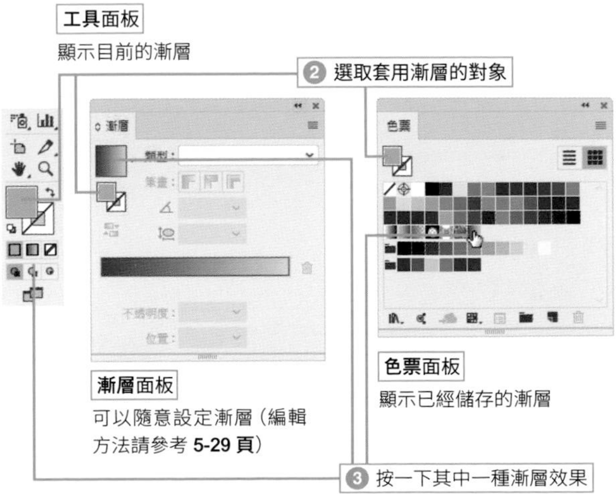

工具面板
顯示目前的漸層
2 選取套用漸層的對象
漸層
類型：
筆畫：
不透明度：
位置：
色票
漸層面板
可以隨意設定漸層（編輯方法請參考 5-29 頁）
色票面板
顯示已經儲存的漸層
3 按一下其中一種漸層效果

POINT

將**漸層**面板的「漸層填色」或漸層色票拖曳到物件上放開，也可以套用漸層效果。

3 套用了漸層

用漸層填滿物件。

「筆畫」的漸層效果

我們也可以在「筆畫」套用漸層效果。套用在「筆畫」的漸層，可以設定套用的方法。

漸層
類型：
線性
筆畫
0°

針對整個物件套用漸層（可以設定角度）

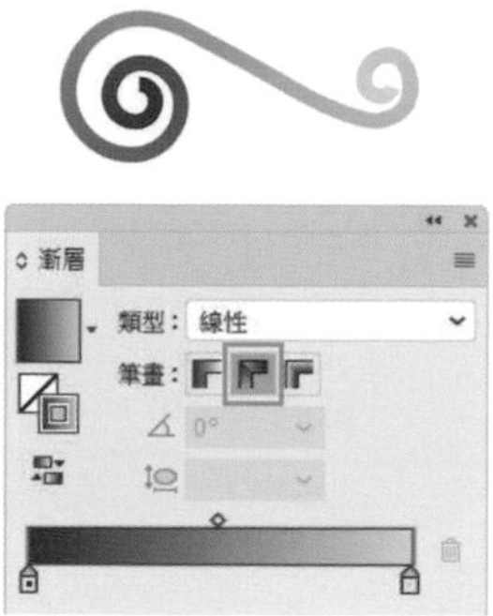

漸層
類型：
線性
筆畫：

沿著筆畫套用漸層

漸層
類型：
線性
筆畫：

跨筆畫（垂直路徑）套用漸層

TIPS 使用漸層資料庫

Illustrator 提供各種漸層的色票資料庫。按下**色票**面板的**色票資料庫選單**，就可以選擇各種「漸層」。

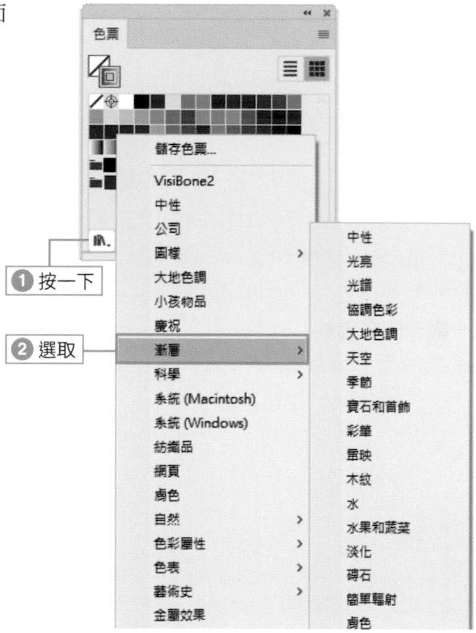

色票
儲存色票...
VisiBone2
中性
公司
圖樣
大地色調
小孩物品
慶祝
漸層
科學
系統 (Macintosh)
系統 (Windows)
紡織品
網頁
膚色
自然
色彩屬性
色表
藝術史
金屬效果
中性
光亮
光譜
協調色彩
大地色調
天空
季節
寶石和首飾
彩筆
暈映
木紋
水
水果和蔬菜
淡化
磚石
簡單輻射
膚色
1 按一下
2 選取

多色漸層

在起點色與終點色之間，增加中間色，可以製作出多色漸層。建立中間色時，在中間點的旁邊，會分別產生起點色、中間色、終點色。中間點位置的百分比是把相鄰兩色的間隔當作 100% 的顯示結果。

在漸層面板中，按一下漸層滑桿的下方，會建立中間點，能設定中間色及不透明度。

POINT

將中間色拖曳出漸層滑桿之外，可以刪除中間色。

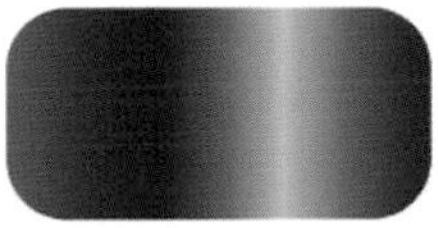

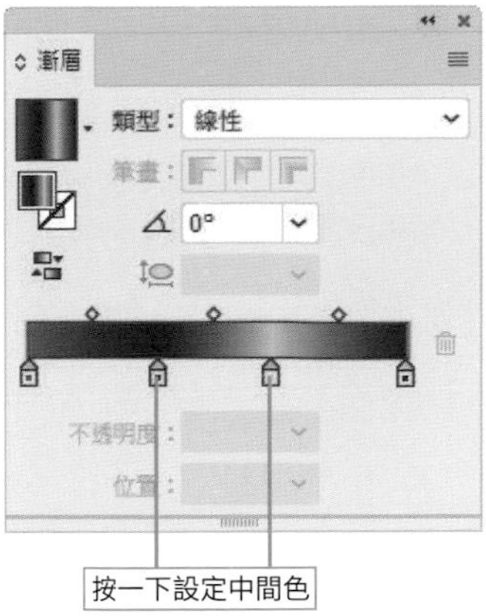

漸層
類型：
線性
筆畫：
0°
不透明度：
位置：
按一下設定中間色

使用漸層工具

在物件套用漸層

使用漸層工具，可以一邊預視物件，一邊設定漸層大小及角度。

1 選取物件

選取套用了漸層的物件，再選取漸層工具。

POINT

請確認在**漸層**面板中，選取了「填色」。套用在「筆畫」的漸層，無法使用**漸層工具**。

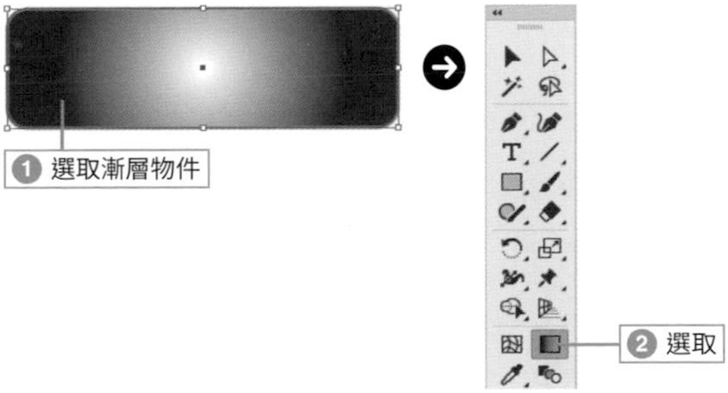

1 選取漸層物件
2 選取

2 利用漸層工具調整漸層大小

如果是放射狀漸層，在漸層範圍內移動游標，會在目前套用漸層的物件上，顯示圓形虛線。

拖曳圓形上的●，可以改變外觀比例，拖曳◉，可以調整漸層大小。另外，在圓形上移動游標，游標會變成，拖曳也能改變角度。

POINT

在線性漸層中，拖曳滑桿的起點○或終點◘，可以改變漸層的大小或效果。另外，拖曳終點◘的外側，能調整角度。

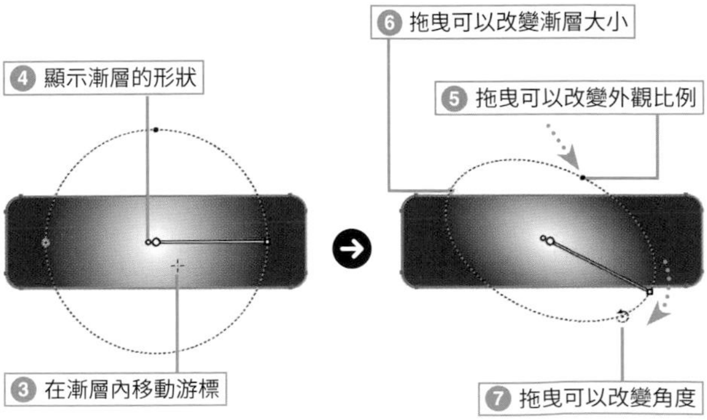

4 顯示漸層的形狀
3 在漸層內移動游標
6 拖曳可以改變漸層大小
5 拖曳可以改變外觀比例
7 拖曳可以改變角度

3 調整顏色及不透明度

在漸層滑桿上移動游標，會和漸層面板一樣，顯示起點與終點，拖曳就能改變位置。另外，雙按滑鼠左鍵，會顯示顏色面板（或色票面板），能調整顏色及不透明度。

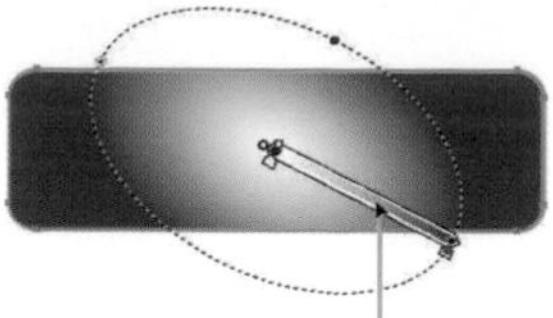

在滑桿上移動游標，會顯示起點與終點，可以改變位置

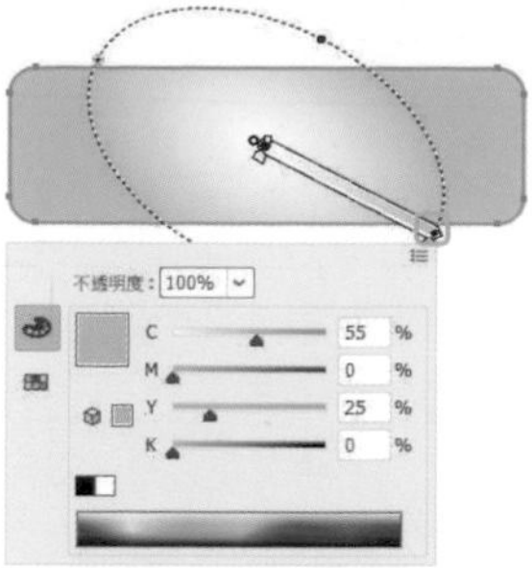

不透明度：100%
C
M
Y
K
55
0
25
0
%

雙按滑鼠左鍵，會顯示**顏色**面板（**色票**面板），可以改變顏色及不透明度

4 改變漸層的位置

拖曳滑桿，可以改變漸層的位置。改變位置之後，也會調整漸層的大小。

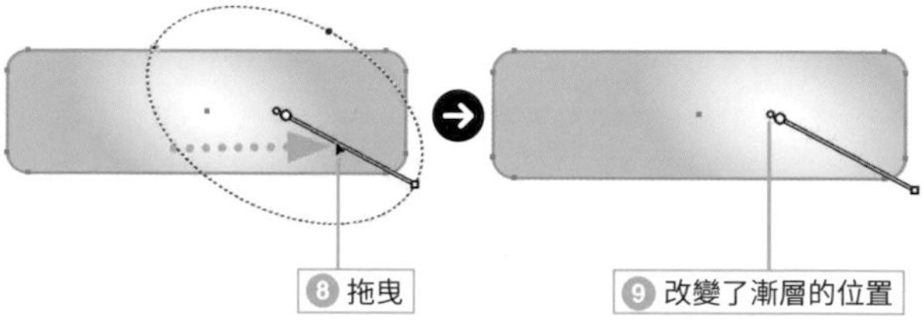

8 拖曳
9 改變了漸層的位置

POINT

使用拖曳的方法，也能調整漸層的方向與大小。

▶ 在多個物件套用一種漸層

使用漸層工具，可以對多個選取中的物件，套用一種漸層。

在多個物件套用相同漸層

使用**漸層工具**，在多個物件套用一種漸層

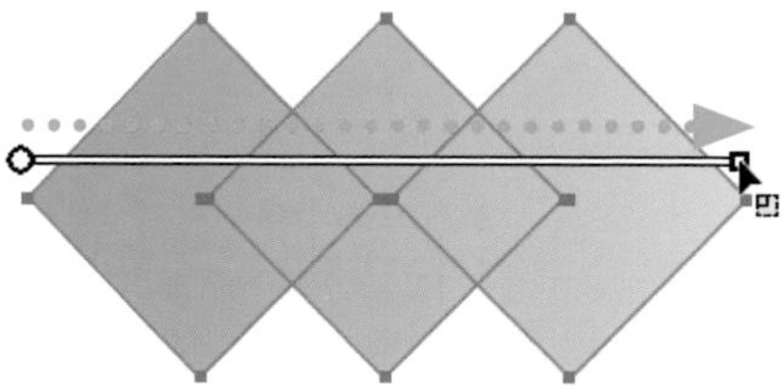

5-7
製作圖樣

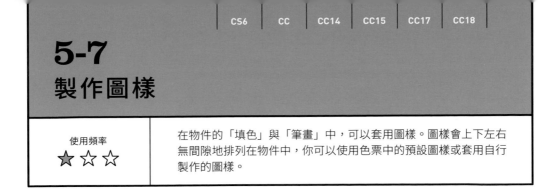

使用頻率 ★☆☆	在物件的「填色」與「筆畫」中，可以套用圖樣。圖樣會上下左右無間隙地排列在物件中，你可以使用色票中的預設圖樣或套用自行製作的圖樣。

儲存圖樣

把要當作圖樣使用的物件拖曳至色票面板，就會儲存成圖樣色票。

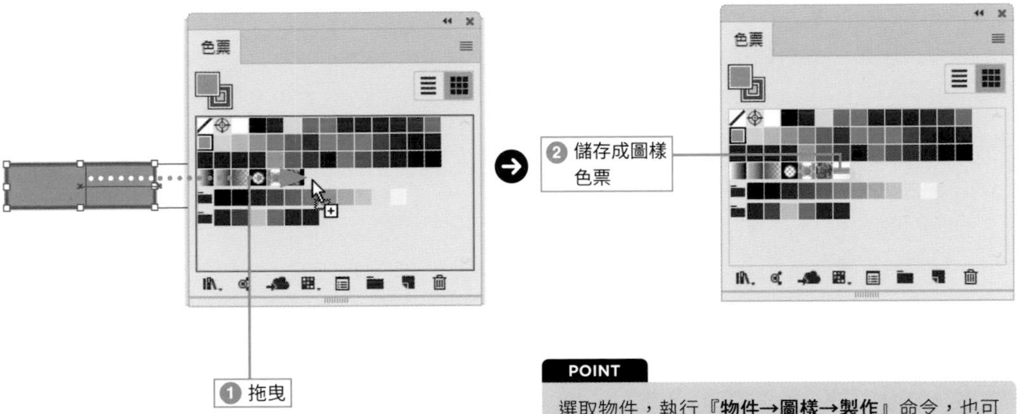
色票
① 拖曳
② 儲存成圖樣色票

POINT

選取物件，執行『**物件→圖樣→製作**』命令，也可以儲存成圖樣。此時，會顯示後面說明的圖樣編輯模式畫面。

套用圖樣

選取物件，按一下色票面板的圖樣色票，就會套用在物件上。

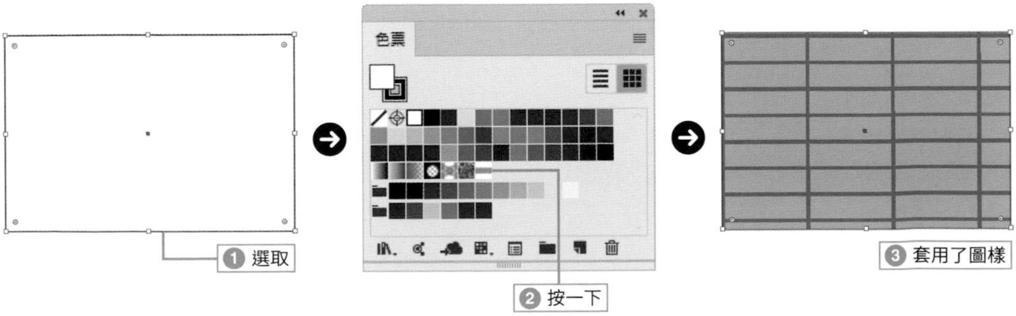
色票
① 選取
② 按一下
③ 套用了圖樣

編輯圖樣

只要位移當作基本形狀的圖樣，就能輕鬆完成磚塊圖樣。

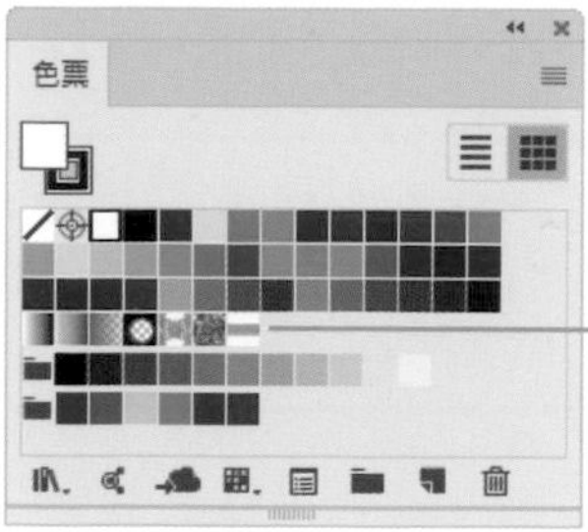

色票

❶ 在要編輯的圖樣色票上，雙按滑鼠左鍵

❷ 開啟圖樣選項面板

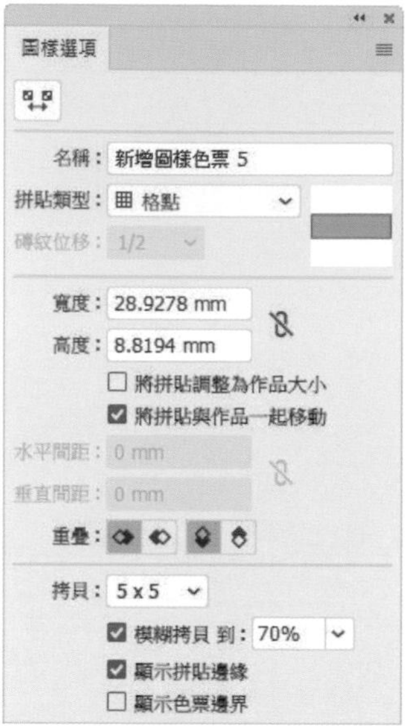

圖樣選項
名稱：新增圖樣色票 5
拼貼類型：格點
磚紋位移：1/2
寬度：28.9278 mm
高度：8.8194 mm
將拼貼調整為作品大小
將拼貼與作品一起移動
水平間距：0 mm
垂直間距：0 mm
重疊：
拷貝：5 x 5
模糊拷貝 到：70%
顯示拼貼邊緣
顯示色票邊界

❸ 進入圖樣編輯模式，並顯示預視圖樣的狀態

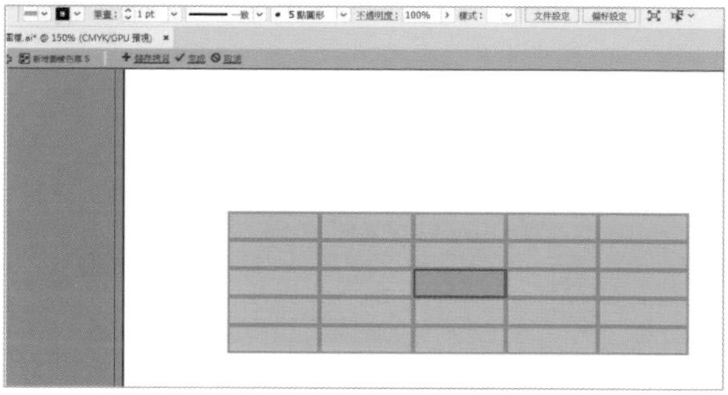

❹ 調整「拼貼類型」與「磚紋位移」

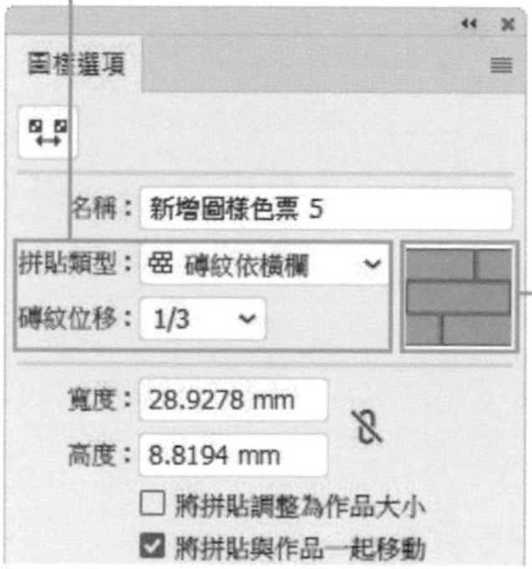

圖樣選項
名稱：新增圖樣色票 5
拼貼類型：磚紋依橫欄
磚紋位移：1/3
寬度：28.9278 mm
高度：8.8194 mm
將拼貼調整為作品大小
將拼貼與作品一起移動

預視狀態會按照設定內容來調整

❺ 完成編輯後，按下完成鈕

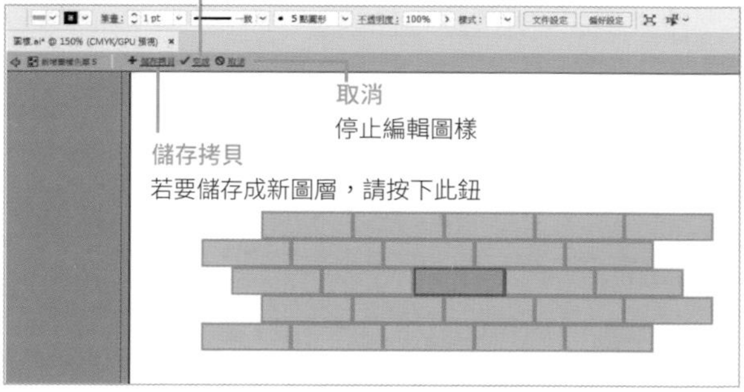

取消
停止編輯圖樣

儲存拷貝
若要儲存成新圖層，請按下此鈕

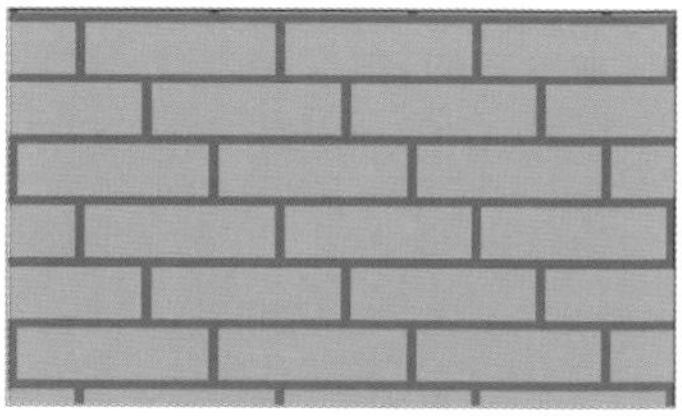

❻ 改變了圖樣的形狀後，套用在物件上的圖樣也出現變化

TIPS　還可以調整物件的顏色或變形物件

在圖樣編輯模式中，可以改變原始物件的顏色或變形物件。另外，使用繪圖工具，還能新增其他物件。

●「圖樣選項」面板

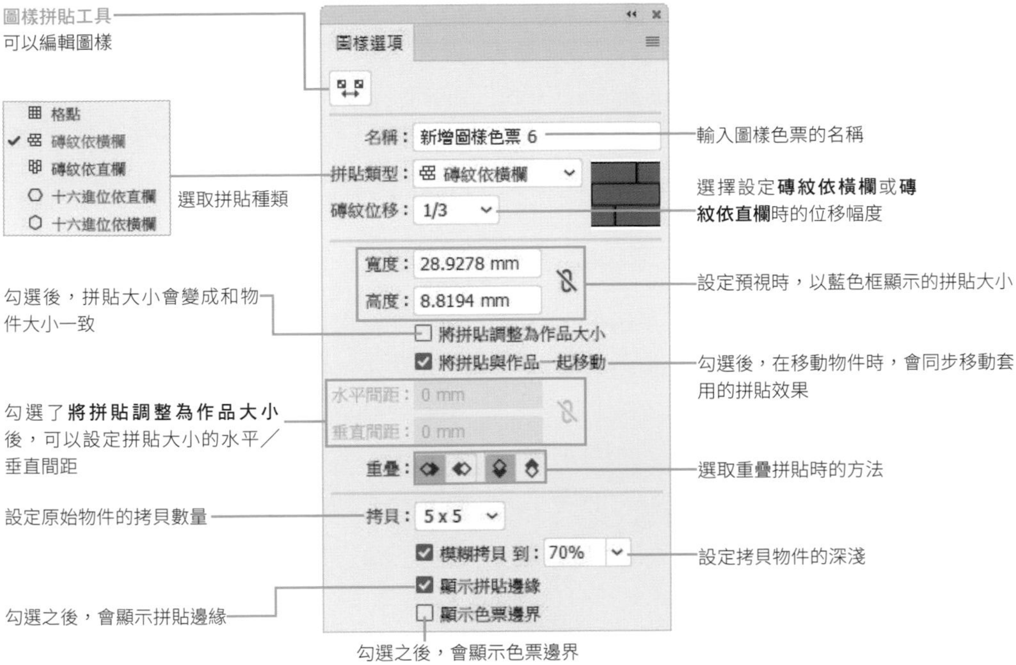
圖樣拼貼工具
可以編輯圖樣
圖樣選項
名稱：新增圖樣色票 6
輸入圖樣色票的名稱
格點
磚紋依橫欄
磚紋依直欄
十六進位依直欄
十六進位依橫欄
選取拼貼種類
拼貼類型：磚紋依橫欄
磚紋位移：1/3
選擇設定**磚紋依橫欄**或**磚紋依直欄**時的位移幅度
寬度：28.9278 mm
高度：8.8194 mm
設定預視時，以藍色框顯示的拼貼大小
勾選後，拼貼大小會變成和物件大小一致
將拼貼調整為作品大小
將拼貼與作品一起移動
勾選後，在移動物件時，會同步移動套用的拼貼效果
水平間距：0 mm
垂直間距：0 mm
勾選了**將拼貼調整為作品大小**後，可以設定拼貼大小的水平／垂直間距
重疊：
選取重疊拼貼時的方法
設定原始物件的拷貝數量
拷貝：5 x 5
模糊拷貝 到：70%
設定拷貝物件的深淺
顯示拼貼邊緣
顯示色票邊界
勾選之後，會顯示拼貼邊緣
勾選之後，會顯示色票邊界

▶ 圖樣拼貼工具

在圖樣選項面板中，按下圖樣拼貼工具鈕後，拖曳圖樣拼貼的邊框控制點□，可以調整大小。另外，拖曳◇，能調整位移幅度。

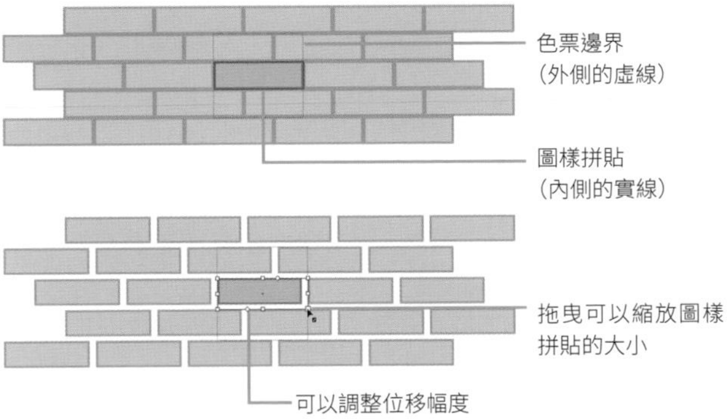
色票邊界
（外側的虛線）
圖樣拼貼
（內側的實線）
拖曳可以縮放圖樣拼貼的大小
可以調整位移幅度

TIPS 與舊版本的相容性

從 CS6 開始，可以輕易編輯圖樣，但是定義的圖樣物件和過去一樣。只要從**色票**面板，拖曳出圖樣拼貼，就可以瞭解這一點。因此，儲存成舊版本，也沒有問題。

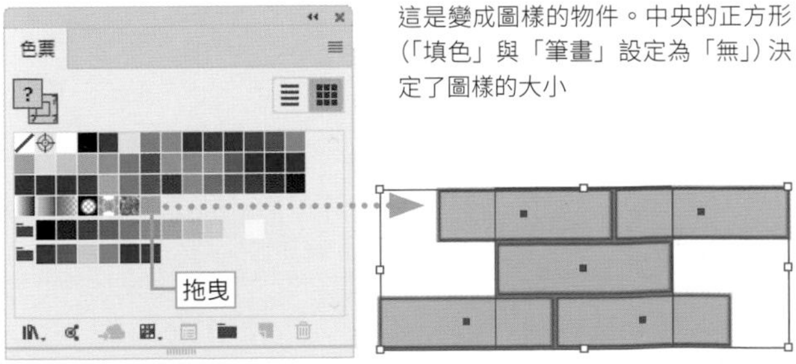
色票
拖曳

這是變成圖樣的物件。中央的正方形（「填色」與「筆畫」設定為「無」）決定了圖樣的大小

CS6 | CC | CC14 | CC15 | CC17 | CC18

5-8
設定不透明度與漸變模式

使用頻率 ★★☆

在 Illustrator 中，設定不透明度，就可以透視下層物件。另外，還能設定物件重疊部分的漸變模式。

設定不透明度

對上層物件設定不透明度，就能透視下層物件。利用控制面板或透明度面板，可以設定不透明度。請選取物件，利用透明度面板的不透明度完成設定。

1 選取物件

選取物件。

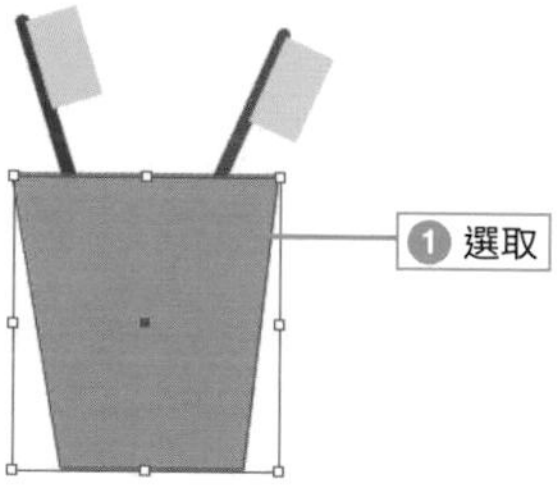

❶ 選取

2 設定不透明度

利用控制面板或透明度面板的不透明度項目，設定不透明度。可以直接輸入數值。

POINT

假如畫面上沒有顯示**透明度**面板，請執行『**視窗→透明度**』命令（Shift＋Ctrl＋F10鍵）。

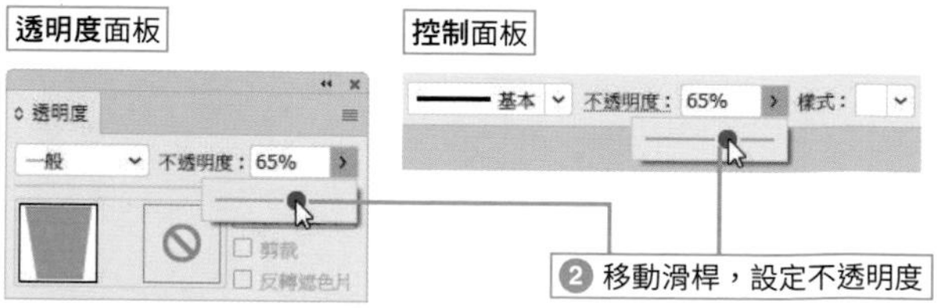

透明度面板
控制面板
透明度
一般
不透明度：65%
剪裁
反轉遮色片
基本
不透明度：65%
樣式：
❷ 移動滑桿，設定不透明度

在面板選單中，執行『**顯示縮圖**』命令，就會顯示面板的下半部

3 變成透明

物件變成透明，可以透視下層物件。

POINT

利用**透明度**面板，設定物件的不透明度後，後續製作出來的物件，也會套用剛才設定的不透明度。

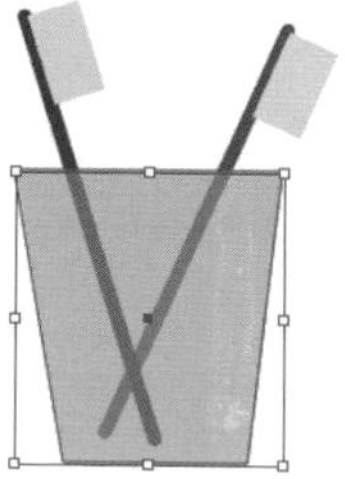

POINT

不透明度也可以套用在使用了漸層、漸層網格、圖樣等物件。另外，還能套用在群組物件上。

▶「外觀」面板也可設定不透明度

按一下外觀面板的不透明度，會顯示透明度面板，可以設定不透明度。

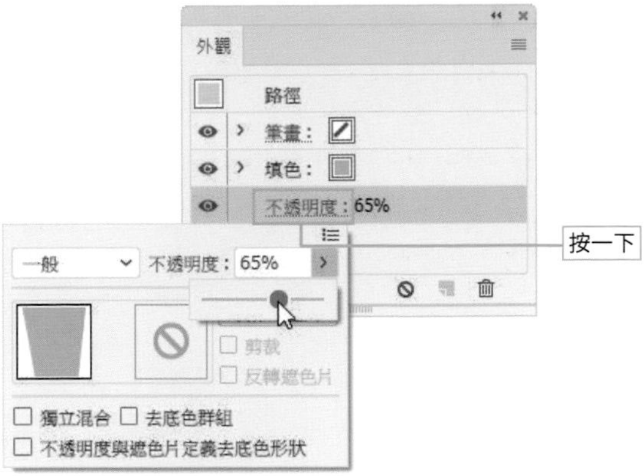
外觀
路徑
筆畫：
填色：
不透明度：65%
按一下
一般
不透明度：65%
剪裁
反轉遮色片
獨立混合
去底色群組
不透明度與遮色片定義去底色形狀

▶ 可以分別在各個外觀套用不透明度

不透明度的設定，可以套用在各個外觀（請參考 **5-42 頁**），而非只針對整個物件。還能只讓「填色」變透明，而「筆畫」的不透明度設定為 100%。

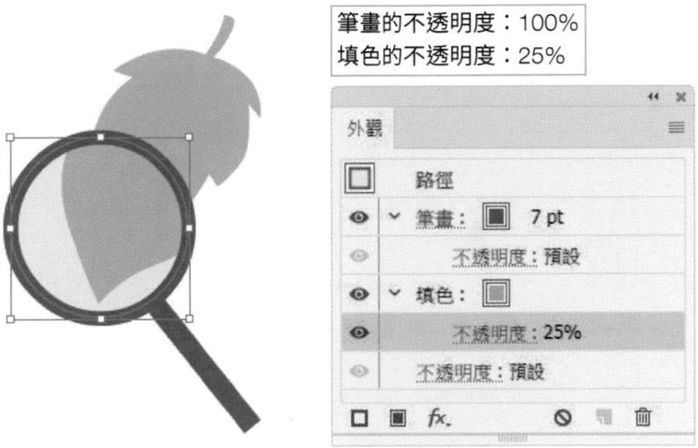
筆畫的不透明度：100%
填色的不透明度：25%
外觀
路徑
筆畫：
7 pt
不透明度：預設
填色：
不透明度：25%
不透明度：預設

POINT

如果畫面上沒有顯示**外觀**面板，請執行『**視窗→外觀**』命令（Shift＋F6）。

TIPS 套用在整個圖層

在**圖層**面板中，選取圖層內的所有物件，可以對整個圖層設定不透明度。

● 選擇漸變模式

漸變模式是用來設定如何合成重疊物件的下層物件與上層物件的顏色。利用透明度面板左上方的下拉式選單，可選取漸變模式。

透明度
一般
不透明度：25%
一般
暗化
色彩增值
色彩加深
亮化
網屏
色彩加亮
重疊
柔光
製作遮色片
剪裁
反轉遮色片

POINT

漸變模式與物件的不透明度無關，可以另外設定。

以下範例是只在上層物件套用漸變模式的結果。

一般

這是**一般**模式。上層物件與下層物件的顏色不會彼此影響

色彩增值

在下層物件的各個顏色，覆蓋上層物件的顏色，影像會變暗。就像疊上底片後，影像變暗的感覺

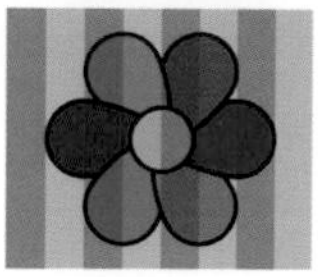

亮化

比較下層物件與上層物件的各個顏色，把明亮色當作結果色

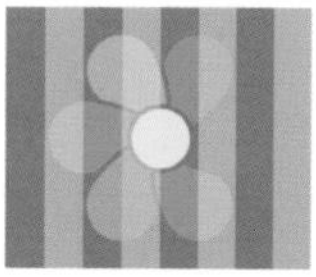

色彩加亮

變亮下層物件的各種顏色，並且反映在上層物件的顏色上

柔光

假如上層物件比 50% 灰階還明亮，會在同色套用色彩加亮，讓顏色變明亮；若比 50% 灰階還暗，會在同色套用色彩加深，讓顏色變暗

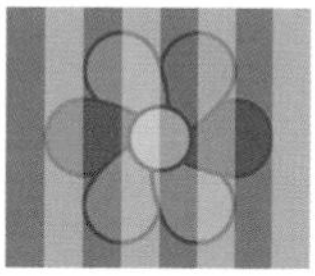

差異化

比較下層物件與上層物件的各個顏色，把明亮色減去陰暗色的差異值當作結果色

色相

擁有下層物件的亮度、飽和度及上層物件的色相，該顏色會變成結果色

顏色

擁有下層物件的亮度及上層物件的飽和度與色相，該顏色會變成結果色

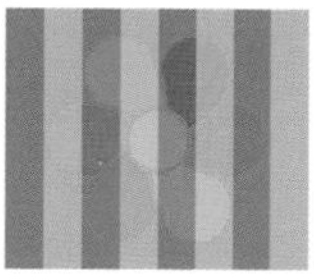

暗化

比較下層物件與上層物件的各個顏色，把陰暗色當作結果色

色彩加深

依照各種顏色變暗下層物件的顏色，並反應在上層物件的顏色上

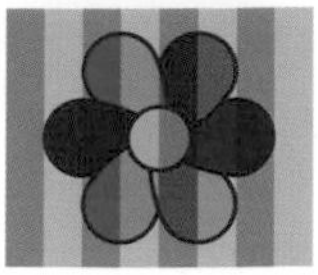

網屏

套用與**色彩增值**相反的效果。由於覆蓋了下層物件與上層物件的反轉色，所以影像變白

重疊

配合下層物件的顏色亮度，套用**色彩增值**或**網屏**模式

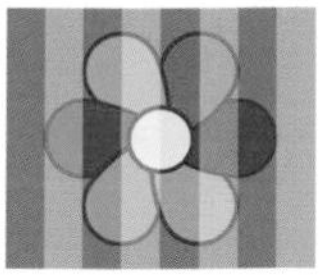

實光

假如上層物件比 50% 灰階還明亮，會在同色套用**網屏**；若比 50% 灰階還暗，會在同色套用**色彩增值**

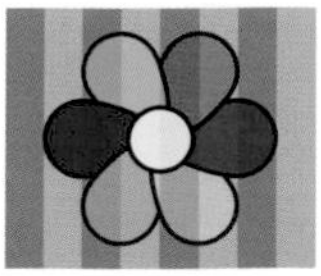

差集

基本上，效果與**差異化**一樣。但是降低對比，效果比較柔和

飽和度

擁有下層物件的亮度、色相及上層物件的飽和度，該顏色會變成結果色

明度

擁有下層物件的色相、飽和度及上層物件的亮度，該顏色會變成結果色

● 分離漸變模式

套用了漸變模式的物件在組成群組之後，漸變模式的效果也會套用在群組的下層物件。

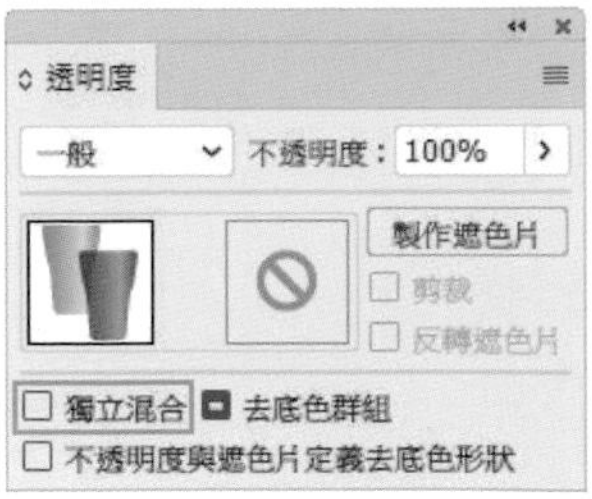

透明度
一般
不透明度：100%
製作遮色片
剪裁
反轉遮色片
獨立混合
去底色群組
不透明度與遮色片定義去底色形狀

假如只想在群組內套用漸變模式的效果，不希望影響到下層物件時，請使用選取工具選取群組，在透明度面板中，勾選獨立混合選項（請展開面板，顯示選項）。

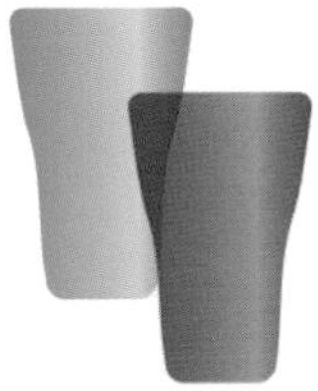

在右側物件套用「**色彩增值**」，並且組成群組

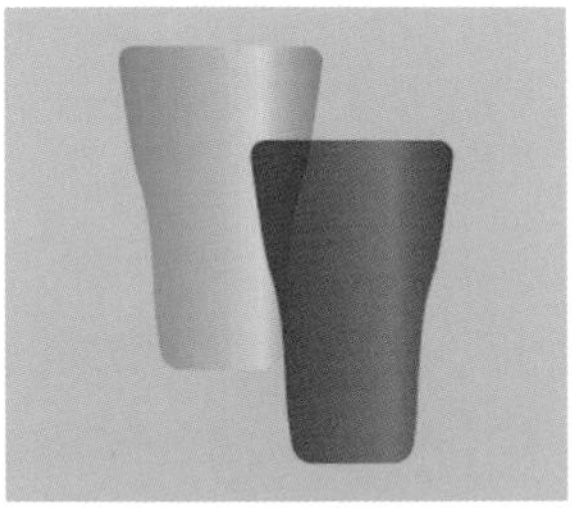

在背景設定顏色後，右側物件的背景也套用了漸變模式

使用**選取工具**選取群組物件，並勾選「**獨立混合**」項目，就會只在群組物件套用漸變模式

● 去底色群組

在重疊的物件設定漸變模式與不透明度，再組成群組時，或對群組物件的各個物件分別設定漸變模式及不透明度時，會混合群組內的物件顏色。

使用選取工具選取群組，勾選透明度面板的去底色群組選項，會忽略群組物件中的不透明度及漸變模式，不混合顏色，維持重疊順序。

透明度
一般
不透明度：100%
製作遮色片
剪裁
反轉遮色片
獨立混合
去底色群組
不透明度與遮色片定義去底色形狀

勾選之後，去底色的效果會按照物件的不透明度來變化。不透明度愈接近 100，去底色的效果愈高

設定前

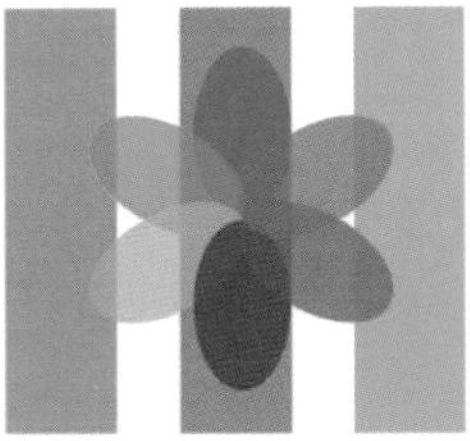

各個上層物件的不透明度設定為 70%，再組成群組

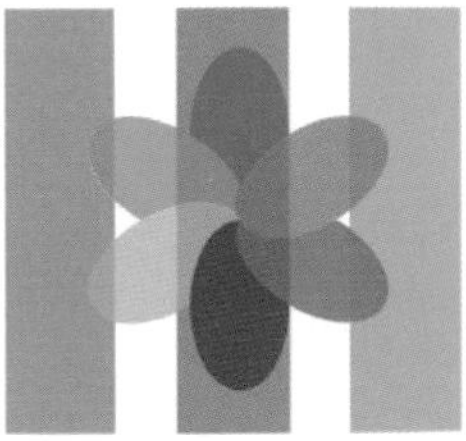

使用**選取工具**選取群組物件，並且勾選**去底色群組**

CS6 | CC | CC14 | CC15 | CC17 | CC18

5-9 外觀

使用頻率 ★★☆	Illustrator 是依照對物件設定的「填色」與「筆畫」來決定外觀。使用外觀，可以設定多個「填色」與「筆畫」，製作出一個路徑上，擁有複雜外觀的物件。

何謂「外觀」？

「外觀」是指物件的外表。Illustrator 的基本物件是由路徑的形狀及「填色」與「筆畫」的顏色而定。使用外觀面板，可以在一個路徑設定多種「填色」與「筆畫」。

此外，這些「填色」與「筆畫」，還可以個別套用效果選單的各種命令、筆刷、圖樣、漸層。過去要變形或重疊路徑，才能製作出效果複雜的物件，現在只要使用「外觀」，就可以不改變路徑形狀，製作出效果。而且用外觀面板套用的屬性，能輕而易舉更改或刪除，所以能不改變原本的路徑形狀，只調整「外觀。」

分別設定一個「填色」與「筆畫」的狀態，稱作「**基本外觀**」

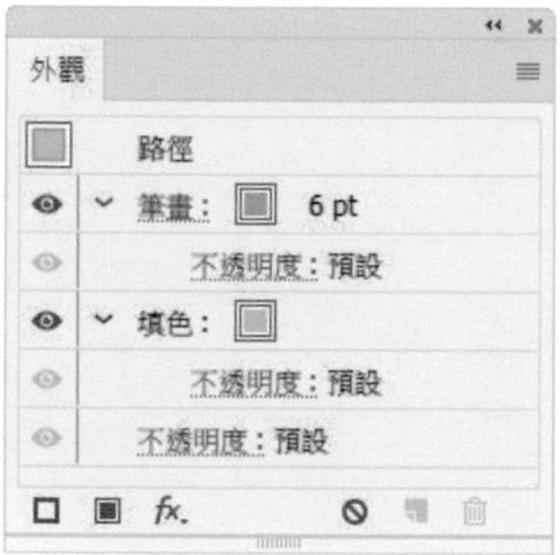
外觀
路徑
筆畫： 6 pt
不透明度：預設
填色：
不透明度：預設
不透明度：預設

新增「填色」與「筆畫」，套用各種效果的物件，可以針對「筆畫」與「填色」，個別套用**效果**選單的命令、不透明度、漸變模式，不用改變路徑形狀，就能調整外觀

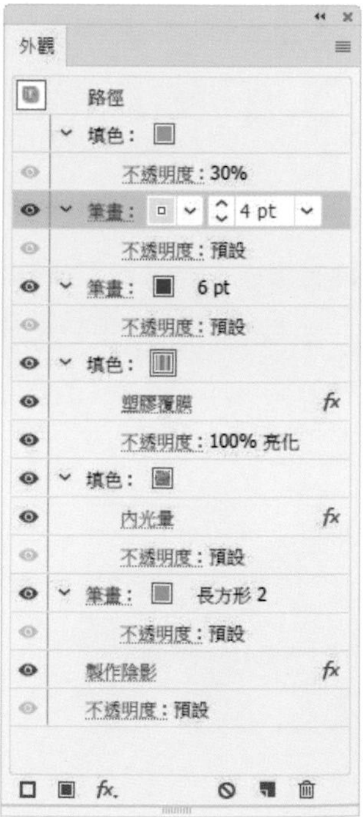
外觀
路徑
填色：
不透明度：30%
筆畫： 4 pt
不透明度：預設
筆畫： 6 pt
不透明度：預設
填色：
塑膠覆膜
不透明度：100% 亮化
填色：
內光暈
不透明度：預設
筆畫： 長方形 2
不透明度：預設
製作陰影
不透明度：預設

POINT

如果畫面上沒有顯示**外觀**面板，請執行『**視窗→外觀**』命令（Shift＋F6鍵）。

「外觀」面板

設定在物件中的外觀屬性全都會顯示在外觀面板中。在外觀面板，可以依序新增「填色」與「筆畫」，設定屬性的重疊順序。另外，還能刪除或拷貝屬性。

在外觀面板中，顯示在上面的屬性項目，會呈現在上層。按下面板左側的👁，可以設定不要套用該項目。

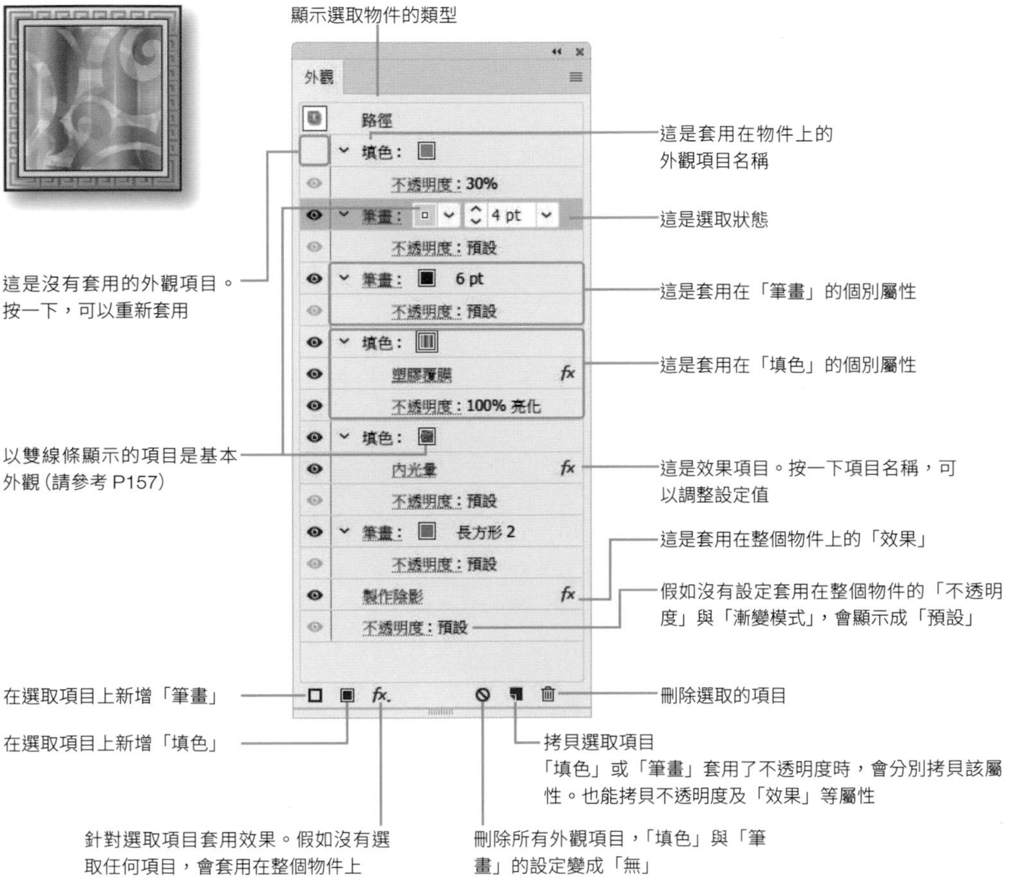

顯示選取物件的類型
外觀
路徑
填色：
不透明度：30%
筆畫：4 pt
不透明度：預設
筆畫：6 pt
不透明度：預設
填色：
塑膠覆膜
不透明度：100% 亮化
填色：
內光暈
不透明度：預設
筆畫：長方形 2
不透明度：預設
製作陰影
不透明度：預設
這是套用在物件上的外觀項目名稱
這是選取狀態
這是沒有套用的外觀項目。按一下，可以重新套用
這是套用在「筆畫」的個別屬性
這是套用在「填色」的個別屬性
以雙線條顯示的項目是基本外觀（請參考 P157）
這是效果項目。按一下項目名稱，可以調整設定值
這是套用在整個物件上的「效果」
假如沒有設定套用在整個物件的「不透明度」與「漸變模式」，會顯示成「預設」
在選取項目上新增「筆畫」
刪除選取的項目
在選取項目上新增「填色」
拷貝選取項目
「填色」或「筆畫」套用了不透明度時，會分別拷貝該屬性。也能拷貝不透明度及「效果」等屬性
針對選取項目套用效果。假如沒有選取任何項目，會套用在整個物件上
刪除所有外觀項目，「填色」與「筆畫」的設定變成「無」

文字物件的外觀面板

如果是文字物件，使用文字工具[T]，輸入、編輯文字時，或以選取工具[▶]選取整個文字物件時，在外觀面板中的顯示狀態會不一樣。輸入、編輯文字時，顯示在外觀面板的選取對象是「文字」。

選取文字時

COLOR
外觀
文字：不顯示外觀
字元
筆畫：
填色：
不透明度：預設

輸入、編輯文字時，會在**外觀**面板顯示各個選取文字的「筆畫」與「填色」。但是，無法新增「筆畫」或「填色」的外觀。也無法套用**效果**選單的濾鏡。可以依照文字單位來設定「不透明度」與「漸變模式」

選取物件時

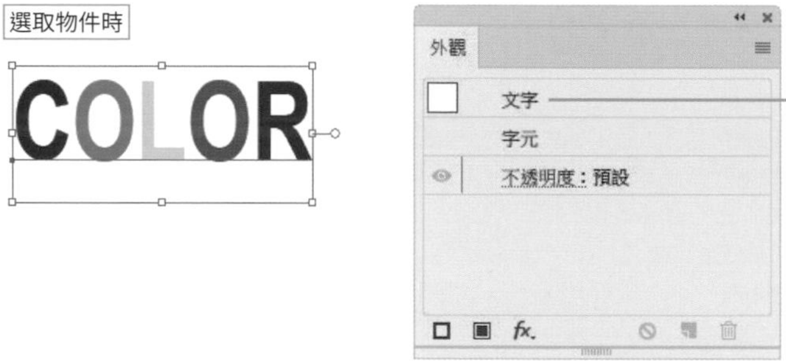

COLOR
外觀
文字
字元
不透明度：預設

選取文字物件時，會顯示「文字」外觀。使用**文字工具**[T]，輸入、編輯文字時，可以設定各個文字的「筆畫」與「填色」

選取物件，新增外觀時

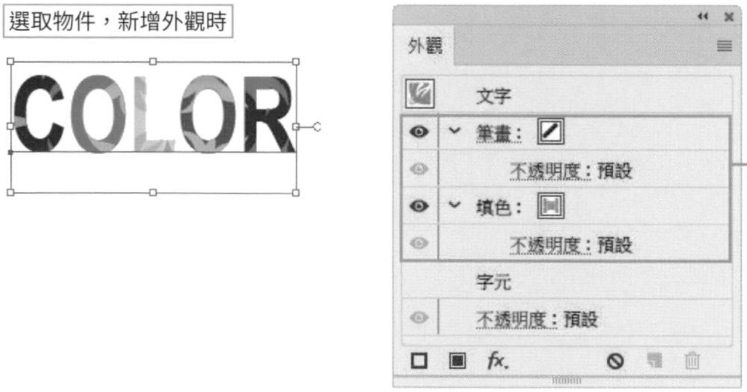

COLOR
外觀
文字
筆畫：
不透明度：預設
填色：
不透明度：預設
字元
不透明度：預設

新增「填色」，套用圖樣。
在基本的文字上，重疊圖樣

外觀的階層

外觀面板和圖層一樣，上層屬性會遮住下層屬性。利用拖曳方式可以改變屬性的階層。

在 10pt 的筆畫上，顯示 5pt 的筆畫

改變筆畫的順序。由於 10pt 的筆畫在上層，因而遮住了比較細的 5pt 筆畫

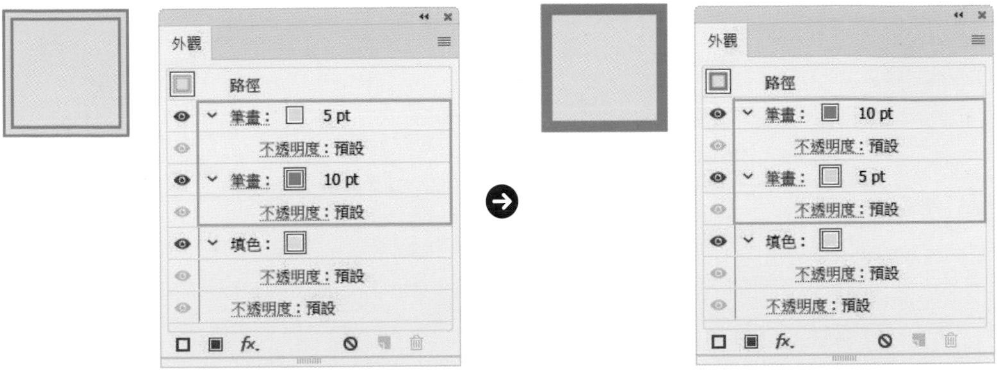

外觀
路徑
筆畫： 5 pt
不透明度：預設
筆畫： 10 pt
不透明度：預設
填色：
不透明度：預設
不透明度：預設
外觀
路徑
筆畫： 10 pt
不透明度：預設
筆畫： 5 pt
不透明度：預設
填色：
不透明度：預設
不透明度：預設

利用「圖層」面板移動及拷貝外觀

使用圖層面板，可以在物件中，移動外觀屬性。

▶ 移動外觀

1 拖曳圖示

將圖層面板的◉圖示，拖曳重疊至其他物件上。◉圖示會顯示設定在物件上的外觀。○圖示是指，只有基本外觀的物件。

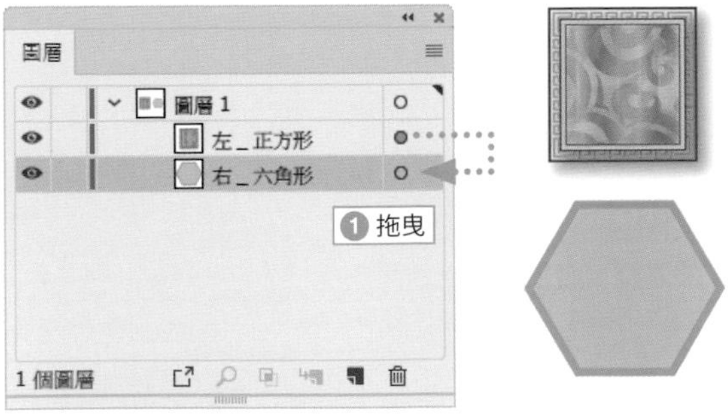

圖層
圖層 1
左＿正方形
右＿六角形
1 拖曳
1 個圖層

2 移動了外觀

只把外觀屬性移到目標物件上。當作移動來源的物件，恢復成基本外觀。

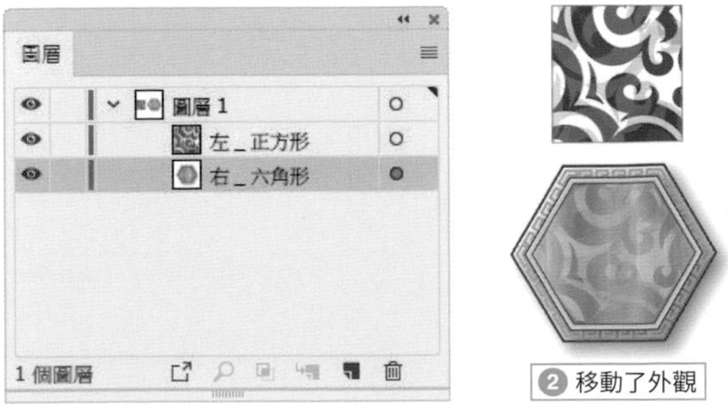

圖層
圖層 1
左＿正方形
右＿六角形
1 個圖層
2 移動了外觀

▶ 拷貝外觀

1 拖曳圖示

按住[Alt]鍵，並拖曳圖層面板上的[●]圖示。

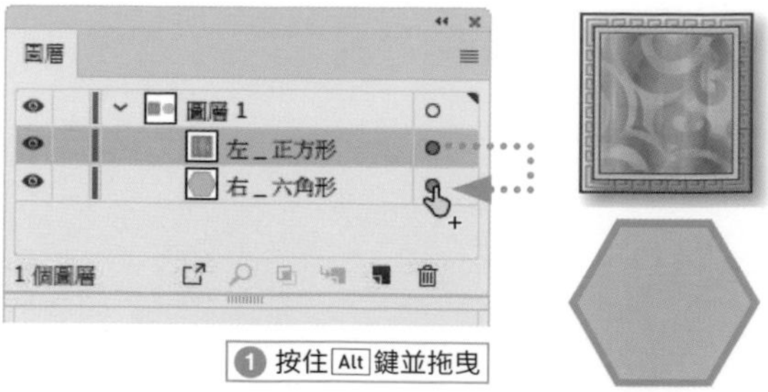
圖層
圖層 1
左＿正方形
右＿六角形
1 個圖層
① 按住[Alt]鍵並拖曳

2 拷貝了外觀

將外觀屬性拷貝至目標物件上。

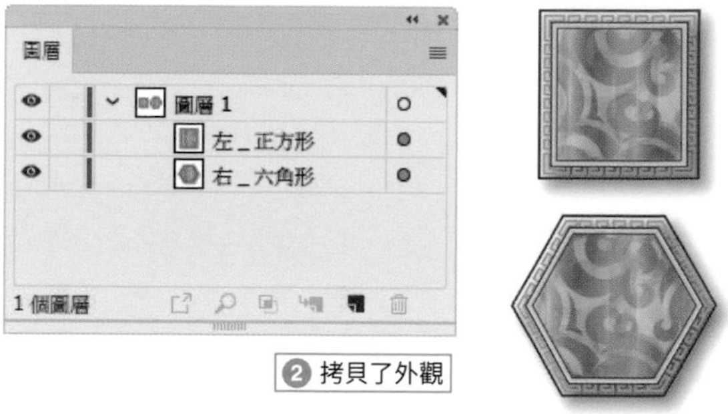
圖層
圖層 1
左＿正方形
右＿六角形
1 個圖層
② 拷貝了外觀

TIPS 恢復成基本外觀

在**外觀**面板選單，執行『**簡化為基本外觀**』命令，會將「填色」與「筆畫」恢復成基本外觀。假如有多個「填色」與「筆畫」，會套用最後選擇的外觀（以雙線條顯示的顏色方塊外觀）。

外觀
路徑
筆畫： 5 pt
不透明度：預設
筆畫： 10 pt
不透明度：預設
填色：
不透明度：預設
不透明度：預設
新增填色(F)
新增筆畫(S)
複製項目(D)
移除項目(R)
清除外觀(C)
簡化為基本外觀(B)
新線條圖使用基本外觀(N)
隱藏縮圖(T)
重新定義繪圖樣式(L)
顯示所有隱藏的屬性(A)
選取
外觀
路徑
筆畫： 10 pt
不透明度：預設
填色：
不透明度：預設
不透明度：預設
這是恢復成基本外觀

CHAPTER

6

各種改變
物件外觀的功能

Illustrator 的物件外觀是以「筆畫」及「填色」的設定為基礎，但是有時也會遇到很難單憑基本設定來表現的效果。因此本章要介紹各種改變外觀的功能。

CS6 | CC | CC14 | CC15 | CC17 | CC18

6-1
即時上色

使用頻率 ★☆☆	即時上色是偵測物件交叉部分的上色功能。和使用「填色」與「筆畫」形成的外觀不同，具有間隙的範圍也可以設定顏色，能為繪製後的物件上色。

● 「即時上色」的建立與填色

如果要用「即時上色」填色，必須將物件改成「即時上色群組」。

1 選取物件

此範例選取了上層緞帶及紅色矩形。

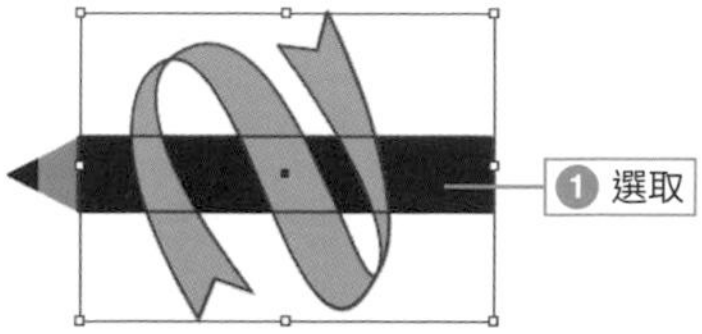

❶ 選取

2 執行『製作』命令

執行『物件→即時上色→製作』命令（Alt＋Ctrl＋X）。

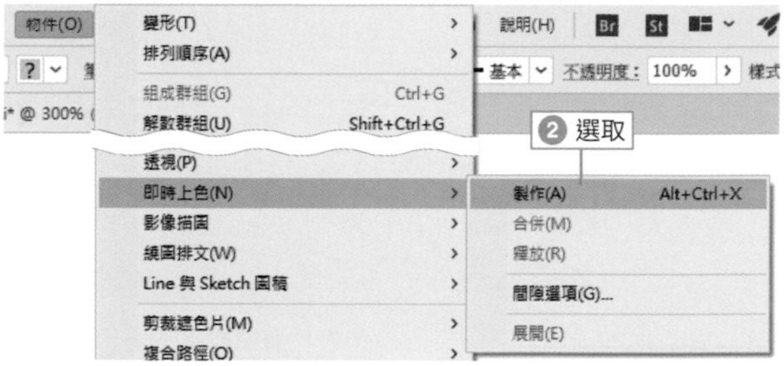

物件(O)
變形(T)
排列順序(A)
組成群組(G) Ctrl+G
解散群組(U) Shift+Ctrl+G
透視(P)
即時上色(N)
影像描圖
繞圖排文(W)
Line 與 Sketch 圖稿
剪裁遮色片(M)
複合路徑(O)
說明(H)
基本
不透明度: 100%
樣式
❷ 選取
製作(A) Alt+Ctrl+X
合併(M)
釋放(R)
間隙選項(G)...
展開(E)

3 變成即時上色群組

選取的物件會變成即時上色群組。請先取消選取狀態。

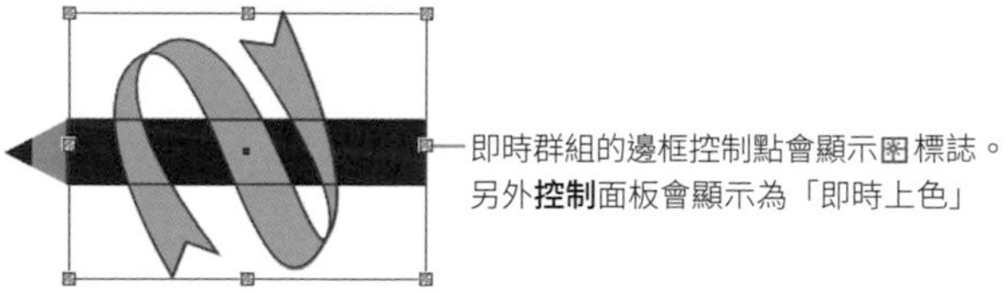

即時群組的邊框控制點會顯示圖標誌。
另外**控制**面板會顯示為「即時上色」

即時上色
筆畫：
1 pt
一致

4 選擇顏色

在色票面板或顏色面板等，選擇要使用的顏色。

POINT

使用**即時上色油漆桶**，按下 Alt 鍵時，會暫時變成**檢色滴管工具**，可以拷貝按下滑鼠左鍵的顏色。

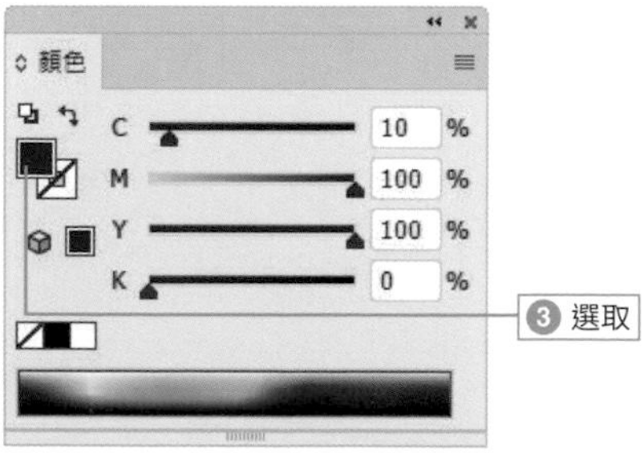

顏色
C 10 %
M 100 %
Y 100 %
K 0 %
❸ 選取

5 選取即時上色油漆桶

選取即時上色油漆桶，將游標移動到要上色的區域，會用紅框顯示該區域。

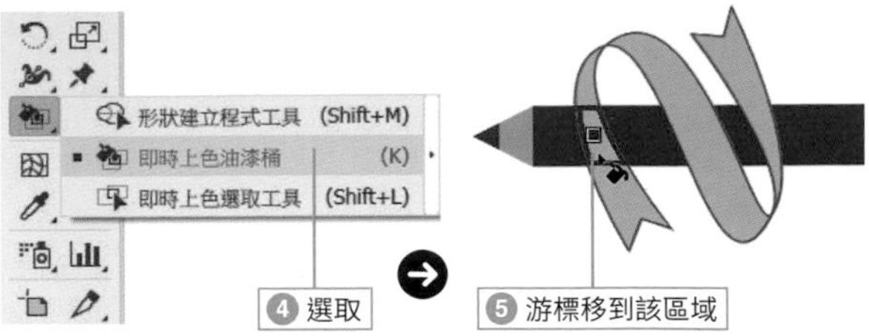
形狀建立程式工具 (Shift+M)
即時上色油漆桶 (K)
即時上色選取工具 (Shift+L)
④ 選取
⑤ 游標移到該區域

6 完成上色

按一下，用紅框顯示的區域，就會填上剛才選取的顏色。

POINT

按下 Shift 鍵，游標會變成，可以設定筆畫的顏色。

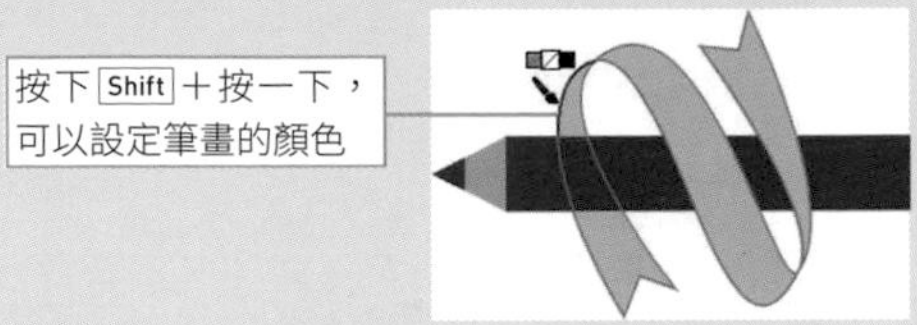
按下 Shift ＋按一下，
可以設定筆畫的顏色

TIPS 按一下滑鼠左鍵也可以套用顏色

選取物件，使用**即時上色油漆桶**按一下物件，也能變成即時上色群組。此時，按一下滑鼠左鍵的區域，會套用上次使用過的顏色。

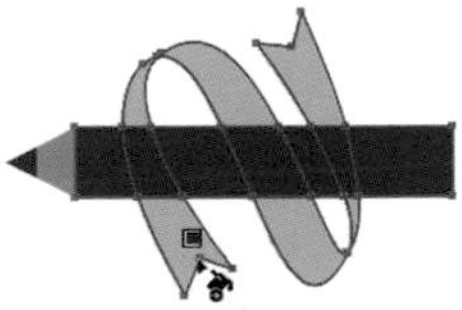

使用**即時上色油漆桶**按一下選取的物件，也會變成即時上色群組

TIPS 「即時上色油漆桶」的游標顏色

利用即時上色選取要使用的顏色時，**即時上色油漆桶**的游標上面會顯示選取顏色的圖示。假如在**色票**面板選取了要套用的顏色，圖示會顯示出三種顏色。中間是選取中的顏色，旁邊兩色是在**色票**面板中，相鄰的顏色。按下鍵盤的方向鍵，可以依序套用**色票**面板中的顏色。假如從顏色群組中，選取了顏色，可以只選取群組的顏色。

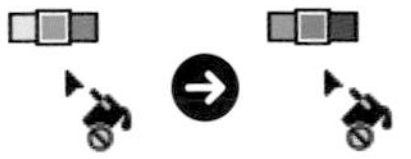

利用**色票**面板選取顏色，游標上方會顯示選取色及相鄰的色票，按下鍵盤方向鍵，可以更改顏色

「即時上色選取工具」

使用即時上色選取工具也可以上色。

1 選取即時上色選取工具

選取即時上色選取工具，將游標移動到要選取的區域，會以紅框顯示該區域。游標在「填色」區域會顯示為，在「筆畫」區域會顯示成。

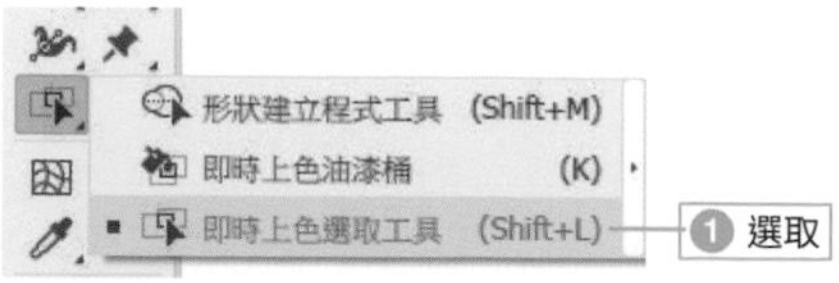

形狀建立程式工具 (Shift+M)
即時上色油漆桶 (K)
即時上色選取工具 (Shift+L)
1 選取

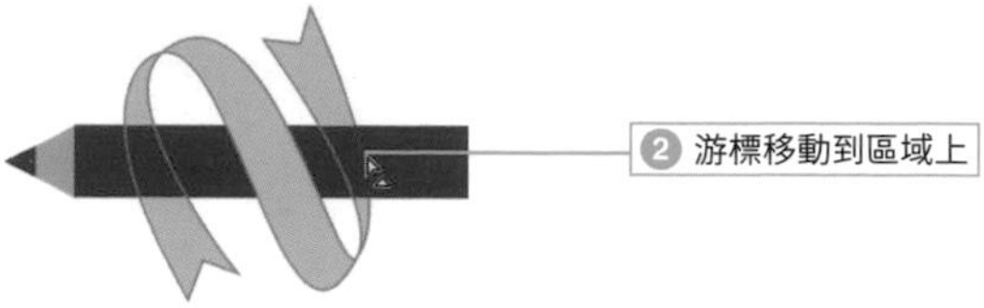

2 游標移動到區域上

2 選取區域

按一下，選取的區域會顯示白色網狀。按下 Shift ＋按一下，可以選取多個區域。

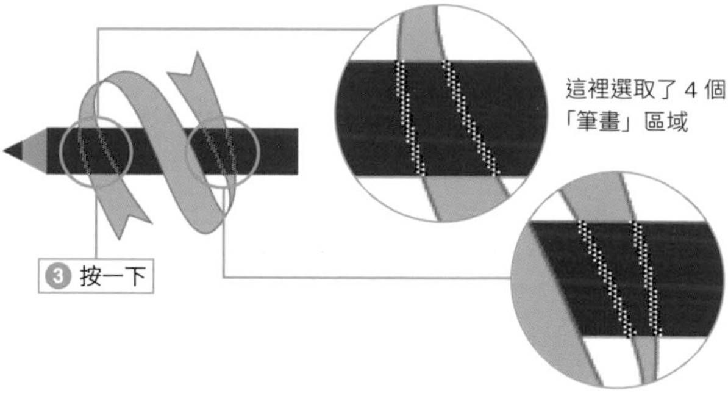

這裡選取了 4 個「筆畫」區域
3 按一下

3 選取顏色

在色票面板或顏色面板選擇要上色的顏色。

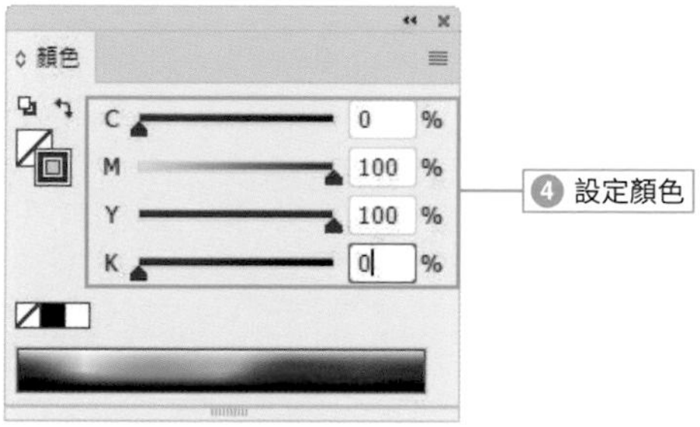

顏色
C 0 %
M 100 %
Y 100 %
K 0 %
4 設定顏色

4 更改顏色

改變了選取區域的顏色。

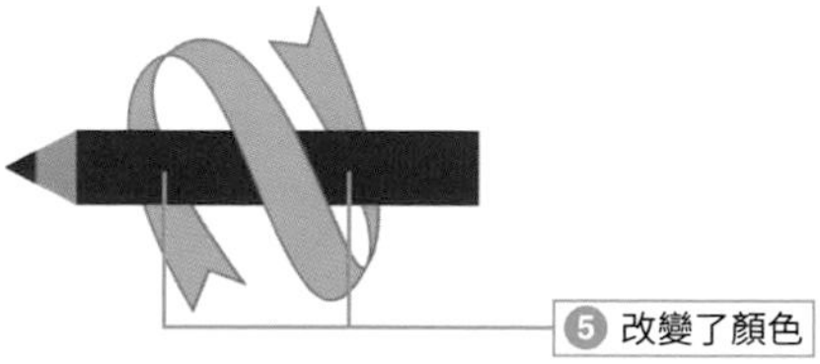

5 改變了顏色

POINT

使用**即時上色油漆桶**或**即時上色選取工具**時，按下 Alt 鍵，會暫時變成**檢色滴管工具**，按一下就能選取顏色。

TIPS **利用工具選項設定套用對象**

在工具面板中的**即時上色油漆桶**雙按滑鼠左鍵，或選取**即時上色油漆桶**時，按下 Enter 鍵，會開啟**即時上色油漆桶選項**交談窗，可以選擇「填色」或「筆畫」當作上色對象。
另外，還可以設定填色對象的顯示顏色（預設狀態是淺紅）及寬度。使用**即時上色選取工具**，也可以執行相同設定。

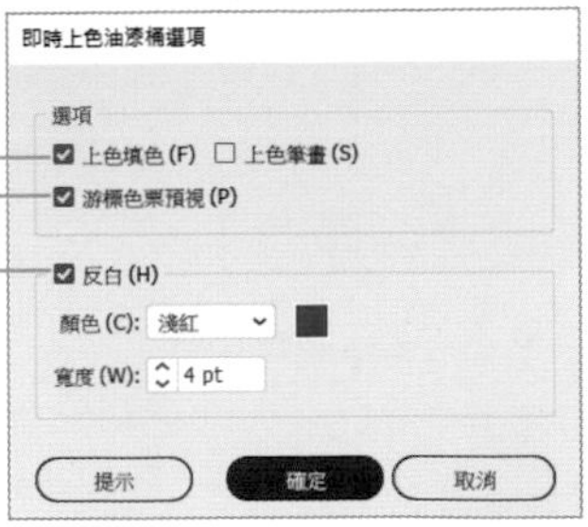

可以選取上色對象
在游標上顯示選取的色票顏色
可以設定上色對象的顏色及寬度
即時上色油漆桶選項
選項
上色填色 (F)
上色筆畫 (S)
游標色票預視 (P)
反白 (H)
顏色 (C): 淺紅
寬度 (W): 4 pt
提示
確定
取消

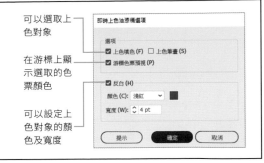

選取及個別編輯「即時上色群組」

即時上色群組只是上色方法不同而已，所以使用選取工具選取之後，也能移動或變形。雙按滑鼠左鍵，進入選取群組編輯模式，或使用直接選取工具，個別選取物件，就可以變形。此時，會盡量保持上色的顏色設定。

間隙選項

即時上色最適合用來為影像描圖繪製出來的物件上色。例如，右邊的插圖是用影像描圖繪製，再使用即時上色填上顏色的結果。即使含有沒有完全封閉的部分，這種有間隙的區域，依舊會視為上色區域。

沒有完全封閉的區域也可以使用即時上色

▶ 設定間隙選項

上色時，要容許多少程度的間隙，可以選取即時上色群組，在控制面板中，開啟間隙選項交談窗來設定。或者也可以執行『物件→即時上色→間隙選項』命令。

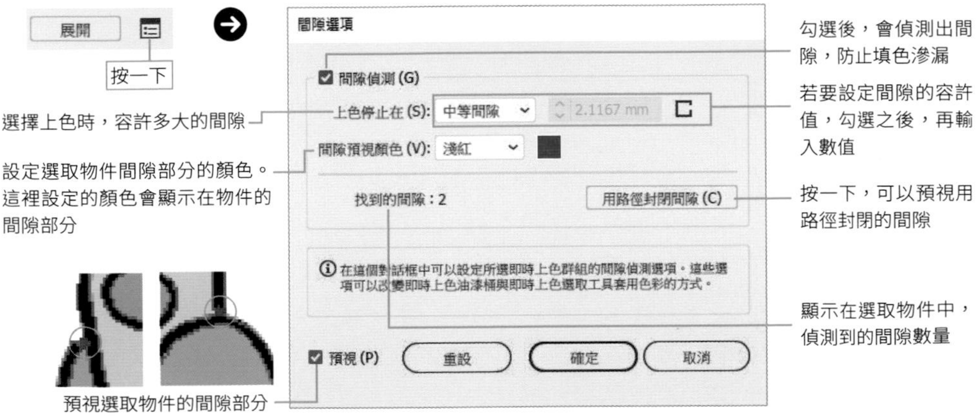

展開
按一下
間隙選項
間隙偵測 (G)
上色停止在 (S): 中等間隙
2.1167 mm
間隙預視顏色 (V): 淺紅
找到的間隙：2
用路徑封閉間隙 (C)
在這個對話框中可以設定所選即時上色群組的間隙偵測選項。這些選項可以改變即時上色油漆桶與即時上色選取工具套用色彩的方式。
預視 (P)
重設
確定
取消
選擇上色時，容許多大的間隙
設定選取物件間隙部分的顏色。這裡設定的顏色會顯示在物件的間隙部分
預視選取物件的間隙部分
勾選後，會偵測出間隙，防止填色滲漏
若要設定間隙的容許值，勾選之後，再輸入數值
按一下，可以預視用路徑封閉的間隙
顯示在選取物件中，偵測到的間隙數量

在選取物件的狀態，設定間隙選項，只會將設定會套用在該物件上。沒有選取物件，直接設定間隙選項，該設定會變成預設值。

新增物件

若想在即時上色群組加入新物件，請選取該物件，接著按下控制面板的合併即時上色鈕。

展開即時上色群組

選取即時上色群組，按下控制面板的展開鈕，就會變成依照區域分割的一般物件。「展開」後，會建立群組。

釋放即時上色群組

執行『物件→即時上色→釋放』命令，會解除即時上色群組，恢復成一般物件。此時，不會還原成原始物件的顏色，而是變成「筆畫」為黑色，「寬度」是 0.5pt 的狀態。

6-2 漸層網格

使用頻率	漸層網格是在網格狀錨點設定顏色，能製作出繪畫般的複雜色調變化。這是營造立體陰影時，不可缺少的功能。
★★☆	

何謂「漸層網格」？

漸層網格是在路徑內部製作網格狀的漸層用路徑（網格線），表現出複雜漸層的功能。製作了漸層網格的物件，稱作網格物件。在網格物件中，會顯示網格線，這是用來設定漸層用的特殊路徑。網格線的結構和一般路徑一樣，可以使用直接選取工具進行移動、變形、刪除等編輯步驟。

在網格點設定顏色，可以製作出相鄰網格點之間的漸層。

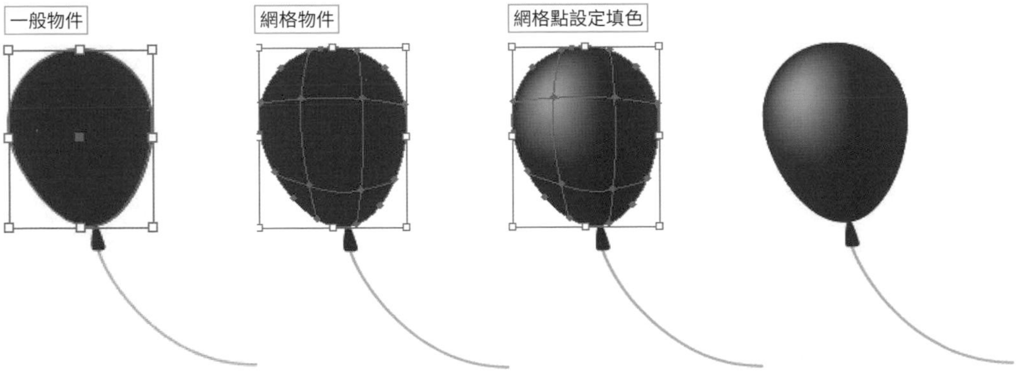
一般物件
網格物件
網格點設定填色

製作漸層網格

如果要將物件轉換成網格物件，可以使用網格工具或執行『物件→建立漸層網格』命令。

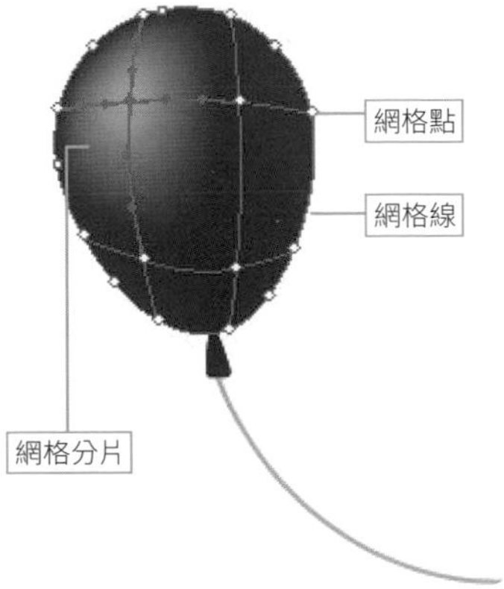
網格點
網格線
網格分片

▶ 使用「網格工具」

使用網格工具 (U鍵)，按一下物件的內部，在按下滑鼠左鍵的位置，會建立網格點。若要再建立網格點，同樣按一下滑鼠左鍵即可。由於製作出來的網格點會呈現選取狀態，因此利用顏色面板或色票面板，就能設定顏色。

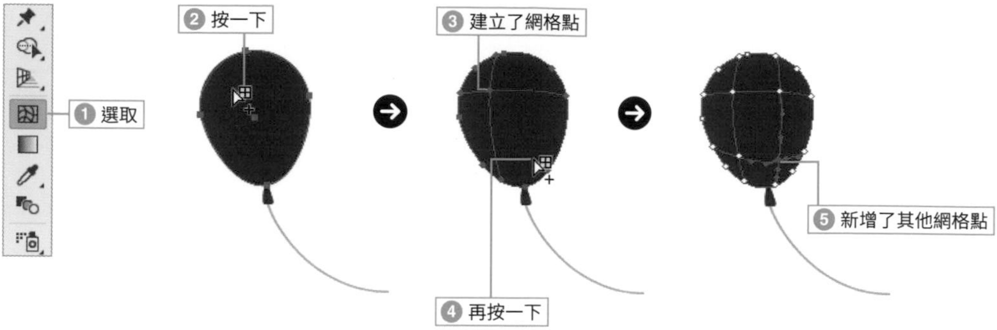

❶ 選取
❷ 按一下
❸ 建立了網格點
❹ 再按一下
❺ 新增了其他網格點

POINT

使用**網格工具**建立的網格點，會套用當時選取的「填色」顏色。配合物件的形狀，自動計算並建立網格線。後續可以新增其他的網格點，或調整位置。

▶ 執行『建立漸層網格』命令

執行『物件→建立漸層網格』命令，可以設定網格分片的數量，以規律且精準的間隔，建立網格線。

1 執行『建立漸層網格』命令

選取物件。執行『物件→建立漸層網格』命令。

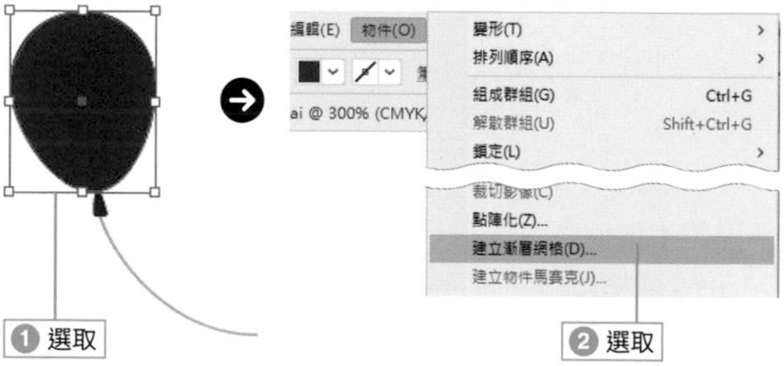

編輯(E)
物件(O)
變形(T)
排列順序(A)
組成群組(G) Ctrl+G
解散群組(U) Shift+Ctrl+G
鎖定(L)
點陣化(Z)...
建立漸層網格(D)...
建立物件馬賽克(J)...
❶ 選取
❷ 選取

2 設定漸層網格

設定網格的橫欄、直欄與外觀，按下確定鈕，建立漸層網格。

❸ 設定網格的橫欄與直欄
建立漸層網格
橫欄 (R): 3
直欄 (C): 3
外觀 (A): 平坦
反白 (H): 100%
預視 (P)
確定
取消
✔ 平坦
至中央
至邊緣
❹ 按下此鈕

▶ 不同的「外觀」設定

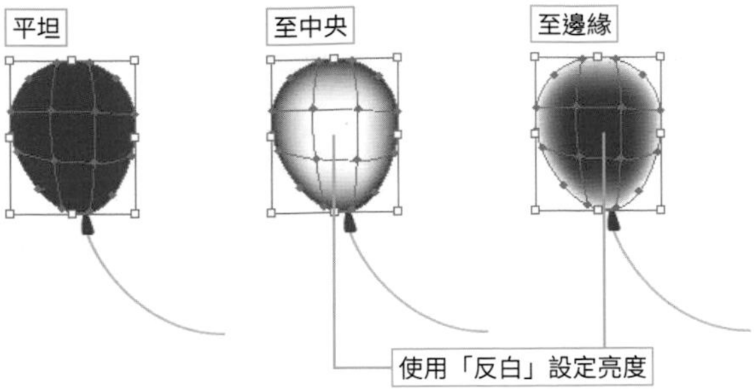
平坦
至中央
至邊緣
使用「反白」設定亮度

TIPS　將網格物件恢復原狀

如果要將套用了漸層網格的物件恢復成一般物件，請執行『**物件→路徑→位移複製**』命令，將**位移**設定為「0」。但是，有時錨點的數量與位置無法恢復原狀。

● 為漸層網格上色

使用直接選取工具，選取網格物件的網格點、輪廓錨點、網格分片，可以設定顏色。利用色票面板或色彩參考面板，也能設定顏色。

POINT

從**顏色**面板或**色票**面板中，將顏色拖曳至網格點或網格分片，也可以設定顏色。

▶ 在網格點或錨點上色

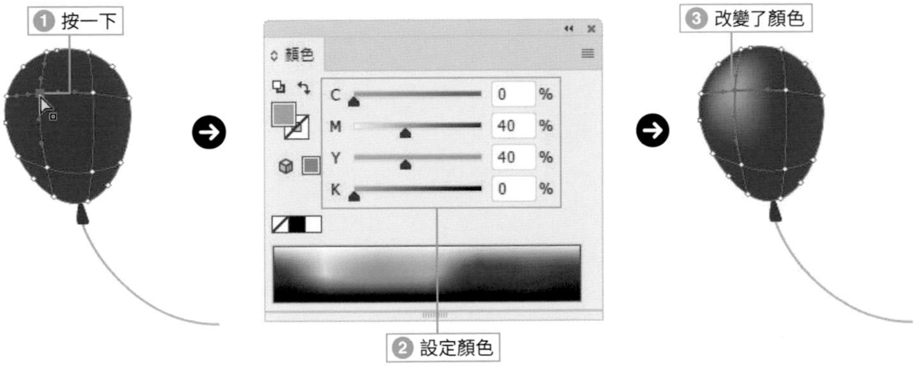
❶ 按一下
顏色
C 0 %
M 40 %
Y 40 %
K 0 %
❷ 設定顏色
❸ 改變了顏色

▶ 網格分片上色

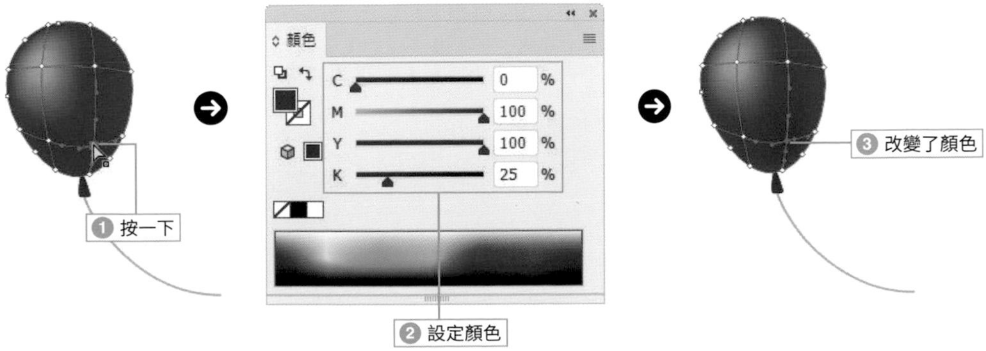
❶ 按一下
顏色
C 0 %
M 100 %
Y 100 %
K 25 %
❷ 設定顏色
❸ 改變了顏色

TIPS 運用「色彩參考」

為網格物件上色時，使用**色彩參考**面板，可以選擇與原始物件的類似色或變化色，非常方便。

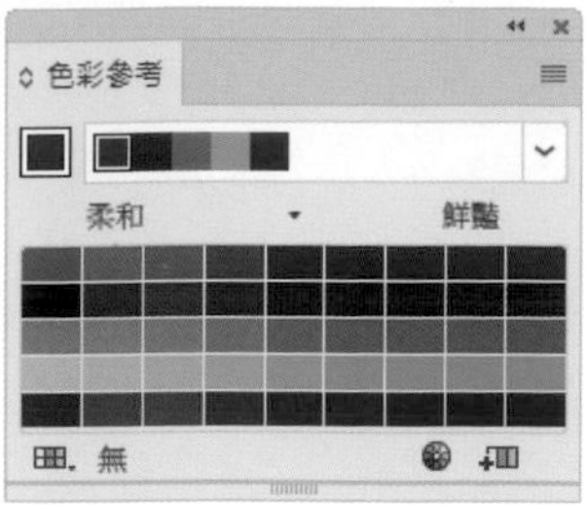

色彩參考
柔和
鮮豔
無

編輯漸層網格

網格線與物件的路徑結構一樣。使用直接選取工具或網格工具，可以移動網格點或變形網格線。請特別注意，若移動連接物件輪廓的網格分片，會變形物件。

▶ 移動網格點

網格點、網格分片、網格線的移動方法和一般物件的路徑或錨點一樣。使用直接選取工具或網格工具，按一下選取網格點，就可以拖曳移動網格點。

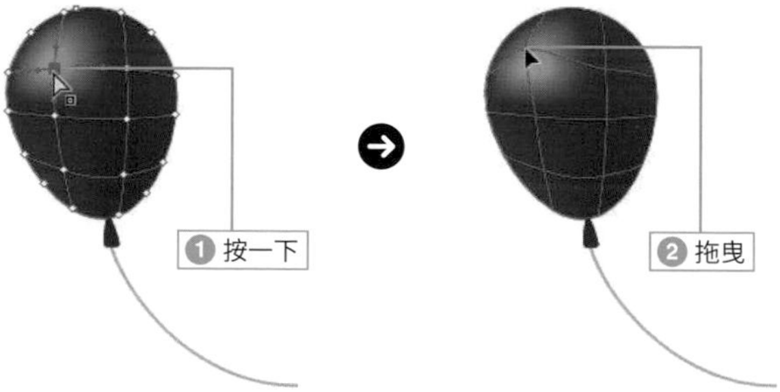

❶ 按一下
❷ 拖曳

▶ 移動網格分片

使用直接選取工具，按一下選取網格分片，就能拖曳移動。

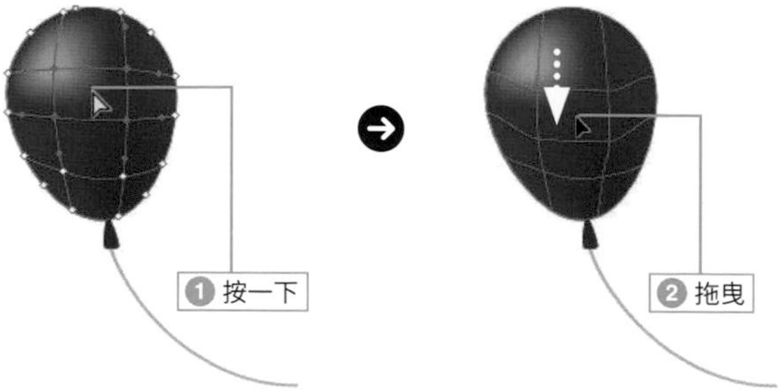

❶ 按一下
❷ 拖曳

POINT

請一定要用**直接選取工具**選取網格分片。如果用**網格工具**選取，會產生新的網格點。

POINT

網格線可以新增或刪除錨點。新增的錨點不會成為上色對象，只能調整網格線。

▶ 編輯方向線（方向控制把手）

使用直接選取工具或網格工具，按一下選取的網格點，再拖曳移動方向線（方向控制把手）。

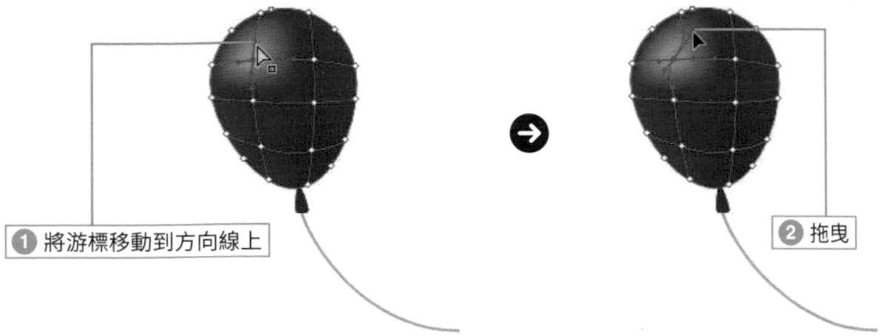

1 將游標移動到方向線上
2 拖曳

▶ 刪除網格點

使用直接選取工具或網格工具，按一下選取網格點，再按下 Delete 鍵，就可以刪除網格點。

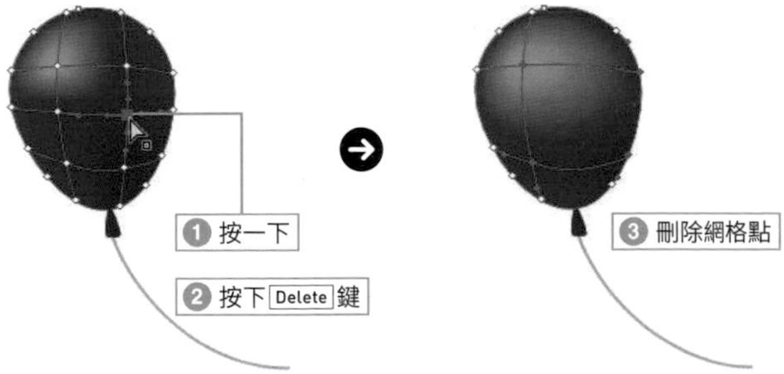

1 按一下
2 按下 Delete 鍵
3 刪除網格點

TIPS 沿著網格線移動網格點

按住 Shift 鍵不放並拖曳，可以沿著一邊的網格線移動網格點或網格分片。

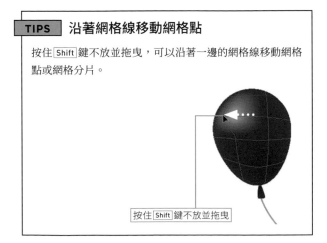

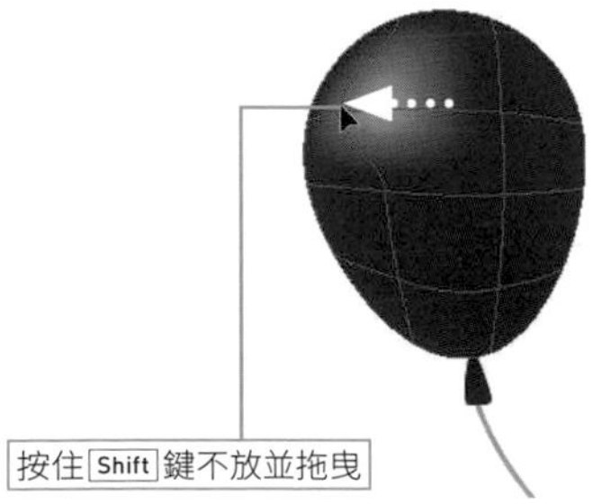

按住 Shift 鍵不放並拖曳

POINT

使用**網格工具**，按住 Alt 鍵不放並按一下網格點或網格線，也可以刪除網格點或網格線。另外，不使用**直接選取工具**，用**網格工具**在網格點上按一下，也可以選取網格點。

漸層網格的不透明度

從 Illustrator CS6 開始，可以對漸層網格物件設定不透明度。

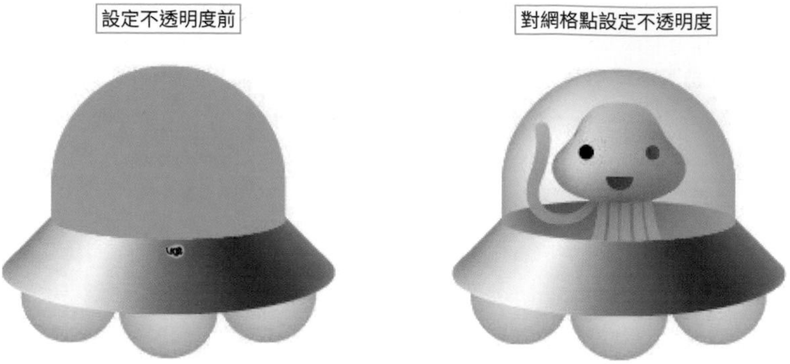
設定不透明度前
對網格點設定不透明度

請選取網格點或網格分片，使用透明度面板或控制面板，設定不透明度。

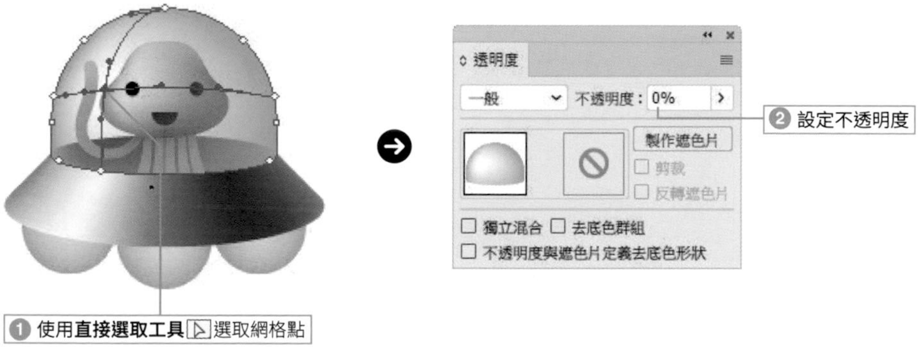
透明度
一般
不透明度：0%
❷ 設定不透明度
製作遮色片
剪裁
反轉遮色片
獨立混合
去底色群組
不透明度與遮色片定義去底色形狀
❶ 使用直接選取工具選取網格點

6-3 製作及使用筆刷

使用頻率	
★★☆	筆刷面板的筆刷，不僅可以透過繪圖筆刷工具來運用，也能套用在已經畫好的物件「筆畫」上。在筆刷面板中，提供了一些筆刷，不過你也可以自訂個人偏愛的筆刷。

在「筆畫」套用筆刷

如果要在選取物件的「筆畫」套用筆刷，可以利用控制面板的筆刷或筆刷面板（F5鍵）來選取筆刷。

1 選取物件

選取物件。

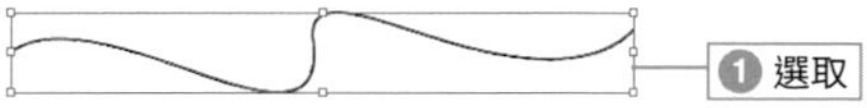
❶ 選取

2 選取筆刷

在筆刷面板中，按一下以選取要使用的筆刷。或者也可以在控制面板中，選取筆刷。

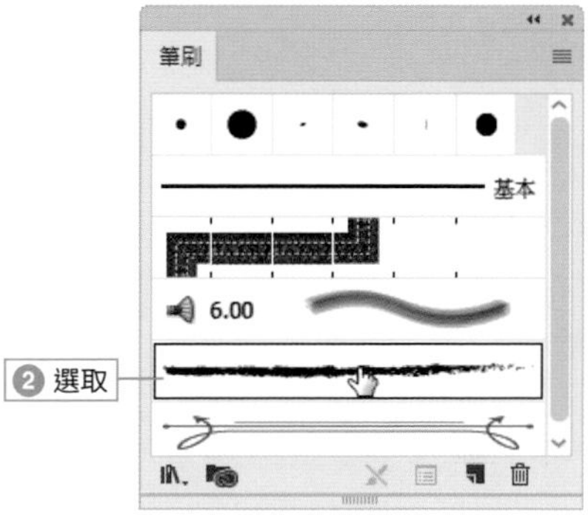
筆刷
基本
6.00
❷ 選取

POINT

不論開放路徑或封閉路徑，都可以套用筆刷，但是筆刷無法套用在漸層網格、點陣影像、圖表、遮色片上。套用在群組物件時，會個別套用在群組內的物件上。

3 套用了筆刷

套用筆刷後，還可變更成其他筆刷。

❸ 套用

POINT

使用**繪圖筆刷工具**繪製物件時，會套用選取中的筆刷。繪圖後，還可以套用其他筆刷。

▶ 筆刷的種類

在筆刷面板中，可以選取的筆刷有 5 種。沾水筆筆刷是會隨著角度改變筆畫寬度的筆刷。散落筆刷是沿著路徑散落物件的筆刷。線條圖筆刷是沿著路徑變形物件的筆刷。圖樣筆刷是沿著線條配置圖樣的筆刷。毛刷筆刷是像畫筆般，畫出濕潤線條的筆刷。

沾水筆筆刷

圖樣筆刷

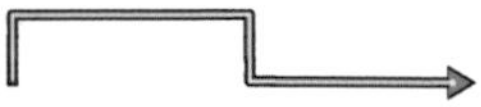

毛刷筆刷

散落筆刷

線條圖筆刷

▶ 筆刷的顏色

沾水筆筆刷與毛刷筆刷可以套用「筆畫」的顏色。散落筆刷、線條圖筆刷、圖樣筆刷有時會以筆刷選項的上色設定為優先，忽略掉「筆畫」設定的顏色。詳細說明請參考「用筆刷選項編輯」(P173)。

沾水筆筆刷會套用「筆畫」的顏色

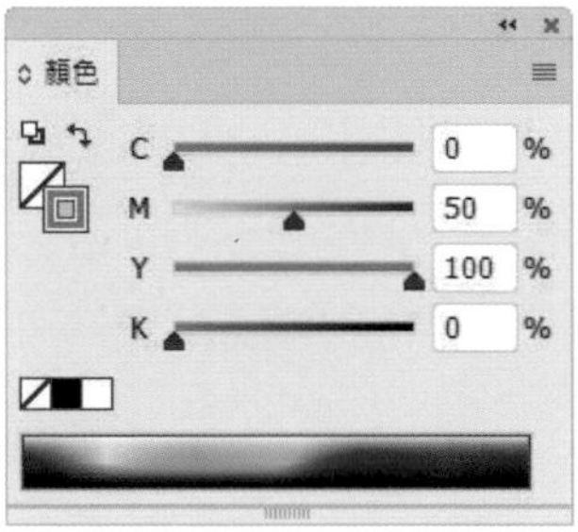
顏色
C 0 %
M 50 %
Y 100 %
K 0 %

▶ 筆刷的寬度

套用筆刷的筆畫，會隨著筆畫寬度的設定，改變筆刷筆觸的寬度。

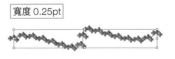

寬度 0.25pt

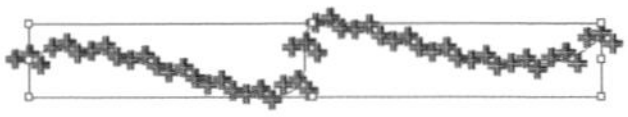

寬度 0.5pt

顯示「筆刷」面板

利用筆刷面板下方的按鈕，可以新增或刪除筆刷。利用筆刷資料庫選取的筆刷，會新增在筆刷面板中。

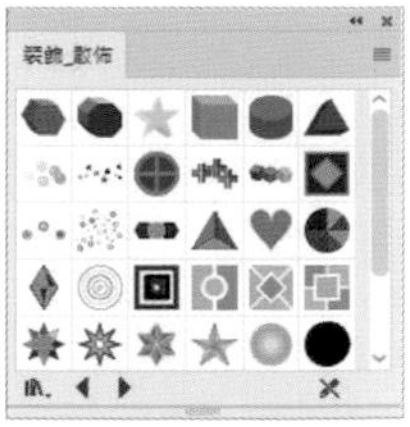

裝飾_散佈

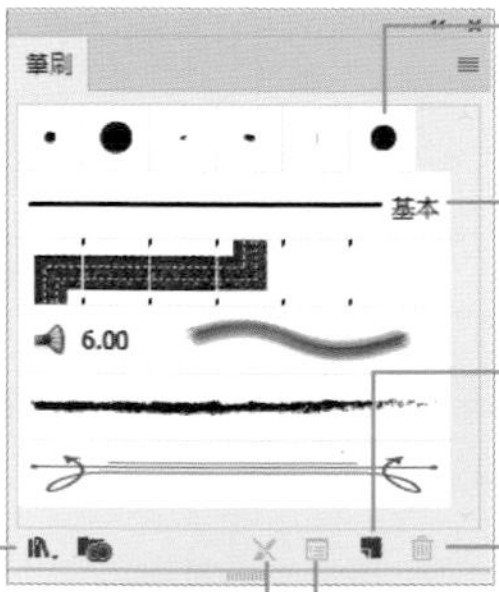

筆刷
基本
6.00

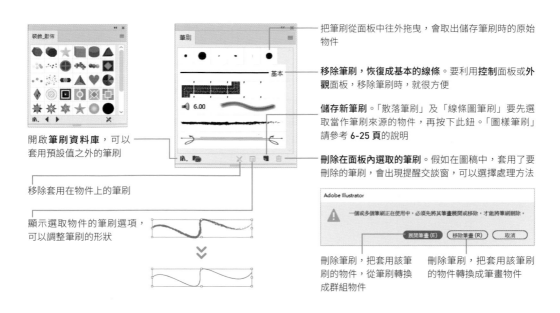

把筆刷從面板中往外拖曳，會取出儲存筆刷時的原始物件

移除筆刷，恢復成基本的線條。要利用**控制**面板或**外觀**面板，移除筆刷時，就很方便

儲存新筆刷。「散落筆刷」及「線條圖筆刷」要先選取當作筆刷來源的物件，再按下此鈕。「圖樣筆刷」請參考 **6-25 頁**的說明

刪除在面板內選取的筆刷。假如在圖稿中，套用了要刪除的筆刷，會出現提醒交談窗，可以選擇處理方法

開啟**筆刷資料庫**，可以套用預設值之外的筆刷

移除套用在物件上的筆刷

顯示選取物件的筆刷選項，可以調整筆刷的形狀

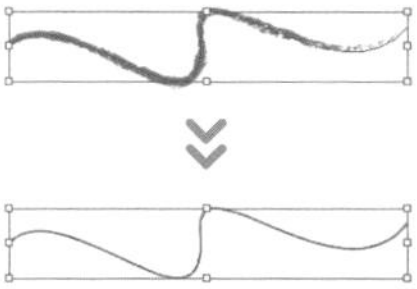

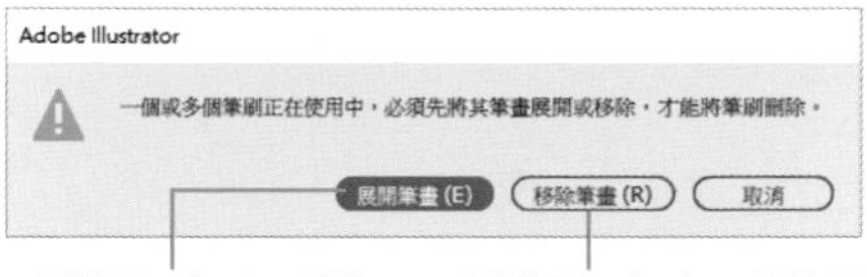

Adobe Illustrator
一個或多個筆刷正在使用中，必須先將其筆畫展開或移除，才能將筆刷刪除。
展開筆畫 (E)
移除筆畫 (R)
取消

刪除筆刷，把套用該筆刷的物件，從筆刷轉換成群組物件

刪除筆刷，把套用該筆刷的物件轉換成筆畫物件

TIPS 更改顯示方法

利用**筆刷**面板選單，可以調整筆刷的顯示方法。另外，還可以限制要顯示的筆刷類型。設定成「**清單檢視**」，會在右側顯示筆刷的類型。

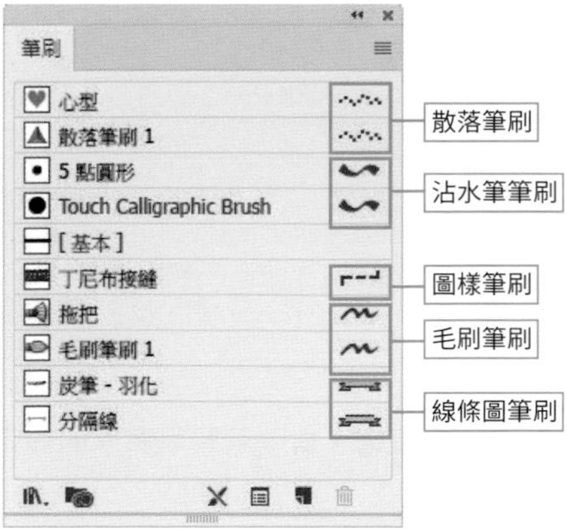

筆刷
心型
散落筆刷 1
5 點圓形
Touch Calligraphic Brush
[基本]
丁尼布接縫
拖把
毛刷筆刷 1
炭筆 - 羽化
分隔線
散落筆刷
沾水筆筆刷
圖樣筆刷
毛刷筆刷
線條圖筆刷

用「筆刷選項」編輯

各個筆刷都有筆刷選項可以設定筆刷名稱及上色方法等項目。在筆刷面板中的筆刷上，雙按滑鼠左鍵，可以開啟筆刷選項交談窗。

1 雙按滑鼠左鍵

在筆刷面板中，要編輯的筆刷上，雙按滑鼠左鍵。

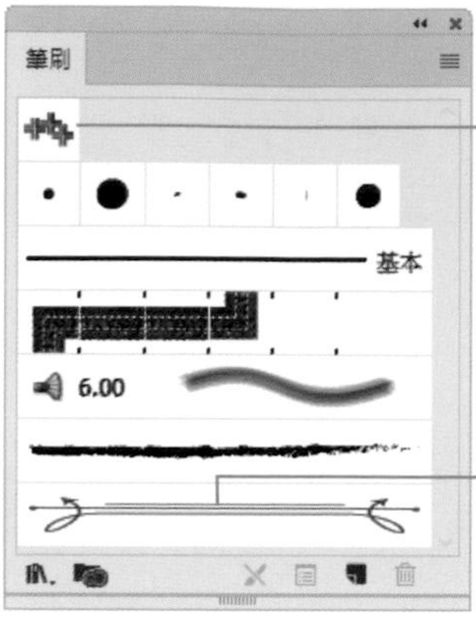

筆刷
基本
6.00

雙按滑鼠左鍵

選取筆刷物件後，再按一下，可以只編輯選取物件的選項

POINT

右圖範例的筆刷是載入**筆刷資料庫**的「裝飾 _ 散佈」。

2 設定筆刷選項

開啟筆刷選項交談窗。設定筆刷的尺寸、形狀、間距等。關於選項交談窗的內容，請參考下一頁各種筆刷的筆刷選項交談窗設定。

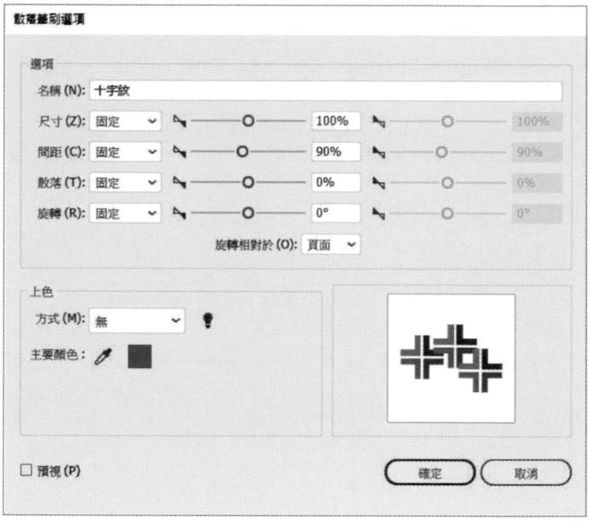

散落筆刷選項
選項
名稱 (N): 十字紋
尺寸 (Z): 固定 100% 100%
間距 (C): 固定 90% 90%
散落 (T): 固定 0% 0%
旋轉 (R): 固定 0° 0°
旋轉相對於 (O): 頁面
上色
方式 (M): 無
主要顏色：
預視 (P)
確定
取消

▶ 更改了使用中的筆刷選項

如果編輯了圖稿內物件套用的筆刷選項，會顯示是否套用編輯結果的交談窗。

儲存編輯後的內容，在圖稿內，所有使用該筆刷的物件，套用新的設定內容

捨棄編輯後的內容，關閉**筆刷選項**交談窗

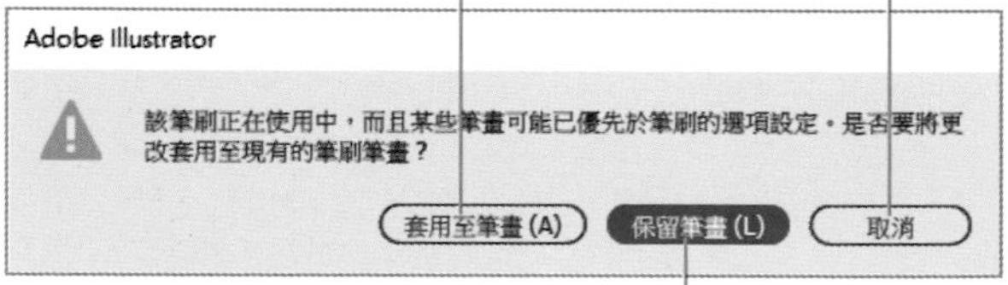

Adobe Illustrator
該筆刷正在使用中，而且某些筆畫可能已優先於筆刷的選項設定。是否要將更改套用至現有的筆刷筆畫？
套用至筆畫 (A)
保留筆畫 (L)
取消

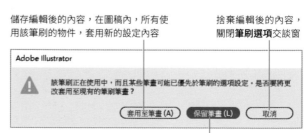

儲存編輯後的內容，但是不套用在圖稿內的物件上。下次使用該筆刷時，會套用新的設定內容

TIPS 只編輯選取的筆刷物件選項

選取筆刷物件後，按下**筆刷**面板下方的 鈕，會開啟**筆畫選項**交談窗，可以單獨編輯選取物件的筆刷選項。此交談窗的設定，只會作用在選取物件上，對於套用了相同筆刷的其他物件，不會造成影響。

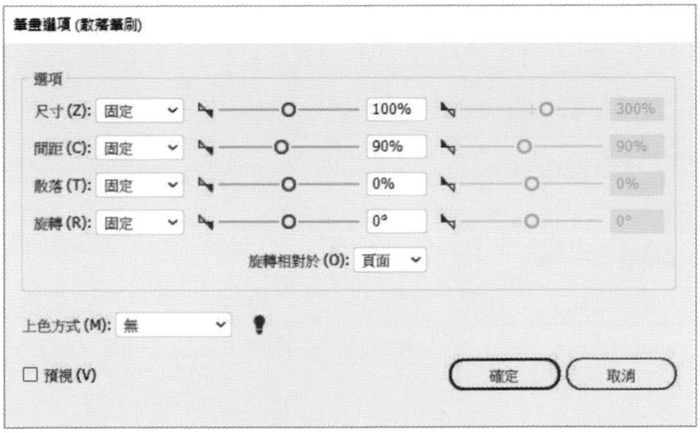
筆畫選項 (散落筆刷)
選項
尺寸 (Z): 固定 100% 300%
間距 (C): 固定 90% 90%
散落 (T): 固定 0% 0%
旋轉 (R): 固定 0° 0°
旋轉相對於 (O): 頁面
上色方式 (M): 無
預視 (V)
確定
取消

▶「沾水筆筆刷選項」交談窗的設定

在沾水筆筆刷選項交談窗中，可以設定筆刷的角度及圓度。

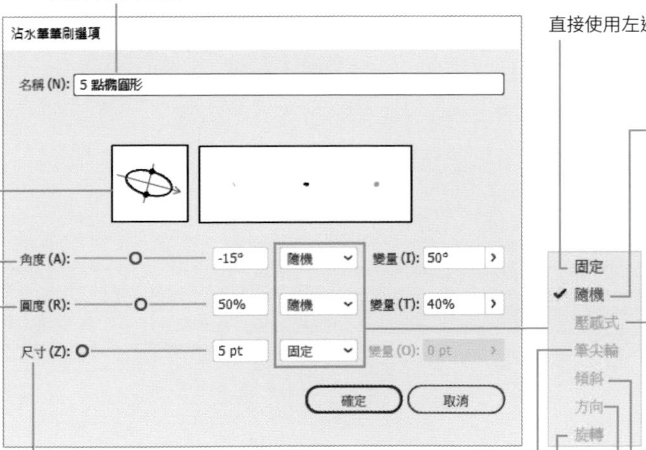
沾水筆筆刷選項
名稱 (N): 5 點橢圓形
角度 (A): -15° 隨機 變量 (I): 50°
圓度 (R): 50% 隨機 變量 (T): 40%
尺寸 (Z): 5 pt 固定 變量 (O): 0 pt
確定
取消
固定
隨機
壓感式
筆尖輪
傾斜
方向
旋轉

這是筆刷的名稱

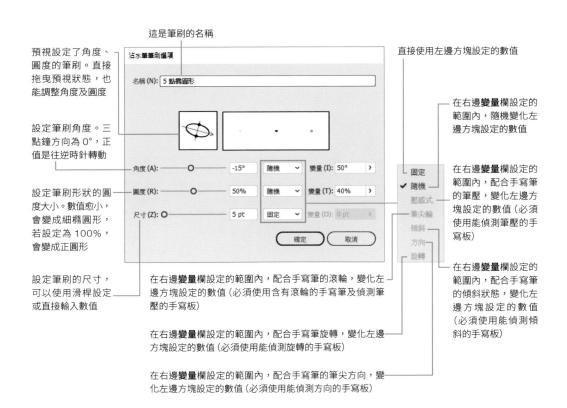

預視設定了角度、圓度的筆刷。直接拖曳預視狀態，也能調整角度及圓度

設定筆刷角度。三點鐘方向為 0°，正值是往逆時針轉動

設定筆刷形狀的圓度大小。數值愈小，會變成細橢圓形，若設定為 100%，會變成正圓形

設定筆刷的尺寸，可以使用滑桿設定或直接輸入數值

直接使用左邊方塊設定的數值

在右邊**變量**欄設定的範圍內，隨機變化左邊方塊設定的數值

在右邊**變量**欄設定的範圍內，配合手寫筆的筆壓，變化左邊方塊設定的數值（必須使用能偵測筆壓的手寫板）

在右邊**變量**欄設定的範圍內，配合手寫筆的傾斜狀態，變化左邊方塊設定的數值（必須使用能偵測傾斜的手寫板）

在右邊**變量**欄設定的範圍內，配合手寫筆的滾輪，變化左邊方塊設定的數值（必須使用含有滾輪的手寫筆及偵測筆壓的手寫板）

在右邊**變量**欄設定的範圍內，配合手寫筆旋轉，變化左邊方塊設定的數值（必須使用能偵測旋轉的手寫板）

在右邊**變量**欄設定的範圍內，配合手寫筆的筆尖方向，變化左邊方塊設定的數值（必須使用能偵測方向的手寫板）

▶「散落筆刷選項」交談窗的設定

在散落筆刷選項交談窗中，設定如何在路徑上散落物件。

這是筆刷的名稱

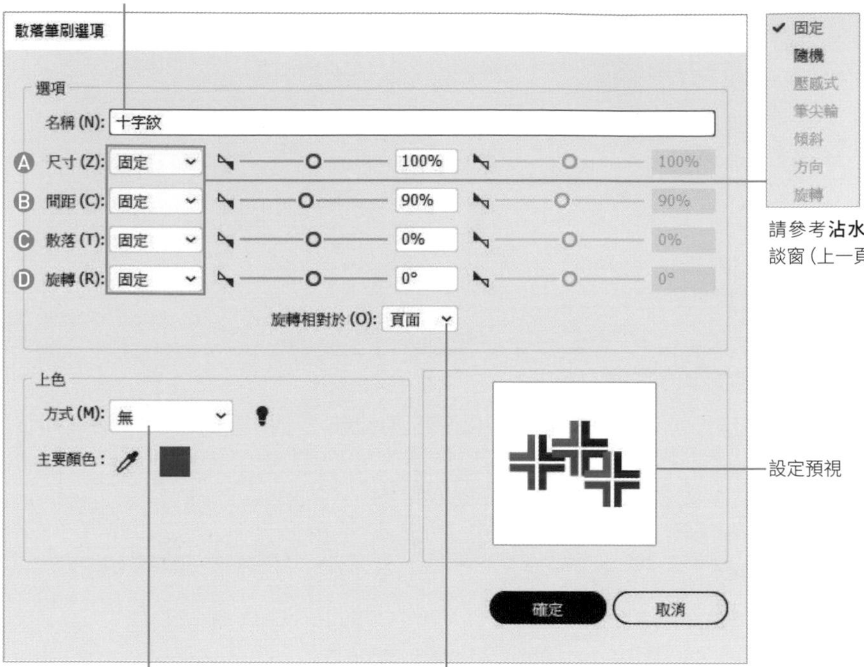

散落筆刷選項
選項
名稱 (N): 十字紋
A 尺寸 (Z): 固定 100% 100%
B 間距 (C): 固定 90% 90%
C 散落 (T): 固定 0% 0%
D 旋轉 (R): 固定 0° 0°
旋轉相對於 (O): 頁面
上色
方式 (M): 無
主要顏色：
確定
取消
固定
隨機
壓感式
筆尖輪
傾斜
方向
旋轉

請參考**沾水筆筆刷選項**交談窗（上一頁）的相同項目

設定預視

設定散落物件的上色方法。詳細說明請參考「**散落筆刷／線條圖筆刷／圖樣筆刷的上色**」

設成「頁面」，把圖稿上面當作基準 0° 旋轉。設成「路徑」，會以路徑為基準來旋轉

Ⓐ 設定散落物件的尺寸。儲存在**筆刷**面板的散落物件尺寸為 100%

Ⓑ 設定散落物件的間距（左為最小值，右為最大值）。設定為 100% 時，物件的間距為 0

Ⓒ 設定散落物件與路徑的距離（左為最小值，右為最大值）。設定值愈大，距離愈遠

Ⓓ 設定散落物件的旋轉角度

▶「線條圖筆刷選項」交談窗的設定

在線條圖筆刷選項交談窗中，可以設定物件如何沿著路徑顯示。

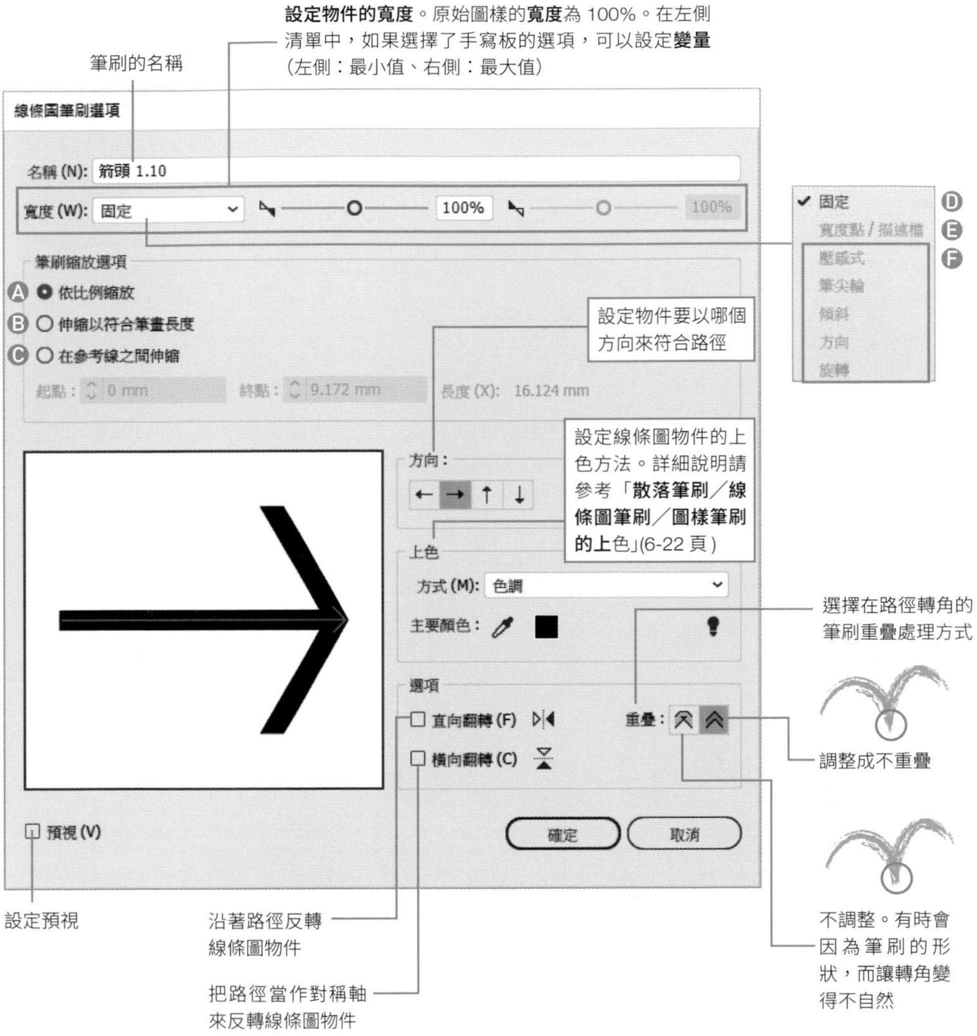
設定物件的寬度。原始圖樣的**寬度**為 100%。在左側清單中，如果選擇了手寫板的選項，可以設定**變量**（左側：最小值、右側：最大值）
筆刷的名稱
線條圖筆刷選項
名稱 (N): 箭頭 1.10
寬度 (W): 固定
100%
100%
固定
寬度點 / 描述檔
壓感式
筆尖輪
傾斜
方向
旋轉
D
E
F
筆刷縮放選項
A 依比例縮放
B 伸縮以符合筆畫長度
C 在參考線之間伸縮
起點： 0 mm
終點： 9.172 mm
長度 (X): 16.124 mm
設定物件要以哪個方向來符合路徑
方向：
設定線條圖物件的上色方法。詳細說明請參考「**散落筆刷／線條圖筆刷／圖樣筆刷的上色**」(6-22 頁)
上色
方式 (M): 色調
主要顏色：
選擇在路徑轉角的筆刷重疊處理方式
選項
直向翻轉 (F)
橫向翻轉 (C)
重疊：
調整成不重疊
預視 (V)
確定
取消
設定預視
沿著路徑反轉線條圖物件
把路徑當作對稱軸來反轉線條圖物件
不調整。有時會因為筆刷的形狀，而讓轉角變得不自然

Ⓐ 維持長寬比來縮放線條圖物件

Ⓑ 以一定的線條圖物件寬度來伸縮

Ⓒ 在此交談窗下**預視**窗格中的虛線參考線之間伸縮，並維持參考線外的形狀

Ⓓ 維持長寬比來縮放線條圖物件

Ⓔ 這個選項不會顯示在筆刷選項中。利用**寬度工具**，在筆刷物件套用**變量**時，於**筆畫選項**交談窗中，會自動設定這個項目

Ⓕ 在左邊方塊設定的**變量**範圍內，配合手寫筆改變寬度

▶「圖樣筆刷選項」交談窗的設定

在圖樣筆刷選項交談窗中，設定在路徑的起點、終點、轉角、邊緣等各部分要如何置入拼貼 (圖樣)。

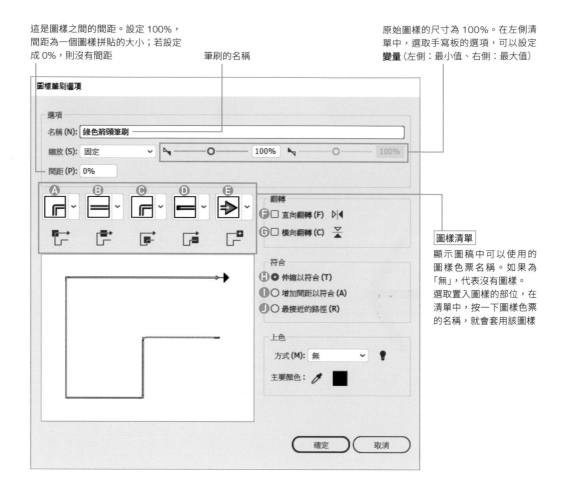

這是圖樣之間的間距。設定 100%，間距為一個圖樣拼貼的大小；若設定成 0%，則沒有間距

筆刷的名稱

原始圖樣的尺寸為 100%。在左側清單中，選取手寫板的選項，可以設定**變量** (左側：最小值、右側：最大值)

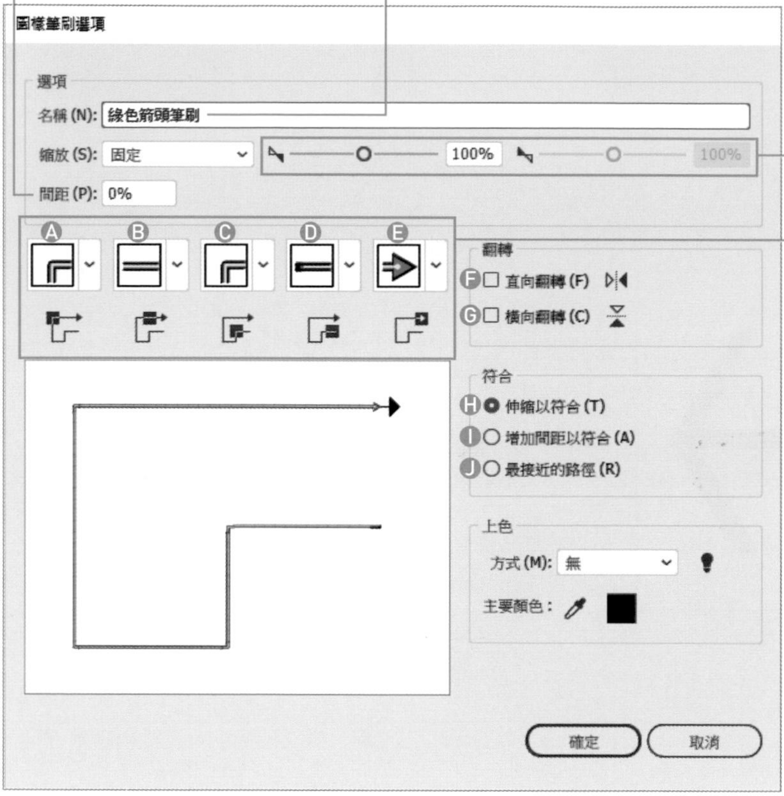

圖樣筆刷選項
選項
名稱 (N): 綠色箭頭筆刷
縮放 (S): 固定
100%
100%
間距 (P): 0%
A
B
C
D
E
翻轉
F 直向翻轉 (F)
G 橫向翻轉 (C)
符合
H 伸縮以符合 (T)
I 增加間距以符合 (A)
J 最接近的路徑 (R)
上色
方式 (M): 無
主要顏色：
確定
取消

圖樣清單

顯示圖稿中可以使用的圖樣色票名稱。如果為「無」，代表沒有圖樣。選取置入圖樣的部位，在清單中，按一下圖樣色票的名稱，就會套用該圖樣

Ⓐ 外部轉角拼貼
Ⓑ 外緣拼貼
Ⓒ 內部轉角拼貼
Ⓓ 起點拼貼
Ⓔ 終點拼貼
Ⓕ 沿著路徑反轉圖樣拼貼
Ⓖ 把路徑當作對稱軸，反轉圖樣拼貼
Ⓗ 配合路徑伸縮圖樣拼貼
Ⓘ 配合物件，增加間距
Ⓙ 位移排列拼貼，讓圖樣拼貼符合物件尺寸

▶「毛刷筆刷選項」交談窗的設定

在毛刷筆刷選項交談窗中，可以設定筆尖的形狀、大小、毛刷長度、密度等。

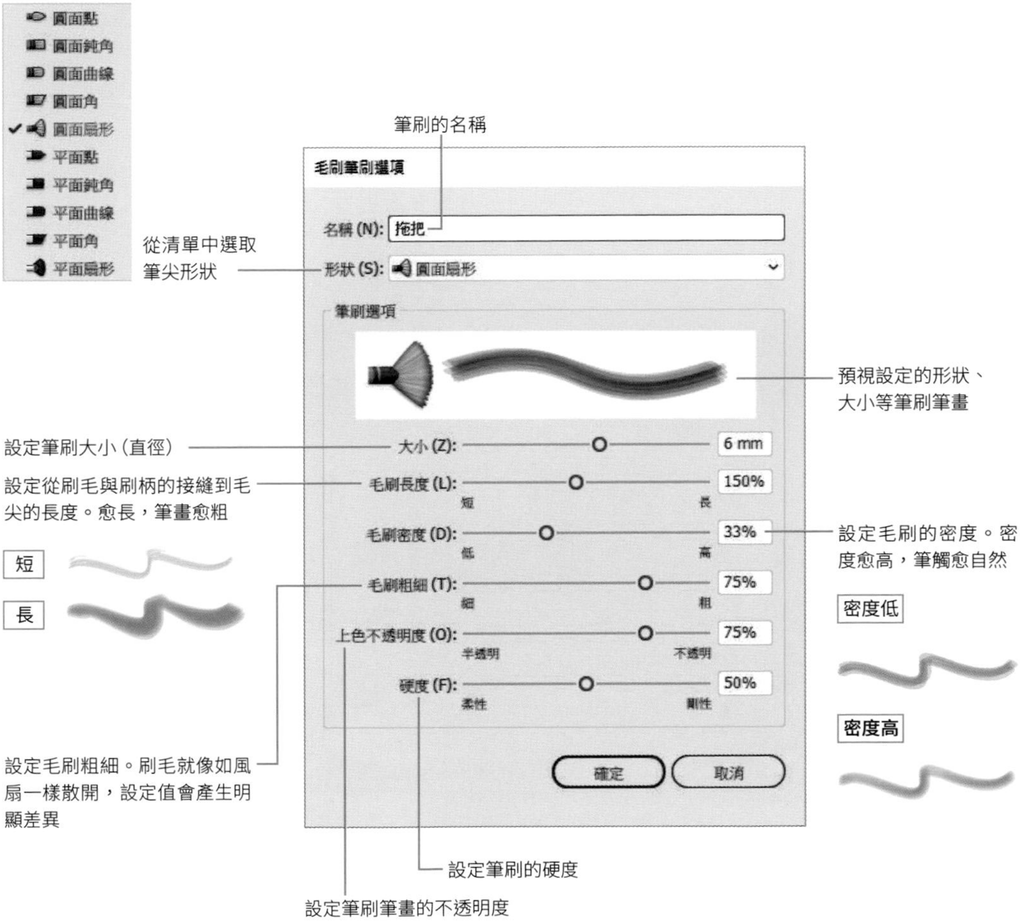
圓面點
圓面鈍角
圓面曲線
圓面角
圓面扇形
平面點
平面鈍角
平面曲線
平面角
平面扇形
從清單中選取筆尖形狀
筆刷的名稱
毛刷筆刷選項
名稱 (N): 拖把
形狀 (S): 圓面扇形
筆刷選項
預視設定的形狀、大小等筆刷筆畫
設定筆刷大小（直徑）
大小 (Z): 6 mm
設定從刷毛與刷柄的接縫到毛尖的長度。愈長，筆畫愈粗
毛刷長度 (L): 150%
短
長
毛刷密度 (D): 33%
低
高
設定毛刷的密度。密度愈高，筆觸愈自然
密度低
密度高
毛刷粗細 (T): 75%
細
粗
上色不透明度 (O): 75%
半透明
不透明
硬度 (F): 50%
柔性
剛性
設定毛刷粗細。刷毛就像如風扇一樣散開，設定值會產生明顯差異
確定
取消
設定筆刷的硬度
設定筆刷筆畫的不透明度

▶ 散落筆刷、線條圖筆刷、圖樣筆刷的上色

在散落筆刷、線條圖筆刷、圖樣筆刷等各個筆刷中，可以選擇上色方法。

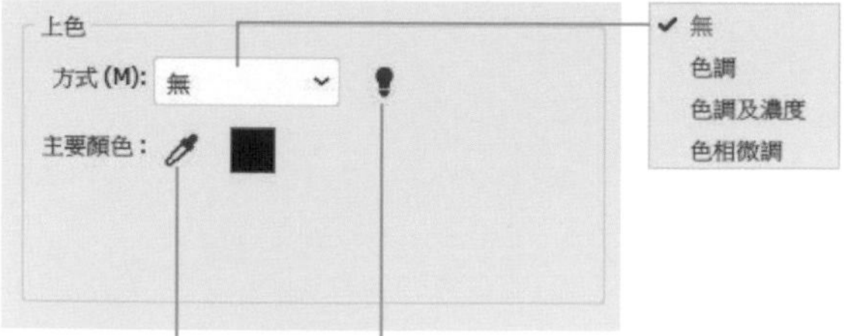

上色
方式 (M): 無
主要顏色：
無
色調
色調及濃度
色相微調

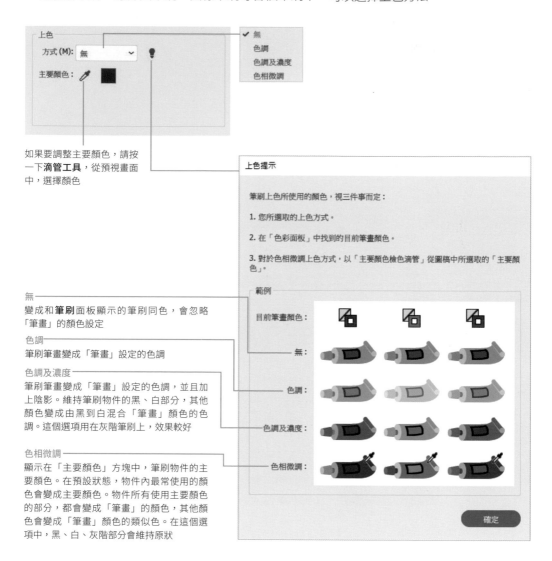

如果要調整主要顏色，請按一下**滴管工具**，從預視畫面中，選擇顏色

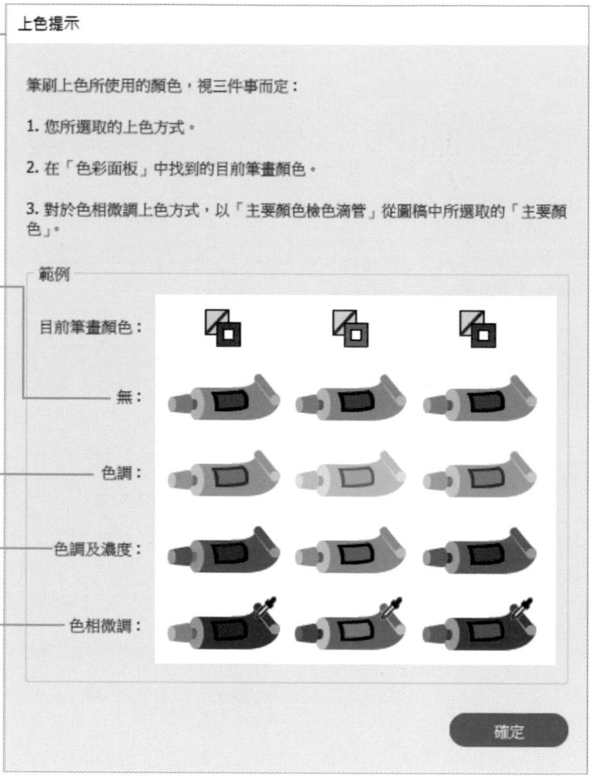

上色提示
筆刷上色所使用的顏色，視三件事而定：
1. 您所選取的上色方式。
2. 在「色彩面板」中找到的目前筆畫顏色。
3. 對於色相微調上色方式，以「主要顏色檢色滴管」從圖稿中所選取的「主要顏色」。
範例
目前筆畫顏色：
無：
色調：
色調及濃度：
色相微調：
確定

無

變成和**筆刷**面板顯示的筆刷同色，會忽略「筆畫」的顏色設定

色調

筆刷筆畫變成「筆畫」設定的色調

色調及濃度

筆刷筆畫變成「筆畫」設定的色調，並且加上陰影。維持筆刷物件的黑、白部分，其他顏色變成由黑到白混合「筆畫」顏色的色調。這個選項用在灰階筆刷上，效果較好

色相微調

顯示在「主要顏色」方塊中，筆刷物件的主要顏色。在預設狀態，物件內最常使用的顏色會變成主要顏色。物件所有使用主要顏色的部分，都會變成「筆畫」的顏色，其他顏色會變成「筆畫」顏色的類似色。在這個選項中，黑、白、灰階部分會維持原狀

新增筆刷

你也可以將自行製作的物件儲存成筆刷。

新增「沾水筆筆刷」

若要建立沾水筆筆刷，新增筆刷之後，在沾水筆筆刷選項交談窗中，設定筆刷形狀，就可以使用。

1 按下「新增筆刷」鈕

按下筆刷面板的新增筆刷鈕。

2 選取「沾水筆筆刷」

在新增筆刷交談窗中，選取沾水筆筆刷，按下確定鈕。

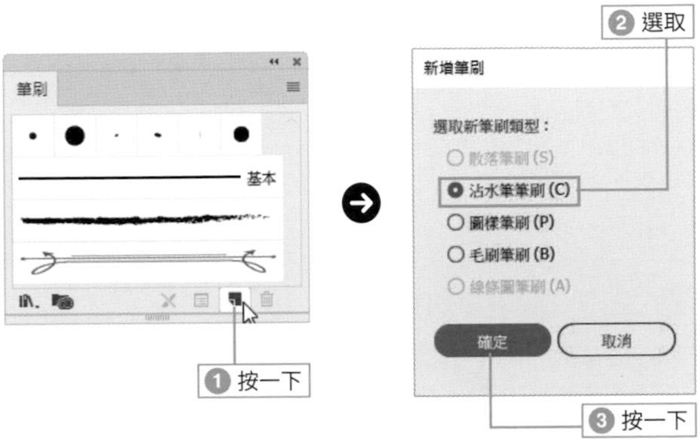
筆刷
基本
❶ 按一下
新增筆刷
選取新筆刷類型：
散落筆刷 (S)
沾水筆筆刷 (C)
圖樣筆刷 (P)
毛刷筆刷 (B)
線條圖筆刷 (A)
確定
取消
❷ 選取
❸ 按一下

3 設定筆刷選項

開啟沾水筆筆刷選項交談窗，設定沾水筆筆刷(關於設定的說明，請參考P174)。完成設定後，按下確定鈕。

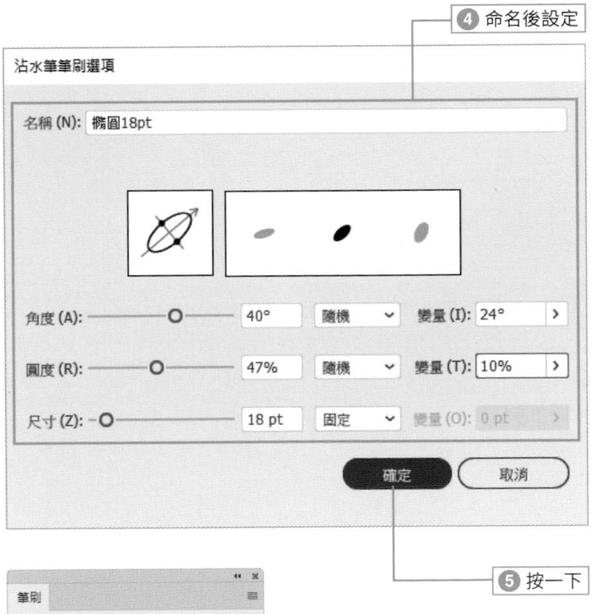
❹ 命名後設定
沾水筆筆刷選項
名稱 (N): 橢圓18pt
角度 (A): 40° 隨機 變量 (I): 24°
圓度 (R): 47% 隨機 變量 (T): 10%
尺寸 (Z): 18 pt 固定 變量 (O): 0 pt
確定
取消
❺ 按一下

4 儲存新筆刷

儲存了新的沾水筆筆刷。

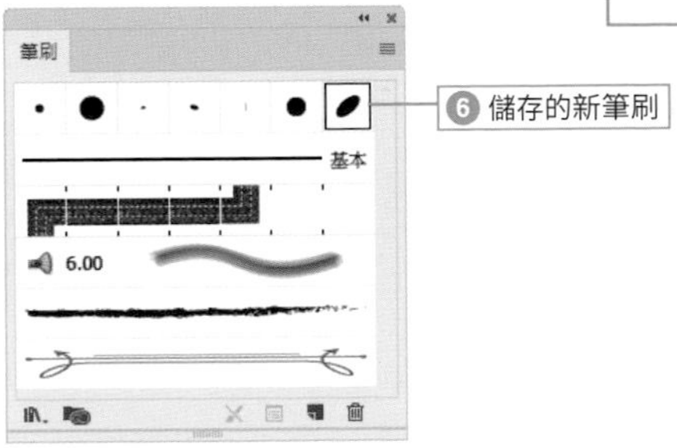
筆刷
基本
6.00
❻ 儲存的新筆刷

▶ 新增「散落筆刷」、「線條圖筆刷」

如果要新增散落筆刷或線條圖筆刷，請先選取要儲存成筆刷的物件後再儲存。

1 按下「新增筆刷」鈕

選取要儲存成筆刷的圖形，按下筆刷面板的新增筆刷鈕。

POINT

從 Illustrator CC 開始，嵌入影像也可以當作筆刷素材使用。

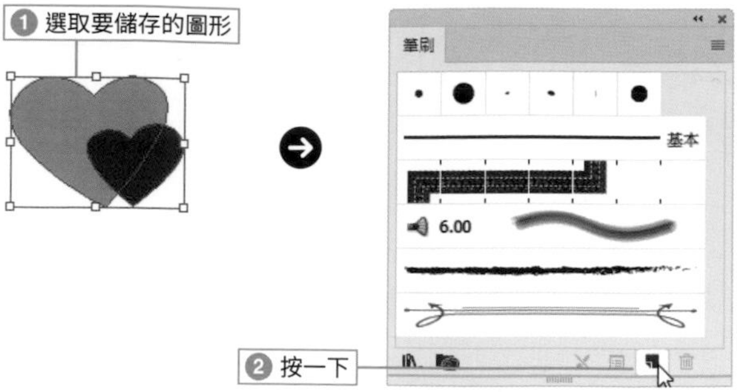

① 選取要儲存的圖形
筆刷
基本
6.00
② 按一下

2 選取「散落筆刷」

在新增筆刷交談窗中，選取散落筆刷，按下確定鈕。若要儲存成線條圖筆刷，請選取線條圖筆刷。

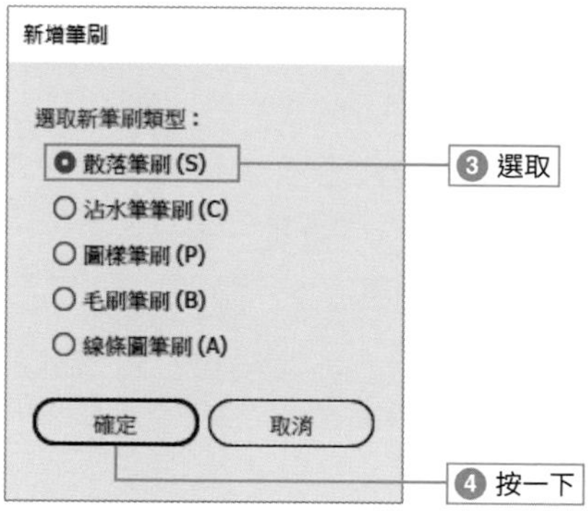

新增筆刷
選取新筆刷類型：
散落筆刷 (S)
沾水筆筆刷 (C)
圖樣筆刷 (P)
毛刷筆刷 (B)
線條圖筆刷 (A)
確定
取消
③ 選取
④ 按一下

3 設定「散落筆刷選項」

開啟散落筆刷選項交談窗，設定筆刷選項（關於設定說明，請參考 P174）。

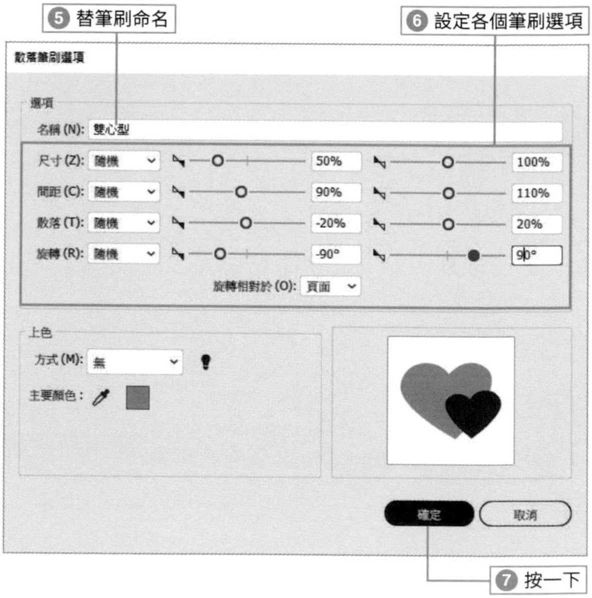

⑤ 替筆刷命名
⑥ 設定各個筆刷選項
散落筆刷選項
選項
名稱 (N): 雙心型
尺寸 (Z): 隨機 50% 100%
間距 (C): 隨機 90% 110%
散落 (T): 隨機 -20% 20%
旋轉 (R): 隨機 -90° 90°
旋轉相對於 (O): 頁面
上色
方式 (M): 無
主要顏色：
確定
取消
⑦ 按一下

4 儲存成筆刷

儲存了新的散落筆刷。

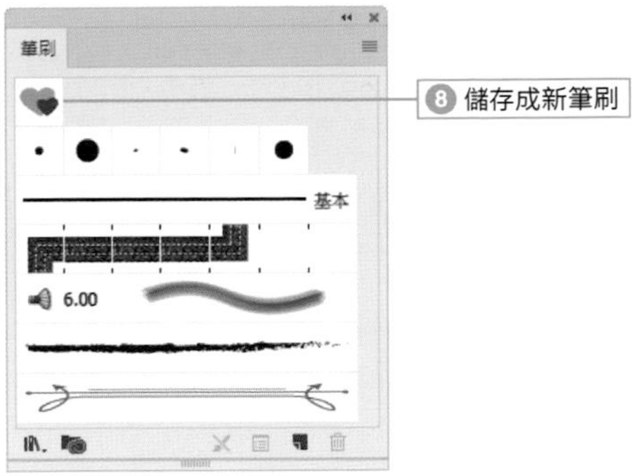
筆刷
8 儲存成新筆刷
基本
6.00

POINT

使用漸層或圖樣上色的物件，無法儲存成散落筆刷或線條圖筆刷。

TIPS 利用拖放方式儲存筆刷

若將筆刷物件拖曳至面板中放開，也可以儲存成散落筆刷、線條圖筆刷。

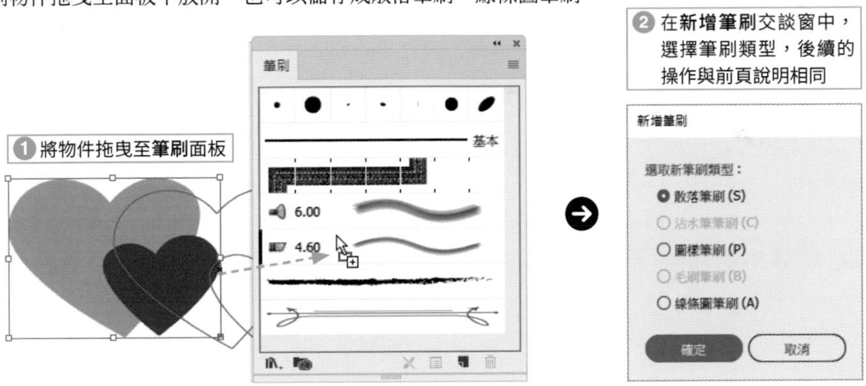
1 將物件拖曳至筆刷面板
筆刷
基本
6.00
4.60
2 在新增筆刷交談窗中，選擇筆刷類型，後續的操作與前頁說明相同
新增筆刷
選取新筆刷類型：
散落筆刷 (S)
沾水筆筆刷 (C)
圖樣筆刷 (P)
毛刷筆刷 (B)
線條圖筆刷 (A)
確定
取消

▶ 新增「圖樣筆刷」

從 Illustrator CC 開始，增加了自動產生圖樣筆刷轉角拼貼（外部轉角拼貼、內部轉角拼貼）的功能，可以輕鬆製作出圖樣筆刷。製作並選取外緣拼貼的物件，也可以是影像物件。

在筆刷面板中，按下新增筆刷鈕，開啟新增筆刷交談窗，選取圖樣筆刷，開啟圖樣筆刷選項交談窗。

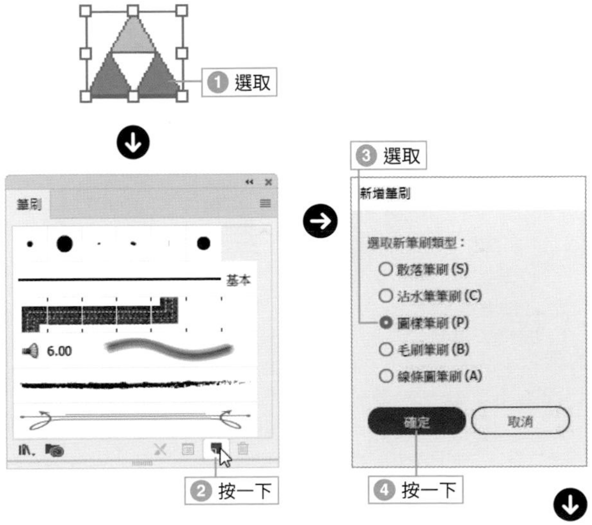
1 選取
筆刷
基本
6.00
2 按一下
3 選取
新增筆刷
選取新筆刷類型：
散落筆刷 (S)
沾水筆筆刷 (C)
圖樣筆刷 (P)
毛刷筆刷 (B)
線條圖筆刷 (A)
確定
取消
4 按一下

選取的物件會自動設定外緣拼貼。內部轉角拼貼與外部轉角拼貼是從選取的物件中，自動產生，所以可以從清單中選取。

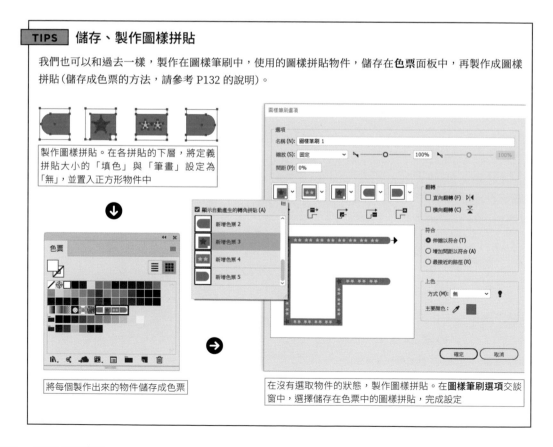

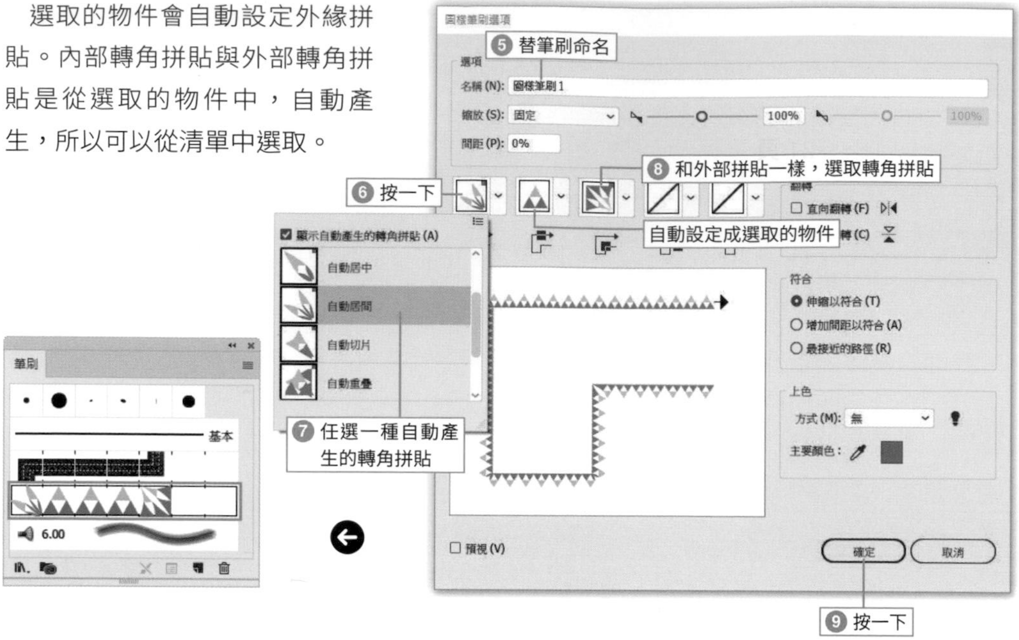
圖樣筆刷選項
❺ 替筆刷命名
選項
名稱 (N): 圖樣筆刷 1
縮放 (S): 固定
100%
間距 (P): 0%
❽ 和外部拼貼一樣，選取轉角拼貼
❻ 按一下
翻轉
直向翻轉 (F)
顯示自動產生的轉角拼貼 (A)
自動設定成選取的物件
自動居中
自動居間
自動切片
自動重疊
符合
伸縮以符合 (T)
增加間距以符合 (A)
最接近的路徑 (R)
筆刷
基本
6.00
❼ 任選一種自動產生的轉角拼貼
上色
方式 (M): 無
主要顏色：
預視 (V)
確定
取消
❾ 按一下

TIPS 儲存、製作圖樣拼貼

我們也可以和過去一樣，製作在圖樣筆刷中，使用的圖樣拼貼物件，儲存在**色票**面板中，再製作成圖樣拼貼（儲存成色票的方法，請參考 P132 的說明）。

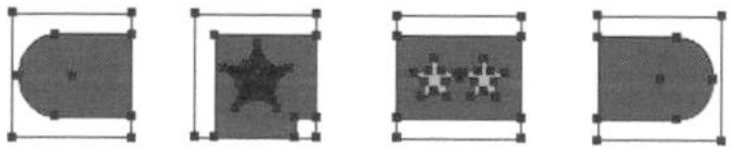

製作圖樣拼貼。在各拼貼的下層，將定義拼貼大小的「填色」與「筆畫」設定為「無」，並置入正方形物件中

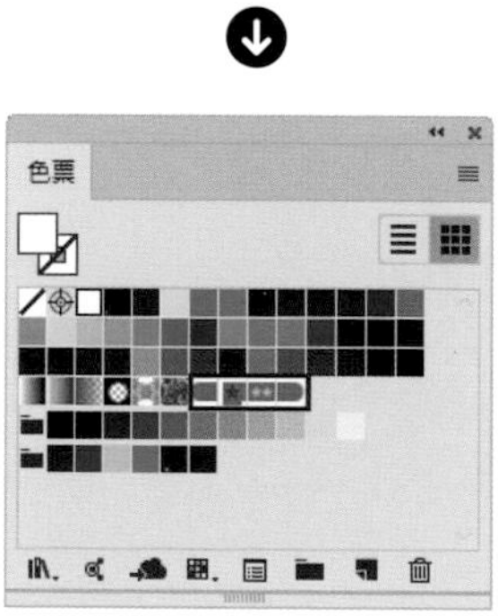
色票

將每個製作出來的物件儲存成色票

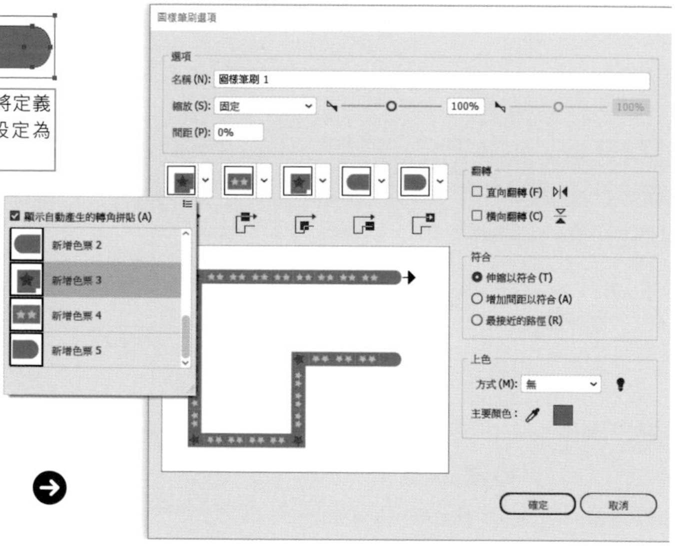
圖樣筆刷選項
選項
名稱 (N): 圖樣筆刷 1
縮放 (S): 固定
100%
間距 (P): 0%
翻轉
直向翻轉 (F)
橫向翻轉 (C)
顯示自動產生的轉角拼貼 (A)
新增色票 2
新增色票 3
新增色票 4
新增色票 5
符合
伸縮以符合 (T)
增加間距以符合 (A)
最接近的路徑 (R)
上色
方式 (M): 無
主要顏色：
確定
取消

在沒有選取物件的狀態，製作圖樣拼貼。在**圖樣筆刷選項**交談窗中，選擇儲存在色票中的圖樣拼貼，完成設定

▶ 製作「毛刷筆刷」

按下筆刷面板中的新增筆刷鈕，開啟新增筆刷交談窗，選取毛刷筆刷，按下確定鈕。在毛刷筆刷選項交談窗中，輸入毛刷筆刷的名稱，設定形狀及大小，再按下確定鈕。關於設定內容，請參考 **6-21 頁**。

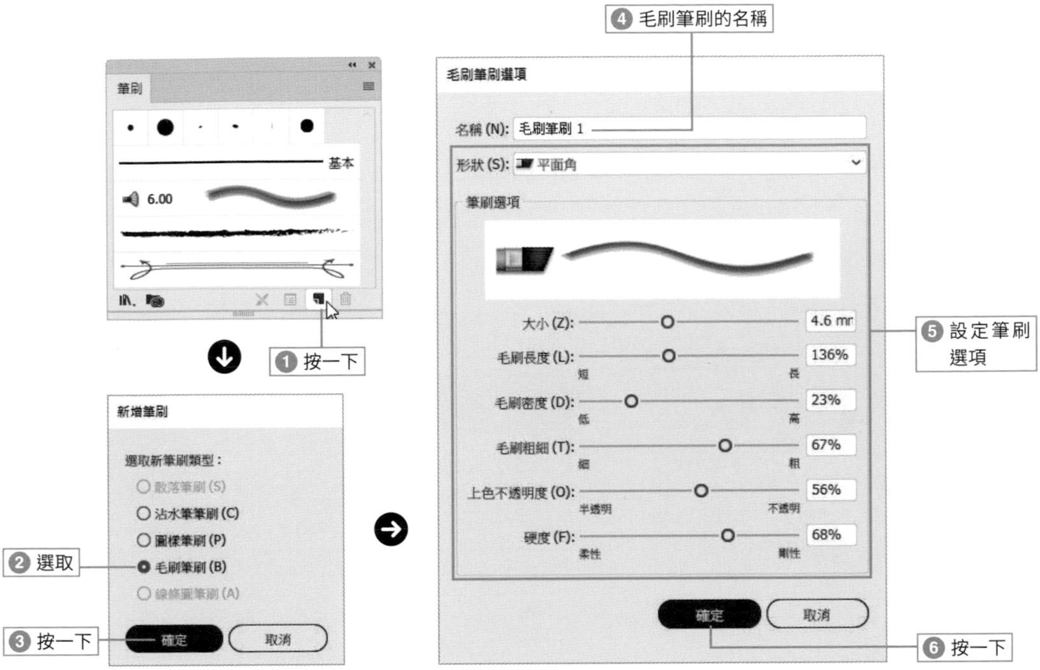

筆刷
基本
6.00
1 按一下
新增筆刷
選取新筆刷類型：
散落筆刷 (S)
沾水筆筆刷 (C)
圖樣筆刷 (P)
毛刷筆刷 (B)
線條圖筆刷 (A)
2 選取
3 按一下
確定
取消
4 毛刷筆刷的名稱
毛刷筆刷選項
名稱 (N): 毛刷筆刷 1
形狀 (S): 平面角
筆刷選項
大小 (Z):
4.6 mr
毛刷長度 (L):
136%
短
長
毛刷密度 (D):
23%
低
高
毛刷粗細 (T):
67%
細
粗
上色不透明度 (O):
56%
半透明
不透明
硬度 (F):
68%
柔性
剛性
5 設定筆刷選項
確定
取消
6 按一下

● 將筆刷轉換成一般物件

執行『物件→擴充外觀』命令，可以將使用了筆刷的物件轉換成一般物件。轉換後的物件會組成群組。一旦轉換，就無法利用筆刷面板更改筆刷類型或編輯筆刷。

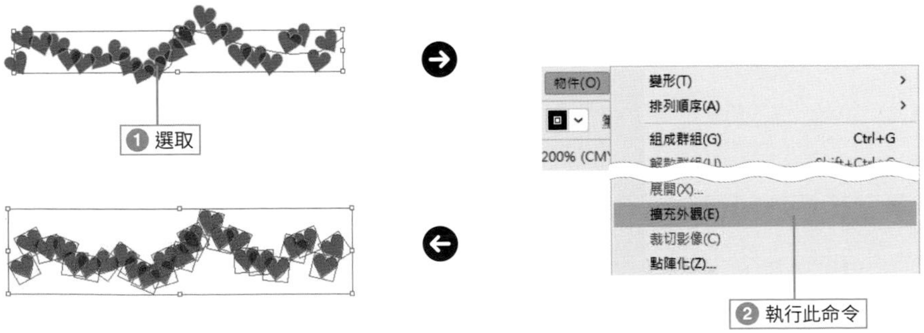

1 選取
物件(O)
變形(T)
排列順序(A)
組成群組(G)
Ctrl+G
展開(X)...
擴充外觀(E)
裁切影像(C)
點陣化(Z)...
2 執行此命令

6-4 調整多個物件的顏色

使用頻率	
★★☆	執行『編輯→編輯色彩』命令，可以統一調整群組物件等多個物件的顏色。另外，還能減少顏色數量。

重新上色圖稿（即時色彩）

在 Illustrator 中，顏色的設定是以物件為單位，因此若要調整整體色調，會是一項浩大的工程，不過只要使用重新上色圖稿，就可以一邊預視選取物件中的所有顏色，一邊調整。漸層、漸層網格、圖樣、筆刷、即時上色等任何物件，都可以使用這個功能。

1 選取物件，按下 鈕

選取要重新上色的物件，不論是多個物件，或群組物件都沒關係。按下控制面板中的 ，或執行『編輯→編輯色彩→重新上色圖稿』命令。

① 選取物件
基本
不透明度：
100%
樣式：
變形
② 按一下

2 利用編輯標籤編輯顏色

開啟重新上色圖稿交談窗，按下編輯頁次，在左上方的顏色群組與色輪中，會顯示選取物件使用的所有顏色。在圓周上拖曳色輪上的色標，可以調整顏色。

顯示選取物件使用的顏色

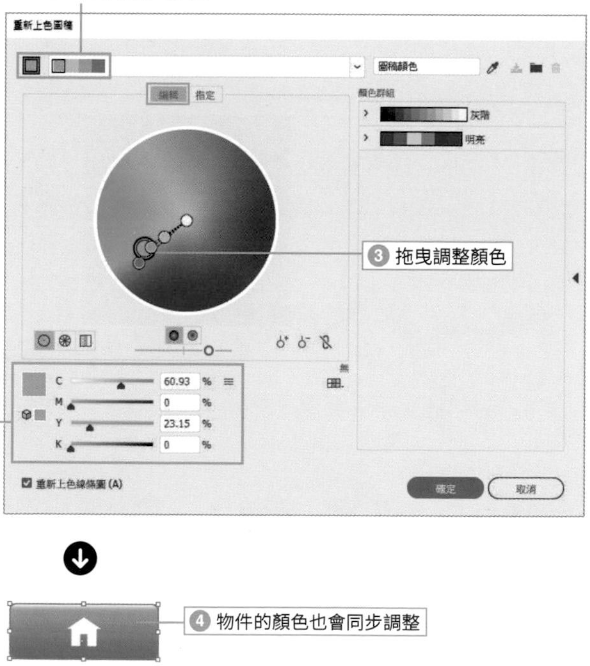

重新上色圖稿
圖稿顏色
編輯
指定
顏色群組
灰階
明亮
③ 拖曳調整顏色
C
60.93
%
M
0
Y
23.15
K
0
重新上色線條圖 (A)
確定
取消
④ 物件的顏色也會同步調整

也可以個別調整顏色

POINT

你可以移動任何一個色標，或選取色標，利用下面的顏色滑桿來調整顏色。請根據實際的狀況，移動色輪下方的亮度滑桿，調整色輪的亮度。

3 按下[滴管圖示]可以恢復原狀

在色輪上設定的顏色，無法執行『編輯→還原』命令（Ctrl＋Z）。只要按下畫面上方的[滴管圖示]，就可以恢復選取物件的顏色。

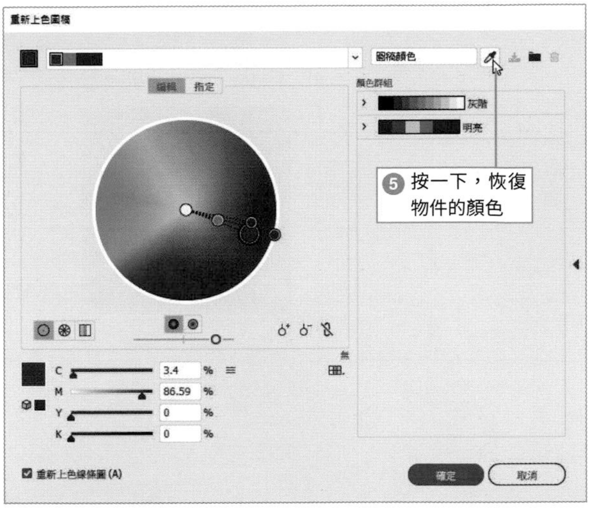
重新上色圖稿
圖稿顏色
編輯
指定
顏色群組
灰階
明亮
5 按一下，恢復物件的顏色
無
C 3.4 %
M 86.59 %
Y 0 %
K 0 %
重新上色線條圖 (A)
確定
取消

6 恢復成原本的顏色

4 維持顏色的關係並調整

按下色輪右下方的連結色彩調和顏色[連結圖示]，變成[連結圖示]，色輪上的色標會保持原本的關係（位置關係），同步移動。設定完顏色之後，按下**確定**鈕。

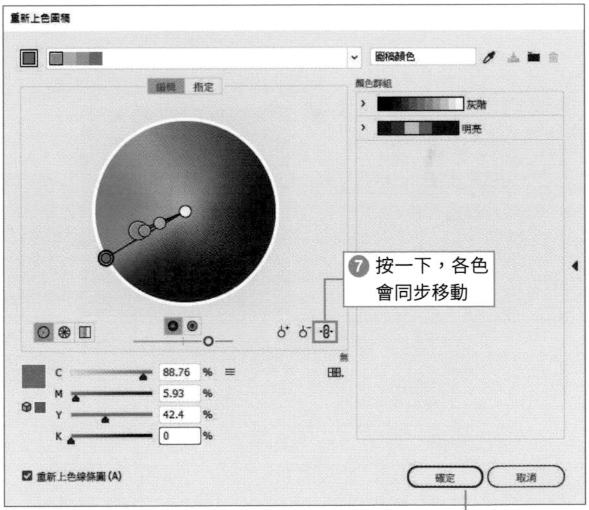
重新上色圖稿
圖稿顏色
編輯
指定
顏色群組
灰階
明亮
7 按一下，各色會同步移動
無
C 88.76 %
M 5.93 %
Y 42.4 %
K 0 %
重新上色線條圖 (A)
確定
取消

8 完成重新上色後，按下這個鈕

POINT

在**重新上色圖稿**交談窗的左下方，勾選**重新上色線條圖**，可以預視選取物件的顏色調整結果。

▶「重新上色圖稿」交談窗的「編輯」頁次

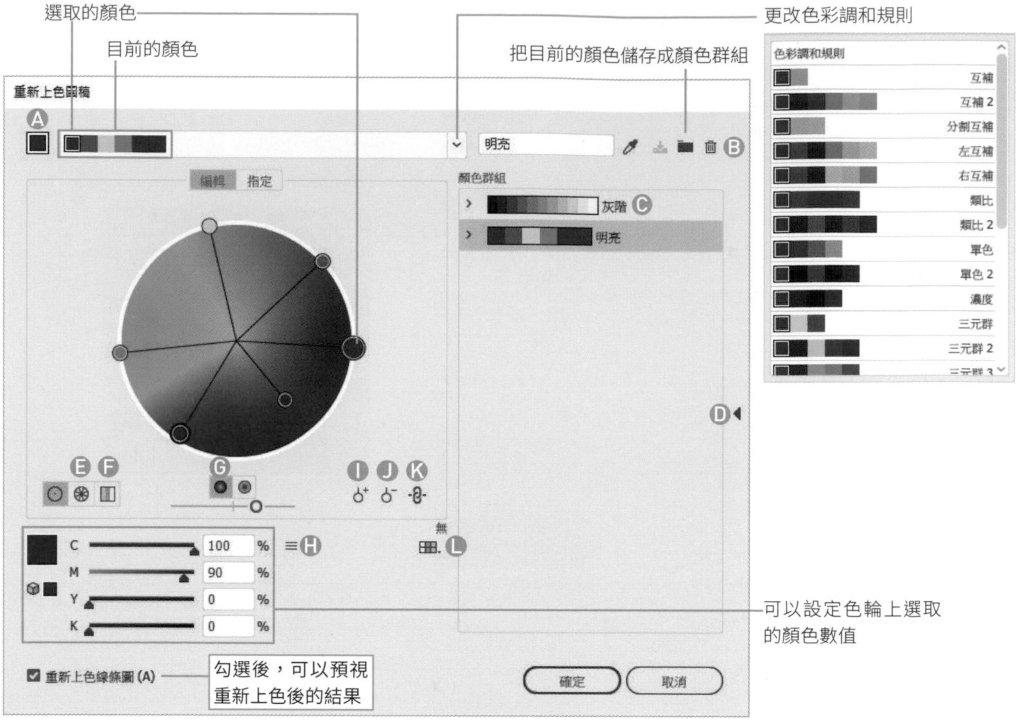

選取的顏色
目前的顏色
把目前的顏色儲存成顏色群組
更改色彩調和規則
重新上色圖稿
明亮
編輯 指定
顏色群組
灰階
明亮
色彩調和規則
互補
互補 2
分割互補
左互補
右互補
類比
類比 2
單色
單色 2
濃度
三元群
三元群 2
C 100 %
M 90 %
Y 0 %
K 0 %
無
可以設定色輪上選取的顏色數值
重新上色線條圖 (A)
勾選後，可以預視重新上色後的結果
確定
取消

Ⓐ 顯示選取的顏色，按一下會套用以該顏色為基色的調和規則，改變整體顏色

Ⓑ 刪除下列清單中的顏色群組

Ⓒ 儲存在**色票**面板中的顏色群組

Ⓓ 關閉**顏色群組**清單

Ⓔ 顯示區段色輪

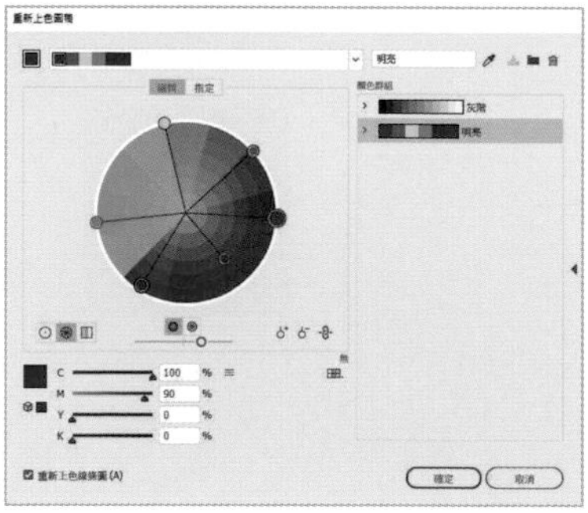

Ⓕ 顯示色彩導表

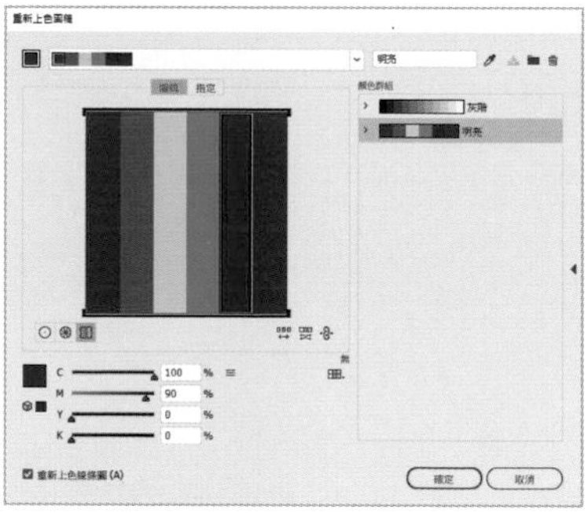

利用下方的滑桿或在色彩導表上，雙按滑鼠左鍵，開啟**檢色器**，可以設定顏色

Ⓖ 在色輪上顯示飽和度和色相

Ⓗ 調整色彩模式的選單

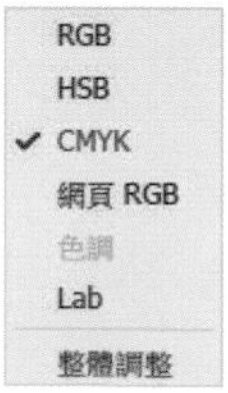

RGB
HSB
CMYK
網頁 RGB
色調
Lab
整體調整

Ⓘ 在按一下的位置增加色彩

Ⓙ 移除選取的色彩

Ⓚ 連結／解除連結色彩

Ⓛ 限制選取顏色的色票

無
文件色票
VisiBone2
中性
公司
大地色調
小孩物品
慶祝
科學
系統 (Macintosh)
系統 (Windows)
紡織品
網頁
膚色
自然
色彩屬性
色表
藝術史
金屬效果
預設色票
食物
使用者定義

統一調整選取物件使用的顏色

使用重新上色圖稿，可以統一調整選取物件使用的顏色。

1 選取物件，按下「重新上色圖稿」鈕

選取要重新上色的物件，不論是多個物件或群組物件都可以。再按下控制面板中的重新上色圖稿或執行『編輯→編輯色彩→重新上色圖稿』命令。

❶ 選取
基本
不透明度：
100%
樣式：
變形
❷ 按一下

2 調整使用中的顏色

在重新上色圖稿交談窗的指定頁次中，會顯示選取物件使用的顏色清單。分別按下各個顏色，利用下方的顏色面板，設定顏色。設定完所有顏色之後，按下確定鈕。

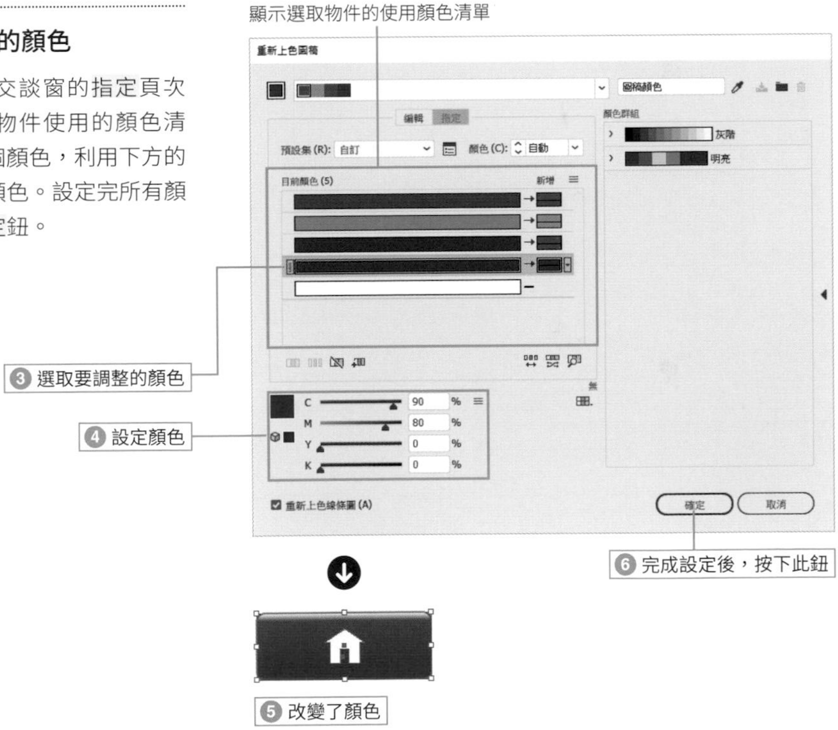

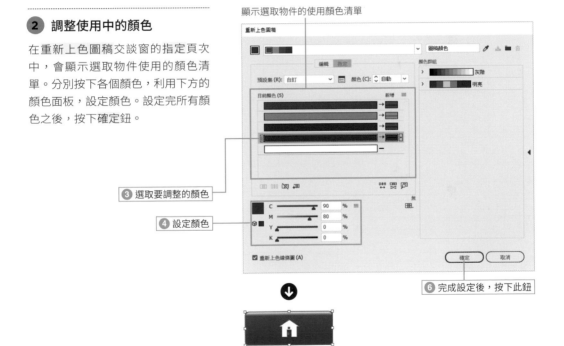

顯示選取物件的使用顏色清單
重新上色圖稿
圖稿顏色
編輯
指定
預設集 (R): 自訂
顏色 (C): 自動
顏色群組
灰階
明亮
目前顏色 (5)
新增
❸ 選取要調整的顏色
❹ 設定顏色
C 90 %
M 80 %
Y 0 %
K 0 %
重新上色線條圖 (A)
確定
取消
❻ 完成設定後，按下此鈕
❺ 改變了顏色

▶「重新上色圖稿」交談窗的「指定」頁次

在重新上色圖稿交談窗的指定頁次中，可以手動減少顏色。另外，還能從原始物件選取的顏色群組中，分配不同的顏色。

目前的顏色群組

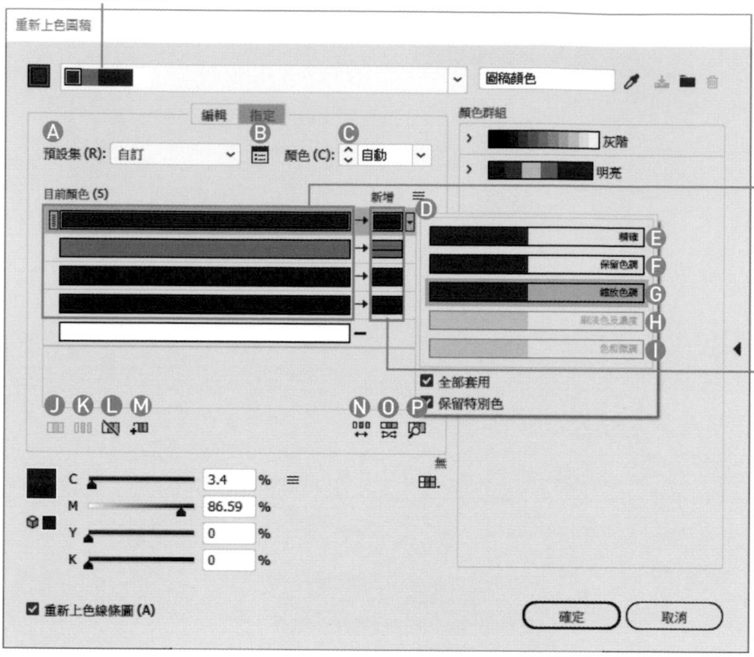

重新上色圖稿
圖稿顏色
編輯
指定
顏色群組
灰階
明亮
預設集 (R): 自訂
顏色 (C): 自動
目前顏色 (5)
新增
精確
保留色調
縮放色調
刷淡色及濃度
色相微調
全部套用
保留特別色
無
C 3.4 %
M 86.59 %
Y 0 %
K 0 %
重新上色線條圖 (A)
確定
取消

目前顏色
可以拖曳調整

在目前的顏色套用新色
按一下選取，可以利用顏色滑桿調整顏色

Ⓐ 選取減色預設集

✔ 自訂
色彩資料庫 ...
1 色彩工作 ...
2 色彩工作 ...
3 色彩工作 ...
色彩調和

Ⓑ 顯示配色選項

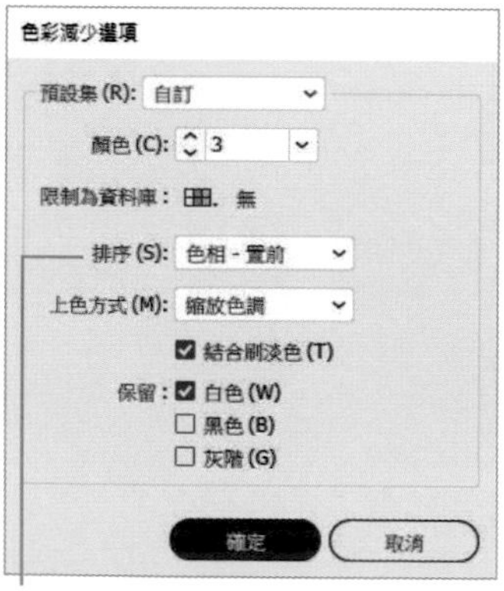

色彩減少選項
預設集 (R): 自訂
顏色 (C): 3
限制為資料庫： 無
排序 (S): 色相 - 置前
上色方式 (M): 縮放色調
結合刷淡色 (T)
保留：白色 (W)
黑色 (B)
灰階 (G)
確定
取消

選擇目前顏色的排列方法

Ⓒ 選取從目前的顏色群組中，要使用的顏色數量

Ⓓ 按一下選取上色方法

Ⓔ 以新顏色精確取代目前的每個顏色

Ⓕ 對非整體色而言，「保留色調」就等於「縮放色調」。如果是特別色或整體色，會把目前顏色的色調套用到新顏色

Ⓖ 使用新顏色，取代橫欄中目前最深的顏色。以較淺的色調，取代橫欄中其他目前的顏色（預設值）

Ⓗ 使用新顏色的平均亮度與暗度，取代目前顏色。比平均還亮的目前顏色，會由色調更明亮的新顏色取代。加上黑色的新顏色，會取代比平均還要暗的目前顏色

Ⓘ 將**目前顏色**中，最典型的顏色變成主要顏色，並以新顏色精確取代主要顏色。其他的目前顏色由和新顏色不同亮度、飽和度和色相的顏色取代

Ⓙ 將目前選取的顏色合併成一橫欄

Ⓚ 將選取的顏色分割成不同橫欄

Ⓛ 排除選取的顏色，使它們不會重新上色

Ⓜ 新增橫欄

Ⓝ 在目前的顏色群組中，隨機更換新顏色

Ⓞ 隨機調整新顏色的亮度與飽和度

Ⓟ 按一下可以確認清單內的顏色套用在物件的哪個部分

減少物件的顏色

使用重新上色圖稿交談窗，可以限制彩色圖稿只使用 1 色或 2 色，減少色彩。

1 選取物件，按一下 鈕

選取要減色的多個物件，按下控制面板的 。或者執行『編輯→編輯色彩→重新上色圖稿』命令。

① 選取要減色的物件
② 按一下
基本
不透明度：
100%
樣式：
變形

2 使用預設集設定顏色數量

按一下指定頁次，在預設集中，設定顏色數量。如果只要使用一種顏色，請選擇 1 色彩工作。

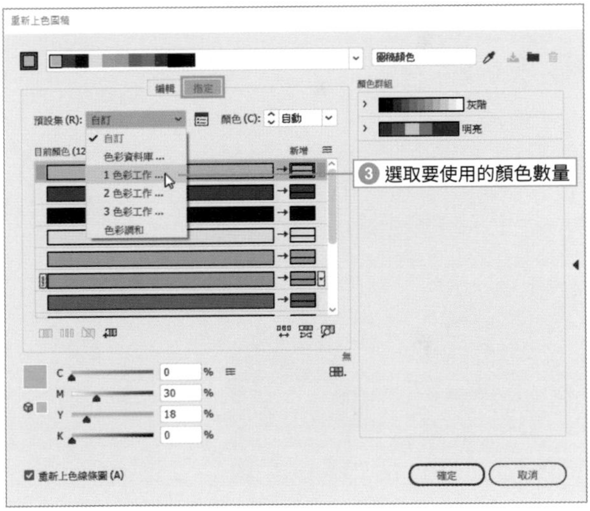
重新上色圖稿
圖稿顏色
編輯
指定
顏色群組
灰階
明亮
預設集 (R):
自訂
顏色 (C):
自動
色彩資料庫 ...
1 色彩工作 ...
2 色彩工作 ...
3 色彩工作 ...
色彩調和
新增
③ 選取要使用的顏色數量
C
M
Y
K
0
30
18
0
重新上色線條圖 (A)
確定
取消

3 選擇色彩資料庫

使用 DIC 等色彩資料庫時，按一下 ，選擇色彩資料庫後，再按下確定鈕。若不使用，直接按下確定鈕。

1 色彩工作...
資料庫：
無
文件色票
ANPA Color
DIC Color Guide
FOCOLTONE
HKS E Process
HKS E
HKS K Process
HKS K
HKS N Process
HKS N
HKS Z Process
④ 按一下
⑤ 選擇色彩資料庫

④ 減少了色彩

使用剛才選取的色彩資料庫的顏色，改變了原始影像的顏色。新顏色是自動從原始物件擷取出來的結果。

⑥ 減少了顏色

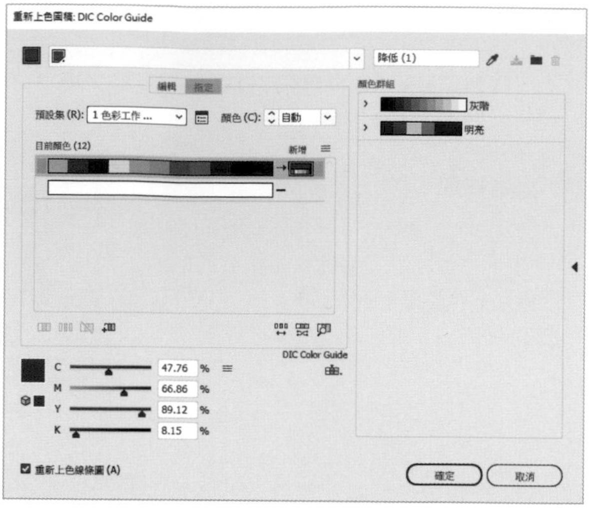
重新上色圖稿: DIC Color Guide
降低 (1)
編輯
指定
顏色群組
預設集 (R): 1 色彩工作 ...
顏色 (C):
自動
灰階
明亮
目前顏色 (12)
新增
DIC Color Guide
C
47.76
%
M
66.86
%
Y
89.12
%
K
8.15
%
重新上色線條圖 (A)
確定
取消

⑤ 調整顏色

使用重新上色圖稿交談窗下方的顏色滑桿，調整顏色。使用 CMYK 模式設定顏色，也會從選取的 Color Guide 中，套用類似顏色。按下顏色滑桿左邊的顏色圖示，可以呼叫出色彩資料庫的色票。

⑧ 套用了調整後的顏色

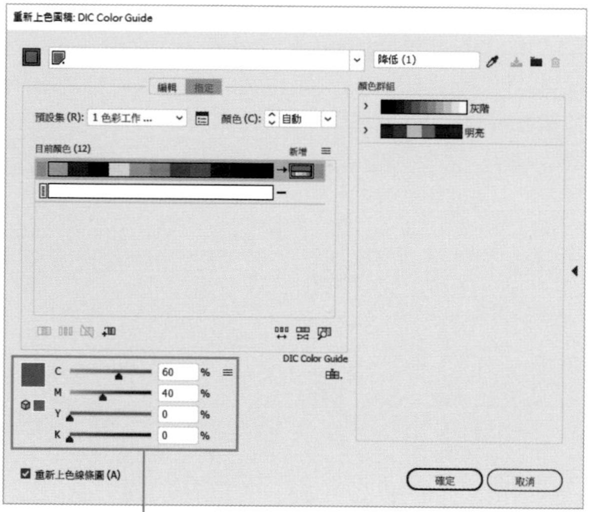
重新上色圖稿: DIC Color Guide
降低 (1)
編輯
指定
顏色群組
預設集 (R): 1 色彩工作 ...
顏色 (C):
自動
灰階
明亮
目前顏色 (12)
新增
DIC Color Guide
C
60
%
M
40
%
Y
0
%
K
0
%
重新上色線條圖 (A)
確定
取消

⑦ 調整顏色

其他編輯顏色的命令

除了重新上色圖稿之外，在編輯選單的編輯色彩中，也提供了編輯物件色彩的命令。

編輯(E) 物件(O) 文字(T) 選取(S) 效果(C) 檢視(
還原(U)即時色彩變更 Ctrl+Z
重做(R) Shift+Ctrl+Z
編輯自訂字典(D)...
編輯色彩
編輯原稿(O)
透明度平面化預設集(S)...
列印預設集(S)...
Adobe PDF 預設集(S)...
SWF 預設集(S)...
透視格點預設集(G)...
色彩設定(G)... Shift+Ctrl+K
指定描述檔(A)...
鍵盤快捷鍵(K)... Alt+Shift+Ctrl+K
我的設定
偏好設定(N)
重新上色圖稿...
以預設集重新上色
反轉顏色(I)
垂直漸變(V)
水平漸變(H)
由前至後漸變(F)
調整色彩平衡(A)...
轉換為 CMYK(C)
轉換為 RGB(R)
轉換為灰階(G)
飽和度(S)...
黑色疊印(O)...

▶ 轉換為 CMYK ／轉換為 RGB ／轉換為灰階

轉換選取物件的色彩模式。RGB 物件可以轉換成 CMYK 模式來分色，或要使用單色印刷時，可以轉換成灰階。

▶ 調整色彩平衡

調整色彩平衡可以依照 CMYK 或 RGB 的各個色版，調整選取物件的顏色元素。在調整色彩交談窗中，就能進行調整。

執行前

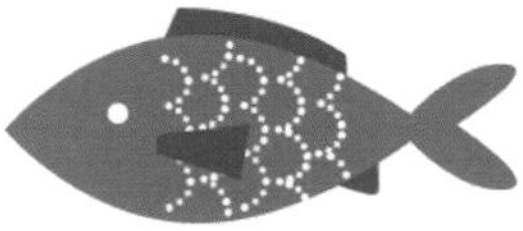

執行後

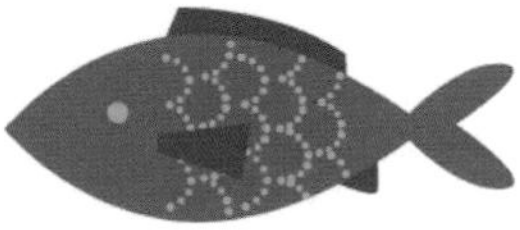

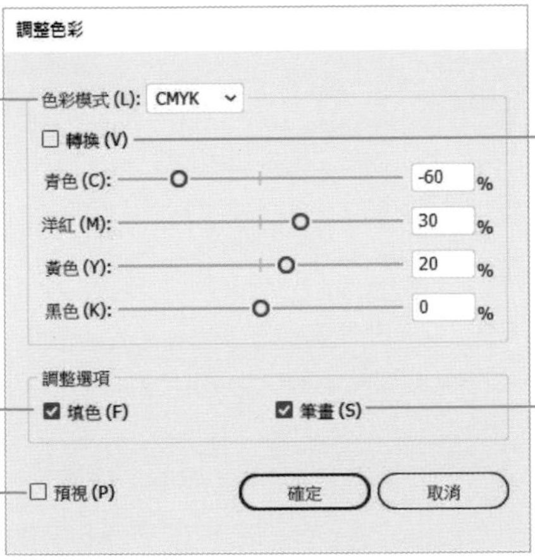

調整色彩
色彩模式 (L): CMYK
轉換 (V)
青色 (C): -60 %
洋紅 (M): 30 %
黃色 (Y): 20 %
黑色 (K): 0 %
調整選項
填色 (F)
筆畫 (S)
預視 (P)
確定
取消

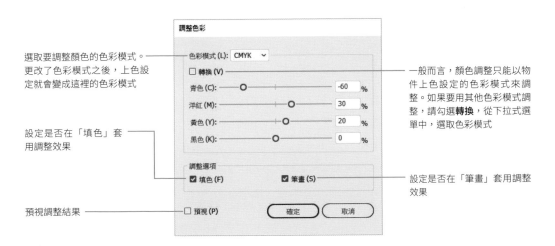

選取要調整顏色的色彩模式。更改了色彩模式之後，上色設定就會變成這裡的色彩模式

一般而言，顏色調整只能以物件上色設定的色彩模式來調整。如果要用其他色彩模式調整，請勾選**轉換**，從下拉式選單中，選取色彩模式

設定是否在「填色」套用調整效果

設定是否在「筆畫」套用調整效果

預視調整結果

反轉顏色

反轉顏色是反轉選取物件的顏色。執行反轉顏色時，會顯示在 RGB 模式中，255 減去設定值後的數值。其他模式也會用 RGB 值來計算，所以反轉青 60%、洋紅 30% 的物件顏色，不會變成青 40%、洋紅 70%、黃色 100%。

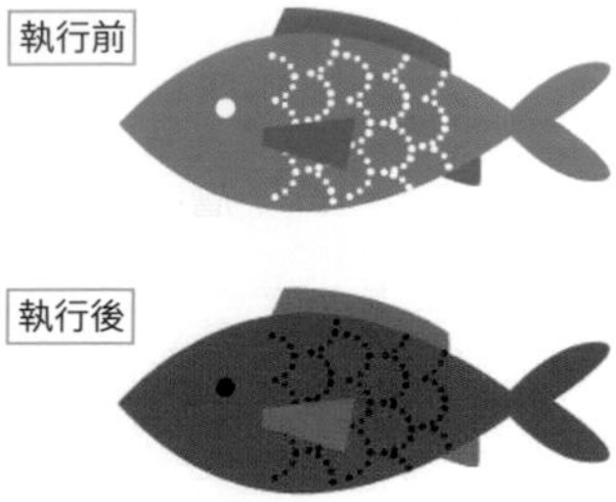

執行前
執行後

水平漸變／垂直漸變／由前至後漸變

水平漸變、垂直漸變、由前至後漸變這 3 種色彩漸變是根據選取多個物件的位置關係及前後關係，產生漸變色彩，中間的物件以中間色上色。至少要選取 3 個物件。

POINT

色彩漸變無法套用在複合路徑。

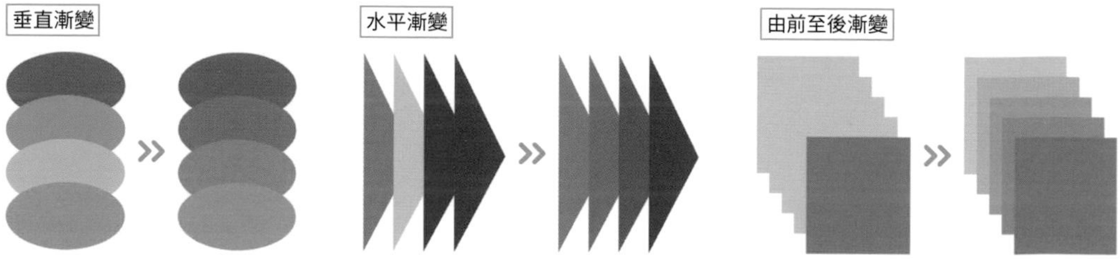

垂直漸變
水平漸變
由前至後漸變

調整飽和度

飽和度是調整選取物件的色彩濃度，和調整色彩平衡不同，不是個別增減顏色的比例，而是平均增減各個顏色。調整比例是在飽和度交談窗內設定。

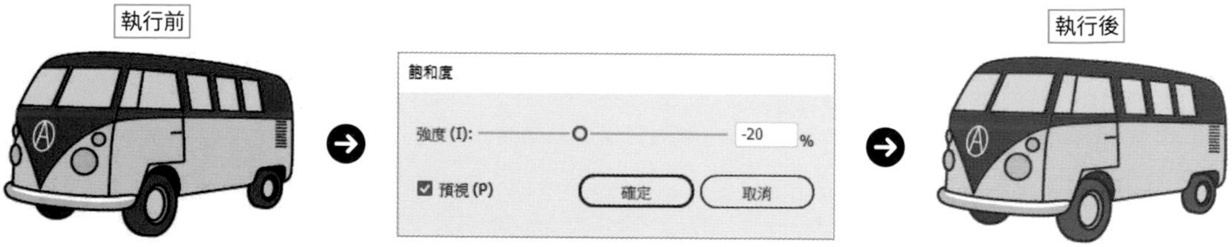

執行前
飽和度
強度 (I):
-20
%
預視 (P)
確定
取消
執行後

▶ 黑色疊印

物件重疊在一起，上層物件的不透明度為 100%（不透明）時，填色或筆畫只會印刷出最上層的顏色，去除（淘汰）下層部分。在屬性面板中，設定疊印之後，不會去除下層的顏色，而是混合上層物件與下層物件的油墨來印刷

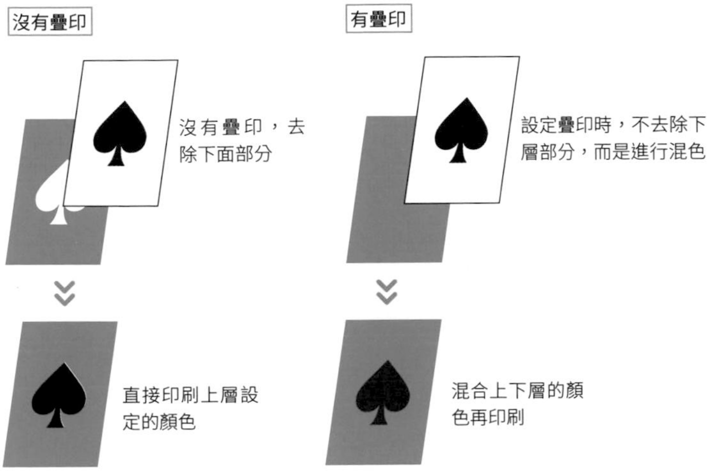
沒有疊印
沒有疊印，去除下面部分
直接印刷上層設定的顏色
有疊印
設定疊印時，不去除下層部分，而是進行混色
混合上下層的顏色再印刷

選取設定疊印的物件再勾選
屬性
疊印填色
疊印筆畫
影像地圖：
無
URL:

執行『編輯→編輯色彩→黑色疊印』命令，可以針對所有 K 版（CMYK 的 K）數值與交談窗內設定值相同的物件，統一設定疊印。

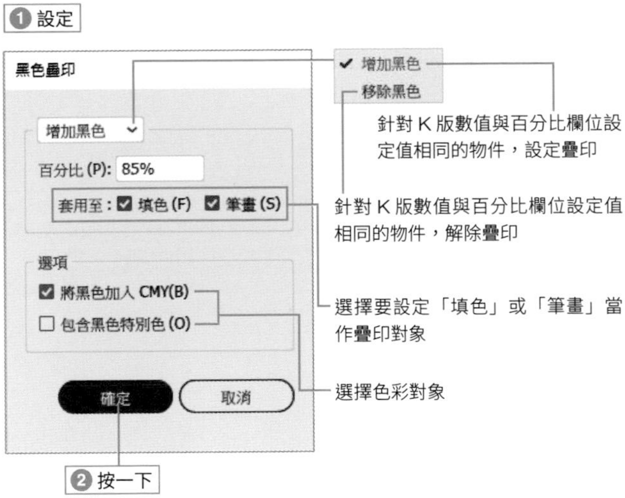
❶ 設定
黑色疊印
增加黑色
百分比 (P): 85%
套用至：填色 (F) 筆畫 (S)
選項
將黑色加入 CMY(B)
包含黑色特別色 (O)
確定
取消
❷ 按一下
增加黑色
移除黑色
針對 K 版數值與百分比欄位設定值相同的物件，設定疊印
針對 K 版數值與百分比欄位設定值相同的物件，解除疊印
選擇要設定「填色」或「筆畫」當作疊印對象
選擇色彩對象

TIPS **預視疊印**

執行『**檢視→疊印預視**』命令（請參考 **1-21 頁**），可以預視設定了疊印的物件，會以何種狀態印刷出來。另外，使用**分色預視**面板，可以預視各個色版，確認哪個部分會被淘汰。

CS6 | CC | CC14 | CC15 | CC17 | CC18

6-5 使用「繪圖樣式」面板

使用頻率
★☆☆

我們可以把設定的組合當作繪圖樣式，儲存在繪圖樣式面板中，這樣隨時都能套用在物件上。請把繪圖樣式當作是外觀的色票版本。

套用繪圖樣式

選取物件，按一下繪圖樣式面板的繪圖樣式，就會套用圖層樣式。

1 選取物件

選取物件。

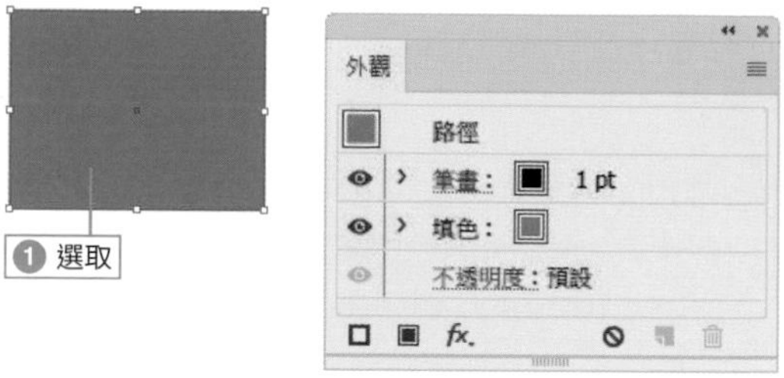

1 選取
外觀
路徑
筆畫：
1 pt
填色：
不透明度：預設

2 按一下繪圖樣式

按一下繪圖樣式面板中的繪圖樣式。

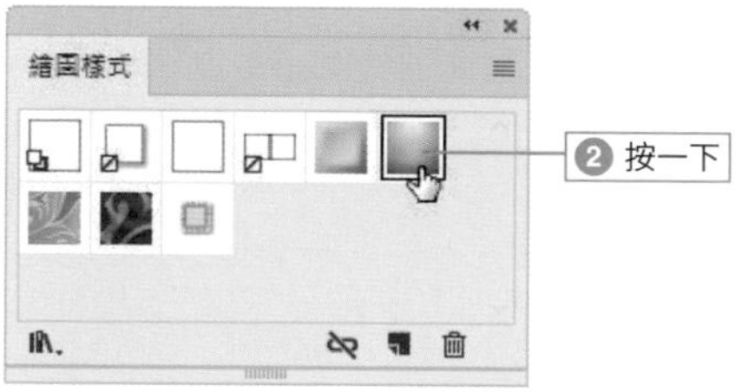

繪圖樣式
2 按一下

3 完成套用

套用了繪圖樣式。

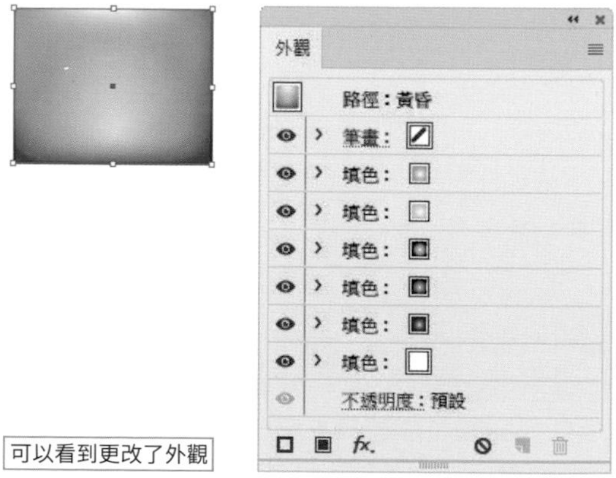

外觀
路徑：黃昏
筆畫：
填色：
填色：
填色：
填色：
填色：
填色：
不透明度：預設
可以看到更改了外觀

POINT

這裡套用的繪圖樣式是載入**繪圖樣式資料庫**的**影像效果**。

▶ 增加套用繪圖樣式

在繪圖樣式面板中，按一下其他繪圖樣式，物件的外觀會套用後面選取的繪圖樣式。按住 Alt 鍵不放並按一下繪圖樣式，可以將繪圖樣式套用至目前的外觀。

1 利用按住 Alt ＋按一下，增加套用

選取套用了繪圖樣式的物件。按住 Alt 鍵不放並按一下在繪圖樣式面板中，要增加套用的繪圖樣式。

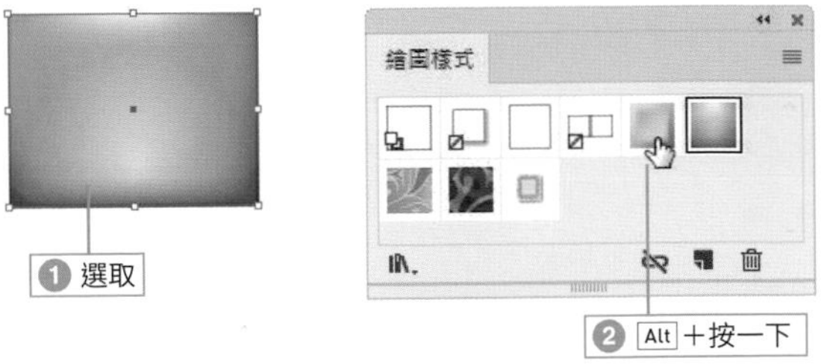
1 選取
繪圖樣式
2 Alt ＋按一下

2 增加套用繪圖樣式

增加套用了繪圖樣式。可以看到新增至外觀面板中。

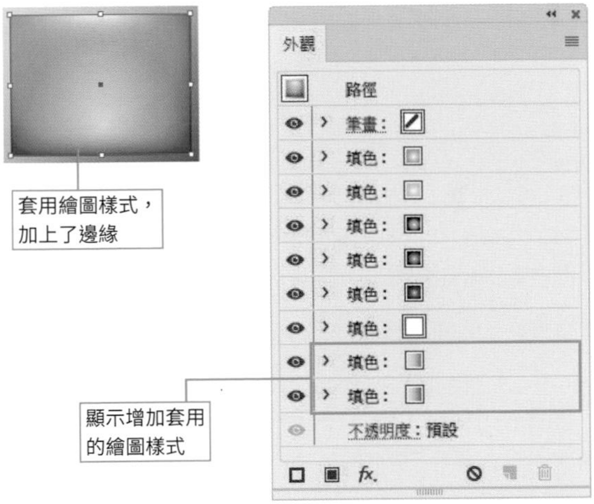
套用繪圖樣式，加上了邊緣
外觀
路徑
筆畫：
填色：
填色：
填色：
填色：
填色：
填色：
填色：
填色：
顯示增加套用的繪圖樣式
不透明度：預設

TIPS 使用「繪圖樣式資料庫」及其他圖稿的繪圖樣式

從其他圖稿中，拷貝＆貼上套用了繪圖樣式的物件，該繪圖樣式就會自動新增至**繪圖樣式**面板中。另外，從繪圖樣式資料庫中，可以呼叫、使用各種繪圖樣式。

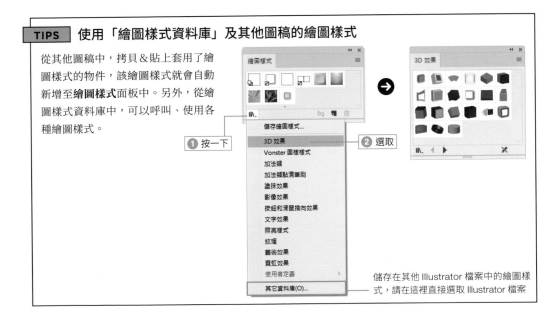

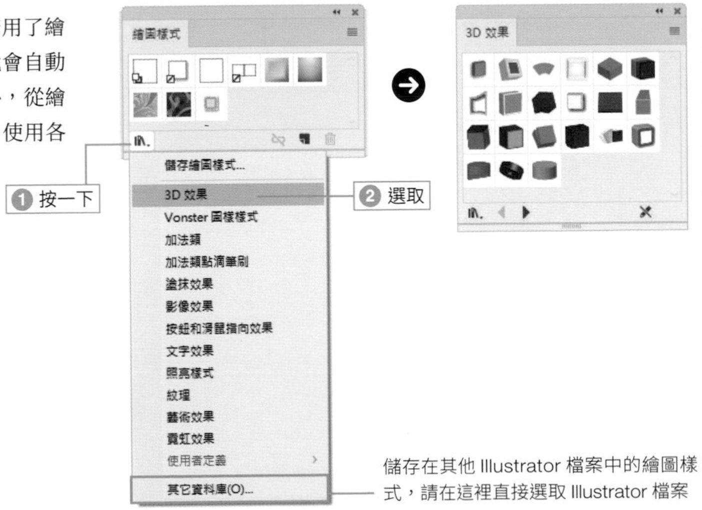
繪圖樣式
1 按一下
儲存繪圖樣式...
3D 效果
Vonster 圖樣樣式
加法類
加法類點滴筆刷
塗抹效果
影像效果
按鈕和滑鼠指向效果
文字效果
照亮樣式
紋理
藝術效果
霓虹效果
使用者定義
其它資料庫(O)...
2 選取
3D 效果
儲存在其他 Illustrator 檔案中的繪圖樣式，請在這裡直接選取 Illustrator 檔案

如何儲存「繪圖樣式」？

在繪圖樣式面板中，可以把外觀面板裡設定的「填色」、「顏色」、「不透明度」、「漸變模式」、「效果」組合，儲存成一個繪圖樣式。

❶ 拖曳物件

將套用了外觀的物件拖曳到繪圖樣式面板中。

或是，選取套用了外觀的物件，按下繪圖樣式面板中的新增繪圖樣式鈕，也可以儲存目前的外觀。

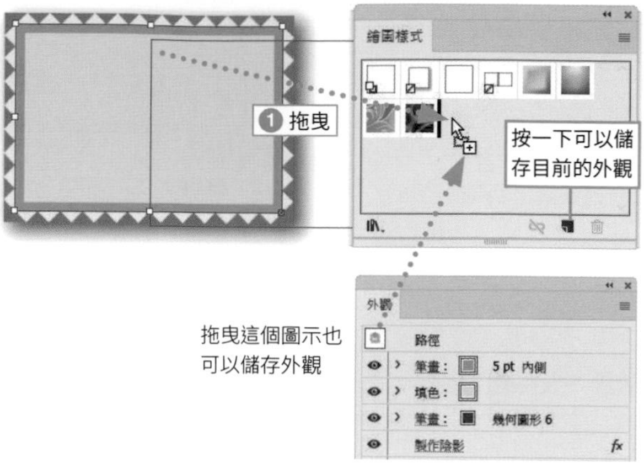

繪圖樣式
❶ 拖曳
按一下可以儲存目前的外觀
外觀
拖曳這個圖示也可以儲存外觀
路徑
筆畫：5 pt 內側
填色：
筆畫：幾何圖形 6
製作陰影
fx

❷ 儲存成繪圖樣式

完成繪圖樣式的儲存步驟。

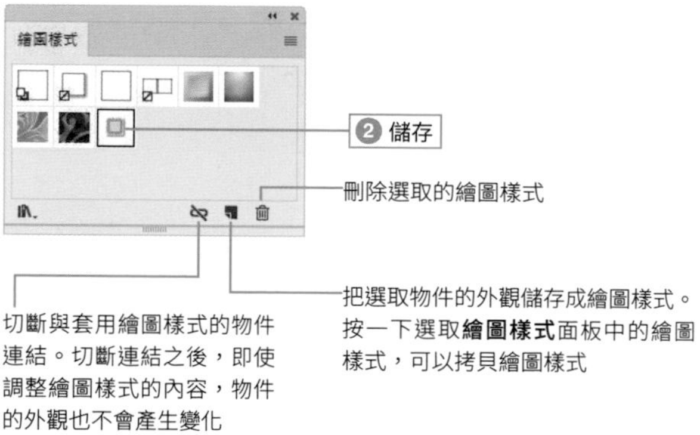

繪圖樣式
❷ 儲存
刪除選取的繪圖樣式
切斷與套用繪圖樣式的物件連結。切斷連結之後，即使調整繪圖樣式的內容，物件的外觀也不會產生變化
把選取物件的外觀儲存成繪圖樣式。按一下選取**繪圖樣式**面板中的繪圖樣式，可以拷貝繪圖樣式

POINT

儲存在**繪圖樣式**面板中的繪圖樣式，只能在儲存該樣式的圖稿內使用。

TIPS 繪圖樣式的命名步驟

在**繪圖樣式**面板中的繪圖樣式上，雙按滑鼠左鍵，會開啟**繪圖樣式選項**交談窗，這裡可以設定名稱。

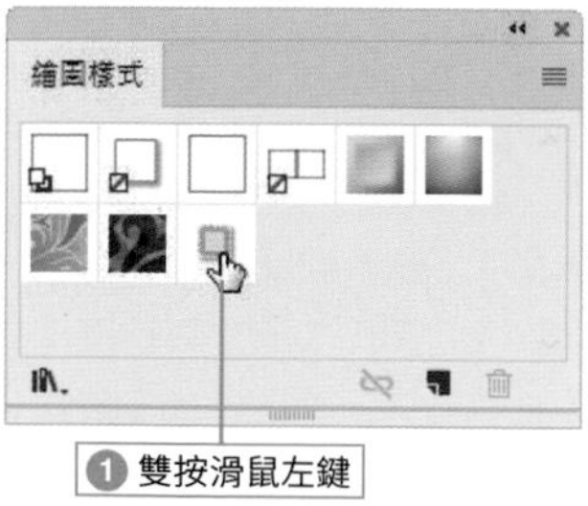

繪圖樣式
❶ 雙按滑鼠左鍵

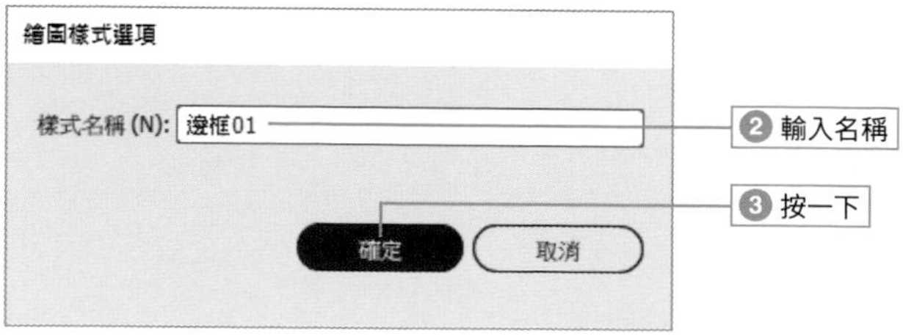

繪圖樣式選項
樣式名稱 (N): 邊框01
❷ 輸入名稱
❸ 按一下
確定
取消

連結與更新繪圖樣式

假如在外觀面板中，調整了套用繪圖樣式的物件設定，可以將修改的內容更新至繪圖樣式中。所有套用繪圖樣式的物件會與繪圖樣式連結，以重新定義繪圖樣式 - 命令調整套用了繪圖樣式的內容後，會自動更新所有連結物件的繪圖樣式。

1 更改外觀

利用繪圖樣式面板，將繪圖樣式套用在物件上，再調整外觀。

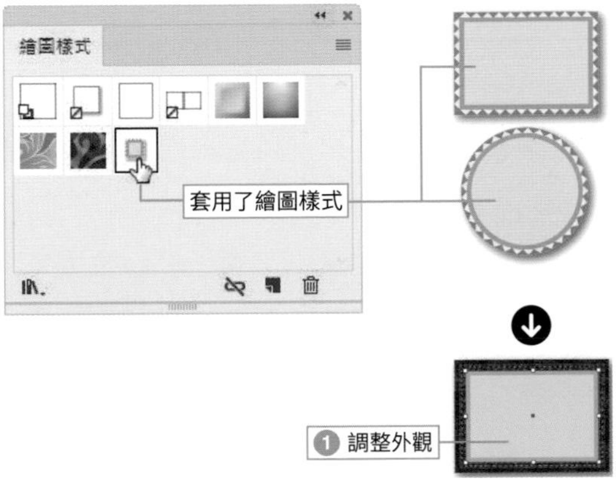
繪圖樣式
套用了繪圖樣式
1 調整外觀

2 執行「重新定義繪圖樣式」命令

在外觀面板選單中，執行『重新定義繪圖樣式』命令。

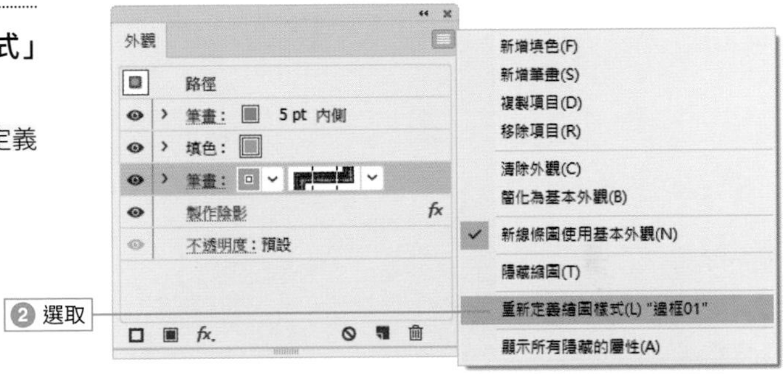
外觀
路徑
筆畫： 5 pt 內側
填色：
筆畫：
製作陰影
不透明度：預設
新增填色(F)
新增筆畫(S)
複製項目(D)
移除項目(R)
清除外觀(C)
簡化為基本外觀(B)
新線條圖使用基本外觀(N)
隱藏縮圖(T)
重新定義繪圖樣式(L) "邊框01"
顯示所有隱藏的屬性(A)
2 選取

3 更新了繪圖樣式

更改繪圖樣式的內容。其他套用該繪圖樣式的物件外觀也會同步更新。

POINT

在其他物件套用更新後的繪圖樣式時，該物件的繪圖樣式也會自動更新。

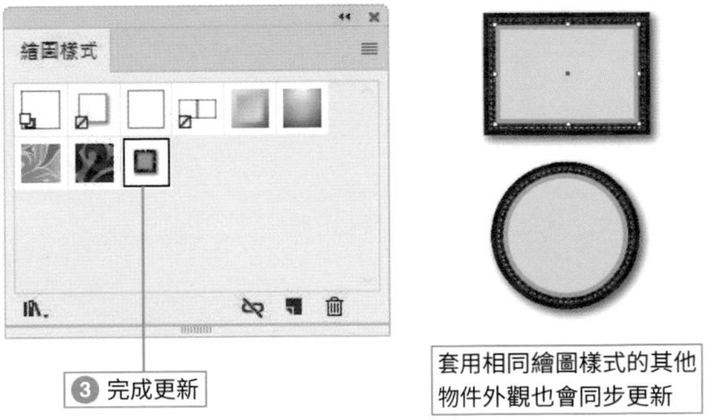
繪圖樣式
3 完成更新
套用相同繪圖樣式的其他物件外觀也會同步更新

6-6 活用符號

使用頻率
★☆☆

常用的圖形或物件，可以當作符號範例，儲存在符號面板中。在圖稿中，使用儲存在符號面板的符號時，會參照儲存在面板中的符號範例。因此優點是，即使繪製大量符號，也不會讓檔案變大。

儲存與配置符號

將物件拖放至符號面板中，就可以儲存符號。選取物件之後，按下 F8 鍵，或按下符號面板的 ，都可以儲存成符號。

1 拖曳物件

選取物件，拖曳至符號面板中。

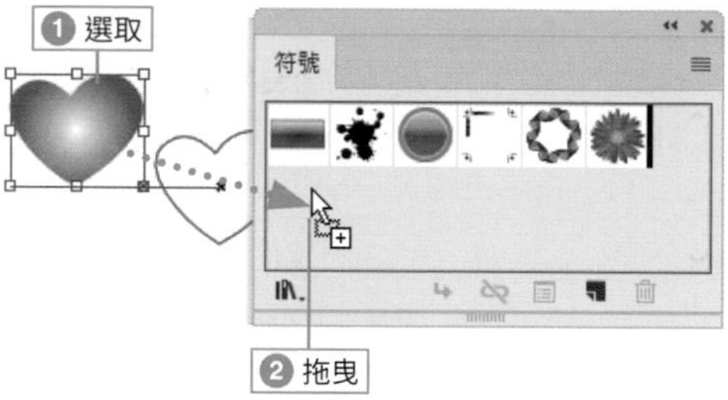

1 選取
符號
2 拖曳

POINT

假如畫面上沒有顯示**符號**面板，可以執行『**視窗→符號**』命令（Shift＋Ctrl＋F11鍵）。

2 設定「符號選項」

在符號選項交談窗中，設定符號，按下確定鈕。
這裡的設定在儲存後，仍可以更改。請按下符號面板下方的 鈕。

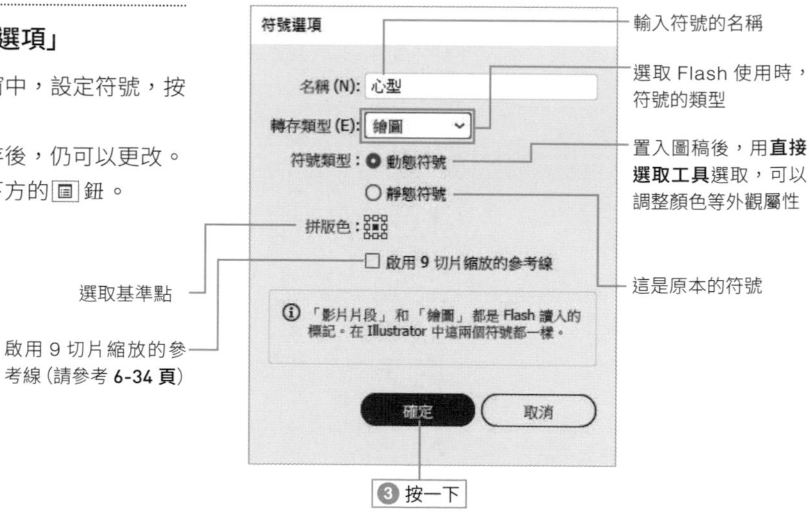

符號選項
名稱 (N): 心型
轉存類型 (E): 繪圖
符號類型：動態符號
靜態符號
拼版色：
啟用 9 切片縮放的參考線
「影片片段」和「繪圖」都是 Flash 讀入的標記。在 Illustrator 中這兩個符號都一樣。
確定
取消
輸入符號的名稱
選取 Flash 使用時，符號的類型
置入圖稿後，用**直接選取工具**選取，可以調整顏色等外觀屬性
這是原本的符號
選取基準點
啟用 9 切片縮放的參考線（請參考 **6-34 頁**）
3 按一下

POINT

CC 2015.3 之前的**對齊像素格點**，是讓置入的符號對齊像素格點（請參考 **10-13 頁**）。

3 儲存成符號

儲存成符號。可以從符號面板中，拖曳置入文件內。

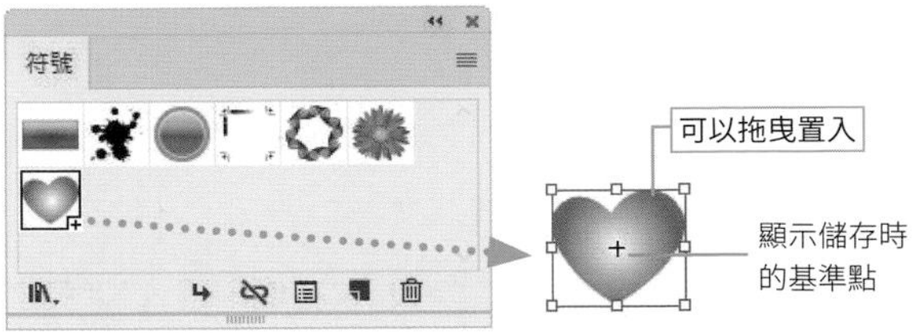
符號
可以拖曳置入
顯示儲存時的基準點

TIPS 9 切片縮放

儲存符號時，勾選**啟用 9 切片縮放的參考線**，縮放置入圖稿中的符號時，不會縮放用 9 切片定義的部分，會維持原狀。9 切片的定義可以在符號編輯模式中更改。

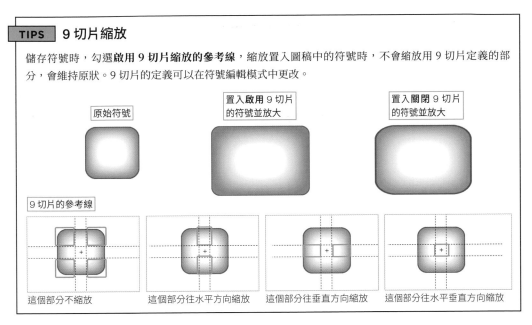

原始符號
置入**啟用** 9 切片的符號並放大
置入**關閉** 9 切片的符號並放大

9 切片的參考線

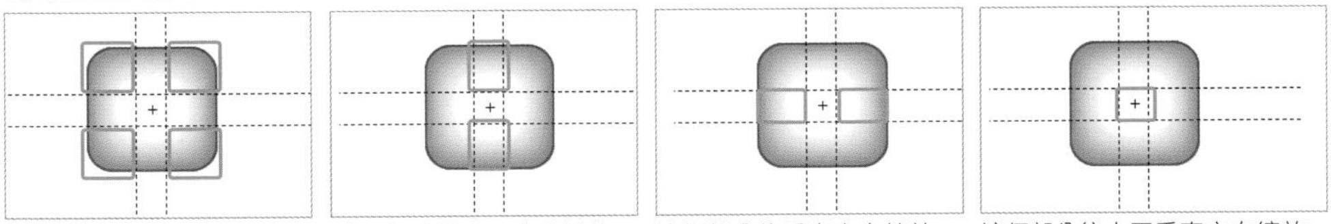

這個部分不縮放　這個部分往水平方向縮放　這個部分往垂直方向縮放　這個部分往水平垂直方向縮放

▶ 關於「符號」面板

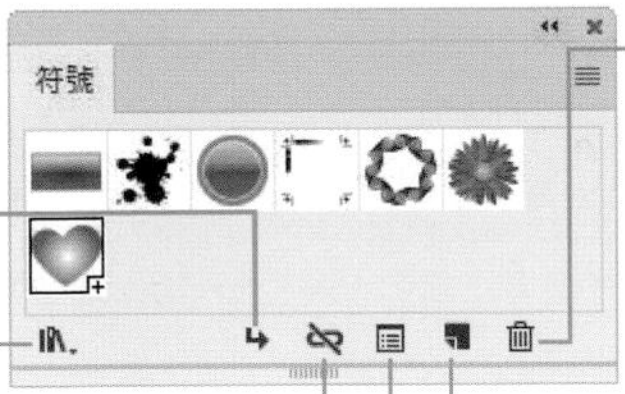
符號

置入在**符號**面板中選取的符號

開啟符號資料庫，可以使用已經儲存的符號

將選取物件儲存成符號

按下此鈕可開啟**符號選項**交談窗

置入的符號與**符號**面板的符號連結。選取置入的符號，按一下這裡，會移除連結，恢復成一般物件。或者也可以按下**控制**面板的**切斷連結**鈕

刪除在「符號」面板中選取的符號
假如在圖稿中，置入了要刪除的符號，可以選擇要連同置入的符號一起刪除，或當作一般物件保留下來

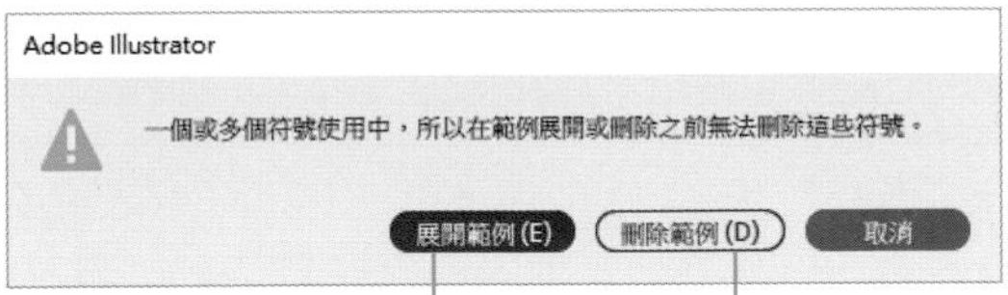
Adobe Illustrator
一個或多個符號使用中，所以在範例展開或刪除之前無法刪除這些符號。
展開範例 (E)
刪除範例 (D)
取消

展開範例
讓置入的符號恢復成一般物件

刪除範例
連置入的符號也一併刪除

按下此鈕，也可以切斷連結

範例名稱：
範例：心型
編輯符號
切斷連結
重設
取代：
不透明度：
100%

使用「符號噴灑器工具」

使用符號噴灑器工具，可以大量置入選取的符號。

1 使用「符號噴灑器工具」拖曳

在符號面板中，選取符號，接著使用符號噴灑器工具拖曳。

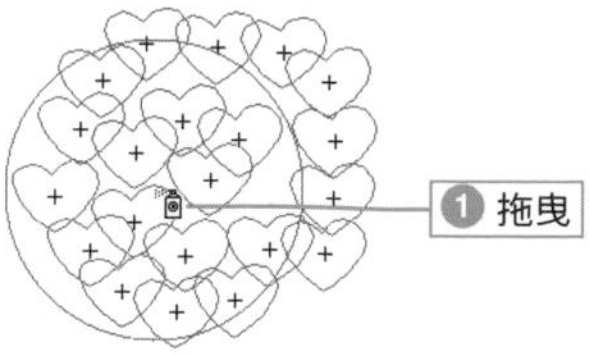

❶ 拖曳

2 置入符號

沿著拖曳的軌跡置入符號。

❷ 置入了符號

POINT

按下[鍵或]鍵（半形），可以調整噴灑器的大小。另外，在**符號工具選項**交談窗中，也能設定大小。

使用符號噴灑器工具置入的符號，會當作一個組合來處理。另外，選取已經置入圖稿中的其他符號，再使用符號噴灑器工具配置，會增加至選取的組合中。

在工具面板的符號噴灑器工具雙按滑鼠左鍵，會開啟符號工具選項交談窗，可以調整符號噴灑的範圍。

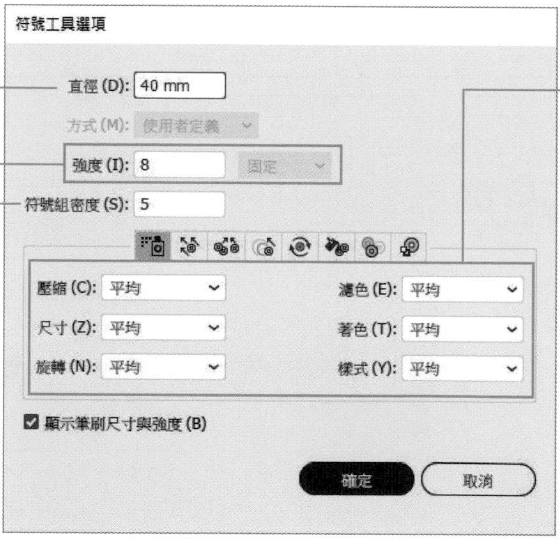

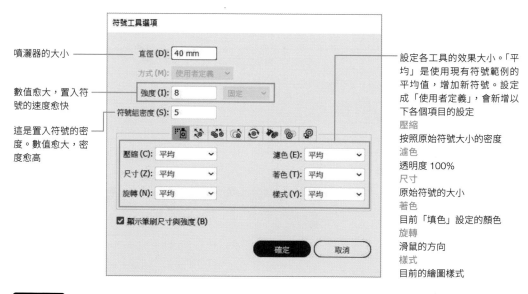

符號工具選項
直徑 (D): 40 mm
方式 (M): 使用者定義
強度 (I): 8
固定
符號組密度 (S): 5
壓縮 (C): 平均
濾色 (E): 平均
尺寸 (Z): 平均
著色 (T): 平均
旋轉 (N): 平均
樣式 (Y): 平均
顯示筆刷尺寸與強度 (B)
確定
取消
噴灑器的大小
數值愈大，置入符號的速度愈快
這是置入符號的密度。數值愈大，密度愈高
設定各工具的效果大小。「平均」是使用現有符號範例的平均值，增加新符號。設定成「使用者定義」，會新增以下各個項目的設定
壓縮
按照原始符號大小的密度
濾色
透明度 100%
尺寸
原始符號的大小
著色
目前「填色」設定的顏色
旋轉
滑鼠的方向
樣式
目前的繪圖樣式

POINT

選取符號組，按住Alt鍵不放並用**符號噴灑器工具**拖曳，可以刪除符號。

▶ 變形置入的符號

置入的符號或符號組，可以利用移動、縮放、旋轉等變形工具變形。另外，使用各種符號工具，可以編輯符號組。

編輯符號

在符號面板中的符號範例上，雙按滑鼠左鍵，會切換成符號編輯模式，可以編輯儲存的符號顏色或形狀。

1 進入符號編輯模式

在符號面板中，於要編輯的符號上，雙按滑鼠左鍵。

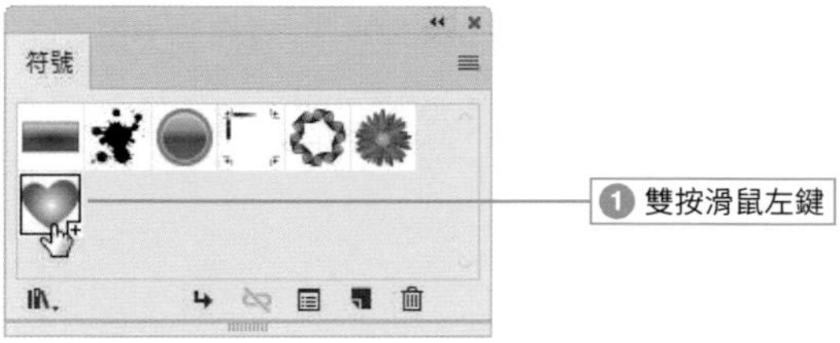
符號
❶ 雙按滑鼠左鍵

2 編輯符號

進入符號編輯模式，可以編輯形狀或調整顏色。編輯完成後，在物件以外的部分雙按滑鼠左鍵，或按下畫面左上方的[◁]，結束編輯模式。

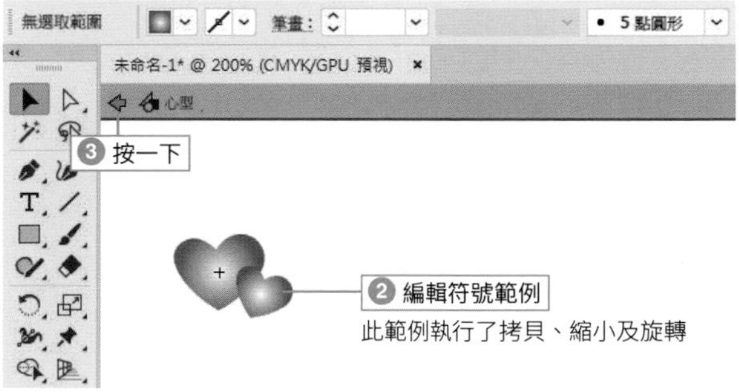
無選取範圍
筆畫：
• 5 點圓形
未命名-1* @ 200% (CMYK/GPU 預視)
心型
❸ 按一下
❷ 編輯符號範例
此範例執行了拷貝、縮小及旋轉

POINT

成為編輯對象的符號，會和基準點一起顯示在視窗的中央。圖稿內的符號是根據基準點來置入，所以編輯時，一旦改變物件的基準點位置，置入的符號位置也會產生變化。編輯時，請注意基準點的位置。

3 更改了符號

由於編輯了符號的內容，所以符號面板的圖示也出現變化。另外，置入的符號或符號組的內容，也會更新成新符號。

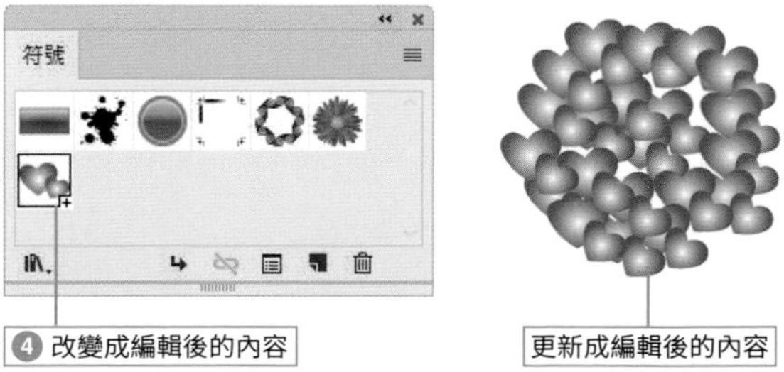
符號
❹ 改變成編輯後的內容
更新成編輯後的內容

POINT

如果不想將已經置入的符號換成編輯後的符號，請打斷符號連結（請參考 **6-43 頁**）。

編輯符號組

使用符號噴灑器工具置入的符號組，可以使用其他符號工具編輯 (符號噴灑器工具的子工具)。

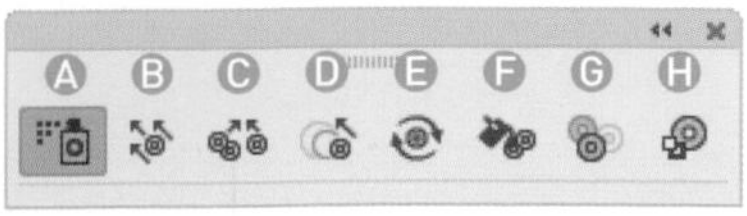

A
B
C
D
E
F
G
H

Ⓐ **原本的配置**

Ⓑ **符號偏移器工具**

往拖曳方向移動符號組內置入的各個符號。按住 Alt 鍵不放並拖曳，符號會移動至上層。按下 Alt ＋ Shift 鍵，符號會移動至下層

Ⓒ **符號壓縮器工具**

符號集中在按下滑鼠左鍵的位置。(請不要按一下，而是持續按滑鼠左鍵)。按住 Alt 鍵不放並按下滑鼠左鍵，符號會從游標位置散開

Ⓓ **符號縮放器工具**

利用拖曳，放大工具範圍內的符號。按住 Alt 鍵不放並拖曳，會縮小符號。

Ⓔ **符號旋轉器工具**

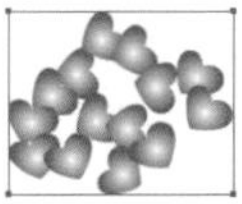

拖曳之後，會旋轉工具範圍內的符號。

Ⓕ **符號著色器工具**

拖曳之後，在工具範圍內的符號套用「填色」設定的顏色。按住 Alt 鍵不放並拖曳，會減少顏色的套用量。

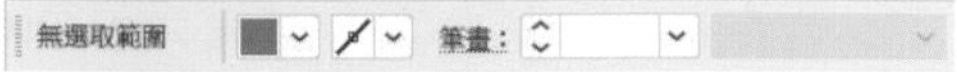

無選取範圍
筆畫：

Ⓖ **符號濾色器工具**

拖曳之後，工具範圍內的符號會變透明。範圍愈遠，符號會變得愈透明。按住 Alt 鍵不放並拖曳，會縮小透明部分

Ⓗ **符號樣式設定器工具**

拖曳之後，會在工具範圍內的符號套用繪圖樣式。按住 Alt 鍵不放並拖曳，會減少套用量

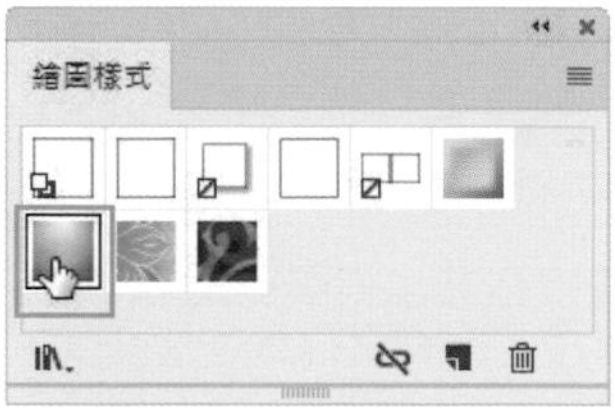

繪圖樣式

取代符號

使用符號面板中的其他符號，可以取代已經置入的符號。選取符號組，在符號面板中，選取要取代成哪種符號，於符號面板選單中，執行『取代符號』命令。

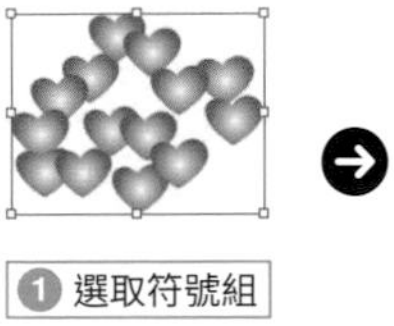

① 選取符號組

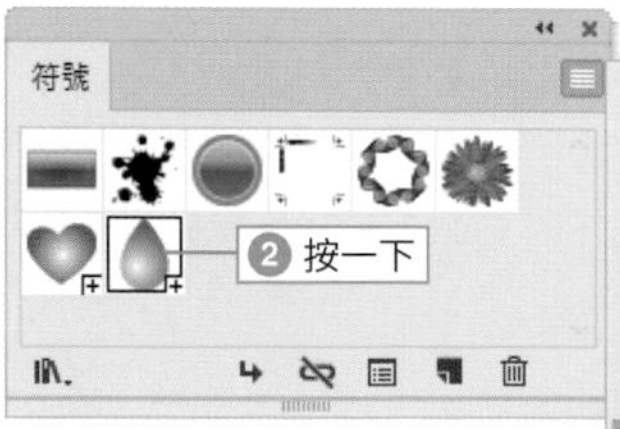

符號
② 按一下

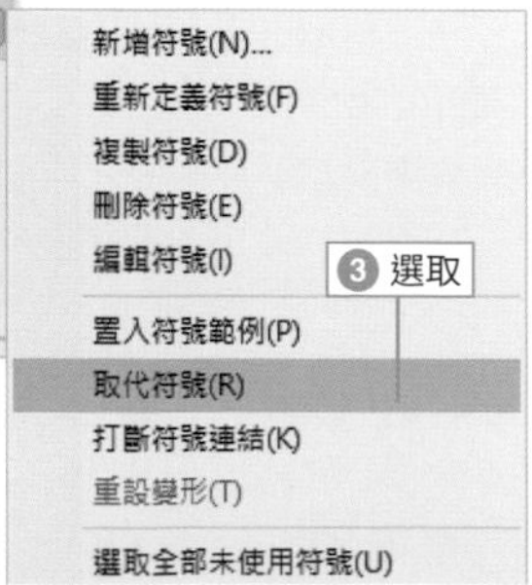

新增符號(N)...
重新定義符號(F)
複製符號(D)
刪除符號(E)
編輯符號(I)
③ 選取
置入符號範例(P)
取代符號(R)
打斷符號連結(K)
重設變形(T)
選取全部未使用符號(U)

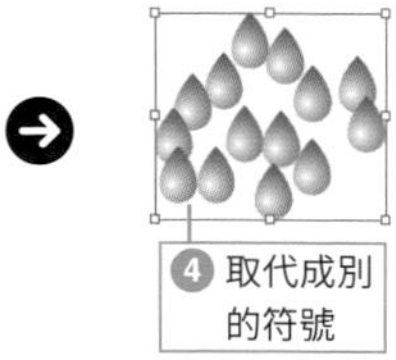

④ 取代成別的符號

POINT

選取單獨置入的符號，利用**控制**面板的**取代**，也可以取代符號。

6-7 不透明度遮色片

使用頻率	
★☆☆	使用「不透明度遮色片」，可以根據遮色片物件的顏色深淺、圖樣的亮度，製作出具有透明色階的遮色片。

何謂「不透明度遮色片」？

不透明度遮色片是指，使用物件的顏色或色調製作的遮色片。剪裁遮色片是以最上層物件的形狀剪裁下層物件，而不透明度遮色片是配合最上層物件的漸層、圖樣等上色設定的顏色亮度，在下層物件套用透明效果。

使用不透明度遮色片，輪廓逐漸變透明的物件

製作「不透明度遮色片」

如果要製作不透明度遮色片，請選取物件，在透明度面板選單中，執行『製作不透明度遮色片』命令。

1 繪製物件

繪製物件。或是置入照片影像。

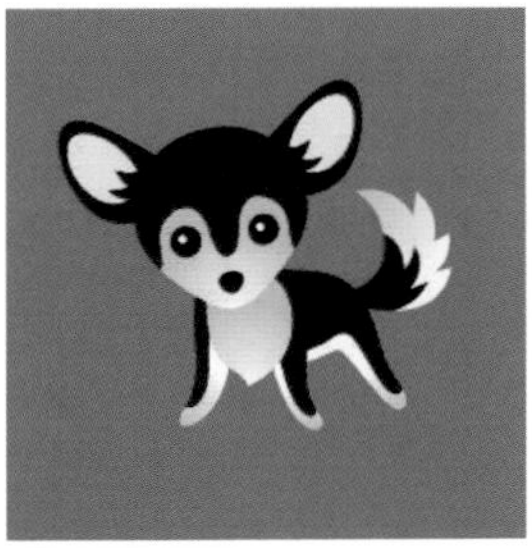

1 繪製物件

2 置入遮色片物件

把用漸層上色後的物件放置在最上層，並同時選取上下層的物件。這裡置入了套用漸層網格的物件。

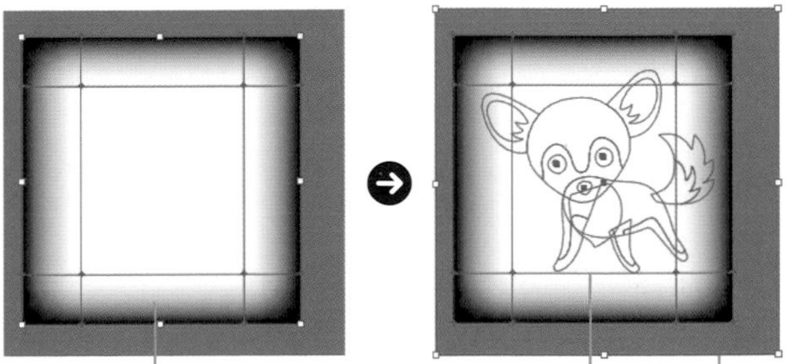

2 置入　3 選取

③ 按下「製作遮色片」鈕

按下透明度面板中的製作遮色片鈕。

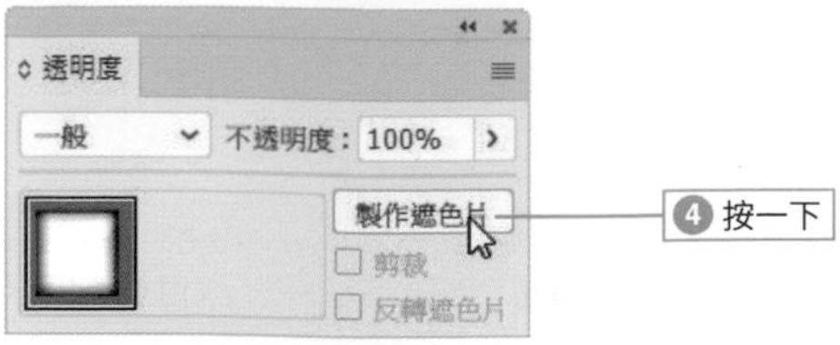
透明度
一般
不透明度：100%
製作遮色片
剪裁
反轉遮色片
④按一下

④ 套用了不透明度遮色片

套用了不透明度遮色片。

POINT

在套用了不透明度遮色片的物件上，雙按滑鼠左鍵，進入編輯模式，可以編輯被遮罩的原始物件。關於遮罩物件的編輯方法，請參考 6-50 頁。

「不透明度遮色片」與「透明度」面板

選取套用了不透明度遮色片的物件，在透明度面板中，會顯示背景物件與使用了遮色片的上層物件。

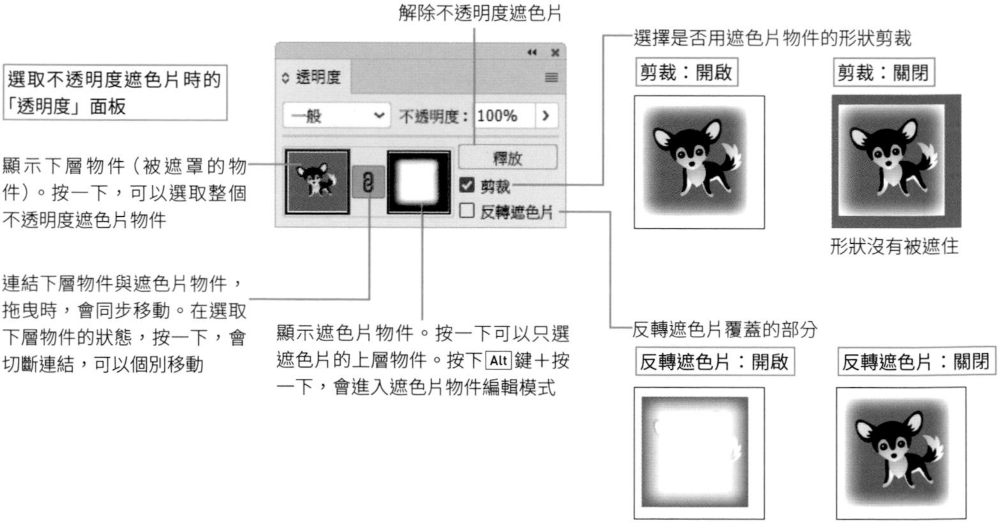
解除不透明度遮色片
選取不透明度遮色片時的「透明度」面板
透明度
一般
不透明度：100%
釋放
剪裁
反轉遮色片
顯示下層物件（被遮罩的物件）。按一下，可以選取整個不透明度遮色片物件
連結下層物件與遮色片物件，拖曳時，會同步移動。在選取下層物件的狀態，按一下，會切斷連結，可以個別移動
顯示遮色片物件。按一下可以只選遮色片的上層物件。按下 Alt 鍵＋按一下，會進入遮色片物件編輯模式
選擇是否用遮色片物件的形狀剪裁
剪裁：開啟
剪裁：關閉
形狀沒有被遮住
反轉遮色片覆蓋的部分
反轉遮色片：開啟
反轉遮色片：關閉

TIPS 遮色片物件的顏色與遮色片的關係

不透明度遮色片是以上層物件的顏色亮度為基礎，使用遮色片的上層物件，用何種顏色上色都沒關係。可是，用灰階設定上層物件的顏色，套用後的結果比較容易預期。

關閉**反轉遮色片**時，顏色愈黑，變得愈透明；愈白愈能顯示原始的物件。因此，使用灰階比較容易控制下層物件的顯示狀態。

釋放、關閉不透明度遮色片

我們隨時可以解除已經設定的不透明度遮色片。

1 釋放不透明度遮色片

選取不透明度遮色片物件，按下透明度面板的釋放鈕。

❶ 選取物件

透明度
一般
不透明度：100%
釋放
剪裁
反轉遮色片
❷ 按一下

2 釋放了不透明度遮色片

釋放了不透明度遮色片。

POINT

選取不透明度遮色片後，在**透明度**面板選單中，執行『**關閉不透明度遮色片**』命令，可以暫時關閉不透明度遮色片。

❸ 釋放不透明度遮色片

編輯不透明度遮色片物件

不透明度遮色片的上層物件，套用遮色片後，仍可以調整形狀、位置、上色設定。如果要編輯上層物件，請按住 Alt 鍵不放並按一下透明度面板中的遮色片物件縮圖。

1 按住 Alt ＋按一下

按住 Alt 鍵不放並按一下透明度面板中的遮色片物件縮圖。

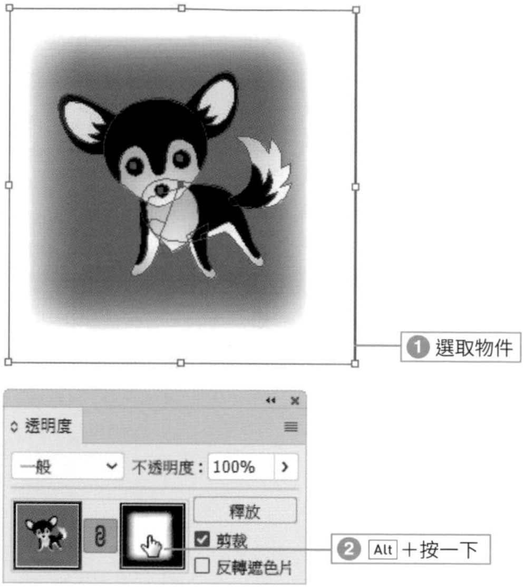

1 選取物件
透明度
一般
不透明度：100%
釋放
剪裁
反轉遮色片
2 Alt ＋按一下

2 變成可編輯狀態

只顯示上層物件，變成可以編輯的狀態。如果要恢復原狀，請按一下透明度面板中的物件縮圖。

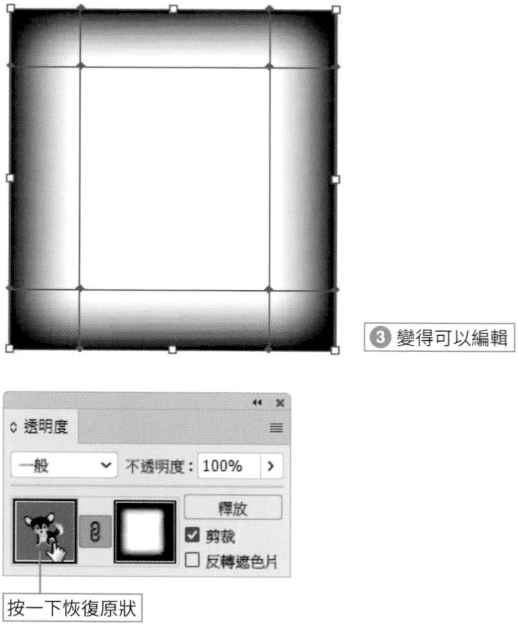

3 變得可以編輯
透明度
一般
不透明度：100%
釋放
剪裁
反轉遮色片
按一下恢復原狀

CHAPTER

7

變形物件

Illustrator 除了旋轉、縮放、傾斜、反轉等基本的變形功能之外，還具備打洞、裁剪等各種功能。這些功能可以增加作品的表現力，請務必確實掌握。

7-1
利用邊框變形物件

使用頻率 ★★★	使用選取工具選取物件之後，會顯示包圍物件的矩形邊框。使用邊框，可以輕鬆縮放物件。

拖曳縮放

使用選取工具[▶]選取物件時，會顯示邊框，但是使用其他選取工具時，則不會顯示。拖曳四邊及各邊中央的控制點(空心方塊)，可以縮放物件

POINT

在**偏好設定**交談窗中，可以利用**縮放筆畫和效果**選項，設定是否同步縮放筆畫寬度。若要一併縮放圖樣，則是利用**圖樣拼貼變形**選項來設定(請參考 **7-7 頁**、**11-2 頁**)。

POINT

執行『**檢視→隱藏邊框**』命令，可以隱藏邊框。如果要重新顯示，請執行『**檢視→顯示邊框**』命令。

POINT

關於文字物件的縮放，請參考 **8-18 頁**。

▶ 縮放路徑物件

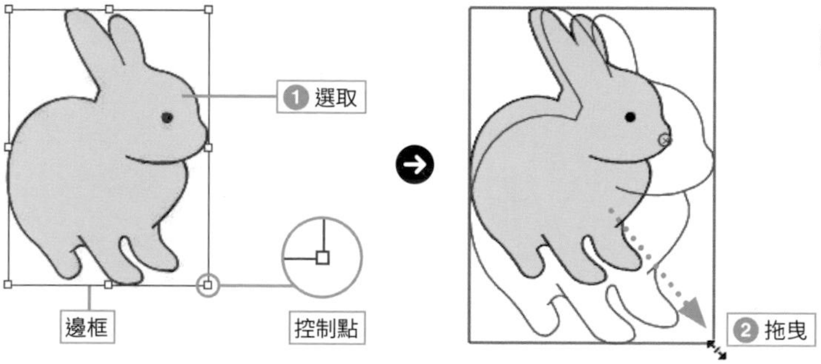

❶ 選取
邊框
控制點
❷ 拖曳

TIPS 維持比例／從中央開始縮放

按住 Shift 鍵不放並拖曳，可以保持原始物件的上下左右比例。按住 Alt 鍵不放並拖曳，會從物件中央開始縮放。

旋轉物件

將游標移動到控制點的外側或旁邊，就會顯示成旋轉用游標 ⤵，拖曳就能旋轉物件。

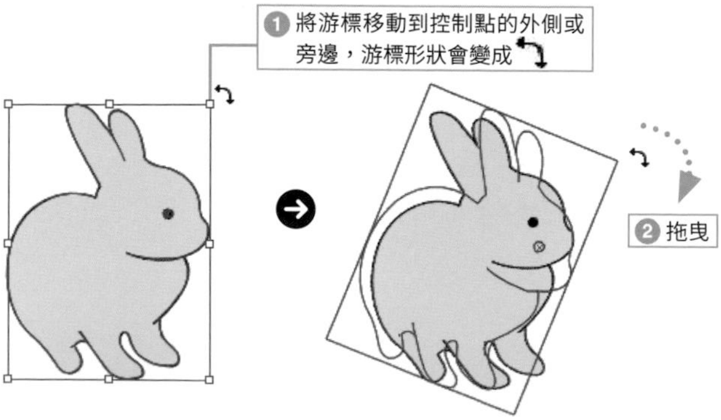

❶ 將游標移動到控制點的外側或旁邊，游標形狀會變成
❷ 拖曳

POINT

按住 Shift 鍵並旋轉，會以 45 度為單位旋轉物件。

TIPS 重設邊框

執行『**物件→變形→重設邊框**』命令，邊框就會符合變形後的物件大小。

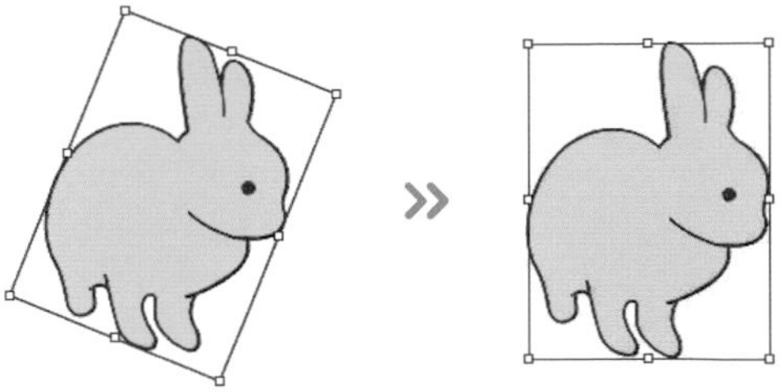

反轉物件

往物件反方向拖曳控制點，就會反轉物件。另外，按住 Shift 鍵再反轉，會變成上下反轉。

往反方向拖曳

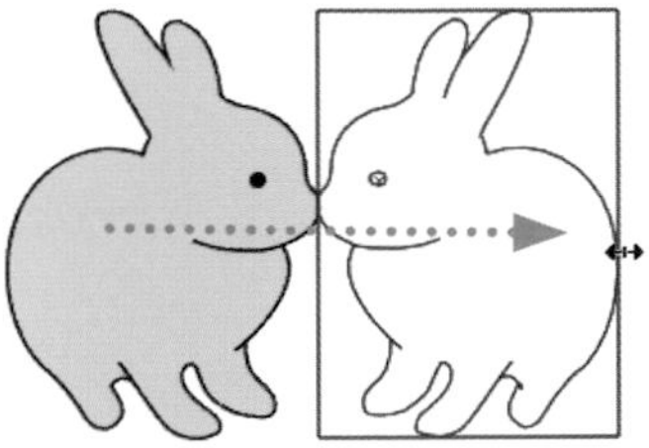

Shift +往反方向拖曳

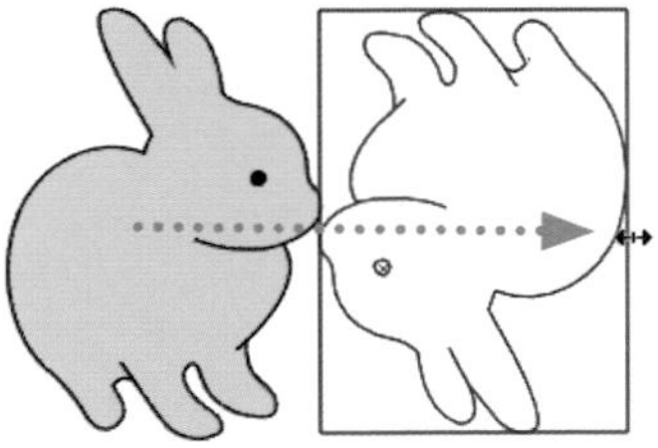

使用「任意變形工具」

選取選取工具，在顯示邊框的狀態下，可以使用任意變形工具（此工具位於工具面板的操控彎曲工具底下）。任意變形工具和選取工具一樣，拖曳邊框的控制點，可以對物件執行縮放、旋轉、傾斜、反轉等變形步驟。

▶ Widget

使用任意變形工具選取物件，會顯示 Widget，可以選擇要如何變形物件。

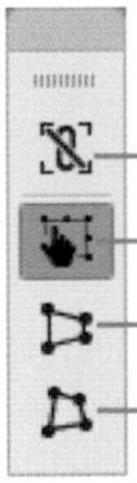

強制：變形時，固定長寬比（透視扭曲不可使用）

任意變形：可以隨意變形物件

透視扭曲：以產生透視感的方式變形物件

隨意扭曲：拖曳尖角控制點，可以隨意變形物件

▶ 任意變形

任意變形可以縮放、旋轉、傾斜物件。

POINT

任意變形工具支援觸控裝置。此範例顯示了支援觸控功能的桌上型模式擷取的結果。非觸控裝置的畫面顯示有些許差異，但是操作方式一樣。

拖曳尖角控制點，可以縮放物件。

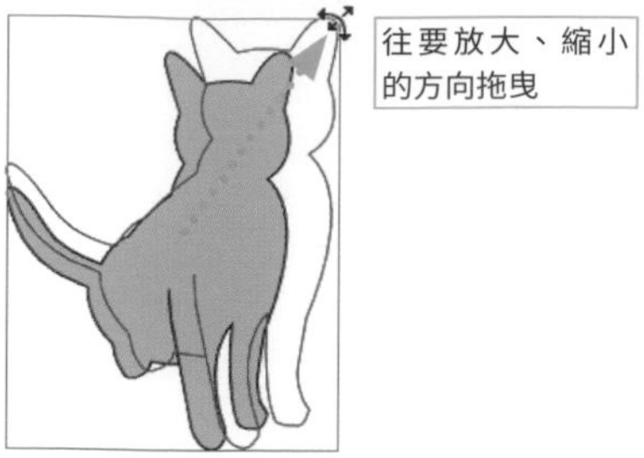
往要放大、縮小的方向拖曳

往旋轉方向拖曳尖角控制點，可以旋轉物件。

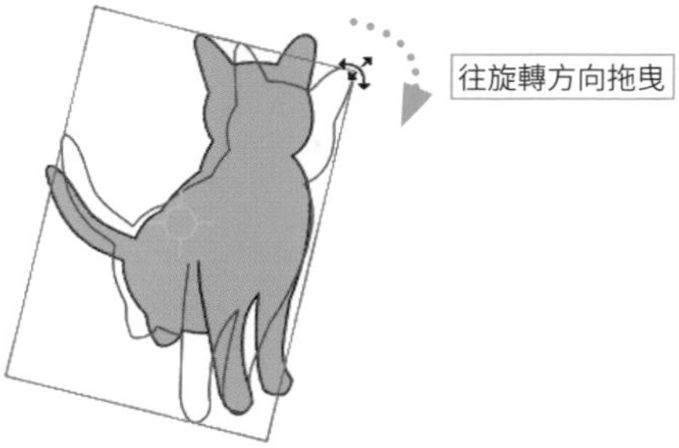
往旋轉方向拖曳

拖曳側邊控制點，可以傾斜物件。

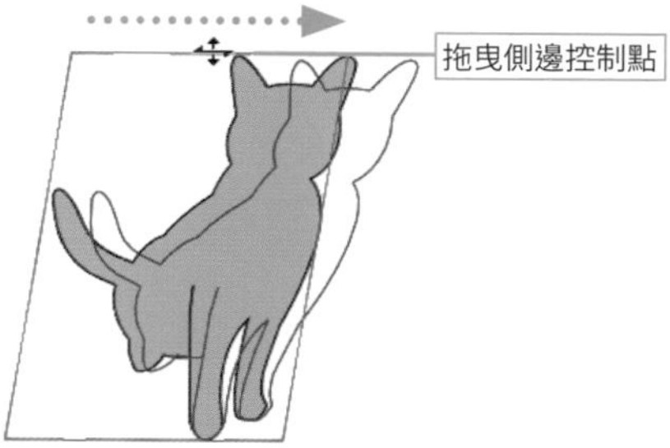
拖曳側邊控制點

TIPS 同時傾斜相反側

按住 Alt 鍵不放並拖曳側邊控制點，能對稱傾斜相反側。

TIPS 調整旋轉中心

在預設狀態，物件的中心點為旋轉中心，利用拖曳的方式可以改變中心點的位置。若在控制點雙按滑鼠左鍵，能將中心點移到該控制點上。在移動後的基準點上，雙按滑鼠左鍵，就會恢復成預設值，讓中心點回到中央。

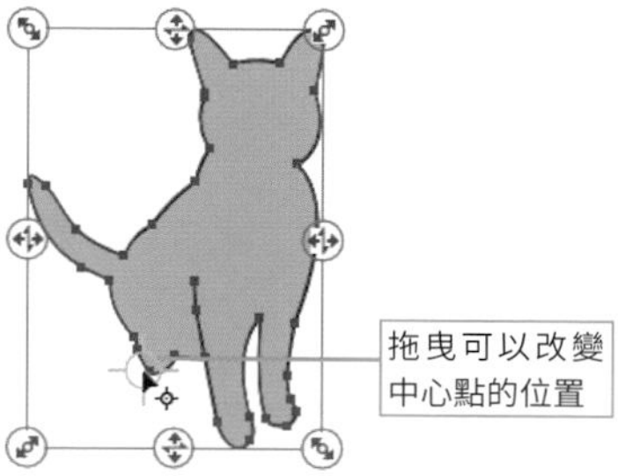
拖曳可以改變中心點的位置

TIPS **強制**

按下 Widget 的**強制**鈕，縮放物件時會固定長寬比，旋轉物件時，會以 45 度為單位來旋轉，而傾斜時，會固定水平、垂直方向。不使用 Widget 的**強制**鈕，可按住 Shift 鍵不放並拖曳，也有相同效果。

▶ 透視扭曲

透視扭曲只要拖曳尖角控制點，就能變形物件，產生透視感。

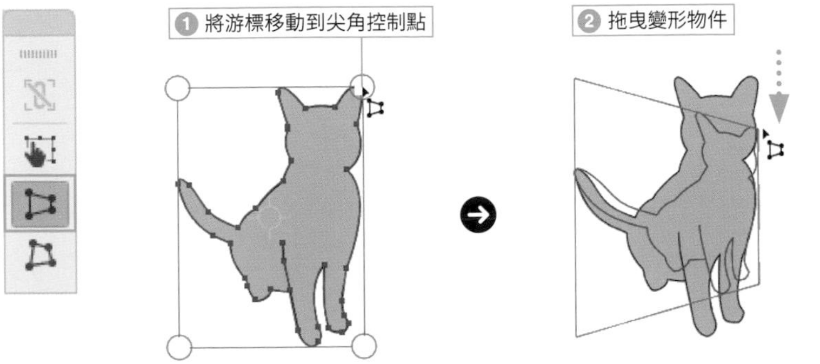

❶ 將游標移動到尖角控制點
❷ 拖曳變形物件

TIPS **在任意變形狀態下執行透視扭曲**

在選取**任意變形**鈕的狀態下，開始拖曳尖角控制點後，同時按住 Alt 、 Shift 、 Ctrl 鍵，就可以執行**透視扭曲**。

▶ 隨意扭曲

隨意扭曲只要拖曳移動尖角控制點，就能變形物件。

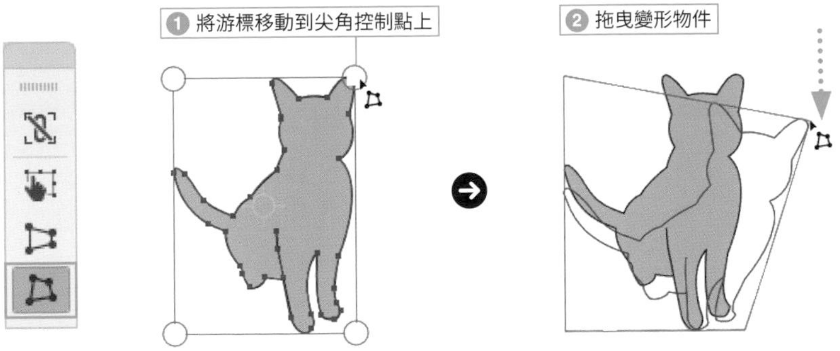

❶ 將游標移動到尖角控制點上
❷ 拖曳變形物件

TIPS **在任意變形狀態下執行隨意扭曲**

在選取**任意變形**鈕的狀態下，開始拖曳尖角控制點後，同時按住 Ctrl 鍵，可以執行**隨意扭曲**。

7-2 變形物件（縮放、旋轉、反轉、傾斜）

使用頻率 ★★★

在 Illustrator 中，除了使用邊框之外，還有其他變形物件的方法。例如：使用縮放工具等變形工具，設定基準點，利用拖曳的方式變形或設定數值來變形物件，以及選取多個物件再個別變形等。請先記住在各種情況下，可以使用哪種方法變形物件。

何謂「變形工具」？

縮放工具、旋轉工具、鏡射工具、傾斜工具等，都稱作變形工具。使用這些變形工具拖曳物件，就能變形物件。

縮放工具	縮放物件
旋轉工具	旋轉物件
鏡射工具	反轉物件
傾斜工具	傾斜物件

使用變形工具拖曳，以變形物件

使用變形工具時，可以設定變形時的基準點。這裡以縮放工具為例來說明，不過其他變形工具的操作步驟都一樣。

POINT

按住 Shift 鍵不放並拖曳，可以限制往 45 度的方向變形物件。

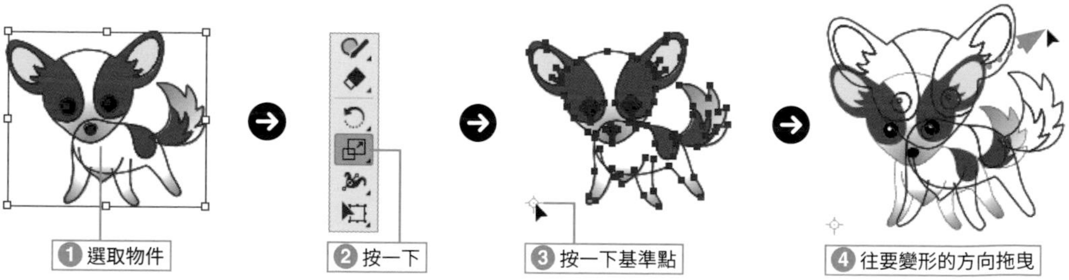

❶ 選取物件
❷ 按一下
❸ 按一下基準點
❹ 往要變形的方向拖曳

TIPS 變形同時拷貝物件

使用變形工具完成拖曳時，按住 Alt 鍵不放並放開滑鼠左鍵，能保留原本的圖形，拷貝出變形後的物件。

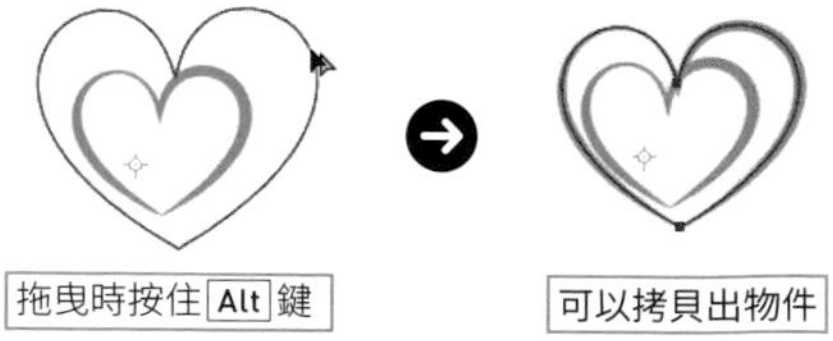

拖曳時按住 Alt 鍵
可以拷貝出物件

▶ 選取部分物件後變形

使用直接選取工具選取部分物件，可以單獨變形該部分。右圖範例是使用旋轉工具，旋轉物件的其中一部分。

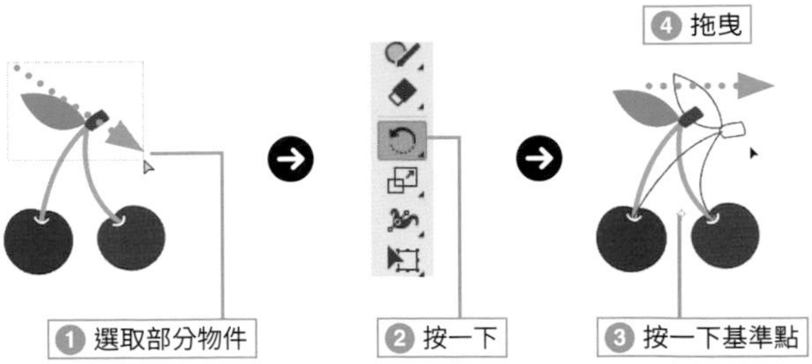

❹ 拖曳
❶ 選取部分物件
❷ 按一下
❸ 按一下基準點

TIPS 使用「鏡射工具」設定反轉軸

鏡射工具可以把按下滑鼠左鍵後的兩個點當作反轉軸來反轉物件。

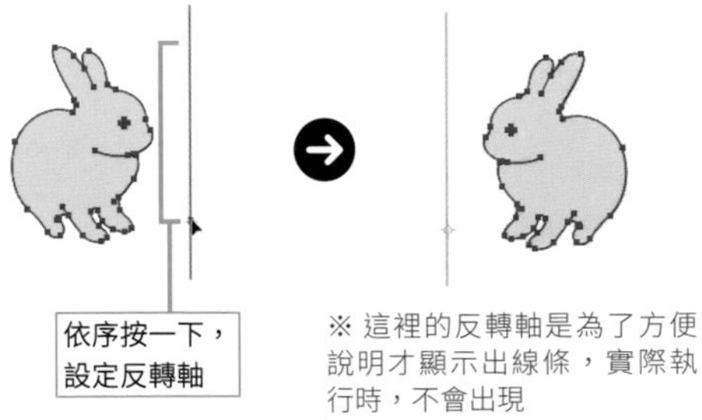

依序按一下，設定反轉軸
※ 這裡的反轉軸是為了方便說明才顯示出線條，實際執行時，不會出現

TIPS 圖樣及筆畫寬度的處理方法

在**偏好設定**的**一般**（Ctrl＋K），可以設定筆畫寬度及圖樣是否要與物件同步變形。**縮放筆畫和效果**是設定是否同步縮放筆畫寬度；而**圖樣拼貼變形**是設定是否同步變形圖樣。即時形狀物件的圓角是否同步縮放，是利用**縮放圓角**來設定。

在**變形**面板中，可以設定**縮放筆畫和效果**。在面板選單中，也能設定變形圖樣。

另外，**偏好設定**交談窗的設定會與**變形**面板同步。

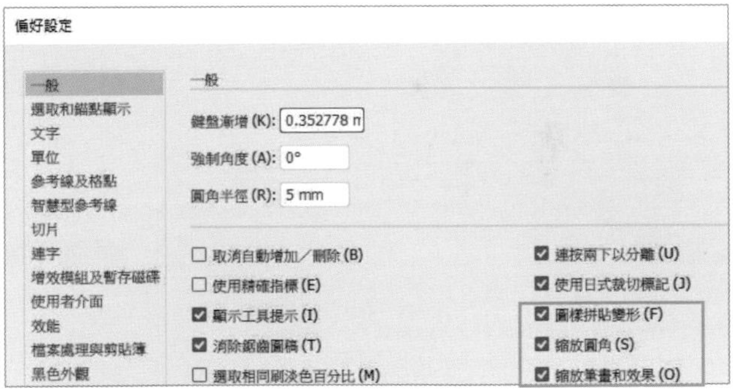

偏好設定
一般
選取和錨點顯示
文字
單位
參考線及格點
智慧型參考線
切片
連字
增效模組及暫存磁碟
使用者介面
效能
檔案處理與剪貼簿
黑色外觀
鍵盤漸增 (K): 0.352778 m
強制角度 (A): 0°
圓角半徑 (R): 5 mm
取消自動增加／刪除 (B)
使用精確指標 (E)
顯示工具提示 (I)
消除鋸齒圖稿 (T)
選取相同刷淡色百分比 (M)
連按兩下以分離 (U)
使用日式裁切標記 (J)
圖樣拼貼變形 (F)
縮放圓角 (S)
縮放筆畫和效果 (O)

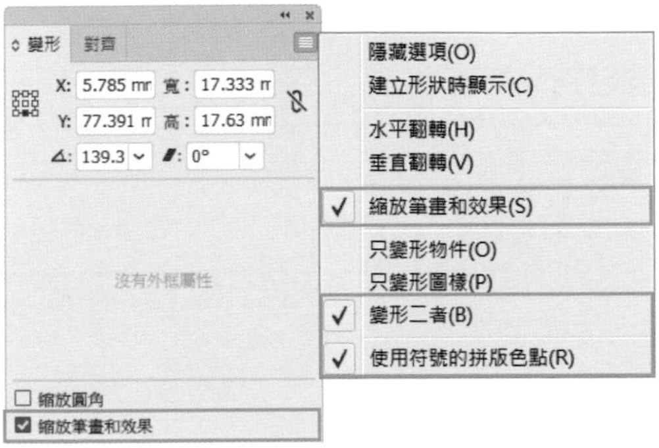

變形
對齊
X: 5.785 mr
寬: 17.333 n
Y: 77.391 n
高: 17.63 mr
139.3
0°
沒有外框屬性
縮放圓角
縮放筆畫和效果
隱藏選項(O)
建立形狀時顯示(C)
水平翻轉(H)
垂直翻轉(V)
縮放筆畫和效果(S)
只變形物件(O)
只變形圖樣(P)
變形二者(B)
使用符號的拼版色點(R)

設定數值變形物件

利用數值精準設定縮放比例及旋轉角度，也可以變形物件。這裡是以縮放工具為例來說明，其他變形工具的操作方法一樣。

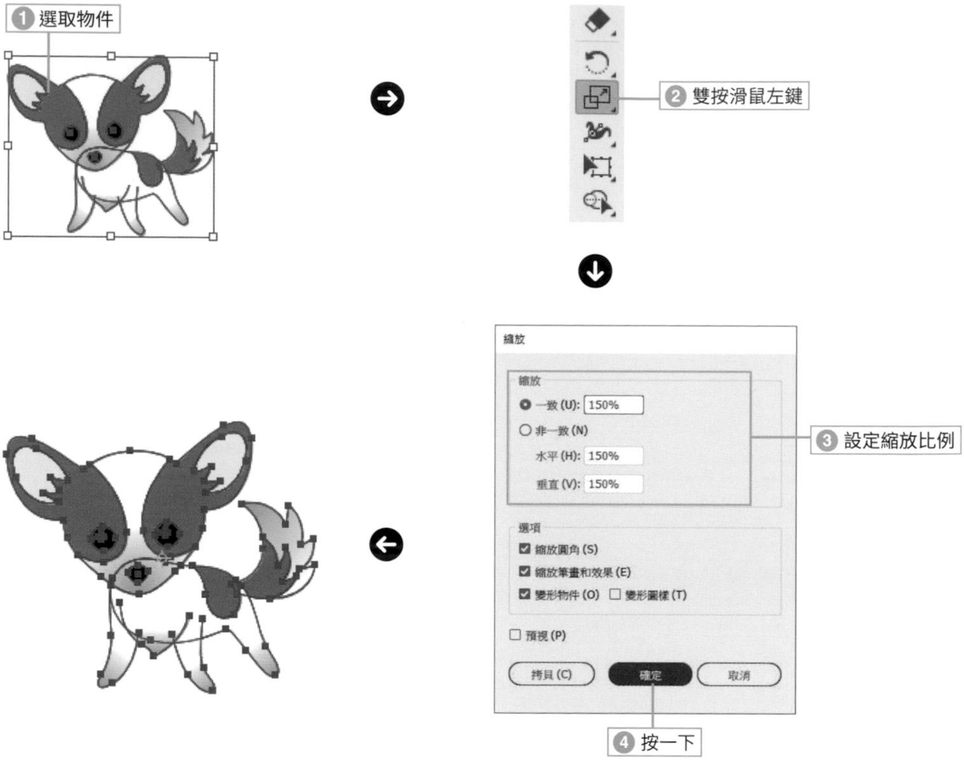

1 選取物件
2 雙按滑鼠左鍵
縮放
縮放
一致 (U): 150%
非一致 (N)
水平 (H): 150%
垂直 (V): 150%
3 設定縮放比例
選項
縮放圓角 (S)
縮放筆畫和效果 (E)
變形物件 (O)
變形圖樣 (T)
預視 (P)
拷貝 (C)
確定
取消
4 按一下

POINT

不想在**縮放工具**上雙按滑鼠左鍵，來開啟交談窗。也可以選取**縮放工具**，按住 Alt 鍵並按一下成為基準點的部分，來開啟**縮放**交談窗。

POINT

執行『**物件→變形→縮放、旋轉、鏡射、傾斜**』命令，也會開啟交談窗。另外，使用右鍵選單，也可以執行這些命令。

TIPS 變形後執行『再次變形』命令

執行『**物件→變形→再次變形**』命令（Ctrl＋D），可以用相同設定再次變形物件（請參考 **4-7 頁**）。

設定「縮放」交談窗

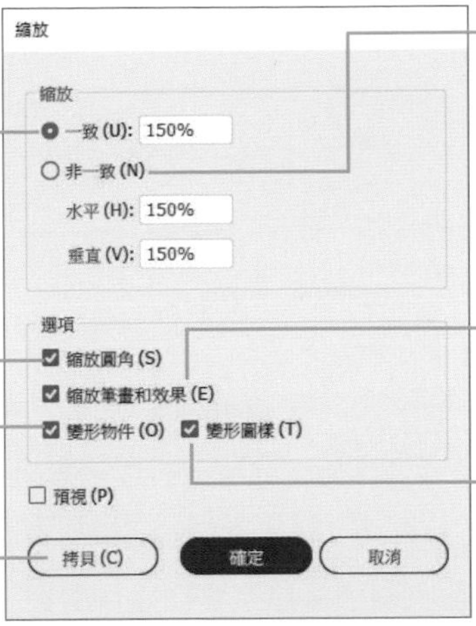

縮放
縮放
一致 (U): 150%
非一致 (N)
水平 (H): 150%
垂直 (V): 150%
選項
縮放圓角 (S)
縮放筆畫和效果 (E)
變形物件 (O)
變形圖樣 (T)
預視 (P)
拷貝 (C)
確定
取消

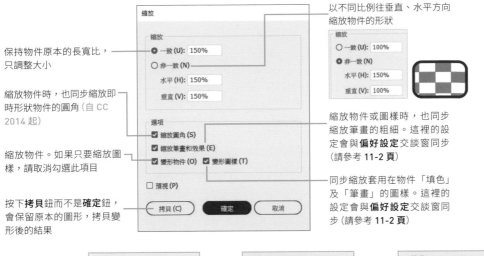

保持物件原本的長寬比，只調整大小

縮放物件時，也同步縮放即時形狀物件的圓角（自 CC 2014 起）

縮放物件。如果只要縮放圖樣，請取消勾選此項目

按下**拷貝**鈕而不是**確定**鈕，會保留原本的圖形，拷貝變形後的結果

以不同比例往垂直、水平方向縮放物件的形狀

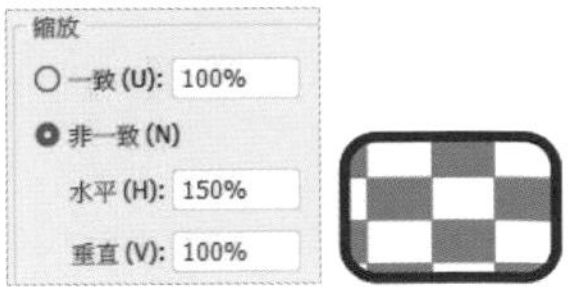

縮放
一致 (U): 100%
非一致 (N)
水平 (H): 150%
垂直 (V): 100%

縮放物件或圖樣時，也同步縮放筆畫的粗細。這裡的設定會與**偏好設定**交談窗同步（請參考 **11-2 頁**）

同步縮放套用在物件「填色」及「筆畫」的圖樣。這裡的設定會與**偏好設定**交談窗同步（請參考 **11-2 頁**）

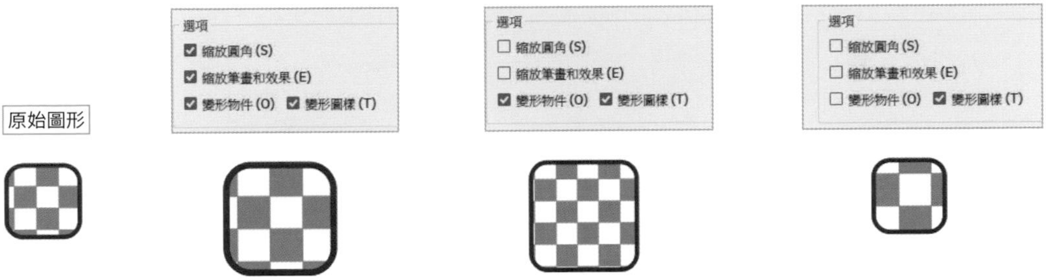

原始圖形
選項
縮放圓角 (S)
縮放筆畫和效果 (E)
變形物件 (O)
變形圖樣 (T)

設定「旋轉」交談窗

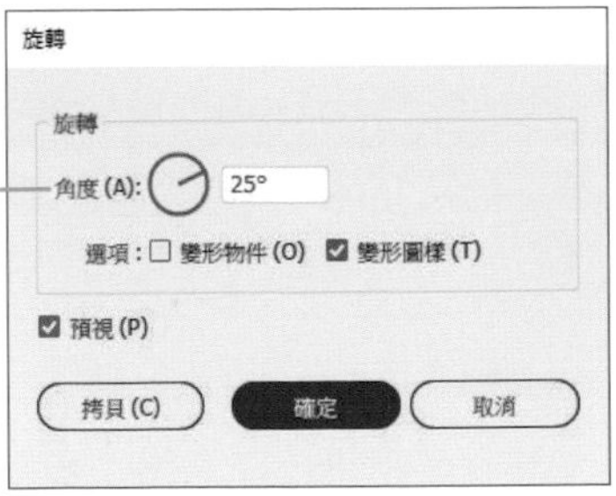

旋轉
旋轉
角度 (A): 25°
選項：變形物件 (O) 變形圖樣 (T)
預視 (P)
拷貝 (C)
確定
取消

這是用來設定物件的旋轉角度。正值是往左旋轉（逆時針），若要往右旋轉（順時針），請設定為負值。可拖曳**角度**右側的指針來設定

設定「鏡射」交談窗

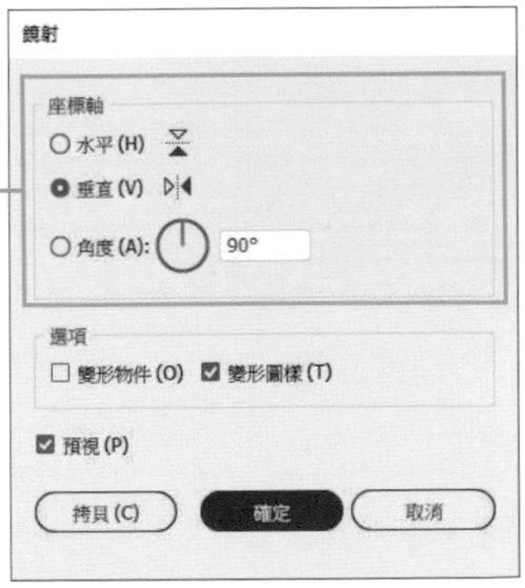

鏡射
座標軸
水平 (H)
垂直 (V)
角度 (A): 90°
選項
變形物件 (O)
變形圖樣 (T)
預視 (P)
拷貝 (C)
確定
取消

設定反轉物件的反轉軸。3 點鐘方向為 0 度，輸入正值是往左（逆時針）轉，負值是往右（順時針）轉

▶ 設定「傾斜」交談窗

設定物件的傾斜角度

設定傾斜方向。設定角度時，以 3 點鐘方向為 0 度，輸入正值是往左（逆時針）傾斜，負值是往右（順時針）傾斜

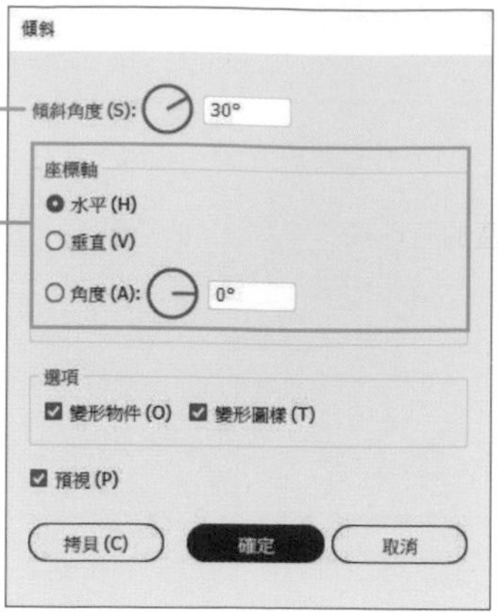

傾斜
傾斜角度 (S): 30°
座標軸
水平 (H)
垂直 (V)
角度 (A): 0°
選項
變形物件 (O)
變形圖樣 (T)
預視 (P)
拷貝 (C)
確定
取消

▶ 使用「變形」面板變形物件

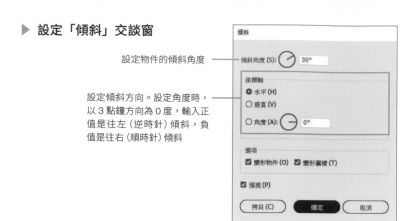

使用變形面板（或控制面板），可以輸入數值，設定變形物件的大小或角度。

設定物件的寬度（W）與高度（H）

設定物件的旋轉角度

勾選之後，縮放物件時，會同步縮放筆畫寬度及效果

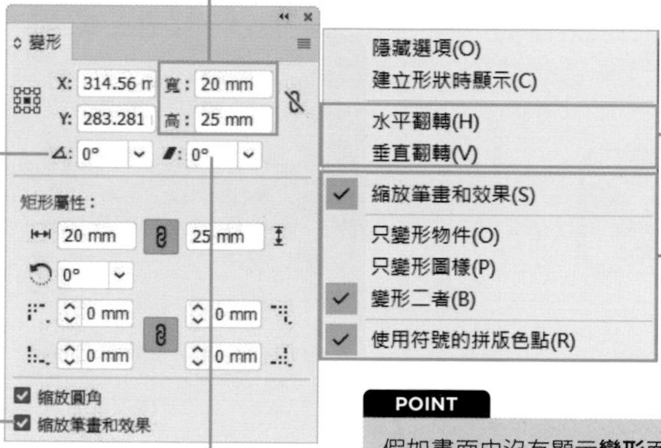

變形
X: 314.56 m
Y: 283.281
寬: 20 mm
高: 25 mm
0°
0°
矩形屬性：
20 mm
25 mm
0°
0 mm
0 mm
0 mm
0 mm
縮放圓角
縮放筆畫和效果
隱藏選項(O)
建立形狀時顯示(C)
水平翻轉(H)
垂直翻轉(V)
縮放筆畫和效果(S)
只變形物件(O)
只變形圖樣(P)
變形二者(B)
使用符號的拼版色點(R)

反轉物件

設定變形時，筆畫寬度、效果、圖樣的處理方法

設定物件的傾斜角度

POINT

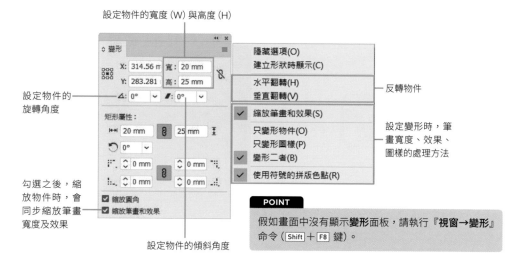

假如畫面中沒有顯示**變形**面板，請執行『**視窗→變形**』命令（Shift ＋ F8 鍵）。

● 個別變形多個物件

使用變形工具或變形面板等變形物件時，若選取了多個物件，會將所有選取的物件當成一個物件來變形。如果要個別變形物件，請執行『物件→變形→個別變形』命令（Alt ＋ Shift ＋ Ctrl ＋ D）。

1 選取多個物件

這裡以旋轉物件為例來說明。選取多個要變形的物件。

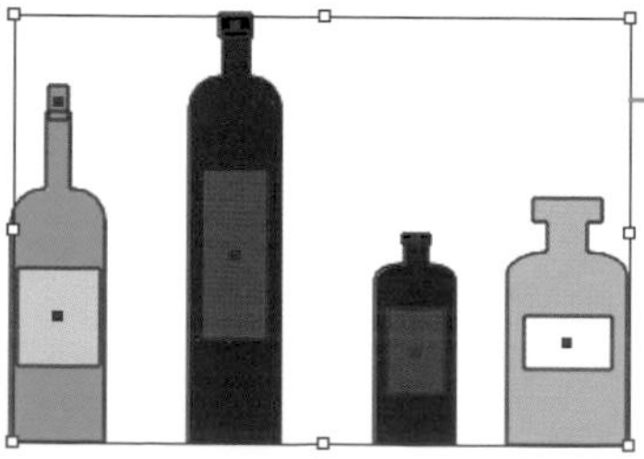

❶ 選取

2 開啟「個別變形」交談窗

執行『物件→變形→個別變形』命令，開啟個別變形交談窗，可設定變形的基準點，在請在旋轉區的角度設定數值。

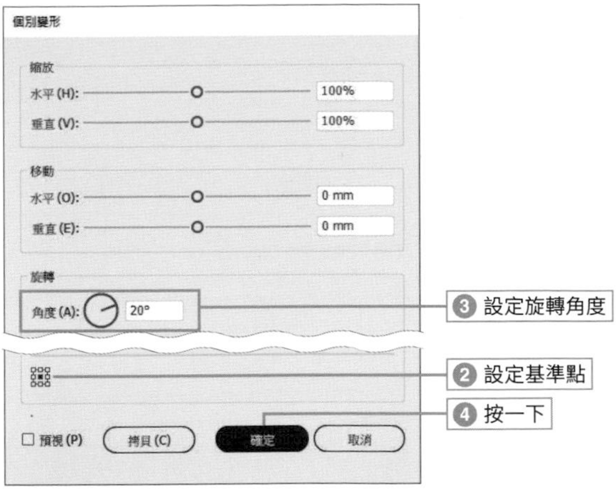
個別變形
縮放
水平 (H):
100%
垂直 (V):
100%
移動
水平 (O):
0 mm
垂直 (E):
0 mm
旋轉
角度 (A):
20°
3 設定旋轉角度
2 設定基準點
4 按一下
預視 (P)
拷貝 (C)
確定
取消

3 個別旋轉了物件

按下確定鈕，就會依照各個基準點來旋轉物件。

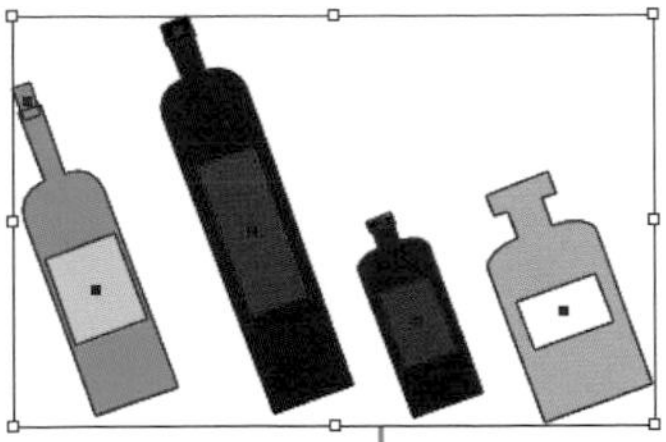
5 旋轉了物件

TIPS 使用旋轉工具的情況

使用**工具**面板中的**旋轉工具**選取多個物件，套用旋轉效果時，會以一個基準點來旋轉整個選取的物件。

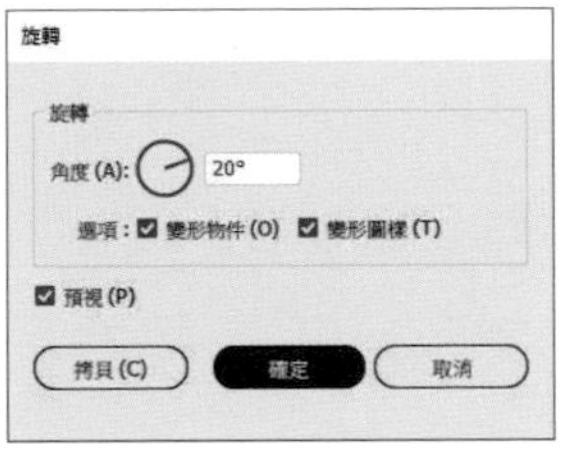
旋轉
旋轉
角度 (A):
20°
選項：變形物件 (O) 變形圖樣 (T)
預視 (P)
拷貝 (C)
確定
取消

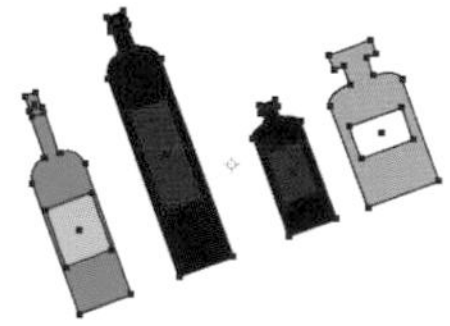

以一個基準點旋轉物件

▶ 設定「個別變形」交談窗

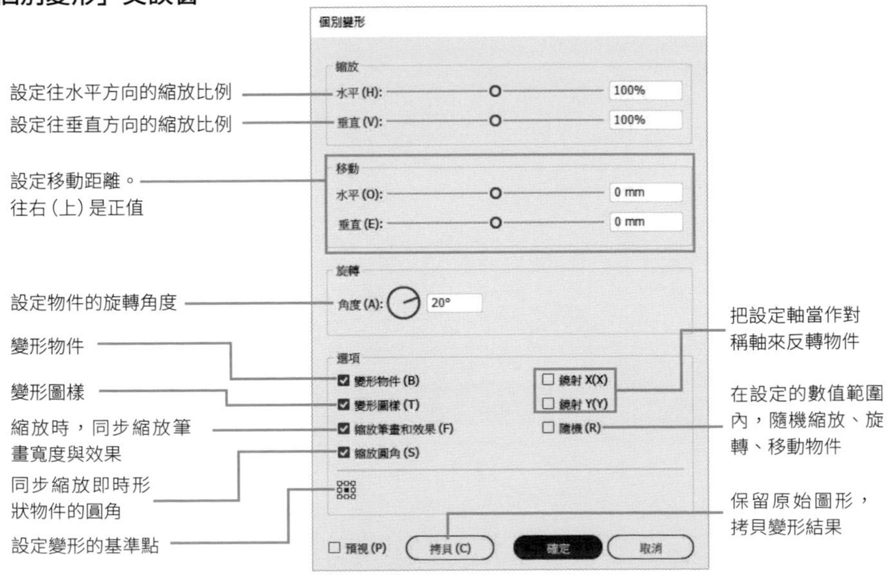
個別變形
縮放
水平 (H):
100%
垂直 (V):
100%
移動
水平 (O):
0 mm
垂直 (E):
0 mm
旋轉
角度 (A):
20°
選項
變形物件 (B)
變形圖樣 (T)
縮放筆畫和效果 (F)
縮放圓角 (S)
鏡射 X(X)
鏡射 Y(Y)
隨機 (R)
預視 (P)
拷貝 (C)
確定
取消
設定往水平方向的縮放比例
設定往垂直方向的縮放比例
設定移動距離。
往右（上）是正值
設定物件的旋轉角度
變形物件
變形圖樣
縮放時，同步縮放筆畫寬度與效果
同步縮放即時形狀物件的圓角
設定變形的基準點
把設定軸當作對稱軸來反轉物件
在設定的數值範圍內，隨機縮放、旋轉、移動物件
保留原始圖形，拷貝變形結果

CS6 | CC | CC14 | CC15 | CC17 | CC18

7-3 漸變

使用頻率 ★☆☆

漸變是指，在兩個物件之間，製作出大量中間形狀的功能。只要製造逐漸改變顏色與形狀的漸變效果，就能展現漸層填色所無法表現的立體感。

製作漸變

使用漸變工具按一下物件，可以製作出連續的漸變效果。

1 按一下物件

選取工具面板中的漸變工具。按一下第一個要製作漸變效果的物件。

POINT

使用**漸變工具**，可以在圖形上的任意位置按一下。就算沒有選取該圖形，也沒關係。另外，製作出來的漸變效果，會連結各個圖形的中心點。

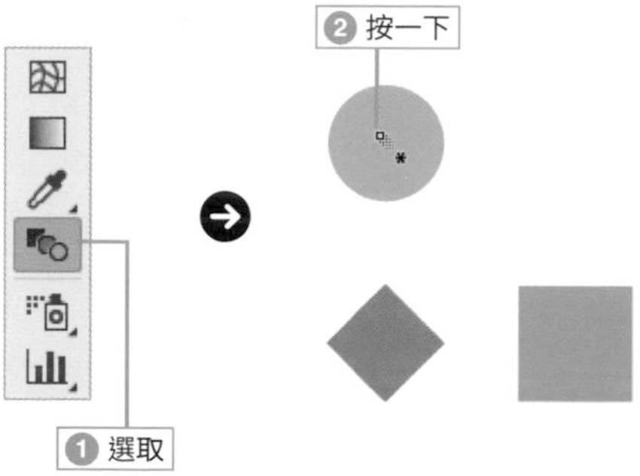

② 按一下
① 選取

2 按一下第 2 個物件

按一下要製作漸變的第 2 個物件。

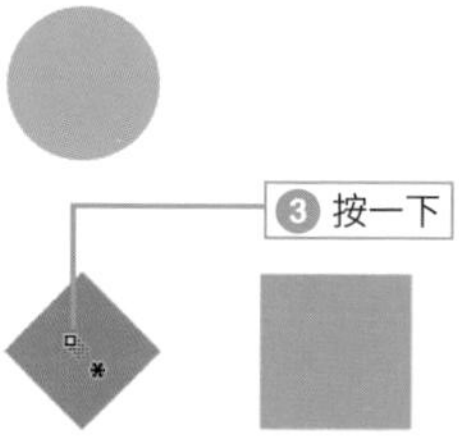

③ 按一下

3 製作出漸變效果

在第 1 與第 2 個物件之間，製作出漸變效果。接著按一下第 3 個物件，即可製作出連續的漸變。

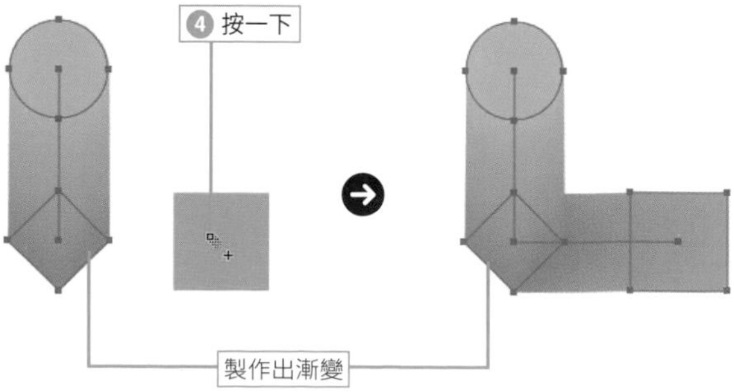

④ 按一下
製作出漸變

TIPS 使用命令製作漸變

執行『**物件→漸變→製作**』命令（Alt＋Ctrl＋B），可以一次完成多個選取物件的漸變效果。從選取物件的下層開始，依序往前製作漸變。

TIPS 設定錨點執行漸變

使用**漸變工具**按一下物件的特定錨點，可以調整漸變的形狀。當游標移動到錨點上時，會變成 。

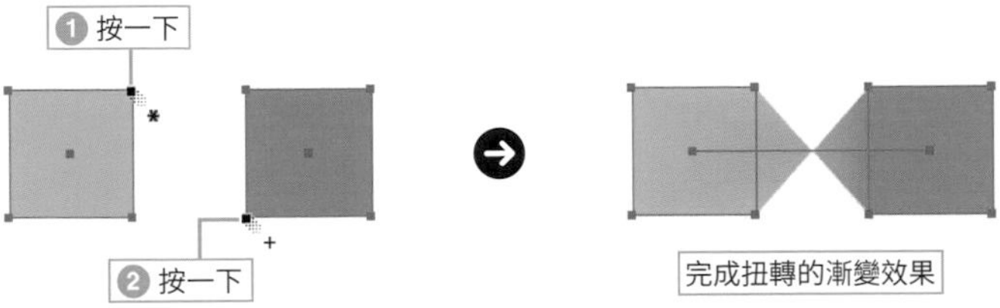

❶ 按一下
❷ 按一下
完成扭轉的漸變效果

TIPS 可以套用漸變的物件

套用漸變的物件沒有形狀的限制，也可以是群組物件。顏色及漸層的數量也沒有限制。套用了圖樣的物件也能製作漸變，但是圖樣本身無法漸變。

利用「漸變選項」編輯漸變

執行『物件→漸變→漸變選項』命令，可以設定以漸變製作的中間圖形數量與方向。

「漸變選項」交談窗的設定

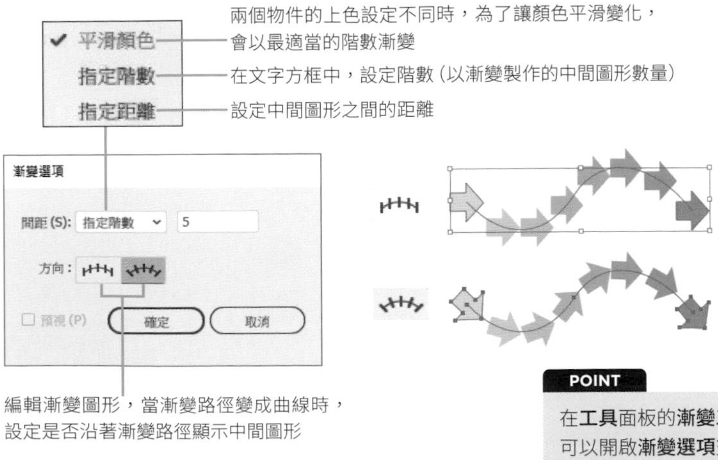

✔ 平滑顏色
指定階數
指定距離
漸變選項
間距 (S): 指定階數 5
方向：
預視 (P)
確定
取消
兩個物件的上色設定不同時，為了讓顏色平滑變化，會以最適當的階數漸變
在文字方框中，設定階數（以漸變製作的中間圖形數量）
設定中間圖形之間的距離
編輯漸變圖形，當漸變路徑變成曲線時，設定是否沿著漸變路徑顯示中間圖形

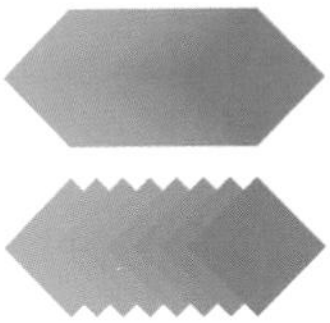

POINT

在**工具**面板的**漸變工具**上，雙按滑鼠左鍵，也可以開啟**漸變選項**交談窗。

編輯漸變物件

移動漸變後的原始物件，也會同步調整漸變物件。另外，還可以變形漸變後的原始物件。

移動原始物件時

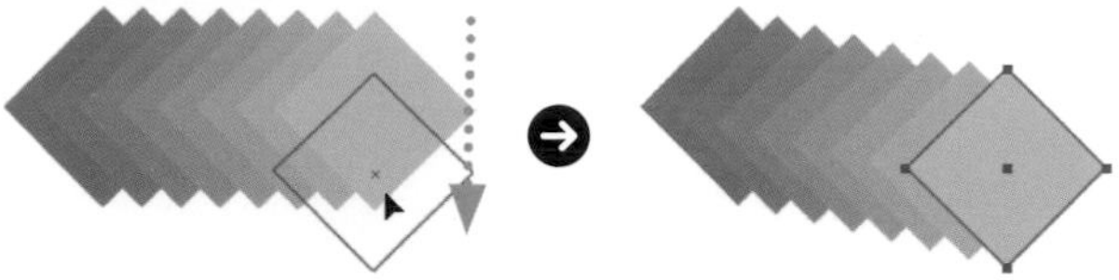

▶ 編輯漸變後的物件

如果要移動物件，請使用群組選取工具 或進入編輯模式調整；若要編輯物件，請使用直接選取工具 。

變形原始物件時

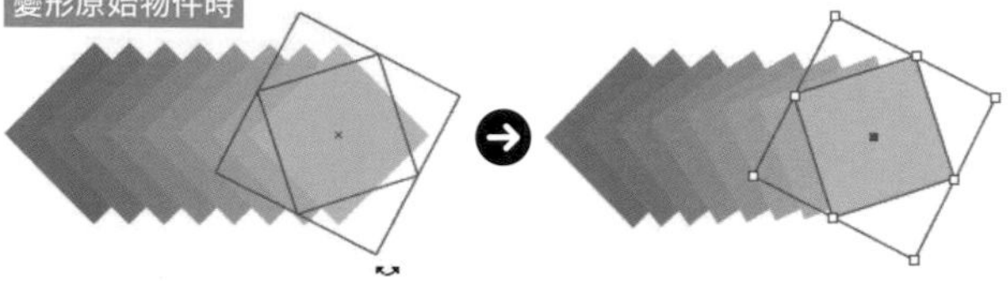

▶ 編輯漸變物件的顏色

漸變後的原始物件，也可以調整上色設定。此時，漸變物件會同步改變顏色。

更改顏色

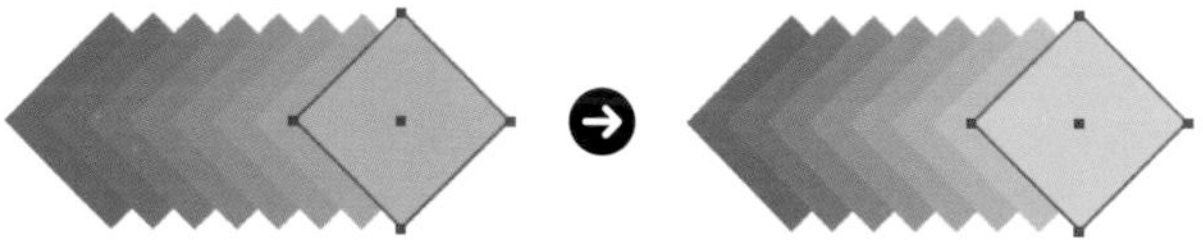

TIPS 編輯漸變軸的路徑

使用漸變製作出來的物件，會沿著稱作「**漸變軸**」的路徑，排列中間圖形。漸變軸是可編輯的路徑，使用**直接選取工具** ，就能編輯。更改了漸變路徑的形狀後，漸變物件也會同步變形。還可以新增或刪除錨點。

取代旋轉／反轉旋轉／由前至後反轉

執行『物件→漸變→取代旋轉／反轉旋轉／由前至後反轉』命令時，可以調整漸變的順序及形狀。

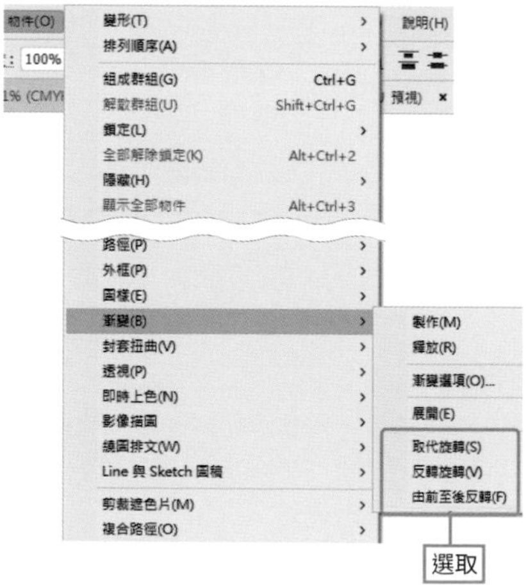
物件(O)
變形(T)
排列順序(A)
組成群組(G) Ctrl+G
解散群組(U) Shift+Ctrl+G
鎖定(L)
全部解除鎖定(K) Alt+Ctrl+2
隱藏(H)
顯示全部物件 Alt+Ctrl+3
路徑(P)
外框(P)
圖樣(E)
漸變(B)
封套扭曲(V)
透視(P)
即時上色(N)
影像描圖
繞圖排文(W)
Line 與 Sketch 圖稿
剪裁遮色片(M)
複合路徑(O)
製作(M)
釋放(R)
漸變選項(O)...
展開(E)
取代旋轉(S)
反轉旋轉(V)
由前至後反轉(F)
選取

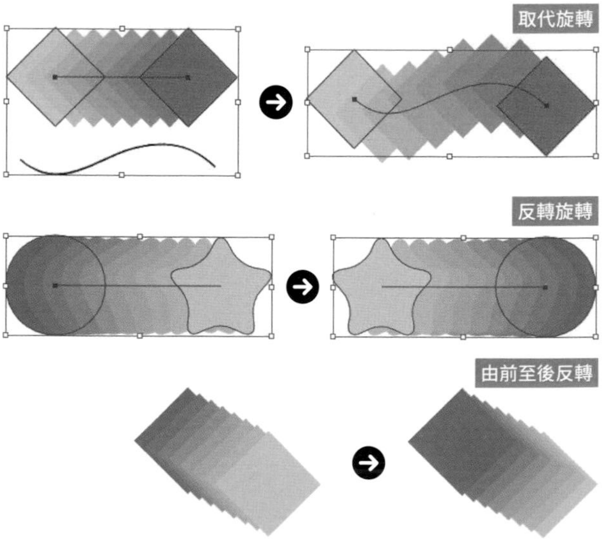
取代旋轉
反轉旋轉
由前至後反轉

釋放漸變

執行『物件→漸變→釋放』命令（Alt＋Shift＋Ctrl＋B），釋放漸變後，中間圖形會消失，恢復成原始物件。

將漸變的中間圖形轉換成物件

利用漸變製作出來的中間圖形，執行『物件→漸變→展開』命令之後，就能當作一般物件來處理。執行『展開』命令後，漸變物件會轉換成群組物件。

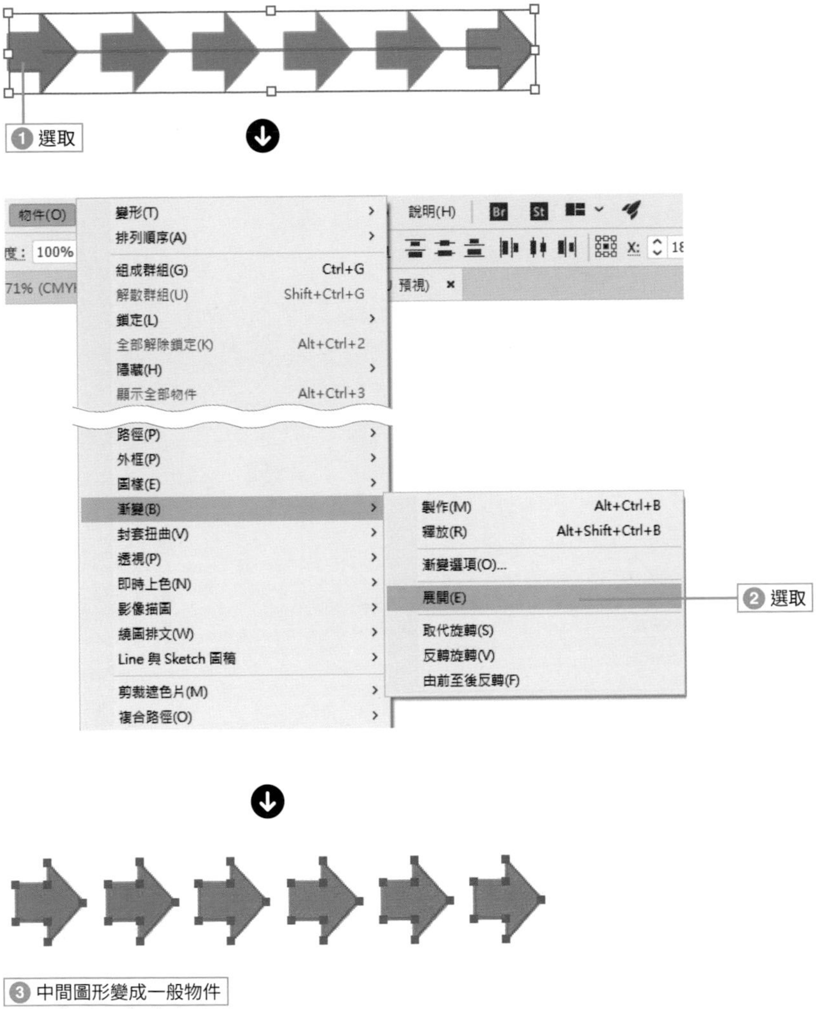

❶ 選取
物件(O)
變形(T)
排列順序(A)
組成群組(G) Ctrl+G
解散群組(U) Shift+Ctrl+G
鎖定(L)
全部解除鎖定(K) Alt+Ctrl+2
隱藏(H)
顯示全部物件 Alt+Ctrl+3
路徑(P)
外框(P)
圖樣(E)
漸變(B)
封套扭曲(V)
透視(P)
即時上色(N)
影像描圖
繞圖排文(W)
Line 與 Sketch 圖稿
剪裁遮色片(M)
複合路徑(O)
製作(M) Alt+Ctrl+B
釋放(R) Alt+Shift+Ctrl+B
漸變選項(O)...
展開(E)
取代旋轉(S)
反轉旋轉(V)
由前至後反轉(F)
說明(H)
❷ 選取
❸ 中間圖形變成一般物件

CS6 | CC | CC14 | CC15 | CC17 | CC18

7-4 利用「改變外框工具」變形物件

使用頻率 ★☆☆

如果要改變 Illustrator 的物件形狀，必須逐一調整錨點的位置。使用改變外框工具，可以在不影響物件的整體形狀比例下，統一調整多個錨點。

使用「改變外框工具」變形物件

使用直接選取工具 選取要調整的錨點與區段，切換成改變外框工具，選取主要的錨點。按下 Shift ＋按一下或拖曳，可以選取多個錨點。

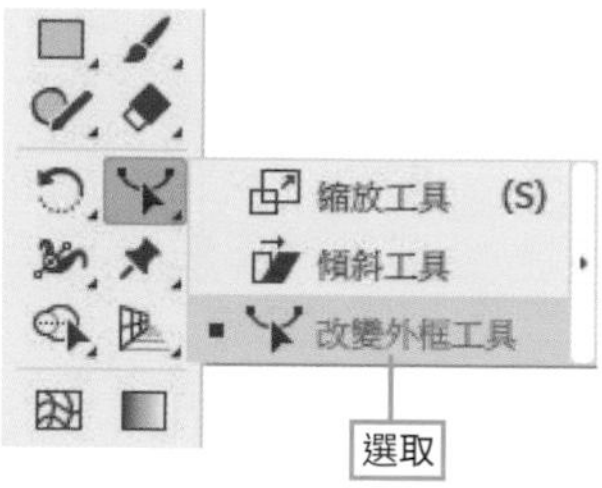

縮放工具 (S)
傾斜工具
改變外框工具
選取

拖曳以改變外框工具選取的錨點 ■ 時，用改變外框工具選取的錨點 ■ 會維持原本的位置關係來移動；而其他選取的錨點 ■，會保持整體的比例來移動，讓物件變形。沒有選取的錨點 □ 不會移動。

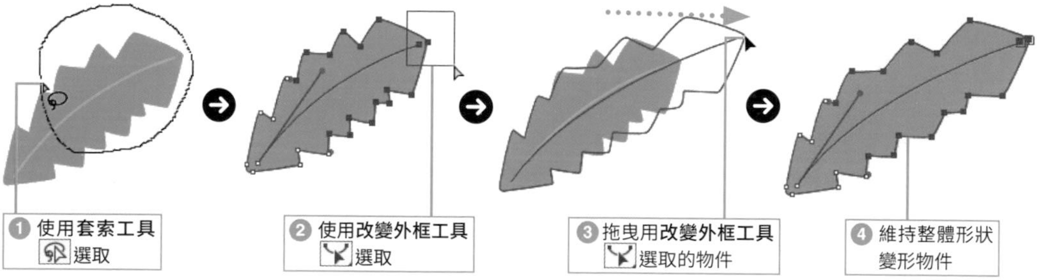

❶ 使用套索工具 選取
❷ 使用改變外框工具 選取
❸ 拖曳用改變外框工具 選取的物件
❹ 維持整體形狀變形物件

TIPS 使用「改變外框工具」讓直線變成曲線

使用**直接選取工具** 選取直線區段，接著用**改變外框工具** 拖曳，可以變成曲線。

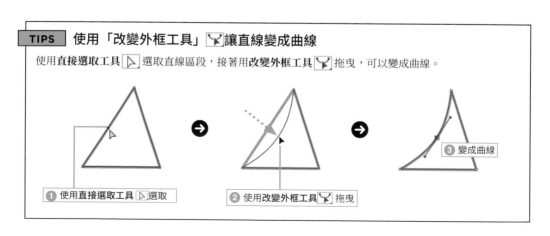

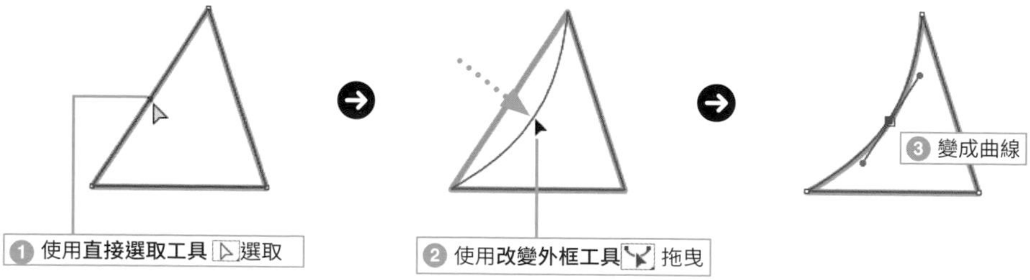

❶ 使用直接選取工具 選取
❷ 使用改變外框工具 拖曳
❸ 變成曲線

7-5 外框筆畫

使用頻率 ★★☆	如果要描摹筆畫較寬的路徑輪廓，變形成外框物件，請執行『物件→路徑→外框筆畫』命令。

建立外框物件

執行『物件→路徑→外框筆畫』命令，可以建立和選取路徑寬度相同形狀的外框物件。

文字的外框化只以文字物件為對象，但是外框筆畫可以將所有設定了「筆畫」上色後的物件建立外框。

1 選取物件

選取物件。

1 選取

2 執行『外框筆畫』命令

接著，執行『物件→路徑→外框筆畫』命令。

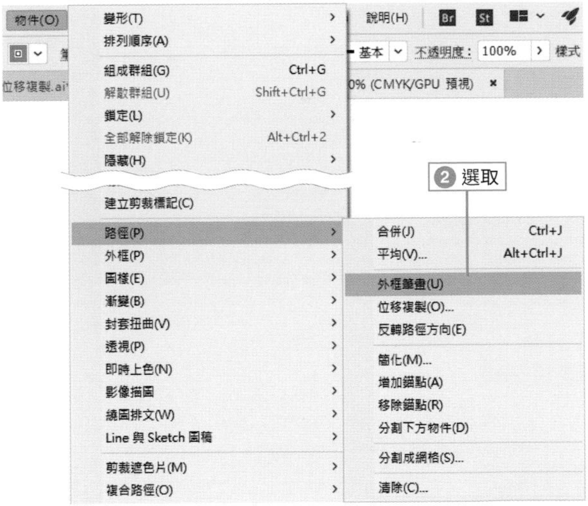
物件(O)
變形(T)
排列順序(A)
組成群組(G) Ctrl+G
解散群組(U) Shift+Ctrl+G
鎖定(L)
全部解除鎖定(K) Alt+Ctrl+2
隱藏(H)
建立剪裁標記(C)
路徑(P)
外框(P)
圖樣(E)
漸變(B)
封套扭曲(V)
透視(P)
即時上色(N)
影像描圖
繞圖排文(W)
Line 與 Sketch 圖稿
剪裁遮色片(M)
複合路徑(O)
說明(H)
基本
不透明度: 100%
樣式
0% (CMYK/GPU 預視)
2 選取
合併(J) Ctrl+J
平均(V)... Alt+Ctrl+J
外框筆畫(U)
位移複製(O)...
反轉路徑方向(E)
簡化(M)...
增加錨點(A)
移除錨點(R)
分割下方物件(D)
分割成網格(S)...
清除(C)...

POINT

請特別注意！使用**外框筆畫**建立外框路徑後，會刪除原始物件。

3 建立外框

筆畫變成外框。

POINT

執行『**效果→路徑→外框筆畫**』命令，可以建立成為外觀的外框筆畫。

POINT

套用在設定了「填色」的物件時，會變成「筆畫」外框化物件及只有「填色」的物件等兩個群組物件。

CS6 | CC | CC14 | CC15 | CC17 | CC18

7-6 位移複製

使用頻率 ★☆☆	如果要製作一個上下左右大於原矩形 5mm 的物件時，就算使用縮放工具，設定整體比例，也無法設定位移幅度。若要設定位移幅度，製作出比原始物件大 (或小) 的物件時，可用位移複製功能。

使用「位移複製」

執行『物件→路徑→位移複製』命令，可以拷貝出比選取物件大 (或小) 一圈的物件。這種方法會依照設定的物件路徑距離 (位移值)，製作新物件。

1 選取物件

選取物件。

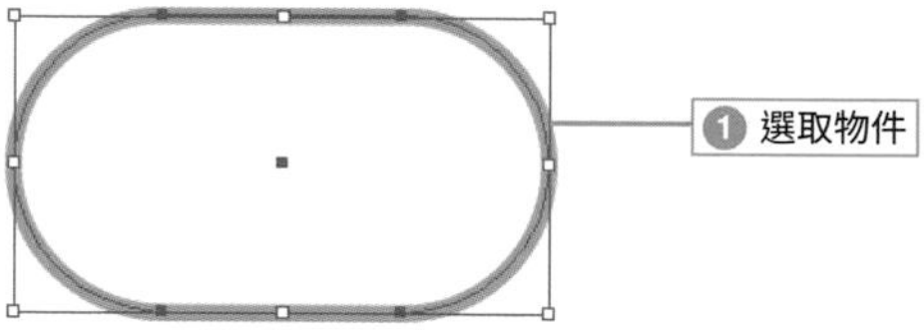

❶ 選取物件

2 執行『位移複製』命令。

接著，執行『物件→路徑→位移複製』命令。

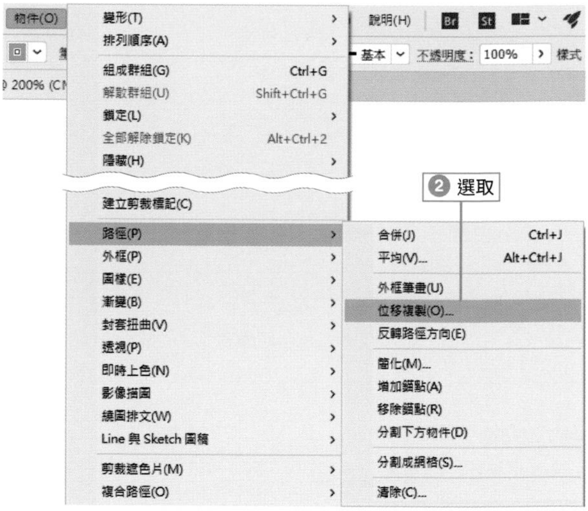

物件(O)
說明(H)
變形(T)
排列順序(A)
組成群組(G) Ctrl+G
解散群組(U) Shift+Ctrl+G
鎖定(L)
全部解除鎖定(K) Alt+Ctrl+2
隱藏(H)
建立剪裁標記(C)
路徑(P)
外框(P)
圖樣(E)
漸變(B)
封套扭曲(V)
透視(P)
即時上色(N)
影像描圖
繞圖排文(W)
Line 與 Sketch 圖稿
剪裁遮色片(M)
複合路徑(O)
合併(J) Ctrl+J
平均(V)... Alt+Ctrl+J
外框筆畫(U)
位移複製(O)...
反轉路徑方向(E)
簡化(M)...
增加錨點(A)
移除錨點(R)
分割下方物件(D)
分割成網格(S)...
清除(C)...
❷ 選取

POINT

執行『**效果→路徑→位移複製**』命令，可以建立成為外觀的位移路徑。

3 設定位移距離

設定位移距離，按下確定鈕。

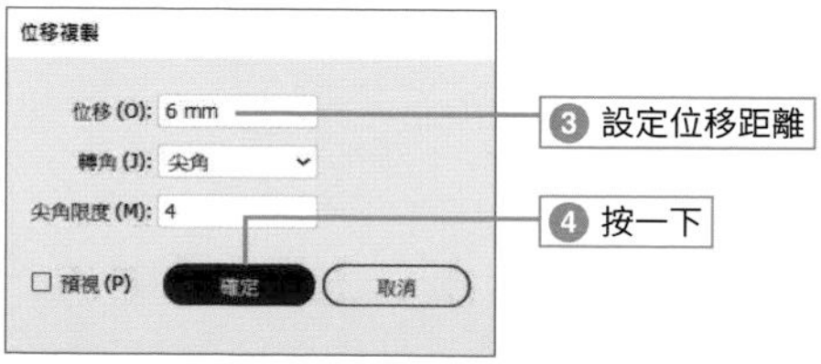

位移複製
位移 (O): 6 mm
轉角 (J): 尖角
尖角限度 (M): 4
預視 (P)
確定
取消
❸ 設定位移距離
❹ 按一下

❹ 套用了位移複製

依照設定的位移數值，製作出縮放後的圖形。

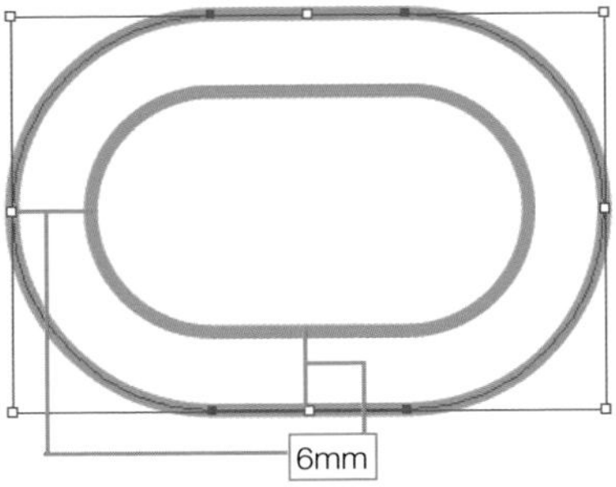
6mm

TIPS 「轉角」與「尖角限度」

位移複製交談窗中的「轉角」，可以設定位移後的物件轉角形狀。

尖角限度是指，設定成尖角時，轉角形狀從尖角自動轉換成斜角的比例。預設值是 4，當位移的轉角錨點長度，變成位移值的 4 倍時，就從尖角轉換成斜角

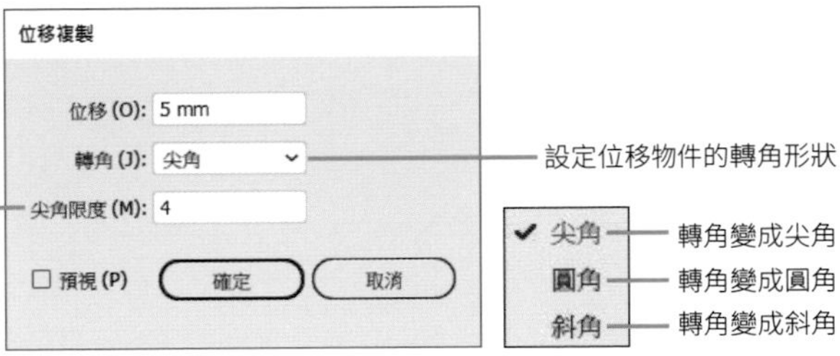
位移複製
位移 (O): 5 mm
轉角 (J): 尖角
尖角限度 (M): 4
預視 (P)
確定
取消
設定位移物件的轉角形狀
尖角
圓角
斜角
轉角變成尖角
轉角變成圓角
轉角變成斜角

位移「3mm」、轉角為「尖角」、尖角限度「4」的情況

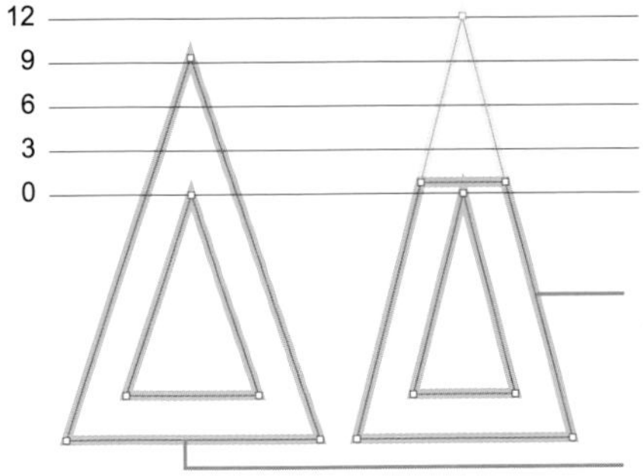
12
9
6
3
0

尖角
圓角
斜角

由於銳角的錨點到另一個錨點的距離，超過位移 3mm 的 4 倍 (12mm)，所以變成斜角

由於銳角的錨點到另一個錨點的距離，沒有超過位移 3mm 的 4 倍 (12mm)，所以維持尖角

7-7
分割物件

使用頻率
★☆☆

使用美工刀工具，可以利用拖曳線分割物件。另外，執行『分割下方物件』命令，可以把物件當成切模來使用。

使用「美工刀」工具切斷

美工刀工具(位於橡皮擦工具底下)可以利用拖曳軌跡來分割物件。若只要擷取部分物件，使用這個功能就很方便。由於是用滑鼠軌跡來分割物件，因而能呈現出手工風格的切口。

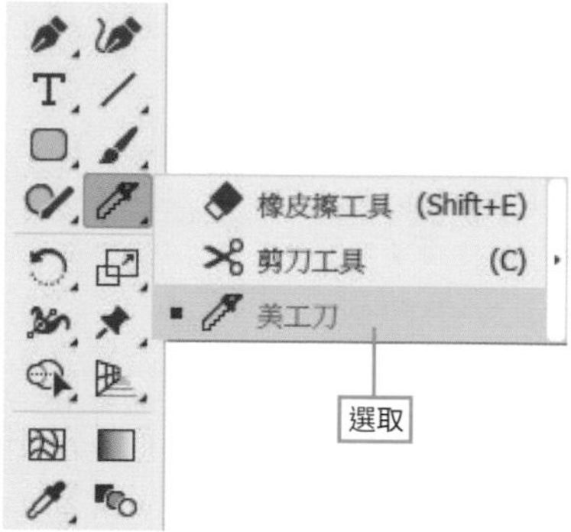
橡皮擦工具 (Shift+E)
剪刀工具 (C)
美工刀
選取

美工刀工具無法用在漸層網格物件上。另外，沒有設定「填色」的開放路徑(一般線條)，也沒有辦法用這個工具分割。分割後的物件會變成群組物件，如果要分離，請使用群組選取工具、直接選取工具、或進入選取群組的編輯模式來移動物件。

1 拖曳物件

使用美工刀工具，在物件上拖曳。

POINT

使用**美工刀**工具分割的物件，不需要先選取。

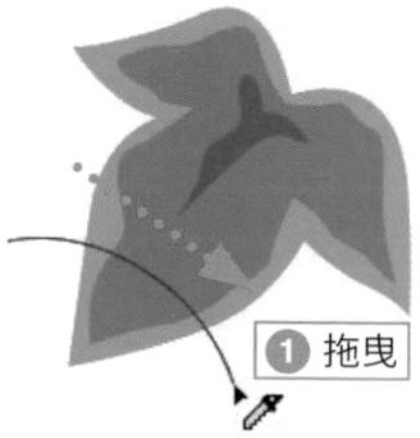
1 拖曳

2 完成物件分割

物件就會被分割開來。

POINT

按住 Alt 鍵不放並拖曳，切口會變成直線。

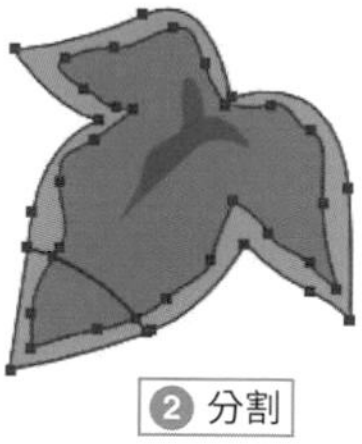
2 分割

3 編輯物件

使用直接選取工具，可以分離移動物件。

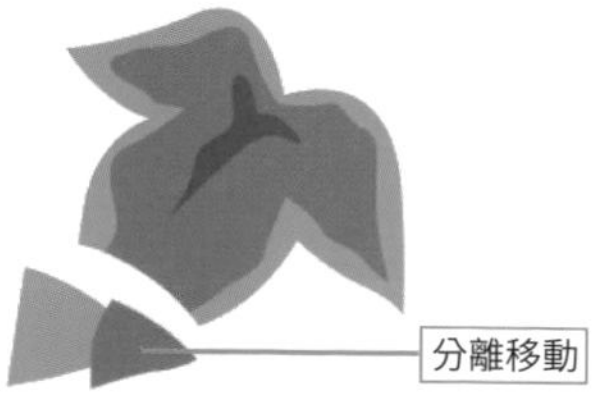
分離移動

TIPS 只分割重疊中的特定物件

如果只要分割特定物件時，請使用**選取工具**選取物件之後，再使用**美工刀**工具。不選取物件，就直接使用的話，會分割所有重疊的物件。

執行『分割下方物件』命令

執行『物件→路徑→分割下方物件』命令，可以把選取物件當作切模，裁剪重疊物件。

❶ 重疊當作切模的物件

將要當作切模的物件重疊在上層。

POINT

即使重疊多個物件，所有物件也都會被裁剪。

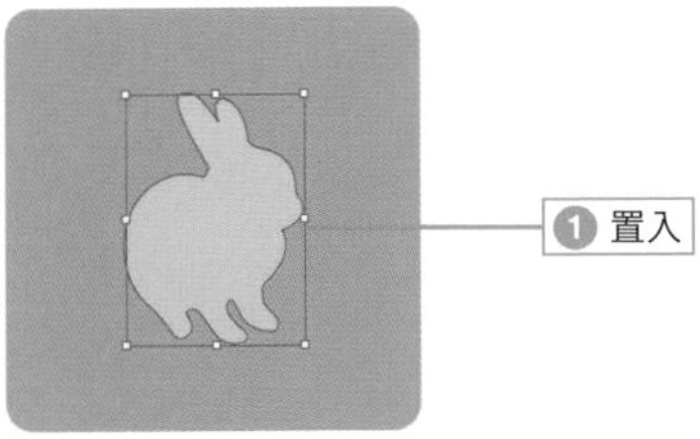
❶ 置入

❷ 執行『分割下方物件』命令

執行『物件→路徑→分割下方物件』命令。

物件(O)
變形(T)
排列順序(A)
組成群組(G) Ctrl+G
解散群組(U) Shift+Ctrl+G
鎖定(L)
全部解除鎖定(K) Alt+Ctrl+2
隱藏(H)
顯示全部物件 Alt+Ctrl+3
切片(S)
建立剪裁標記(C)
路徑(P)
外框(P)
圖樣(E)
漸變(B)
封套扭曲(V)
透視(P)
即時上色(N)
影像描圖
繞圖排文(W)
Line 與 Sketch 圖稿
剪裁遮色片(M)
複合路徑(O)
合併(J) Ctrl+J
平均(V)... Alt+Ctrl+J
外框筆畫(U)
位移複製(O)...
反轉路徑方向(E)
簡化(M)...
增加錨點(A)
移除錨點(R)
分割下方物件(D)
分割成網格(S)...
清除(C)...
說明(H)
基本
不透明度：
100%
樣式：
@ 300%
❷ 選取

❸ 分割了物件

完成物件分割。分割後的物件可以當作個別物件來編輯。

POINT

如範例所示，下層物件被剪裁之後，會變成複合路徑。

❸ 分割了物件

7-8 在路徑中製作透明孔（複合路徑）

使用頻率 ☆☆☆

使用 Illustrator 執行設計工作時，可能會遇到要製作從物件的孔洞透出下層物件的情況。此時，開孔的物件會變成「複合路徑」。

製作「複合路徑」

如果要在物件上開孔，請執行『物件→複合路徑→製作』命令（Ctrl＋8）。開孔物件有沒有組成群組都沒關係。

1 選取物件

把看起來像孔洞的物件放置在被剪裁物件的上方，並同時選取兩個物件。

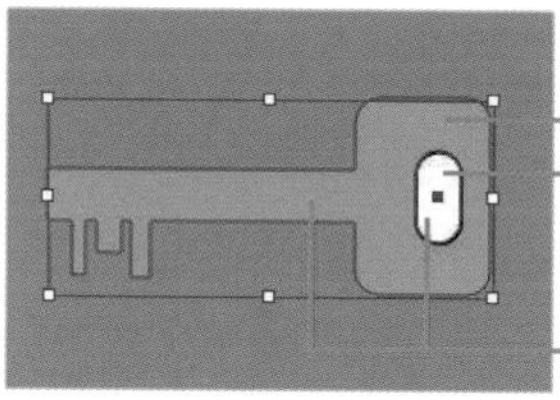

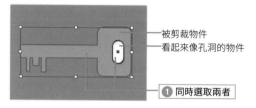

被剪裁物件
看起來像孔洞的物件
❶ 同時選取兩者

2 製作複合路徑

接著，執行『物件→複合路徑→製作』命令。

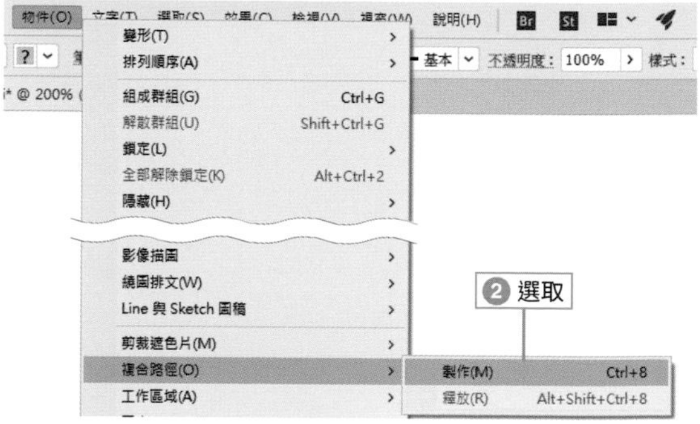

物件(O)
說明(H)
變形(T)
排列順序(A)
組成群組(G) Ctrl+G
解散群組(U) Shift+Ctrl+G
鎖定(L)
全部解除鎖定(K) Alt+Ctrl+2
隱藏(H)
影像描圖
繞圖排文(W)
Line 與 Sketch 圖稿
剪裁遮色片(M)
複合路徑(O)
工作區域(A)
製作(M) Ctrl+8
釋放(R) Alt+Shift+Ctrl+8
基本
不透明度：100%
樣式：
❷ 選取

3 開孔變成複合路徑

完成開孔，顯示出下層影像。如果要釋放複合路徑，請執行『物件→複合路徑→釋放』命令（Alt＋Shift＋Ctrl＋8）。

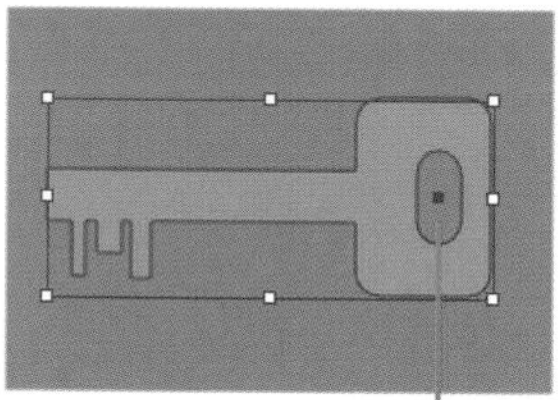

❸ 使用上層影像剪裁下層影像

POINT

複合路徑會變成特殊的群組物件。「填色」與「顏色」的設定，會把複合後的整個物件當作一個物件來上色。

TIPS **複合路徑與內側路徑會交互變透明**

複合路徑的透明部分內，若還有其他物件或透明部分交錯時，會從外側開始，依序製作出上色部分與透明部分。

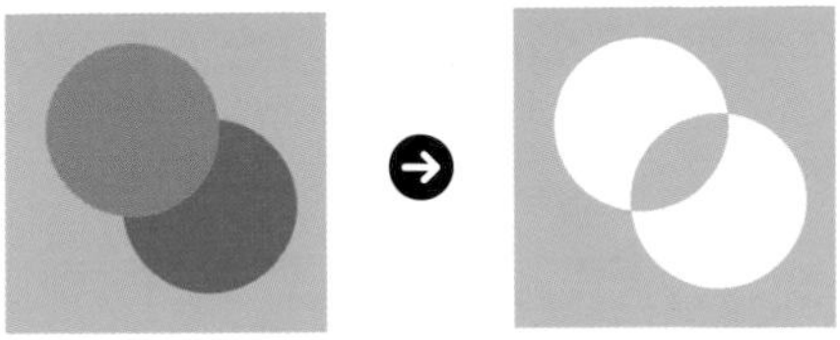

調整透明部分

有時「複合路徑」不會按照預期，產生透明部分。此時，請調整屬性面板的填色規則。

1 製作複合路徑

重疊 3 個物件，製作複合路徑，原本希望各個物件的重疊部分變成透明，但是沒有產生預期的結果。

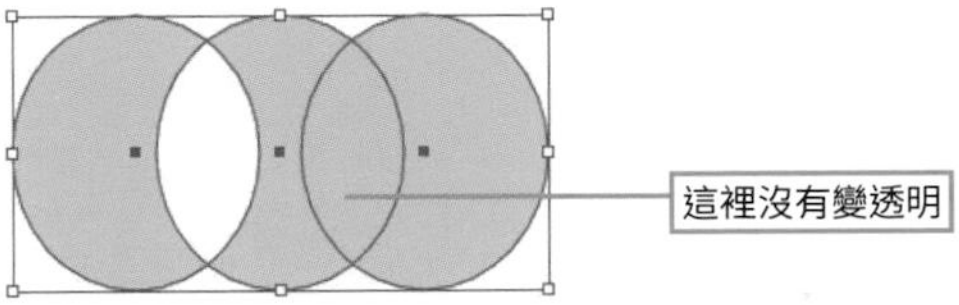
這裡沒有變透明

2 調整填色規則

開啟屬性面板，按一下使用奇偶填色規則。

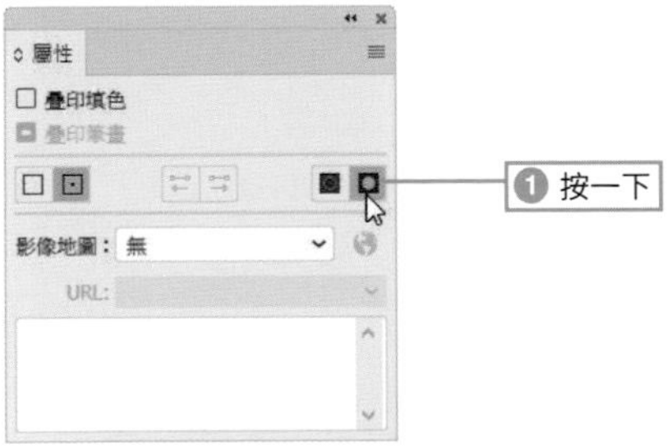
屬性
疊印填色
疊印筆畫
影像地圖：無
URL:
❶ 按一下

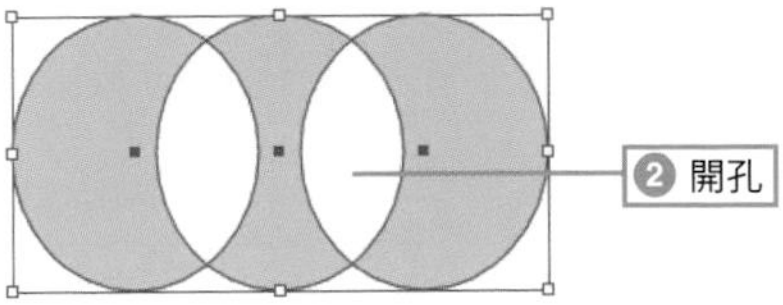
❷ 開孔

TIPS **反轉路徑方向開孔**

即使在**屬性**面板中，選擇了**使用非零迂迴填色規則**，只要在物件上，雙按滑鼠左鍵，進入編輯模式，選取「填色」要變透明的物件，按下**屬性**面板中的**關閉反轉路徑方向**，也可以開孔。

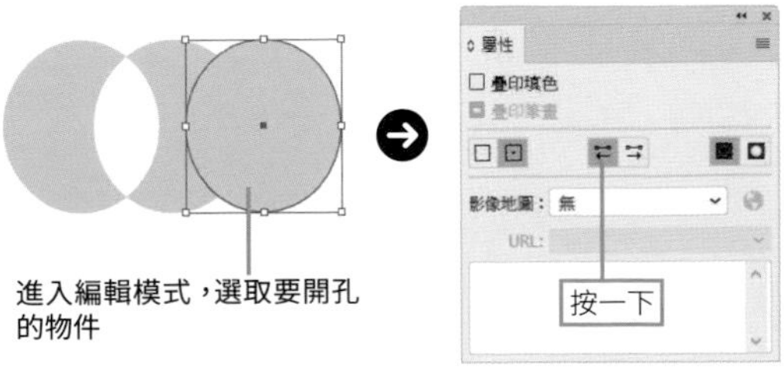
進入編輯模式，選取要開孔的物件
屬性
疊印填色
疊印筆畫
影像地圖：無
URL:
按一下

CS6 | CC | CC14 | CC15 | CC17 | CC18

7-9 製作剪裁遮色片

使用頻率	
★★★	剪裁遮色片是指，以一個物件裁剪別的物件形狀再顯示出來的功能。剪裁遮色片還可以使用上層路徑剪裁置入的點陣影像。

製作「剪裁遮色片」

執行『物件→剪裁遮色片→製作』命令（Ctrl＋7），製作剪裁遮色片後，就會隱藏遮色片物件以外的部分，但是不會改變物件本身的形狀。只要釋放剪裁遮色片，就會恢復成原始的物件。

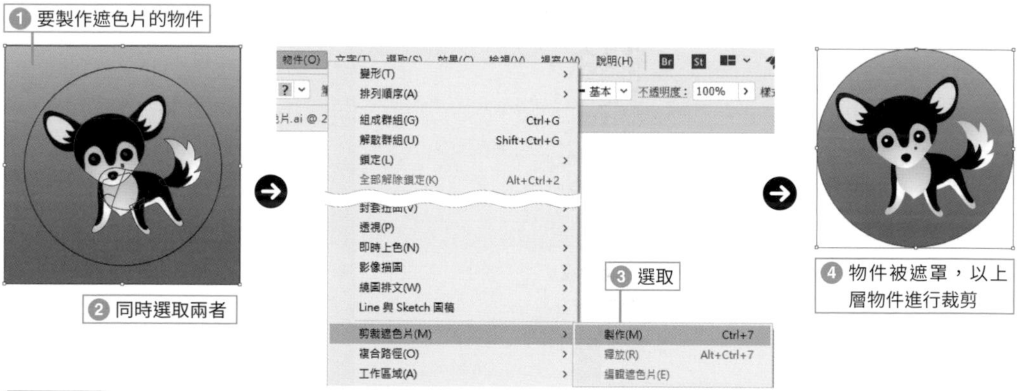

① 要製作遮色片的物件
② 同時選取兩者
物件(O)
說明(H)
變形(T)
排列順序(A)
組成群組(G) Ctrl+G
解散群組(U) Shift+Ctrl+G
鎖定(L)
全部解除鎖定(K) Alt+Ctrl+2
透視(P)
即時上色(N)
影像描圖
繞圖排文(W)
Line 與 Sketch 圖稿
剪裁遮色片(M)
複合路徑(O)
工作區域(A)
基本
不透明度：100%
③ 選取
製作(M) Ctrl+7
釋放(R) Alt+Ctrl+7
編輯遮色片(E)
④ 物件被遮罩，以上層物件進行裁剪

POINT

選取被遮罩物件時，不會選取被遮罩而看不到的部分。

TIPS 利用「控制」面板選取編輯對象

選取被遮罩的物件後，利用**控制**面板的按鈕，可以選取遮罩物件或原本的物件，進行編輯。

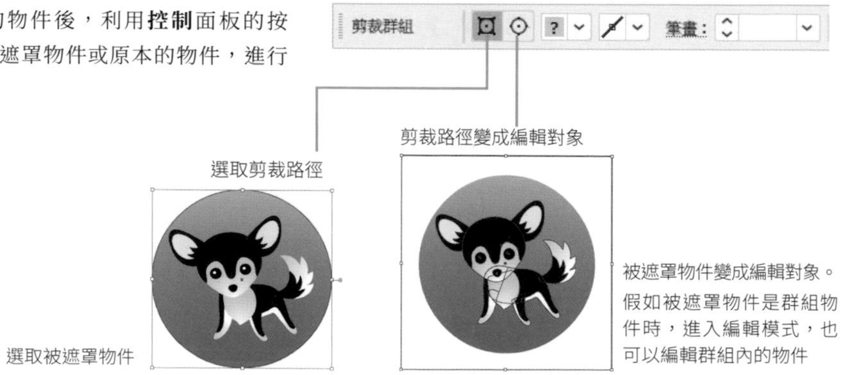

剪裁群組
筆畫：
剪裁路徑變成編輯對象
選取剪裁路徑
選取被遮罩物件
被遮罩物件變成編輯對象。假如被遮罩物件是群組物件時，進入編輯模式，也可以編輯群組內的物件

使用「圖層」面板的「製作／解除剪裁遮色片」鈕

按下圖層面板的製作／解除剪裁遮色片鈕，也可以製作遮色片。使用圖層面板時，只要選取要製作遮色片的圖層，不需要選取物件。遮色片物件會變成選取圖層內最上層（圖層面板最上面）的物件，其他物件包含新製作的物件在內，全都會被遮罩。

如果要釋放遮色片，請選取被剪裁圖層，再次按下製作／解除剪裁遮色片鈕。

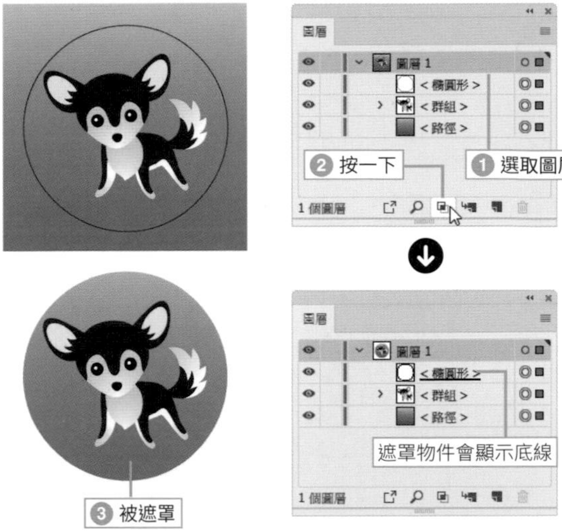

圖層
圖層 1
<橢圓形>
<群組>
<路徑>
❷ 按一下
❶ 選取圖層
1 個圖層
遮罩物件會顯示底線
❸ 被遮罩

TIPS 影像的剪裁遮色片

使用遮色片，可以將置入文件中的照片等點陣影像，剪裁成任意形狀。請先使用**鋼筆工具**，製作遮色片物件。

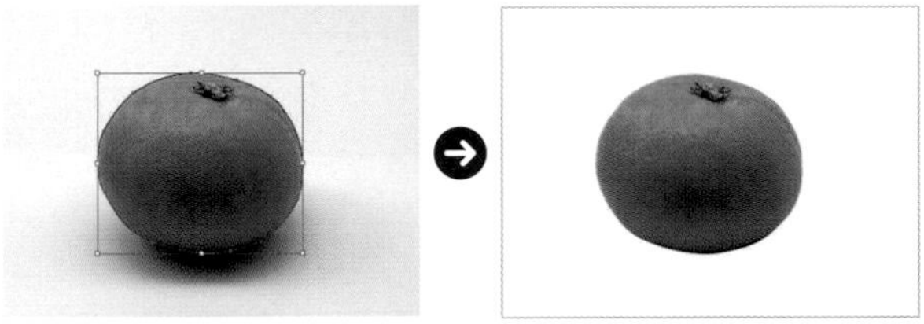

遮色片物件的上色設定

當作剪裁遮色片使用的物件（遮色片物件），可以設定顏色。

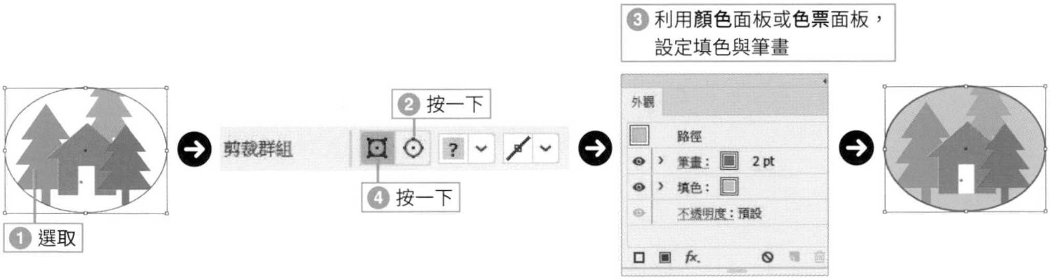

❶ 選取
剪裁群組
❷ 按一下
❹ 按一下
❸ 利用**顏色**面板或**色票**面板，設定填色與筆畫
外觀
路徑
筆畫：
2 pt
填色：
不透明度：預設

POINT

設定了遮色片物件的「填色」時，會在被遮罩卻沒有物件的部分顯示出顏色。

TIPS 不透明度遮色片

如果要製作帶有不透明度的遮色片，請使用**不透明度遮色片**功能。詳細說明請參考 **6-47 頁**。另外，也可以使用含有不透明度的漸層物件來製作剪裁遮色片。

釋放遮色片

如果要釋放剪裁遮色片，請選取遮色片物件，執行『物件→剪裁遮色片→釋放』命令（Alt＋Ctrl＋7）。

繪製內側與剪裁遮色片

「繪製內側」是指，將選取物件轉換成剪裁路徑，只在內側繪製物件的模式。要在已經決定外觀的物件內部，繪製圖樣時，使用這個功能，就很方便。

1 選取對象，開始繪製內側

選取要繪製內側的物件。按一下工具面板下方的，選取繪製內側。

進入繪製內側模式，選取物件的四周會顯示虛線。顯示虛線時，代表只有選取物件的內側，才是繪圖範圍。

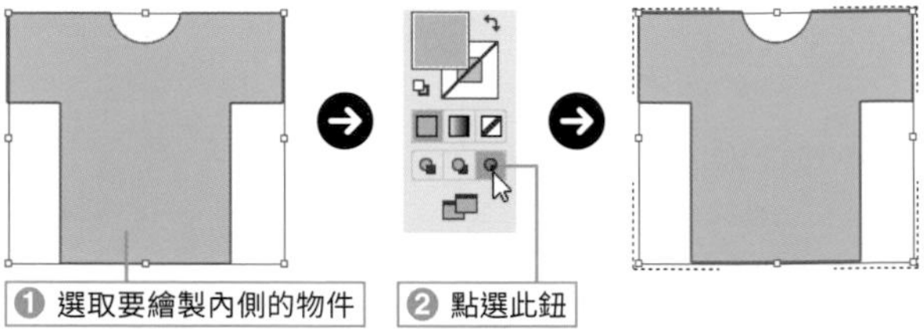
❶ 選取要繪製內側的物件
❷ 點選此鈕

2 在物件內側繪圖

先取消物件選取狀態，再選取「填色」或「筆畫」的顏色，使用繪圖工具繪製物件。

利用直接選取工具，可以編輯路徑或拷貝物件。

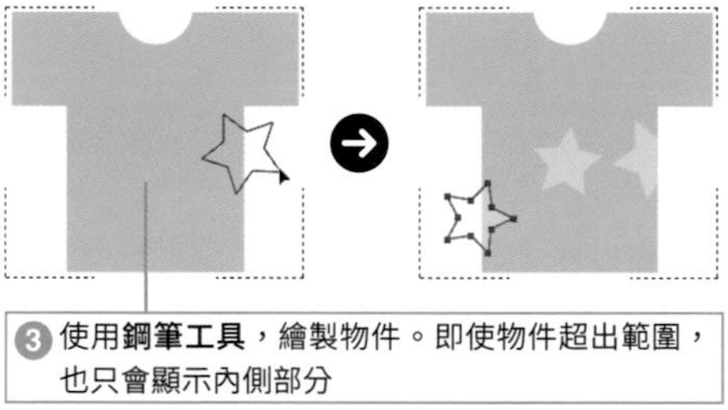
❸ 使用**鋼筆工具**，繪製物件。即使物件超出範圍，也只會顯示內側部分

3 取消內側繪圖模式

如果要取消內側繪圖模式，請使用選取工具，在虛線外的部分雙按滑鼠左鍵。

在內側繪圖選取的物件，會變成剪裁路徑，成為遮色片物件。

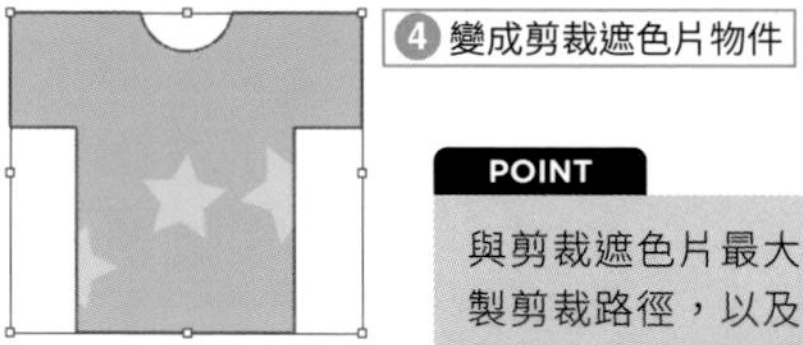
❹ 變成剪裁遮色片物件

POINT

與剪裁遮色片最大的差別是，要先繪製剪裁路徑，以及套用在剪裁路徑的「填色」及「筆畫」的顏色，可以維持原狀，直接在路徑內部繪圖。

▶ 編輯物件

如果要修改用內側繪圖繪製的物件或編輯外側路徑時，方法和一般的剪裁遮色片一樣，請按下控制面板的編輯剪裁路徑鈕，或進入物件的編輯模式再編輯。

7-10
液化工具

使用頻率 ★☆☆	彎曲工具、扭轉工具、縮攏工具、膨脹工具、扇形化工具、結晶化工具、皺摺工具等 7 種工具，稱作「液化工具」。液化工具是利用拖曳方式變形物件的工具。

彎曲工具

彎曲工具會將筆刷範圍內的物件，往拖曳方向延伸，變形物件。

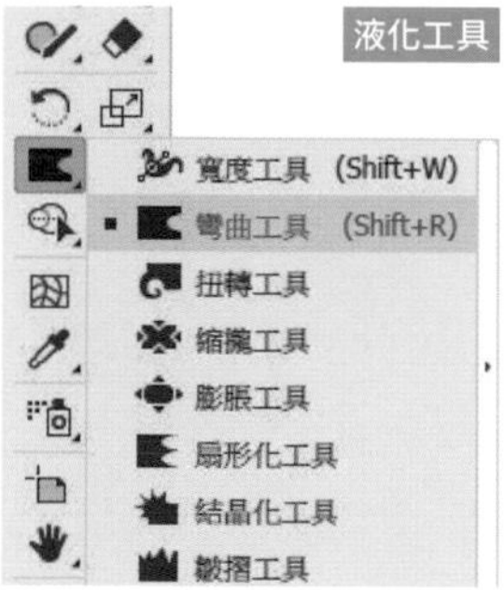
液化工具
寬度工具 (Shift+W)
彎曲工具 (Shift+R)
扭轉工具
縮攏工具
膨脹工具
扇形化工具
結晶化工具
皺摺工具

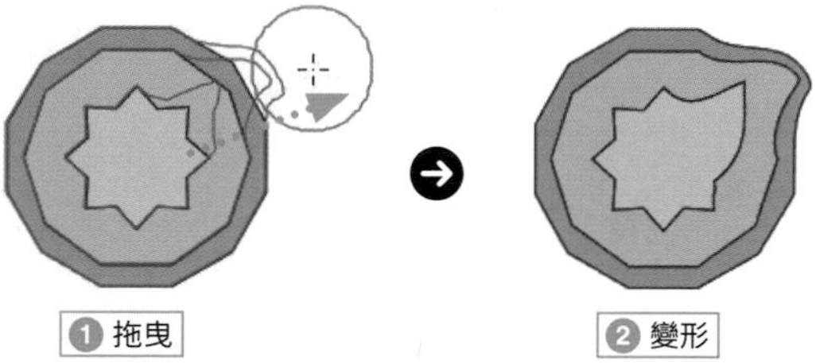
1 拖曳
2 變形

其他工具

▶ 扭轉工具

扭轉工具是把游標當作漩渦的中心，將筆刷範圍內的物件往內捲入，變形物件。

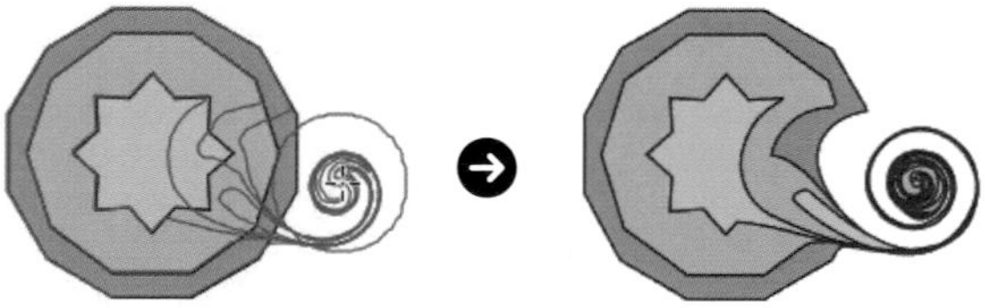

▶ 縮攏工具

縮攏工具是往游標方向收縮、變形筆刷範圍內的物件。

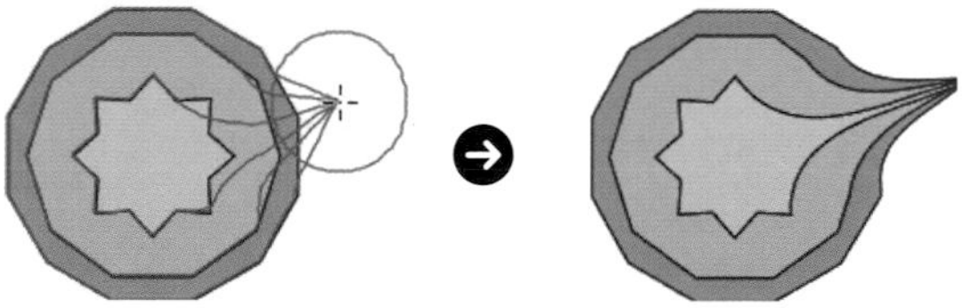

▶ 膨脹工具

膨脹工具是把筆刷範圍內的物件，往筆刷外側推移，變形物件。

▶ 扇形化工具

扇形化工具變形筆刷範圍內的物件，製造出像扇形般的變形效果。

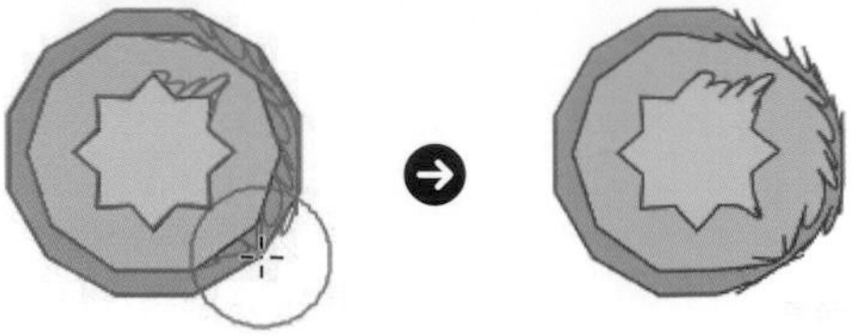

▶ 結晶化工具

結晶化工具變形筆刷範圍內的物件，製造出像尖刺般的變形效果。

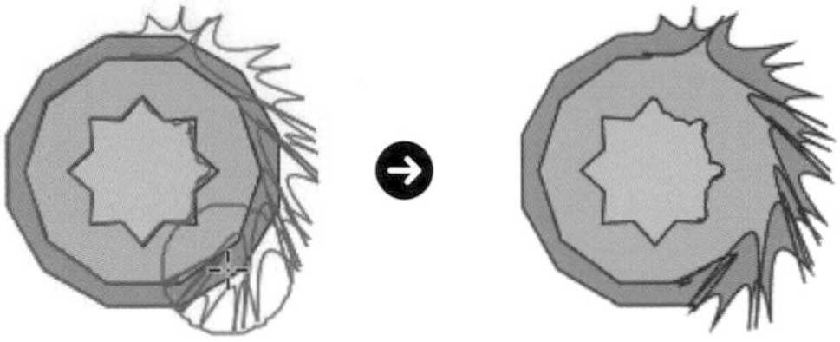

▶ 皺摺工具

皺摺工具變形筆刷範圍內的物件，製作出振動般的效果。

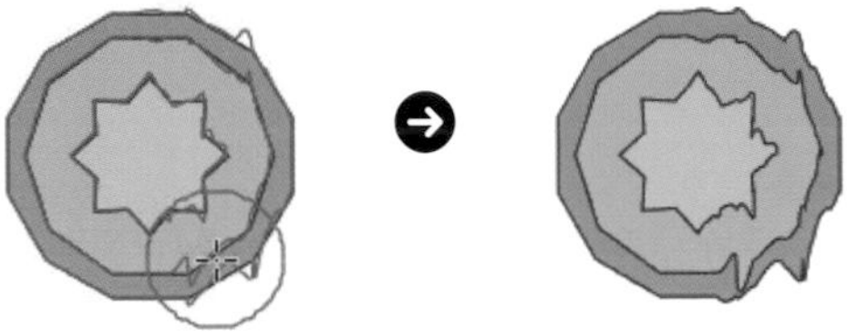

TIPS 液化工具選項

在**工具**面板中的各個液化工具上，雙按滑鼠左鍵，會開啟**選項**交談窗，可設定筆刷大小及各工具的選項。

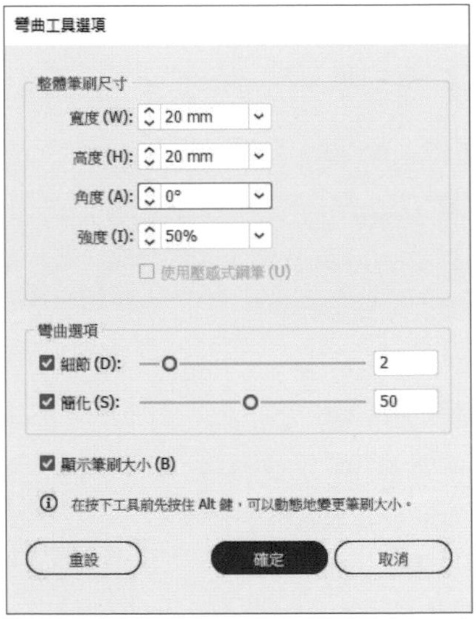
彎曲工具選項
整體筆刷尺寸
寬度 (W): 20 mm
高度 (H): 20 mm
角度 (A): 0°
強度 (I): 50%
使用壓感式鋼筆 (U)
彎曲選項
細節 (D): 2
簡化 (S): 50
顯示筆刷大小 (B)
在按下工具前先按住 Alt 鍵，可以動態地變更筆刷大小。
重設
確定
取消

7-11 封套扭曲（彎曲效果）

使用頻率 ★☆☆	封套扭曲是可以輕鬆且有效變形物件的命令。使用網格點，能靈活變形物件。執行『效果→彎曲』命令，可以當作外觀效果，套用在物件上。

何謂「封套扭曲」？

執行『物件→封套扭曲』命令，可以使用網格，細膩變形選取物件的整體形狀。使用以彎曲製作，可以輕易變形成弧形或旗形。

由於這種方法不是移動錨點來變形物件，而是只改變外觀，所以會保留原始物件。修改方法也很簡單，只要解除效果，就能恢復原狀。

利用封套扭曲的變形方法有 3 種，包括以彎曲製作、以網格製作、以上層物件製作，任何一種都是執行『物件→封套扭曲』命令來選擇。

套用前的物件

Illustrator

套用了弧形封套扭曲的物件

Illustrator

以彎曲製作

先選取要變形的物件，執行『物件→封套扭曲→以彎曲製作』命令（Alt + Shift + Ctrl + W），開啟彎曲選項交談窗，設定樣式及扭曲，按下確定鈕，就能變形物件。

1 選取物件

選取要變形的物件。

Illustrator
1 選取

2 執行『以彎曲製作』命令

執行『物件→封套扭曲→以彎曲製作』命令。

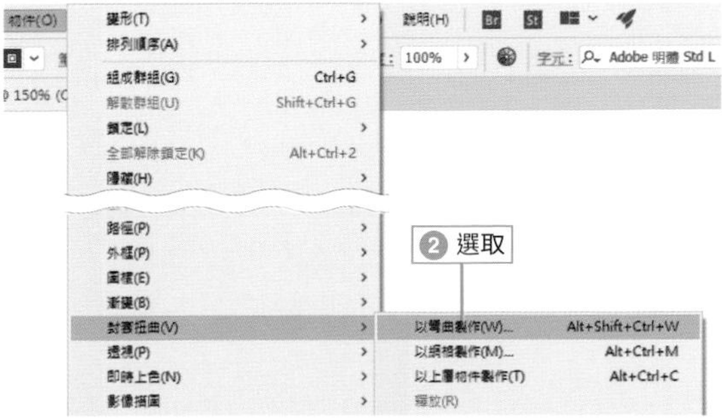
2 選取
封套扭曲(V)
以彎曲製作(W)... Alt+Shift+Ctrl+W
以網格製作(M)... Alt+Ctrl+M
以上層物件製作(T) Alt+Ctrl+C

TIPS 效果選單中的彎曲

執行『**效果→彎曲**』命令，也能以相同效果變形物件。

③ 設定選項

設定樣式等項目，按下確定鈕。

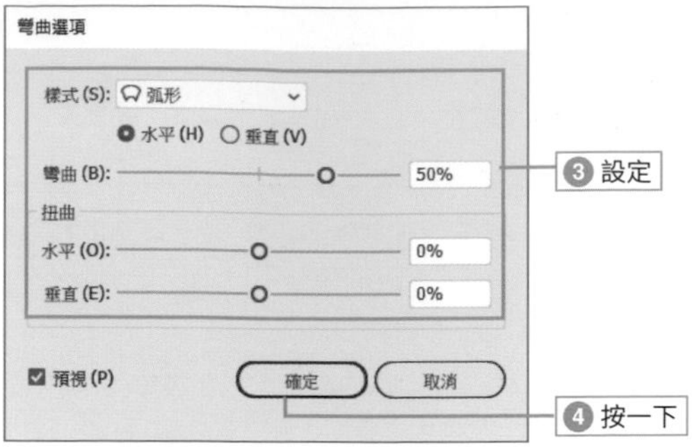
彎曲選項
樣式 (S): 弧形
水平 (H) 垂直 (V)
彎曲 (B): 50%
扭曲
水平 (O): 0%
垂直 (E): 0%
預視 (P)
確定
取消
③ 設定
④ 按一下

POINT

勾選**預視**，可以確認變形狀態。

④ 完成變形

物件變形成弧形。

Illustrator

▶ 15 種樣式

在彎曲選項交談窗中，可以選擇 15 種樣式。

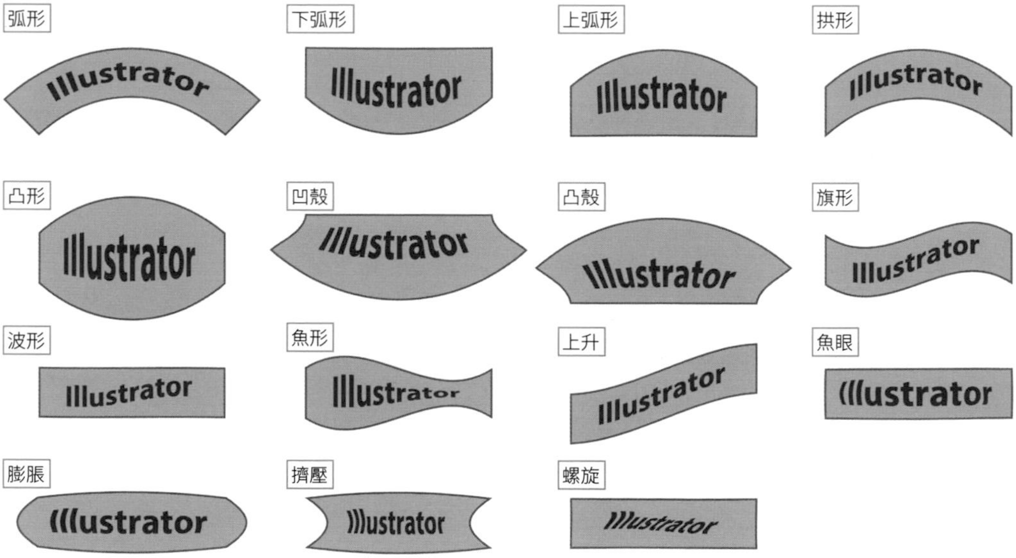
弧形
下弧形
上弧形
拱形
凸形
凹殼
凸殼
旗形
波形
魚形
上升
魚眼
膨脹
擠壓
螺旋

TIPS **編輯物件**

套用封套扭曲後，若要編輯原始物件，請執行『**物件→封套扭曲→編輯內容**』命令。或者在物件上雙按滑鼠左鍵，進入選取編輯模式。進入物件的編輯模式，可以編輯原始物件。執行『**物件→封套扭曲→編輯封套**』命令，結束編輯模式，會顯示封套扭曲網格。

▶「彎曲選項」交談窗的設定

在彎曲選項交談窗中，除了樣式之外，還可以設定扭曲方法。

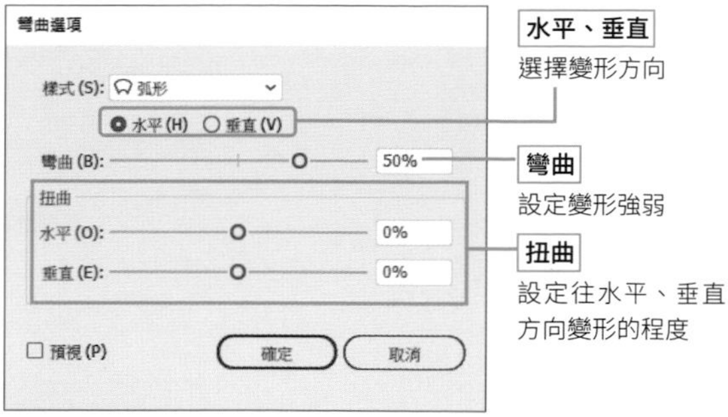

彎曲選項
樣式 (S): 弧形
水平 (H) 垂直 (V)
彎曲 (B): 50%
扭曲
水平 (O): 0%
垂直 (E): 0%
預視 (P)
確定
取消
水平、垂直
選擇變形方向
彎曲
設定變形強弱
扭曲
設定往水平、垂直方向變形的程度

POINT

選取變形後的物件，再次利用**彎曲選項**交談窗，調整設定後，就會套用該設定。

TIPS 使用「控制」面板設定

選取使用**以彎曲製作**變形後的物件，在**控制**面板中，會顯示目前套用的「樣式」及彎曲值，可以直接在此進行調整。

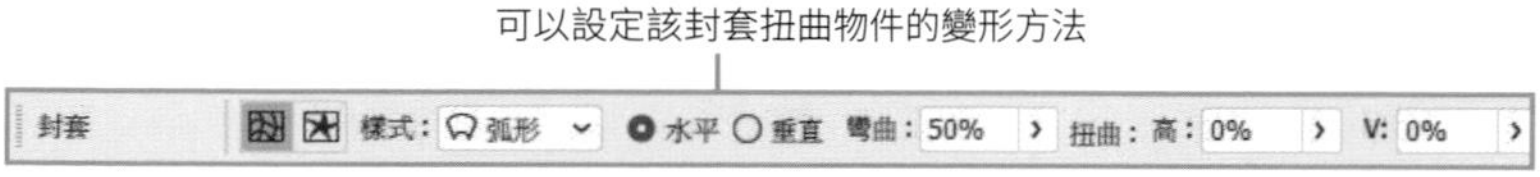

可以設定該封套扭曲物件的變形方法
封套
樣式：弧形
水平 垂直
彎曲：50%
扭曲：高：0%
V: 0%

● 以網格製作

利用以網格製作（Alt＋Ctrl＋M），會在選取物件新增網格點。使用直接選取工具移動網格點，可以變形物件。

1 選取物件

選取要變形的物件。

Illustrator
1 選取物件

2 執行『以網格製作』命令

執行『物件→封套扭曲→以網格製作』命令。

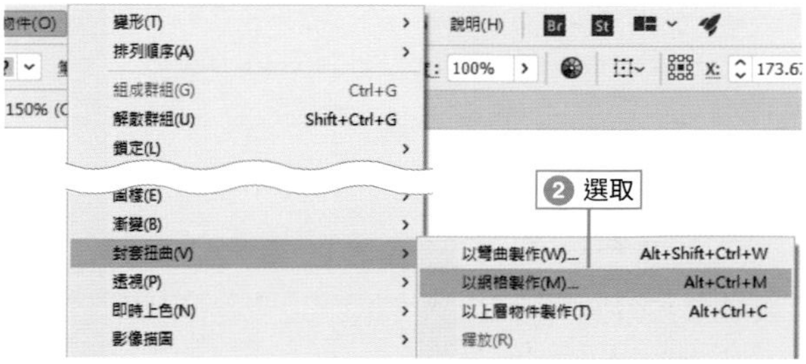

變形(T)
排列順序(A)
組成群組(G) Ctrl+G
解散群組(U) Shift+Ctrl+G
鎖定(L)
圖樣(E)
漸變(B)
封套扭曲(V)
透視(P)
即時上色(N)
影像描圖
以彎曲製作(W)... Alt+Shift+Ctrl+W
以網格製作(M)... Alt+Ctrl+M
以上層物件製作(T) Alt+Ctrl+C
釋放(R)
2 選取

3 設定網格

設定網格的數量。按下確定鈕。

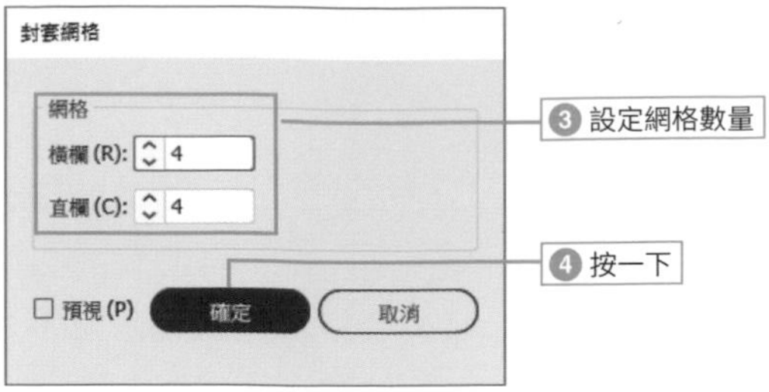
封套網格
網格
橫欄 (R): 4
直欄 (C): 4
預視 (P)
確定
取消
③ 設定網格數量
④ 按一下

4 新增網格點

增加了網格點。

Illustrator

5 編輯網格，變形物件

使用直接選取工具 或網格工具 編輯網格，就能變形物件。

Illustrator
⑤ 編輯網格

TIPS 新增網格點

利用**網格工具** 可以新增變形用的網格點。另外，執行『**物件→封套扭曲→以網格重設**』命令（Alt＋Ctrl＋M），會開啟**重設封套網格**交談窗，可以更改設定。

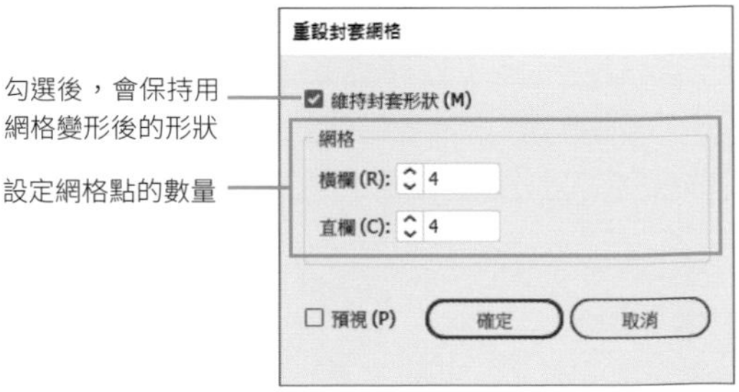
重設封套網格
維持封套形狀 (M)
網格
橫欄 (R): 4
直欄 (C): 4
預視 (P)
確定
取消
勾選後，會保持用網格變形後的形狀
設定網格點的數量

以上層物件製作

如果已經決定了變形的形狀，使用以上層物件製作，就很方便。把變形後的形狀物件，放在變形物件的上方，執行『物件→封套扭曲→以上層物件製作』命令（Alt＋Ctrl＋C），就會變形成上層物件的形狀。

1 製作物件

製作選取要變形的物件。

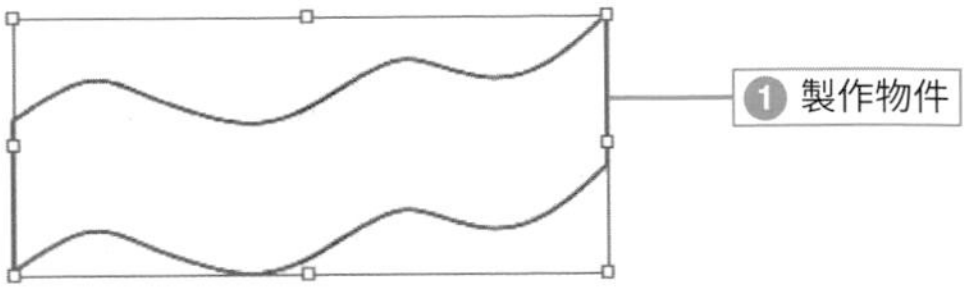
❶ 製作物件

2 選取物件

在變形物件的上層，置入變形後的形狀物件，並且同時選取這兩個物件。

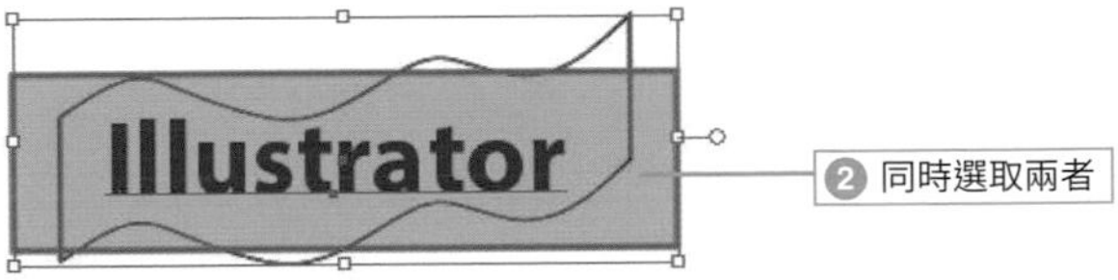
Illustrator
❷ 同時選取兩者

3 執行『以上層物件製作』命令

執行『物件→封套扭曲→以上層物件製作』命令。

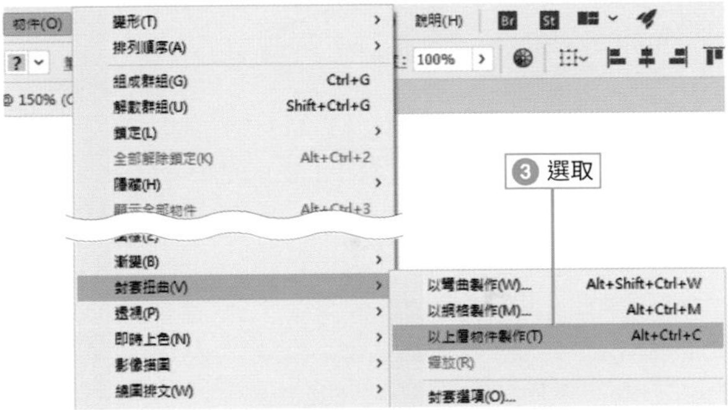
物件(O)
變形(T)
排列順序(A)
組成群組(G) Ctrl+G
解散群組(U) Shift+Ctrl+G
鎖定(L)
全部解除鎖定(K) Alt+Ctrl+2
隱藏(H)
漸變(B)
封套扭曲(V)
透視(P)
即時上色(N)
影像描圖
繞圖排文(W)
說明(H)
100%
150%
❸ 選取
以彎曲製作(W)... Alt+Shift+Ctrl+W
以網格製作(M)... Alt+Ctrl+M
以上層物件製作(T) Alt+Ctrl+C
釋放(R)
封套選項(O)...

4 完成變形物件

根據要變形的形狀，變形下層物件。

Illustrator

封套選項

選取用封套扭曲變形後的物件，執行『物件→封套扭曲→封套選項』命令，會開啟封套選項交談窗。

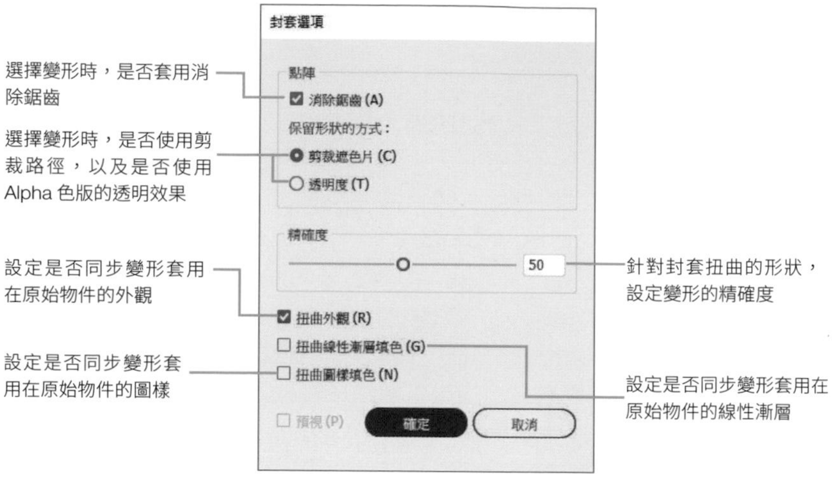
封套選項
點陣
消除鋸齒 (A)
保留形狀的方式：
剪裁遮色片 (C)
透明度 (T)
精確度
50
扭曲外觀 (R)
扭曲線性漸層填色 (G)
扭曲圖樣填色 (N)
預視 (P)
確定
取消
選擇變形時，是否套用消除鋸齒
選擇變形時，是否使用剪裁路徑，以及是否使用 Alpha 色版的透明效果
設定是否同步變形套用在原始物件的外觀
設定是否同步變形套用在原始物件的圖樣
針對封套扭曲的形狀，設定變形的精確度
設定是否同步變形套用在原始物件的線性漸層

TIPS 釋放封套扭曲

執行『**物件→封套扭曲→釋放**』命令，可以解除套用的封套扭曲效果，恢復成原始物件。

TIPS 展開

如果要把用封套扭曲變形後的物件變成一般物件，請執行『**物件→封套扭曲→展開**』命令。

CHAPTER

8

文字的輸入與排版

在 Illustrator 中，內建了強大的文字輸入與排版功能。從簡單的標題文字，到大量的長篇文章，都能整齊輸入。如果只要輸入文字，其實很簡單，但是若要編排出美觀的版面，或想快速修改內容，就得先徹底瞭解各項功能。

8-1 輸入文字與操作文字物件

使用頻率	
★★★	Illustrator 擁有十分強大的文字功能，可以沿著文字區域或曲線等路徑輸入文字。和 DTP 軟體一樣，能連結文字區域或讓文字繞著圖形物件排列。

3 種文字物件

在 Illustrator 輸入的文字，會變成一種物件，稱作文字物件。文字物件包含以下 3 種類型。文字物件和圖形物件一樣，可以移動、變形、填色、套用繪圖樣式或效果。

點狀文字

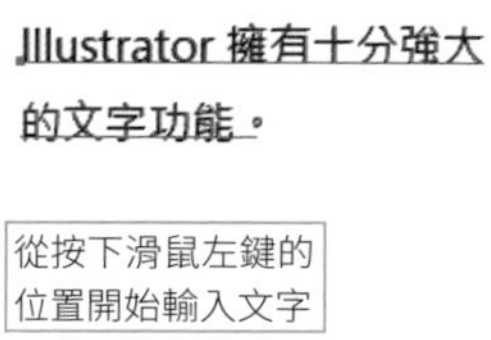

Illustrator 擁有十分強大
的文字功能。
從按下滑鼠左鍵的
位置開始輸入文字

區域文字

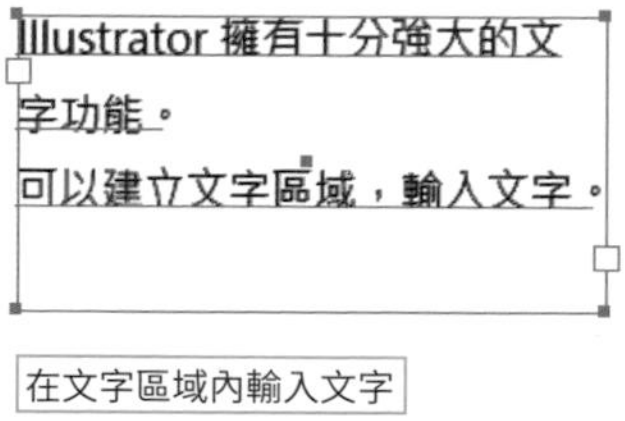

Illustrator 擁有十分強大的文
字功能。
可以建立文字區域，輸入文字。
在文字區域內輸入文字

路徑文字

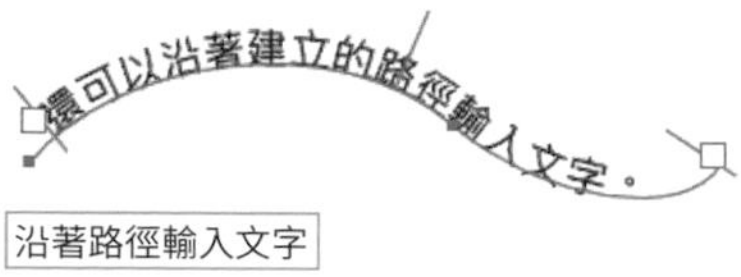

還可以沿著建立的路徑輸入文字。
沿著路徑輸入文字

輸入「點狀文字」

點狀文字是，使用文字工具 T 或垂直文字工具 ↓T，在圖稿內的空白部分按一下，輸入文字。

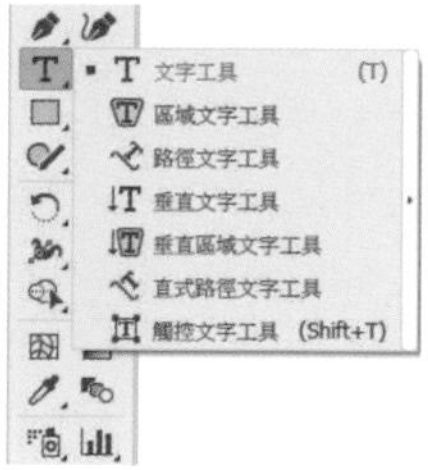

文字工具 (T)
區域文字工具
路徑文字工具
垂直文字工具
垂直區域文字工具
直式路徑文字工具
觸控文字工具 (Shift+T)

點狀文字會變成一行長形文字。如果要換行，請在適當位置，按下 Enter 鍵。按下 Shift ＋ Enter 鍵，可以維持對齊或縮排等段落資訊，強制換行。

1 使用「文字工具」按一下

選取文字工具 T，在起點位置按一下。

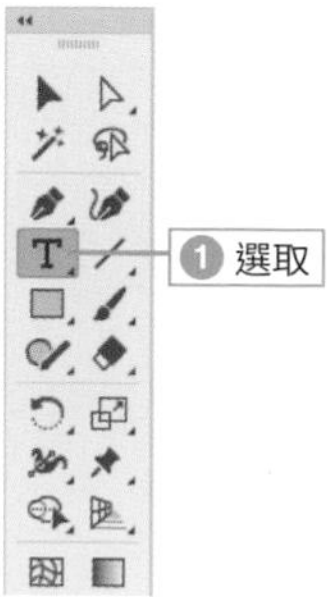

❶ 選取

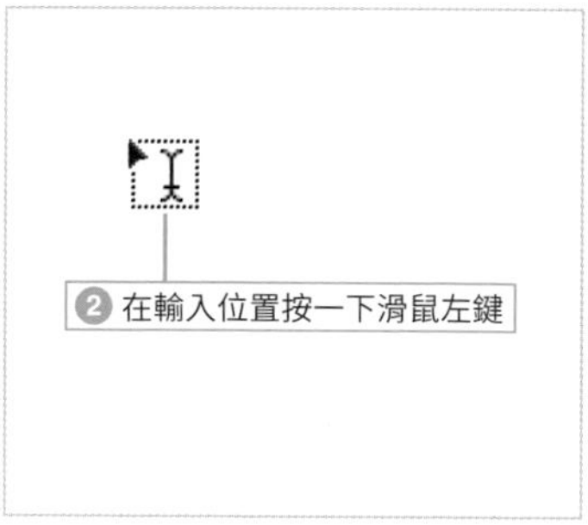

❷ 在輸入位置按一下滑鼠左鍵

2 輸入文字

從游標閃爍的位置開始輸入文字。如果要換行，請按下 Enter 鍵。

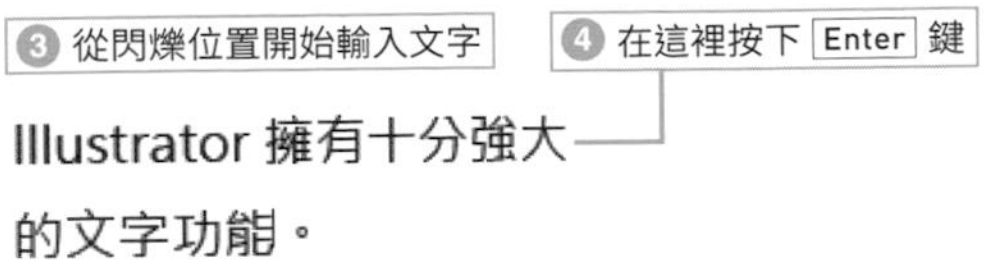

③ 從閃爍位置開始輸入文字
④ 在這裡按下 Enter 鍵
Illustrator 擁有十分強大
的文字功能。

3 確定輸入

按一下工具面板的文字工具 T，結束輸入狀態。

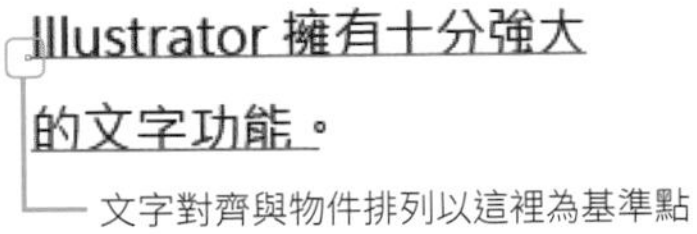

Illustrator 擁有十分強大
的文字功能。
文字對齊與物件排列以這裡為基準點

▶ 新增、刪除文字物件內的文字

在輸入完畢的文字物件中，可以新增或刪除文字。詳細說明請參考 **8-14 頁**。

> **TIPS 輸入垂直文字的快速鍵**
>
> **文字工具**的游標 在按下 Shift 鍵之後，會變成**垂直文字工具** 。

> **TIPS 預留位置文字**
>
> 從 CC 2017 開始，使用各種文字工具建立文字物件時，會自動輸入預留位置文字。如果要關閉這個功能，請開啟**偏好設定**交談窗，在**文字**面板中，取消勾選**以預留位置文字填滿新的文字物件**。
>
> 
> 滾滾長江東逝水

● 輸入「文字區域」

使用文字工具 T 或垂直文字工具 ↓T，可以建立文字區域，當作輸入文字的範圍。在文字區域內輸入文字時，區域內的文字會自動換行。在文字區域中，可以套用填色及筆畫設定(請參考 **8-10 頁**)。

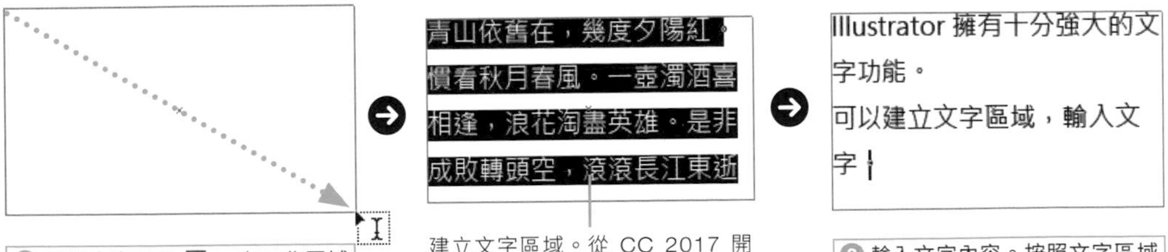

青山依舊在，幾度夕陽紅。慣看秋月春風。一壺濁酒喜相逢，浪花淘盡英雄。是非成敗轉頭空，滾滾長江東逝
Illustrator 擁有十分強大的文字功能。
可以建立文字區域，輸入文字

① 使用**文字工具** T，在工作區域上拖曳

建立文字區域。從 CC 2017 開始，會自動輸入預留位置文字，並呈現選取狀態。CC 2015.3 之前的版本，游標會顯示為閃爍狀態

② 輸入文字內容。按照文字區域的寬度，自動換行

> **POINT**
>
> 由於預留位置文字顯示為選取狀態，直接輸入文字，就可以取代成輸入後的文字。

▶ 在物件內部輸入文字

使用區域文字工具 或垂直區域文字工具 ，會在物件中輸入文字。輸入文字後，物件會變成文字區域，使得「填色」與「筆畫」的設定消失。如果要在文字區域內加上顏色，請參考文字區域及文字路徑的上色方法（**8-10 頁**）。

❶ 按一下
青山依舊在，幾度夕陽紅。
慣看秋月春風。一壺濁酒
喜相逢，浪花淘盡英雄。
是非成敗轉頭
空，滾滾長江
Illustrator 擁有十分強大
的文字功能。
可以建立文字區域，輸入
文字
❷ 輸入

CC 2017 會自動輸入預留位置文字，並呈現選取狀態
CC 2015.3 之前的版本，游標會顯示為閃爍狀態

POINT

輸入文字後的物件，會變成文字區域路徑，即使刪除文字，也不會恢復成原始物件。如果要恢復原始物件，請使用**群組選取工具** ，只選取文字物件的路徑部分，再拷貝＆貼上。

TIPS 使用文字工具，在物件內輸入文字

使用**文字工具** T 或**垂直文字工具** ↓T，在封閉路徑的路徑上移動，區域文字游標會變成 。如果是開放路徑，路徑上的文字游標會變成 ，但是按下 Alt 鍵後，區域文字游標會變成 。

▶ 文字溢位

當文字內容超出文字區域時，文字會溢位。文字溢位後，文字區域的最後一行，會出現小四角形。溢位的文字不會顯示在畫面中，但是資料並沒有消失。

發生文字溢位時，請放大文字區域，調整文字格式（大小、行距）（請參考 **8-18 頁**、**8-20 頁**），或建立新文字物件再連結（請參考 **8-11 頁**）。

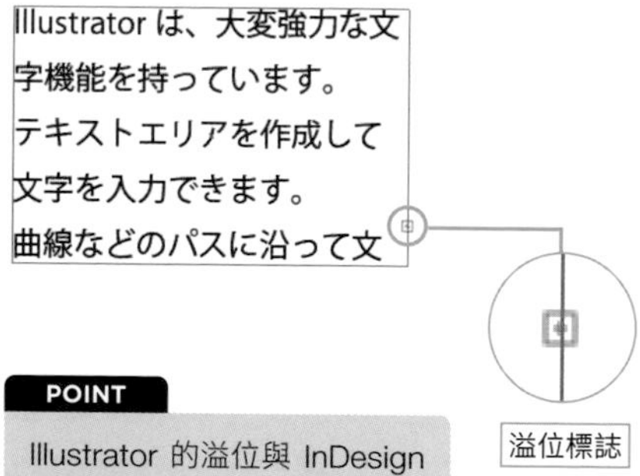

Illustrator は、大変強力な文
字機能を持っています。
テキストエリアを作成して
文字を入力できます。
曲線などのパスに沿って文
溢位標誌

POINT

Illustrator 的溢位與 InDesign 的溢排同義。

▶ 輸入「路徑文字」

使用路徑文字工具 或直式路徑文字工具 ，可以沿著物件的路徑輸入文字。不論物件是封閉路徑或開放路徑，都能使用。沿著路徑輸入文字後，原始物件會變成文字路徑，「填色」與「筆畫」的設定會消失。

文字路徑若要上色，請參考 **8-10 頁**的說明。另外，文字溢位時，路徑最後會顯示小四角形。

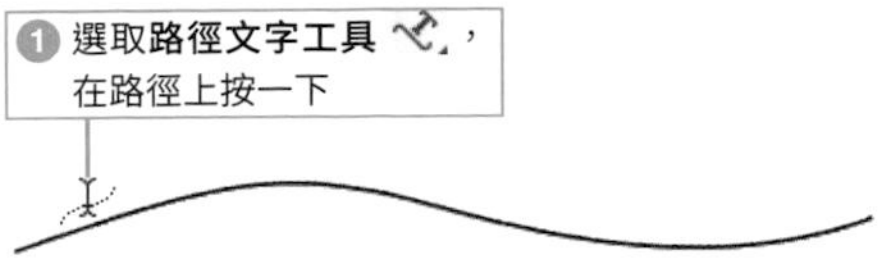
1 選取路徑文字工具 ，在路徑上按一下

青山依舊在，幾度夕陽紅。慣看秋月春

CC 2017 會自動輸入預留位置文字，CC 2015.3 之前的版本，游標會顯示為閃爍狀態。物件的填色與筆畫設定消失

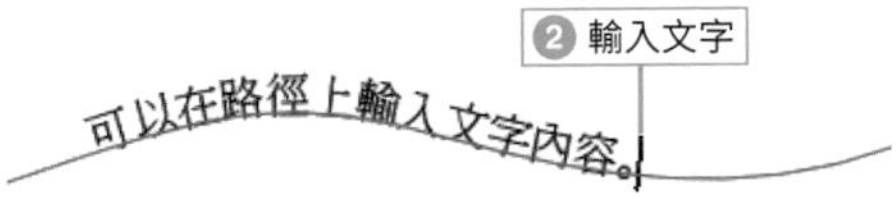
2 輸入文字
可以在路徑上輸入文字內容。

沿著路徑輸入文字

▶ 移動文字的起點

輸入路徑文字時，按下滑鼠左鍵的位置，會成為文字的起點。輸入文字後，使用選取工具 ▶ 拖曳方塊，可以改變起點的位置。

當滑鼠游標重疊在方塊上，會變成 ，請從此處開始拖曳。

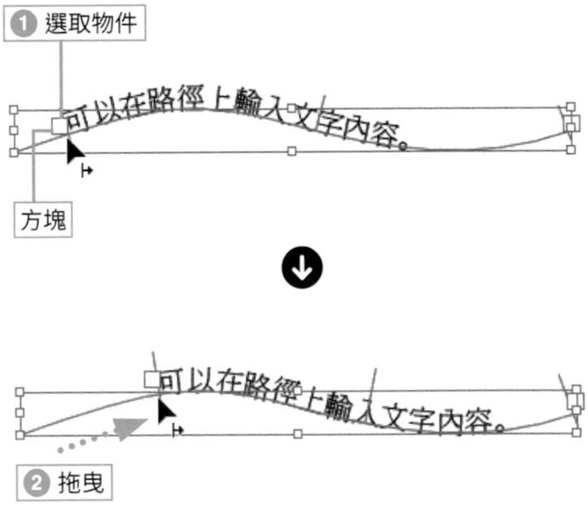
1 選取物件
可以在路徑上輸入文字內容。
方塊
可以在路徑上輸入文字內容。
2 拖曳

TIPS　使用文字工具在路徑上輸入文字

文字工具 T **或垂直文字工具** ↓T，在開放路徑上移動時，路徑上的文字游標會變成 。若是封閉路徑，區域文字游標會變成 ，但是按下 Alt 鍵，路徑上的文字游標就會變成 。

▶ 將文字移動到路徑的反側

輸入的文字也可以移動到路徑的反側。使用選取工具 ▶ 選取之後，將滑鼠游標重疊在文字中央的方塊，游標會變成 ▶，請從此處開始拖曳。

1 按一下路徑

使用選取工具 ▶ 選取路徑。

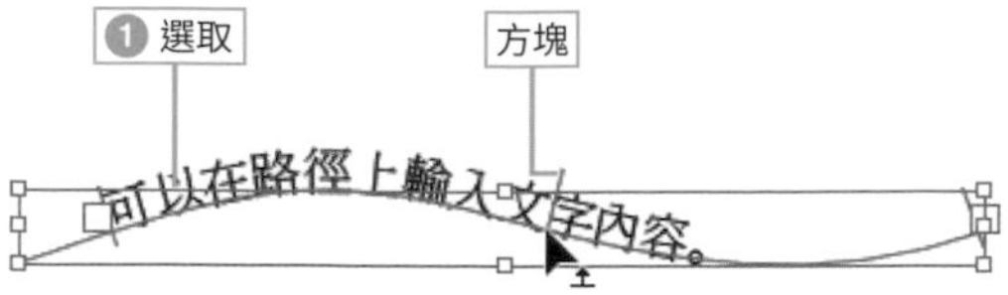

❶ 選取
方塊
可以在路徑上輸入文字內容。

2 拖曳

將**方塊**往路徑反側拖曳。

POINT

或者也可以開啟**路徑文字選項**交談窗，勾選**翻轉**項目。

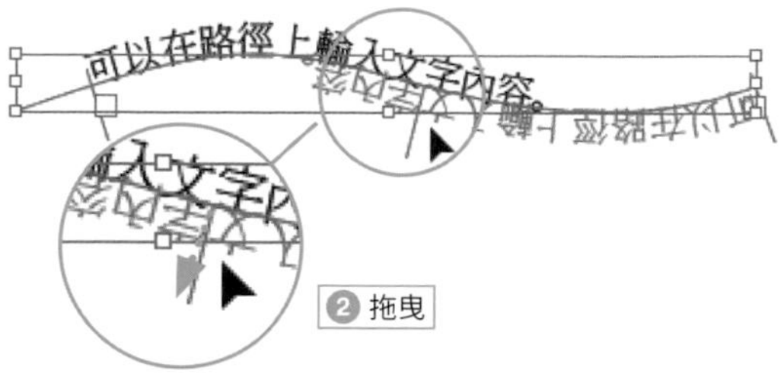

可以在路徑上輸入文字內容。
❷ 拖曳

TIPS 縮放路徑文字

利用邊框縮放路徑文字，連文字大小都會產生變化。
如果不想改變路徑文字大小，只要縮放文字物件時，請使用**直接選取工具** ▷，單獨選取路徑，再使用**縮放工具** 等工具，縮放文字物件（請參考 **8-10 頁**）。

TIPS 路徑與文字間距

在路徑上輸入文字時，更改文字的基線，可以調整路徑與文字的間距。關於移動基線的方法，請參考 **8-26 頁**。

▶ 路徑文字選項

選取在路徑上輸入的文字，並在工具面板中的路徑文字工具 雙按滑鼠左鍵，開啟路徑文字選項交談窗，可以設定文字方向、位置、間距等項目。執行『文字→路徑文字→路徑文字選項』命令，也可以開啟路徑文字選項交談窗。

另外，執行『文字→路徑文字』命令，還能設定路徑文字的效果。

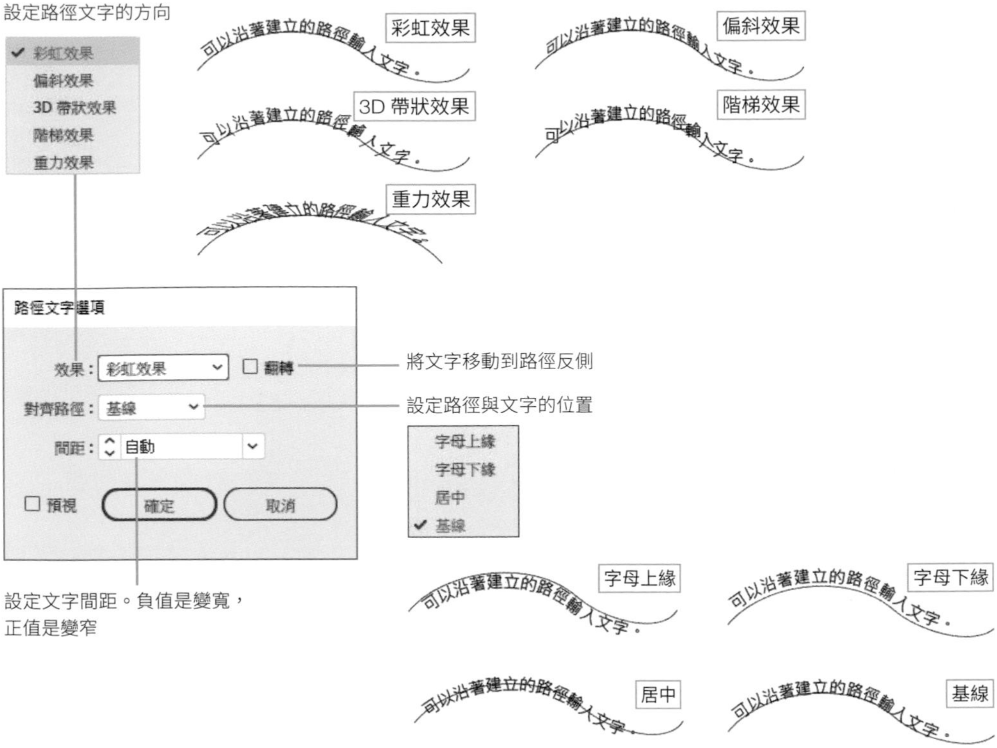
設定路徑文字的方向
彩虹效果
偏斜效果
3D 帶狀效果
階梯效果
重力效果
可以沿著建立的路徑輸入文字。
路徑文字選項
效果：彩虹效果
翻轉
對齊路徑：基線
間距：自動
預視
確定
取消
將文字移動到路徑反側
設定路徑與文字的位置
字母上緣
字母下緣
居中
基線
設定文字間距。負值是變寬，正值是變窄

TIPS 使用 CS3 之前的版本製作時的注意事項

從 Illustrator CS4 開始，強化了路徑文字的文字引擎，改善了在有弧度的路徑上，文字會重疊的問題。因此，在編輯以 CS3 之前的版本建立的路徑文字時，會出現提醒交談窗，可以選擇是否用新的文字引擎修正文字位置，或是維持原狀。

編輯舊版本建立的路徑文字時，顯示的交談窗

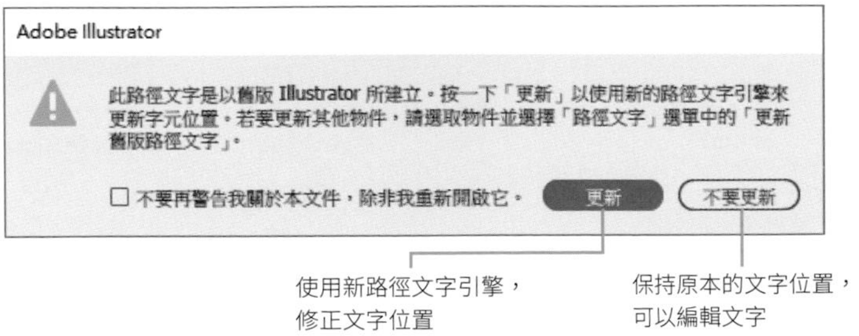
Adobe Illustrator
此路徑文字是以舊版 Illustrator 所建立。按一下「更新」以使用新的路徑文字引擎來更新字元位置。若要更新其他物件，請選取物件並選擇「路徑文字」選單中的「更新舊版路徑文字」。
不要再警告我關於本文件，除非我重新開啟它。
更新
不要更新
使用新路徑文字引擎，修正文字位置
保持原本的文字位置，可以編輯文字

● 調整文字區域

使用選取工具 ▶ 選取區域文字物件，拖曳顯示在四周的邊框，可以調整文字區域的大小。當文字溢位時，會配合路徑形狀顯示內容。

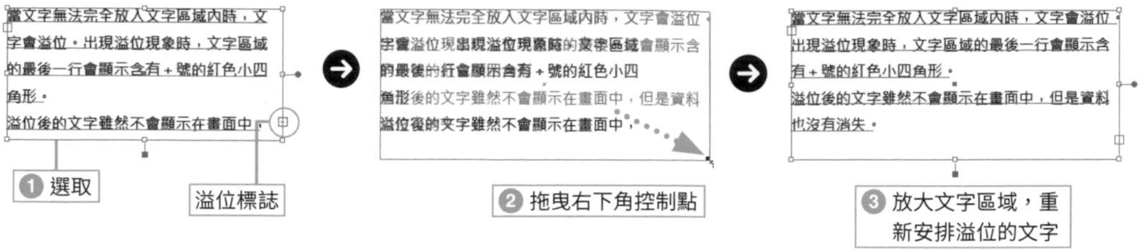

當文字無法完全放入文字區域內時，文字會溢位。出現溢位現象時，文字區域的最後一行會顯示含有＋號的紅色小四角形。
溢位後的文字雖然不會顯示在畫面中，
① 選取
溢位標誌
② 拖曳右下角控制點
當文字無法完全放入文字區域內時，文字會溢位。出現溢位現象時，文字區域的最後一行會顯示含有＋號的紅色小四角形。
溢位後的文字雖然不會顯示在畫面中，但是資料也沒有消失。
③ 放大文字區域，重新安排溢位的文字

● 自動調整文字區域大小（自 CC 2014.1 起）

選取出現溢位的文字區域物件，在段落最後的外側，會顯示 ■ Widget。在 ■ 雙按滑鼠左鍵，會配合文字內容，自動調整文字區域的大小（橫排是往垂直方向，直排是往水平方向調整）。一旦自動調整過文字區域後，後續增減文字內容，也會自動調整文字區域大小。

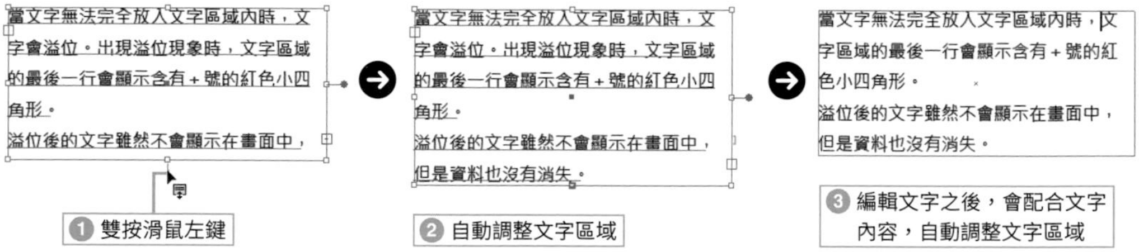

當文字無法完全放入文字區域內時，文字會溢位。出現溢位現象時，文字區域的最後一行會顯示含有＋號的紅色小四角形。
溢位後的文字雖然不會顯示在畫面中，
① 雙按滑鼠左鍵
當文字無法完全放入文字區域內時，文字會溢位。出現溢位現象時，文字區域的最後一行會顯示含有＋號的紅色小四角形。
溢位後的文字雖然不會顯示在畫面中，但是資料也沒有消失。
② 自動調整文字區域
當文字無法完全放入文字區域內時，文字區域的最後一行會顯示含有＋號的紅色小四角形。
溢位後的文字雖然不會顯示在畫面中，但是資料也沒有消失。
③ 編輯文字之後，會配合文字內容，自動調整文字區域

POINT

只有矩形文字區域物件才能自動調整。

POINT

在**偏好設定**交談窗中的**文字**頁次中，勾選**自動縮放新區域文字**，新建立的文字區域物件，就會自動調整大小。

POINT

如果要關閉自動調整，請在段落最後外側中央的 Widget，雙按滑鼠左鍵。

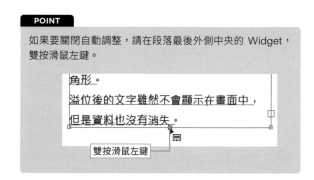

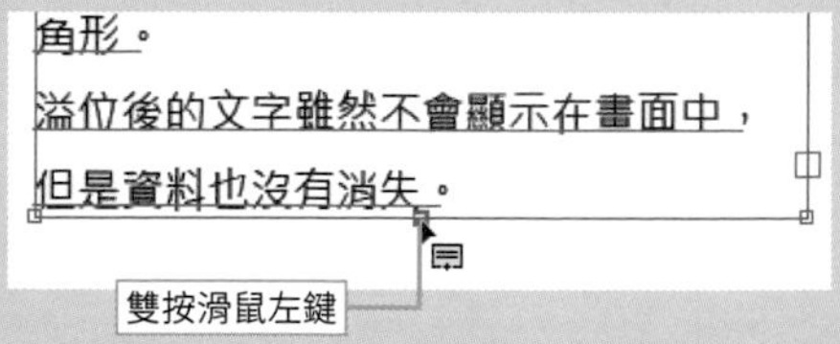

角形。
溢位後的文字雖然不會顯示在畫面中，
但是資料也沒有消失。
雙按滑鼠左鍵

轉換「點狀文字」與「區域文字」

使用選取工具選取點狀文字或區域文字，在邊框右側會顯示控制點，在此控制點雙按滑鼠左鍵，可以轉換成點狀文字或區域文字。控制點顯示為空心狀態的是點狀文字，顯示為實心狀態的是區域文字。

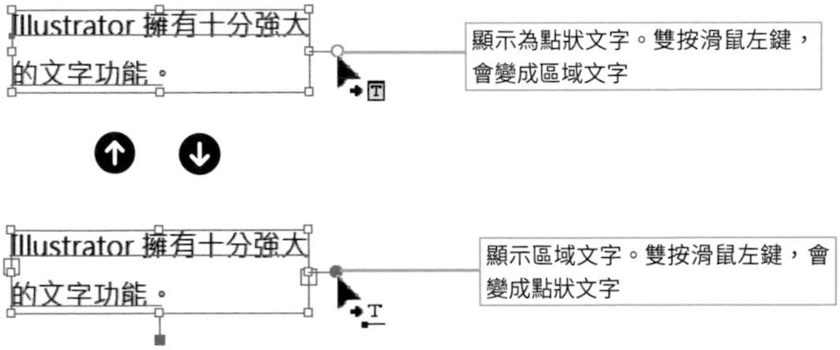

Illustrator 擁有十分強大的文字功能。
顯示為點狀文字。雙按滑鼠左鍵，會變成區域文字
Illustrator 擁有十分強大的文字功能。
顯示區域文字。雙按滑鼠左鍵，會變成點狀文字

> **TIPS 轉換時的換行狀態**
>
> 點狀文字轉成區域文字時，會變成自動換行；而區域文字轉成點狀文字時，會照原本的位置顯示換行。

> **TIPS 連結文字的轉換**
>
> 連結中的文字區域，會將選取中的文字物件轉換成點狀文字。選取多個文字物件時也一樣。

> **TIPS 溢位時的轉換**
>
> 將溢位的區域文字轉換成點狀文字時，會刪除溢位文字。

使用變形工具變形文字物件

使用「選取工具」 變形物件

使用選取工具 選取文字物件，會同時選取起路徑與文字。執行物件→變形選單的各種命令，或使用旋轉工具 、傾斜工具 、縮放工具 、鏡射工具 等變形工具變形文字物件時，連文字也會一起變形。

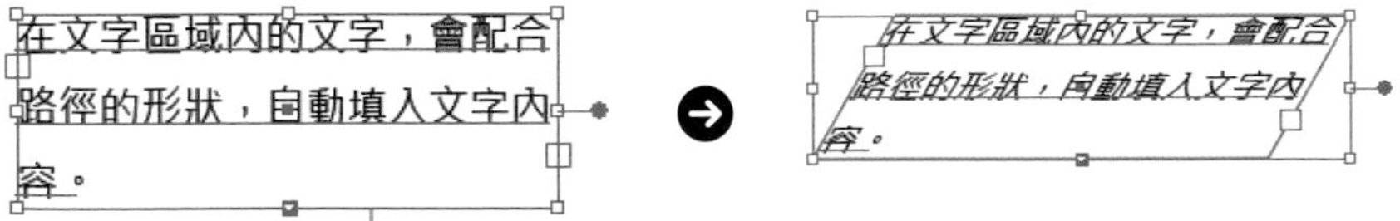

在文字區域內的文字，會配合路徑的形狀，自動填入文字內容。
在文字區域內的文字，會配合路徑的形狀，自動填入文字內容。

① 使用**選取工具** 選取　② 傾斜 30 度，連文字也會一起變傾斜

> **POINT**
>
> 旋轉邊框時，只會旋轉文字區域。

▶ 使用「直接選取工具」變形物件

使用直接選取工具選取文字路徑再變形，只會變形文字區域。文字會沿著變形後的路徑填入。

在文字區域內的文字，會配合路徑的形狀，自動填入文字內容。
① 使用直接選取工具選取
在文字區域內的文字，會配合路徑的形狀，自動填入文字內容。
② 傾斜 30 度後，只有文字區域變傾斜

● 文字區域及文字路徑的上色方法

文字區域及文字路徑物件的作用是用來控制文字排列，因此會自動把「填色」與「筆畫」的設定「清除」。如果要在路徑加上顏色或筆畫，請使用直接選取工具或群組選取工具，選取文字區域的路徑後，再進行設定。

使用選取工具選取，就能進行文字上色設定。

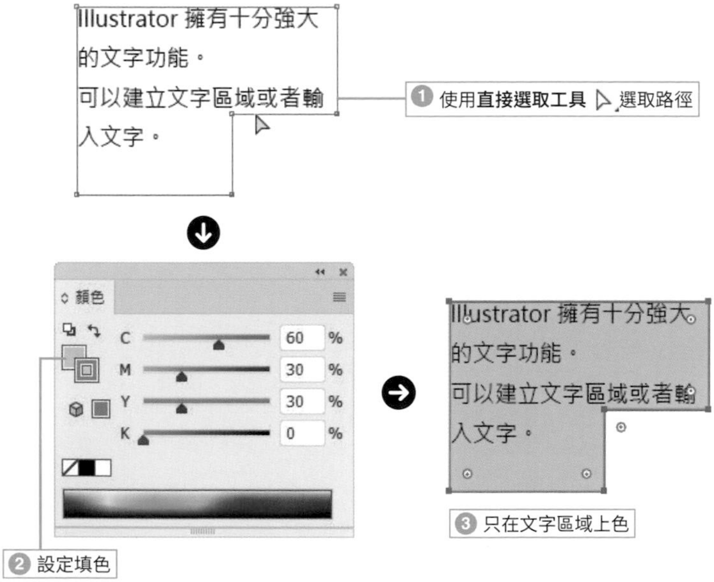
Illustrator 擁有十分強大的文字功能。
可以建立文字區域或者輸入文字。
① 使用直接選取工具選取路徑
顏色
C 60 %
M 30 %
Y 30 %
K 0 %
② 設定填色
Illustrator 擁有十分強大的文字功能。
可以建立文字區域或者輸入文字。
③ 只在文字區域上色

TIPS　文字區域與文字的間距

如果要增加文字區域與文字之間的間距，請選取文字物件，執行『**文字→區域文字選項**』命令，開啟**區域文字選項**交談窗，利用**位移**來設定。關於**區域文字選項**交談窗，請參考 **8-13 頁**的說明。

連結文字物件

可以從文字區域中，建立下個文字區域。

1 選取文字區域

使用選取工具 ▶ 選取溢位文字區域。按一下溢位圖示 ⊞ 。

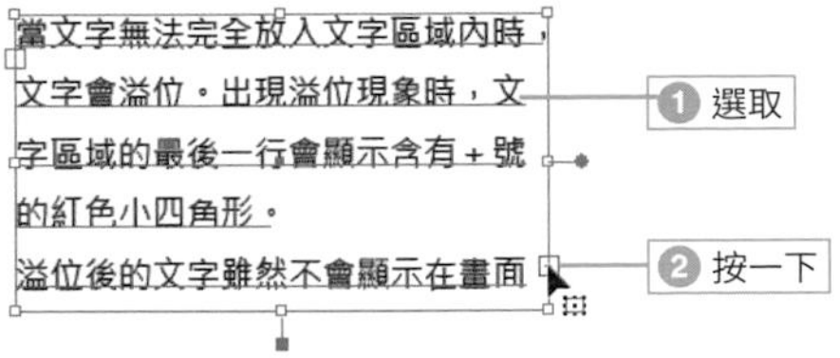

當文字無法完全放入文字區域內時，
文字會溢位。出現溢位現象時，文
字區域的最後一行會顯示含有＋號
的紅色小四角形。
溢位後的文字雖然不會顯示在畫面
1 選取
2 按一下

2 按一下

游標變成 ，接著在適當的位置按一下。

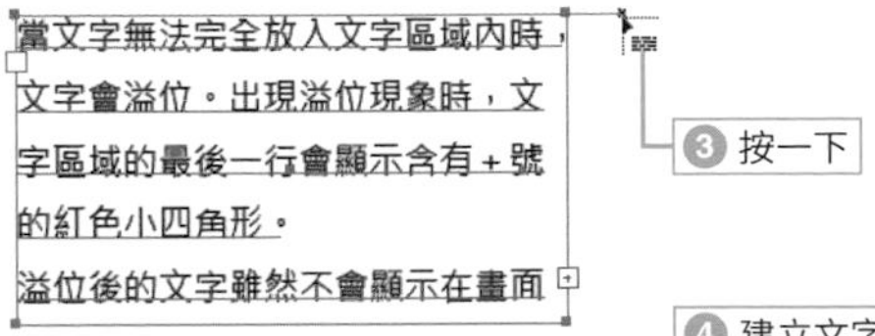

當文字無法完全放入文字區域內時，
文字會溢位。出現溢位現象時，文
字區域的最後一行會顯示含有＋號
的紅色小四角形。
溢位後的文字雖然不會顯示在畫面
3 按一下

3 建立文字區域

在按下滑鼠左鍵處，會自動建立大小一樣的文字區域，填入溢位文字。

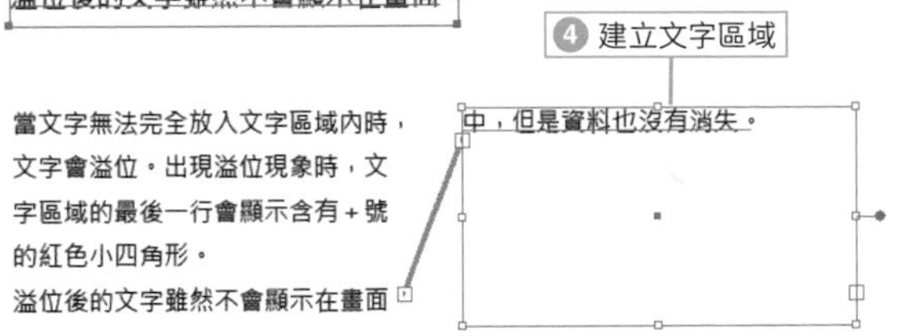

4 建立文字區域
當文字無法完全放入文字區域內時，
文字會溢位。出現溢位現象時，文
字區域的最後一行會顯示含有＋號
的紅色小四角形。
溢位後的文字雖然不會顯示在畫面
中，但是資料也沒有消失。

TIPS 連結物件時的文字排列順序

連結多個物件時，文字的排列順序會根據物件的階層而定。文字會從下層往上層依序排列。

POINT

在游標為 狀態拖曳，可以建立不同大小的文字區域。

▶ 在指定的物件中填入內容

還可以指定填入文字的物件。

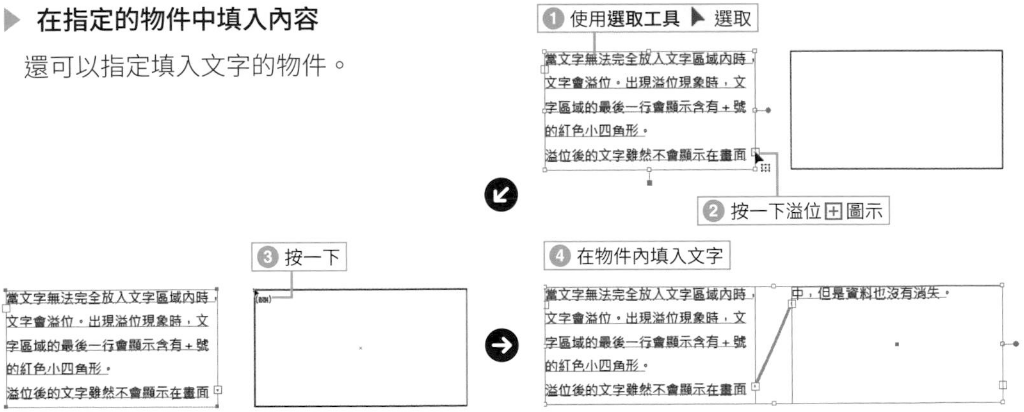

1 使用選取工具 ▶ 選取
2 按一下溢位⊞圖示
3 按一下
4 在物件內填入文字
當文字無法完全放入文字區域內時，
文字會溢位。出現溢位現象時，文
字區域的最後一行會顯示含有＋號
的紅色小四角形。
溢位後的文字雖然不會顯示在畫面
中，但是資料也沒有消失。

▶ 解除連結

選取連結文字物件，執行『文字→文字緒→移除文字緒』命令。此時，就算解除連結，文字也不會恢復成連結前的溢位狀態，而是留下填入文字狀態後的獨立文字物件。

TIPS 關於填入文字的順序

在已連結文字的狀態，於最初的文字區域中，建立新連結物件時，會改變填入文字的順序。

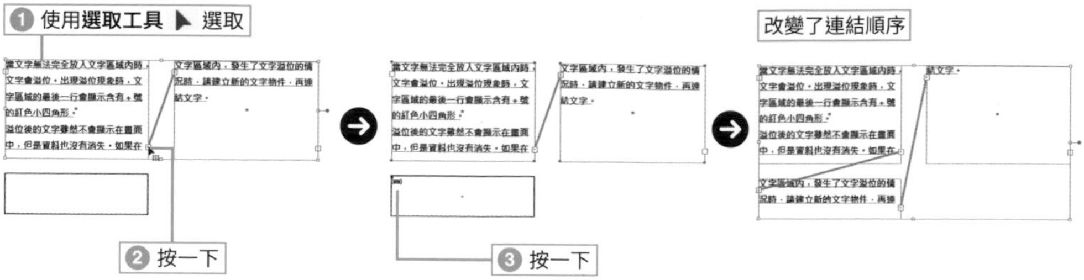

1 使用選取工具 選取
改變了連結順序
2 按一下
3 按一下

TIPS 釋放選取的文字物件

執行『**文字→文字緒→釋放選取的文字物件**』命令，可以只解除選取文字物件的連結狀態。另外，在文字區域的文字緒中，顯示的 ▶ 雙按滑鼠左鍵，可以解除該文字區域下的連結。

● 繞圖排文

我們可以把文字物件內輸入的文字，設定成圍繞上層物件排列。這是用來避免當物件重疊在文字物件上時，遮住文字的問題。

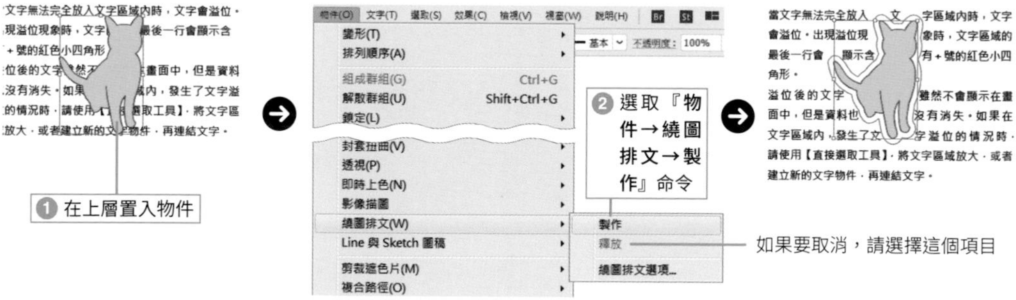

1 在上層置入物件
2 選取『物件→繞圖排文→製作』命令
如果要取消，請選擇這個項目

▶ 設定物件與文字之間的間距

設定了繞圖排文的物件，可以調整與文字之間的間距。請選取物件，執行『物件→繞圖排文→繞圖排文選項』命令，開啟繞圖排文選項交談窗，進行設定。

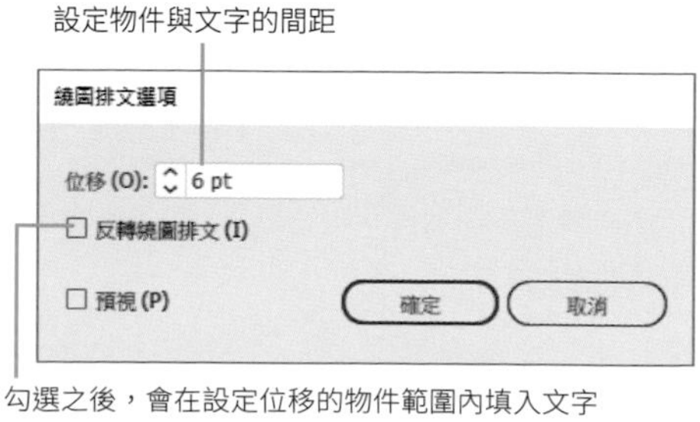

設定物件與文字的間距
繞圖排文選項
位移 (O): 6 pt
反轉繞圖排文 (I)
預視 (P)
確定
取消
勾選之後，會在設定位移的物件範圍內填入文字

建立分欄

輸入文字的文字區域，可以使用區域文字選項交談窗設定分欄。這項功能可以套用在輸入文字的文字物件，以及用文字工具 T 建立的文字物件。使用區域文字選項，能在一個文字物件中，設定分欄，另外，按照相同步驟，還可以調整設定。請執行『文字→區域文字選項』命令，開啟區域文字選項交談窗。

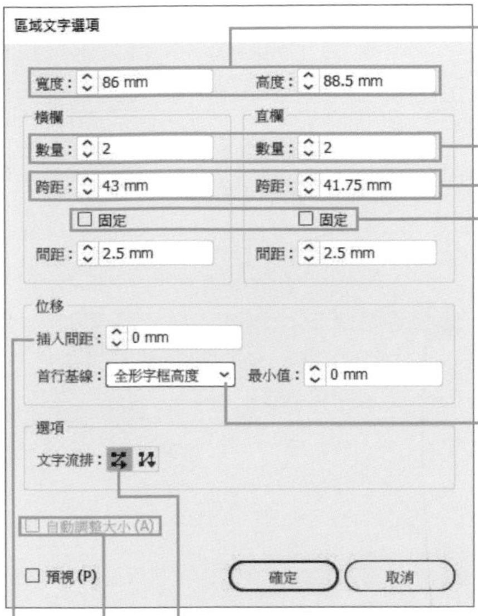

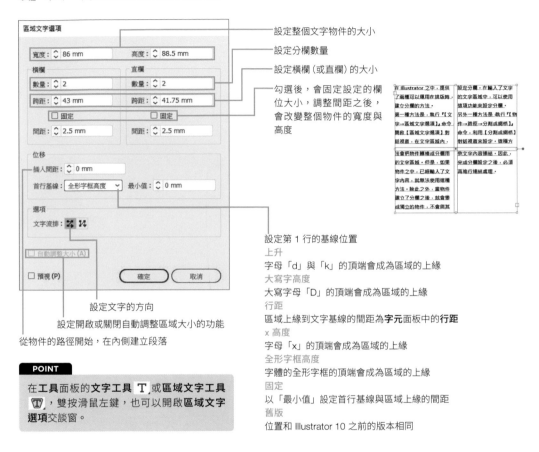

區域文字選項
寬度：86 mm
高度：88.5 mm
橫欄
直欄
數量：2
數量：2
跨距：43 mm
跨距：41.75 mm
固定
固定
間距：2.5 mm
間距：2.5 mm
位移
插入間距：0 mm
首行基線：全形字框高度
最小值：0 mm
選項
文字流排：
自動調整大小 (A)
預視 (P)
確定
取消
設定整個文字物件的大小
設定分欄數量
設定橫欄（或直欄）的大小
勾選後，會固定設定的欄位大小，調整間距之後，會改變整個物件的寬度與高度
設定文字的方向
設定開啟或關閉自動調整區域大小的功能
從物件的路徑開始，在內側建立段落

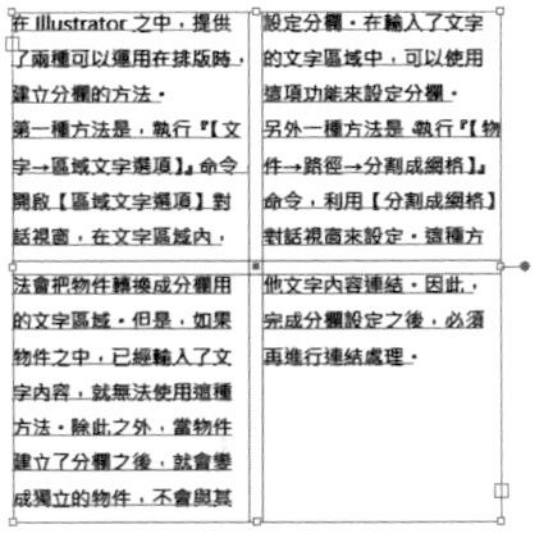

設定第 1 行的基線位置

上升
字母「d」與「k」的頂端會成為區域的上緣

大寫字高度
大寫字母「D」的頂端會成為區域的上緣

行距
區域上緣到文字基線的間距為**字元**面板中的**行距**

x 高度
字母「x」的頂端會成為區域的上緣

全形字框高度
字體的全形字框的頂端會成為區域的上緣

固定
以「最小值」設定首行基線與區域上緣的間距

舊版
位置和 Illustrator 10 之前的版本相同

POINT

在**工具**面板的**文字工具** T 或**區域文字工具** T，雙按滑鼠左鍵，也可以開啟**區域文字選項**交談窗。

插入特殊字元

從 CC 2017 開始，執行『文字→插入特殊字元』命令，可以輸入特殊字元或空白字元。

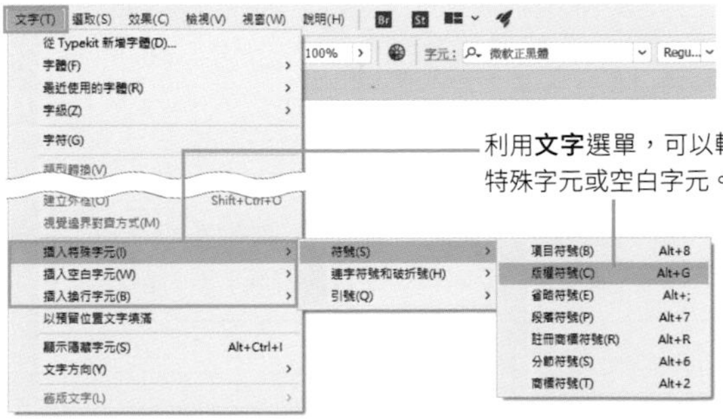

利用**文字**選單，可以輸入特殊字元或空白字元。

8-2
編輯文字

使用頻率	在 Illustrator 的文字環境中，可以對各個文字設定不同字體，能呈現出豐富的效果，擁有媲美文書處理軟體及 DTP 軟體的排版功能。另外，使用鍵盤快速鍵，可以提高工作效率，迅速完成操作。
★★★	

讓文字變成可編輯狀態

使用文字工具 T，將游標移動到文字物件上，會變成 I-beam 游標 I。按一下，會顯示文字游標 ｜，就能編輯文字。

編輯文字內容
❶ 移動到文字上按一下
編輯文字內容
❷ 插入游標，變成可編輯狀態

TIPS 使用「選取工具」插入游標的方法

使用**選取工具** ▶（包含**直接選取工具** ▷、**群組選取工具** ▷+），在想編輯的位置雙按滑鼠左鍵，就會顯示文字游標，變成可編輯狀態。此時，使用中的工具會變成**文字工具** T。

移動文字游標

在其他文字之間按一下滑鼠左鍵，或按下方向鍵，可以移動文字游標。

往左移動一個字元
←
→
往右移動一個字元
編輯文字內容
往上移動一行
↑
↓
往下移動一行

TIPS 移動字串的快速鍵

Ctrl ＋ ← → 鍵如果是英文，是移動一個單字；若是中文，則是移動一個句子。

Ctrl ＋ ↑ ↓ 鍵移動到游標所在段落的最前面（最後面）。

● 選取文字

如果要和文書處理軟體一樣，反白選取字串，請使用文字工具 T.（任何一種文字工具都可以）。反白選取文字時，可以依照各個文字來設定格式。但是，這種選取方法無法執行旋轉、反轉、傾斜等變形步驟。

若要用拖曳方式選取，請在顯示 I-beam 游標 Ⅰ 時拖曳。

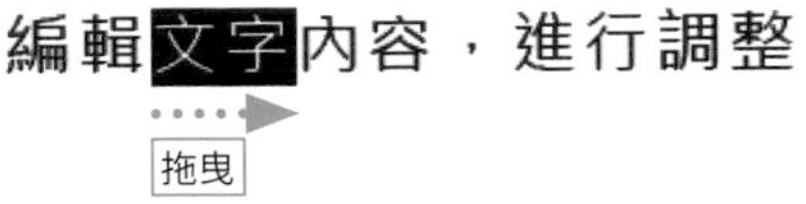
編輯文字內容，進行調整
拖曳

若要選取單字，請在顯示 I-beam 游標 Ⅰ 時，於文字上雙按滑鼠左鍵，選取單字。若選取中文，可能出現各種狀況，不一定只選取單字。

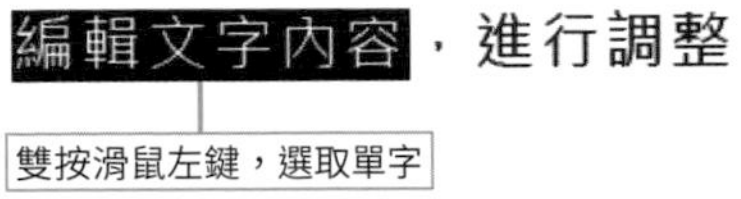
編輯文字內容，進行調整
雙按滑鼠左鍵，選取單字

如果要選取整個段落，請在顯示 I-beam 游標 Ⅰ 時，於文字上按三次滑鼠左鍵，選取整段。

編輯文字內容，進行調整
按三次滑鼠左鍵

若要用鍵盤選取，在顯示文字游標時，按住 Shift 鍵不放並使用方向鍵選取。

編輯文字內容，進行調整
按住 Shift 鍵不放並選取

POINT

在文字游標閃爍的狀態，執行『**選取→全部**』命令（Ctrl＋A），可以選取全部的文字。

▶ 選取整個文字物件

使用選取工具 ▶ 或直接選取工具 ▷，可以選取文字物件。此時，如果改變了文字格式或填色屬性，會將效果套用在選取文字物件內的所有文字上。

在預設狀態下，於文字上的任何一處按一下，都可以選取文字物件。如果在偏好設定交談窗（Ctrl＋K）的文字頁次中，勾選僅依路徑選取文字物件後，在文字上按一下，將無法選取文字物件。

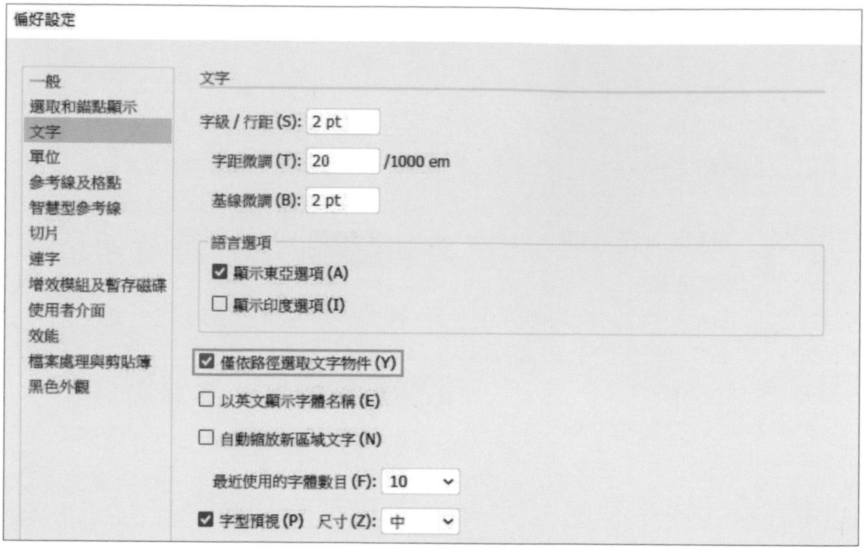
偏好設定
一般
選取和錨點顯示
文字
單位
參考線及格點
智慧型參考線
切片
連字
增效模組及暫存磁碟
使用者介面
效能
檔案處理與剪貼簿
黑色外觀
文字
字級 / 行距 (S): 2 pt
字距微調 (T): 20 /1000 em
基線微調 (B): 2 pt
語言選項
顯示東亞選項 (A)
顯示印度選項 (I)
僅依路徑選取文字物件 (Y)
以英文顯示字體名稱 (E)
自動縮放新區域文字 (N)
最近使用的字體數目 (F): 10
字型預視 (P) 尺寸 (Z): 中

設定字體

使用文字工具 T 反白選取文字，可以設定字體。在控制面板的字元選單、字元面板、執行『文字→字體』命令，都可以選擇字體。

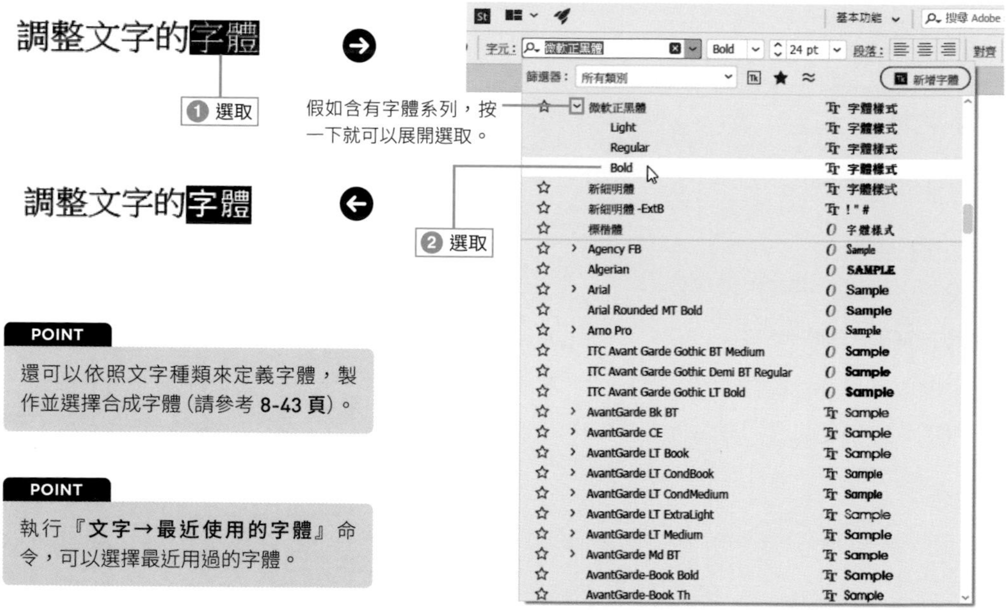
調整文字的字體
❶ 選取
調整文字的字體
假如含有字體系列，按一下就可以展開選取。
❷ 選取
基本功能
字元：微軟正黑體
Bold
24 pt
段落：
篩選器：所有類別
新增字體
微軟正黑體
Light
Regular
Bold
新細明體
新細明體 -ExtB
標楷體
Agency FB
Algerian
Arial
Arial Rounded MT Bold
Arno Pro
ITC Avant Garde Gothic BT Medium
ITC Avant Garde Gothic Demi BT Regular
ITC Avant Garde Gothic LT Bold
AvantGarde Bk BT
AvantGarde CE
AvantGarde LT Book
AvantGarde LT CondBook
AvantGarde LT CondMedium
AvantGarde LT ExtraLight
AvantGarde LT Medium
AvantGarde Md BT
AvantGarde-Book Bold
AvantGarde-Book Th

POINT

還可以依照文字種類來定義字體，製作並選擇合成字體（請參考 **8-43 頁**）。

POINT

執行**『文字→最近使用的字體』**命令，可以選擇最近用過的字體。

POINT

CC 2017 以後，會以選單中游標所在位置的字體，預視選取中的文字物件。

▶ 字體樣式

若字體包含了外型一樣，但粗細（字重）不同或斜體字時，還可以選擇字體樣式。

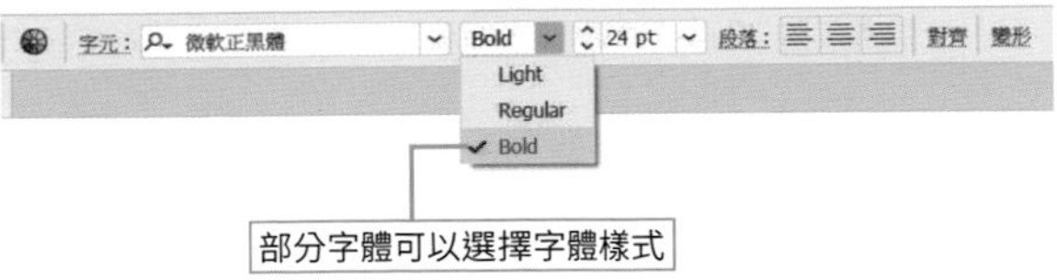

部分字體可以選擇字體樣式

TIPS 搜尋字體

按一下**控制**面板或**字元**面板的字體顯示欄，字體會呈現反白的可輸入狀態。輸入字體的部分名稱，會篩選出包含該條件的字體。搜尋條件可以用空白字元分隔，設定多種字體。

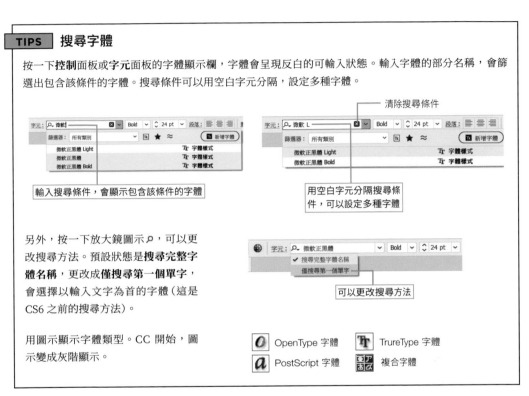

清除搜尋條件
輸入搜尋條件，會顯示包含該條件的字體
用空白字元分隔搜尋條件，可以設定多種字體

另外，按一下放大鏡圖示，可以更改搜尋方法。預設狀態是**搜尋完整字體名稱**，更改成**僅搜尋第一個單字**，會選擇以輸入文字為首的字體（這是 CS6 之前的搜尋方法）。

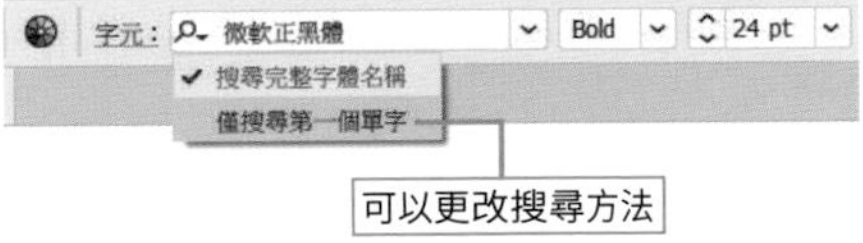

搜尋完整字體名稱
僅搜尋第一個單字
可以更改搜尋方法

用圖示顯示字體類型。CC 開始，圖示變成灰階顯示。

OpenType 字體
TrureType 字體
PostScript 字體
複合字體

POINT

按一下 Tk，可以只顯示能從 Typekit 下載的字體。從 CC 2017 開始，增加了字體形狀、我的最愛等篩選種類。

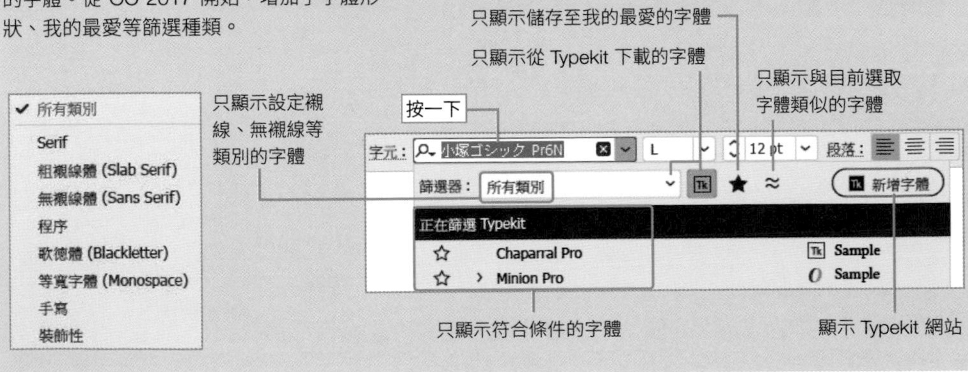

所有類別
Serif
粗襯線體 (Slab Serif)
無襯線體 (Sans Serif)
程序
歌德體 (Blackletter)
等寬字體 (Monospace)
手寫
裝飾性
只顯示設定襯線、無襯線等類別的字體
按一下
只顯示儲存至我的最愛的字體
只顯示從 Typekit 下載的字體
只顯示與目前選取字體類似的字體
正在篩選 Typekit
Chaparral Pro
Minion Pro
只顯示符合條件的字體
顯示 Typekit 網站

● 設定字體大小

利用控制面板、字元面板（Ctrl＋T）、執行『文字→字級』命令，可以調整字體大小。在字體大小清單中，會顯示使用頻率較高的尺寸，你可以選擇想要的大小。假如找不到符合需求的尺寸，請直接在方塊內輸入數值。

調整文字的大小
❶ 選取文字
字元
微軟正黑體
Regular
❷ 設定
12 pt
(21 pt)
100%
100%
0
0

POINT

輸入單位，可以設定文字大小。若要輸入單位，請如右表所示，用英文半形設定。輸入的數值會依照**偏好設定**交談窗中，**單位**頁次設定的**文字**單位來換算顯示。

點	pt
像素	px
英吋	in
公分	cm
公釐	mm
Q	q

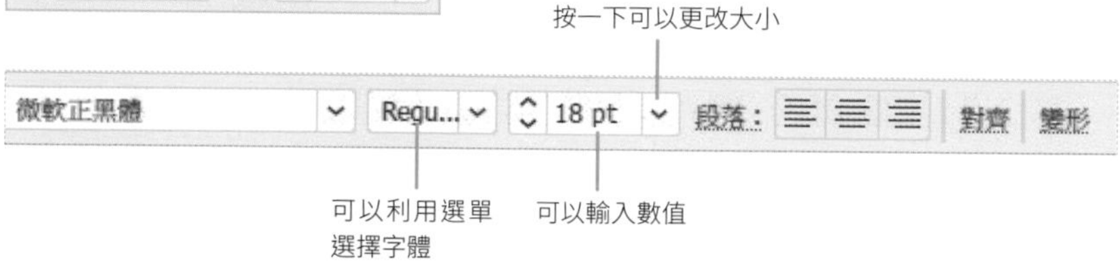
按一下可以更改大小
微軟正黑體
Regu...
18 pt
段落：
對齊
變形
可以利用選單
選擇字體
可以輸入數值

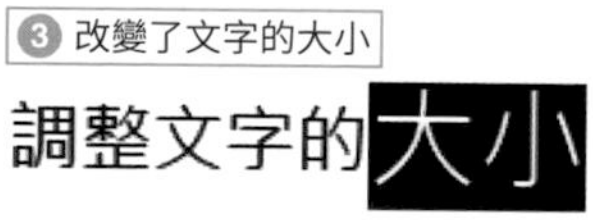
❸ 改變了文字的大小
調整文字的大小

TIPS 設定字體大小的鍵盤快速鍵

利用鍵盤快速鍵可以調整字體大小。

Shift＋Ctrl＋> 鍵	放大字體大小（預設值是每次放大 2pt）
Shift＋Ctrl＋< 鍵	縮小字體大小（預設值是每次縮小 2pt）
Alt＋Shift＋Ctrl＋> 鍵	放大字體的 5 倍大小（預設值是每次放大 10pt）
Alt＋Shift＋Ctrl＋< 鍵	縮小字體的 5 倍大小（預設值是每次縮小 10pt）

字體大小的增減值是在**偏好設定**交談窗（Ctrl＋K）的**文字**頁次中，套用「**字級／行距**」的設定值。
預設值為 2pt，利用 Shift＋Ctrl 鍵，能以 2pt 為單位來調整大小；使用 Alt＋Shift＋Ctrl 鍵，可以依照 5 倍，亦即以 10pt 為單位來改變大小。

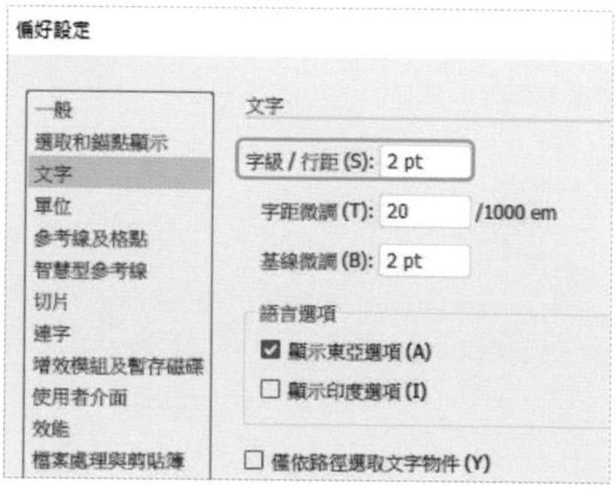
偏好設定
一般
選取和錨點顯示
文字
單位
參考線及格點
智慧型參考線
切片
連字
增效模組及暫存磁碟
使用者介面
效能
檔案處理與剪貼簿
文字
字級 / 行距 (S): 2 pt
字距微調 (T): 20 /1000 em
基線微調 (B): 2 pt
語言選項
顯示東亞選項 (A)
顯示印度選項 (I)
僅依路徑選取文字物件 (Y)

設定顏色／圖樣

選取的文字和影像物件一樣，可以利用控制面板來執行上色設定。如果要調整文字的顏色，可以用顏色面板或色票面板，設定「填色」的顏色，可以套用圖樣，卻無法套用漸層。

❶ 選取
在文字加上顏色
Ai 檔案(F) 編輯(E) 物件(O) 文字(T) 選取(S)
字元
筆畫：
❷ 選取
在文字加上顏色

POINT

使用**檢色滴管工具**，可以拷貝文字的顏色及格式。詳細說明請參考P128。

POINT

使用**選取工具**選取文字物件時，全部的文字都會設定成同色。

POINT

選取的字串不光能設定顏色，還可以套用儲存在**色票**面板中的圖樣。

Welcome

TIPS 對文字設定筆畫

文字也可以設定「筆畫」。設定了「筆畫」之後，文字輪廓會加上線條。這是讓文字略微變粗的實用技巧。

但是，筆畫寬度過寬，會讓文字的顏色消失。因此，設定時，要考量到文字大小的比例。

字元
筆畫：1 pt
設定筆畫的顏色後，文字會變粗
在文字加上顏色

● 套用外觀／繪圖樣式／筆刷

選取文字物件而不是各個文字時，可以和一般物件一樣，分別針對物件的「填色」與「筆畫」，套用外觀、繪圖樣式、筆刷等效果。

套用繪圖樣式

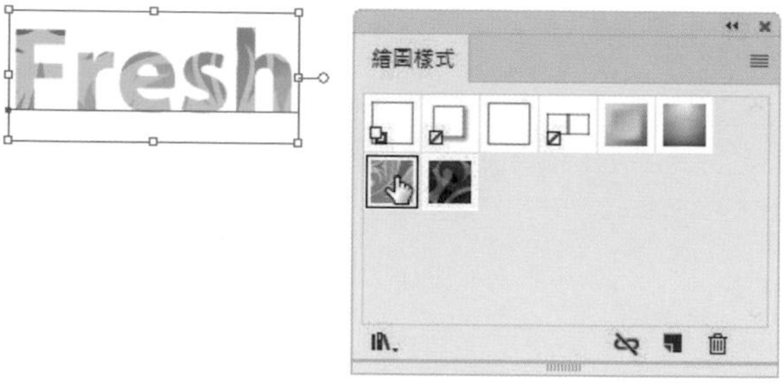
Fresh
繪圖樣式

編輯外觀

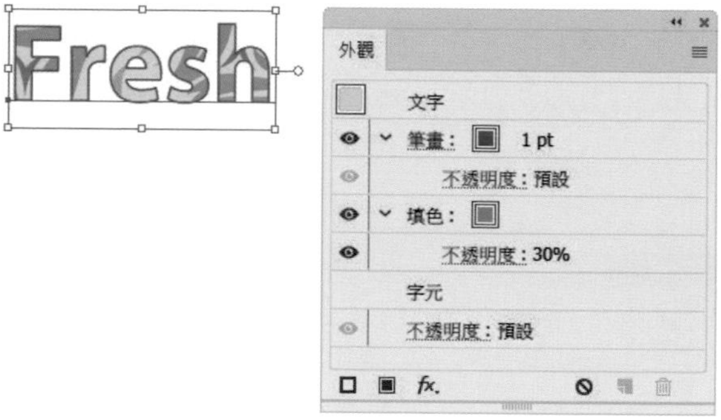
Fresh
外觀
文字
筆畫： 1 pt
不透明度：預設
填色：
不透明度：30%
字元
不透明度：預設

在以圖樣上色的文字，
套用填色與透明度

套用筆刷

Fresh
外觀
文字
筆畫：
不透明度：預設
填色：
不透明度：預設
字元
不透明度：預設
筆刷
基本
6.00

增加筆畫，套用筆刷

▶ 套用漸層

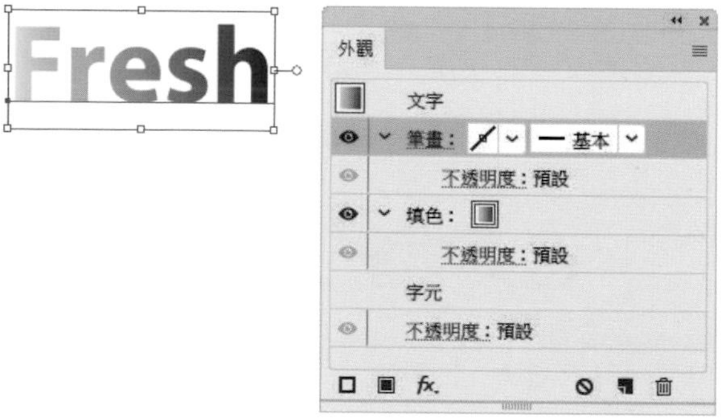
Fresh
外觀
文字
筆畫：
基本
不透明度：預設
填色：
不透明度：預設
字元
不透明度：預設

在外觀新增填色，並且套用漸層

POINT

如果要在文字套用漸層或筆刷，必須在**外觀**面板中，新增填色與筆畫。詳細說明請參考 **5-42 頁**。

設定行距（行間隔）

行距是行與行之間的間隔，可以使用字元面板的 設定。選取部分字串，也可以調整行距，但是此時會套用行內設定的最大行距。

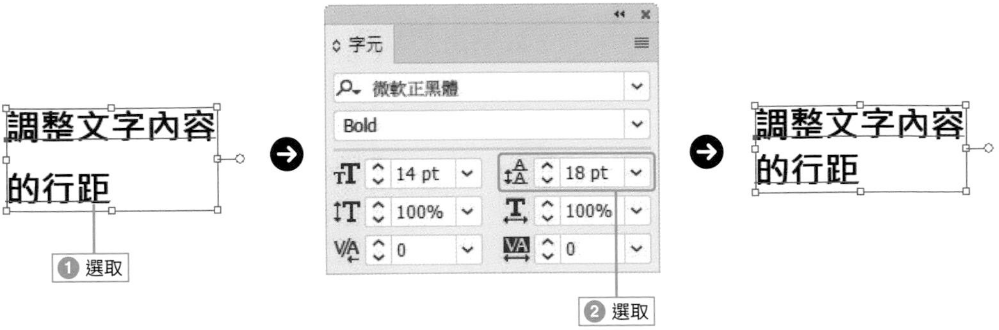
調整文字內容
的行距
1 選取
字元
微軟正黑體
Bold
14 pt
18 pt
100%
100%
0
0
2 選取
調整文字內容
的行距

▶ 關於自動行距

在設定行距中，包含了根據文字大小，自動計算行距的「自動」選項。在預設狀態下，會設定成「自動」。自動的數值是套用段落面板選單中，對齊交談窗的設定。如果是「自動」設定行距，計算出來的行距值會加上 ()。

▶ 行距的基準

在段落面板選單中，可以選擇頂端至頂端行距及底端至底端行距等 2 種行距設定值的基準。預設狀態是設定為頂端至頂端行距。

頂端至頂端行距是行的上緣到下一行的上緣之間為行距。因此，選取最下行的文字，調整行距時，因為沒有下一行，所以不會產生變化。底端至底端行距是以行與上一行的基線為行距。因此，選取首行文字，調整行距，因為沒有上一行，所以沒有變化。

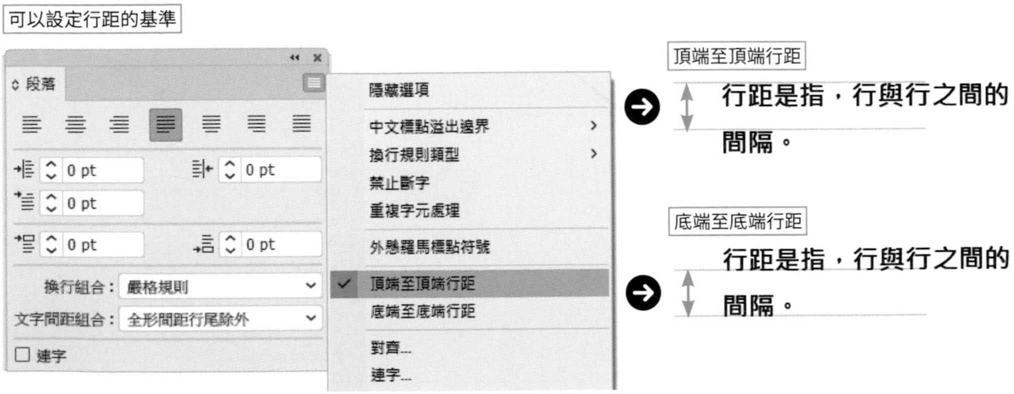
可以設定行距的基準
段落
0 pt
0 pt
0 pt
0 pt
0 pt
換行組合：嚴格規則
文字間距組合：全形間距行尾除外
連字
隱藏選項
中文標點溢出邊界
換行規則類型
禁止斷字
重複字元處理
外懸羅馬標點符號
頂端至頂端行距
底端至底端行距
對齊...
連字...
頂端至頂端行距
行距是指，行與行之間的
間隔。
底端至底端行距
行距是指，行與行之間的
間隔。

字元對齊方式

如果在文章內，混合了不同大小的文字時，可以在字元面板選單中，執行『字元對齊方式』命令，設定字元對齊的基準文字。

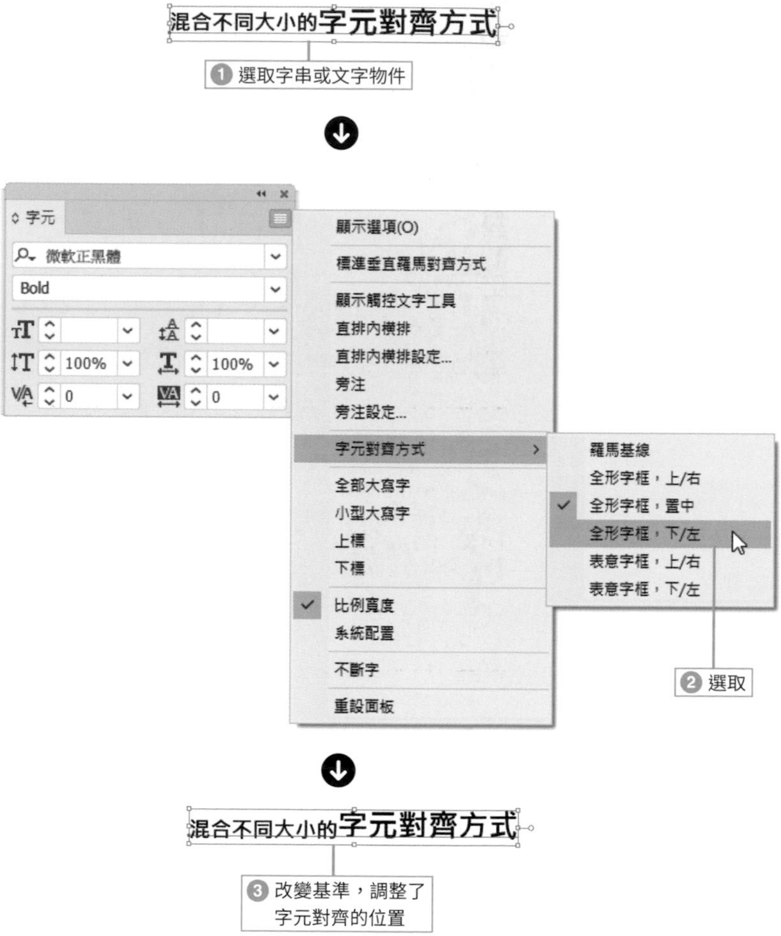
混合不同大小的字元對齊方式
1 選取字串或文字物件
字元
微軟正黑體
Bold
100%
100%
0
0
顯示選項(O)
標準垂直羅馬對齊方式
顯示觸控文字工具
直排內橫排
直排內橫排設定...
旁注
旁注設定...
字元對齊方式
全部大寫字
小型大寫字
上標
下標
比例寬度
系統配置
不斷字
重設面板
羅馬基線
全形字框，上/右
全形字框，置中
全形字框，下/左
表意字框，上/右
表意字框，下/左
2 選取
混合不同大小的字元對齊方式
3 改變基準，調整了字元對齊的位置

TIPS 全形字框與表意字框

請把全形字框與表意字框當成是對齊文字用的文字框。全形字框是指和文字大小一樣的正方形，如果是 12pt 的文字，全形字框是長寬為 12pt 的正方形。實際的字體會設計成比全形字框略小一點，文字真正大小的平均值，會變成表意字框。

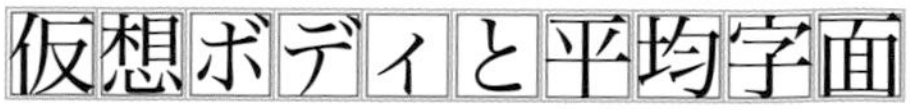
仮想ボディと平均字面

外側的藍色框是全形字框
(內側的粉紅框是表意字框)

字元「面板」的其他設定

在字元面板中，可以針對選取文字及文字之間，設定間距與基線。另外，還可以旋轉文字，或加上底線。使用選取工具 ▶ 選取文字物件，可以將設定套用在全部的文字物件上。

字元
觸控文字工具
微軟正黑體
Bold
18 pt
(31.5 p
100%
100%
0
0
0%
自動
自動
0 pt
0°
TT
Tr
T¹
T₁
T
T
英語：美國
aa
銳利化
A
B
C
D
E
F
G
H
I
J
K
L
M
N

Ⓐ 設定文字的水平比例、垂直比例。

平體　標準　長體

Ⓑ 設定兩個字元之間的特殊字距

將游標放置在文字之間，調整特定兩個字的字距，主要用於半形文字。

AV 設定值：0　AV 設定值：-100

Ⓒ 縮小文字間距。

主要用於中文字體。

中文 0%　**中文** 50%

Ⓓ 設定基線微調

移動選取文字的基線，路徑文字也可以設定。

文字的設定

Ⓔ 選取文字變成大寫字。 HIGH

Ⓕ 選取文字變成小型大寫字。 HIGH

Ⓖ 選取文字變成上標。 mc^2

Ⓗ 選取文字變成下標。 H_2O

Ⓘ 當文字以 JPEG 或 GIF 等點陣檔案轉存時，設定消除鋸齒的類型。另外，轉存時，請選擇**最佳化文字**，當作消除鋸齒選項。

Adobe 無
Adobe 銳利化
Adobe 明晰
Adobe 強

Ⓙ 在文字加上底線。

底線

Ⓚ 在文字加上刪除線。

~~**刪除線**~~

Ⓛ 旋轉文字。

旋轉

Ⓜ

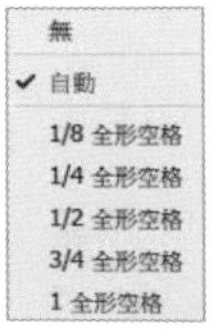

無
✔ 自動
1/8 全形空格
1/4 全形空格
1/2 全形空格
3/4 全形空格
1 全形空格

在文字前後插入空格。
「1/2 全形空格」是全形文字的 1/2，
「1/4 全形空格」是全形文字的 1/4。
「1/8 全形空格」是全形文字的 1/8，
「3/4 全形空格」是 1/2 與 1/4 相加後的 3/4 空格。
自動會自動調整最佳空格，
無不會插入空格。

中文 自動　**中 文** 1/4 全形空格

Ⓝ 設定選定字元的字距微調

調整選取文字的文字間隔。
主要用於英文字體。

It is Cool. 設定值：0
It is cool. 設定值：-50

POINT

利用面板選單，可以切換顯示／隱藏**觸控文字工具**。

利用「觸控文字工具」變形（自 CC 起）

使用觸控文字工具，就能以拖曳方式變形文字。觸控文字工具的變形只會調整字元面板的水平比例、垂直比例、特殊字距、基線微調、旋轉角度的數值，所以變形之後，仍可以編輯文字。

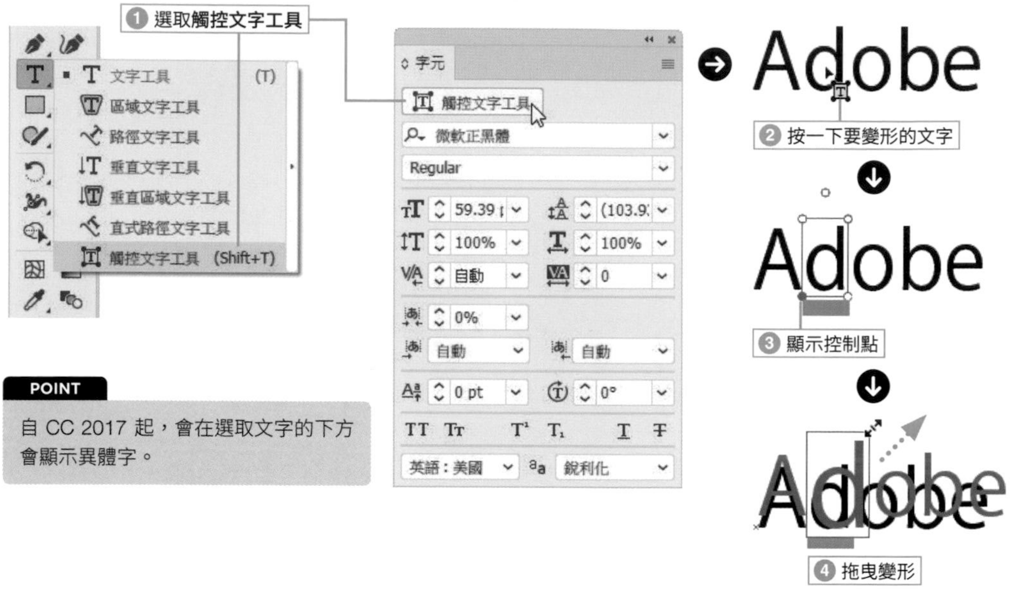

❶ 選取觸控文字工具
文字工具 (T)
區域文字工具
路徑文字工具
垂直文字工具
垂直區域文字工具
直式路徑文字工具
觸控文字工具 (Shift+T)
字元
觸控文字工具
微軟正黑體
Regular
59.39
(103.9
100%
100%
自動
0
0%
自動
自動
0 pt
0°
英語：美國
銳利化
Adobe
❷ 按一下要變形的文字
❸ 顯示控制點
❹ 拖曳變形

POINT

自 CC 2017 起，會在選取文字的下方會顯示異體字。

▶ 控制點與「字元」面板的設定關係

觸控文字工具是以拖曳控制點的方式，調整字元面板的各個項目。

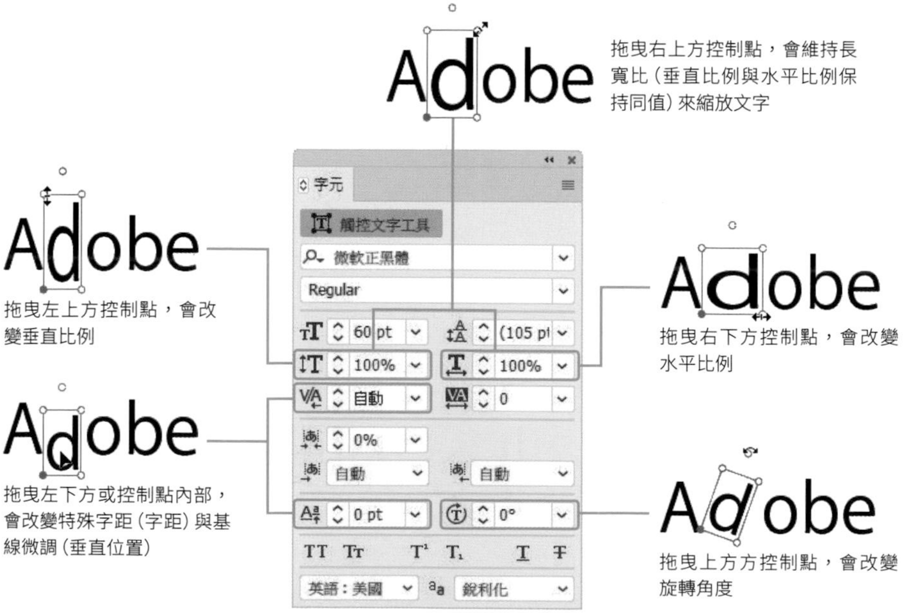

Adobe
拖曳右上方控制點，會維持長寬比（垂直比例與水平比例保持同值）來縮放文字
拖曳左上方控制點，會改變垂直比例
拖曳右下方控制點，會改變水平比例
拖曳左下方或控制點內部，會改變特殊字距（字距）與基線微調（垂直位置）
拖曳上方方控制點，會改變旋轉角度
字元
觸控文字工具
微軟正黑體
Regular
60 pt
(105 pt
100%
100%
自動
0
0%
自動
自動
0 pt
0°
英語：美國
銳利化

TIPS 設定特殊字距／字距微調

字體之中，具備了配合 LA、P.、To、Tr、Ta、Tu、Te、Ty、Wa、WA、We、Wo、Ya、Yo 等特定文字組合，最佳化字距的資料。這種組合稱作**字元對**。在特殊字距套用「**自動**」後，會根據字體擁有的字元對資料，調整成最佳字距。「**視覺**」是指，根據文字的形狀來調整字距。使用了不含字元對資料的字體時，請設定成這個項目。

「**公制字 - 僅限羅馬字**」是，即使 OpenType 字體等含有字距資料，也會為了配合全形字框，而忽略字距設定。在擁有字元對的英文字體，套用「**公制字 - 僅限羅馬字**」，結果會和「**自動**」一樣。

特殊字距／字距微調的單位

特殊字距與字距微調的單位都是 1/1000em。1em 會隨著文字大小而變化，1pt 的字體是 1em=1pt，10pt 的字體是 1em=10pt。10pt 字體的特殊字距（字距微調）設定為 100，會以 100×1/1000em×10pt，空出 1pt 的間隔。如果設定成 1000，會變成 10pt = 1 個字的間隔。

TIPS 設定文字大小

上標、下標、小型大寫字母的文字大小，會套用執行『**檔案→文件設定**』命令（Alt + Ctrl + P），在**文件設定**交談窗中，**文字**的設定值。

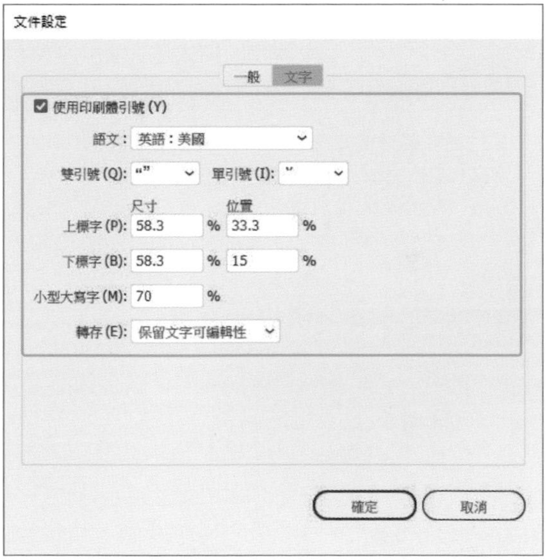

文件設定
一般
文字
使用印刷體引號 (Y)
語文：英語：美國
雙引號 (Q): “”
單引號 (I): ‘’
尺寸
位置
上標字 (P): 58.3 % 33.3 %
下標字 (B): 58.3 % 15 %
小型大寫字 (M): 70 %
轉存 (E): 保留文字可編輯性
確定
取消

TIPS 使用字距微調改變字距的鍵盤快速鍵

如果要一邊觀察實際的間距，一邊調整時，使用鍵盤快速鍵比較方便。

	水平文字	垂直文字
減少字距	Alt + ←	Alt + ↑
增加字距	Alt + →	Alt + ↓
字距微調變成 0	Alt + Ctrl + Q	

你可以按照個人需求，設定字距的變動值。請在**偏好設定**交談窗（Ctrl + K）的**文字**頁次進行設定。在**字距微調**輸入設定值。

	水平文字	垂直文字
大幅減少字距	Alt + Ctrl + ←	Alt + Ctrl + ↑
大幅增加字距	Alt + Ctrl + →	Alt + Ctrl + ↓

此時，能以**偏好設定**交談窗中，設定值的 5 倍來調整間距。

移動基線的鍵盤快速鍵

使用鍵盤快速鍵移動基線，可以一邊檢視實際的間距，一邊調整，非常方便。

水平文字	往上提高文字	Alt + Ctrl + ↑
	往下降低文字	Alt + Ctrl + ↓
垂直文字	往右位移文字	Alt + Ctrl + →
	往左位移文字	Alt + Ctrl + ←

移動單位是在**偏好設定**交談窗（Ctrl + K）的**文字**頁次中設定。請在**基線微調**中，設定數值。

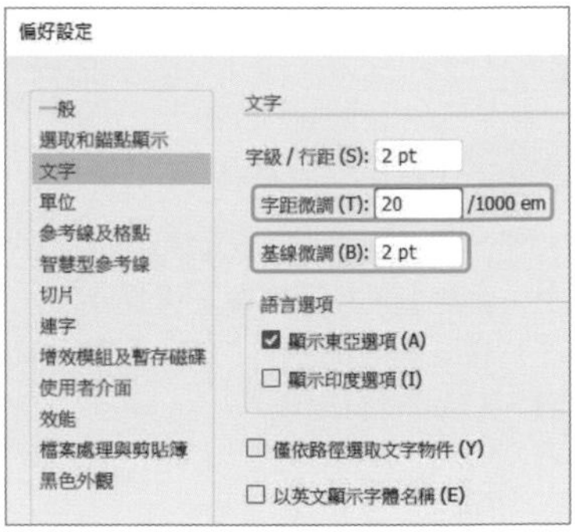
偏好設定
一般
選取和錨點顯示
文字
單位
參考線及格點
智慧型參考線
切片
連字
增效模組及暫存磁碟
使用者介面
效能
檔案處理與剪貼簿
黑色外觀
文字
字級 / 行距 (S): 2 pt
字距微調 (T): 20 /1000 em
基線微調 (B): 2 pt
語言選項
顯示東亞選項 (A)
顯示印度選項 (I)
僅依路徑選取文字物件 (Y)
以英文顯示字體名稱 (E)

讓文字符合文字區域的寬度

執行『文字→標題強制對齊』命令，會自動調整字距微調，讓游標所在的段落文字，變成與文字區域同寬。

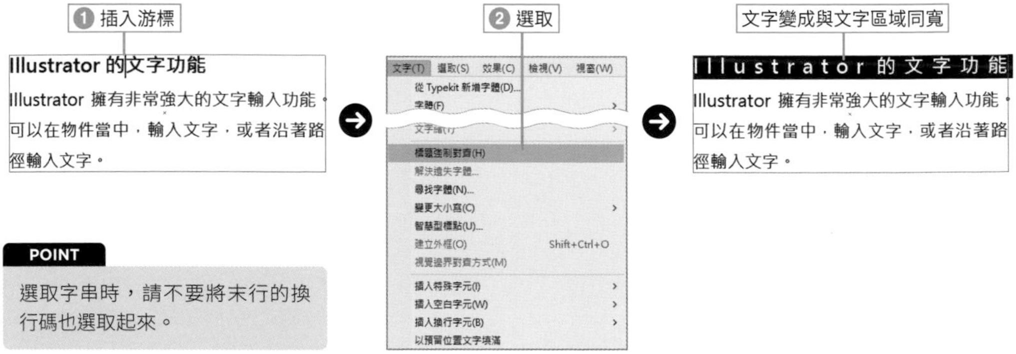
① 插入游標
Illustrator 的文字功能
Illustrator 擁有非常強大的文字輸入功能，可以在物件當中，輸入文字，或者沿著路徑輸入文字。
② 選取
文字(T) 選取(S) 效果(C) 檢視(V) 視窗(W)
從 Typekit 新增字體(D)...
字體(F)
標題強制對齊(H)
解決遺失字體...
尋找字體(N)...
變更大小寫(C)
智慧型標點(U)...
建立外框(O) Shift+Ctrl+O
視覺邊界對齊方式(M)
插入特殊字元(I)
插入空白字元(W)
插入換行字元(B)
以預留位置文字填滿
文字變成與文字區域同寬
Illustrator 的文字功能
Illustrator 擁有非常強大的文字輸入功能，可以在物件當中，輸入文字，或者沿著路徑輸入文字。

POINT

選取字串時，請不要將末行的換行碼也選取起來。

8-3
OpenType、異體字

使用頻率 ★★☆	OpenType 是一種字體格式，已經成為以商用印刷為目的，DTP 用字體的業界標準。在 Illustrator 中，可以充分運用 OpenType 擁有的花飾字等特殊文字或異體字。

何謂「OpenType」？

Illustrator 完全支援 OpenType 字體，可以運用 OpenType 字體的花飾字等特殊文字與異體字。

「OpenType」面板

使用 OpenType 面板，可以輕鬆設定 OpenType 字體擁有的分數等特殊文字。

The World 5th Edition
1 選取
OpenType
數字：預設數字
位置：預設位置
等比公制字
水平或垂直樣式字
羅馬斜體字
2 按一下
The World 5th Edition

POINT

如果畫面上沒有顯示 OpenType 面板，請執行『視窗→文字→ OpenType』命令（Alt＋Shift＋Ctrl＋T）

「OpenType」面板的設定

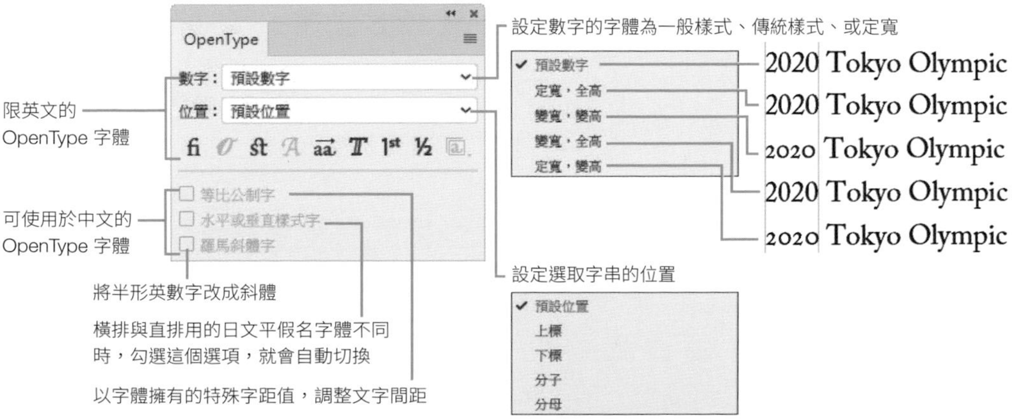
OpenType
數字：預設數字
位置：預設位置
等比公制字
水平或垂直樣式字
羅馬斜體字
限英文的 OpenType 字體
可使用於中文的 OpenType 字體
將半形英數字改成斜體
橫排與直排用的日文平假名字體不同時，勾選這個選項，就會自動切換
以字體擁有的特殊字距值，調整文字間距
設定數字的字體為一般樣式、傳統樣式、或定寬
預設數字
定寬，全高
變寬，變高
變寬，全高
定寬，變高
2020 Tokyo Olympic
2020 Tokyo Olympic
2020 Tokyo Olympic
2020 Tokyo Olympic
2020 Tokyo Olympic
設定選取字串的位置
預設位置
上標
下標
分子
分母

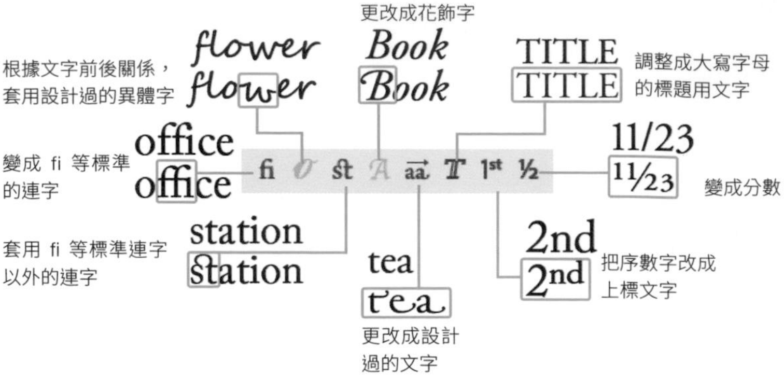

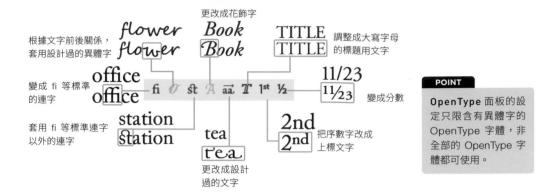

更改成花飾字
根據文字前後關係，套用設計過的異體字
flower
flower
Book
Book
TITLE
TITLE
調整成大寫字母的標題用文字
變成 fi 等標準的連字
office
office
11/23
11/23
變成分數
套用 fi 等標準連字以外的連字
station
station
tea
tea
2nd
2nd
把序數字改成上標文字
更改成設計過的文字

POINT

OpenType 面板的設定只限含有異體字的 OpenType 字體，非全部的 OpenType 字體都可使用。

使用異體字（「字符」面板）

在部分字體中，一個字會擁有多種異體字。使用字符面板，可以輕易顯示、輸入異體字。執行『文字→字符』命令，可以開啟字符面板。

1 選取文字

選取要變成異體字的文字。

2 選取異體字

開啟字符面板，會反白顯示選取中的文字，按下滑鼠左鍵，會顯示異體字，將游標移動到要更改的異體字上，再放開滑鼠左鍵。

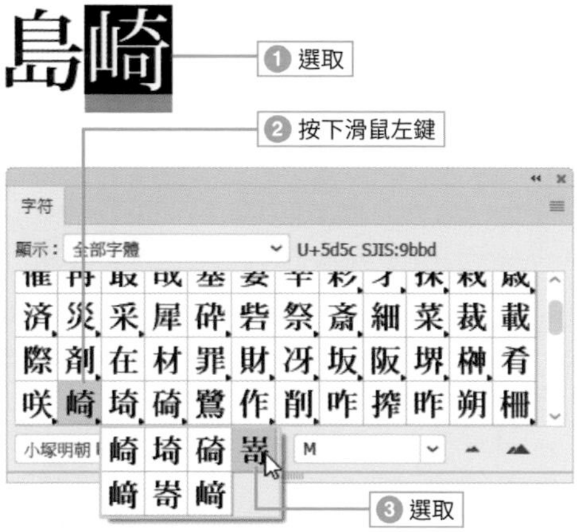

島崎
① 選取
② 按下滑鼠左鍵
字符
顯示：全部字體
U+5d5c SJIS:9bbd
小塚明朝
M
③ 選取

3 變成異體字

變成異體字。

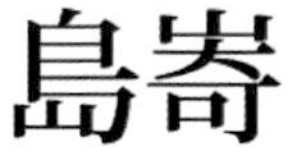

島嵜

POINT

自 CC 2017 起，只要選取一個字，將游標放在文字上，就會顯示 5 個異體字選項。按一下，即可更換成異體字。假如顯示出來的 5 個異體字，沒有你要輸入的文字時，請按一下右邊的 ›，開啟**字符**面板，可以顯示全部的異體字。

① 選取並將游標置於文字上，會顯示異體字的選項
② 按一下
島崎
埼 碕 嵜 﨑 嵜

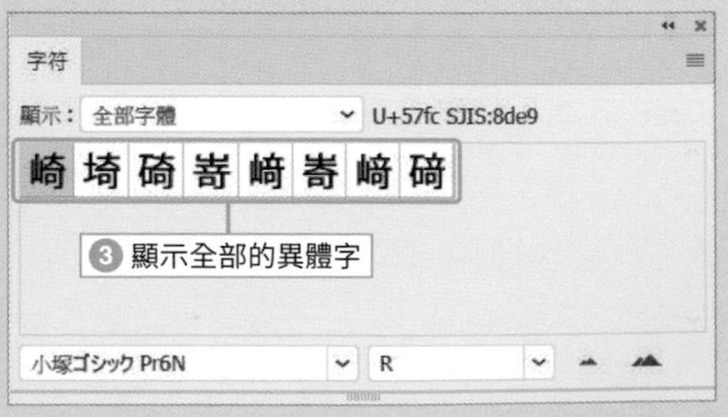

字符
顯示：全部字體
U+57fc SJIS:8de9
崎 埼 碕 嵜 﨑 嵜 﨑 碕
③ 顯示全部的異體字
小塚ゴシック Pr6N
R

8-4 段落設定與排版

使用頻率 ★★☆

Illustrator 具備了可以在頁面內，整齊排列長篇文章，自動調整文字間距組合、旁注等功能。

段落對齊

在 Illustrator 中，準備了 7 種段落對齊方法。利用段落面板（Alt ＋ Ctrl ＋ T）可以依照各個段落來設定對齊。

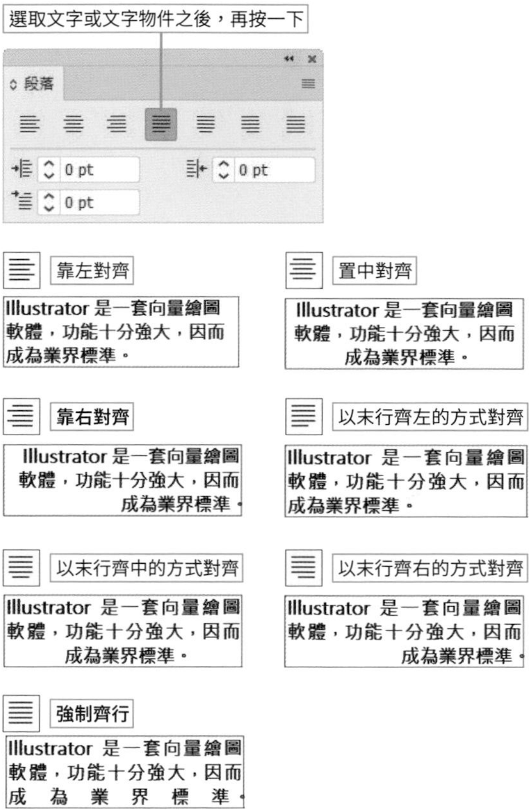

選取文字或文字物件之後，再按一下
段落
0 pt
0 pt
0 pt
靠左對齊
Illustrator 是一套向量繪圖軟體，功能十分強大，因而成為業界標準。
置中對齊
Illustrator 是一套向量繪圖軟體，功能十分強大，因而成為業界標準。
靠右對齊
Illustrator 是一套向量繪圖軟體，功能十分強大，因而成為業界標準。
以末行齊左的方式對齊
Illustrator 是一套向量繪圖軟體，功能十分強大，因而成為業界標準。
以末行齊中的方式對齊
Illustrator 是一套向量繪圖軟體，功能十分強大，因而成為業界標準。
以末行齊右的方式對齊
Illustrator 是一套向量繪圖軟體，功能十分強大，因而成為業界標準。
強制齊行
Illustrator 是一套向量繪圖軟體，功能十分強大，因而成 為 業 界 標 準。

TIPS 對齊的快速鍵

用以下快速鍵，可設定段落對齊。

靠左對齊	Shift ＋ Ctrl ＋ L
置中對齊	Shift ＋ Ctrl ＋ C
靠右對齊	Shift ＋ Ctrl ＋ R
以末行齊左的方式對齊	Shift ＋ Ctrl ＋ J
強制齊行	Shift ＋ Ctrl ＋ F

POINT

強制齊行是用於讓整個文字區域的文字平均對齊的情況。

點狀文字物件只能使用「靠左對齊」、「置中對齊」、「靠右對齊」。此時，會以按下滑鼠左鍵的點為基準點來對齊。

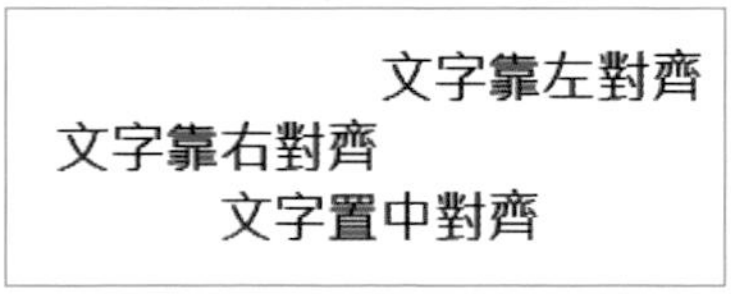

文字靠左對齊
文字靠右對齊
文字置中對齊

▶ 英文字的對齊設定

如果要調整平均對齊後的英文文字間距，可以利用段落面板選單中的對齊命令來設定。

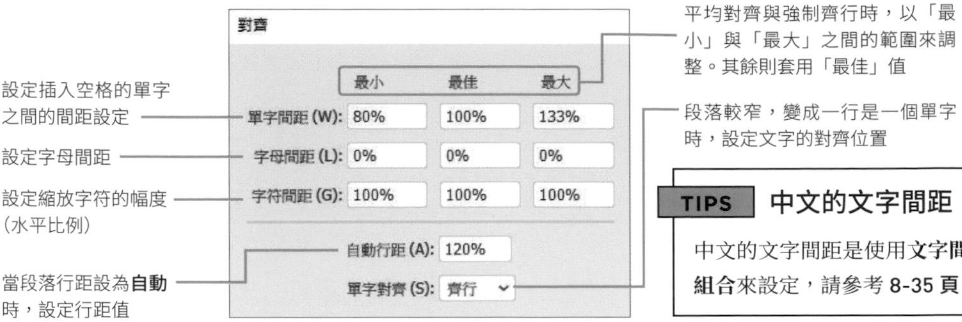

設定插入空格的單字之間的間距設定
設定字母間距
設定縮放字符的幅度（水平比例）
當段落行距設為**自動**時，設定行距值
對齊
最小
最佳
最大
單字間距 (W): 80% 100% 133%
字母間距 (L): 0% 0% 0%
字符間距 (G): 100% 100% 100%
自動行距 (A): 120%
單字對齊 (S): 齊行
平均對齊與強制齊行時，以「最小」與「最大」之間的範圍來調整。其餘則套用「最佳」值
段落較窄，變成一行是一個單字時，設定文字的對齊位置

TIPS　中文的文字間距

中文的文字間距是使用**文字間距組合**來設定，請參考 **8-35 頁**。

● 縮排與段落間距的設定

在文字區域內輸入的文字，可以和排版軟體一樣，設定「縮排」。另外，還能設定段落間距。選取文字之後，在段落面板（Alt ＋ Ctrl ＋ T）中，就能設定縮排及段落間距。

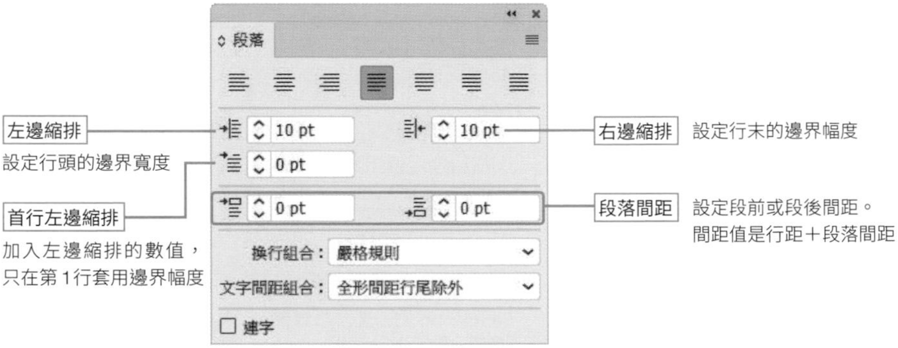

段落
左邊縮排
設定行頭的邊界寬度
首行左邊縮排
加入左邊縮排的數值，只在第 1 行套用邊界幅度
10 pt
10 pt
0 pt
0 pt
0 pt
右邊縮排
設定行末的邊界幅度
段落間距
設定段前或段後間距。間距值是行距＋段落間距
換行組合： 嚴格規則
文字間距組合： 全形間距行尾除外
連字

縮排設定是使用偏好設定交談窗（Ctrl ＋ K）的單位頁次中，文字設定的單位。

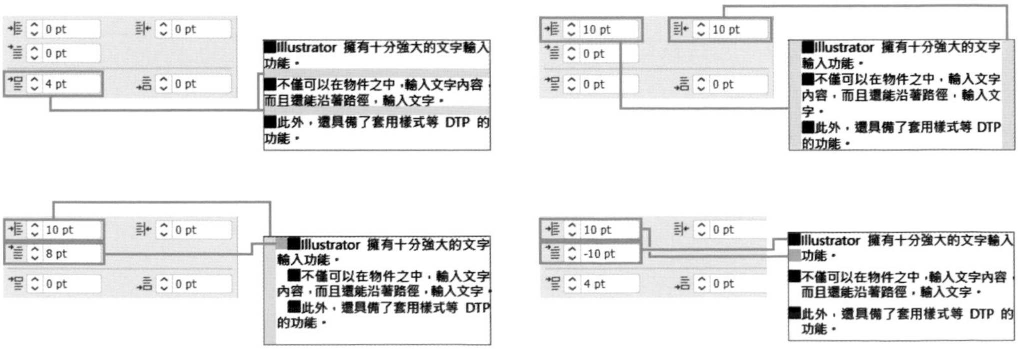

0 pt
0 pt
0 pt
4 pt
0 pt
Illustrator 擁有十分強大的文字輸入功能。
不僅可以在物件之中，輸入文字內容，而且還能沿著路徑，輸入文字。
此外，還具備了套用樣式等 DTP 的功能。
10 pt
10 pt
0 pt
0 pt
0 pt
10 pt
8 pt
0 pt
0 pt
0 pt
10 pt
-10 pt
0 pt
4 pt
0 pt

垂直文字

Illustrator 可以顯示垂直文字。執行『文字→文字方向』命令，能選擇文字方向是水平或垂直。以水平方向輸入的文字，之後也可以改成垂直（反之亦可）。如果要更改文字的方向，請使用選取文字 ▶ ，選取文字物件。

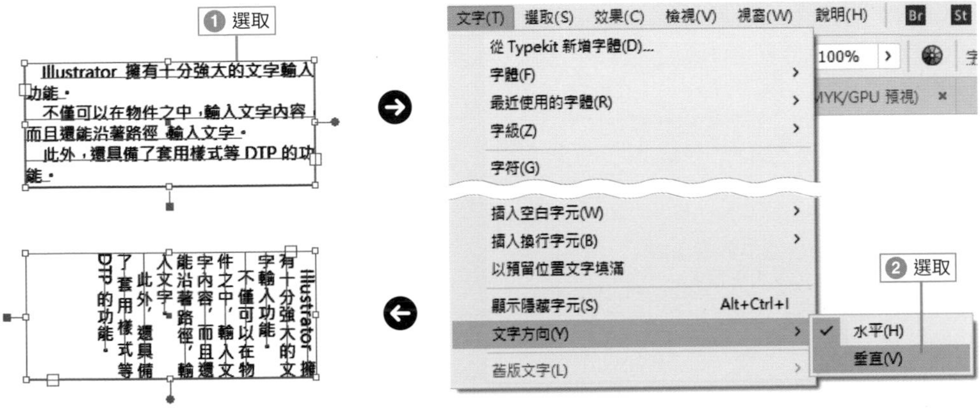

❶ 選取
Illustrator 擁有十分強大的文字輸入功能。
不僅可以在物件之中，輸入文字內容，而且還能沿著路徑，輸入文字。
此外，還具備了套用樣式等 DTP 的功能。
文字(T) 選取(S) 效果(C) 檢視(V) 視窗(W) 說明(H)
從 Typekit 新增字體(D)...
字體(F)
最近使用的字體(R)
字級(Z)
字符(G)
插入空白字元(W)
插入換行字元(B)
以預留位置文字填滿
顯示隱藏字元(S) Alt+Ctrl+I
文字方向(Y)
舊版文字(L)
水平(H)
垂直(V)
❷ 選取

視覺調整

視覺調整是指排版方式。利用視覺調整，可以在文字加入適當的空白或換行，呈現出好看的文字排版效果。

在 Illustrator 中，提供 Adobe 日文單行視覺調整以及 Adobe 日文段落視覺調整等 2 種方式。利用段落面板選單，就可以選取。

Adobe 日文段落視覺調整是調整整個段落的排版，很適合長篇文章。

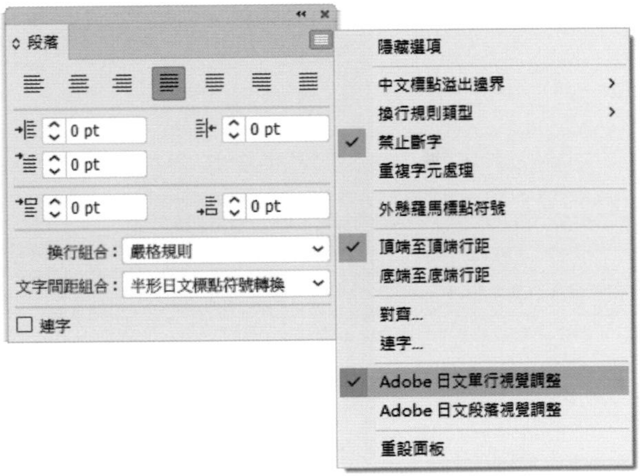

段落
0 pt
換行組合： 嚴格規則
文字間距組合： 半形日文標點符號轉換
連字
隱藏選項
中文標點溢出邊界
換行規則類型
禁止斷字
重複字元處理
外懸羅馬標點符號
頂端至頂端行距
底端至底端行距
對齊...
連字...
Adobe 日文單行視覺調整
Adobe 日文段落視覺調整
重設面板

TIPS 「Adobe 日文段落視覺調整」的注意事項

使用 **Adobe 日文段落視覺調整**修改文字之後，必須特別注意，可能會影響到修改後的前一行。但是，文件視窗與面板無法整合在一起。

換行組合與中文標點溢出邊界

在段落面板的換行組合中，可以設定如何處理中文的標點符號及直排文章中的英文文字。

換行組合

根據中文排版原則，調整文字間距避免標點符號出現在行頭。

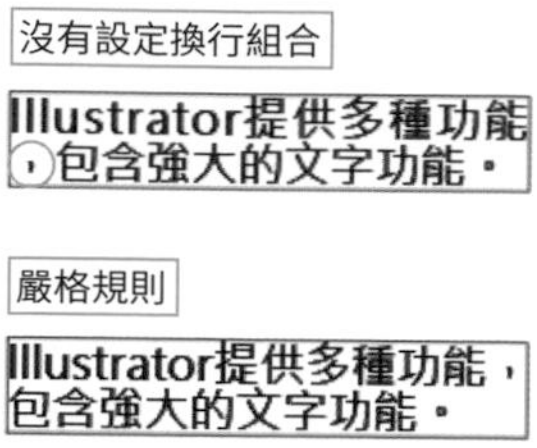

沒有設定換行組合
Illustrator提供多種功能
，包含強大的文字功能。
嚴格規則
Illustrator提供多種功能，
包含強大的文字功能。

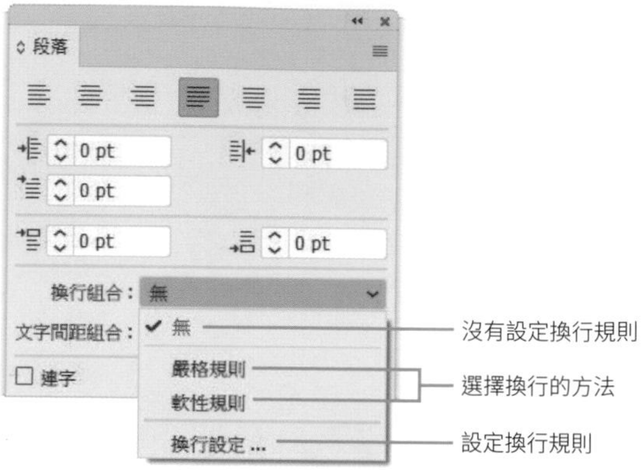

段落
換行組合：無
文字間距組合：
連字
無
嚴格規則
軟性規則
換行設定 ...
沒有設定換行規則
選擇換行的方法
設定換行規則

設定換行規則

在換行組合清單中，選擇換行設定，會開啟換行規則設定交談窗，可以確認或設定哪個文字要如何處理。另外，還可以建立新的換行組合。

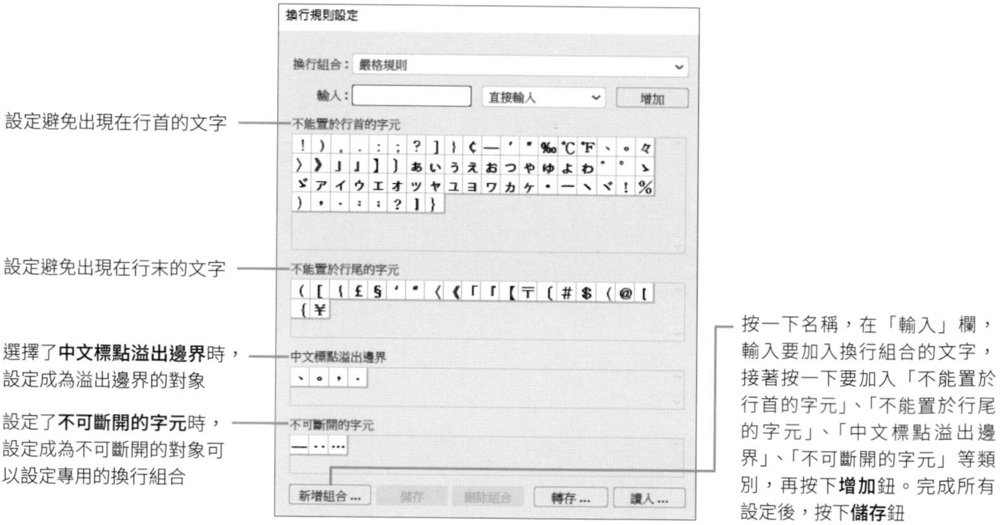

換行規則設定
換行組合：嚴格規則
輸入：
直接輸入
增加
不能置於行首的字元
不能置於行尾的字元
中文標點溢出邊界
不可斷開的字元
新增組合 ...
儲存
刪除組合
轉存 ...
讀入 ...
設定避免出現在行首的文字
設定避免出現在行末的文字
選擇了**中文標點溢出邊界**時，設定成為溢出邊界的對象
設定了**不可斷開的字元**時，設定成為不可斷開的對象可以設定專用的換行組合
按一下名稱，在「輸入」欄，輸入要加入換行組合的文字，接著按一下要加入「不能置於行首的字元」、「不能置於行尾的字元」、「中文標點溢出邊界」、「不可斷開的字元」等類別，再按下**增加**鈕。完成所有設定後，按下**儲存**鈕

TIPS 換行組合

換行組合只能套用在建立此組合的文件中。如果想套用於其他文件時，儲存成範本，比較方便。或者也可以利用**換行規則設定**交談窗的**轉存**鈕，轉存設定好的檔案，在其他檔案中，按下**換行規則設定**交談窗的**讀入**鈕，載入檔案。

▶ 換行組合的調整方式

在換行組合中，會調整文字間距，避免目標文字顯示於行首或行末。此時，在段落面板選單中，執行『換行規則類型』命令，可以設定目標文字要置於前行或下一行。

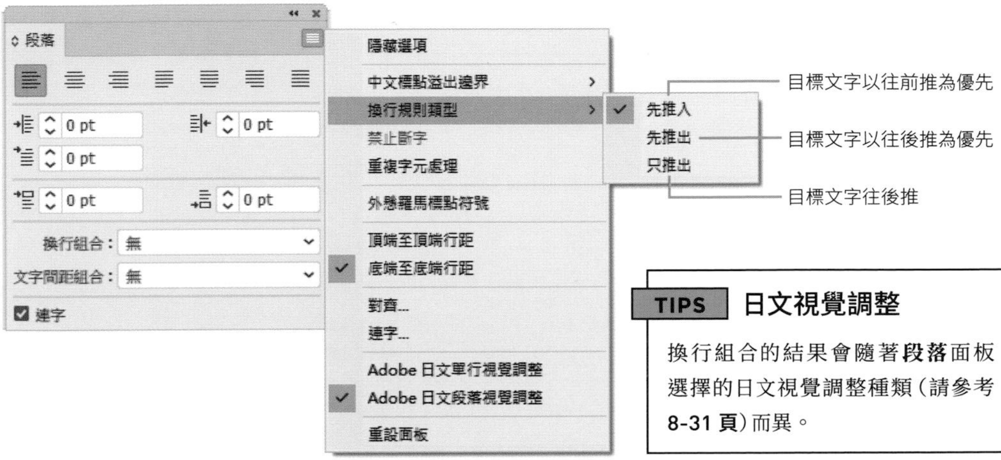
段落
0 pt
換行組合：無
文字間距組合：無
連字
隱藏選項
中文標點溢出邊界
換行規則類型
禁止斷字
重複字元處理
外懸羅馬標點符號
頂端至頂端行距
底端至底端行距
對齊...
連字...
Adobe 日文單行視覺調整
Adobe 日文段落視覺調整
重設面板
先推入
先推出
只推出
目標文字以往前推為優先
目標文字以往後推為優先
目標文字往後推

> **TIPS 日文視覺調整**
>
> 換行組合的結果會隨著**段落**面板選擇的日文視覺調整種類（請參考 **8-31 頁**）而異。

▶ 中文標點溢出邊界

套用換行組合時，利用段落面板選單的中文標點溢出標界，可以讓出現在行末的中文標點、英文句號、英文逗號等，溢出文字區域的外側。

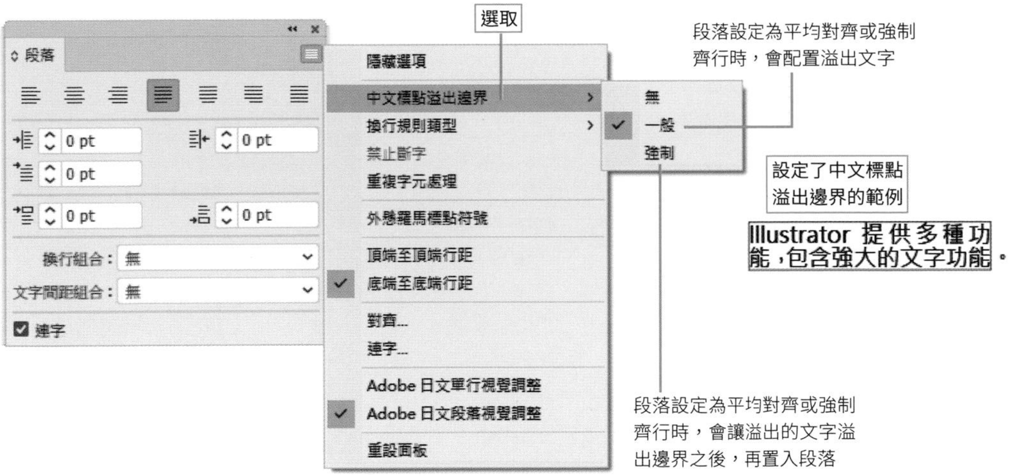
選取
段落
0 pt
換行組合：無
文字間距組合：無
連字
隱藏選項
中文標點溢出邊界
換行規則類型
禁止斷字
重複字元處理
外懸羅馬標點符號
頂端至頂端行距
底端至底端行距
對齊...
連字...
Adobe 日文單行視覺調整
Adobe 日文段落視覺調整
重設面板
無
一般
強制
段落設定為平均對齊或強制齊行時，會配置溢出文字
設定了中文標點溢出邊界的範例
Illustrator 提供多種功能，包含強大的文字功能。
段落設定為平均對齊或強制齊行時，會讓溢出的文字溢出邊界之後，再置入段落

> **TIPS 英文的溢出邊界**
>
> 在**段落**面板選單中，執行『**外懸羅馬標點符號**』命令，會把出現在行首或行末的英文字體「"」、「'」、「-」等，溢出文字區域之外。另外，執行『**文字→視覺邊界對齊方式**』命令，可以針對英文的文字物件，執行溢出邊界。但是，這個部分請別套用在中文上。

▶ 禁止斷字

套用了換行組合之後，在段落面板選單中，執行『禁止斷字』命令，可以讓位於行末的「禁止斷字的文字」不斷字，移動到下一行。

按照原本的計畫，預計要在本月的月底完成工作...…
❶ 選取
段落
0 pt
換行組合：嚴格規則
文字間距組合：無
連字
隱藏選項
中文標點溢出邊界
換行規則類型
禁止斷字
重複字元處理
外懸羅馬標點符號
頂端至頂端行距
底端至底端行距
對齊...
連字...
Adobe 日文單行視覺調整
Adobe 日文段落視覺調整
重設面板
❷ 選取
按照原本的計畫，預計要在本月的月底完成工作……

POINT

在**換行規則設定**交談窗的**不可斷開的字元**中設定的文字，會成為套用禁止斷字的對象。

▶ 不斷字

和禁止斷字不同，若想讓選取的特定字串，於行末不斷字，請在字元面板選單中，執行『不斷字』命令。

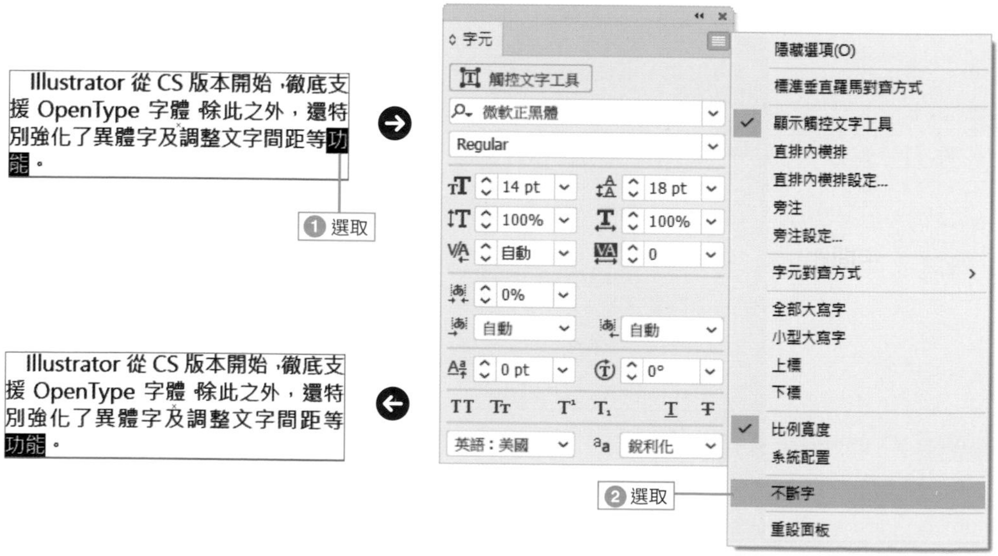

Illustrator 從 CS 版本開始，徹底支援 OpenType 字體，除此之外，還特別強化了異體字及調整文字間距等功能。
❶ 選取
字元
觸控文字工具
微軟正黑體
Regular
14 pt
18 pt
100%
100%
自動
0
0%
自動
自動
0 pt
0°
英語：美國
銳利化
隱藏選項(O)
標準垂直羅馬對齊方式
顯示觸控文字工具
直排內橫排
直排內橫排設定...
旁注
旁注設定...
字元對齊方式
全部大寫字
小型大寫字
上標
下標
比例寬度
系統配置
不斷字
重設面板
❷ 選取
Illustrator 從 CS 版本開始，徹底支援 OpenType 字體，除此之外，還特別強化了異體字及調整文字間距等功能。

文字間距組合

在段落面板的文字間距組合是設定如何處理標點、符號、數字的間距。在 Illustrator 中，提供了「半形日文標點符號轉換」、「全形間距行尾除外」、「全形間距包含行尾」、「全形日文標點符號轉換」等 4 種組合。只要選取任何一種，就可以完成整齊的排版。此外，你還可以自訂設定內容。

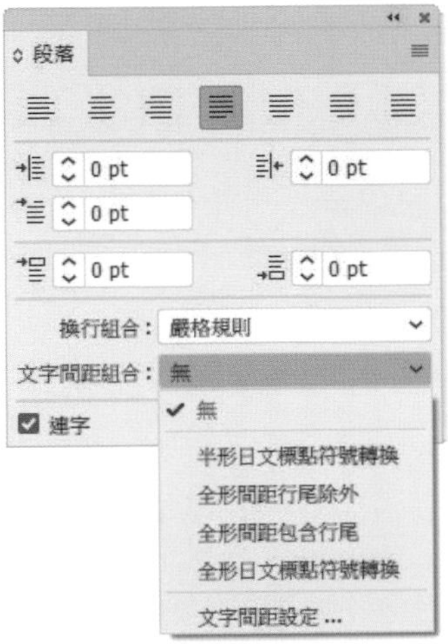

段落
0 pt
換行組合：嚴格規則
文字間距組合：無
連字
無
半形日文標點符號轉換
全形間距行尾除外
全形間距包含行尾
全形日文標點符號轉換
文字間距設定 ...

無

文字間距組合有「半形日文標點符號轉換」、「全形間距行尾除外」、「全形間距包含行尾」、「全形日文標點符號轉換」等4種組合。

半形日文標點符號轉換

文字間距組合有「半形日文標點符號轉換」、「全形間距行尾除外」、「全形間距包含行尾」、「全形日文標點符號轉換」等 4 種組合。

全形日文標點符號轉換

文字間距組合有「半形日文標點符號轉換」、「全形間距行尾除外」、「全形間距包含行尾」、「全形日文標點符號轉換」等 4 種組合。

▶ 文字間距設定

執行『文字→文字間距設定』命令，開啟文字間距設定交談窗，可以確認各種文字組合的間距。另外，還可以建立新文字間距組合。

這是設定平均對齊的文字間距最佳值

這是設定平均對齊的換行組合時，文字間距的最小值

這是設定平均對齊的換行組合時，文字間距的最大值

設定哪種文字排列在一起時，間距是多少

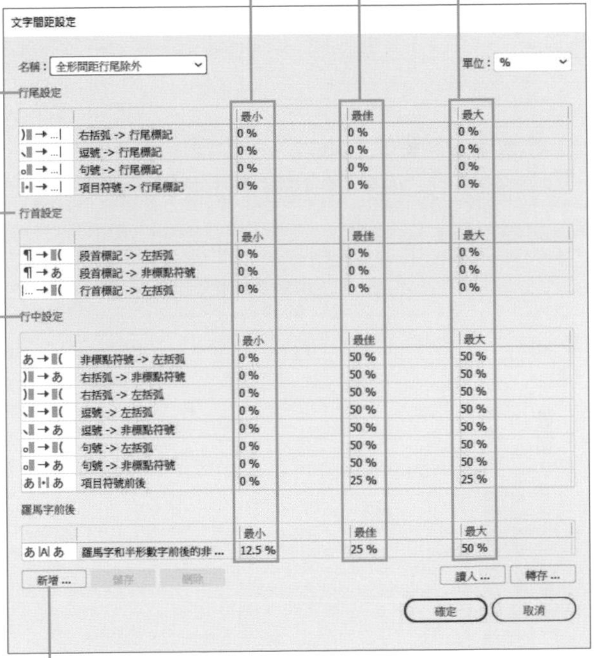

文字間距設定
名稱：全形間距行尾除外
單位：%
行尾設定
行首設定
行中設定
羅馬字前後
最小
最佳
最大
右括弧 -> 行尾標記
逗號 -> 行尾標記
句號 -> 行尾標記
項目符號 -> 行尾標記
段首標記 -> 左括弧
段首標記 -> 非標點符號
行首標記 -> 左括弧
非標點符號 -> 左括弧
右括弧 -> 非標點符號
右括弧 -> 左括弧
逗號 -> 左括弧
逗號 -> 非標點符號
句號 -> 左括弧
句號 -> 非標點符號
項目符號前後
羅馬字和半形數字前後的非 ...
新增 ...
儲存
刪除
讀入 ...
轉存 ...
確定
取消

可以設定專屬的文字間距組合。按一下，設定名稱與組合，按照各個文字組合，設定間距。完成之後，按下**儲存**鈕

POINT

在段落面板的**文字間距組合**清單中，選擇**文字間距設定**，也可以開啟**文字間距設定**交談窗。

TIPS 文字間距組合

文字間距組合只能使用於建立該組合的文件中。假如要套用在其他文件，請先儲存成範本，日後要使用就很方便。

另外，按下**文字間距組合**交談窗中的**轉存**鈕，設定轉存成檔案，在其他檔案中，按下**文字間距組合**交談窗的**讀入**鈕，也可以套用該組合。

直排內橫排

以垂直排列文字時，英文字體或數字會變成水平狀態。這些英文字體可以改成垂直狀態。

垂直顯示所有英文字體

在字元面板中，執行『標準垂直羅馬對齊方式』命令，可以將選取文字中的英文字體，從水平變成垂直。

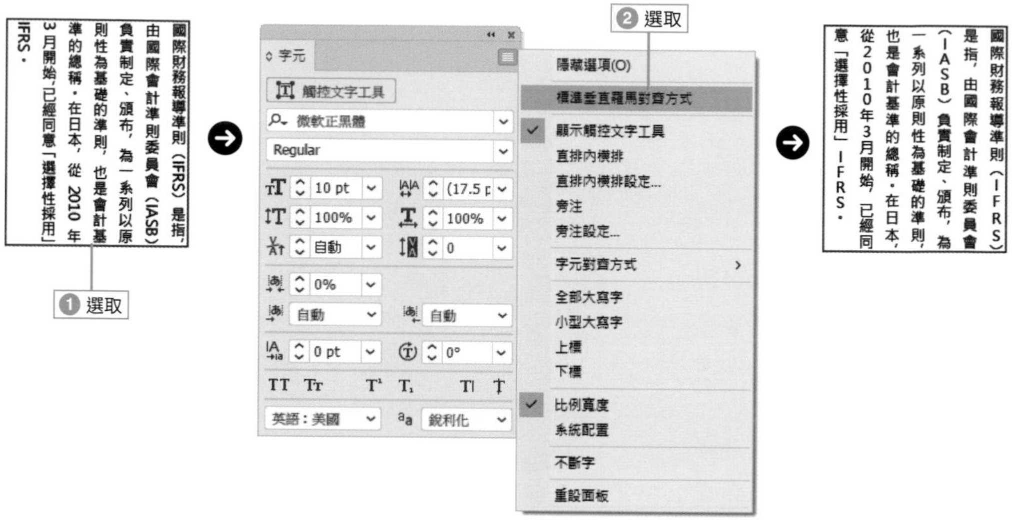

① 選取
② 選取
字元
隱藏選項(O)
標準垂直羅馬對齊方式
顯示觸控文字工具
直排內橫排
直排內橫排設定...
旁注
旁注設定...
字元對齊方式
全部大寫字
小型大寫字
上標
下標
比例寬度
系統配置
不斷字
重設面板

將選取的文字變成組合文字，轉換成垂直排列

兩位數以上的數字，如果要把 2 個字元當作一個字來處理時，請在字元面板選單中，執行『直排內橫排』命令。

① 選取
② 選取
字元
隱藏選項(O)
標準垂直羅馬對齊方式
顯示觸控文字工具
直排內橫排
直排內橫排設定...
旁注
旁注設定...
字元對齊方式
全部大寫字
小型大寫字
上標
下標
比例寬度
系統配置
不斷字
重設面板

TIPS **調整直排內橫排的位置**

選取轉換成直排內橫排的文字，在**字元**面板選單中，執行『**直排內橫排設定**』命令，開啟**直排內橫排設定**交談窗，可以調整直排內橫排文字的上下、左右位置。

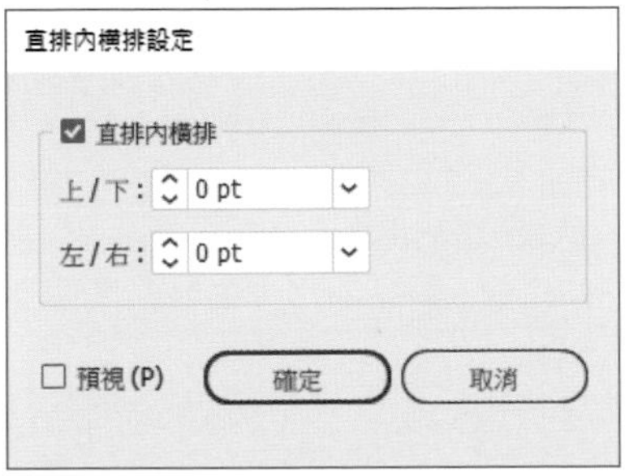
直排內橫排設定
直排內橫排
上/下：0 pt
左/右：0 pt
預視 (P)
確定
取消

旁注

旁注是縮小文章內說明內容的字體，顯示成 2 行的功能。在字元面板選單中，執行『旁注』命令，就可以使用該功能。

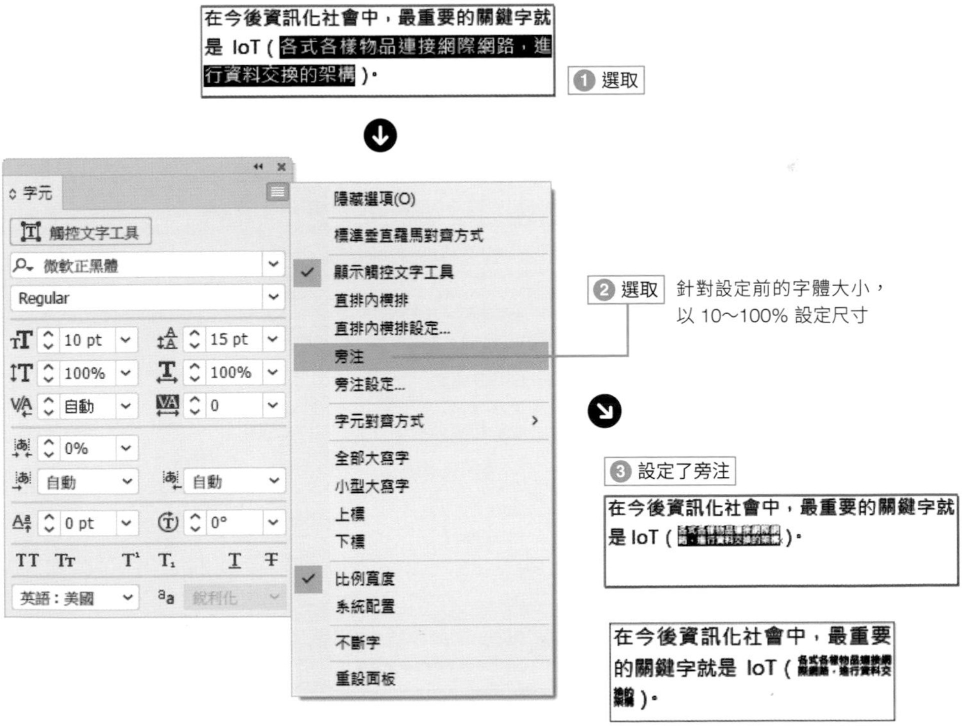
在今後資訊化社會中，最重要的關鍵字就是 IoT (各式各樣物品連接網際網路，進行資料交換的架構)。
① 選取
字元
觸控文字工具
微軟正黑體
Regular
10 pt
15 pt
100%
100%
自動
0
0%
自動
自動
0 pt
0°
英語：美國
銳利化
隱藏選項(O)
標準垂直羅馬對齊方式
顯示觸控文字工具
直排內橫排
直排內橫排設定...
旁注
旁注設定...
字元對齊方式
全部大寫字
小型大寫字
上標
下標
比例寬度
系統配置
不斷字
重設面板
② 選取
針對設定前的字體大小，以 10～100% 設定尺寸
③ 設定了旁注
在今後資訊化社會中，最重要的關鍵字就是 IoT ( )。
在今後資訊化社會中，最重要的關鍵字就是 IoT ( )。

旁注也支援多行顯示

▶ 旁注設定

在字元面板選單中，執行『旁注設定』命令，可以設定「旁注」的字體大小與行距。

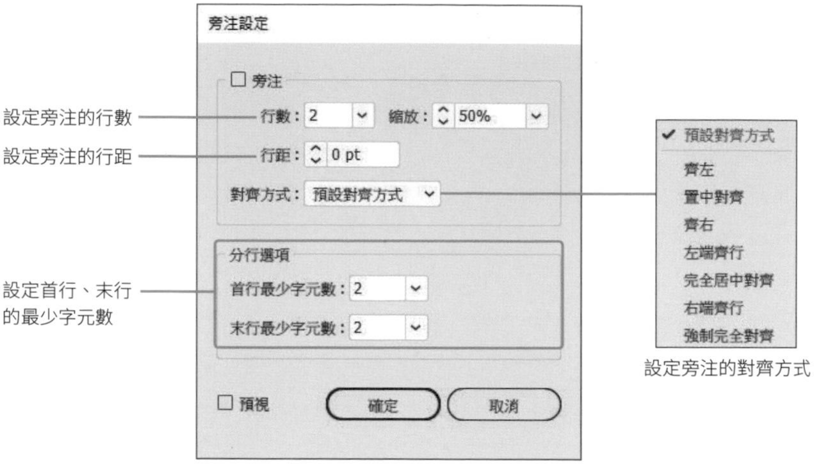
旁注設定
旁注
設定旁注的行數
行數：2
縮放：50%
設定旁注的行距
行距：0 pt
對齊方式：預設對齊方式
分行選項
設定首行、末行的最少字元數
首行最少字元數：2
末行最少字元數：2
預視
確定
取消
預設對齊方式
齊左
置中對齊
齊右
左端齊行
完全居中對齊
右端齊行
強制完全對齊
設定旁注的對齊方式

TIPS 比例寬度與系統配置

在**字元**面板選單中，執行『**系統配置**』命令，選取的文字就會用 Windows 預設的文字功能來顯示。執行 Windows 交談窗或選單等設計時，可以使用這項功能。如果沒有設定成**系統配置**，會變成 Illustrator 預設的**比例寬度**。

● 重複字元處理

跨 2 行的日文「日々」等重複字元在換行時，會自動變成「日日」。

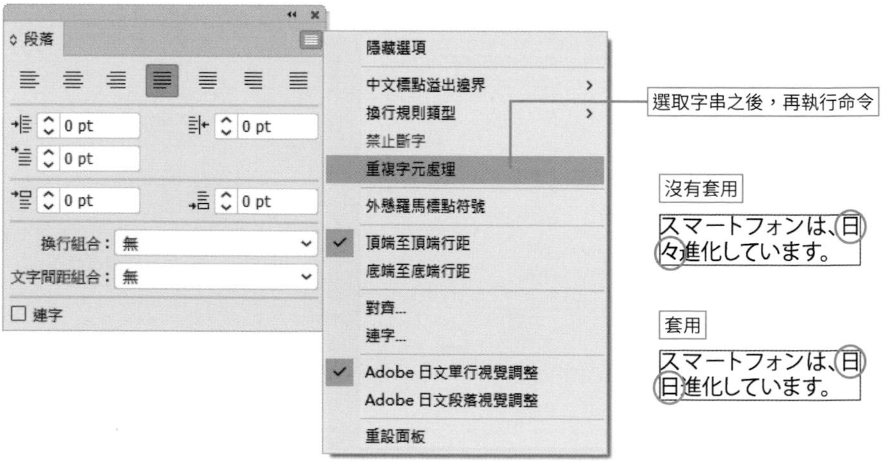
段落
0 pt
0 pt
0 pt
0 pt
0 pt
換行組合：無
文字間距組合：無
連字
隱藏選項
中文標點溢出邊界
換行規則類型
禁止斷字
重複字元處理
外懸羅馬標點符號
頂端至頂端行距
底端至底端行距
對齊...
連字...
Adobe 日文單行視覺調整
Adobe 日文段落視覺調整
重設面板
選取字串之後，再執行命令
沒有套用
スマートフォンは、日
々進化しています。
套用
スマートフォンは、日
日進化しています。

CS6 CC CC14 CC15 CC17 CC18

8-5 方便的文字處理功能

使用頻率	
★★☆	在 Illustrator 中，提供「組合中文及英文等不同字體的複合字體」、「使用定位點對齊文字」、「尋找及取代文字」、……等方便的功能。

將文字物件建立外框

在 Illustrator 中，使用選取工具 ▶，選取文字物件，執行『文字→建立外框』命令（Shift + Ctrl + O），可以轉換成影像物件。

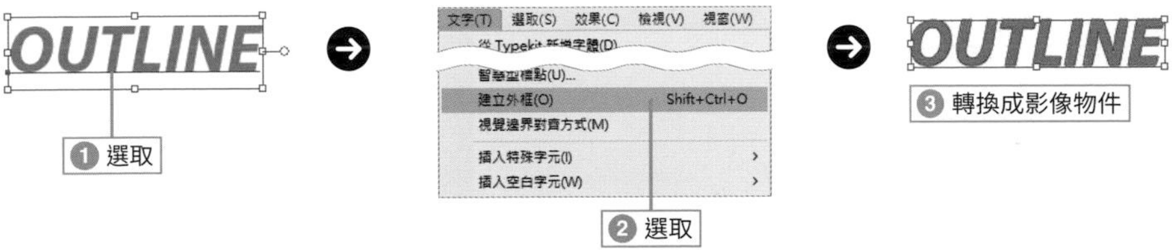

OUTLINE
① 選取
文字(T) 選取(S) 效果(C) 檢視(V) 視窗(W)
建立外框(O) Shift+Ctrl+O
視覺邊界對齊方式(M)
插入特殊字元(I)
插入空白字元(W)
② 選取
OUTLINE
③ 轉換成影像物件

POINT

我們無法只將部分文字建立外框，選取的文字物件全都會轉換成外框。

TIPS 編輯建立外框的文字

建立外框的文字會變成複合路徑。如果要編輯，請使用**直接選取工具** ▷或編輯模式。

尋找及取代字串

執行『編輯→尋找及取代』命令，開啟交談窗，可以尋找、取代工作區域內的文字。

① 輸入要尋找的字串

執行『編輯→尋找及取代』命令，開啟尋找與取代交談窗，輸入要尋找及取代的字串，按下尋找鈕。

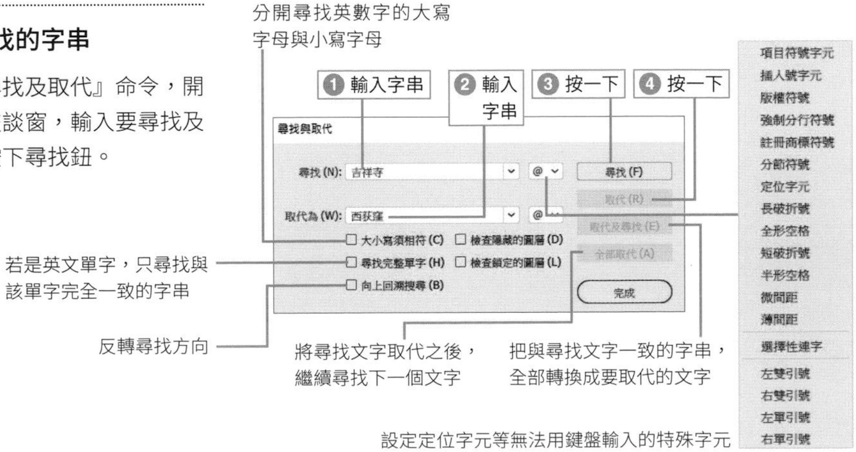

分開尋找英數字的大寫字母與小寫字母
① 輸入字串
② 輸入字串
③ 按一下
④ 按一下
尋找與取代
尋找 (N): 吉祥寺
取代為 (W): 西荻窪
尋找 (F)
取代 (R)
取代及尋找 (E)
全部取代 (A)
完成
大小寫須相符 (C)
檢查隱藏的圖層 (D)
尋找完整單字 (H)
檢查鎖定的圖層 (L)
向上回溯搜尋 (B)
若是英文單字，只尋找與該單字完全一致的字串
反轉尋找方向
將尋找文字取代之後，繼續尋找下一個文字
把與尋找文字一致的字串，全部轉換成要取代的文字
項目符號字元
插入號字元
版權符號
強制分行符號
註冊商標符號
分節符號
定位字元
長破折號
全形空格
短破折號
半形空格
微間距
薄間距
選擇性連字
左雙引號
右雙引號
左單引號
右單引號
設定定位字元等無法用鍵盤輸入的特殊字元

2 輸入要尋找文字

選取要尋找的文字。按下取代鈕，就可以轉換成要取代的文字。

POINT

尋找與取代是以工作區域上的所有文字為對象，所以不用選取文字物件。

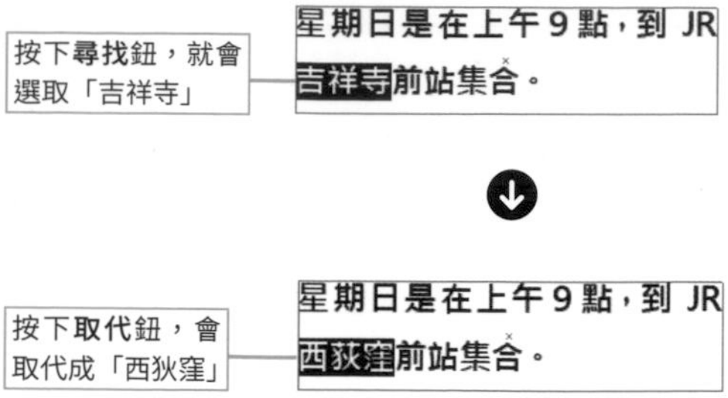

按下尋找鈕，就會選取「吉祥寺」
星期日是在上午9點，到JR吉祥寺前站集合。
按下取代鈕，會取代成「西荻窪」
星期日是在上午9點，到JR西荻窪前站集合。

尋找、取代字體

執行『文字→尋找字體』命令，會搜尋工作區域上，使用中的字體，並顯示成清單。另外，還可以將搜尋到的字體取代成其他字體。尋找字體命令是以開啟的工作區域中，所有文字為對象，所以不用選取文字。

1 設定要取代的字體

執行『文字→尋找字體』命令，開啟尋找字體交談窗。從文件中的字體清單中，選擇找到的字體，接著在取代字體來源中，設定要取代的字體。

按下尋找鈕，會選取該字體。若要取代該字體，請按下變更鈕。

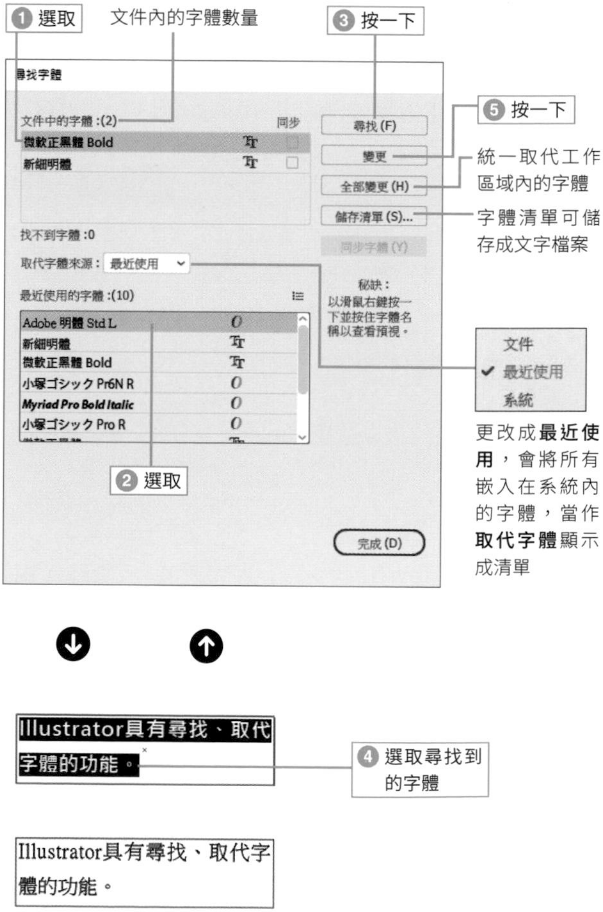

1 選取
文件內的字體數量
3 按一下
尋找字體
文件中的字體 :(2)
同步
微軟正黑體 Bold
新細明體
尋找 (F)
變更
全部變更 (H)
儲存清單 (S)...
同步字體 (Y)
找不到字體 :0
取代字體來源：最近使用
最近使用的字體 :(10)
Adobe 明體 Std L
新細明體
微軟正黑體 Bold
小塚ゴシック Pr6N R
Myriad Pro Bold Italic
小塚ゴシック Pro R
秘訣：
以滑鼠右鍵按一下並按住字體名稱以查看預視。
完成 (D)
5 按一下
統一取代工作區域內的字體
字體清單可儲存成文字檔案
文件
最近使用
系統
更改成最近使用，會將所有嵌入在系統內的字體，當作取代字體顯示成清單
2 選取
Illustrator具有尋找、取代字體的功能。
4 選取尋找到的字體
Illustrator具有尋找、取代字體的功能。

POINT

在**文件中的字體**或**取代字體來源**清單中的字體名稱，按下滑鼠右鍵，可以預視字體樣式。

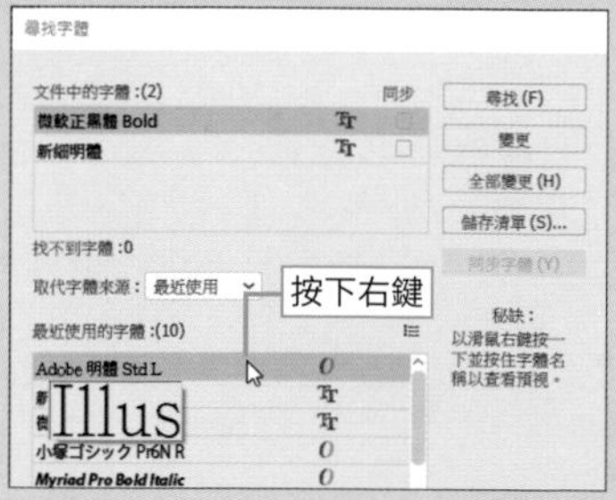

尋找字體
文件中的字體 :(2)
同步
微軟正黑體 Bold
新細明體
尋找 (F)
變更
全部變更 (H)
儲存清單 (S)...
找不到字體 :0
取代字體來源：最近使用
按下右鍵
最近使用的字體 :(10)
秘訣：
以滑鼠右鍵按一下並按住字體名稱以查看預視。
Adobe 明體 Std L
Illus
小塚ゴシック Pr6N R
Myriad Pro Bold Italic

2 取代字體

取代成其他字體。

TIPS 同步字體

開啟中的檔案，如果使用了系統內沒有安裝的字體，會顯示提醒交談窗。在此交談窗中，顯示「可從 Typekit 進行同步」的字體，勾選並按下**同步字體**鈕，可以從 Typekit 下載字體(但是，到 2017 年 1 月為止，還無法同步日文字體)。另外，按下**尋找字體**鈕，會開啟**尋找字體**交談窗，勾選**同步**欄位，按下**同步字體**鈕，可以從 Typekit 自動下載同步。沒有勾選的字體，是 Typekit 沒有的字體(或日文字體)。

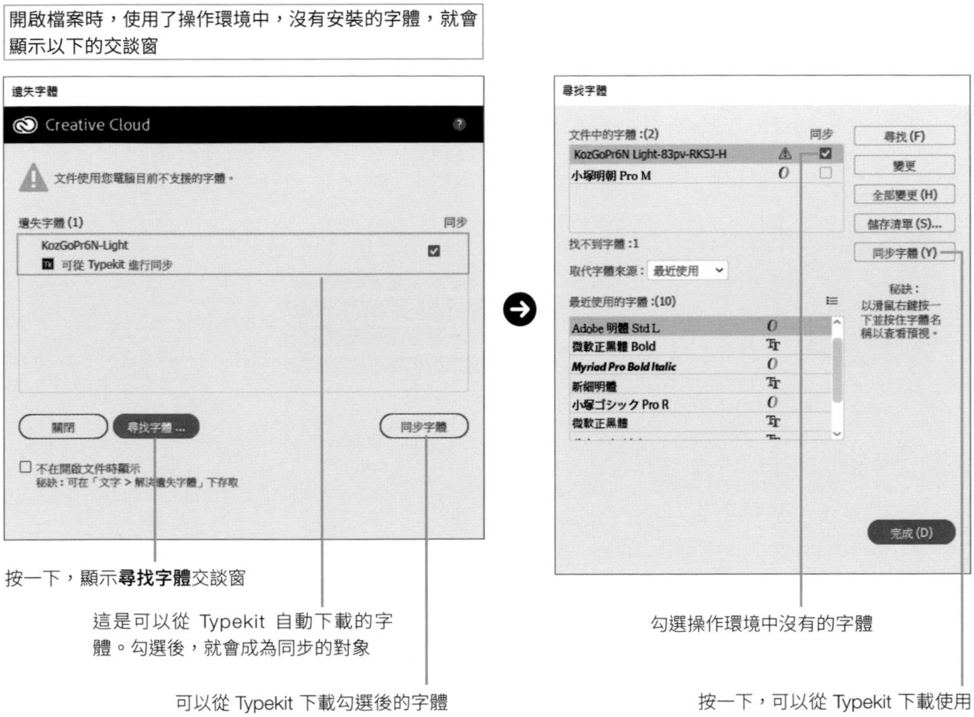

開啟檔案時，使用了操作環境中，沒有安裝的字體，就會顯示以下的交談窗
遺失字體
Creative Cloud
文件使用您電腦目前不支援的字體。
遺失字體 (1)
同步
KozGoPr6N-Light
可從 Typekit 進行同步
關閉
尋找字體...
同步字體
不在開啟文件時顯示
尋找字體
文件中的字體 :(2)
KozGoPr6N Light-83pv-RKSJ-H
小塚明朝 Pro M
尋找 (F)
變更
全部變更 (H)
儲存清單 (S)...
同步字體 (Y)
找不到字體 :1
取代字體來源 : 最近使用
最近使用的字體 :(10)
Adobe 明體 Std L
微軟正黑體 Bold
Myriad Pro Bold Italic
新細明體
小塚ゴシック Pro R
微軟正黑體
完成 (D)
按一下，顯示**尋找字體**交談窗
這是可以從 Typekit 自動下載的字體。勾選後，就會成為同步的對象
可以從 Typekit 下載勾選後的字體
勾選操作環境中沒有的字體
按一下，可以從 Typekit 下載使用

設定定位點

利用定位點面板，可以在 Illustrator 中，使用定位點對齊文字。選取文字，執行『視窗→文字→定位點』命令（Shift＋Ctrl＋T），可以開啟定位點面板。

1 輸入用定位點分隔的文字

輸入用定位點分隔的文字。

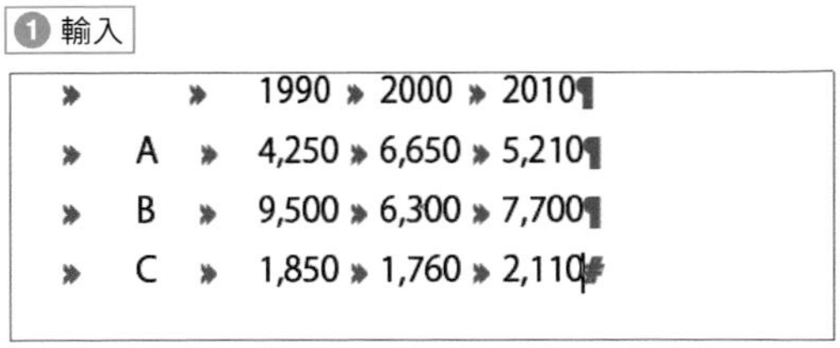

1 輸入
1990 2000 2010
A 4,250 6,650 5,210
B 9,500 6,300 7,700
C 1,850 1,760 2,110

2 開啟定位點面板

選取文字，執行『視窗→字元→定位點』命令，開啟定位點面板。按一下左上方的對齊定位點按鈕，可以選擇定位點的類型。

POINT

先顯示隱藏字元，比較方便操作（請參考 **8-45 頁**）。

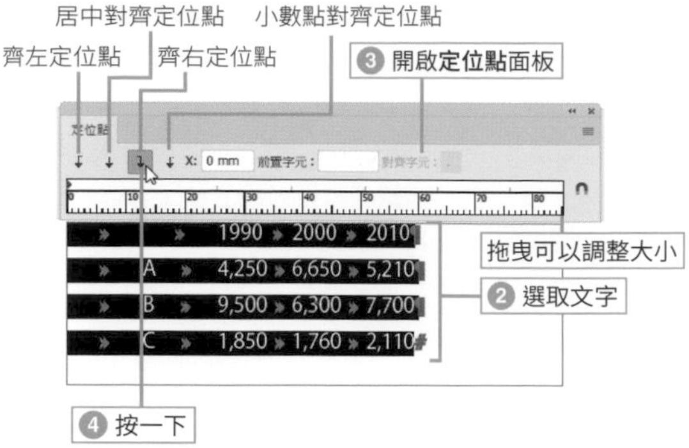

居中對齊定位點
小數點對齊定位點
齊左定位點
齊右定位點
3 開啟定位點面板
定位點
X: 0 mm
前置字元：
對齊字元：
1990 2000 2010
A 4,250 6,650 5,210
B 9,500 6,300 7,700
C 1,850 1,760 2,110
拖曳可以調整大小
2 選取文字
4 按一下

3 置入定位點

在尺標上拖曳，置入定位點。在按下滑鼠左鍵的位置，依照選取的定位點對齊方式來對齊文字。

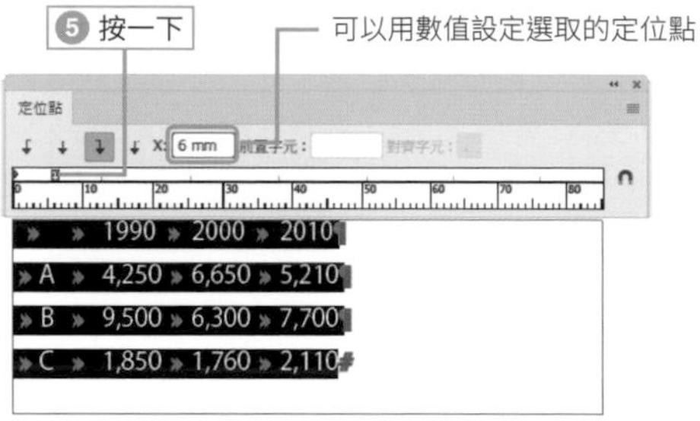

5 按一下
可以用數值設定選取的定位點
定位點
X: 6 mm
前置字元：
對齊字元：
1990 2000 2010
A 4,250 6,650 5,210
B 9,500 6,300 7,700
C 1,850 1,760 2,110

4 設定全部的定位點位置

設定所有定位點的位置與類型。利用拖曳方式，可以移動定位點標誌。按住 Ctrl 鍵不放並移動定位點標誌，右側的定位點也會同步移動。

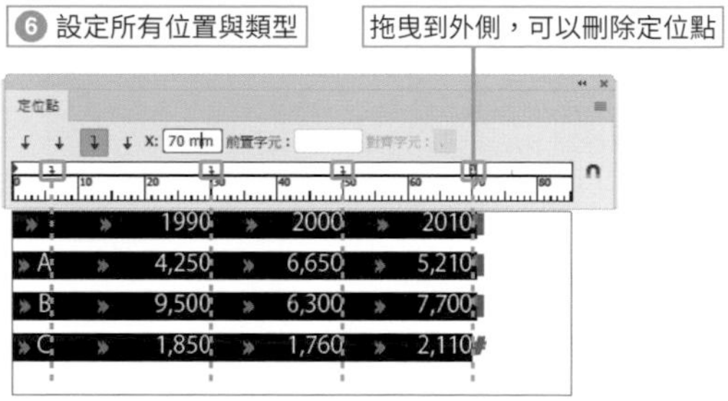

6 設定所有位置與類型
拖曳到外側，可以刪除定位點
定位點
X: 70 mm
前置字元：
對齊字元：
1990 2000 2010
A 4,250 6,650 5,210
B 9,500 6,300 7,700
C 1,850 1,760 2,110

▶ 使用前置字元

設定定位點標誌時，在前置字元輸入字元，會用該字元填滿定位點的空格。之後選取定位點標誌，也可以設定前置字元。

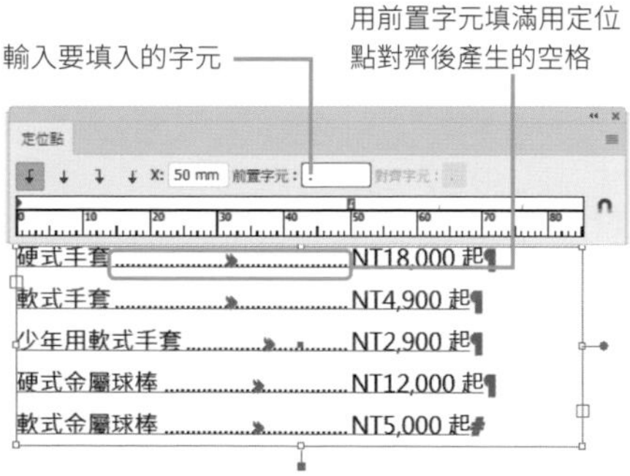

輸入要填入的字元
用前置字元填滿用定位點對齊後產生的空格
定位點
X: 50 mm
前置字元：.
對齊字元：
硬式手套..........NT18,000 起
軟式手套..........NT4,900 起
少年用軟式手套..........NT2,900 起
硬式金屬球棒..........NT12,000 起
軟式金屬球棒..........NT5,000 起

TIPS 改變定位點的類型

如果後續要調整定位點的對齊方法，請按一下尺標上設定的定位點，再按一下想要變更的對齊圖示。按住 Alt 鍵不放並按一下設定的定位點標誌，可以依照以下順序改變定位點的類型。

齊左定位點→居中對齊定位點→齊右定位點→小數點對齊定位點

TIPS 讓「定位點」面板的位置與大小對齊文字區域

定位點面板就算捲動畫面或調整顯示大小，也不會改變連動的位置與大小。按下**定位點**面板右邊的 ∩ ，**定位點**面板就會放置在文字區域的上方。

複合字體

複合字體是指，依照中文字、全形符號、半形英文、半形數字等文字種類，組合成不同字體，當作一種字體來處理的功能。

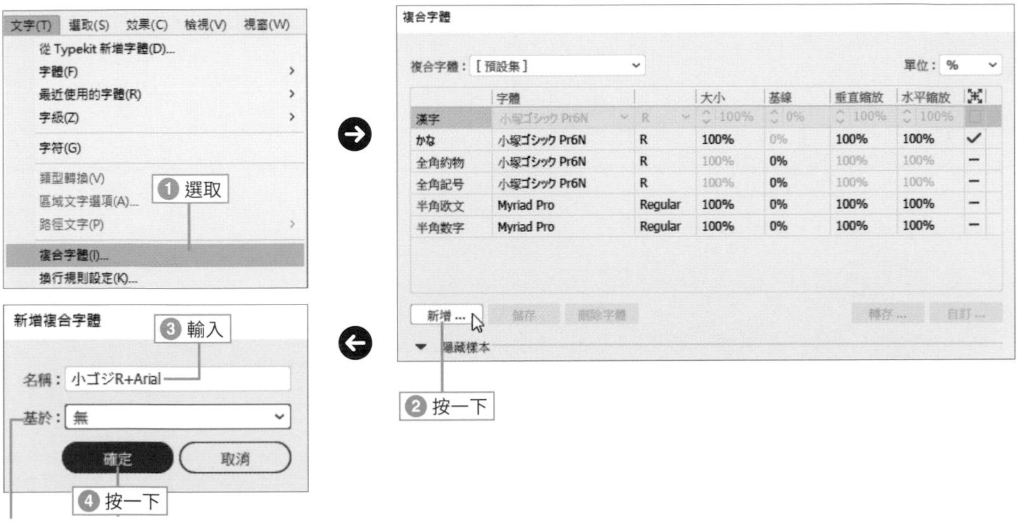

文字(T) 選取(S) 效果(C) 檢視(V) 視窗(W)
從 Typekit 新增字體(D)...
字體(F)
最近使用的字體(R)
字級(Z)
字符(G)
類型轉換(V)
區域文字選項(A)...
路徑文字(P)
複合字體(I)...
換行規則設定(K)...
❶ 選取
複合字體
複合字體：[預設集]
單位：%
字體 大小 基線 垂直縮放 水平縮放
漢字 小塚ゴシック Pr6N R 100% 0% 100% 100%
かな 小塚ゴシック Pr6N R 100% 0% 100% 100%
全角約物 小塚ゴシック Pr6N R 100% 0% 100% 100%
全角記号 小塚ゴシック Pr6N R 100% 0% 100% 100%
半角欧文 Myriad Pro Regular 100% 0% 100% 100%
半角数字 Myriad Pro Regular 100% 0% 100% 100%
新增... 儲存 刪除字體 轉存... 自訂...
隱藏樣本
❷ 按一下
新增複合字體
❸ 輸入
名稱：小ゴジR+Arial
基於：無
確定 取消
❹ 按一下

若設定為現有的複合字體，就會選取該組合設定的字體

設定基線位移的數值。正值是往上移動，負值是往下移動

設定文字的垂直縮放

設定文字的水平縮放

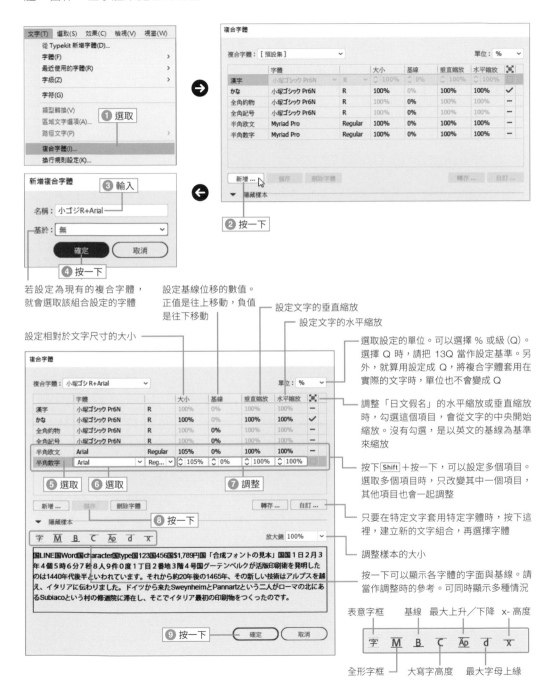

設定相對於文字尺寸的大小

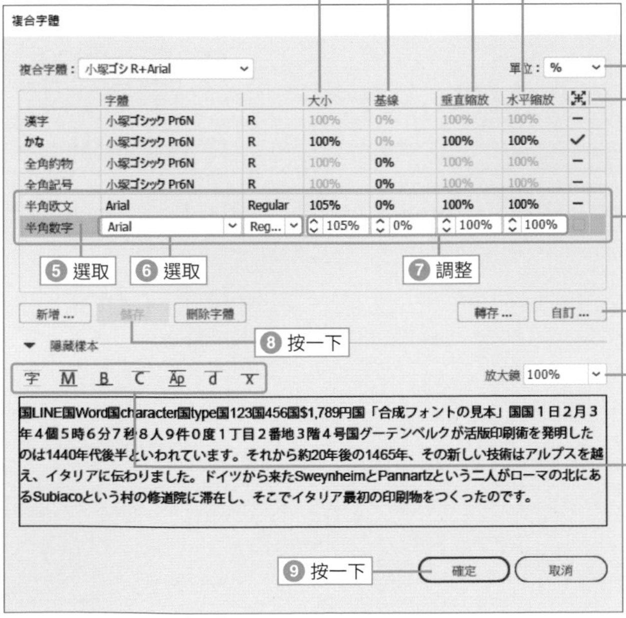

複合字體
複合字體：小塚ゴシ R+Arial
單位：%
字體 大小 基線 垂直縮放 水平縮放
漢字 小塚ゴシック Pr6N R 100% 0% 100% 100%
かな 小塚ゴシック Pr6N R 100% 0% 100% 100%
全角約物 小塚ゴシック Pr6N R 100% 0% 100% 100%
全角記号 小塚ゴシック Pr6N R 100% 0% 100% 100%
半角欧文 Arial Regular 105% 0% 100% 100%
半角数字 Arial Reg... 105% 0% 100% 100%
❺ 選取
❻ 選取
❼ 調整
新增... 儲存 刪除字體 轉存... 自訂...
❽ 按一下
隱藏樣本
放大鏡 100%
❾ 按一下
確定 取消

選取設定的單位。可以選擇 % 或級 (Q)。選擇 Q 時，請把 13Q 當作設定基準。另外，就算用設定成 Q，將複合字體套用在實際的文字時，單位也不會變成 Q

調整「日文假名」的水平縮放或垂直縮放時，勾選這個項目，會從文字的中央開始縮放。沒有勾選，是以英文的基線為基準來縮放

按下 Shift ＋按一下，可以設定多個項目。選取多個項目時，只改變其中一個項目，其他項目也會一起調整

只要在特定文字套用特定字體時，按下這裡，建立新的文字組合，再選擇字體

調整樣本的大小

按一下可以顯示各字體的字面與基線。請當作調整時的參考。可同時顯示多種情況

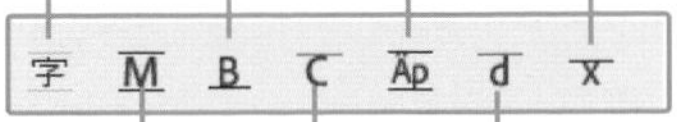

表意字框
基線
最大上升／下降
x- 高度
全形字框
大寫字高度
最大字母上緣

和其他字體一樣，在控制面板中，也可以選取已經建立的複合字體。

字元：
小塚ゴシR+Arial
10 pt
段落：
篩選器：
所有類別
新增字體
小塚ゴシ R+Arial
文字もじモジ
Adobe 明體 Std L
字體樣式
小塚ゴシック Pr6N R
文字もじモジ
微軟正黑體
字體樣式
Myriad Pro
Sample
新細明體
字體樣式
小塚ゴシック Pro
文字もじモジ
⑩ 選取

變更大小寫

執行『文字→變更大小寫』命令，可以將選取的英文字改成全部大寫、全部小寫、字首大寫或句首大寫。

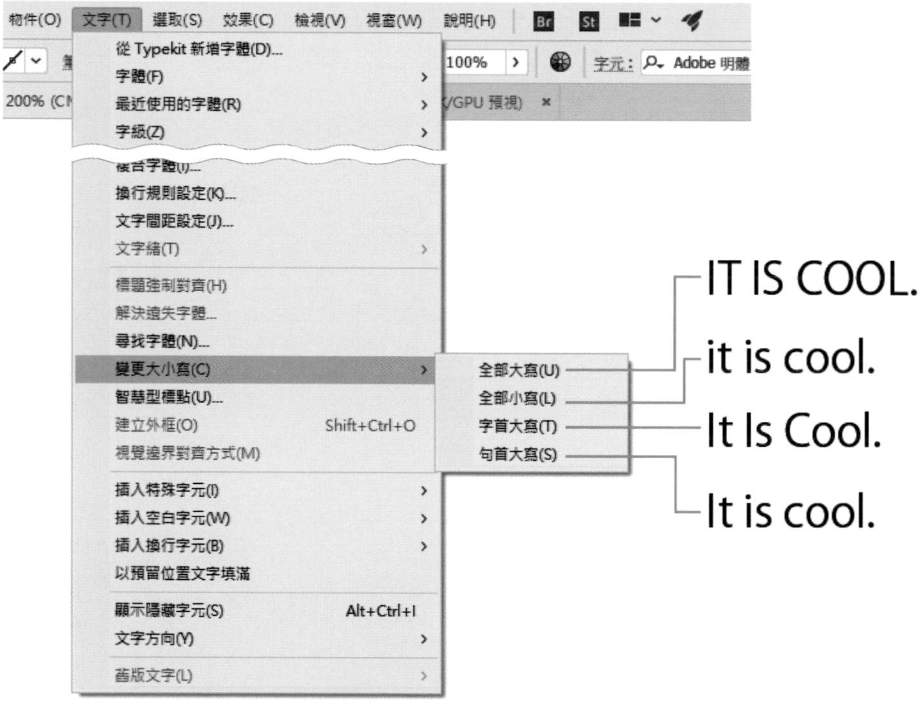
物件(O)
文字(T)
選取(S)
效果(C)
檢視(V)
視窗(W)
說明(H)
從 Typekit 新增字體(D)...
字體(F)
最近使用的字體(R)
字級(Z)
換行規則設定(K)...
文字間距設定(J)...
文字緒(T)
標題強制對齊(H)
解決遺失字體...
尋找字體(N)...
變更大小寫(C)
智慧型標點(U)...
建立外框(O) Shift+Ctrl+O
視覺邊界對齊方式(M)
插入特殊字元(I)
插入空白字元(W)
插入換行字元(B)
以預留位置文字填滿
顯示隱藏字元(S) Alt+Ctrl+I
文字方向(Y)
舊版文字(L)
全部大寫(U)
全部小寫(L)
字首大寫(T)
句首大寫(S)
IT IS COOL.
it is cool.
It Is Cool.
It is cool.

智慧型標點

執行『文字→智慧型標點』命令，可以調整選取文字內的英文字體引號或省略符號。

	關閉	開啟
ff、fi、ffi 連字	fi ffi	fi ffi
ff、fl、ffl 連字	fl ffl	fl ffl
智慧型引號 ("")	“Illustrator”	"Illustrator"
智慧型空白 (.)	gone. The	gone. The
長、短破折號 (--)	-- ---	- —
省略符號	...	. . .

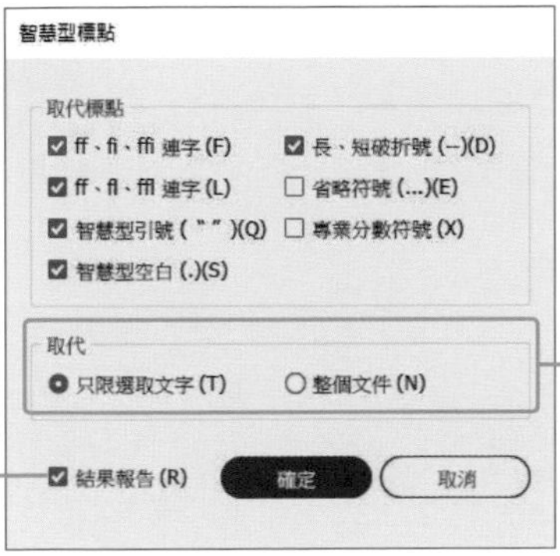

智慧型標點
取代標點
ff、fi、ffi 連字 (F)
長、短破折號 (--)(D)
ff、fl、ffl 連字 (L)
省略符號 (...)(E)
智慧型引號 (“ ”)(Q)
專業分數符號 (X)
智慧型空白 (.)(S)
取代
只限選取文字 (T)
整個文件 (N)
結果報告 (R)
確定
取消

將取代結果顯示在畫面上

設定取代對象

顯示隱藏字元

執行『文字→顯示隱藏字元』命令（Alt＋Ctrl＋I），可以顯示空格、定位點、換行標誌等原本看不見的隱藏字元。隱藏字元是不會列印出來的特殊字元。

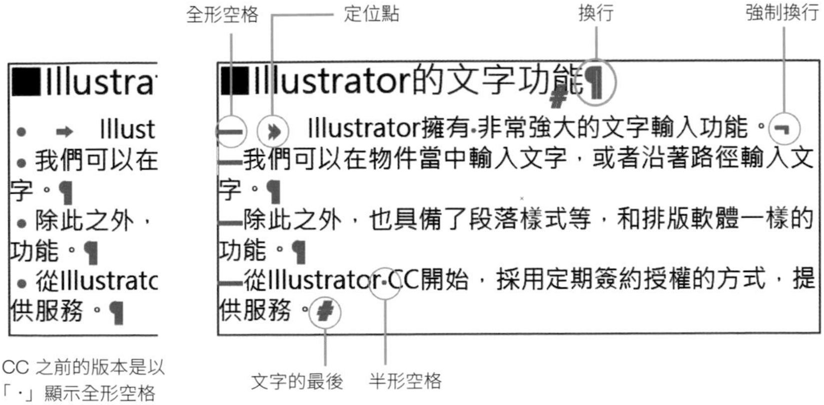

全形空格
定位點
換行
強制換行
Illustrator的文字功能
Illustrator擁有非常強大的文字輸入功能。
我們可以在物件當中輸入文字，或者沿著路徑輸入文字。
除此之外，也具備了段落樣式等，和排版軟體一樣的功能。
從Illustrator CC開始，採用定期簽約授權的方式，提供服務。
文字的最後
半形空格

CC 之前的版本是以「·」顯示全形空格

CS6 | CC | CC14 | CC15 | CC17 | CC18

8-6 字元樣式、段落樣式

使用頻率 ★☆☆

在 Illustrator 中，也可以使用 InDesign 等 DTP 軟體為人熟知的「字元樣式」、「段落樣式」功能。若先把字體、大小等格式儲存成樣式，就能輕鬆套用在其他文字上。

何謂「樣式」？

「字元樣式」、「段落樣式」是先把字體、大小、文字顏色、字距、對齊等各種設定組合，當作「樣式」儲存起來，再套用於選取文章上的功能。

「字元樣式」只會套用在選取的文字上，而「段落樣式」會套用在選取段落的所有文字。

POINT

如果畫面上沒有顯示**字元樣式**面板及**段落樣式**面板，請執行『**視窗→文字→字元樣式或段落樣式**』命令。

建立新的字元樣式、段落樣式

建立新的字元樣式與段落樣式的方法一樣，下面以段落樣式為例來說明。

❶ 「建立新樣式」鈕

請選取要儲存成樣式的一小部分段落，在段落樣式面板中，按下建立新樣式鈕 。

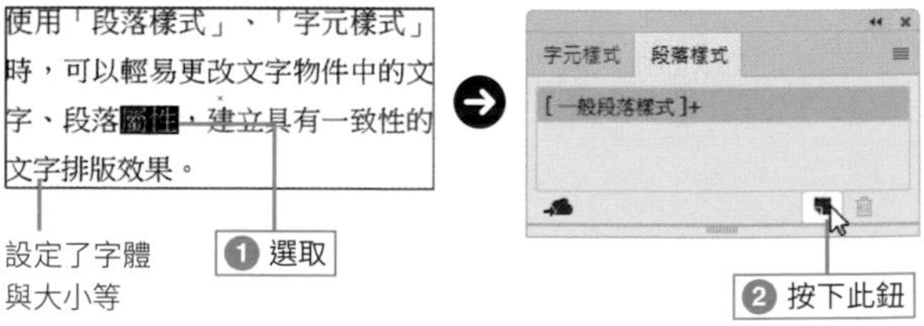

使用「段落樣式」、「字元樣式」時，可以輕易更改文字物件中的文字、段落格式，建立具有一致性的文字排版效果。
設定了字體與大小等
❶ 選取
字元樣式
段落樣式
[一般段落樣式]+
❷ 按下此鈕

❷ 建立了樣式

建立了新的段落樣式。由於原本的段落還沒有套用段落樣式，所以之後一定要記得套用。

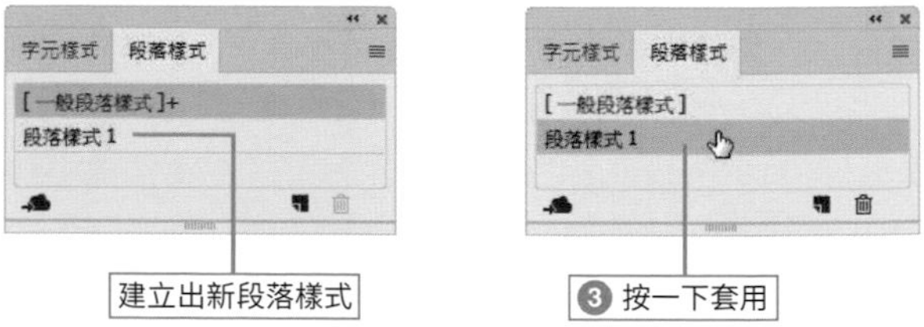

字元樣式
段落樣式
[一般段落樣式]+
段落樣式 1
建立出新段落樣式
字元樣式
段落樣式
[一般段落樣式]
段落樣式 1
❸ 按一下套用

POINT

建立新樣式時，按住 Alt ＋按一下**建立新樣式鈕** ，會開啟**新增段落樣式（或樣式選項）**交談窗，可以編輯樣式的名稱。

TIPS 從現有樣式中建立新樣式

選取來源樣式，在各**樣式**面板選單中，執行『**複製樣式**』命令。

編輯段落樣式、字元樣式

段落的名稱及內容都可以重新編輯。

1 在樣式上雙按滑鼠左鍵

在段落樣式面板中，要編輯的樣式名稱以外的部分，雙按滑鼠左鍵。

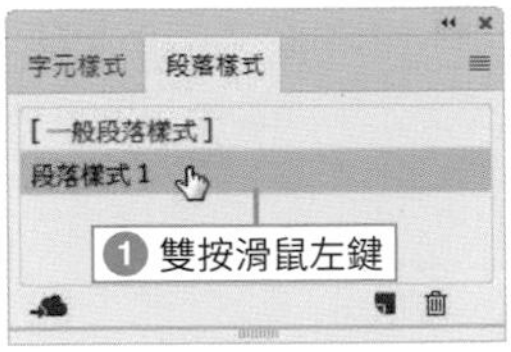

字元樣式
段落樣式
[一般段落樣式]
段落樣式 1
1 雙按滑鼠左鍵

POINT

在名稱上雙按滑鼠左鍵，可以更改名稱。

2 編輯樣式

將樣式名稱更改成比較容易瞭解的名字。選取設定項目，設定內容。完成必要項目設定後，按下確定鈕。不用設定所有項目，維持空白也沒關係。

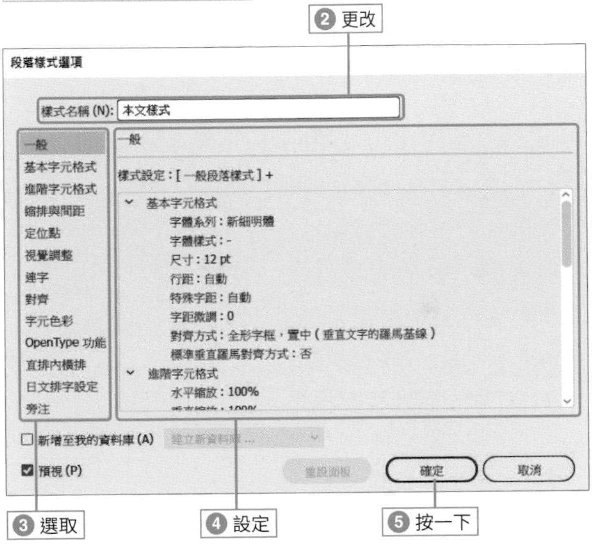

2 更改
段落樣式選項
樣式名稱 (N): 本文樣式
一般
基本字元格式
進階字元格式
縮排與間距
定位點
視覺調整
連字
對齊
字元色彩
OpenType 功能
直排內橫排
日文排字設定
旁注
一般
樣式設定：[一般段落樣式] +
基本字元格式
字體系列：新細明體
字體樣式：-
尺寸：12 pt
行距：自動
特殊字距：自動
字距微調：0
對齊方式：全形字框，置中（垂直文字的羅馬基線）
標準垂直羅馬對齊方式：否
進階字元格式
水平縮放：100%
新增至我的資料庫 (A)
預視 (P)
重設面板
確定
取消
3 選取
4 設定
5 按一下

POINT

關於各設定項目的詳細說明，請參考 8-2～8-5 節。

▶ 調整了現有的樣式時

調整了已套用在文字上的樣式內容時，套用該樣式的文字，會自動更改成調整後的樣式。

套用段落樣式

▶ 段落樣式的套用方法

如果要套用「段落樣式」，將游標放在要套用樣式的段落中，在段落樣式面板中，按一下樣式，就會在整個段落套用樣式。

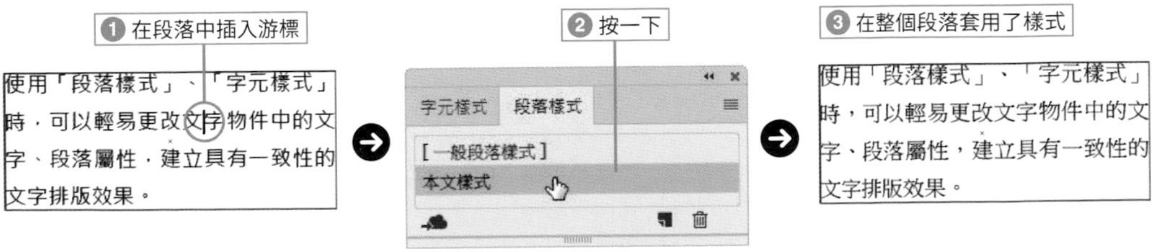

1 在段落中插入游標
使用「段落樣式」、「字元樣式」時，可以輕易更改文字物件中的文字、段落屬性，建立具有一致性的文字排版效果。
2 按一下
字元樣式
段落樣式
[一般段落樣式]
本文樣式
3 在整個段落套用了樣式
使用「段落樣式」、「字元樣式」時，可以輕易更改文字物件中的文字、段落屬性，建立具有一致性的文字排版效果。

POINT

假如沒有完整套用樣式時，請按住 Alt 鍵不放，並按一下樣式名稱。

▶ 字元樣式的套用方法

如果要套用「字元樣式」，選取文字後，在字元樣式面板中，按一下樣式。這裡套用了將文字顏色改成紅色的樣式。

> **POINT**
> 如果要恢復原本的樣式，請在**樣式**面板選單中，執行『**清除優先選項**』命令。

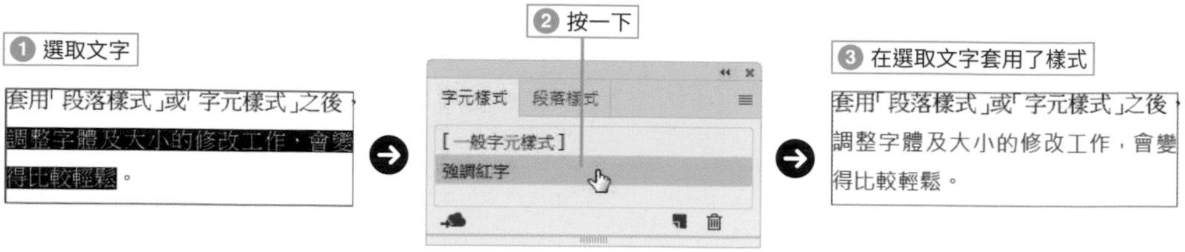

① 選取文字
套用「段落樣式」或「字元樣式」之後，調整字體及大小的修改工作，會變得比較輕鬆。
② 按一下
字元樣式
段落樣式
[一般字元樣式]
強調紅字
③ 在選取文字套用了樣式
套用「段落樣式」或「字元樣式」之後，調整字體及大小的修改工作，會變得比較輕鬆。

▶ 更改了套用樣式的文字或段落設定時

一旦調整了套用樣式的文字或段落格式時，在樣式面板的樣式名稱後面，會加上「+」號。更改了套用樣式的文字或段落設定後，若要恢復成原本的樣式，請再次按下樣式面板中的樣式。

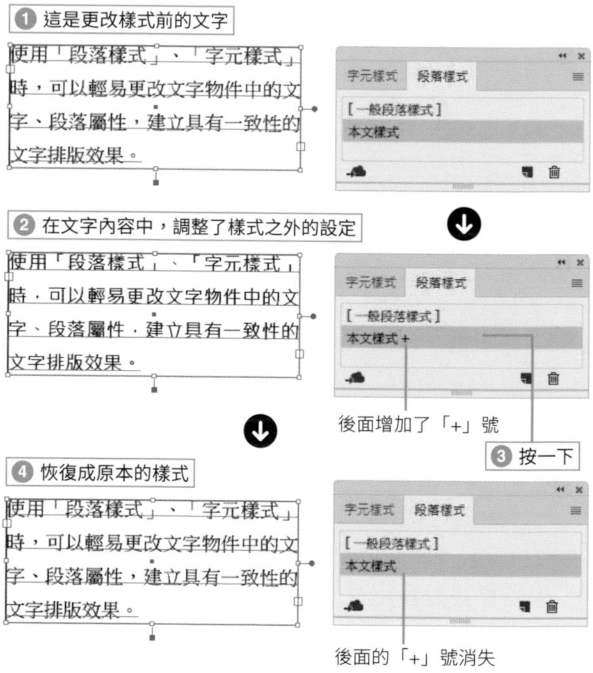

① 這是更改樣式前的文字
使用「段落樣式」、「字元樣式」時，可以輕易更改文字物件中的文字、段落屬性，建立具有一致性的文字排版效果。
字元樣式
段落樣式
[一般段落樣式]
本文樣式
② 在文字內容中，調整了樣式之外的設定
使用「段落樣式」、「字元樣式」時，可以輕易更改文字物件中的文字、段落屬性，建立具有一致性的文字排版效果。
[一般段落樣式]
本文樣式+
後面增加了「+」號
③ 按一下
④ 恢復成原本的樣式
使用「段落樣式」、「字元樣式」時，可以輕易更改文字物件中的文字、段落屬性，建立具有一致性的文字排版效果。
[一般段落樣式]
本文樣式
後面的「+」號消失

> **TIPS** 將變更後的屬性反應在樣式上
>
> 在**段落樣式**面板選單中，執行『**重新定義段落樣式**』命令，變更後的屬性就會套用在樣式上。

▶ 字元樣式與段落樣式的優先順序

同時套用了段落樣式與字元樣式時，會以字元樣式為優先。

> **POINT**
> 更改了套用樣式的文字或段落後，再套用其他樣式時，更改的屬性會直接保留下來。如果要取消更改後的屬性，同時套用其他樣式時，請按住 Alt ＋按一下樣式名稱。

> **TIPS** 在其他文件套用已定義的樣式
>
> 只有建立樣式的文件，可以使用該樣式。如果想在其他文件使用相同樣式，儲存成範本比較方便。或者也可以在**樣式**面板選單中，執行『**載入樣式**』命令，設定並載入要使用樣式的文件。
> 將套用樣式的文字或段落拷貝&貼上至其他文件，也能把套用的樣式拷貝至其他文件中。

CHAPTER

9

善用「效果」

不變形路徑，只改變物件外觀的「效果」，在還不熟悉之前，可能有點困難。但是，只要熟練之後，可以讓物件呈現立體感或手繪風格，進一步提升表現力。因此，請先記住有哪些變形效果。

9-1 何謂「效果」？

使用頻率
★☆☆

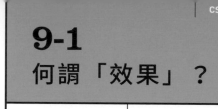

Illustrator 具備了各種變形物件或改變外觀的功能。其中，在效果選單中的各項命令，是能展現豐富表現力的優秀功能。

即時效果

在 Illustrator 中，物件的外觀形狀＝路徑的形狀。使用效果選單中的各項命令，可以不變形路徑形狀，只改變外觀。例如，對矩形物件執行『效果→風格化→圓角』命令。路徑形狀仍維持矩形，只有外觀變成圓角。

套用效果選單的命令，路徑的形狀不會變化，只是看起來像變形了路徑，增加了改變外表的外觀屬性。套用了效果的外觀屬性，會在外觀面板中，顯示成加上 fx 的項目。

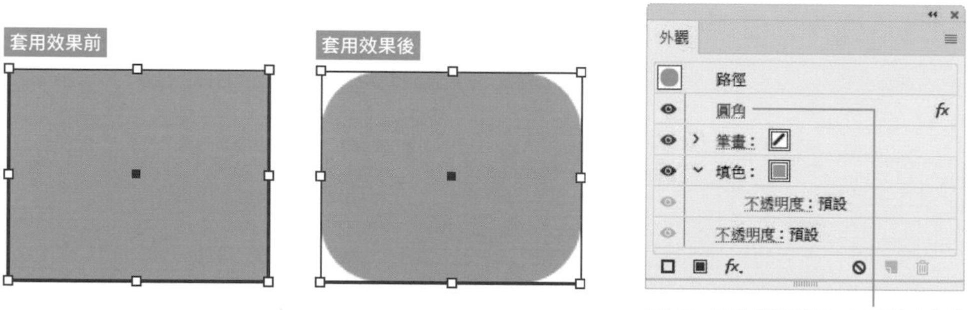
套用效果前
套用效果後
外觀
路徑
圓角
筆畫：
填色：
不透明度：預設
不透明度：預設

「效果」不會變形路徑，而是當成物件的外觀屬性，看起來就像變形了物件

▶ 只改變外觀且可以重作的即時效果

顯示在外觀面板中的「效果」項目，按一下效果名稱的底線 (在或項目行雙按滑鼠左鍵)，開啟設定用的交談窗，就能更改設定。另外，在一個物件上，可以套用多種「效果」。過去，必須複雜變形路徑，才能表現的形狀，如今只要調整「效果」的設定，就可以反覆變形，因此也稱作「即時」效果。

「效果」是一種外觀項目，因此只要按下外觀面中的 👁，把效果隱藏起來，就不會套用該效果。另外，也可以刪除該項目。

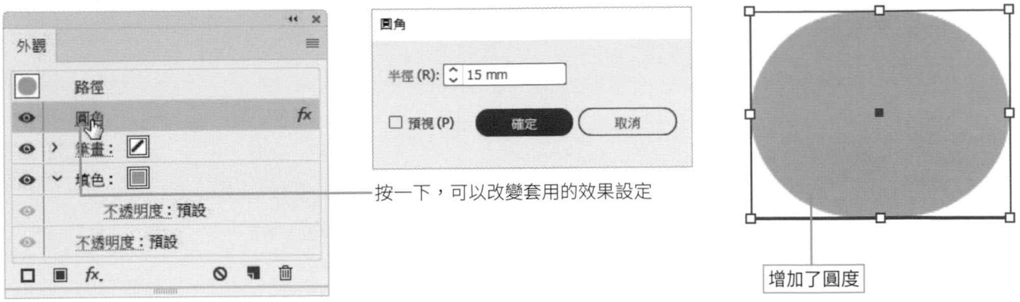
外觀
路徑
圓角
筆畫：
填色：
不透明度：預設
不透明度：預設
圓角
半徑 (R): 15 mm
預視 (P)
確定
取消
按一下，可以改變套用的效果設定
增加了圓度

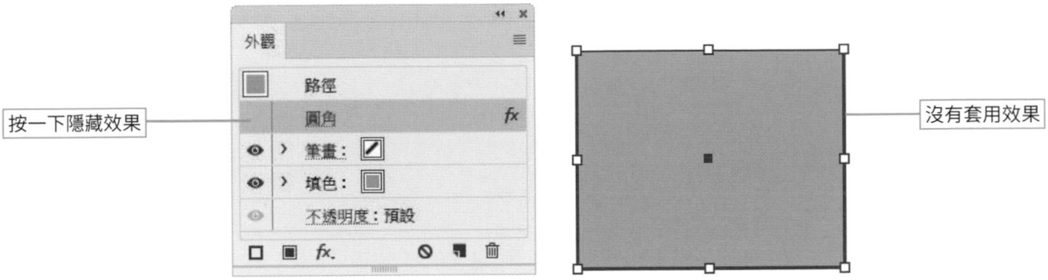
按一下隱藏效果
外觀
路徑
圓角
筆畫：
填色：
不透明度：預設
沒有套用效果

利用「外觀」面板也可以套用效果

使用效果選單，可以執行各種「效果」命令。按一下外觀面板下方的 fx，在選單中，也可以選取套用效果。

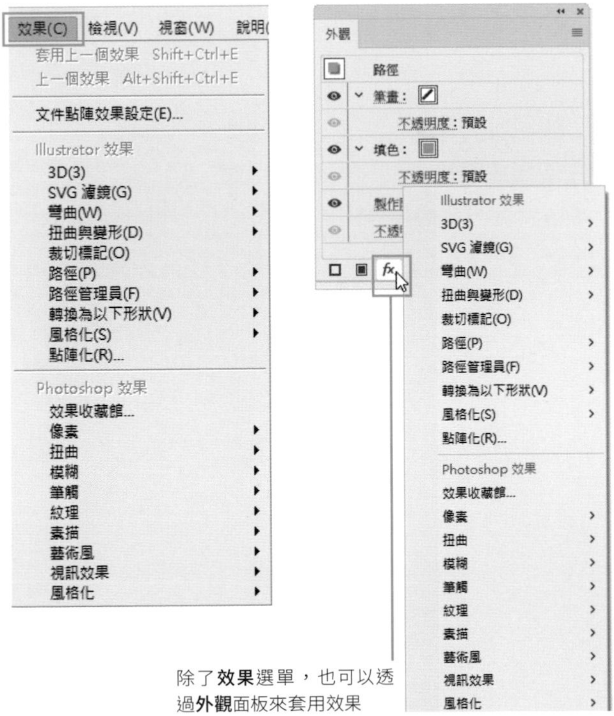
效果(C)
檢視(V)
視窗(W)
說明(
套用上一個效果 Shift+Ctrl+E
上一個效果 Alt+Shift+Ctrl+E
文件點陣效果設定(E)...
Illustrator 效果
3D(3)
SVG 濾鏡(G)
彎曲(W)
扭曲與變形(D)
裁切標記(O)
路徑(P)
路徑管理員(F)
轉換為以下形狀(V)
風格化(S)
點陣化(R)...
Photoshop 效果
效果收藏館...
像素
扭曲
模糊
筆觸
紋理
素描
藝術風
視訊效果
風格化
外觀
路徑
筆畫：
不透明度：預設
填色：
不透明度：預設
Illustrator 效果
3D(3)
SVG 濾鏡(G)
彎曲(W)
扭曲與變形(D)
裁切標記(O)
路徑(P)
路徑管理員(F)
轉換為以下形狀(V)
風格化(S)
點陣化(R)...
Photoshop 效果
效果收藏館...
像素
扭曲
模糊
筆觸
紋理
素描
藝術風
視訊效果
風格化
除了**效果**選單，也可以透過**外觀**面板來套用效果

● 文件點陣效果設定

在「效果」中，包含了「陰影」等 Illustrator 路徑無法表現的微妙漸層功能。陰影部分是以點陣圖來表現，而非路徑。因此，套用「效果」時，必須設定該點陣圖影像的解析度。

執行『效果→文件點陣效果設定』命令，開啟文件點陣效果設定交談窗，就能設定。

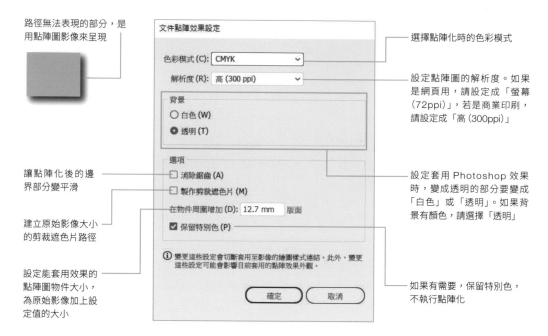

路徑無法表現的部分，是用點陣圖影像來呈現

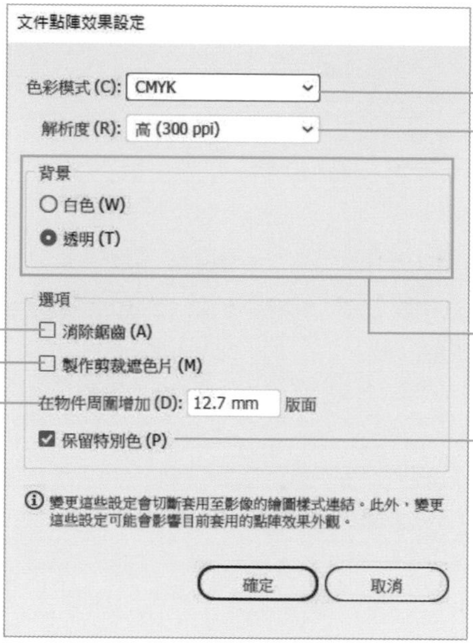

文件點陣效果設定
色彩模式 (C): CMYK
解析度 (R): 高 (300 ppi)
背景
白色 (W)
透明 (T)
選項
消除鋸齒 (A)
製作剪裁遮色片 (M)
在物件周圍增加 (D): 12.7 mm 版面
保留特別色 (P)
變更這些設定會切斷套用至影像的繪圖樣式連結。此外，變更這些設定可能會影響目前套用的點陣效果外觀。
確定
取消

選擇點陣化時的色彩模式

設定點陣圖的解析度。如果是網頁用，請設定成「螢幕 (72ppi)」，若是商業印刷，請設定成「高 (300ppi)」

設定套用 Photoshop 效果時，變成透明的部分要變成「白色」或「透明」。如果背景有顏色，請選擇「透明」

讓點陣化後的邊界部分變平滑

建立原始影像大小的剪裁遮色片路徑

設定能套用效果的點陣圖物件大小，為原始影像加上設定值的大小

如果有需要，保留特別色，不執行點陣化

建立新文件時，按照用途選擇文件描述檔，在文件的點陣特效中，就會設定成最佳值。

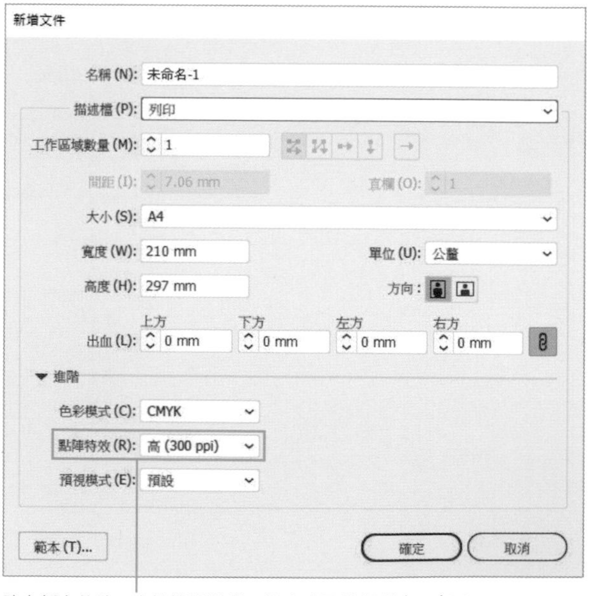

新增文件
名稱 (N): 未命名-1
描述檔 (P): 列印
工作區域數量 (M): 1
間距 (I): 7.06 mm
直欄 (O): 1
大小 (S): A4
寬度 (W): 210 mm
單位 (U): 公釐
高度 (H): 297 mm
方向：
上方
下方
左方
右方
出血 (L): 0 mm 0 mm 0 mm 0 mm
進階
色彩模式 (C): CMYK
點陣特效 (R): 高 (300 ppi)
預視模式 (E): 預設
範本 (T)...
確定
取消

建立新文件時，會根據描述檔，設定成最佳解析度。(CC 2017、2018 可以利用**更多設定**交談窗確認)

▶ 調整解析度

點陣圖的效果會根據點陣特效的解析度，產生不同的結果。例如，以下範例在物件套用了「Photoshop 效果」(參考 **9-26 頁**) 的「高斯模糊」，半徑設定為 10 像素。相同的設定值，套用在解析度設定為「螢幕 (72ppi)」或「高 (300ppi)」的文件上，會出現不同的結果。

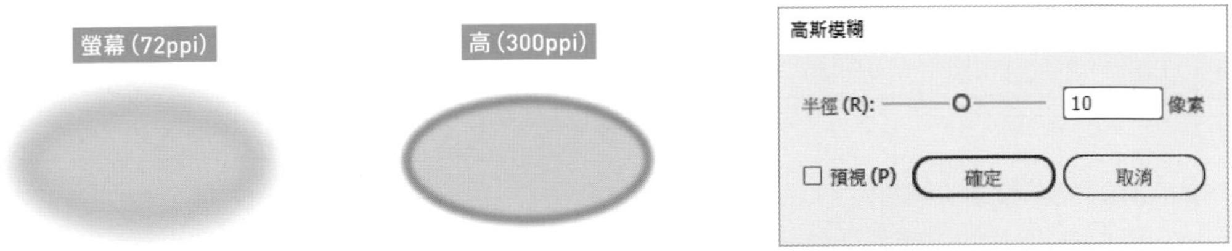
螢幕 (72ppi)
高 (300ppi)
高斯模糊
半徑 (R):
10
像素
預視 (P)
確定
取消

設定用的交談窗

到 Illustrator CS4 為止，套用效果之後，如果更改了文件點陣特效的解析度，會和上面的範例一樣，改變外觀。因此，如果要變成和原本圖稿一樣的外觀，必須點陣化，或再次調整效果的設定值。

▶ 非依存解析度的效果

從 Illustrator CS5 開始，套用效果之後，即使調整解析度，也不會改變物件的外觀，而是自動把效果調整成適當的設定值。

以商業印刷用的「高 (300ppi)」建立的圖稿，更改成網頁用的「螢幕 (72ppi)」，仍會保持原始物件的外觀。另外，以「高 (300ppi)」建立的物件，拷貝 & 貼上至「螢幕 (72ppi)」的文件中，同樣會保持外觀。

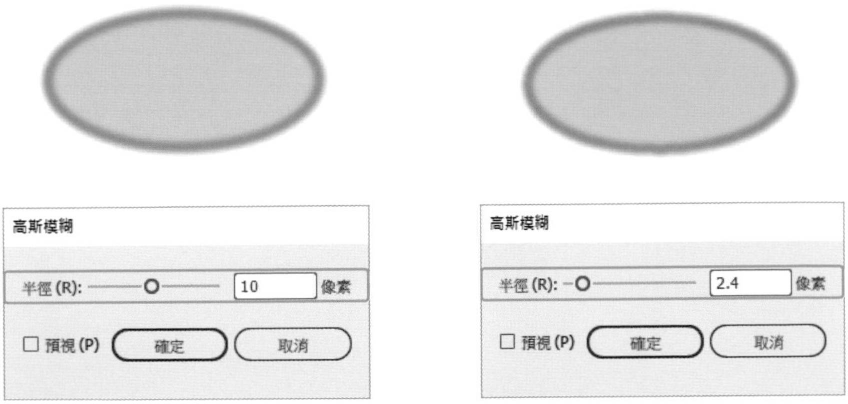
高斯模糊
半徑 (R):
10
像素
預視 (P)
確定
取消
高斯模糊
半徑 (R):
2.4
像素
預視 (P)
確定
取消

左圖：這是解析度設定為「高 (300ppi)」，半徑設定值為 10 像素的物件。
右圖：更改成「螢幕 (72ppi)」，外觀幾乎沒有變化，半徑的設定值為 2.4 像素。

CS6 | CC | CC14 | CC15 | CC17 | CC18

9-2
「3D」效果

使用頻率
★☆☆

「3D」效果是可以將選取物件輕鬆變成 3D 立體物件的效果。在 Illustrator 中，難以製作的立體物件，利用「3D」效果，就能輕易完成。

● 「3D」效果的特色

「3D」效果不會改變原始物件的形狀，而是利用效果，讓物件變立體。不僅能讓物件變立體，還能在旋轉物體對應其他物件，或隨意調整角度。另外，也可以表現出陰影效果，製作出逼真的立體感。

● 突出與斜角

「突出與斜角」效果是讓圖形變成有厚度的立體物件。

1 選取物件

選取要變立體的物件。

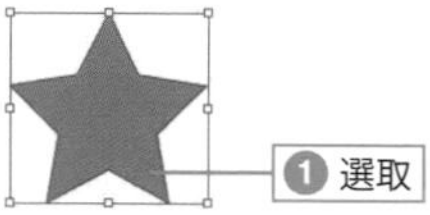
❶ 選取

2 執行『突出與斜角』命令。

接著，執行『效果→ 3D →突出與斜角』命令。

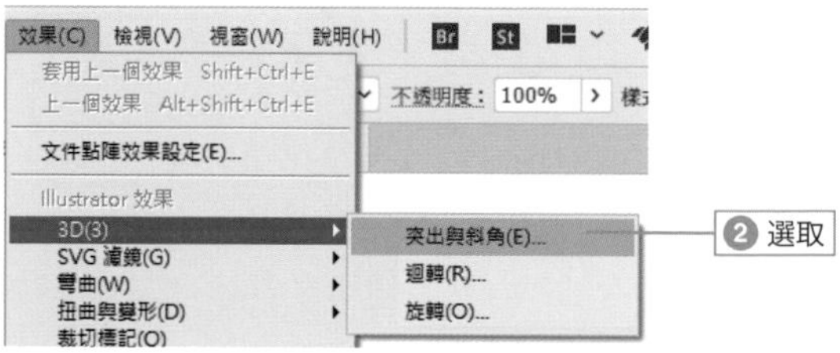
效果(C)
檢視(V)
視窗(W)
說明(H)
套用上一個效果 Shift+Ctrl+E
上一個效果 Alt+Shift+Ctrl+E
文件點陣效果設定(E)...
不透明度：100%
Illustrator 效果
3D(3)
SVG 濾鏡(G)
彎曲(W)
扭曲與變形(D)
裁切標記(O)
突出與斜角(E)...
迴轉(R)...
旋轉(O)...
❷ 選取

3 設定選項

利用 3D 突出與斜角選項交談窗，設定形狀。勾選預視，可以一邊檢視狀態，一邊設定。完成設定後，按下確定鈕。

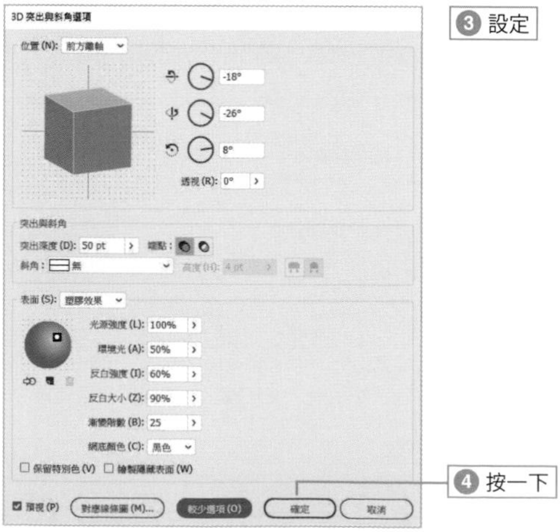
3D 突出與斜角選項
位置 (N): 前方離軸
-18°
-26°
8°
透視 (R): 0°
突出與斜角
突出深度 (D): 50 pt
斜角：無
表面 (S): 塑膠效果
光源強度 (L): 100%
環境光 (A): 50%
反白強度 (I): 60%
反白大小 (Z): 90%
漸變階數 (B): 25
網底顏色 (C): 黑色
預視 (P)
確定
取消
❸ 設定
❹ 按一下

※ 註：此畫面為按下「**更多選項**」鈕，展開更多細部設定。

❹ 變立體

選取的圖形變成具有厚度的立體物件。

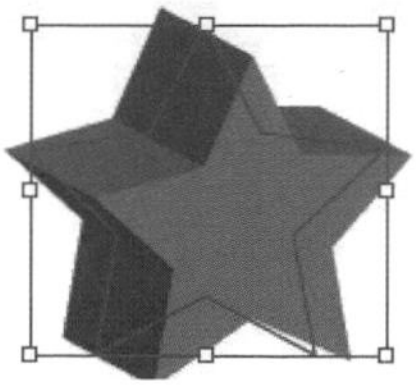

▶「3D 突出與斜角選項」交談窗的設定

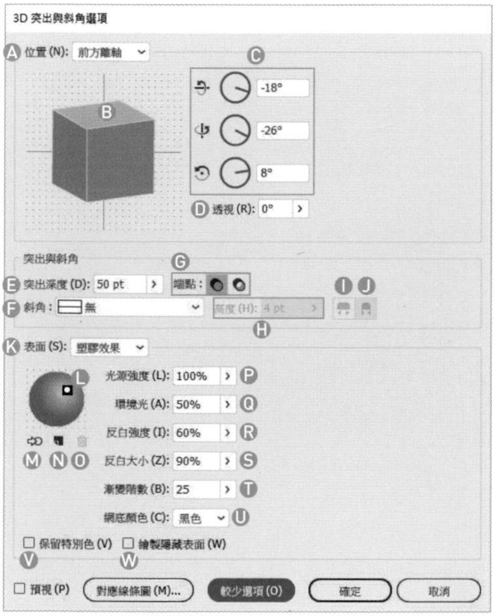

3D 突出與斜角選項
位置 (N): 前方離軸
-18°
-26°
8°
透視 (R): 0°
突出與斜角
突出深度 (D): 50 pt
端點：
斜角：無
高度 (H): 4 pt
表面 (S): 塑膠效果
光源強度 (L): 100%
環境光 (A): 50%
反白強度 (I): 60%
反白大小 (Z): 90%
漸變階數 (B): 25
網底顏色 (C): 黑色
保留特別色 (V)
繪製隱藏表面 (W)
預視 (P)
對應線條圖 (M)...
較少選項 (O)
確定
取消

Ⓐ **位置**：選擇圖形的角度

Ⓑ 隨意拖曳可以改變角度

Ⓒ 顯示 X、Y、Z 軸的旋轉角度。也可以直接輸入數值

Ⓓ **透視**：增加數值，會產生透視感

Ⓔ **突出深度**：設定突出的深度（厚度）

Ⓕ **斜角**：選擇加在突出部分的斜角（凹凸）形狀

套用了「複雜 3」的結果

Ⓖ **端點**：設定是否在立體物件加上端點

開啟端點

關閉端點

Ⓗ **高度**：設定斜角的高度

Ⓘ **斜角外擴**：在原始物件的外側建立斜角

Ⓙ **斜角內縮**：在原始物件的內側建立斜角

Ⓚ **表面**：選擇表現立體的方法

透視效果
無網底
漫射效果
塑膠效果

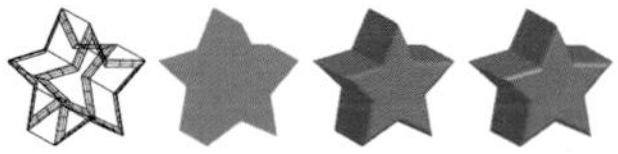

自左往右依序是「透視效果」、「無網底」、「漫射效果」、「塑膠效果」

Ⓛ 拖曳可以調整光源位置

Ⓜ 將選取的光源移動到物件的下層

Ⓝ 新增光源。最多可以增加 30 個光源

Ⓞ 刪除選取的光源

Ⓟ **光源強度**：設定光源的亮度

Ⓠ **環境光**：設定整體亮度

Ⓡ **反白強度**：設定光線反射部分的亮度

Ⓢ **反白大小**：設定光線反射的範圍

Ⓣ **漸變階數**：設定陰影的漸變階數

Ⓤ **網底顏色**：設定陰影部分的顏色

Ⓥ **保留特別色**：特別色會分解成印刷色，但是勾選之後，能保留特別色

Ⓦ **繪製隱藏表面**：沒有顯示的表面也要繪圖

POINT

在 **3D 突出與斜角選項**交談窗的「表面」設定項目，按下**更多選項**鈕（上圖顯示為**較少選項**鈕的位置），就會顯示更多設定出來。

TIPS 「旋轉」效果

「旋轉」效果是旋轉物件，呈現出立體感。設定方法請參考 **3D 突出與斜角選項**交談窗（請參考 **9-6 頁**）或 **3D 旋轉選項**交談窗（請參考底下的說明）。另外，旋轉 2 次元物件時，由於非 3 次元物件，因此有時可能無法按照期望來旋轉物件。

迴轉

「迴轉」效果是旋轉圖形，變成立體物件。

1 執行『迴轉』命令

選取要變立體的物件，執行『效果 → 3D →迴轉』命令。

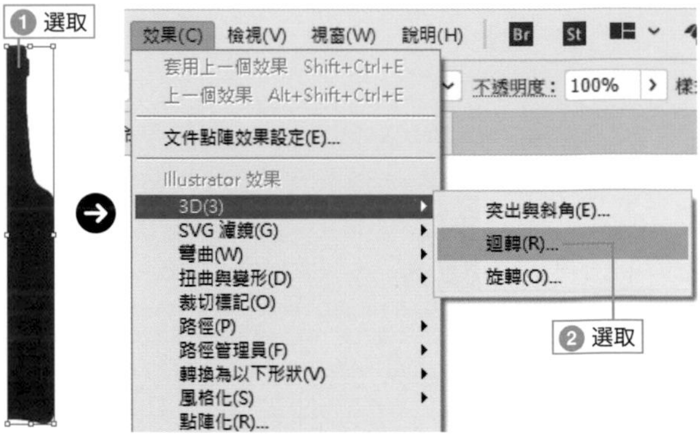

❶ 選取
效果(C)
檢視(V)
視窗(W)
說明(H)
套用上一個效果 Shift+Ctrl+E
上一個效果 Alt+Shift+Ctrl+E
文件點陣效果設定(E)...
Illustrator 效果
3D(3)
SVG 濾鏡(G)
彎曲(W)
扭曲與變形(D)
裁切標記(O)
路徑(P)
路徑管理員(F)
轉換為以下形狀(V)
風格化(S)
點陣化(R)...
不透明度：100%
突出與斜角(E)...
迴轉(R)...
旋轉(O)...
❷ 選取

2 設定選項

在 3D 迴轉選項交談窗，設定迴轉角度與位置。勾選預視，可以一邊檢視狀態，一邊設定。完成設定之後，按下確定鈕

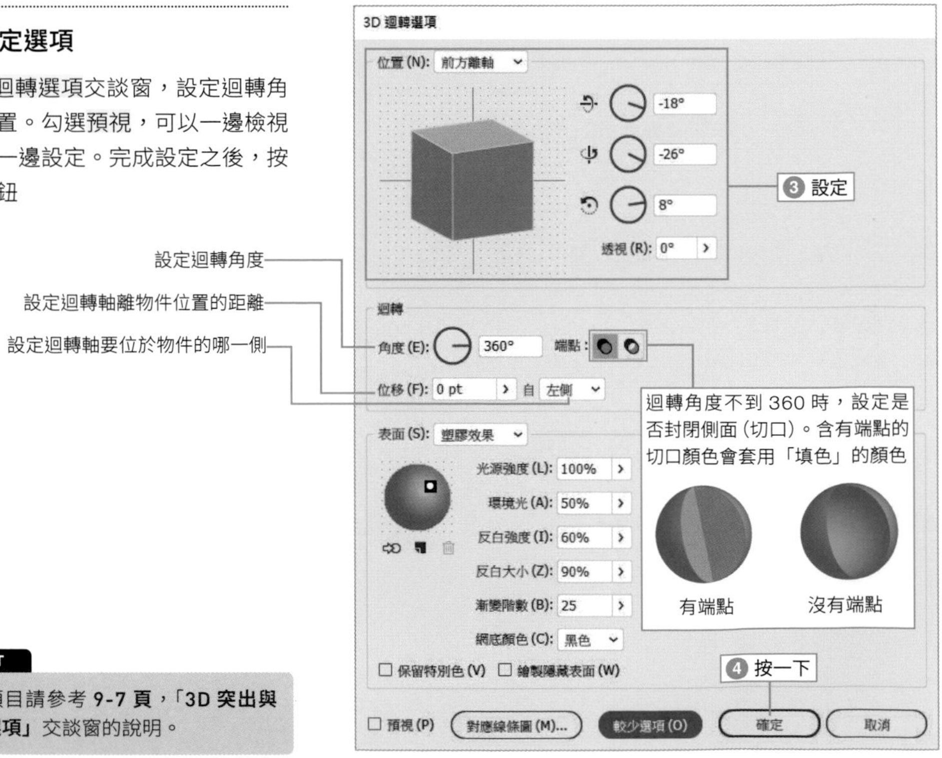

設定迴轉角度
設定迴轉軸離物件位置的距離
設定迴轉軸要位於物件的哪一側
3D 迴轉選項
位置 (N): 前方離軸
-18°
-26°
8°
透視 (R): 0°
❸ 設定
迴轉
角度 (E): 360°
端點：
位移 (F): 0 pt
自 左側
迴轉角度不到 360 時，設定是否封閉側面（切口）。含有端點的切口顏色會套用「填色」的顏色
有端點
沒有端點
表面 (S): 塑膠效果
光源強度 (L): 100%
環境光 (A): 50%
反白強度 (I): 60%
反白大小 (Z): 90%
漸變階數 (B): 25
網底顏色 (C): 黑色
保留特別色 (V)
繪製隱藏表面 (W)
❹ 按一下
預視 (P)
對應線條圖 (M)...
較少選項 (O)
確定
取消

POINT

其他項目請參考 **9-7 頁**，**「3D 突出與斜角選項」**交談窗的說明。

③ 變立體

選取圖形在套用迴轉效果後，變成立體物件。

對應

在突出與斜角及迴轉中，可以在立體表面貼上儲存在符號面板中的其他物件。以下是在套用迴轉效果後的酒瓶貼上酒標。

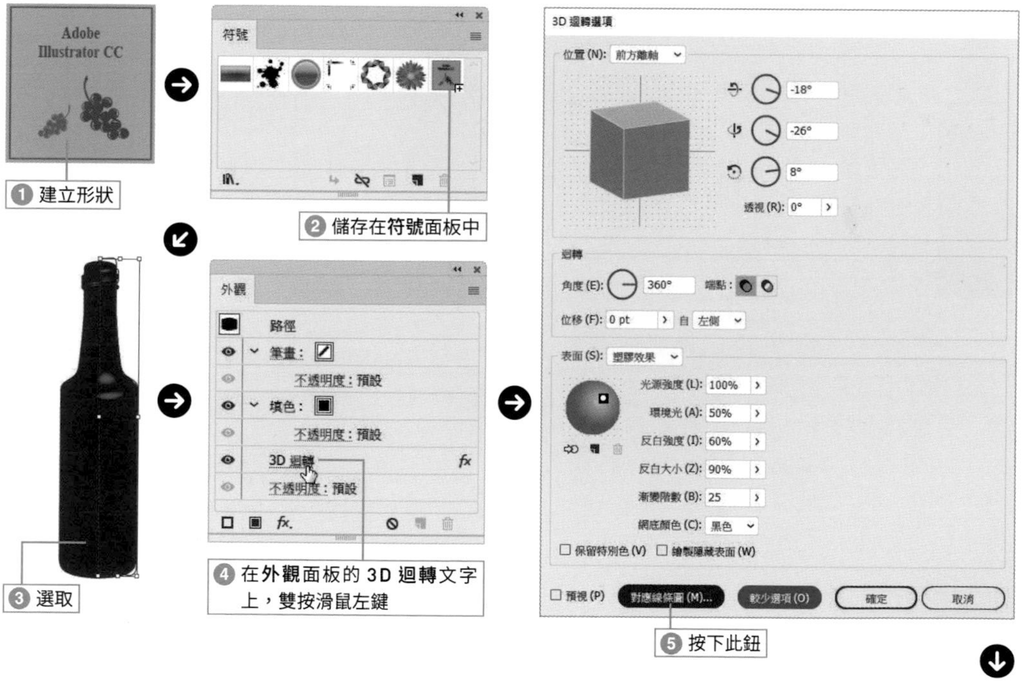

Adobe Illustrator CC
① 建立形狀
符號
② 儲存在符號面板中
③ 選取
外觀
路徑
筆畫：
不透明度：預設
填色：
不透明度：預設
3D 迴轉
不透明度：預設
④ 在外觀面板的 3D 迴轉文字上，雙按滑鼠左鍵
3D 迴轉選項
位置 (N): 前方離軸
-18°
-26°
8°
透視 (R): 0°
迴轉
角度 (E): 360°
端點：
位移 (F): 0 pt
自 左側
表面 (S): 塑膠效果
光源強度 (L): 100%
環境光 (A): 50%
反白強度 (I): 60%
反白大小 (Z): 90%
漸變階數 (B): 25
網底顏色 (C): 黑色
保留特別色 (V)
繪製隱藏表面 (W)
預視 (P)
對應線條圖 (M)...
較少選項 (O)
確定
取消
⑤ 按下此鈕

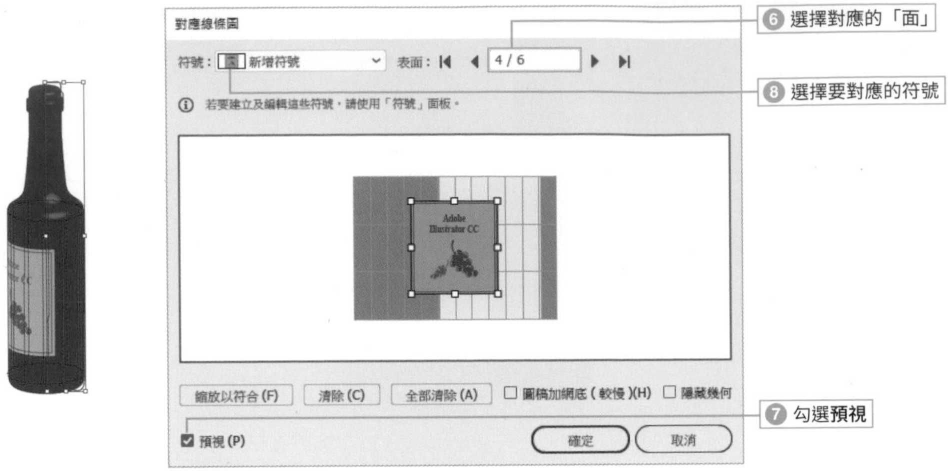

對應線條圖
符號：新增符號
表面：4 / 6
若要建立及編輯這些符號，請使用「符號」面板。
Adobe Illustrator CC
縮放以符合 (F)
清除 (C)
全部清除 (A)
圖稿加網底（較慢）(H)
隱藏幾何
預視 (P)
確定
取消
❻ 選擇對應的「面」
❽ 選擇要對應的符號
❼ 勾選預視

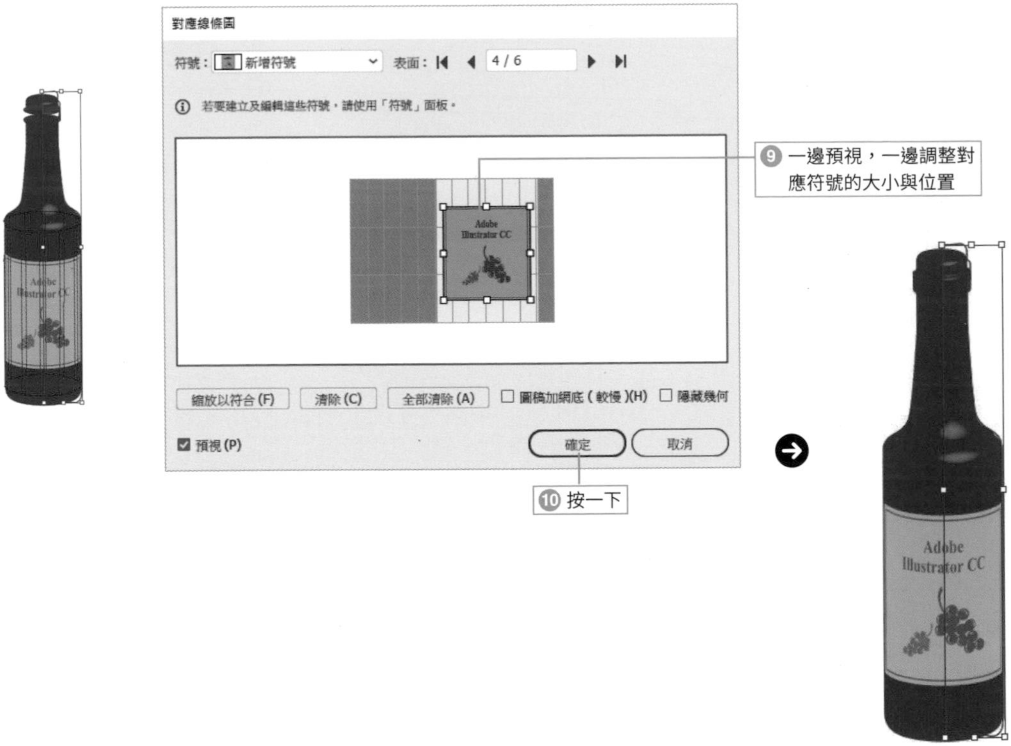

對應線條圖
符號：新增符號
表面：4 / 6
若要建立及編輯這些符號，請使用「符號」面板。
Adobe Illustrator CC
縮放以符合 (F)
清除 (C)
全部清除 (A)
圖稿加網底（較慢）(H)
隱藏幾何
預視 (P)
確定
取消
❾ 一邊預視，一邊調整對應符號的大小與位置
❿ 按一下
Adobe Illustrator CC

9-3 「風格化」效果

使用頻率 ★★☆	「風格化」效果可以在選取物件加上陰影或圓角效果。

羽化

「羽化」效果是按照設定的距離，模糊選取物件的邊緣，讓與背景之間的界線變柔和。

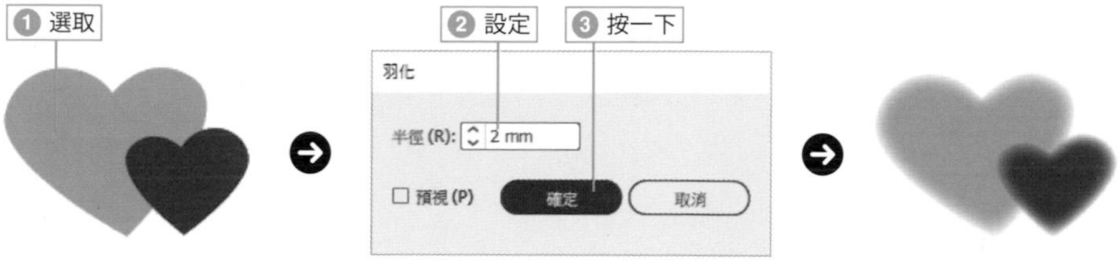

① 選取
② 設定
③ 按一下
羽化
半徑 (R): 2 mm
預視 (P)
確定
取消

POINT

套用了「羽化」效果的部分，會先轉換成點陣圖再處理，所以像素會變得較為明顯。也會因為在**效果**選單的**文件點陣效果設定**中，「解析度」的設定，而讓模糊精準度產生變化。

製作陰影

「製作陰影」效果會在選取物件上，加上陰影。

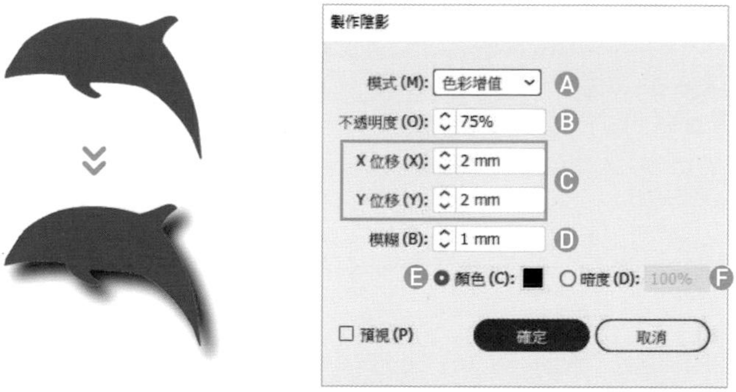

製作陰影
模式 (M): 色彩增值 A
不透明度 (O): 75% B
X 位移 (X): 2 mm
Y 位移 (Y): 2 mm C
模糊 (B): 1 mm D
E 顏色 (C):
暗度 (D): 100% F
預視 (P)
確定
取消

Ⓐ 設定背景中的物件與陰影重疊時，以何種方式重疊

Ⓑ 設定陰影的不透明度
數值愈大，陰影愈深

Ⓒ 設定陰影從物件開始位移的距離。在 X 軸設定正值是往右位移，Y 軸設定正值是往下位移

Ⓓ 在指定的範圍內模糊陰影

Ⓔ 點選**顏色**項目，會用顏色方塊顯示的顏色來建立陰影。若要改變顏色，在顏色方塊上雙按滑鼠左鍵，再選取顏色，還可以設定特別色

Ⓕ 設定陰影的深淺。
0% 會變成和選取物件同色，100% 是黑色 100%。以漸層或圖樣上色的物件，會變成灰階

POINT

陰影部分經過點陣化，變成點陣圖影像。根據在**效果**選單的**文件點陣效果設定**中，設定的解析度來建立陰影。

● 內光暈

「內光暈」效果是在選取物件的內側，套用交談窗中設定的模糊效果。

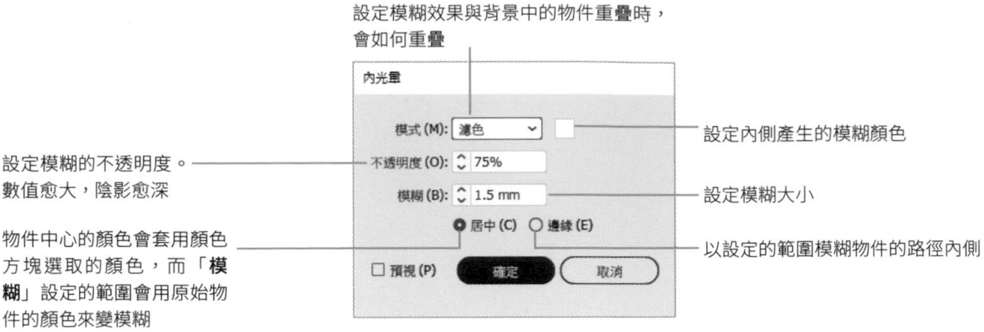
設定模糊效果與背景中的物件重疊時，
會如何重疊
內光暈
模式 (M): 濾色
不透明度 (O): 75%
模糊 (B): 1.5 mm
居中 (C)
邊緣 (E)
預視 (P)
確定
取消
設定內側產生的模糊顏色
設定模糊的不透明度。
數值愈大，陰影愈深
設定模糊大小
物件中心的顏色會套用顏色方塊選取的顏色，而「模糊」設定的範圍會用原始物件的顏色來變模糊
以設定的範圍模糊物件的路徑內側

設定「**居中**」模糊的情況

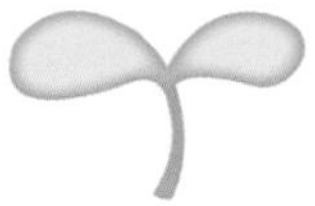

設定「**邊緣**」模糊的情況

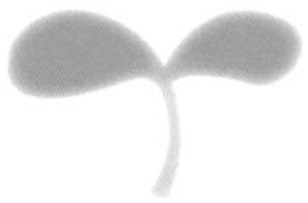

● 外光暈

「外光暈」效果是沿著選取物件的輪廓模糊外側部分。

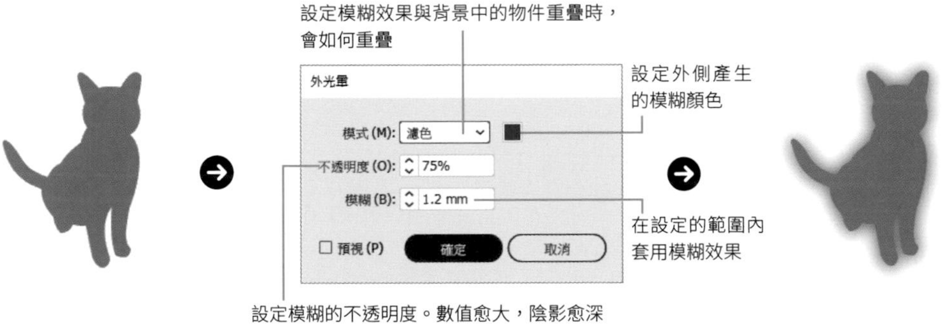
設定模糊效果與背景中的物件重疊時，
會如何重疊
外光暈
模式 (M): 濾色
不透明度 (O): 75%
模糊 (B): 1.2 mm
預視 (P)
確定
取消
設定外側產生的模糊顏色
在設定的範圍內套用模糊效果
設定模糊的不透明度。數值愈大，陰影愈深

● 圓角

「圓角」效果是依照設定的半徑讓邊角變圓角。設定值愈大，圓角的效果愈明顯。

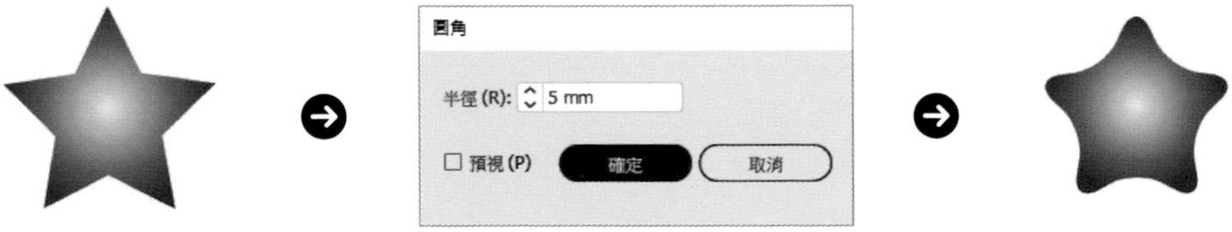
圓角
半徑 (R): 5 mm
預視 (P)
確定
取消

塗抹

「塗抹」效果是製造出手繪線條的效果。

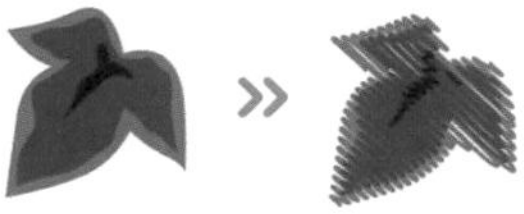

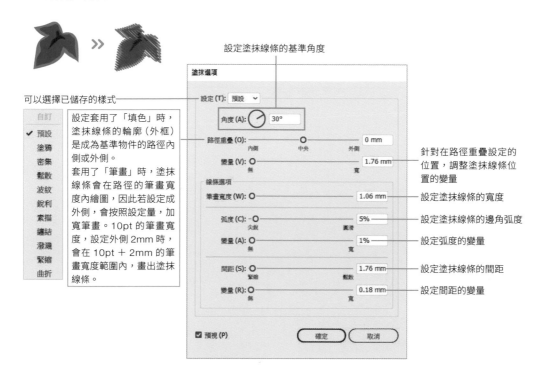

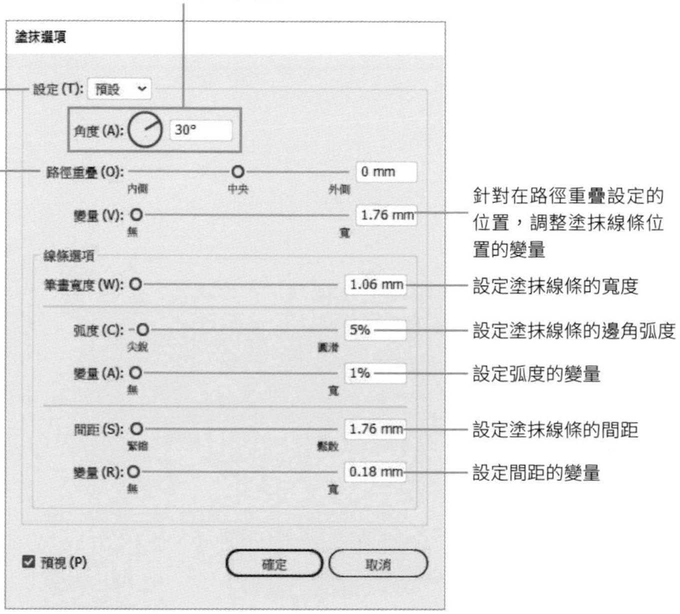
設定塗抹線條的基準角度
可以選擇已儲存的樣式
自訂
預設
塗鴉
密集
鬆散
波紋
銳利
素描
纏結
潑濺
緊縮
曲折
設定套用了「填色」時，塗抹線條的輪廓（外框）是成為基準物件的路徑內側或外側。套用了「筆畫」時，塗抹線條會在路徑的筆畫寬度內繪圖，因此若設定成外側，會按照設定量，加寬筆畫。10pt 的筆畫寬度，設定外側 2mm 時，會在 10pt ＋ 2mm 的筆畫寬度範圍內，畫出塗抹線條。
塗抹選項
設定 (T): 預設
角度 (A): 30°
路徑重疊 (O): 0 mm
內側
中央
外側
變量 (V): 1.76 mm
無
寬
線條選項
筆畫寬度 (W): 1.06 mm
弧度 (C): 5%
尖銳
圓滑
變量 (A): 1%
無
寬
間距 (S): 1.76 mm
緊縮
鬆散
變量 (R): 0.18 mm
無
寬
預視 (P)
確定
取消
針對在路徑重疊設定的位置，調整塗抹線條位置的變量
設定塗抹線條的寬度
設定塗抹線條的邊角弧度
設定弧度的變量
設定塗抹線條的間距
設定間距的變量

▶ 只在「填色」或「筆畫」套用「塗抹」效果

在選取物件的狀態，「塗抹」效果會同時套用在「筆畫」與「填色」上。但是，當「筆畫」或「填色」的上色設定為「無」時，就不會顯示效果。只在設定了顏色、漸層、圖樣時，才會套用效果。

只套用「填色」時

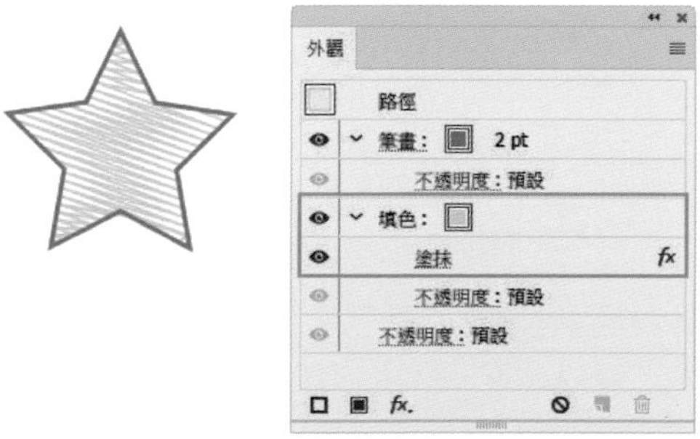
外觀
路徑
筆畫: 2 pt
不透明度: 預設
填色:
塗抹
不透明度: 預設
不透明度: 預設

只套用在「筆畫」時，塗抹線條會把筆畫寬度當作基準來繪圖

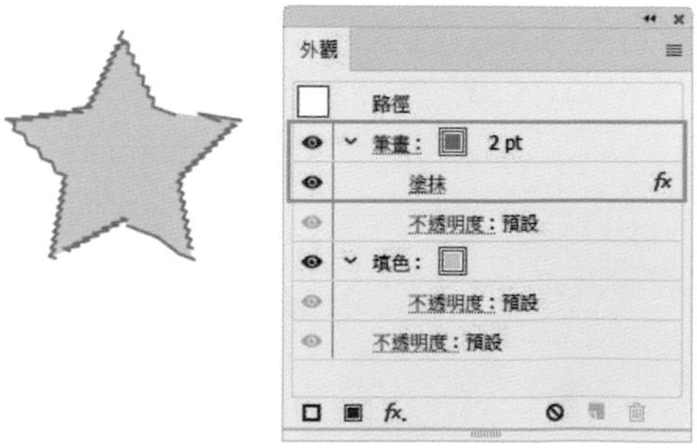
外觀
路徑
筆畫: 2 pt
塗抹
不透明度: 預設
填色:
不透明度: 預設
不透明度: 預設

9-4
「扭曲與變形」效果

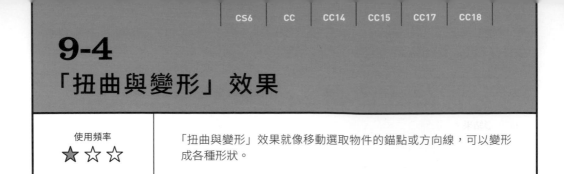

使用頻率 ★☆☆	「扭曲與變形」效果就像移動選取物件的錨點或方向線，可以變形成各種形狀。

鋸齒化

「鋸齒化」效果能轉換成鋸齒狀的路徑。

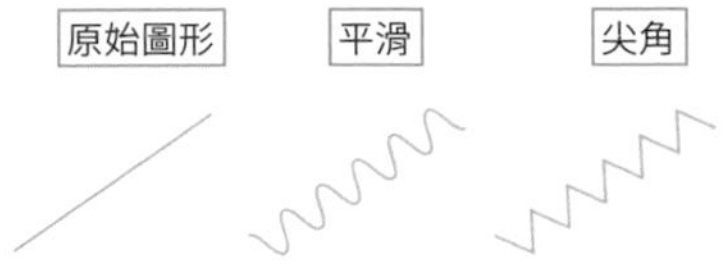
原始圖形
平滑
尖角

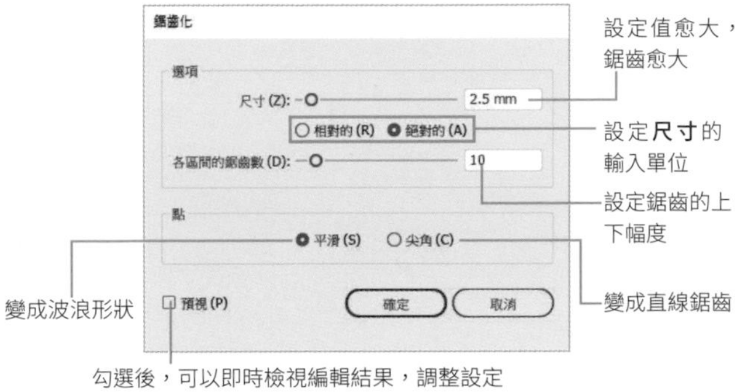
鋸齒化
選項
尺寸 (Z):
2.5 mm
相對的 (R)
絕對的 (A)
各區間的鋸齒數 (D):
10
點
平滑 (S)
尖角 (C)
預視 (P)
確定
取消
設定值愈大，鋸齒愈大
設定尺寸的輸入單位
設定鋸齒的上下幅度
變成波浪形狀
變成直線鋸齒
勾選後，可以即時檢視編輯結果，調整設定

隨意扭曲

「隨意扭曲」效果是變形包圍選取物件的矩形來變形整個物件。

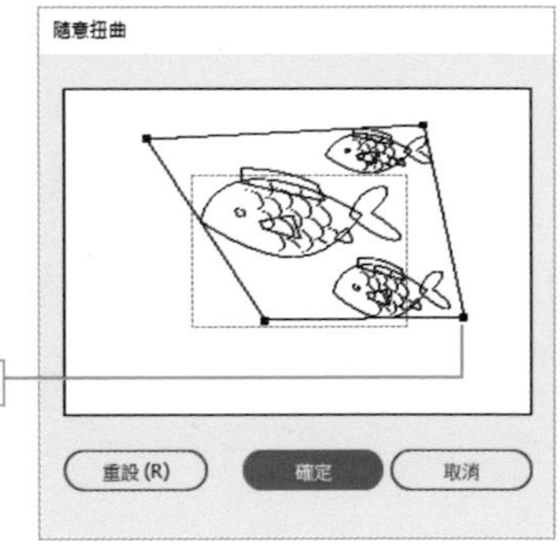
隨意扭曲
隨意拖曳控制點來變形物件
重設 (R)
確定
取消

縮攏與膨脹

「縮攏與膨脹」效果是在選取物件的所有錨點上延伸出方向線，再彎曲變形區段。

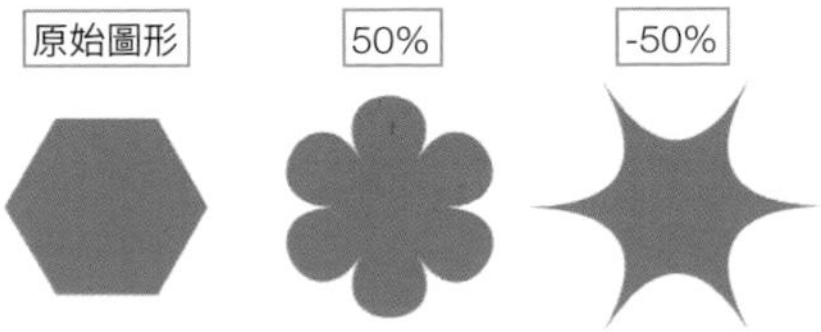
原始圖形
50%
-50%

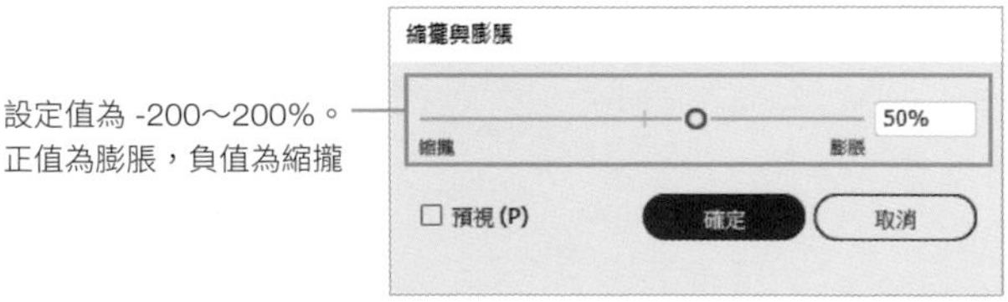
設定值為 -200～200%。正值為膨脹，負值為縮攏
縮攏與膨脹
50%
縮攏
膨脹
預視 (P)
確定
取消

TIPS 搭配使用「增加錨點」

執行『**物件→路徑→增加錨點**』命令，增加物件的錨點數量再執行**縮攏與澎脹**，同樣的物件會產生不同的變形結果。

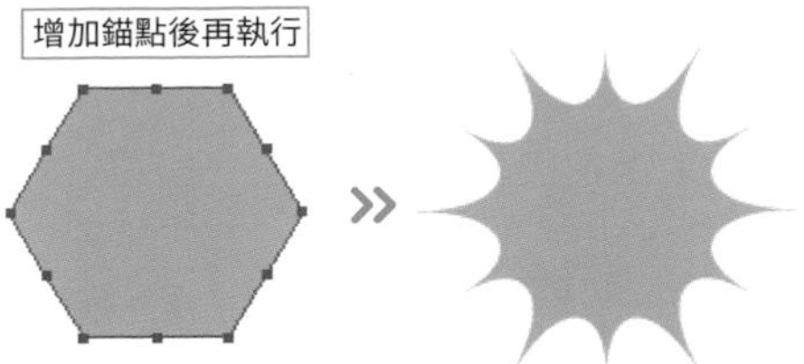
增加錨點後再執行

粗糙效果

「粗糙效果」是在選取物件上增加虛擬錨點，包含增加的錨點在內，移動錨點的位置來變形物件。

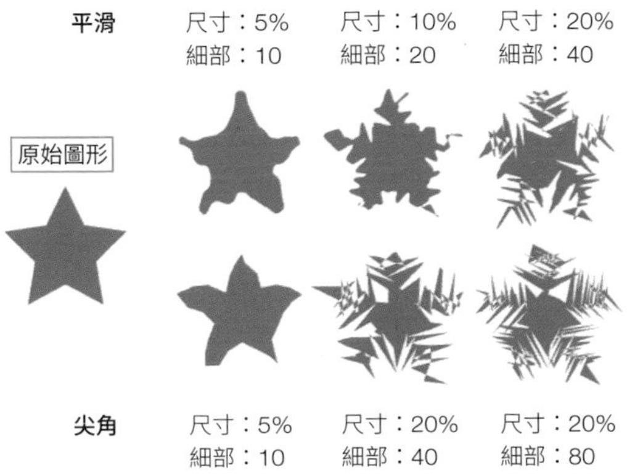
平滑
尺寸：5%
細部：10
尺寸：10%
細部：20
尺寸：20%
細部：40
原始圖形
尖角
尺寸：5%
細部：10
尺寸：20%
細部：40
尺寸：20%
細部：80

設定「尺寸」的輸入方式

這是移動錨點的距離

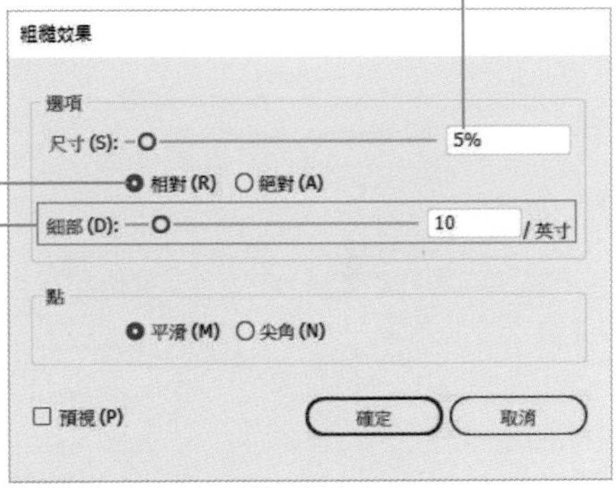
粗糙效果
選項
尺寸 (S):
5%
相對 (R)
絕對 (A)
細部 (D):
10
/ 英寸
點
平滑 (M)
尖角 (N)
預視 (P)
確定
取消

這個數值是設定 1 英吋內，要製作幾個區段。數值愈大，增加的錨點愈多

POINT

使用**粗糙效果**濾鏡時，在「點」套用「**平滑**」時，別放大「**細部**」，而是要放大「**尺寸**」。相對來說，變形成「尖角」時，要加大「**細部**」。

隨意筆畫

「隨意筆畫」效果是只按照設定值來移動變形選取物件的錨點與控制點（方向線的兩端）。

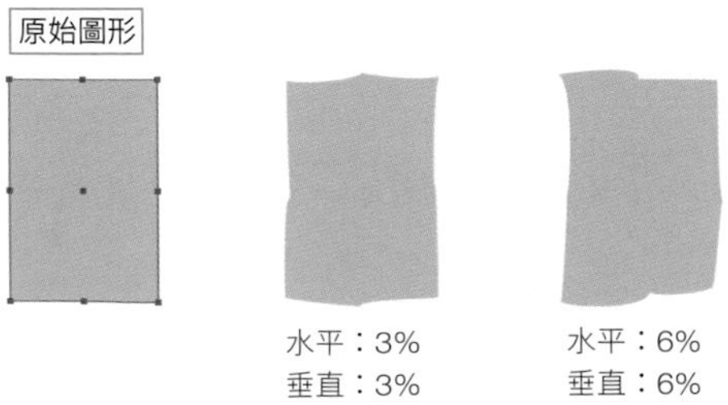
原始圖形
水平：3%
垂直：3%
水平：6%
垂直：6%

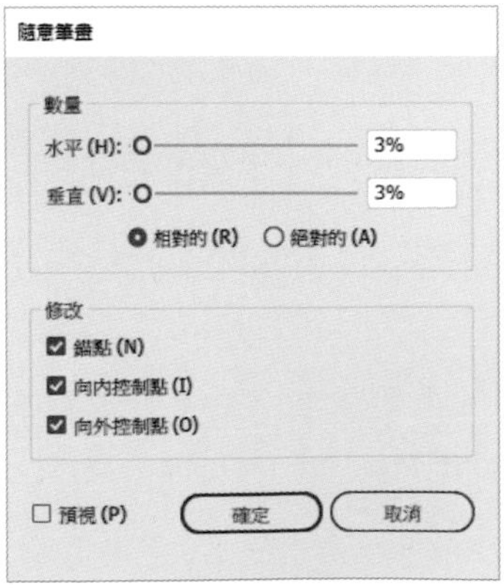
隨意筆畫
數量
水平 (H):
3%
垂直 (V):
3%
相對的 (R)
絕對的 (A)
修改
錨點 (N)
向內控制點 (I)
向外控制點 (O)
預視 (P)
確定
取消

變形

「變形」效果是在選取物件套用一次移動、旋轉、縮放效果來變形物件。右圖是反覆拷貝放大、移動、旋轉後，製作出來的物件。

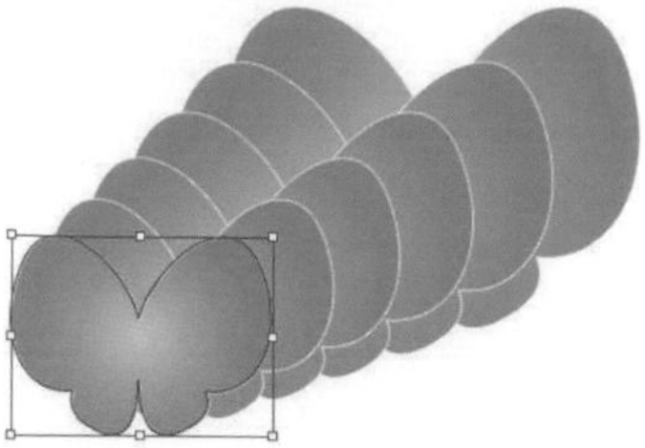

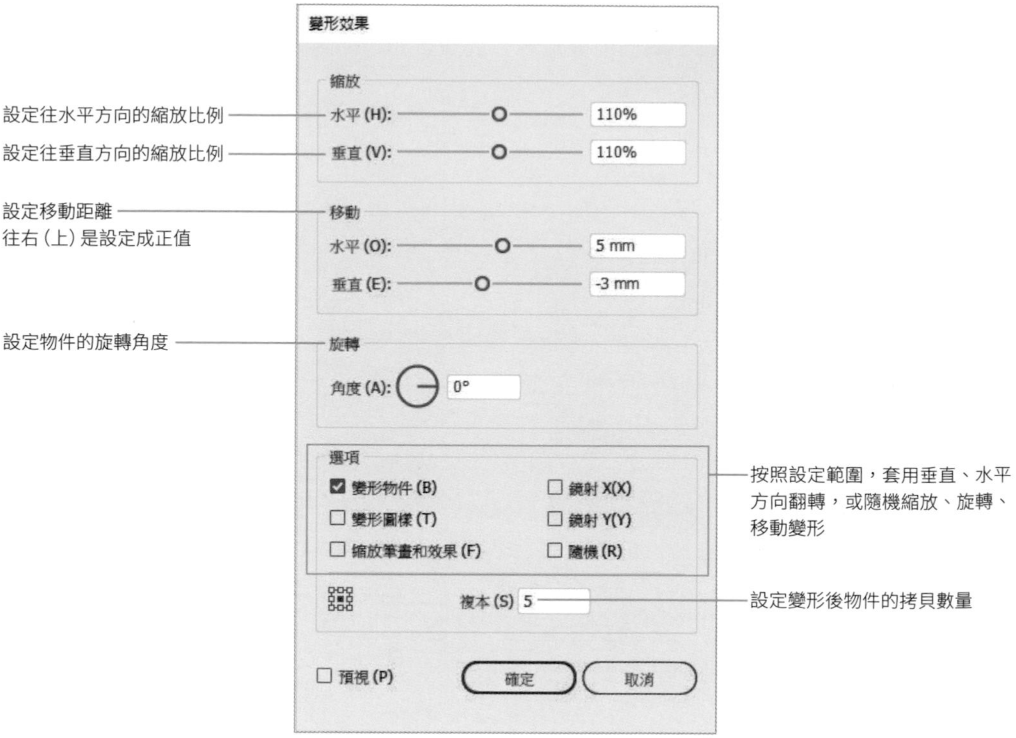

變形效果
縮放
水平 (H):
110%
垂直 (V):
110%
移動
水平 (O):
5 mm
垂直 (E):
-3 mm
旋轉
角度 (A):
0°
選項
變形物件 (B)
鏡射 X(X)
變形圖樣 (T)
鏡射 Y(Y)
縮放筆畫和效果 (F)
隨機 (R)
複本 (S) 5
預視 (P)
確定
取消
設定往水平方向的縮放比例
設定往垂直方向的縮放比例
設定移動距離
往右（上）是設定成正值
設定物件的旋轉角度
按照設定範圍，套用垂直、水平方向翻轉，或隨機縮放、旋轉、移動變形
設定變形後物件的拷貝數量

螺旋

「螺旋」效果是按照設定角度，將物件變形成螺旋狀。

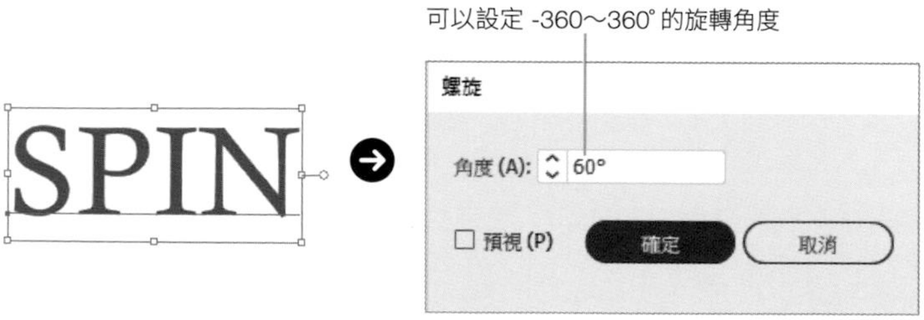

SPIN
可以設定 -360～360° 的旋轉角度
螺旋
角度 (A):
60°
預視 (P)
確定
取消

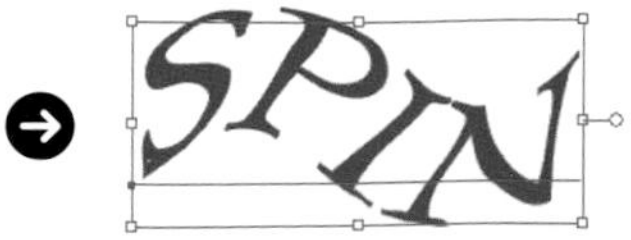

SPIN

9-5
「路徑管理員」面板 /「路徑管理員」效果

使用頻率	使用路徑管理員面板，可以用重疊物件的方式，輕易製作出新物件。執行『效果→路徑管理員』命令，能把路徑管理員面板的功能當作效果來套用。
★★☆	

「路徑管理員」面板與「路徑管理員」效果的差別

利用路徑管理員變形物件的方法有 2 種，一種是執行『效果→路徑管理員』命令，另一種是使用路徑管理員面板。

利用路徑管理員面板變形物件時，會實際改變路徑的形狀。變形後的物件，執行『編輯→還原』命令（Ctrl＋Z），也無法還原。執行『效果→路徑管理員』命令，會成為即時效果，只變形物件的外觀（外表），只要在外觀面板關閉效果，就能讓物件恢復原狀。另外，網格物件有時無法獲得正常的套用結果。

POINT

假如畫面上沒有顯示**路徑管理員**面板，請執行『**視窗→路徑管理員**』命令（Shift＋Ctrl＋F9 鍵）。

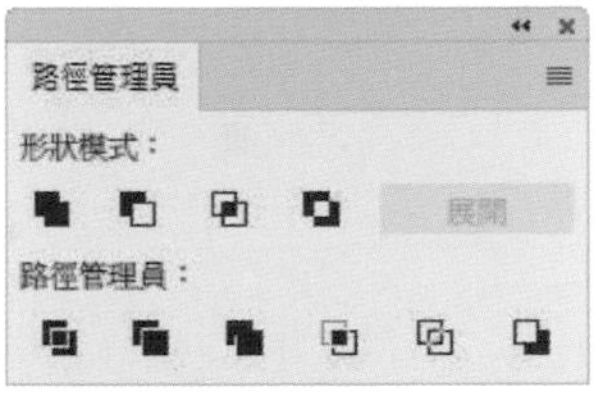
路徑管理員
形狀模式：
展開
路徑管理員：

TIPS 「效果」選單中的「路徑管理員」

執行『**效果→路徑管理員**』命令時，請先將要套用該效果的物件組成群組後再套用。另外，部分物件即使可以使用**路徑管理員**面板套用變形，也可能出現無法利用**效果**選單套用變形的情況。

形狀模式

相加（在「路徑管理員」面板中是「聯集」）
利用多個物件的外框建立一個物件，會以最上層物件的「填色」與「筆畫」設定上色。

交集
只保留 2 個物件重疊部分，建立出新物件。新物件會套用最上層物件的「填色」與「筆畫」上色設定。

相減（在「路徑管理員」面板中是「減去上層」）
按照與上層物件重疊的部分，減去下層物件，製作出複合形狀。

差集
選取物件的重疊部分變成透明，製作出複合物件。

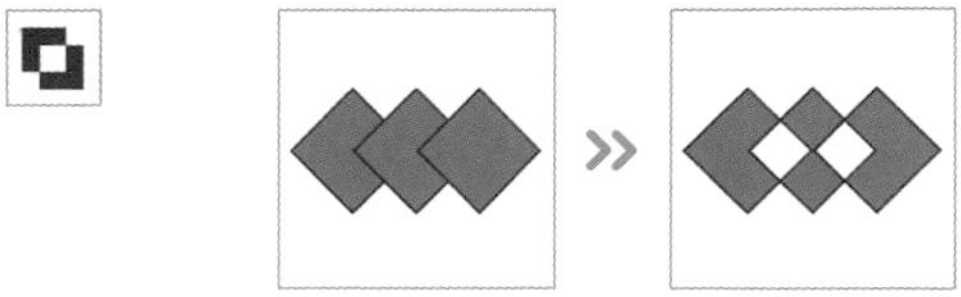

TIPS 複合形狀

按住Alt鍵不放並按一下**形狀模式**的按鈕，會建立只變形外觀的「複合形狀」。複合形狀是使用**直接選取工具**或編輯模式，就能編輯原始物件的特殊群組物件。

複合形狀在按下**路徑管理員**面板中的**展開**鈕，會變成經過變形後的路徑。另外，在**路徑管理員**面板選單中，執行『**釋放複合形狀**』命令，可以恢復成原本的狀態。

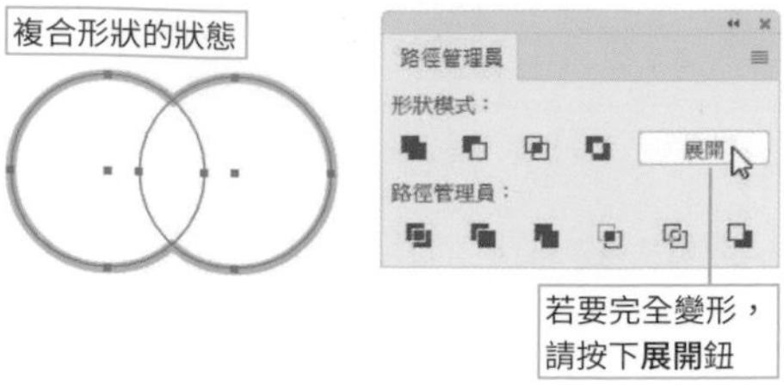

複合形狀的狀態
路徑管理員
形狀模式：
展開
路徑管理員：
若要完全變形，
請按下**展開**鈕

路徑管理員

分割

將選取物件的重疊部分分割成多個物件，產生的物件會組成群組。

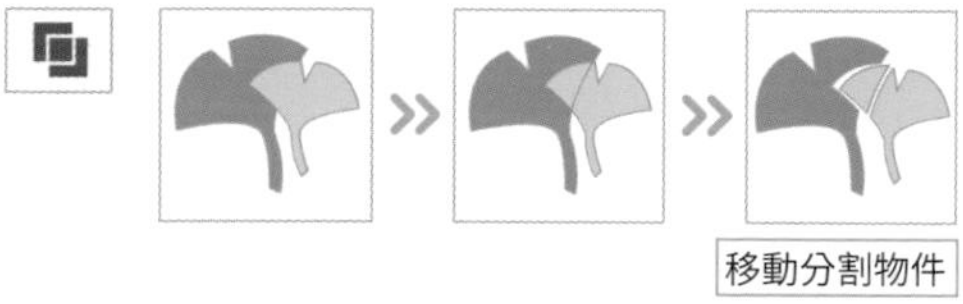

移動分割物件

剪裁覆蓋範圍

在選取物件中，從「填色」為同色的物件外框，建立出一個新物件。「填色」同色的物件會按照重疊方法，變成獨立物件。產生的物件會組成群組，「筆畫」的上色設定會消失。

將物件分離後的情況

合併

會建立和「剪裁覆蓋範圍」一樣的物件，但是「填色」為同色的物件會變成一個物件。製作出來的物件組成群組，「筆畫」的上色設定消失。

將物件分離後的情況

裁切

選取物件中，以最上層物件裁剪與下層物件重疊的部分，會產生和遮色片一樣的效果。製作出來的物件會組成群組。

外框

分割選取物件重疊部分的路徑，建立多個物件。製作出來的開放路徑會組成群組，處理後的物件筆畫寬度變成「0」，請設定成適當的數值。

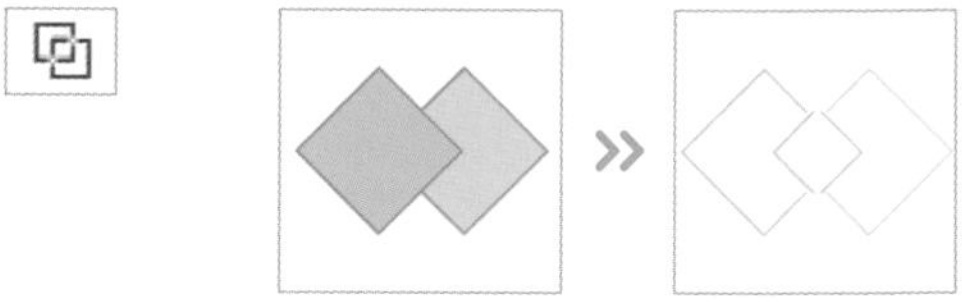

依後置物件剪裁

以與下層物件重疊部分裁剪上層物件，製作出複合物件。

只有「效果」選單才有的項目

實色疊印混合

選取群組物件的重疊部分，以顏色最大值混色。假設重疊「C:40、M:60、Y:30、K:0」、「C:20」、「M:70、Y:20、K:5」時，會變成「C:40、M:70、Y:30、K:5」，並且忽略「筆畫」的顏色。

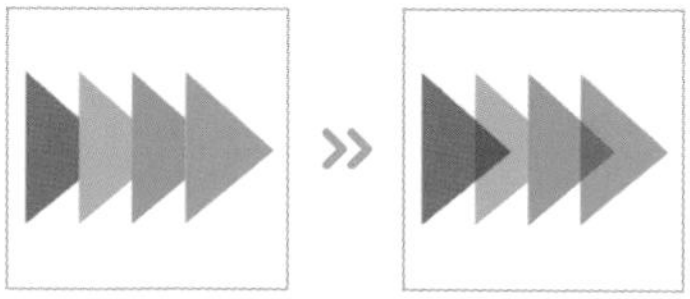

透明疊印混合

選取群組物件的重疊部分，以浮現出淺色般混色。選取物件的重疊部分，上層變透明，顯示出下層顏色。重疊顏色的混合率是在**路徑管理員選項**交談窗設定數值。數值愈大，愈會透出下層顏色

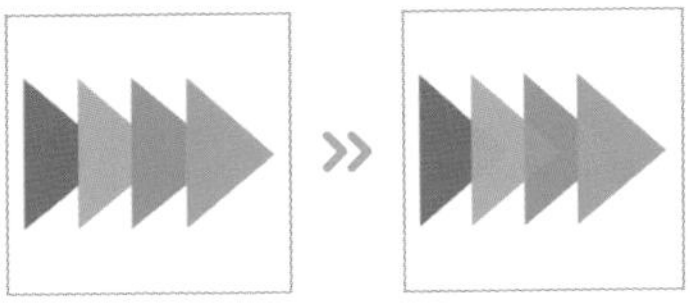

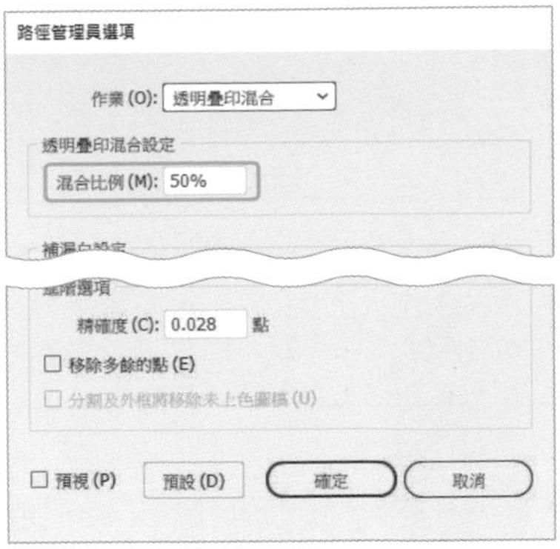

路徑管理員選項
作業 (O): 透明疊印混合
透明疊印混合設定
混合比例 (M): 50%
進階選項
精確度 (C): 0.028 點
移除多餘的點 (E)
分割及外框將移除未上色圖稿 (U)
預視 (P)
預設 (D)
確定
取消

按一下**外觀**面板中，套用的路徑管理員效果，就能開啟**路徑管理員選項**交談窗

補漏白（在「路徑管理員」面板，執行面板選單）

「補漏白」是從剪裁的物件中，製作出補漏白用的物件。補漏白是指，為了防止使用彩色印刷，依照顏色拼版，重疊多層薄膜印刷時，因錯誤的顏色重疊部分，讓中間色變厚造成錯位，而採用的技術。

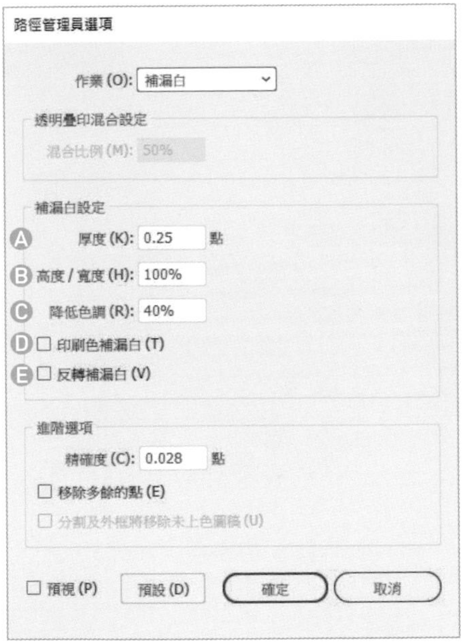

路徑管理員選項
作業 (O): 補漏白
透明疊印混合設定
混合比例 (M): 50%
補漏白設定
A 厚度 (K): 0.25 點
B 高度 / 寬度 (H): 100%
C 降低色調 (R): 40%
D 印刷色補漏白 (T)
E 反轉補漏白 (V)
進階選項
精確度 (C): 0.028 點
移除多餘的點 (E)
分割及外框將移除未上色圖稿 (U)
預視 (P)
預設 (D)
確定
取消

Ⓐ 設定補漏白物件的厚度。一般設定為 0.25 點～1.0 點

Ⓑ 針對垂直方向的補漏白厚度（寬度），設定水平厚度（高度）的比例

Ⓒ 控制補漏白顏色的深淺

Ⓓ 補漏白物件如果是特別色，轉換成對應的印刷色

Ⓔ 在 Illustrator 中，亮色會重疊在暗色上，進行補漏白。勾選了此項功能，暗色會補漏白成明亮色

TIPS 路徑管理員選項

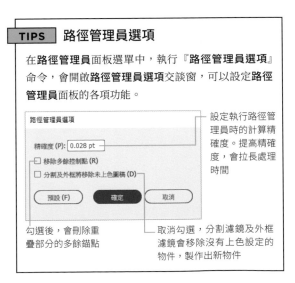

在**路徑管理員**面板選單中，執行『**路徑管理員選項**』命令，會開啟**路徑管理員選項**交談窗，可以設定**路徑管理員**面板的各項功能。

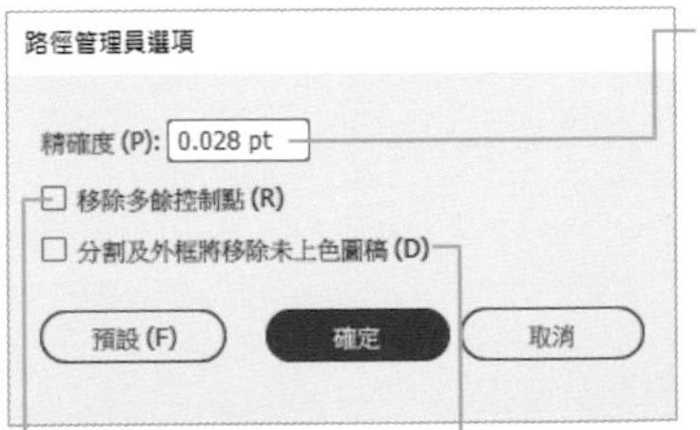

路徑管理員選項
精確度 (P): 0.028 pt
移除多餘控制點 (R)
分割及外框將移除未上色圖稿 (D)
預設 (F)
確定
取消

設定執行路徑管理員時的計算精確度。提高精確度，會拉長處理時間

勾選後，會刪除重疊部分的多餘錨點

取消勾選，分割濾鏡及外框濾鏡會移除沒有上色設定的物件，製作出新物件

CS6 CC CC14 CC15 CC17 CC18

9-6 「轉換為以下形狀」效果

使用頻率 ★☆☆

「轉換為以下形狀」效果可以將選取物件的路徑變形成矩形、圓角矩形、橢圓形。這個效果能套用在物件的部分外觀上，因此可以用來轉換文字物件新增的「筆畫」或「填色」外觀，輕鬆製作出網頁用按鈕。

轉換物件的形狀

「轉換為以下形狀」效果是保持選取物件的路徑形狀，將外觀形狀變形成矩形、圓角矩形、橢圓形。

1 在新增筆畫套用效果

在外觀面板中，選取新增的筆畫，套用轉換為以下形狀效果。

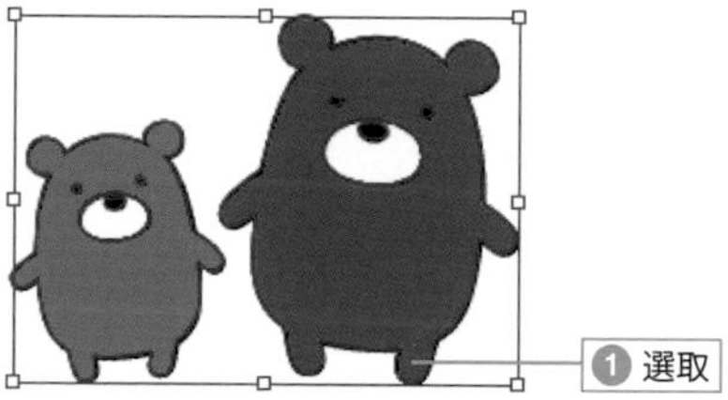

1 選取

外觀
群組
筆畫：
1 pt
不透明度：預設
填色：
不透明度：預設
內容
不透明度：預設
2 新增並選取筆畫

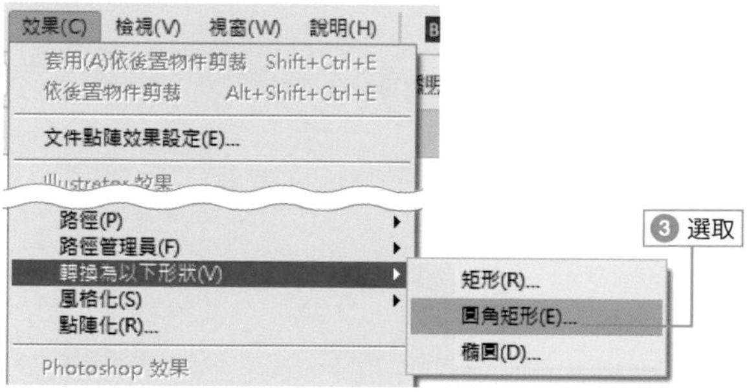

效果(C)
檢視(V)
視窗(W)
說明(H)
套用(A)依後置物件剪裁 Shift+Ctrl+E
依後置物件剪裁 Alt+Shift+Ctrl+E
文件點陣效果設定(E)...
路徑(P)
路徑管理員(F)
轉換為以下形狀(V)
風格化(S)
點陣化(R)...
Photoshop 效果
矩形(R)...
圓角矩形(E)...
橢圓(D)...
3 選取

2 設定選項

在外框選項交談窗中，選取形狀，設定要增加的數值，按下確定鈕。

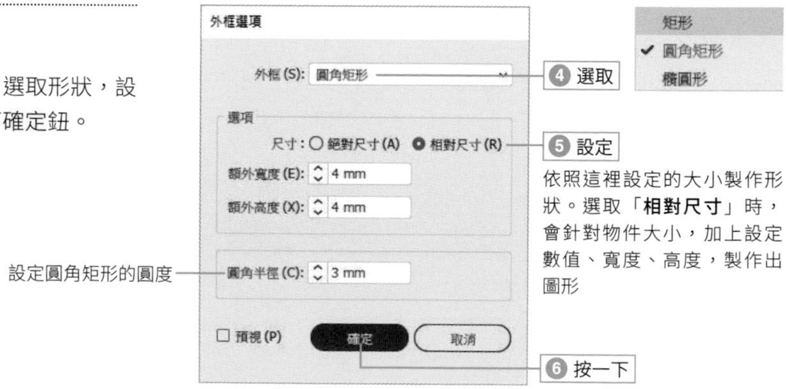

外框選項
外框 (S): 圓角矩形
選項
尺寸：絕對尺寸 (A) 相對尺寸 (R)
額外寬度 (E): 4 mm
額外高度 (X): 4 mm
圓角半徑 (C): 3 mm
預視 (P)
確定
取消
矩形
圓角矩形
橢圓形
4 選取
5 設定
6 按一下
設定圓角矩形的圓度
依照這裡設定的大小製作形狀。選取「相對尺寸」時，會針對物件大小，加上設定數值、寬度、高度，製作出圖形

3 筆畫轉換成圓角矩形

新增的筆畫轉換成圓角矩形，並保留原始圖形。

「轉換為以下形狀」效果是套用在新增的「填色」或「筆畫」上，因此能保留原本的物件，新增包圍該物件的矩形等圖形。由於套用的是效果，編輯原始物件時，也會同步改變以「轉換為以下形狀」建立的圖形大小。

進入群組編輯模式，移動左邊的物件

能針對編輯後的物件製作出圓角矩形

在「填色」套用「轉換為以下形狀」效果

「轉換為以下形狀」效果也可以套用在外觀面板中新增的「填色」上。關鍵在於，新增的填色要置於物件的下層。

1 將填色移動至下層

在外觀面板中，新增「填色」，並且拖曳至「**字元**」的下方。設定「填色」的顏色，並選取填色項目。

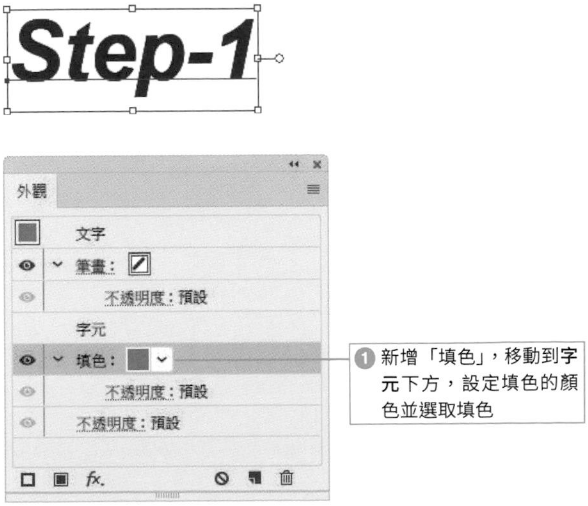
Step-1
外觀
文字
筆畫：
不透明度：預設
字元
填色：
不透明度：預設
不透明度：預設
① 新增「填色」，移動到字元下方，設定填色的顏色並選取填色

② 設定選項

套用「轉換為以下形狀」效果。使用外框選項交談窗，設定形狀與大小，再按下確定鈕。

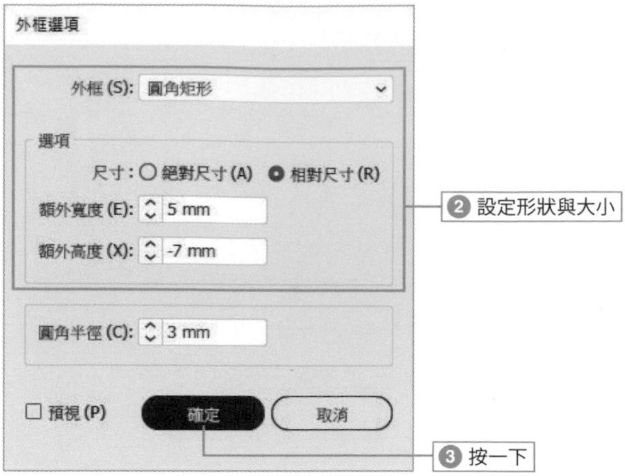
外框選項
外框 (S): 圓角矩形
選項
尺寸：絕對尺寸 (A) 相對尺寸 (R)
額外寬度 (E): 5 mm
額外高度 (X): -7 mm
圓角半徑 (C): 3 mm
預視 (P)
確定
取消
② 設定形狀與大小
③ 按一下

③ 筆畫轉換成矩形

最下層的「填色」轉換成圓角矩形。由於高度設定為負值，所以高度變得比文字低。

Step-1

外觀
文字
筆畫：
不透明度：預設
字元
填色：
圓角矩形
不透明度：預設
不透明度：預設

CS6 | CC | CC14 | CC15 | CC17 | CC18

9-7 其他效果

使用頻率 ★☆☆

「裁切標記」效果是在物件加上裁切標記（出血）的效果。「路徑」效果即使直接套用在物件上，也不會改變外觀，可與其他效果一起使用，是非常實用的功能。

「SVG 濾鏡」效果

SVG 是 Scalable Vector Graphics 的縮寫，由 World Wide Web Consortium（W3C）提倡，網頁影像用的 XML 基本語法。SVG 效果是以 XML 描述的影像效果濾鏡，使用方法和其他「效果」一樣。

SVG 效果是以 XML 格式的文字資料，描述要在影像套用何種效果。如果熟悉 XML，也可以改寫濾鏡內容，製作出新 SVG 濾鏡。將套用 SVG 效果的圖稿，儲存成 SVG 格式，以網頁瀏覽器顯示時，瀏覽器能運算效果並顯示出來。

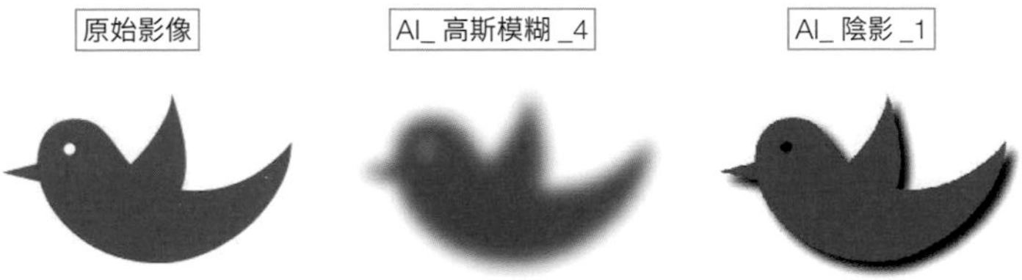
原始影像
AI_ 高斯模糊 _4
AI_ 陰影 _1

「裁切標記」效果

「裁切標記」效果可以建立包圍選取物件的裁切標記。在一個工作區域內，能製作出多個裁切標記，或改變裁切標記的形狀，有著與在工作區域建立裁切標記不同的方便性。

POINT

以「裁切標記」效果製作的裁切標記，在分版時，會變成以全彩輸出的模擬色彩。

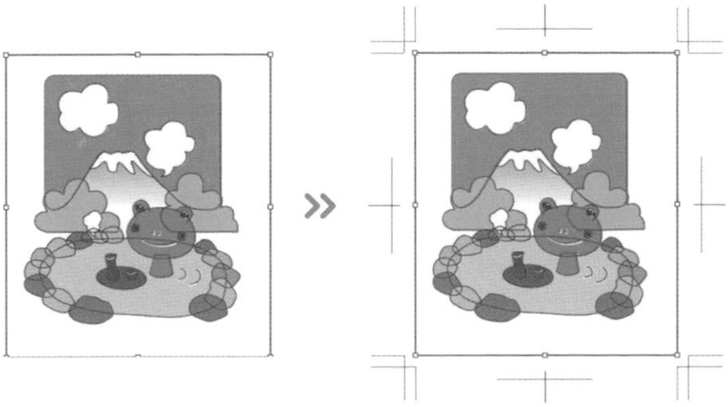

TIPS 將出血標記
轉換成路徑

使用「裁切標記」效果製作出來的
裁切標記，如果要轉換成路徑，請
執行『**物件→擴充外觀**』命令，裁
切標記就會轉換成路徑。或者也可
以把裁切標記製作成物件，請參考
10-45 頁。

TIPS 裁切標記的類型

使用裁切標記製作的標記類型，是套用**偏好設定**交談窗的
一般面板（Ctrl＋K）的設定。

☐ 取消自動增加／刪除 (B)   ☑ 連按兩下以分離 (U)
☐ 使用精確指標 (E)   ☑ 使用日式裁切標記 (J)
☑ 顯示工具提示 (I)   ☑ 圖樣拼貼變形 (F)
☑ 消除鋸齒圖稿 (T)   ☑ 縮放圓角 (S)
☐ 選取相同刷淡色百分比 (M)   ☑ 縮放筆畫和效果 (O)
☑ 沒有文件開啟時顯示開始工作區 (H)

●「路徑」效果

「路徑」效果能將物件路徑建立外框或位移。

▶ 外框物件
變成將文字物件建立外框的狀態。

▶ 外框筆畫
變成將物件路徑建立外框的狀態（請參考 P216）。

▶ 位移複製
以設定的距離，位移變形物件路徑的狀態（請參考 P217）。

●「點陣化」效果

「點陣化」效果是將選取物件點陣化，變成點陣圖的狀態。使用於要保持路徑，呈現點陣
圖狀態的情況。

原始影像    以「螢幕 (72ppi)」點陣化    背景為白色的範例    背景為透明的範例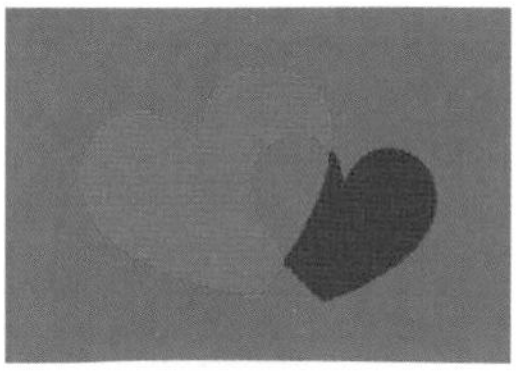

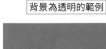

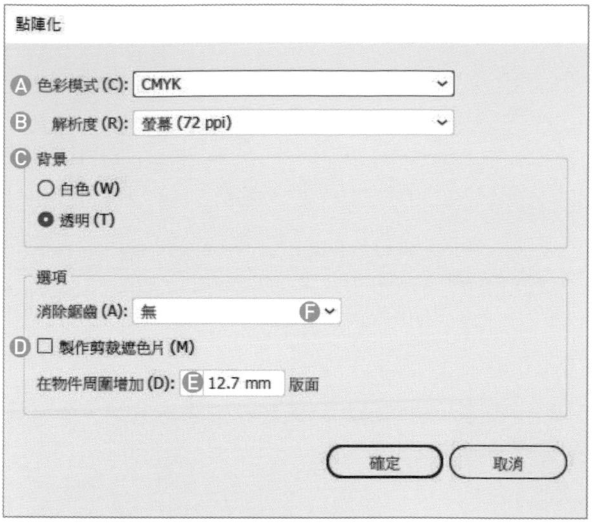
點陣化
A 色彩模式 (C): CMYK
B 解析度 (R): 螢幕 (72 ppi)
C 背景
白色 (W)
透明 (T)
選項
消除鋸齒 (A): 無 F
D 製作剪裁遮色片 (M)
在物件周圍增加 (D): E 12.7 mm 版面
確定
取消

Ⓐ 設定轉換後的色彩模式

Ⓑ 設定點陣圖物件的解析度。
請根據圖稿的使用目的來決定

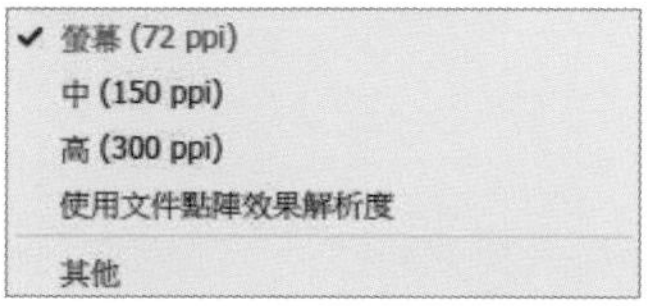
螢幕 (72 ppi)
中 (150 ppi)
高 (300 ppi)
使用文件點陣效果解析度
其他

Ⓒ 設定點陣化後，物件的背景顏色

Ⓓ 以原始物件對點陣化後的物件製作剪裁遮色片

Ⓔ 在原始物件增加設定值，放大點陣化後的物件

Ⓕ 選擇點陣化物件的邊緣如何消除鋸齒變平滑

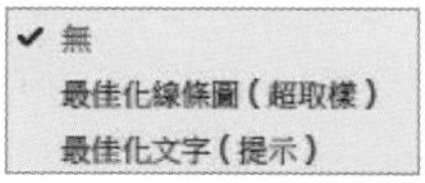
無
最佳化線條圖（超取樣）
最佳化文字（提示）

無
沒有套用消除鋸齒，邊緣部分變成凹凸不平。
文字邊緣也變得不平整，但是形狀會按照**字元**面板的「設定消除鋸齒方式」來點陣化

最佳化線條圖 (超取樣)
包含文字在內的所有物件都套用消除鋸齒效果。
文字會忽略**字元**面板的「設定消除鋸齒方式」設定。和過去的消除鋸齒選項一樣

最佳化文字 (提示)
包含文字在內的所有物件都套用消除鋸齒效果。
文字會按照**字元**面板的「設定消除鋸齒方式」設定來點陣化

●「彎曲」效果

在選取物件套用弧形或拱形等變形效果，詳細說明請參考 7-11 節 (**7-29 頁**)。

9-8 Photoshop 效果

使用頻率 ★☆☆	選取物件，執行『效果→ Photoshop 效果』命令，可以將物件的外觀變成路徑無法呈現的複雜效果。

邊「預視」邊調整設定

在「Photoshop 效果」可以顯示預設及設定畫面，能一邊利用預視確認變形效果，一邊調整右側的設定值。另外，還可以在這個畫面調整套用的濾鏡。

可以調整選取路徑的設定值（參數）

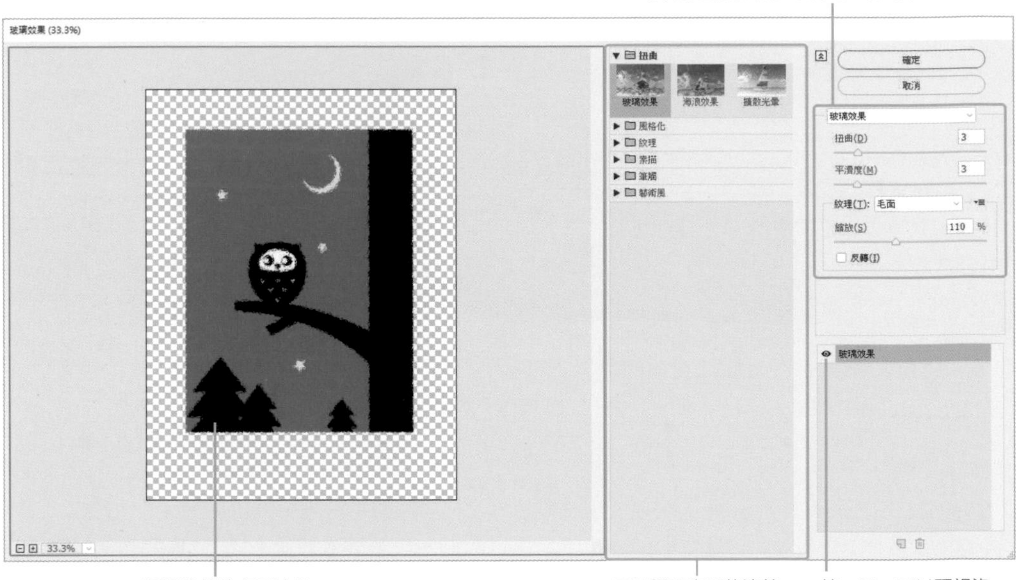

玻璃效果 (33.3%)
扭曲
玻璃效果
海浪效果
擴散光暈
風格化
紋理
素描
筆觸
藝術風
確定
取消
玻璃效果
扭曲(D) 3
平滑度(M) 3
紋理(T): 毛面
縮放(S) 110 %
反轉(I)
玻璃效果
33.3%

預視濾鏡的套用結果

可以選取套用的濾鏡

按一下，可以預視沒有套用濾鏡的狀態

POINT

部分效果會顯示獨立的設定交談窗。

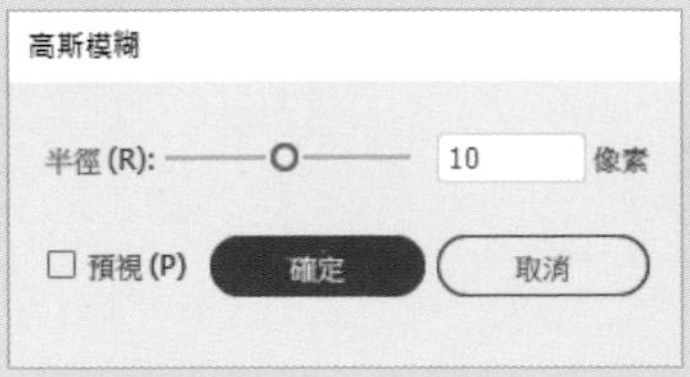

高斯模糊
半徑 (R):
10
像素
預視 (P)
確定
取消

高斯模糊是用獨立的交談窗進行設定

TIPS 套用多種 Photoshop 效果

如果要對物件執行『**效果→ Photoshop 效果**』命令，套用多重效果時，請在套用之後，再套用其他 Photoshop 效果。Photoshop 效果會變成**外觀**面板的項目。

CHAPTER

10

儲存 / 轉存 / 動作 / 列印

製作完成的檔案，當然會儲存成 Illustrator 格式，但是有時必須配合用途，轉存成 PDF、PNG/JPEG 等點陣圖影像。另外，繳交結案檔案時，也要具備連結影像的知識。本章要介紹儲存、轉存、列印等完成設計的主要操作步驟。

10-1 依照用途儲存圖稿

使用頻率 ★★★

費盡心思製作出來的圖稿，如果沒有儲存起來，就會消失不見。只要養成隨時儲存檔案的習慣，萬一系統出現錯誤，也能降低損失。因此，請記得要隨時儲存圖稿。

儲存圖稿

首次儲存新圖稿時，請執行『檔案→儲存』命令（Ctrl＋S），命名之後，再儲存檔案。

1 執行『儲存』命令

執行『檔案→儲存』命令。

POINT

假如想儲存成 GIF 或 JPEG 等影像檔案，請先以 Illustrator 格式存檔之後，再利用**轉存**命令，儲存檔案。

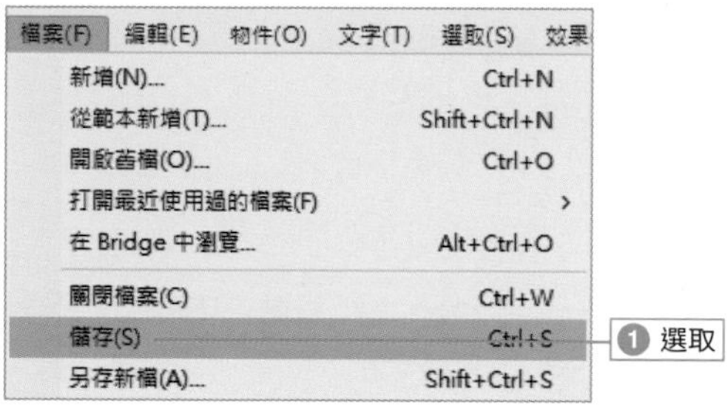
檔案(F) 編輯(E) 物件(O) 文字(T) 選取(S) 效果
新增(N)... Ctrl+N
從範本新增(T)... Shift+Ctrl+N
開啟舊檔(O)... Ctrl+O
打開最近使用過的檔案(F)
在 Bridge 中瀏覽... Alt+Ctrl+O
關閉檔案(C) Ctrl+W
儲存(S) Ctrl+S
另存新檔(A)... Shift+Ctrl+S
① 選取

2 按下「存檔」鈕

設定檔案名稱、儲存位置、格式等，再按下存檔鈕。

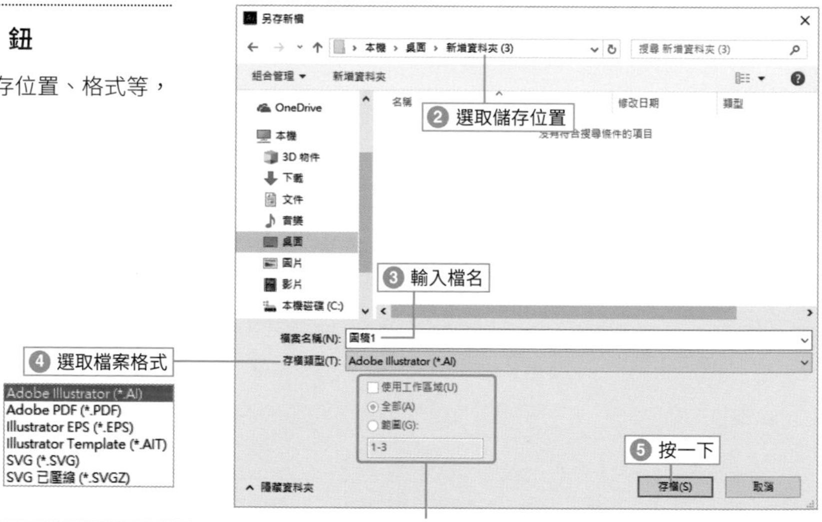
另存新檔
② 選取儲存位置
③ 輸入檔名
④ 選取檔案格式
Adobe Illustrator (*.AI)
Adobe PDF (*.PDF)
Illustrator EPS (*.EPS)
Illustrator Template (*.AIT)
SVG (*.SVG)
SVG 已壓縮 (*.SVGZ)
檔案名稱(N): 圖稿1
存檔類型(T): Adobe Illustrator (*.AI)
使用工作區域(U)
全部(A)
範圍(G):
1-3
⑤ 按一下
存檔(S)
取消

選擇使用了多個工作區域時的儲存方法。勾選**使用工作區域**後，會儲存成包含全部工作區域的檔案及依照各個工作區域分割後的檔案。指定頁數，可以只儲存部分工作區域。如果儲存成 Illustrator 格式，請利用**選項**交談窗（請參考 **10-3 頁**）中，完成設定。

TIPS 依照工作區域儲存檔案

我們可以將多個工作區域分別儲存成獨立的檔案。這個部分請利用 **Illustrator 選項**交談窗來設定（請參考 **1-28 頁**）。

檔案類型	副檔名	內容
Adobe Illustrator	.AI	這是 Illustrator 的檔案格式，又稱「原生檔案」
Adobe PDF	.PDF	這是用來傳送資料的檔案格式
Illustrator EPS	.EPS	這是 DTP 軟體等印刷用應用程式使用的檔案格式
Illustrator Template	.AIT	這是 Illustrator CC 的範本檔案格式
SVG、SVG已壓縮	.SVG、.SVGZ	這是可以使用 XML，在網頁上顯示成類似 Illustrator 格式的檔案格式

▶ 以不同名稱儲存已存檔的圖稿

如果想用不同名稱，儲存已經存檔的圖稿，請執行『檔案→另存新檔』命令（Shift＋Ctrl＋S）或執行『儲存拷貝』命令（Alt＋Ctrl＋S）。

POINT

開啟已儲存的檔案，如果要將修改內容覆蓋至相同檔案時，請執行『**檔案→儲存**』命令（Ctrl＋S），這是很常用的快速鍵，請先記下來。

TIPS 「另存新檔」與「儲存拷貝」的差別

假設我們修改了命名為 A 的圖稿，並要以 B 這個名稱儲存檔案時，「另存新檔」是以名稱 B 儲存當時的圖稿，作用中的檔案變成 B，不會更改原本的 A 檔案。「儲存拷貝」是以名稱 B 儲存當時的圖稿，但是作用中的檔案仍是 A。

● Illustrator 格式的設定

儲存檔案時，在存檔類型選擇 Adobe Illustrator 時，會開啟 Illustrator 選項交談窗，可以設定各種選項。

Ⓐ 選擇存檔版本。但是，使用了各版本新功能的圖稿，如果儲存成舊版本，該部分無法以原始狀態儲存

Ⓑ 嵌入字體時，為了縮小檔案大小，只包含文件中使用的文字，稱作「子集字體」。嵌入子集字體時，可以設定製作子集的比例（臨界值）
文件內的文字數量相對於整個字體，如果在臨界值以內，套用子集，若超過臨界值，則嵌入全部的字體

Ⓒ 可同時建立 PDF 格式能用的檔案。如果希望與其他 Adobe 應用程式相容，請勾選這個項目

Ⓓ 勾選之後，會嵌入連結影像並儲存檔案

Ⓔ 在檔案內嵌入製作圖稿時，使用的 ICC 色彩管理描述檔

Ⓕ 取消勾選後，檔案會變大。一般會維持勾選狀態

Ⓖ 勾選之後，會將各個工作區域儲存成個別檔案。設定範圍時，以「,」隔開。如果是連續頁數，請以「-」來設定。假設設定為「1-2,5-7,10」，會儲存第 1、2、5、6、7、10 個工作區域。儲存的檔案名稱會變成「檔案名稱 _ 工作區域名稱」

Ⓗ 以 Illustrator 8 之前的格式儲存時，設定要如何儲存套用了透明度的物件
保留路徑（放棄透明度）
保持路徑形狀，放棄透明度的設定。
保留外觀與疊印
以不改變外觀的情況下，分割物件，無法用路徑表現的部分，儲存成點陣化後的物件

Ⓘ 選取**保留外觀與疊印**時的點陣化影像解析度

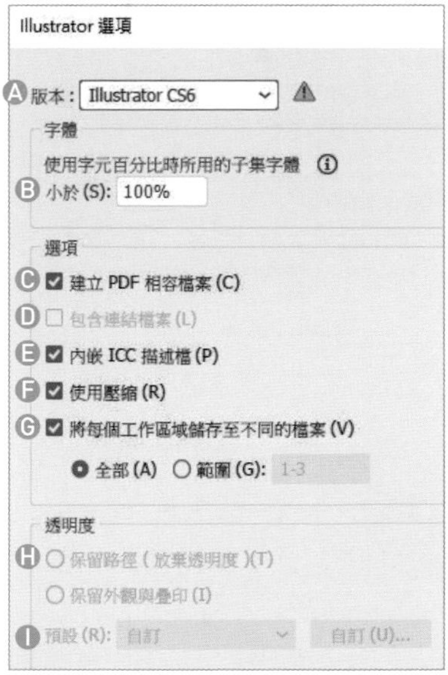
Illustrator 選項
A 版本：Illustrator CS6
字體
使用字元百分比時所用的子集字體
B 小於 (S): 100%
選項
C 建立 PDF 相容檔案 (C)
D 包含連結檔案 (L)
E 內嵌 ICC 描述檔 (P)
F 使用壓縮 (R)
G 將每個工作區域儲存至不同的檔案 (V)
全部 (A) 範圍 (G): 1-3
透明度
H 保留路徑（放棄透明度）(T)
保留外觀與疊印 (I)
I 預設 (R): 自訂
自訂 (U)...

> **TIPS　EPS 格式**
>
> 這是 Encapsulated PostScript 的縮寫，是用來將 Illustrator 檔案置入 DTP 軟體時的格式，十分常用。由於近年來可以直接使用 Illustrator 檔案，而減少了使用頻率。

● 關於 Adobe PDF

PDF

Adobe PDF 的 PDF 是「Portable Document Format」的縮寫，只要有了 Adobe Systems 公司發布的「Adobe Reader」，不論哪種電腦、應用程式、字體，都可以檢視檔案內容。另外，還有 Internet Explorer 等瀏覽器用的外掛程式，因此這也是使用網頁，發布資訊等數位出版不可缺少的檔案格式。

●「儲存 Adobe PDF」交談窗的設定

PDF 格式只要依照使用目的，選擇 Adobe PDF 預設，就會自動執行最佳設定，其餘項目請視狀況完成設定。

▶「一般」頁次

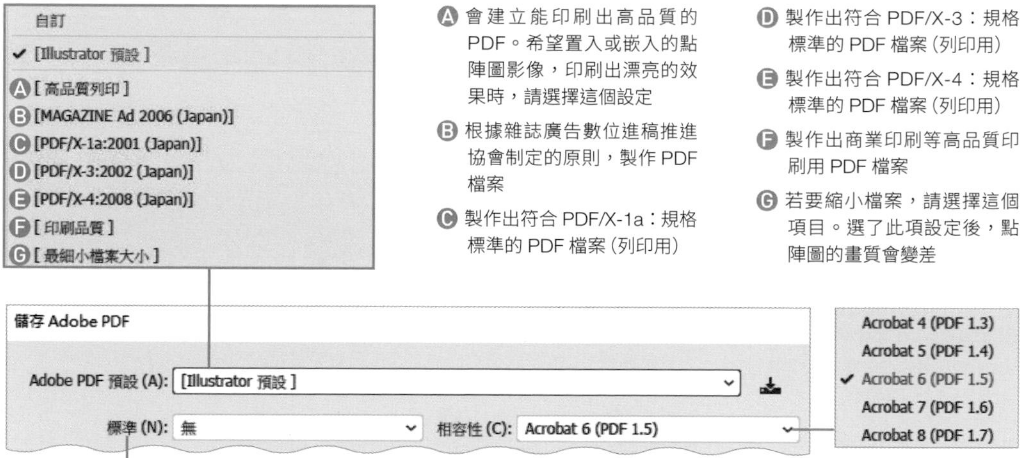

自訂
✔ [Illustrator 預設]
A [高品質列印]
B [MAGAZINE Ad 2006 (Japan)]
C [PDF/X-1a:2001 (Japan)]
D [PDF/X-3:2002 (Japan)]
E [PDF/X-4:2008 (Japan)]
F [印刷品質]
G [最細小檔案大小]
儲存 Adobe PDF
Adobe PDF 預設 (A): [Illustrator 預設]
標準 (N): 無
相容性 (C): Acrobat 6 (PDF 1.5)
Acrobat 4 (PDF 1.3)
Acrobat 5 (PDF 1.4)
✔ Acrobat 6 (PDF 1.5)
Acrobat 7 (PDF 1.6)
Acrobat 8 (PDF 1.7)

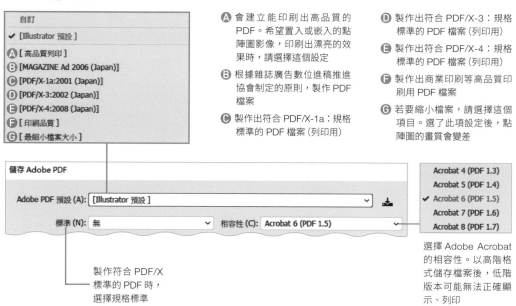

Ⓐ 會建立能印刷出高品質的 PDF。希望置入或嵌入的點陣圖影像，印刷出漂亮的效果時，請選擇這個設定

Ⓑ 根據雜誌廣告數位進稿推進協會制定的原則，製作 PDF 檔案

Ⓒ 製作出符合 PDF/X-1a：規格標準的 PDF 檔案 (列印用)

Ⓓ 製作出符合 PDF/X-3：規格標準的 PDF 檔案 (列印用)

Ⓔ 製作出符合 PDF/X-4：規格標準的 PDF 檔案 (列印用)

Ⓕ 製作出商業印刷等高品質印刷用 PDF 檔案

Ⓖ 若要縮小檔案，請選擇這個項目。選了此項設定後，點陣圖的畫質會變差

製作符合 PDF/X 標準的 PDF 時，選擇規格標準

選擇 Adobe Acrobat 的相容性。以高階格式儲存檔案後，低階版本可能無法正確顯示、列印

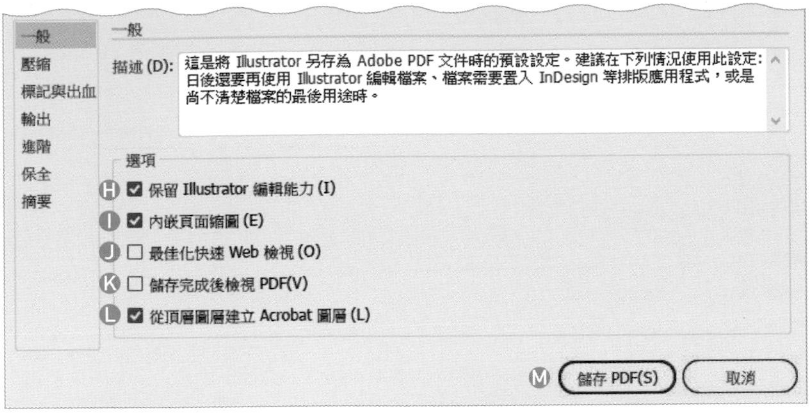
一般
壓縮
標記與出血
輸出
進階
保全
摘要
一般
描述 (D): 這是將 Illustrator 另存為 Adobe PDF 文件時的預設設定。建議在下列情況使用此設定：日後還要再使用 Illustrator 編輯檔案、檔案需要置入 InDesign 等排版應用程式，或是尚不清楚檔案的最後用途時。
選項
H ☑ 保留 Illustrator 編輯能力 (I)
I ☑ 內嵌頁面縮圖 (E)
J ☐ 最佳化快速 Web 檢視 (O)
K ☐ 儲存完成後檢視 PDF(V)
L ☑ 從頂層圖層建立 Acrobat 圖層 (L)
M 儲存 PDF(S)
取消

- Ⓗ 儲存成可以用 Illustrator 編輯的 PDF 檔案
- Ⓘ 製作以 Illustrator 開啟檔案時，可以確認內容的縮圖影像
- Ⓙ 網頁用最佳化
- Ⓚ 儲存檔案後，以 Acrobat 或 Adobe Reader 顯示製作好的 PDF 檔案
- Ⓛ 把 Illustrator 的圖層當作 Acrobat 的圖層，製作成 PDF 檔案（限 Acrobat 6、7、8）
- Ⓜ 儲存成 PDF 檔案

▶「壓縮」頁次

降低影像解析度的設定值。設定成**不要縮減取樣**，解析度不會降低。雖然縮減取樣可以縮小檔案，卻會讓影像的畫質變差。
與**縱橫增值法**相比，**環迴增值法**能以高品質的方式，降低解析度，但是處理時間比較久。

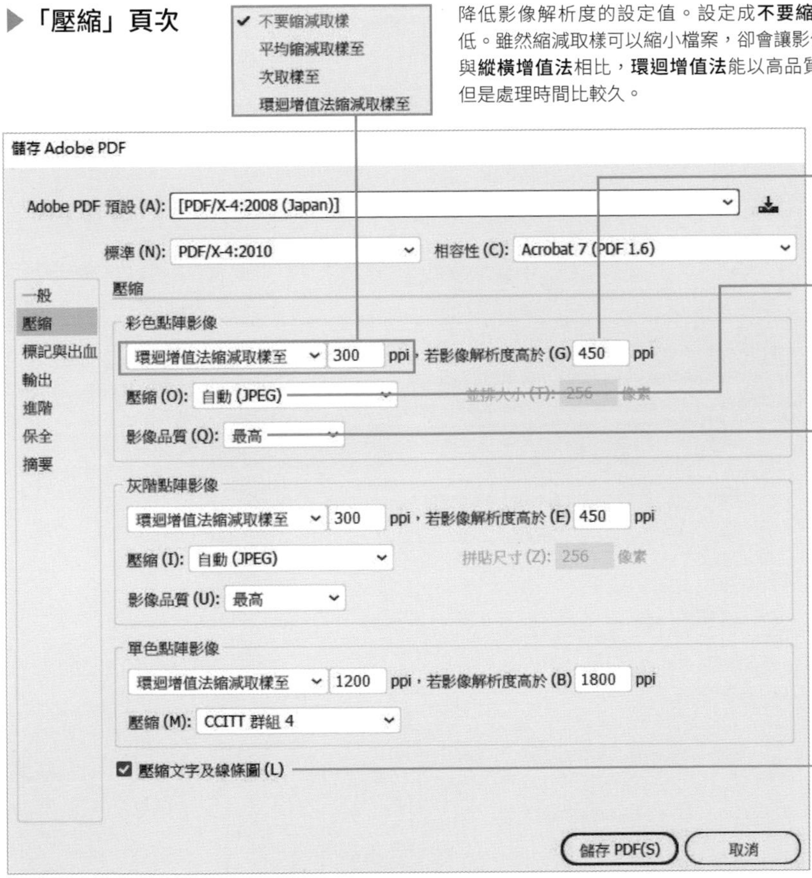
✔ 不要縮減取樣
平均縮減取樣至
次取樣至
環迴增值法縮減取樣至
儲存 Adobe PDF
Adobe PDF 預設 (A): [PDF/X-4:2008 (Japan)]
標準 (N): PDF/X-4:2010
相容性 (C): Acrobat 7 (PDF 1.6)
一般
壓縮
標記與出血
輸出
進階
保全
摘要
壓縮
彩色點陣影像
環迴增值法縮減取樣至 300 ppi，若影像解析度高於 (G) 450 ppi
壓縮 (O): 自動 (JPEG)
拼貼大小 (T): 256 像素
影像品質 (Q): 最高
灰階點陣影像
環迴增值法縮減取樣至 300 ppi，若影像解析度高於 (E) 450 ppi
壓縮 (I): 自動 (JPEG)
拼貼尺寸 (Z): 256 像素
影像品質 (U): 最高
單色點陣影像
環迴增值法縮減取樣至 1200 ppi，若影像解析度高於 (B) 1800 ppi
壓縮 (M): CCITT 群組 4
☑ 壓縮文字及線條圖 (L)
儲存 PDF(S)
取消

當影像超過這裡設定的解析度時，會進行縮減取樣

以設定的方式壓縮影像

設定壓縮影像時的畫質

壓縮圖稿內的文字及用貝茲曲線繪製的物件

▶「標記與出血」頁次

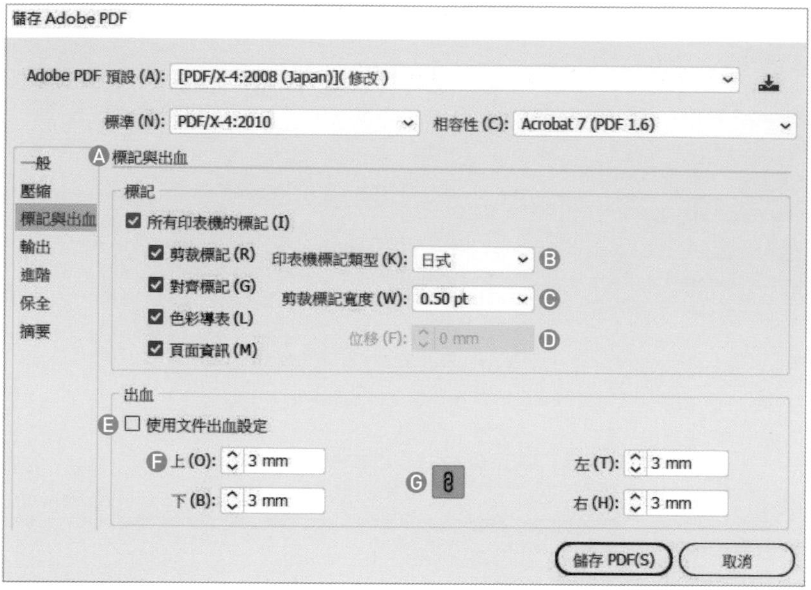

儲存 Adobe PDF
Adobe PDF 預設 (A): [PDF/X-4:2008 (Japan)](修改)
標準 (N): PDF/X-4:2010
相容性 (C): Acrobat 7 (PDF 1.6)
一般
壓縮
標記與出血
輸出
進階
保全
摘要
Ⓐ 標記與出血
標記
所有印表機的標記 (I)
剪裁標記 (R)
對齊標記 (G)
色彩導表 (L)
頁面資訊 (M)
印表機標記類型 (K): 日式 Ⓑ
剪裁標記寬度 (W): 0.50 pt Ⓒ
位移 (F): 0 mm Ⓓ
出血
Ⓔ 使用文件出血設定
Ⓕ 上 (O): 3 mm
下 (B): 3 mm
Ⓖ
左 (T): 3 mm
右 (H): 3 mm
儲存 PDF(S)
取消

Ⓐ 選取輸出在 PDF 的標記與頁面資料

Ⓑ 設定標記的種類

Ⓒ 設定標記的寬度

Ⓓ 選取美式標記時，設定位移值

Ⓔ 設定出血的數值

Ⓕ 套用製作圖稿時的**新增文件**交談窗或執行『**檔案→文件設定**』命令時，設定的「出血」設定值

Ⓖ 呈現連結狀態（開啟）時，上下左右會自動設定成相同數值

▶「輸出」頁次面板

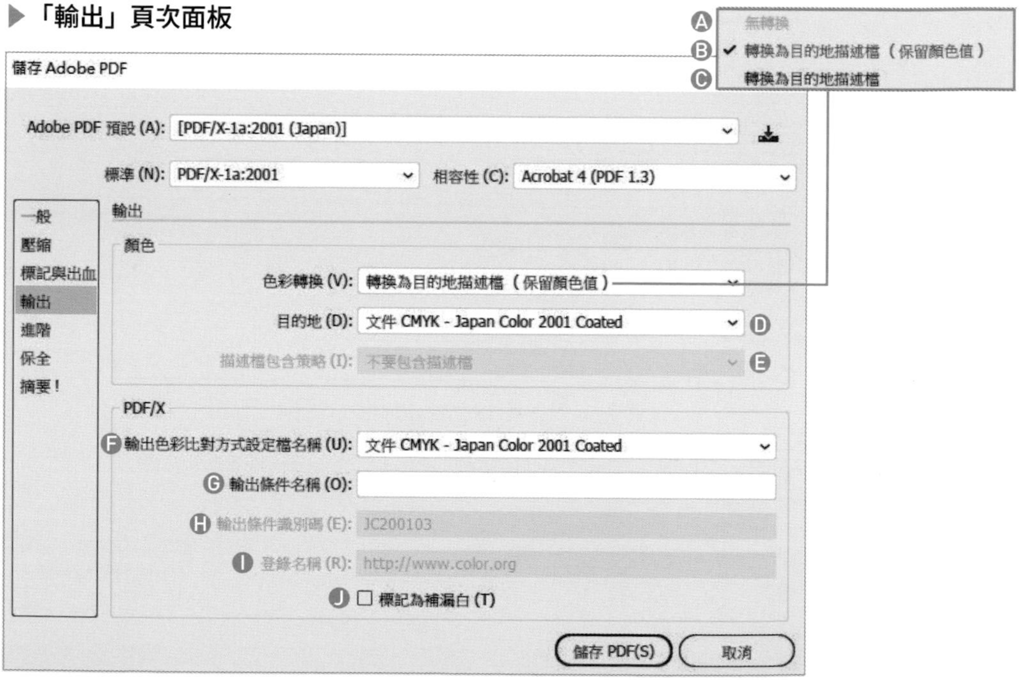

Ⓐ 無轉換
Ⓑ 轉換為目的地描述檔（保留顏色值）
Ⓒ 轉換為目的地描述檔
儲存 Adobe PDF
Adobe PDF 預設 (A): [PDF/X-1a:2001 (Japan)]
標準 (N): PDF/X-1a:2001
相容性 (C): Acrobat 4 (PDF 1.3)
一般
壓縮
標記與出血
輸出
進階
保全
摘要 !
輸出
顏色
色彩轉換 (V): 轉換為目的地描述檔（保留顏色值）
目的地 (D): 文件 CMYK - Japan Color 2001 Coated Ⓓ
描述檔包含策略 (I): 不要包含描述檔 Ⓔ
PDF/X
Ⓕ 輸出色彩比對方式設定檔名稱 (U): 文件 CMYK - Japan Color 2001 Coated
Ⓖ 輸出條件名稱 (O):
Ⓗ 輸出條件識別碼 (E): JC200103
Ⓘ 登錄名稱 (R): http://www.color.org
Ⓙ 標記為補漏白 (T)
儲存 PDF(S)
取消

Ⓐ 不轉換顏色

Ⓑ 色彩模式轉換成在「目的地」設定的描述檔。但是，保留沒有嵌入描述檔的物件、線條圖、文字等顏色值

Ⓒ 全部的顏色轉換成「目的地」設定的描述檔色域

Ⓓ 選取目的地的色彩描述檔

Ⓔ 選擇是否包含色彩描述檔

✔ 不要包含描述檔
包含所有描述檔
包含標記的來源描述檔
包含所有 RGB 和標記的來源描述檔

Ⓕ 設定以 PDF/X 標準製作 PDF 檔案時的描述檔。輸出色彩比對方式設定檔名稱，是為了符合 PDF/X 標準，以文字描述必要列印條件

Ⓖ 這是以「輸出色彩比對方式設定檔名稱」的登錄名稱（URL），指定的參照名稱。設定成已知的「輸出色彩比對方式設定檔名稱」，就會自動輸入

Ⓗ 在傳送給 PDF 檔案接收者時，輸入「輸出條件識別碼」，非必填

Ⓘ 輸入可以取得「輸出色彩比對方式設定檔名稱」詳細資料的 URL。設定成已知的「輸出色彩比對方式設定檔名稱」，就會自動輸入

Ⓙ 若要執行標記為「補漏白」時，勾選此項

▶「進階」頁次

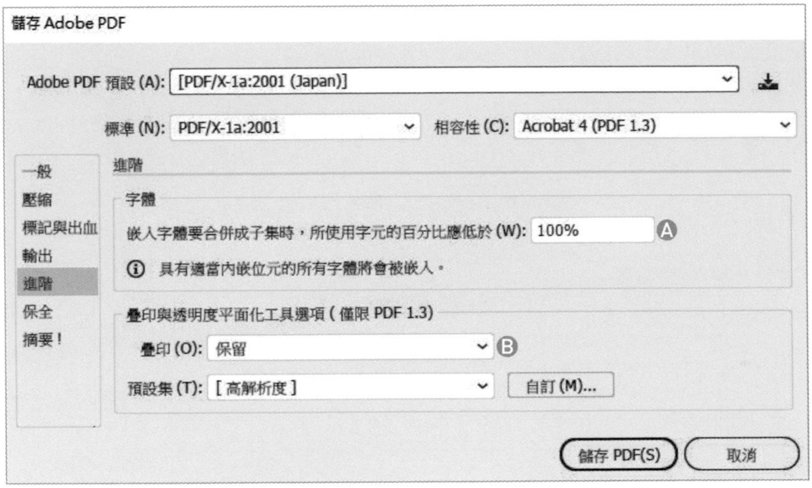

儲存 Adobe PDF
Adobe PDF 預設 (A): [PDF/X-1a:2001 (Japan)]
標準 (N): PDF/X-1a:2001
相容性 (C): Acrobat 4 (PDF 1.3)
一般
壓縮
標記與出血
輸出
進階
保全
摘要！
進階
字體
嵌入字體要合併成子集時，所使用字元的百分比應低於 (W): 100%
Ⓐ
具有適當內嵌位元的所有字體將會被嵌入。
疊印與透明度平面化工具選項（僅限 PDF 1.3）
疊印 (O): 保留
Ⓑ
預設集 (T): [高解析度]
自訂 (M)...
儲存 PDF(S)
取消

Ⓐ 設定嵌入文字時，只嵌入圖稿內使用的文字（子集），或嵌入整個字體的臨界值。如果設定成 50%，圖稿內使用的文字若少於字體的 50%，則嵌入子集；若超過 50%，就嵌入全部字體

Ⓑ 設定是否保留在**屬性**面板中的疊印設定

保留

列印時，保留疊印設定

放棄

列印時，放棄疊印設定

POINT

關於**透明度平面化工具選項**的設定，請參考**透明度平面化工具（10-55 頁）**。

▶「保全」頁次

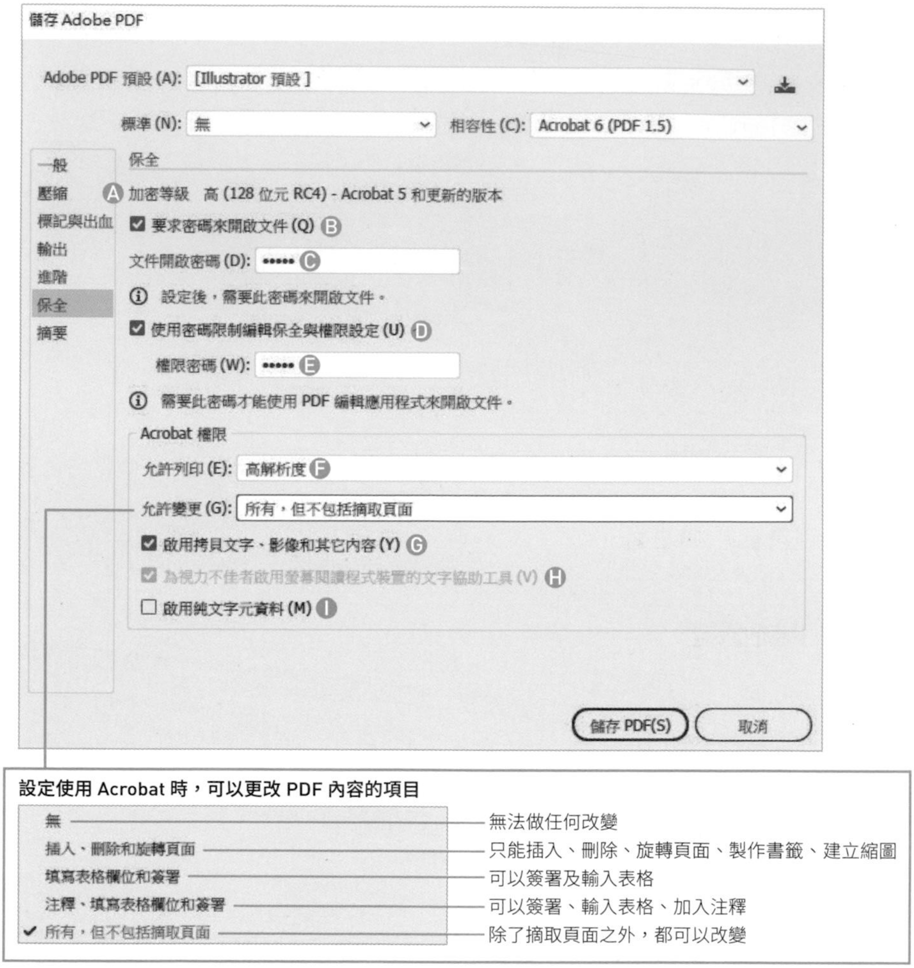

儲存 Adobe PDF
Adobe PDF 預設 (A): [Illustrator 預設]
標準 (N): 無
相容性 (C): Acrobat 6 (PDF 1.5)
一般
壓縮
標記與出血
輸出
進階
保全
摘要
保全
Ⓐ 加密等級 高 (128 位元 RC4) - Acrobat 5 和更新的版本
要求密碼來開啟文件 (Q) Ⓑ
文件開啟密碼 (D): ••••• Ⓒ
設定後，需要此密碼來開啟文件。
使用密碼限制編輯保全與權限設定 (U) Ⓓ
權限密碼 (W): ••••• Ⓔ
需要此密碼才能使用 PDF 編輯應用程式來開啟文件。
Acrobat 權限
允許列印 (E): 高解析度 Ⓕ
允許變更 (G): 所有，但不包括摘取頁面
啟用拷貝文字、影像和其它內容 (Y) Ⓖ
為視力不佳者啟用螢幕閱讀程式裝置的文字協助工具 (V) Ⓗ
啟用純文字元資料 (M) Ⓘ
儲存 PDF(S)
取消
設定使用 Acrobat 時，可以更改 PDF 內容的項目
無
插入、刪除和旋轉頁面
填寫表格欄位和簽署
注釋、填寫表格欄位和簽署
所有，但不包括摘取頁面
無法做任何改變
只能插入、刪除、旋轉頁面、製作書籤、建立縮圖
可以簽署及輸入表格
可以簽署、輸入表格、加入注釋
除了摘取頁面之外，都可以改變

Ⓐ 在**相容性**設定選擇了「Acrobat 7、8」時，會顯示為「高（128 位元 AES）」，選擇「Acrobat 5、6」時，顯示為「高（128 位元 RC4）」，選擇「Acrobat 4」時，顯示為「低（40 位元 RC4）」。愈高階版本，安全性的強度愈高

Ⓑ 使用 Acrobat 或 Adobe Reader 開啟 PDF 時，若希望要求輸入密碼，請勾選這個項目

Ⓒ 設定開啟 PDF 檔案時的密碼

Ⓓ 勾選並設定密碼後，在下面的「**Acrobat 權限**」可以設定是否允取列印或更改等權限。如果要在 Acrobat 解除此 PDF 檔案的安全性，需要使用**權限密碼**

Ⓔ 設定權限密碼。不能設定成和**文件開啟密碼**一樣

Ⓕ 設定是否允許列印 PDF 檔案

Ⓖ 取消勾選後，在 Acrobat 中，無法使用文字選取工具選取、拷貝 PDF 檔案的內容。如果不希望檔案內容被重複使用，請取消勾選這個項目。只有 Acrobat 5 之後的版本才能使用此選項

Ⓗ 視力不佳等視覺障礙者可以使用螢幕閱讀程式，閱讀檔案，但是無法拷貝檔案內容。一般請先勾選這個項目

Ⓘ 取消勾選後，在 Acrobat 中，無法使用文字選取工具選取、拷貝 PDF 檔案的內容。如果不希望檔案內容被重複使用，請取消勾選這個項目。只有 Acrobat 6 之後的版本才能使用此選項

儲存成 SVG 格式

SVG（Scalable Vector Graphics）格式並非是網頁標準的影像格式，如 GIF 或 JPEG 等點陣圖影像，而是和在 Illustrator 畫面中，顯示以 Illustrator 製作的圖稿一樣，能用網頁瀏覽器顯示向量資料的檔案格式。

由於這種格式是使用文字資料描述，因此檔案比點陣圖格式小，能大幅縮短下載時間。

POINT

SVG 是由 W3C（World Wide Web 聯盟）制定，Adobe、IBM、Netscape、Sun、Corel、HP 等多家企業協助，是完全開放的標準規格。

轉存成 SVG 與用網頁瀏覽器顯示

如果要轉存成 SVG 檔案，請執行『檔案→儲存或另存新檔』命令，存檔類型選擇 SVG 或 SVG 已壓縮（請參考 **10-2 頁**）。

POINT

SVG 已壓縮是用二進位格式壓縮用文字儲存的 SVG 資料。檔案大小可以縮小 50～80%。但是，這樣就無法用文字編輯器編輯。

▶「SVG 選項」交談窗的設定

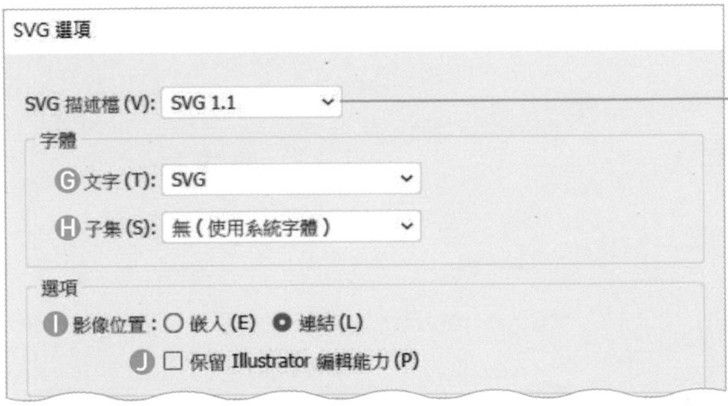
SVG 選項
SVG 描述檔 (V): SVG 1.1
字體
G 文字 (T): SVG
H 子集 (S): 無（使用系統字體）
選項
I 影像位置：○ 嵌入 (E) ● 連結 (L)
J □ 保留 Illustrator 編輯能力 (P)

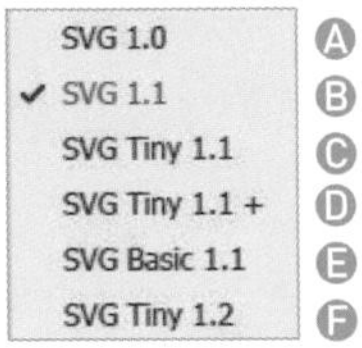
SVG 1.0
✔ SVG 1.1
SVG Tiny 1.1
SVG Tiny 1.1 +
SVG Basic 1.1
SVG Tiny 1.2
A
B
C
D
E
F

Ⓐ 以舊版的 SVG1.0 格式存檔

Ⓑ 以最新的 SVG1.1 格式存檔

Ⓒ 相容 SVG1.1，適用於智慧型手機

Ⓓ 相容 SVG1.1，適用於智慧型手機。在 SVG Tiny 1.1 支援不透明度及漸層

Ⓔ 相容 SVG1.1，適用於 PDA

Ⓕ 這是 SVG 的最新規格，適用於智慧型手機、PDA、筆記型電腦、桌上型電腦等各種裝置

Ⓖ W3C 的標準字體選項，支援全部檢視器

✔ SVG
轉換為外框

Ⓗ 選擇嵌入字體。選單愈下方的選項，嵌入字體愈多，檔案變得愈大

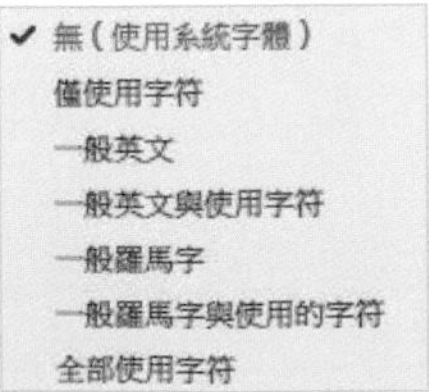
✔ 無（使用系統字體）
僅使用字符
一般英文
一般英文與使用字符
一般羅馬字
一般羅馬字與使用的字符
全部使用字符

Ⓘ 選擇要將圖稿內的點陣圖影像嵌入或連結到 SVG 檔案。一般選擇「**嵌入**」即可。如果選擇「**連結**」，點陣圖影像會變成 JPEG 檔案，與 SVG 檔案一起轉存。另外，使用了漸層網格的物件，會視為點陣圖影像

Ⓙ 勾選之後，可以先保留路徑及樣式等資料，也能使用 Illustrator 開啟舊檔並編輯

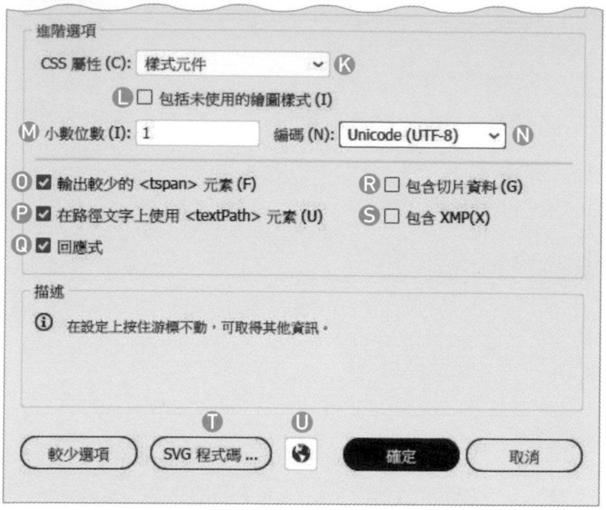
進階選項
CSS 屬性 (C): 樣式元件
K
L 包括未使用的繪圖樣式 (I)
M 小數位數 (I): 1
編碼 (N): Unicode (UTF-8)
N
O 輸出較少的 <tspan> 元素 (F)
P 在路徑文字上使用 <textPath> 元素 (U)
Q 回應式
R 包含切片資料 (G)
S 包含 XMP(X)
描述
在設定上按住游標不動，可取得其他資訊。
T
U
較少選項
SVG 程式碼 ...
確定
取消

Ⓚ 選擇 SVG 檔案中，樣式屬性的儲存方法。一般選擇「**樣式屬性 (實體參照)**」

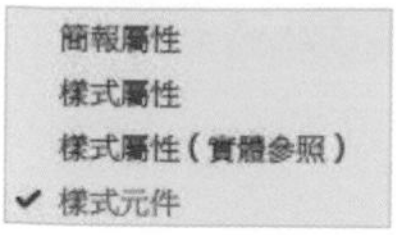
簡報屬性
樣式屬性
樣式屬性 (實體參照)
✔ 樣式元件

Ⓛ 勾選之後，未使用的繪圖樣式會轉存成 CSS 程式碼

Ⓜ 可以設定 SVG 檔案的向量資料精確度，範圍從 1～7(「1」的精確度最高)，通常只要設定成「3」，就沒有問題

Ⓝ 選擇文字的編碼方式是「ISO 8859-1」(限 ASCII 編碼、歐洲語言) 或 Unicode。「UTF-8」使用的是 8 位元的 Unicode，「UTF-16」是 16 位元的 Unicode。目前 SVG 只支援歐洲語言，因此設定為「ISO 8859-1」也沒關係

ISO 8859-1
✔ Unicode (UTF-8)
Unicode (UTF-16)

Ⓞ 勾選之後，因為減少了描述文字位置的 <tspan> 元素，所以檔案變小。只不過，有時可能改變文字的位置

Ⓟ 使用 <textPath> 元素儲存路徑文字。檔案變小，卻可能會改變外觀

Ⓠ 轉存成支援回應式的檔案

Ⓡ 存檔時，保留切片資料

Ⓢ 將文件資料 (建立日期、修改日期等) 儲存在檔案中

Ⓣ 以網頁瀏覽器顯示 SVG 程式碼

Ⓤ 以網頁瀏覽器檢視檔案

POINT

從 CC 2015.3 開始，執行『**檔案→轉存→轉存為螢幕適用**』命令，也可以轉存成 SVG 格式，請參考 **10-19 頁**。

儲存成範本

範本是指，圖稿的雛型。執行『檔案→從範本新增』命令 (Shift ＋ Ctrl ＋ N)，選取儲存成範本的檔案，就會載入範本檔案的圖稿或設定，建立新檔案。在範本中，除了圖稿之外，也會儲存色票、符號等當時圖稿的操作環境。如果要儲存成範本，請執行『檔案→另存範本』命令，或是在另存新檔時，將存檔類型選擇 Illustrator Template。

▶ 儲存範本的項目

儲存範本的主要項目有「儲存時的圖稿」、「筆刷」、「繪圖樣式」、「符號」、「色票 (圖樣、漸層)」、「段落樣式」、「字元樣式」。

自動備份與復原資料（自 CC 2015 起）

從 CC 2015 開始，能按照設定的間隔，自動備份資料。執行操作時，在尚未存檔的狀態，即使發生 Illustrator 異常關閉，也能復原最後自動備份的狀態。

自動備份的設定

自動備份是在偏好設定交談窗中的檔案處理與剪貼簿設定。

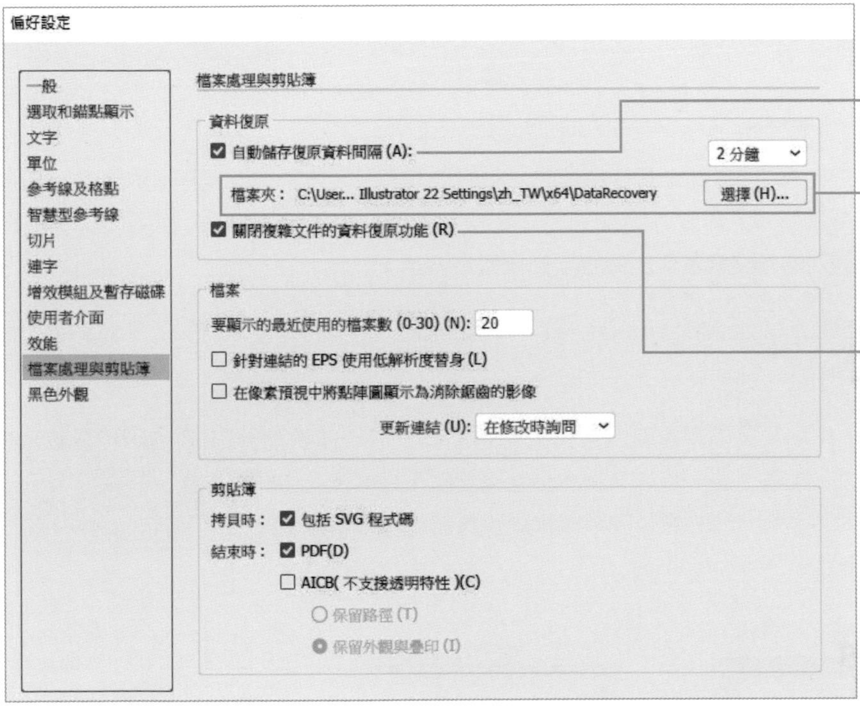
偏好設定
一般
選取和錨點顯示
文字
單位
參考線及格點
智慧型參考線
切片
連字
增效模組及暫存磁碟
使用者介面
效能
檔案處理與剪貼簿
黑色外觀
檔案處理與剪貼簿
資料復原
自動儲存復原資料間隔 (A):
2 分鐘
檔案夾： C:\User... Illustrator 22 Settings\zh_TW\x64\DataRecovery
選擇 (H)...
關閉複雜文件的資料復原功能 (R)
檔案
要顯示的最近使用的檔案數 (0-30) (N): 20
針對連結的 EPS 使用低解析度替身 (L)
在像素預視中將點陣圖顯示為消除鋸齒的影像
更新連結 (U): 在修改時詢問
剪貼簿
拷貝時： 包括 SVG 程式碼
結束時： PDF(D)
AICB(不支援透明特性)(C)
保留路徑 (T)
保留外觀與疊印 (I)
勾選之後，依照設定的間隔，自動儲存檔案
設定檔案自動儲存的檔案夾
勾選之後，會關閉複雜文件的復原功能

資料復原

異常關閉後，重新啟動 Illustrator 時，會出現提醒交談窗。按下確定鈕，就會開啟顯示最後自動存檔狀態，名稱為「檔案名稱 [已復原]」的檔案。這是自動儲存的檔案，請視狀況，決定是否要儲存該檔案。

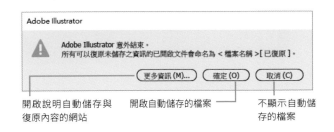

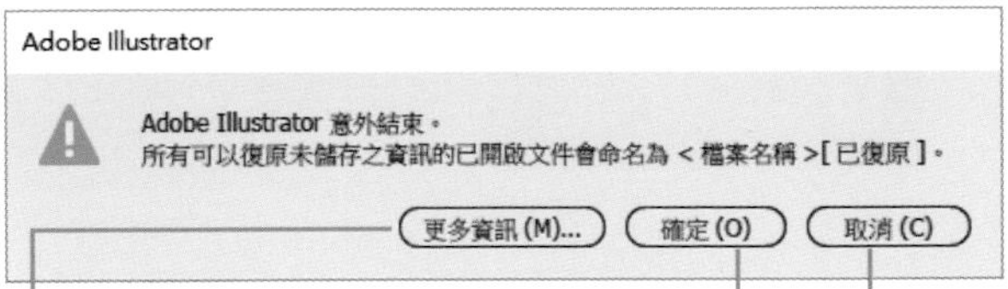
Adobe Illustrator
Adobe Illustrator 意外結束。
所有可以復原未儲存之資訊的已開啟文件會命名為 < 檔案名稱 >[已復原]。
更多資訊 (M)...
確定 (O)
取消 (C)
開啟說明自動儲存與復原內容的網站
開啟自動儲存的檔案
不顯示自動儲存的檔案

POINT

自動儲存的資料，只會顯示一次。由於這是未儲存狀態，若有必要，請務必命名之後，儲存檔案。

10-2 製作網頁用影像時的注意事項（對齊像素格點）

使用頻率
★★☆

Illustrator 原本是製作印刷用檔案的軟體，如果需要轉存成網頁用的影像，必須注意像素格點。

以像素預視確認狀態

▶ 像素格點與像素預視

像素格點是指，將 Illustrator 物件轉存成 PNG 或 JPEG 等點陣圖檔案時，使用的格點。執行『檢視→像素預視』命令，開啟像素預視，將顯示比例放大至 600% 以上時，就會顯示像素格點。格點的 1 格會當作影像的 1 個像素來轉存。

在 Illustrator 中，「1 像素＝ 1 Point」，把 1 Point 寬的線條轉存成 PNG 或 JPEG 時，會畫出 1 像素的線條。

Illustrator 物件屬於繪圖型資料，當作印刷用途輸出時，即使縮放也不會出現鋸齒。可是，轉存成點陣圖影像之後，是以像素格點當作基礎，根據置入物件的位置，就算是水平／垂直線，也會套用消除鋸齒效果，轉存成模糊後的線條。使用像素預視，可以確認轉存成點陣圖影像時的結果。

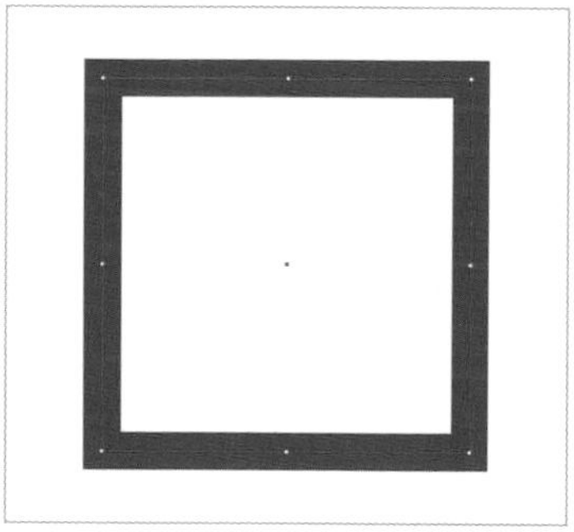

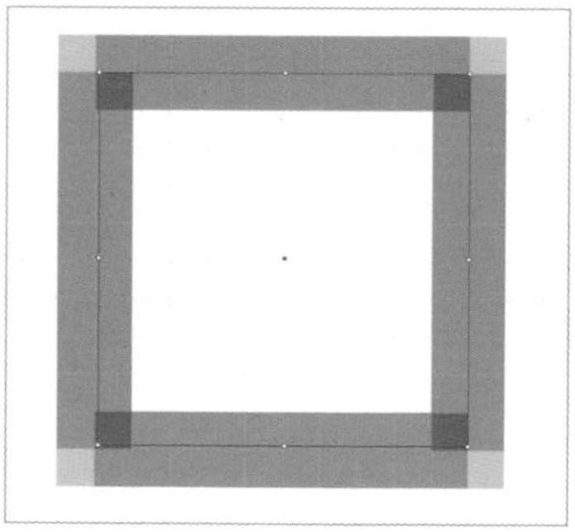

這是把矩形放大 4,800% 後的畫面。在一般檢視模式（左），不會感到模糊的直線，用**像素預視**（右），就能看出其實變模糊了

● 對齊像素格點（自 CC 2017 起）

「對齊像素格點」是讓水平／垂直線靠齊像素格點，轉存成清楚線條的功能。選取物件，按下控制面板中的▦，物件就會靠齊最接近的像素格點，轉存成不模糊的狀態。

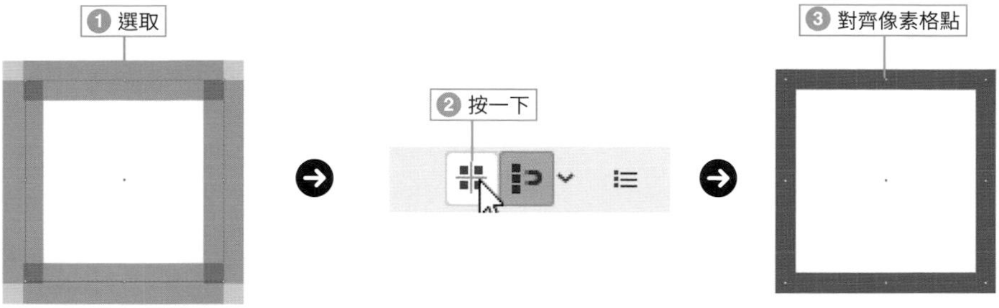

❶ 選取
❷ 按一下
❸ 對齊像素格點

▶ 新物件或變形時的設定

按下控制面板的▣，移動、變形新物件或既有物件時，就會自動對齊像素格點。

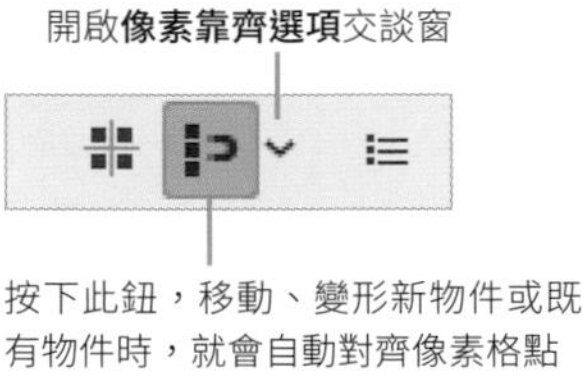

開啟**像素靠齊選項**交談窗
按下此鈕，移動、變形新物件或既有物件時，就會自動對齊像素格點

另外，按下▣右側的⌄，開啟像素靠齊選項交談窗，可以設定對齊像素格點的時機及要對齊的物件。

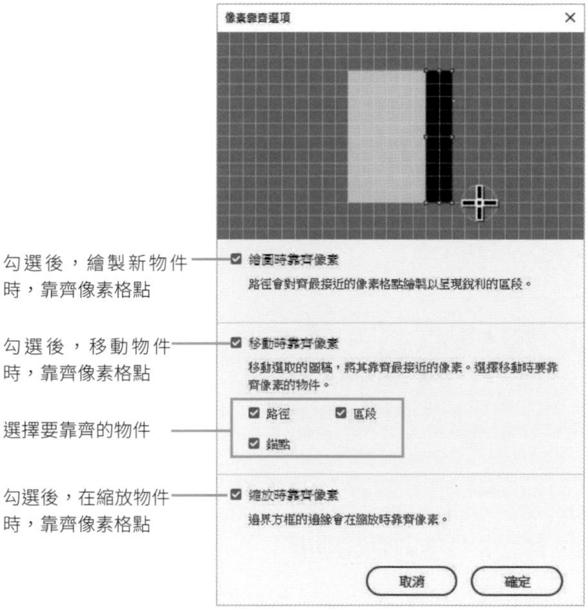

像素靠齊選項
勾選後，繪製新物件時，靠齊像素格點
繪圖時靠齊像素
路徑會對齊最接近的像素格點繪製以呈現銳利的區段。
勾選後，移動物件時，靠齊像素格點
移動時靠齊像素
移動選取的圖稿，將其靠齊最接近的像素。選擇移動時要靠齊像素的物件。
選擇要靠齊的物件
路徑
區段
錨點
勾選後，在縮放物件時，靠齊像素格點
縮放時靠齊像素
邊界方框的邊緣會在縮放時靠齊像素。
取消
確定

POINT

對齊像素格點後，會略微改變物件的位置及大小。

POINT

新文件的用途選擇「行動裝置」或「網頁」時，會以按下**控制**面板的▣狀態，建立新文件。

● 對齊像素格點（CC 2015.3 之前）

CC 2015.3 之前，是選取物件之後，在變形面板中，勾選對齊像素格點。勾選了該項目的物件，移動、縮放時，都會對齊像素格點。

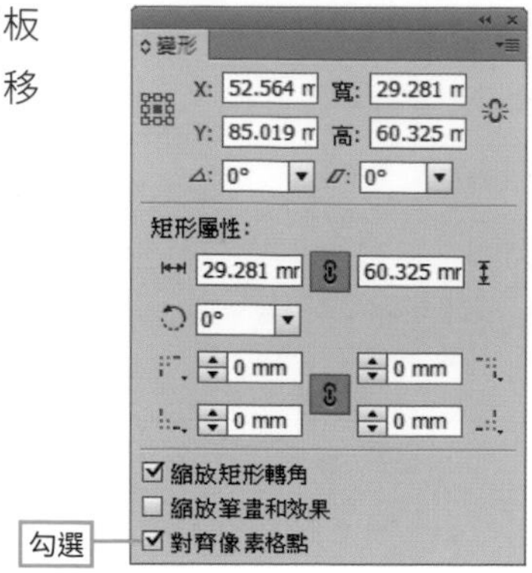

變形
X: 52.564 m
寬: 29.281 m
Y: 85.019 m
高: 60.325 m
矩形屬性：
縮放矩形轉角
縮放筆畫和效果
對齊像素格點
勾選

▶ 新文件的設定

建立新文件時，勾選使新物件對齊像素格點選項，該文件建立的物件，全都會套用對齊像素格點選項。另外，描述檔設定為網頁時，預設狀態會勾選此項目。

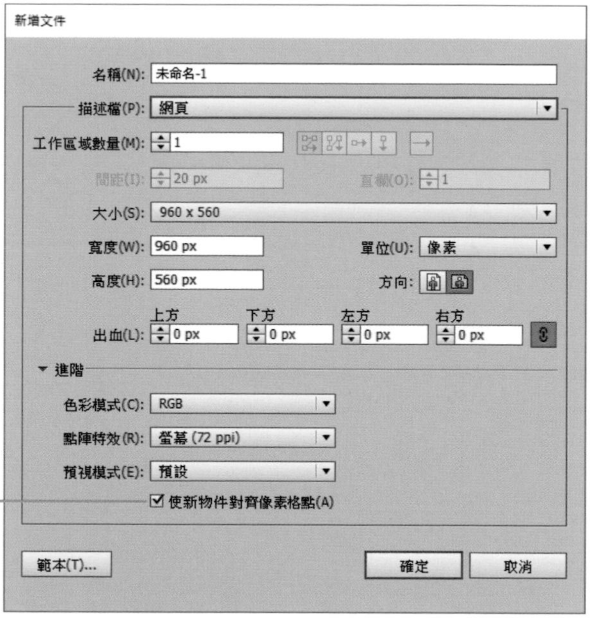

新增文件
名稱(N): 未命名-1
描述檔(P): 網頁
工作區域數量(M): 1
間距(I): 20 px
直欄(O): 1
大小(S): 960 x 560
寬度(W): 960 px
單位(U): 像素
高度(H): 560 px
方向:
上方
下方
左方
右方
出血(L): 0 px
進階
色彩模式(C): RGB
點陣特效(R): 螢幕 (72 ppi)
預視模式(E): 預設
使新物件對齊像素格點(A)
範本(T)...
確定
取消

勾選後，在該文件內建立的物件，全都會套用**對齊像素格點**選項

▶ 建立文件後，更改選項

建立文件之後，也可以在變形面板選單中，執行『使新物件對齊像素格點』命令，設定是否讓新建立的物件，套用這個選項。

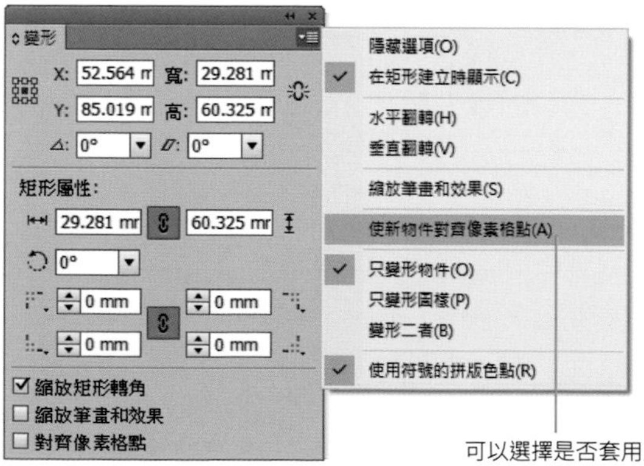

變形
矩形屬性：
縮放矩形轉角
縮放筆畫和效果
對齊像素格點
隱藏選項(O)
在矩形建立時顯示(C)
水平翻轉(H)
垂直翻轉(V)
縮放筆畫和效果(S)
使新物件對齊像素格點(A)
只變形物件(O)
只變形圖樣(P)
變形二者(B)
使用符號的拼版色點(R)

可以選擇是否套用此項目

10-3 資產轉存（轉存為螢幕適用）

使用頻率
★★☆

從 Illustrator CC 2015.3 開始，設計網頁之後，可以輕鬆轉存工作區域或轉存成資產（各個元件）。

資產轉存

把要轉存成影像的物件，儲存在資產轉存面板中。

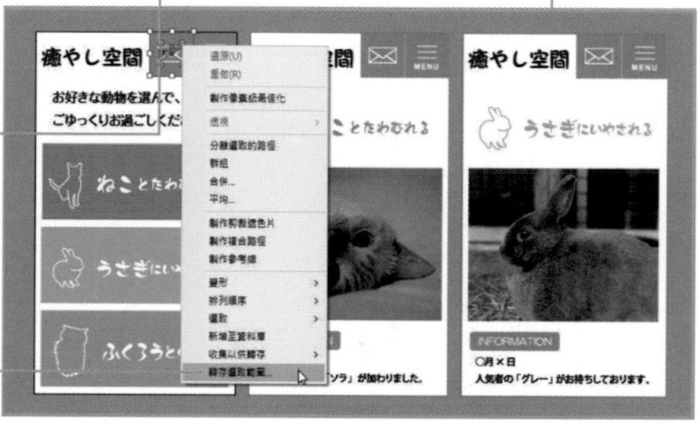
❷ 選取要轉存的資產
❶ 設計網站
❸ 按下滑鼠右鍵
❹ 選取轉存選取範圍
癒やし空間
お好きな動物を選んで、
ごゆっくりお過ごしください。
ねことたわむれる
うさぎにいやされる
ふくろうとくつろぐ
INFORMATION
○月×日
人気者の「グレー」がお待ちしております。

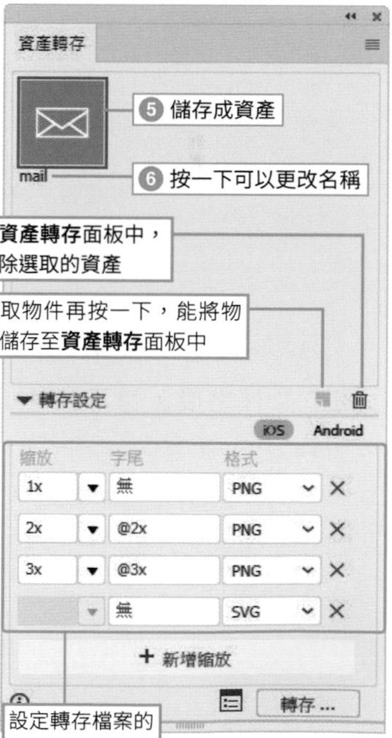
資產轉存
❺ 儲存成資產
mail
❻ 按一下可以更改名稱
在資產轉存面板中，刪除選取的資產
選取物件再按一下，能將物件儲存至資產轉存面板中
轉存設定
iOS
Android
縮放
字尾
格式
1x 無 PNG
2x @2x PNG
3x @3x PNG
無 SVG
＋ 新增縮放
轉存 ...
設定轉存檔案的格式及縮放比例

TIPS 以拖放方式儲存成資產

把物件拖放至**資產轉存**面板中，也可以儲存成資產。

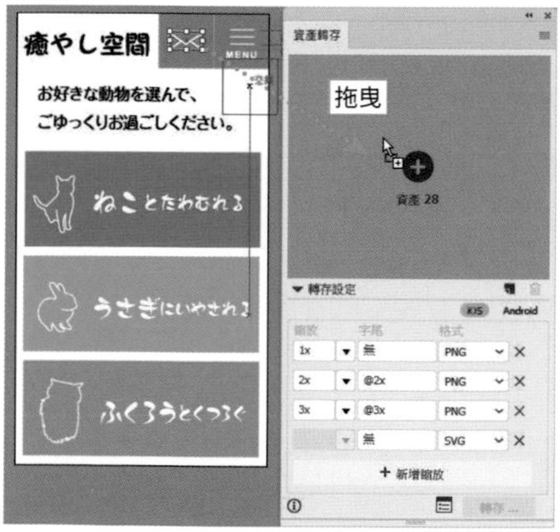
癒やし空間
お好きな動物を選んで、
ごゆっくりお過ごしください。
ねことたわむれる
うさぎにいやされる
ふくろうとくつろぐ
資產轉存
拖曳
資產 28
轉存設定
iOS
Android
+ 新增縮放

POINT

資產名稱會成為轉存後的檔案名稱。

● 資產轉存

將儲存在資產轉存面板中的資產，分別轉存成獨立的檔案。設定縮放及格式，只要操作一次，就能匯出多個影像。

1 按下

按下資產轉存面板的 。

POINT

也可以執行『**檔案→轉存→轉存為螢幕適用**』命令。

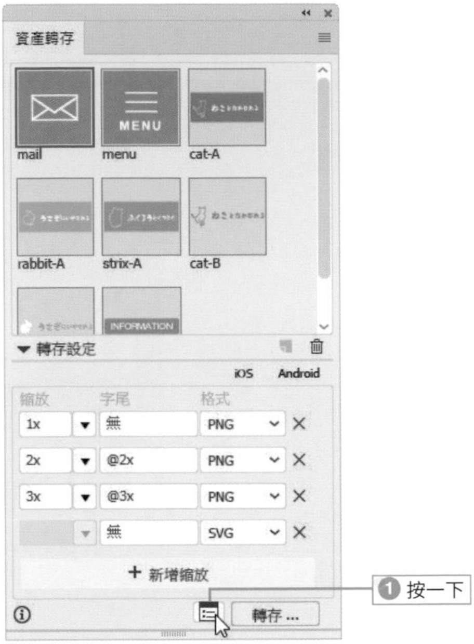

資產轉存
mail
menu
cat-A
rabbit-A
strix-A
cat-B
INFORMATION
轉存設定
iOS
Android
縮放
字尾
格式
1x
無
PNG
2x
@2x
PNG
3x
@3x
PNG
無
SVG
+ 新增縮放
轉存 ...
1 按一下

2 設定轉存

開啟轉存為螢幕適用交談窗的資產面板，按一下選取要轉存的資產。在轉存至區選取要轉存到哪個檔案夾。在格式區設定影像格式、縮放比例，再按下轉存資產鈕。

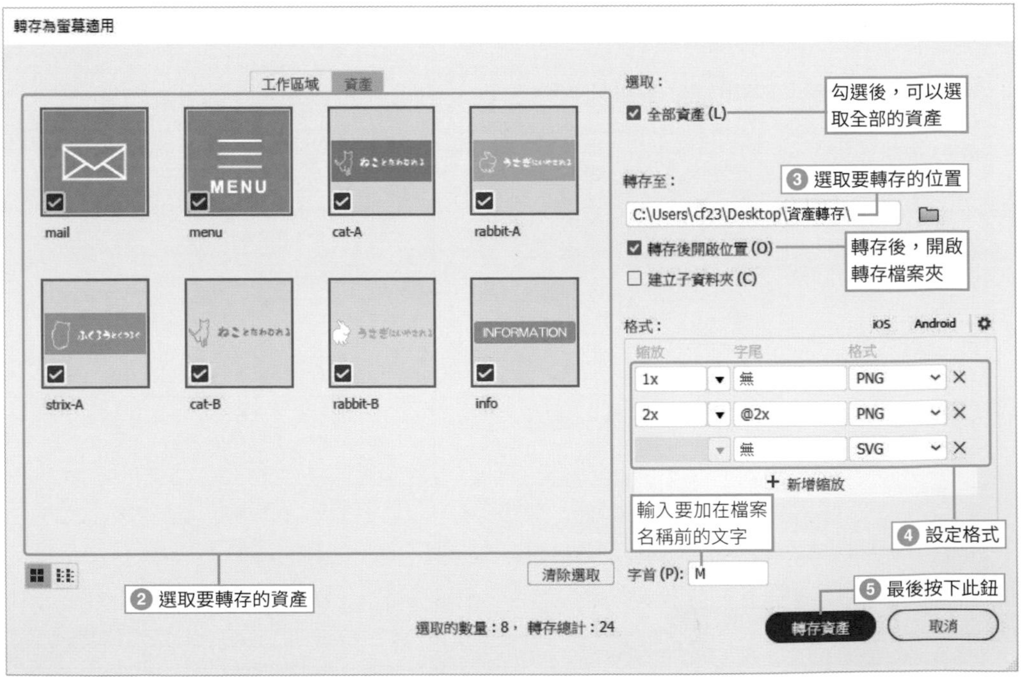

轉存為螢幕適用
工作區域
資產
mail
menu
cat-A
rabbit-A
strix-A
cat-B
rabbit-B
info
INFORMATION
選取：
全部資產 (L)
勾選後，可以選取全部的資產
轉存至：
3 選取要轉存的位置
C:\Users\cf23\Desktop\資產轉存\
轉存後開啟位置 (O)
轉存後，開啟轉存檔案夾
建立子資料夾 (C)
格式：
iOS
Android
縮放
字尾
格式
1x
無
PNG
2x
@2x
PNG
無
SVG
+ 新增縮放
輸入要加在檔案名稱前的文字
4 設定格式
清除選取
字首 (P): M
2 選取要轉存的資產
5 最後按下此鈕
選取的數量：8， 轉存總計：24
轉存資產
取消

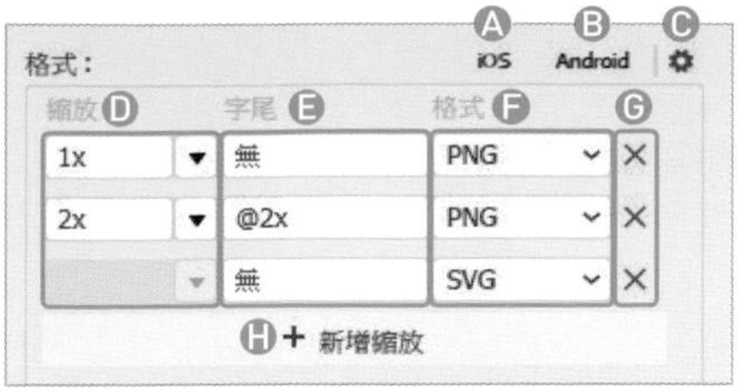
格式：
A B C
iOS
Android
縮放 D
字尾 E
格式 F
G
1x
無
PNG
2x
@2x
PNG
無
SVG
H + 新增縮放

Ⓐ 按一下會調整成 iOS 裝置的最佳設定

Ⓑ 按一下會調整成 Android 裝置的最佳設定

Ⓒ 可以針對各個檔案格式，執行詳細的轉存設定

Ⓓ 選擇縮放比例

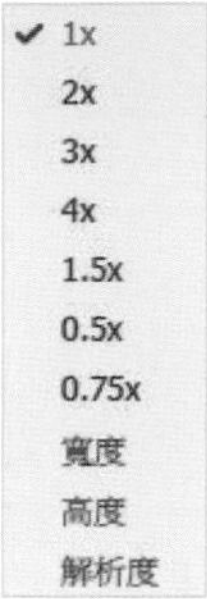
1x
2x
3x
4x
1.5x
0.5x
0.75x
寬度
高度
解析度

Ⓔ 輸入要加在檔案名稱後的文字

Ⓕ 選擇檔案格式（PNG、JPEG、SVG、PDF）

Ⓖ 刪除此列格式設定

Ⓗ 增加新欄位

POINT

如果開啟**找不到描述檔**交談窗，請直接按下**確定**鈕，或選擇適當的色彩描述檔，再按下**確定**鈕。

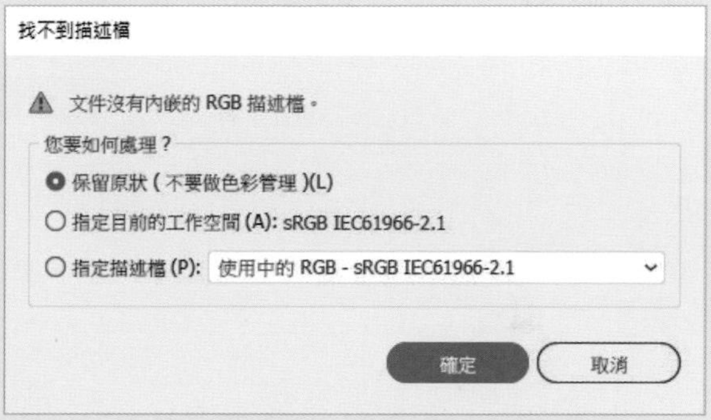
找不到描述檔
文件沒有內嵌的 RGB 描述檔。
您要如何處理？
保留原狀（不要做色彩管理）(L)
指定目前的工作空間 (A): sRGB IEC61966-2.1
指定描述檔 (P): 使用中的 RGB - sRGB IEC61966-2.1
確定
取消

3 完成轉存

按照設定的格式與大小轉存成資產。

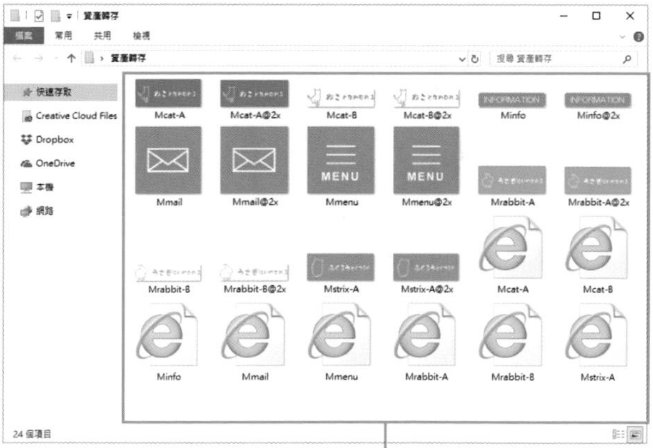
資產轉存
檔案
常用
共用
檢視
快速存取
Creative Cloud Files
Dropbox
OneDrive
本機
網路
Mcat-A
Mcat-A@2x
Mcat-B
Mcat-B@2x
Minfo
Minfo@2x
Mmail
Mmail@2x
Mmenu
Mmenu@2x
Mrabbit-A
Mrabbit-A@2x
Mrabbit-B
Mrabbit-B@2x
Mstrix-A
Mstrix-A@2x
Mcat-A
Mcat-B
Minfo
Mmail
Mmenu
Mrabbit-A
Mrabbit-B
Mstrix-A
24 個項目

⑥ 完成轉存

TIPS 不開啟「轉存為螢幕適用」交談窗直接轉存

在**資產轉存**面板中，選取資產，按下**轉存**鈕，就會按照最後的設定，轉存至指定的檔案夾內。

設定轉存格式

按下轉存為螢幕適用交談窗的⚙，可以按照轉存的檔案格式，執行詳細設定。

PNG 的設定

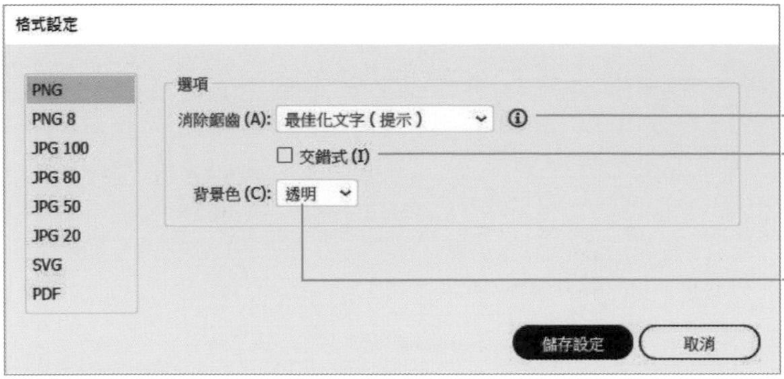

格式設定
PNG
PNG 8
JPG 100
JPG 80
JPG 50
JPG 20
SVG
PDF
選項
消除鋸齒 (A): 最佳化文字（提示）
交錯式 (I)
背景色 (C): 透明
儲存設定
取消

選取文字部分的消除鋸齒設定（請參考 **8-23 頁**）

勾選之後，轉存成以**交錯式**（逐漸顯示影像的方式）顯示的影像

設定背景色，可選擇**透明**、**白色**或**黑色**

PNG 8 的設定

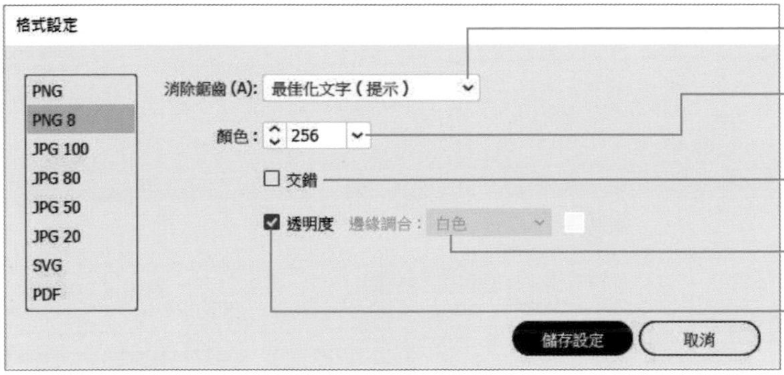

格式設定
PNG
PNG 8
JPG 100
JPG 80
JPG 50
JPG 20
SVG
PDF
消除鋸齒 (A): 最佳化文字（提示）
顏色： 256
交錯
透明度 邊緣調合： 白色
儲存設定
取消

選取文字部分的消除鋸齒設定（請參考 **8-23 頁**）

設定顏色數量

勾選後，會轉存成以**交錯式**（逐漸顯示影像的方式）顯示的影像

設定關閉**透明度**時，透明部分的顏色

勾選此項，透明部分會輸出成透明

JPEG 的設定

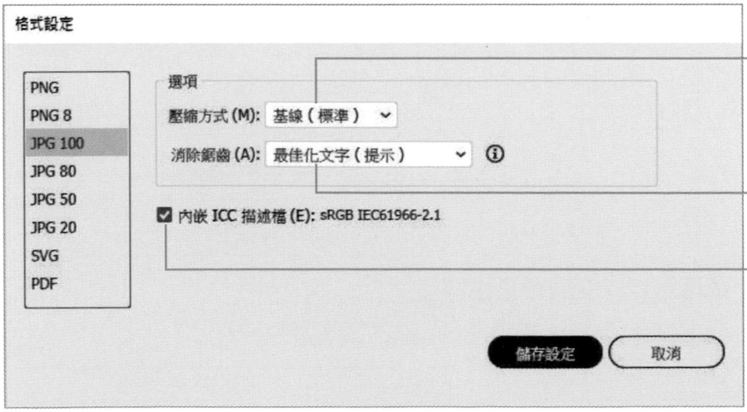

格式設定
PNG
PNG 8
JPG 100
JPG 80
JPG 50
JPG 20
SVG
PDF
選項
壓縮方式 (M): 基線（標準）
消除鋸齒 (A): 最佳化文字（提示）
內嵌 ICC 描述檔 (E): sRGB IEC61966-2.1
儲存設定
取消

「**基線**」是由上方開始逐漸顯示影像。「**漸進式**」是由粗糙影像顯示為清楚影像

選取文字部分的消除鋸齒設定（請參考 **8-23 頁**）

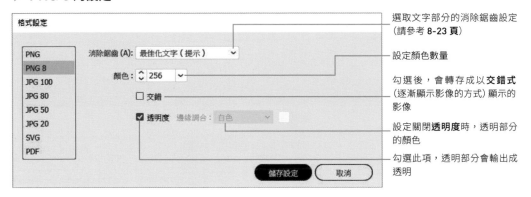

嵌入 ICC 描述檔

▶ SVG 的設定

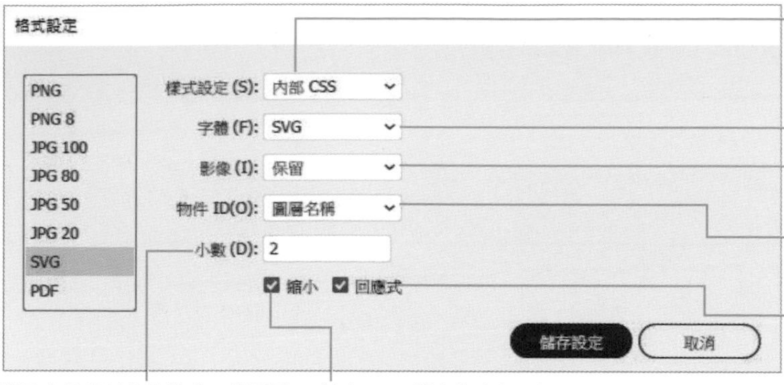
格式設定
PNG
PNG 8
JPG 100
JPG 80
JPG 50
JPG 20
SVG
PDF
樣式設定 (S): 內部 CSS
字體 (F): SVG
影像 (I): 保留
物件 ID(O): 圖層名稱
小數 (D): 2
縮小
回應式
儲存設定
取消

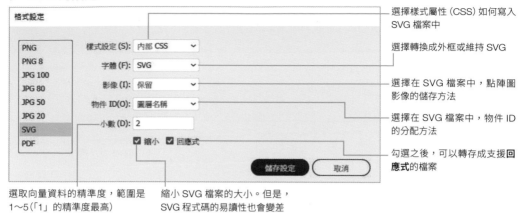

選擇樣式屬性 (CSS) 如何寫入 SVG 檔案中

選擇轉換成外框或維持 SVG

選擇在 SVG 檔案中，點陣圖影像的儲存方法

選擇在 SVG 檔案中，物件 ID 的分配方法

勾選之後，可以轉存成支援**回應式**的檔案

選取向量資料的精準度，範圍是 1～5（「1」的精準度最高）

縮小 SVG 檔案的大小。但是，SVG 程式碼的易讀性也會變差

▶ PDF 的設定

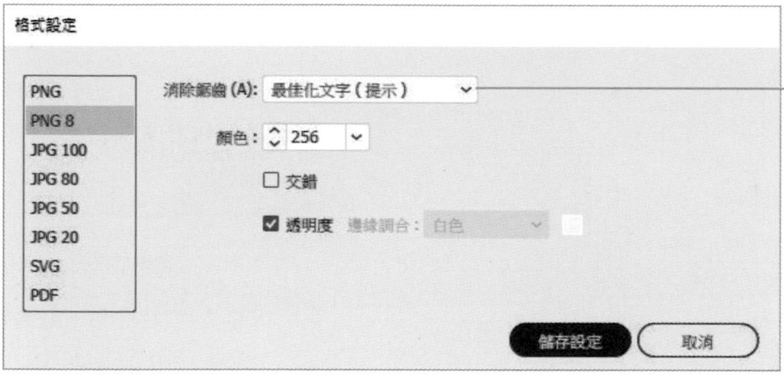
格式設定
PNG
PNG 8
JPG 100
JPG 80
JPG 50
JPG 20
SVG
PDF
消除鋸齒 (A): 最佳化文字（提示）
顏色： 256
交錯
透明度
邊緣調合： 白色
儲存設定
取消

選取 PDF 的預設集

● 轉存工作區域

在轉存為螢幕適用交談窗的工作區域頁次，可以依照檔案內的各個工作區域轉存成檔案。轉存方法和資產一樣。

選取

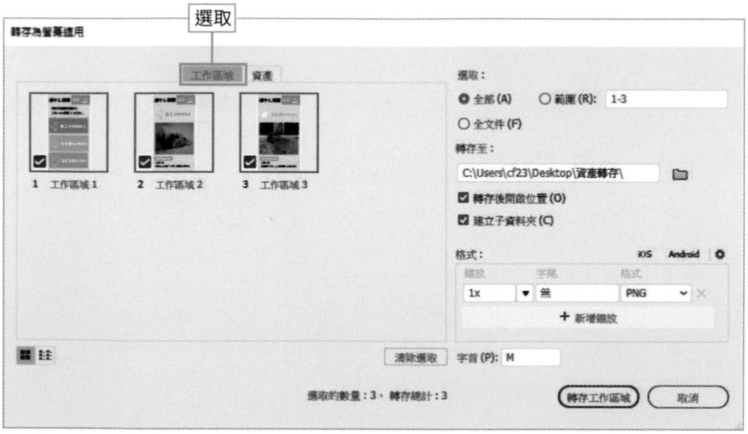
轉存為螢幕適用
工作區域
資產
1 工作區域 1
2 工作區域 2
3 工作區域 3
選取：
全部 (A)
範圍 (R): 1-3
全文件 (F)
轉存至：
C:\Users\cf23\Desktop\資產轉存\
轉存後開啟位置 (O)
建立子資料夾 (C)
格式：
iOS
Android
縮放
字尾
格式
1x
無
PNG
+ 新增縮放
清除選取
字首 (P): M
選取的數量：3，轉存總計：3
轉存工作區域
取消

10-4 轉存成 Photoshop 格式

使用頻率 ★☆☆	Illustrator 可以將製作完成的圖稿儲存成 Photoshop 格式。

1 執行『轉存』命令

執行『檔案→轉存→轉存為』命令(CC 2015.2 之前的版本是執行『檔案→轉存』命令)。

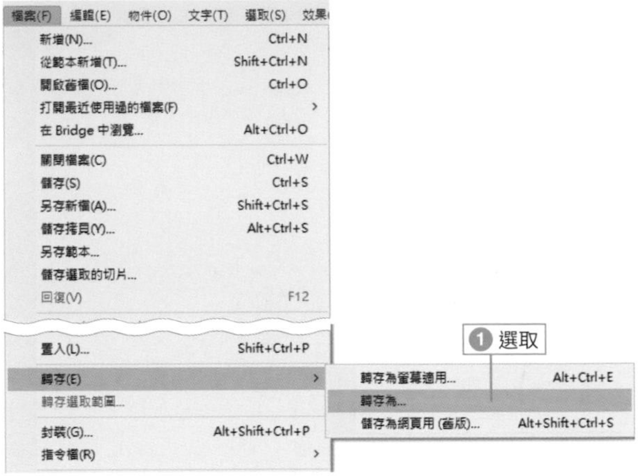

檔案(F) 編輯(E) 物件(O) 文字(T) 選取(S) 效果
新增(N)... Ctrl+N
從範本新增(T)... Shift+Ctrl+N
開啟舊檔(O)... Ctrl+O
打開最近使用過的檔案(F)
在 Bridge 中瀏覽... Alt+Ctrl+O
關閉檔案(C) Ctrl+W
儲存(S) Ctrl+S
另存新檔(A)... Shift+Ctrl+S
儲存拷貝(Y)... Alt+Ctrl+S
另存範本...
儲存選取的切片...
回復(V) F12
置入(L)... Shift+Ctrl+P
轉存(E)
轉存選取範圍...
封裝(G)... Alt+Shift+Ctrl+P
指令檔(R)
轉存為螢幕適用... Alt+Ctrl+E
轉存為...
儲存為網頁用 (舊版)... Alt+Shift+Ctrl+S
1 選取

2 選取 Photoshop 並轉存

在存檔類型(Mac 是「格式」)中,選取 Photoshop(*.psd),並且設定轉存位置與名稱。然後按下轉存鈕。

轉存
本機 › 桌面 › 轉存
搜尋 轉存
組合管理 新增資料夾
名稱 修改日期 類型
快速存取
Creative Cloud Files
Dropbox
OneDrive
本機
網路
沒有符合搜尋條件的項目
3 輸入檔名
檔案名稱(N): 插圖
存檔類型(T): Photoshop (*.PSD)
2 選取此格式
使用工作區域(U)
全部(A)
範圍(G):
1-2
4 按一下
轉存 取消
隱藏資料夾
AutoCAD 交換檔 (*.DXF)
AutoCAD 繪圖 (*.DWG)
BMP (*.BMP)
CSS (*.CSS)
Flash (*.SWF)
JPEG (*.JPG)
Macintosh PICT (*.PCT)
Photoshop (*.PSD)
PNG (*.PNG)
SVG (*.SVG)
Targa (*.TGA)
TIFF (*.TIF)
Windows 中繼檔 (*.WMF)
文字格式 (*.TXT)
增強型中繼檔 (*.EMF)

勾選**使用工作區域**後,可以儲存成包含全部工作區域的檔案及依照各個工作區域分割後的檔案。設定頁面,可以只儲存部分工作區域

POINT

在**存檔類型**(Mac 是**格式**)中,除了 Photoshop 格式之外,還可以轉存成各種檔案格式。

❸ 設定選項

開啟 Photoshop 轉存選項交談窗，完成設定後，按下確定鈕。

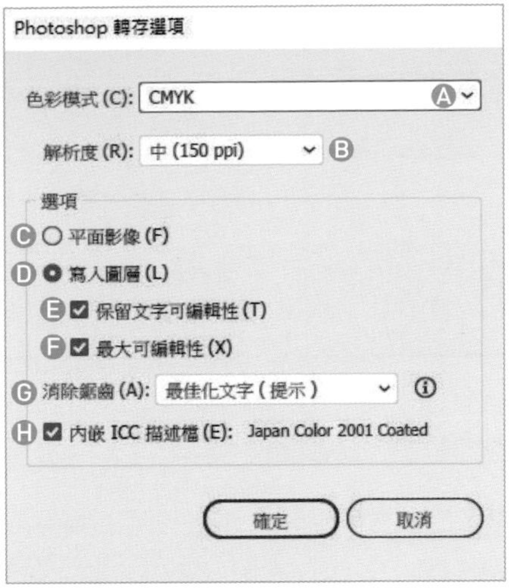

Photoshop 轉存選項
色彩模式 (C): CMYK
A
解析度 (R): 中 (150 ppi)
B
選項
C 平面影像 (F)
D 寫入圖層 (L)
E 保留文字可編輯性 (T)
F 最大可編輯性 (X)
G 消除鋸齒 (A): 最佳化文字 (提示)
H 內嵌 ICC 描述檔 (E): Japan Color 2001 Coated
確定
取消

Ⓐ 選取色彩模式

Ⓑ 設定影像的解析度。網頁用是設定成「**螢幕 (72ppi)**」，要使用雷射印表機及噴墨印表機輸出時，設定成「**高 (300ppi)**」。如果要設定成其他的解析度，請選擇「**其他**」，再設定數值

螢幕 (72 ppi)
中 (150 ppi)
高 (300 ppi)
其他

Ⓒ 將全部圖層合併成一個圖層後存檔

Ⓓ 保留圖層存檔

Ⓔ 儲存成在 Photoshop 可以編輯文字的狀態

Ⓕ 如果不會對圖稿的外觀造成影響，將 Illustrator 的各圖層的子圖層，儲存成 Photoshop 的圖層

Ⓖ 影像邊緣經過消除鋸齒處理，會變平滑

Ⓗ 在檔案中嵌入 ICC 色彩管理描述檔

CS6 CC CC14 CC15 CC17 CC18

10-5
儲存成網頁用

使用頻率	執行『檔案→轉存→儲存為網頁用（舊版）』命令（CC 2015.2 之前的版本是執行『檔案→儲存為網頁用』命令）（Alt ＋ Shift ＋ Ctrl ＋ S），開啟儲存為網頁用交談窗，可以檢視設定檔案格式及壓縮率的結果，以最佳儲存格式轉存檔案。
★★☆	

「儲存為網頁用」交談窗

在儲存為網頁用交談窗的上方有 3 個頁次，按一下，可以切換「原始」、「最佳化」、「2 欄式」。在「2 欄式」中，可以比較兩個預視狀態。按下滑鼠左鍵的預視，會以粗框顯示，呈現選取狀態，右側的設定欄位能執行檔案格式等各種設定。

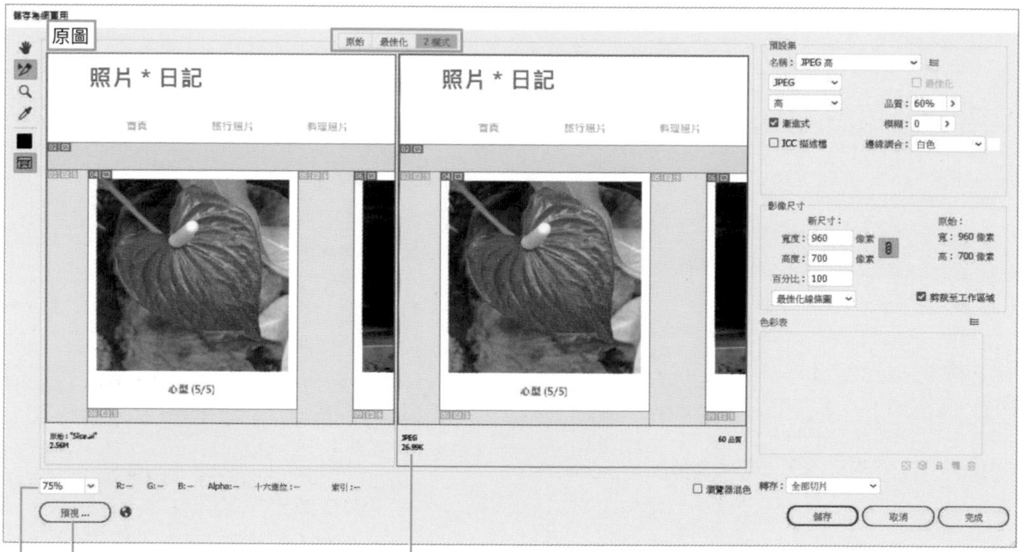

原圖
原始
最佳化
2 欄式
照片 * 日記
心型 (5/5)
JPEG
26.95K
60 品質
75%
預視 ...
儲存
取消
完成

按一下可以用瀏覽器預視狀態

可以改變顯示比例

顯示檔案格式與檔案大小

POINT

設定切片（請參考 **10-27 頁**）時，在預視狀態也會顯示切片，可以設定各個要儲存的切片。

● 檔案格式

在下拉式選單中，可以選擇 4 種檔案格式。

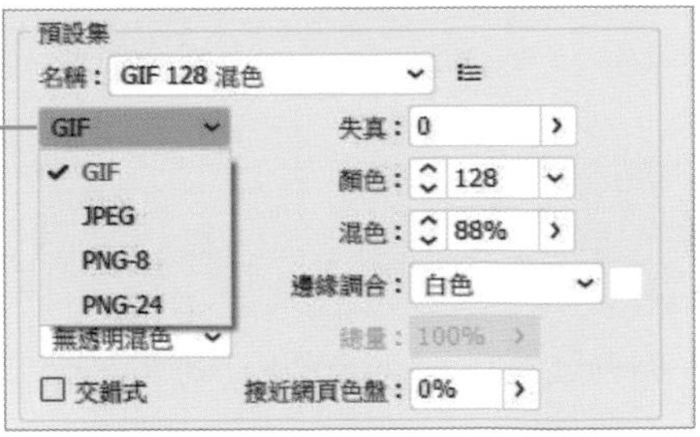
選擇檔案格式
預設集
名稱：GIF 128 混色
GIF
GIF
JPEG
PNG-8
PNG-24
失真：0
顏色：128
混色：88%
邊緣調合：白色
無透明混色
總量：100%
交錯式
接近網頁色盤：0%

POINT

在**名稱**欄位中，可以選取各個檔案格式的預設集。

▶ GIF 格式

GIF 格式是設定減色演算法（色彩表）及顏色數量，最大可以使用 256 色（8 位元）。一般而言，顏色數量少的條紋或按鈕，會設定成這個格式。還可進一步設定混色、透明、交錯式。

TIPS 交錯式

「交錯式」是在瀏覽器上，逐漸顯示影像的效果，即使檔案比較大，卻能緩和瀏覽者心理上的等待情緒。

選擇減色演算法：

感應式
考量人類眼睛的感受性，建立「色彩表」，讓外觀顯得較自然

選擇性
和「感應式」一樣，會建立自訂色彩表，但是重點放在保持網頁安全色及範圍較廣的顏色

最適化
根據影像最大使用色，製作成設定顏色數量的色彩表

限制性（網頁）
在「色彩表」顯示網頁使用的 216 色

自訂
載入事先製作的自訂「色彩表」，就會變成「自訂」

Mac OS
建立在 Mac OS 顯示時的最佳「色彩表」

Windows
建立在 Windows 顯示時的最佳「色彩表」

灰階
建立形成黑白 256 色階影像的「色彩表」

黑白
建立色調比灰階更少的「色彩表」

預設集
名稱：GIF 128 混色
GIF
C 失真：0
選擇性
D 顏色：128
A 擴散
混色：88%
B 透明度
E 邊緣調合：白色
無透明混色
總量：100%
交錯式
F 接近網頁色盤：0%

Ⓑ 透視沒有物件的部分，可以顯示在瀏覽器上

Ⓒ 設定壓縮（不可逆壓縮）程度。顏色數量愈少，檔案會變得愈小

Ⓓ 設定使用的顏色數量。減少顏色數量，設定成外觀與原始影像一樣的最少數值

Ⓔ 將「邊緣調合」的顏色設定成與網頁背景色同色時，套用陰影等「模糊」效果的影像，就會產生適當的透視效果

Ⓐ 選擇混色時，含有漸層或色調較多的照片影像顯示方法。可以選擇「無混色」、「擴散」、「圖樣」、「雜訊」等 4 種

混色：無混色　混色：擴散　混色：圖樣　混色：雜訊

（在所有演算法套用感應式、顏色為 8 色的情況）

HOME

邊緣調合：無

HOME

邊緣調合：設定成背景色

Ⓕ 將影像內的顏色，轉換成最接近網頁安全色內的顏色。數值愈高，轉換的顏色數量愈多

▶ JPEG 格式

這是高壓縮率格式，網路上的照片影像大多會用此格式。可以顯示所有色彩，所以不會另外顯示色彩表。

預設集
名稱：JPEG 高
JPEG
最佳化
A 高
D 品質：60%
B 漸進式
E 模糊：0
C ICC 描述檔
F 邊緣調合：白色

Ⓐ 選擇畫質等級
Ⓑ 勾選這個項目之後，下載網頁影像的過程中，最初會顯示粗糙影像，然後逐漸顯示出清楚的影像
Ⓒ 根據「色彩設定」的描述檔設定，在影像嵌入 ICC 描述檔
Ⓓ 可以設定畫質
Ⓔ 壓縮後，格點變明顯時，套用「模糊」(0～2)，可以在整體加上模糊效果，讓格點變不明顯
Ⓕ 如果背景為透明影像時，邊緣調合的設定色會變成背景色

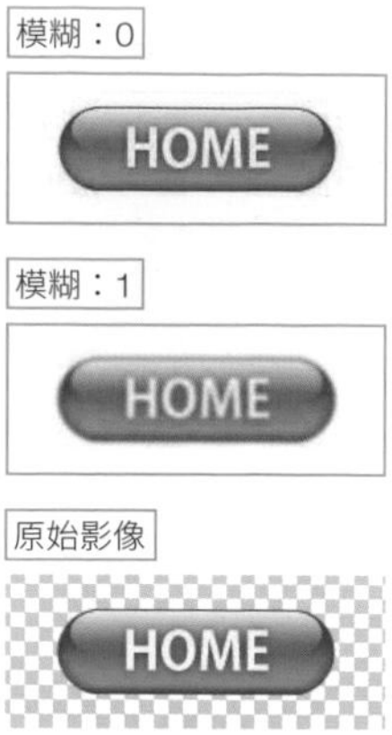
模糊：0
HOME
模糊：1
HOME
原始影像
HOME

TIPS 最佳化

勾選右側的「**最佳化**」項目，會盡可能建立出最小的檔案，但是因為相容性問題，有時會出現影畫質變差的情況。

▶ PNG-8

PNG-8 是可以處理 256 色的 PNG 格式，設定項目幾乎和 GIF 一樣，請參考 **10-23 頁**。

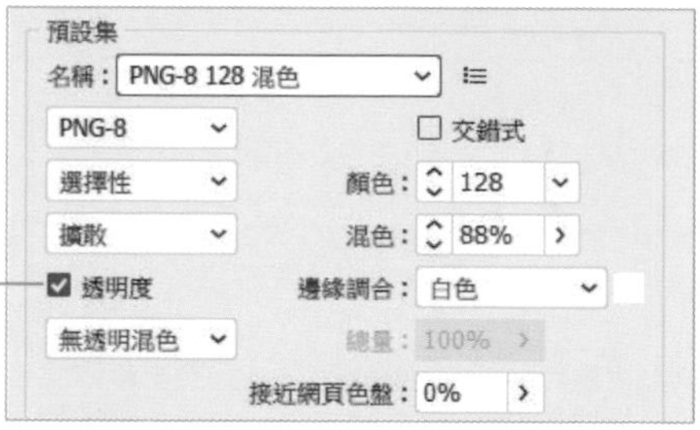
預設集
名稱：PNG-8 128 混色
PNG-8
交錯式
選擇性
顏色：128
擴散
混色：88%
透明度
邊緣調合：白色
無透明混色
總量：100%
接近網頁色盤：0%

勾選後，沒有顏色的部分會轉存成透明

▶ PNG-24

PNG-24 可以顯示伴隨著色階的透明部分。

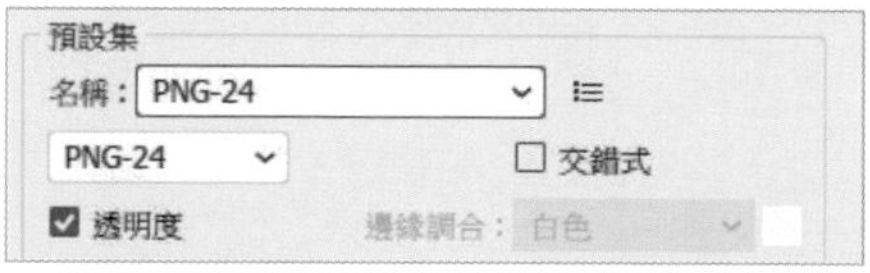
預設集
名稱：PNG-24
PNG-24
交錯式
透明度
邊緣調合：白色

● 調整影像大小

在影像尺寸區中，可以確認目前影像的大小。另外，還能不編輯原始檔案的影像，只改變轉存檔案的大小。

影像尺寸
A 新尺寸：
B 原始：
寬度：960 像素
寬：960 像素
高度：700 像素
高：700 像素
百分比：100
最佳化線條圖
C 剪裁至工作區域

無
不套用消除鋸齒，邊緣部分變得凹凸不平。文字的邊緣也不平整，但是形狀會保持**字元**面板的**設定消除鋸齒方式**，進行點陣化
最佳化線條
包含文字在內的所有物件，套用消除鋸齒效果。文字會忽略**字元**面板的**設定消除鋸齒方式**，和過去的消除鋸齒選項一樣
最佳化文字
包含文字在內的所有物件，套用消除鋸齒效果。文字會按照**字元**面板的**設定消除鋸齒方式**，進行點陣化

Ⓐ 可以不縮放原始影像，在此調整大小，轉存檔案
Ⓑ 影像大小
Ⓒ 勾選後，以工作區域的大小轉存檔案。取消勾選後，會以選取全部物件時的邊框大小來轉存檔案

CS6 | CC | CC14 | CC15 | CC17 | CC18

10-6 運用切片

使用頻率 ★☆☆

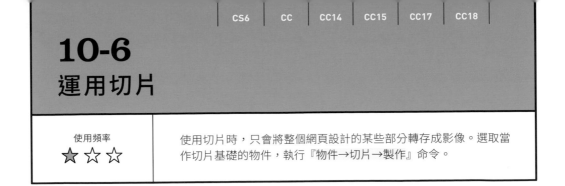

使用切片時，只會將整個網頁設計的某些部分轉存成影像。選取當作切片基礎的物件，執行『物件→切片→製作』命令。

製作物件基礎切片

物件基礎切片是以物件的邊界（邊框）製作而成的切片。改變物件大小或變形時，切片的大小會自動調整，也可以選取多個物件來製作切片。建立一個切片後，還能增加其他的切片。

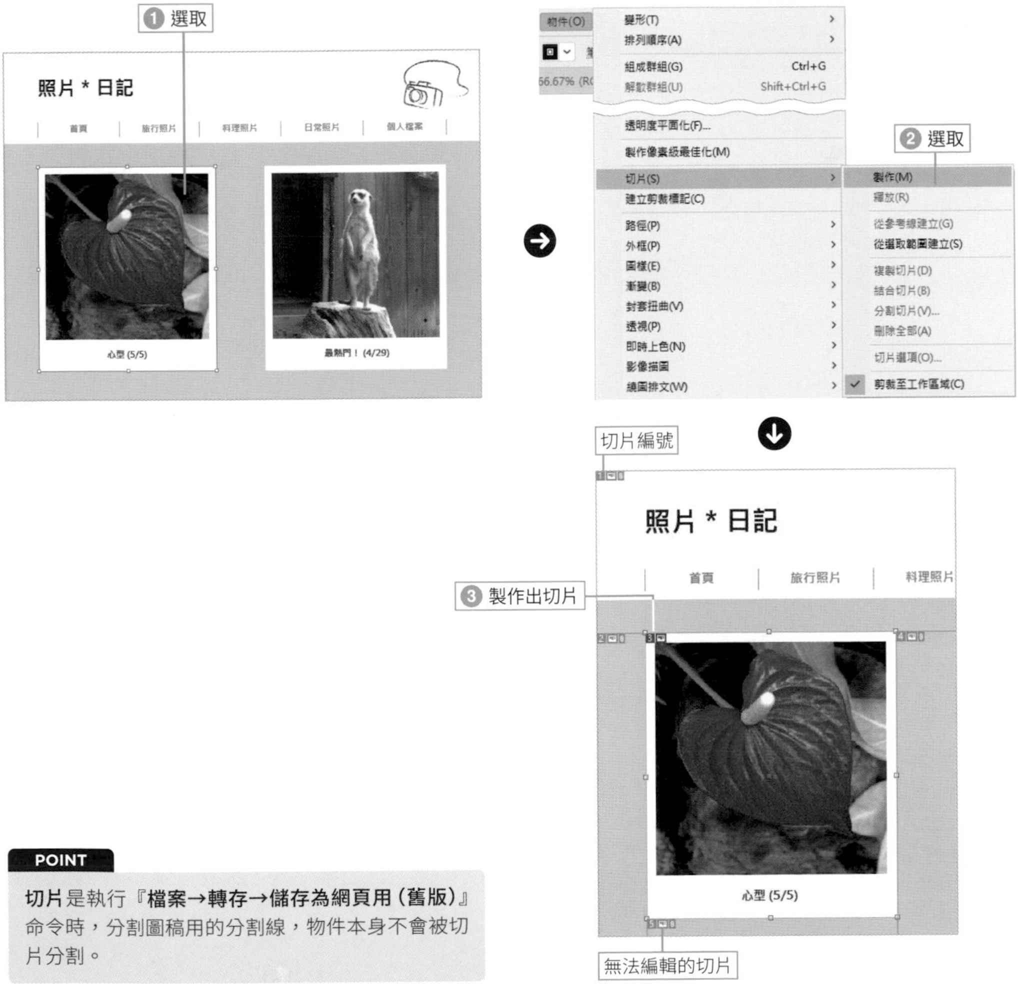

① 選取
照片 * 日記
首頁
旅行照片
料理照片
日常照片
個人檔案
心型 (5/5)
最熱門！(4/29)
物件(O)
變形(T)
排列順序(A)
組成群組(G) Ctrl+G
解散群組(U) Shift+Ctrl+G
透明度平面化(F)...
製作像素級最佳化(M)
切片(S)
建立剪裁標記(C)
路徑(P)
外框(P)
圖樣(E)
漸變(B)
封套扭曲(V)
透視(P)
即時上色(N)
影像描圖
繞圖排文(W)
② 選取
製作(M)
釋放(R)
從參考線建立(G)
從選取範圍建立(S)
複製切片(D)
結合切片(B)
分割切片(V)...
刪除全部(A)
切片選項(O)...
剪裁至工作區域(C)
切片編號
③ 製作出切片
無法編輯的切片

POINT

切片是執行『**檔案→轉存→儲存為網頁用（舊版）**』命令時，分割圖稿用的分割線，物件本身不會被切片分割。

製作「使用者切片」

使用者切片是使用者自行定義大小的切片。與物件大小無關，即使編輯物件，切片大小也不會改變。使用者切片是利用切片工具，以拖曳方式定義範圍。按照相同步驟，可以新增切片。

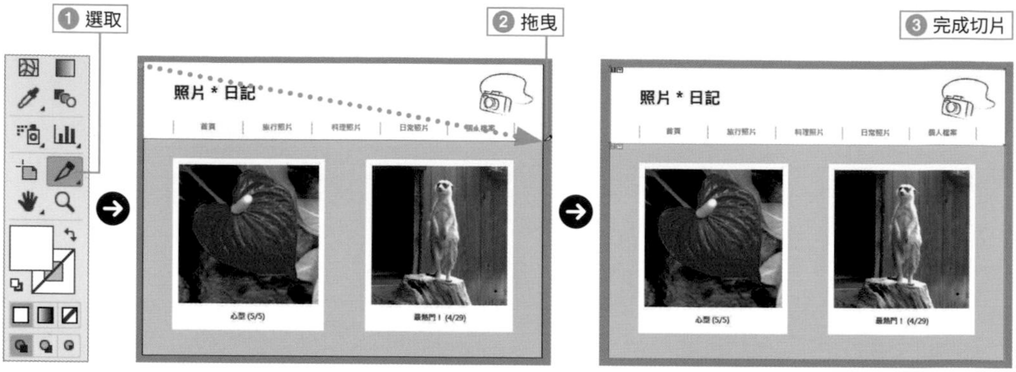

❶ 選取
❷ 拖曳
❸ 完成切片
照片＊日記
心型 (5/5)
最熱門！(4/29)

編輯切片

製作完成的切片可以使用切片選取範圍工具，執行調整大小或移動等編輯步驟。另外，只有以深紅色顯示的切片才能編輯。執行『物件→切片』命令，利用子選單，可以編輯選取中的切片。

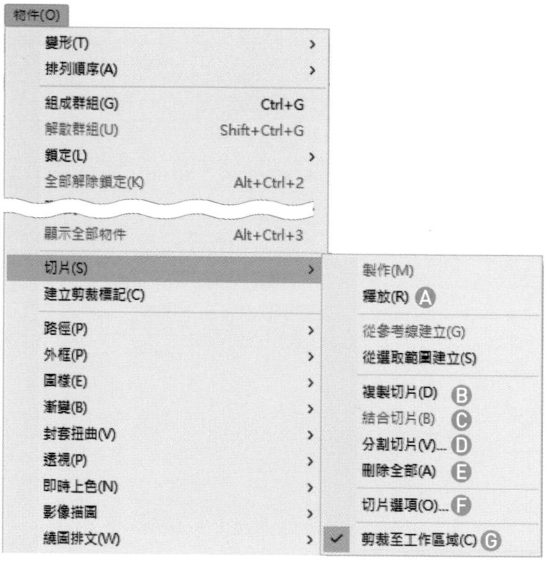

物件(O)
變形(T)
排列順序(A)
組成群組(G) Ctrl+G
解散群組(U) Shift+Ctrl+G
鎖定(L)
全部解除鎖定(K) Alt+Ctrl+2
顯示全部物件 Alt+Ctrl+3
切片(S)
建立剪裁標記(C)
路徑(P)
外框(P)
圖樣(E)
漸變(B)
封套扭曲(V)
透視(P)
即時上色(N)
影像描圖
繞圖排文(W)
製作(M)
釋放(R) A
從參考線建立(G)
從選取範圍建立(S)
複製切片(D) B
結合切片(B) C
分割切片(V)... D
刪除全部(A) E
切片選項(O)... F
剪裁至工作區域(C) G

- Ⓐ 釋放選取中的切片，清除切片範圍
- Ⓑ 可以拷貝選取中的切片
- Ⓒ 將選取中的多個切片整合成一個切片
- Ⓓ 分割選取中的切片
- Ⓔ 刪除所有切片
- Ⓕ 設定轉存切片時的檔案名稱或連結 URL 等
- Ⓖ 切片的最大範圍變成工作區域的大小，留白部分也會被分割

● 轉存切片

如果要轉存設定了切片的 Illustrator 圖稿，請執行『檔案→轉存→儲存為網頁用(舊版)』命令(CC 2015.2 前的版本是執行『檔案→儲存為網頁用』命令)(Alt＋Shift＋Ctrl＋S)。

在儲存為網頁用交談窗中，會在圖稿中顯示已經設定好的切片，可以按照各個切片，設定最佳影像格式再轉存。

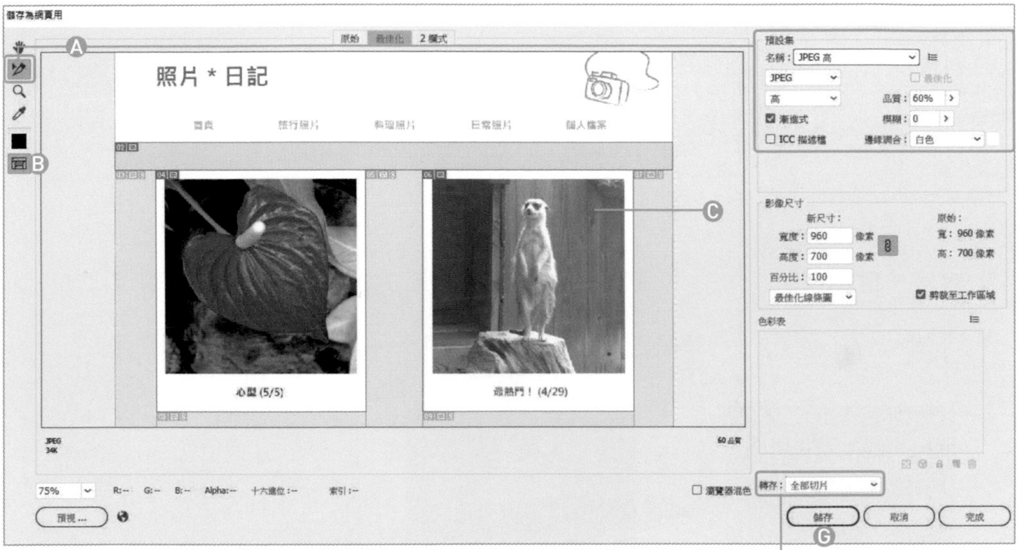

儲存為網頁用
原始
最佳化
2 欄式
照片 * 日記
首頁
旅行照片
料理照片
日常照片
個人檔案
心型 (5/5)
最熱門！(4/29)
預設集
名稱：JPEG 高
JPEG
高
品質：60%
漸進式
模糊：0
ICC 描述檔
邊緣調合：白色
影像尺寸
新尺寸：
寬度：960 像素
高度：700 像素
百分比：100
原始：
寬：960 像素
高：700 像素
最佳化線條圖
剪裁至工作區域
色彩表
JPEG
34K
60 品質
75%
R:--
G:--
B:--
Alpha:--
十六進位：--
索引：--
瀏覽器混色
轉存：全部切片
預視...
儲存
取消
完成
A
B
C
G

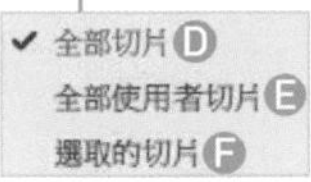

全部切片 D
全部使用者切片 E
選取的切片 F

Ⓐ 使用**切片選取工具**選取切片，在右側設定影像格式

Ⓑ 按下畫面左邊工具的，可以切換顯示或隱藏切片

Ⓒ 在切片上雙按滑鼠左鍵，會開啟**切片選項**交談窗

Ⓓ 轉存全部的切片影像

Ⓔ 只轉存使用切片工具或命令製作出來的切片

Ⓕ 只轉存在**儲存為網頁用**交談窗中，使用**切片選取工具**選取的切片影像。另外，在**儲存為網頁用**交談窗中，按下 Shift＋按一下，可以選取多個切片

Ⓖ 按下**儲存**鈕，會開啟**另存最佳化檔案**交談窗，命名之後再儲存

10-7 拷貝與轉存 CSS

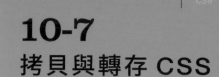

使用頻率	
★☆☆	Illustrator CC 新增了 CSS 內容面板，可以將設計作品內使用的字元樣式、物件的顏色屬性等，轉存成 CSS，拷貝之後，貼至網頁編輯軟體中。

字元樣式的 CSS

在圖稿內設定的字元樣式，會自動新增至 CSS 內容面板中。在 CSS 內容面板中，字元樣式的名稱會變成 CSS 的 class 名稱。在 CSS 內容面板中，選取樣式，面板下方就會顯示 CSS 的內容。

照片 * 日記
首頁
旅行照片
料理照片
日常照片
心型 (5/5)
最熱門！(4/29)
❶ 選取要製作、套用字元樣式的字串
❷ 建立並套用字元樣式
字元樣式
段落樣式
[一般字元樣式]
link

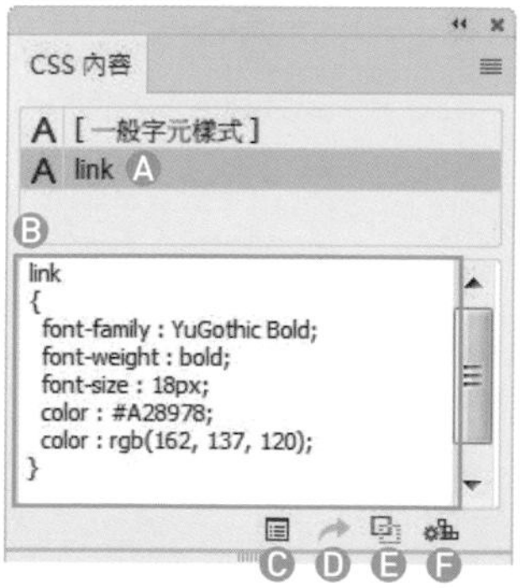

CSS 內容
A [一般字元樣式]
A link Ⓐ
Ⓑ
link
{
font-family : YuGothic Bold;
font-weight : bold;
font-size : 18px;
color : #A28978;
color : rgb(162, 137, 120);
}
Ⓒ Ⓓ Ⓔ Ⓕ

- Ⓐ 自動新增字元樣式。字元樣式的名稱會變成 CSS 的 class 名稱
- Ⓑ 顯示選取樣式的 CSS 程式碼，可以選取並拷貝
- Ⓒ 按一下，會開啟下一頁要說明的 **CSS 轉存選項**交談窗，可以執行將 CSS 轉存成檔案的設定
- Ⓓ 將選取樣式的 CSS 程式碼轉存成檔案
- Ⓔ 將選取樣式的 CSS 程式碼拷貝至剪貼簿
- Ⓕ 產生 CSS

按下 CSS 內容面板的轉存選項鈕，會開啟交談窗讓你做細部設定。

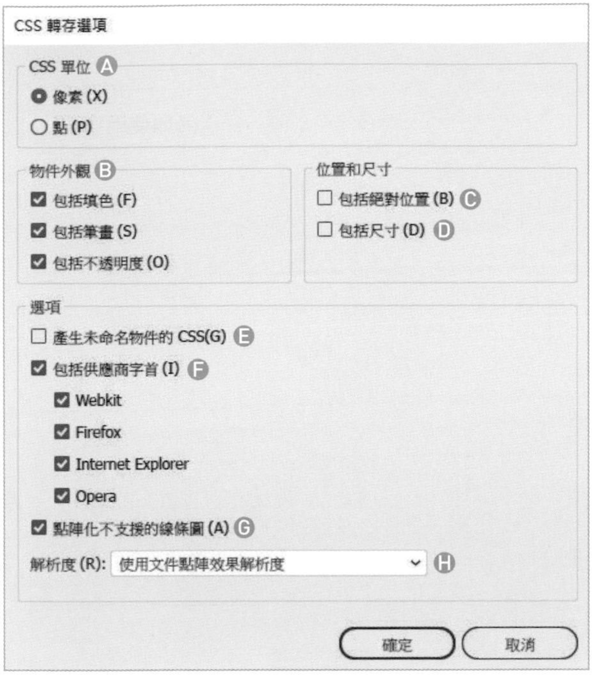
CSS 轉存選項
CSS 單位 A
像素 (X)
點 (P)
物件外觀 B
包括填色 (F)
包括筆畫 (S)
包括不透明度 (O)
位置和尺寸
包括絕對位置 (B) C
包括尺寸 (D) D
選項
產生未命名物件的 CSS(G) E
包括供應商字首 (I) F
Webkit
Firefox
Internet Explorer
Opera
點陣化不支援的線條圖 (A) G
解析度 (R): 使用文件點陣效果解析度 H
確定
取消

Ⓐ 選擇 CSS 程式碼的單位

Ⓑ 勾選要轉存成 CSS 的物件外觀項目

Ⓒ 轉存物件的絕對位置屬性

Ⓓ 轉存物件的大小

Ⓔ 產生**圖層**面板中，未設定名稱的物件 CSS

Ⓕ 把勾選的網頁瀏覽器供應商字首包含在 CSS 中

Ⓖ 將 CSS 不支援的線條圖點陣化

Ⓗ 設定點陣化的解析度

POINT

刪除字元樣式後，也會自動從 **CSS 內容**面板中刪除。

物件的 CSS

設定在物件中的屬性，也能顯示在 CSS 內容面板中。

照片 * 日記
首頁
旅行照片
料理照片
日常照片
個人檔案
心型 (5/5)
最熱門！(4/29)

❶ 選取要轉存、拷貝 CSS 的物件

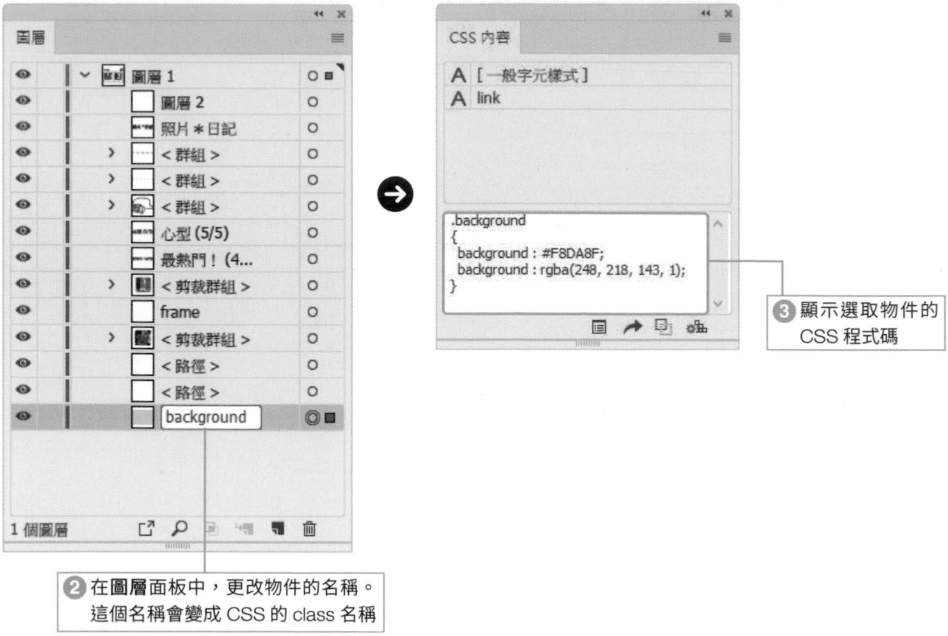

圖層
圖層 1
圖層 2
照片＊日記
＜群組＞
＜群組＞
＜群組＞
心型 (5/5)
最熱門！(4...
＜剪裁群組＞
frame
＜剪裁群組＞
＜路徑＞
＜路徑＞
background
1 個圖層
CSS 內容
[一般字元樣式]
link
.background
{
background : #F8DA8F;
background : rgba(248, 218, 143, 1);
}
❸ 顯示選取物件的 CSS 程式碼
❷ 在圖層面板中，更改物件的名稱。這個名稱會變成 CSS 的 class 名稱

POINT

套用在「筆畫」的筆刷／漸層／圖樣等，不會反映在 CSS 上。假如有無法反映的外觀項目，**CSS 內容**面板左下方會顯示[A]。

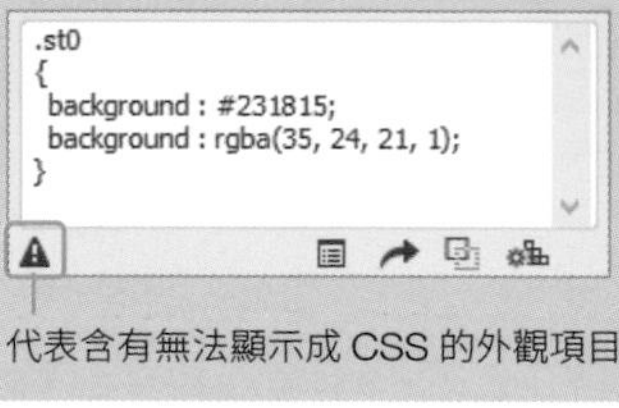

.st0
{
background : #231815;
background : rgba(35, 24, 21, 1);
}
代表含有無法顯示成 CSS 的外觀項目

POINT

設定了多項「填色」與「筆畫」的物件，會將基本外觀的「填色」及「筆畫」轉存成 CSS。

TIPS 轉存圖稿內的所有 CSS

在 **CSS 內容**面板選單中，執行『**全部轉存**』命令，或執行『**檔案→轉存→轉存為**』命令，**存檔類型**選擇 **CSS**，就能轉存圖稿內的所有 CSS。

CS6 | CC | CC14 | CC15 | CC17 | CC18

10-8 利用「動作」與「批次」進行自動化操作

使用頻率	
★☆☆	動作是指，可以記憶 Illustrator 的連續命令操作，並重複利用的功能。使用動作，能將眾多操作自動化，組合常用的命令，套用在影像上，即可提高工作效率。

「動作」面板

動作面板是執行已儲存的動作、建立新動作、編輯動作等管理動作用的面板。執行『視窗→動作』命令，就會顯示動作面板。

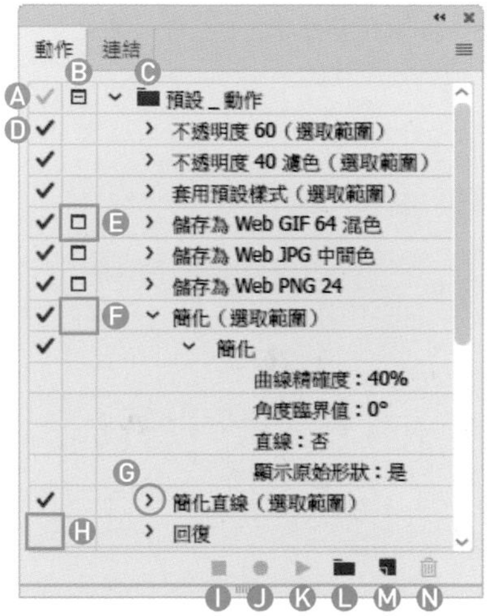

動作
連結
預設_動作
不透明度 60（選取範圍）
不透明度 40 濾色（選取範圍）
套用預設樣式（選取範圍）
儲存為 Web GIF 64 混色
儲存為 Web JPG 中間色
儲存為 Web PNG 24
簡化（選取範圍）
簡化
曲線精確度：40%
角度臨界值：0°
直線：否
顯示原始形狀：是
簡化直線（選取範圍）
回復

- Ⓐ 部分不可執行的動作
- Ⓑ 包含模組控制的動作
- Ⓒ 動作組合
- Ⓓ 可以執行的動作
- Ⓔ 模組控制
- Ⓕ 不會顯示交談窗的動作命令
- Ⓖ 切換顯示或隱藏下層動作
- Ⓗ 不可執行的動作
- Ⓘ 停止播放／記錄
- Ⓙ 開始記錄
- Ⓚ 執行選取項目
- Ⓛ 建立新組合
- Ⓜ 建立新動作
- Ⓝ 刪除選取項目

TIPS 按鈕模式

在**動作**面板選單中，執行『**按鈕模式**』命令，會顯示成按鈕模式。在按鈕模式中，可以按一下執行一個動作。在清單顯示中，包含部分無效的動作時，會執行原本的設定。另外，在**按鈕模式**下，無法儲存動作。

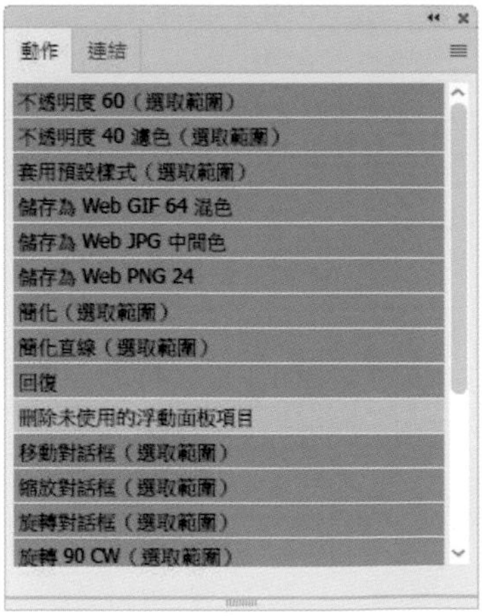

動作
連結
不透明度 60（選取範圍）
不透明度 40 濾色（選取範圍）
套用預設樣式（選取範圍）
儲存為 Web GIF 64 混色
儲存為 Web JPG 中間色
儲存為 Web PNG 24
簡化（選取範圍）
簡化直線（選取範圍）
回復
刪除未使用的浮動面板項目
移動對話框（選取範圍）
縮放對話框（選取範圍）
旋轉對話框（選取範圍）
旋轉 90 CW（選取範圍）

執行動作

在動作面板中，選取要執行的動作，按下面板下方的播放目前選取的動作鈕[▶]，或在動作面板選單中，執行『播放』命令。

中斷動作

如果要中斷執行中的動作，請按下動作面板的停止播放／記錄鈕[■]。

儲存新動作

以下要試著儲存「把檔案儲存成 PDF(X-1A)」的動作。

1 按下「製作新動作」鈕

按下動作面板中的製作新動作鈕。

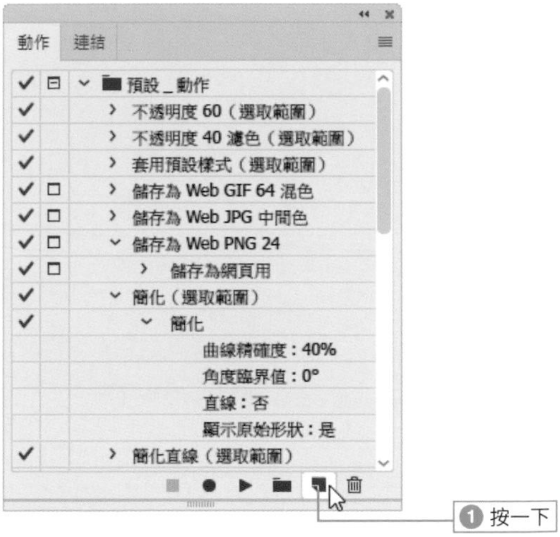

動作
連結
預設_動作
不透明度 60（選取範圍）
不透明度 40 濾色（選取範圍）
套用預設樣式（選取範圍）
儲存為 Web GIF 64 混色
儲存為 Web JPG 中間色
儲存為 Web PNG 24
儲存為網頁用
簡化（選取範圍）
簡化
曲線精確度：40%
角度臨界值：0°
直線：否
顯示原始形狀：是
簡化直線（選取範圍）
❶ 按一下

POINT

儘管「動作」是非常方便的功能，卻只能記錄基本的命令，無法記錄使用**鋼筆工具**、**鉛筆工具**、**筆刷工具**繪製的線條。

2 命名後開始記錄動作

在新增動作交談窗的名稱中，輸入動作名稱。按下記錄鈕，就會開始記錄動作。

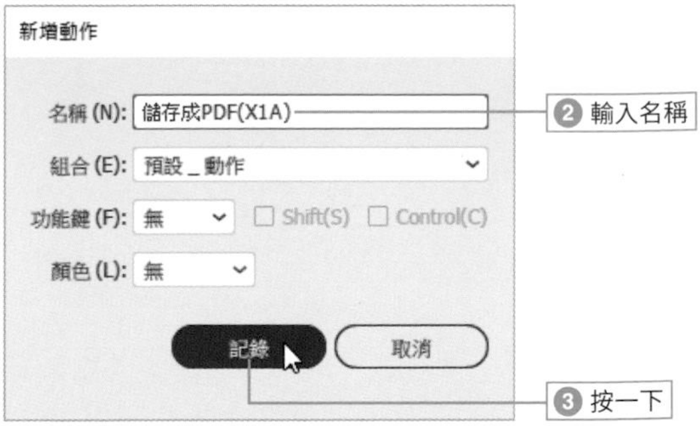

新增動作
名稱 (N): 儲存成PDF(X1A)
組合 (E): 預設_動作
功能鍵 (F): 無
Shift(S)
Control(C)
顏色 (L): 無
記錄
取消
❷ 輸入名稱
❸ 按一下

③ 儲存成 PDF 檔案

執行『檔案→另存新檔』命令，以 PDF 格式儲存檔案。

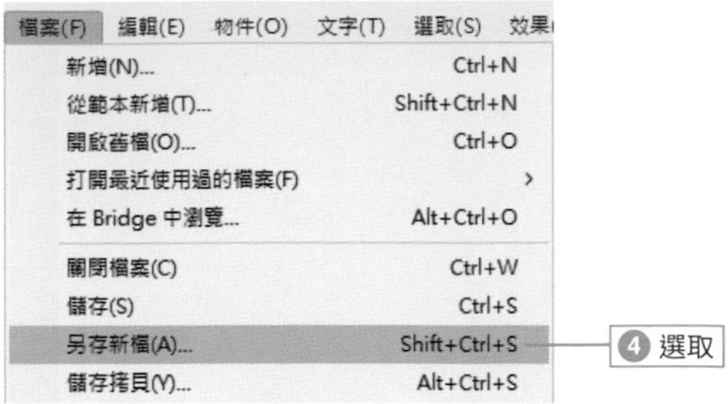

檔案(F)
編輯(E)
物件(O)
文字(T)
選取(S)
新增(N)... Ctrl+N
從範本新增(T)... Shift+Ctrl+N
開啟舊檔(O)... Ctrl+O
打開最近使用過的檔案(F)
在 Bridge 中瀏覽... Alt+Ctrl+O
關閉檔案(C) Ctrl+W
儲存(S) Ctrl+S
另存新檔(A)... Shift+Ctrl+S
儲存拷貝(Y)... Alt+Ctrl+S
④ 選取

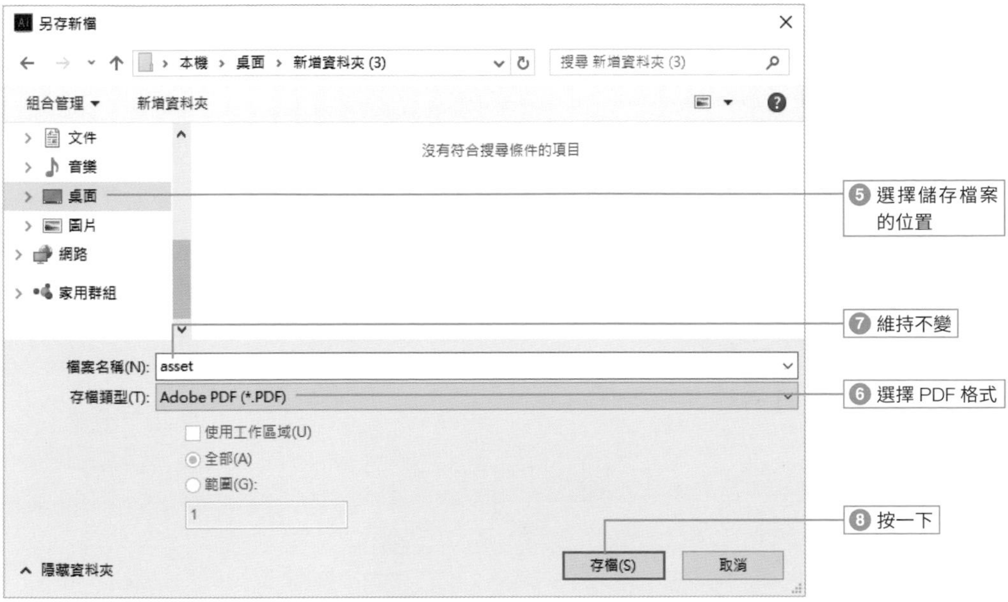

另存新檔
本機 › 桌面 › 新增資料夾 (3)
搜尋 新增資料夾 (3)
組合管理
新增資料夾
文件
音樂
桌面
圖片
網路
家用群組
沒有符合搜尋條件的項目
檔案名稱(N): asset
存檔類型(T): Adobe PDF (*.PDF)
使用工作區域(U)
全部(A)
範圍(G):
隱藏資料夾
存檔(S)
取消
⑤ 選擇儲存檔案的位置
⑦ 維持不變
⑥ 選擇 PDF 格式
⑧ 按一下

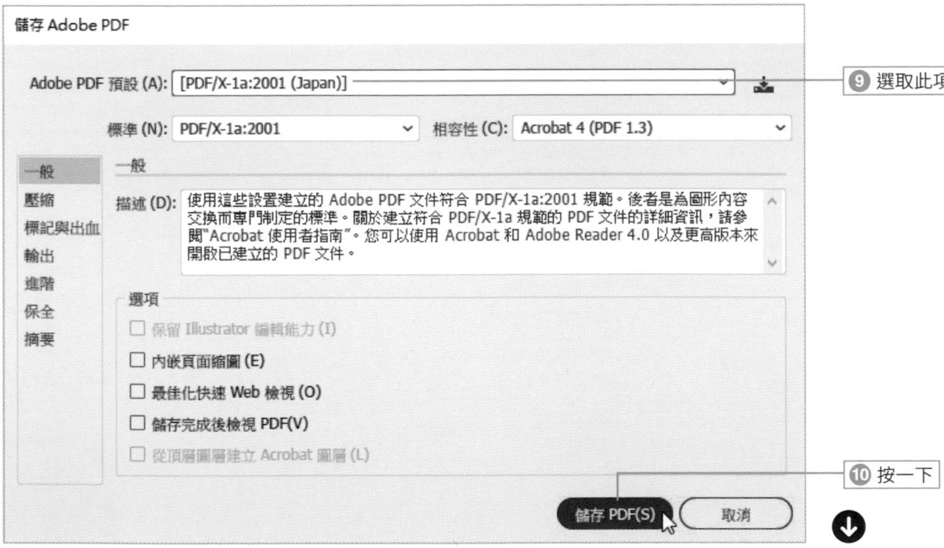

儲存 Adobe PDF
Adobe PDF 預設 (A): [PDF/X-1a:2001 (Japan)]
標準 (N): PDF/X-1a:2001
相容性 (C): Acrobat 4 (PDF 1.3)
一般
壓縮
標記與出血
輸出
進階
保全
摘要
描述 (D): 使用這些設置建立的 Adobe PDF 文件符合 PDF/X-1a:2001 規範。後者是為圖形內容交換而專門制定的標準。關於建立符合 PDF/X-1a 規範的 PDF 文件的詳細資訊，請參閱"Acrobat 使用者指南"。您可以使用 Acrobat 和 Adobe Reader 4.0 以及更高版本來開啟已建立的 PDF 文件。
選項
保留 Illustrator 編輯能力 (I)
內嵌頁面縮圖 (E)
最佳化快速 Web 檢視 (O)
儲存完成後檢視 PDF(V)
從頂層圖層建立 Acrobat 圖層 (L)
儲存 PDF(S)
取消
⑨ 選取此項
⑩ 按一下

❹ 按下「停止播放／記錄」■

按下動作面板中的停止播放／記錄鈕■，停止記錄。這樣就會把記錄了操作步驟的動作儲存起來。

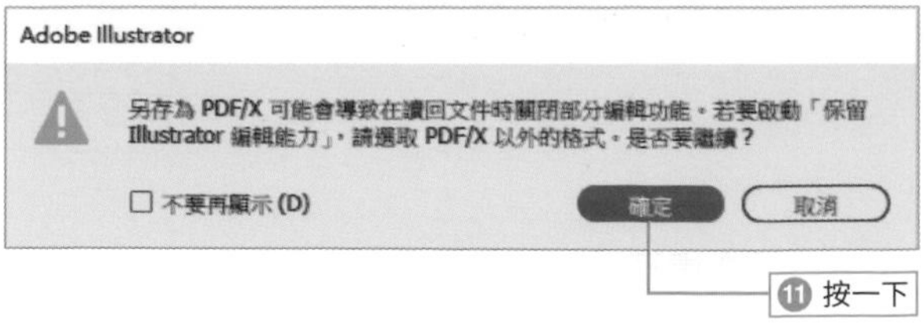

Adobe Illustrator
另存為 PDF/X 可能會導致在讀回文件時關閉部分編輯功能。若要啟動「保留 Illustrator 編輯能力」，請選取 PDF/X 以外的格式。是否要繼續？
不要再顯示 (D)
確定
取消
⑪ 按一下

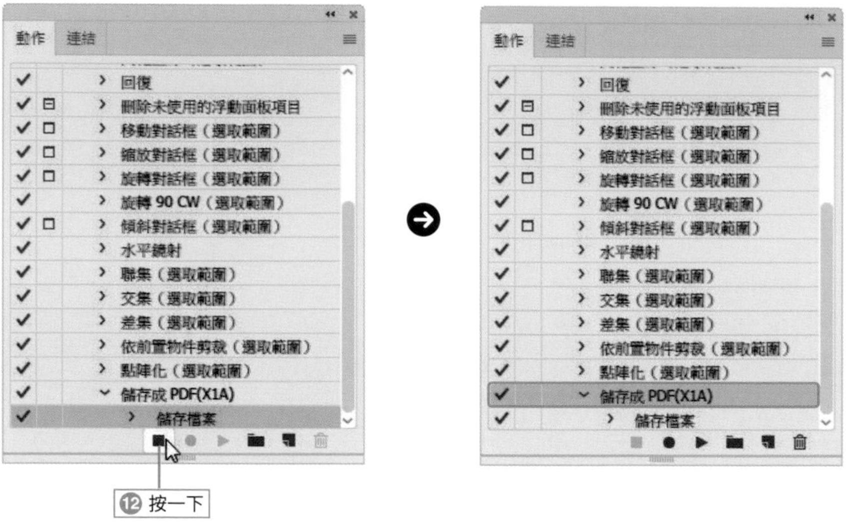

動作
連結
回復
刪除未使用的浮動面板項目
移動對話框（選取範圍）
縮放對話框（選取範圍）
旋轉對話框（選取範圍）
旋轉 90 CW（選取範圍）
傾斜對話框（選取範圍）
水平鏡射
聯集（選取範圍）
交集（選取範圍）
差集（選取範圍）
依前置物件剪裁（選取範圍）
點陣化（選取範圍）
儲存成 PDF(X1A)
儲存檔案
⑫ 按一下

● 編輯動作

在動作面板選單中，可以針對已經儲存的動作，進行增加或刪除操作步驟等編輯。

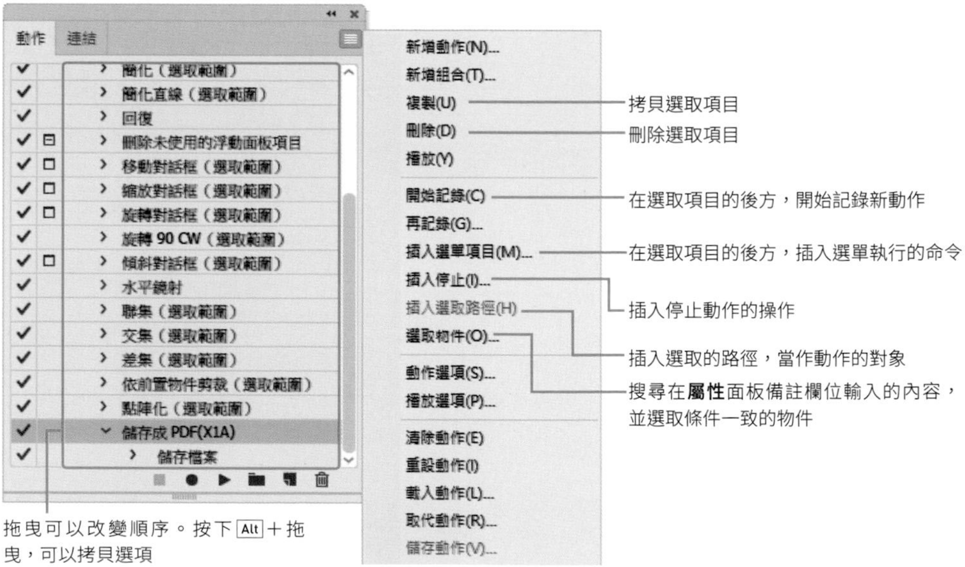

動作
連結
簡化（選取範圍）
簡化直線（選取範圍）
回復
刪除未使用的浮動面板項目
移動對話框（選取範圍）
縮放對話框（選取範圍）
旋轉對話框（選取範圍）
旋轉 90 CW（選取範圍）
傾斜對話框（選取範圍）
水平鏡射
聯集（選取範圍）
交集（選取範圍）
差集（選取範圍）
依前置物件剪裁（選取範圍）
點陣化（選取範圍）
儲存成 PDF(X1A)
儲存檔案
新增動作(N)...
新增組合(T)...
複製(U)
刪除(D)
播放(Y)
開始記錄(C)
再記錄(G)...
插入選單項目(M)...
插入停止(I)...
插入選取路徑(H)
選取物件(O)...
動作選項(S)...
播放選項(P)...
清除動作(E)
重設動作(I)
載入動作(L)...
取代動作(R)...
儲存動作(V)...
拷貝選取項目
刪除選取項目
在選取項目的後方，開始記錄新動作
在選取項目的後方，插入選單執行的命令
插入停止動作的操作
插入選取的路徑，當作動作的對象
搜尋在**屬性**面板備註欄位輸入的內容，並選取條件一致的物件

拖曳可以改變順序。按下 Alt ＋拖曳，可以拷貝選項

反覆執行動作（批次）

在動作面板選單中執行『批次』命令，可將儲存的動作套用在指定檔案夾內的所有檔案。

執行批次處理

如果要執行批次處理，請在動作面板選單中，執行『批次』命令，開啟批次交談窗，設定要執行的動作及成為套用對象的檔案。

Ⓐ 設定執行批次處理的動作所屬組合

Ⓑ 選擇要執行的動作

Ⓒ 選擇批次處理的對象

✔ 檔案夾
資料組

Ⓓ 設定成為批次處理對象的檔案夾

Ⓔ 忽略指定動作中的**開啟舊檔**命令

Ⓕ 在指定檔案夾中的子檔案夾，其內含的影像也成為執行動作的對象

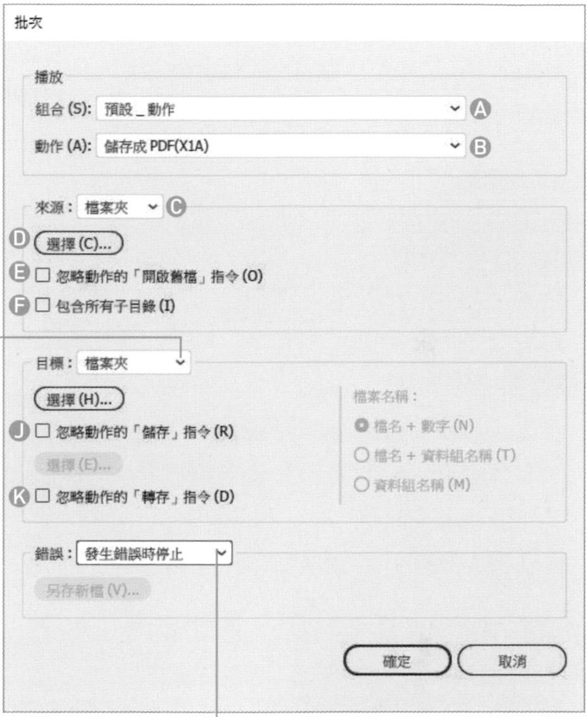

批次
播放
組合 (S): 預設_動作
動作 (A): 儲存成 PDF(X1A)
來源： 檔案夾
選擇 (C)...
忽略動作的「開啟舊檔」指令 (O)
包含所有子目錄 (I)
目標： 檔案夾
選擇 (H)...
忽略動作的「儲存」指令 (R)
選擇 (E)...
忽略動作的「轉存」指令 (D)
檔案名稱：
檔名 + 數字 (N)
檔名 + 資料組名稱 (T)
資料組名稱 (M)
錯誤： 發生錯誤時停止
另存新檔 (V)...
確定
取消

無
儲存並關閉
✔ 檔案夾

Ⓖ 執行動作後，維持開啟影像的狀態，不做任何處理

Ⓗ 將影像儲存在指定的檔案夾內。假如動作內含有**另存新檔**命令時，以該設定為優先

Ⓘ 覆蓋影像後儲存並關閉檔案。假如動作內含有**另存新檔**命令時，以該設定為優先

Ⓙ 即使執行的動作內，含有**另存新檔**命令或**儲存拷貝**命令，只會保留檔案格式，並將檔案儲存在**選擇**鈕設定的檔案夾內，而不是儲存到動作中記錄的位置上

Ⓚ 即使在執行的動作內，含有**轉存**命令，只會保留檔案格式，並將檔案轉存在上面**選擇**鈕設定的檔案夾內，而不是轉存到動作中記錄的位置上

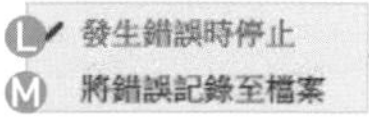

✔ 發生錯誤時停止
將錯誤記錄至檔案

Ⓛ 執行批次處理的過程中，若發生錯誤，就停止處理

Ⓜ 執行批次處理的過程中，若發生錯誤，將錯誤記錄檔產生在**另存新檔**鈕設定的檔案夾內

POINT

如果要執行批次處理，必須先建立批次處理要使用的動作。

TIPS 強制停止批次處理

如果中途要強制停止批次處理，請按下**動作**面板中的**停止播放／記錄**鈕[■]。

10-9 「置入」與「連結」面板

使用頻率	
☆☆☆	Illustrator 除了以貝茲曲線繪製的物件之外，也可以把數位相機拍攝的影像檔案、Photoshop 等製作的點陣圖影像當作物件來處理。點陣圖影像可以執行縮放、旋轉、翻轉等變形步驟。

Illustrator 的點陣圖影像處理方式

Illustrator 可以載入數位相機的影像檔案及點陣圖影像，當作一個物件來處理。

點陣圖物件和一般物件一樣，可以對整個物件執行縮放、旋轉、翻轉、傾斜等變形操作。

TIPS 使用編輯影像專用的軟體

Illustrator 處理的點陣圖影像只是一種物件，無法執行影像內的部分編輯或合成。如果要編輯點陣圖影像，請使用 Photoshop 等影像專用軟體來進行編修。

TIPS 點陣物件

將 Illustrator 的向量影像轉換成點陣圖影像，稱作**點陣化**。點陣圖影像是經過點陣化的資料，因此也稱作**點陣化資料**。在 Illustrator 上的點陣圖影像，稱作**點陣化物件**。

利用「置入」載入影像

執行『檔案→置入』命令，在圖稿中載入影像檔案。載入影像時，會開啟置入交談窗，我們可以利用連結的設定，將影像檔案置入 Illustrator 中，或連結外部檔案。

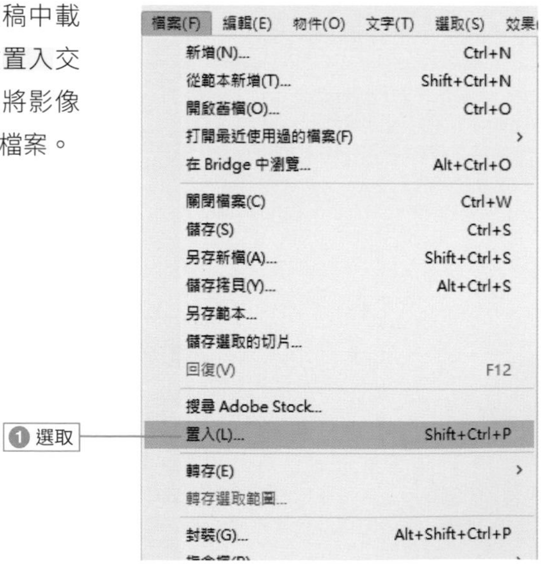
檔案(F) 編輯(E) 物件(O) 文字(T) 選取(S) 效果
新增(N)... Ctrl+N
從範本新增(T)... Shift+Ctrl+N
開啟舊檔(O)... Ctrl+O
打開最近使用過的檔案(F)
在 Bridge 中瀏覽... Alt+Ctrl+O
關閉檔案(C) Ctrl+W
儲存(S) Ctrl+S
另存新檔(A)... Shift+Ctrl+S
儲存拷貝(Y)... Alt+Ctrl+S
另存範本...
儲存選取的切片...
回復(V) F12
搜尋 Adobe Stock...
置入(L)... Shift+Ctrl+P
轉存(E)
轉存選取範圍...
封裝(G)... Alt+Shift+Ctrl+P
1 選取

POINT

選取影像檔案時，按住 Ctrl ＋按一下，可以選取多個檔案。

置入
CHAPTER10_sample › photo
搜尋 photo
組合管理
新增資料夾
OneDrive
本機
3D 物件
下載
文件
音樂
桌面
圖片
影片
church
church
link
oldhouse
oldhouse1
stainedglass
stainedglass
sunflower
Ⓐ 連結(L)
Ⓑ 範本(E)
Ⓒ 取代(C)
Ⓓ 顯示讀入選項(I)
檔案名稱(N): sunflower
全部格式
置入
取消
❷ 選取
❸ 按一下

Ⓐ 勾選此項，置入後不會嵌入影像，而是載入原始檔案的位置與連結資訊。如果沒有勾選就置入，會將影像嵌入 Illustrator 的圖稿中

Ⓑ 勾選後置入的影像，在最下層會置入自動產生的範本圖層（請參考 **4-31 頁**）

Ⓒ 勾選之後，將選取影像替換成新置入的影像

Ⓓ 勾選之後，會顯示**讀入選項**交談窗

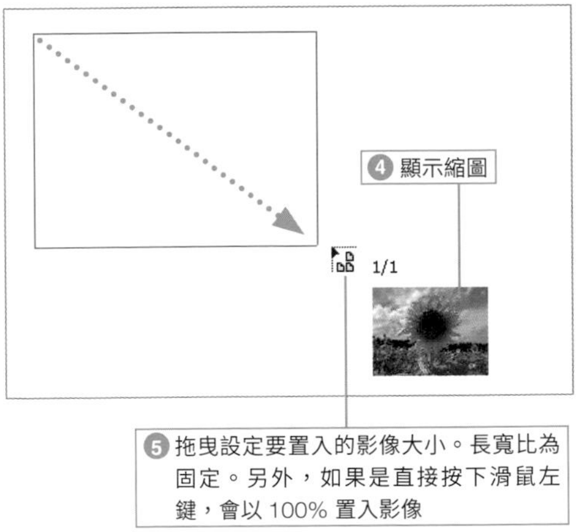
❹ 顯示縮圖
1/1
❺ 拖曳設定要置入的影像大小。長寬比為固定。另外，如果是直接按下滑鼠左鍵，會以 100% 置入影像

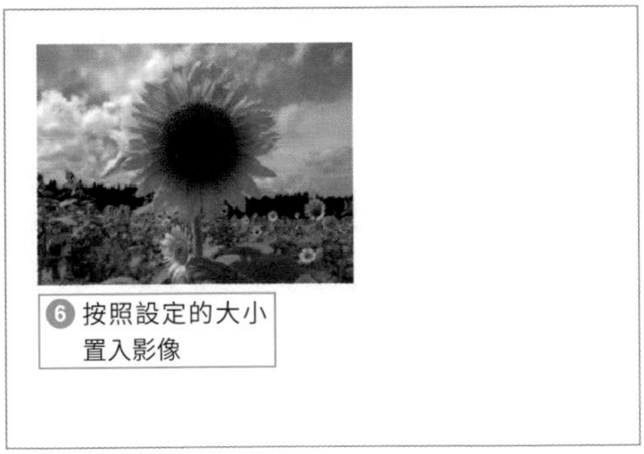
❻ 按照設定的大小置入影像

POINT

假如置入的 EPS 影像，畫質較為粗糙，請在**偏好設定**交談窗的**檔案處理與剪貼簿**（請參考 **11-9 頁**），取消勾選**針對連結的 EPS 使用低解析度替身**。

POINT

在 CS6，可以一次只置入一個檔案。按一下滑鼠左鍵置入影像，影像大小為 100%。

▶ 置入多個檔案

在 Illustrator 中，執行『檔案→置入』命令，可以置入多個檔案。選取多個檔案，縮圖左上方會顯示如 1/3 的數字，代表選取的數量及置入的影像。按下方向鍵，可以更改置入的影像。

1/3

選取多個影像，左上方會顯示選取的數字

3/3

按下方向鍵，能更改置入的影像

POINT

在**置入**交談窗中，勾選**顯示讀入選項**，會開啟置入影像用的**讀入選項**交談窗。如果沒有勾選，在顯示縮圖的狀態，按下 Shift ＋按一下，會開啟該檔案的**讀入選項**交談窗。
譯註：勾選**顯示讀入選項**或按下 Shift ＋按一下，選取的檔案若為 JPG 或 PSD，都不會顯示**讀入選項**交談窗，只有設定了**圖層構圖**的檔案，置入時才會顯示此交談窗。

● Photoshop 檔案的讀入選項

開啟或置入 Photoshop 檔案時，先勾選顯示讀入選項，就會開啟 Photoshop 讀入選項交談窗，可以執行各種設定，還能選取在 Photoshop 設定的圖層構圖。

可以選取設定了圖層構圖的部分

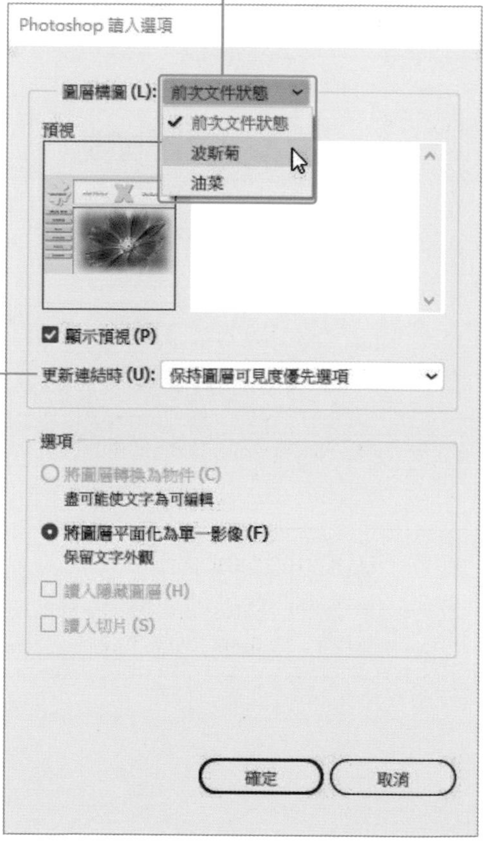
Photoshop 讀入選項
圖層構圖 (L): 前次文件狀態
前次文件狀態
波斯菊
油菜
預視
顯示預視 (P)
更新連結時 (U): 保持圖層可見度優先選項
選項
將圖層轉換為物件 (C)
盡可能使文字為可編輯
將圖層平面化為單一影像 (F)
保留文字外觀
讀入隱藏圖層 (H)
讀入切片 (S)
確定
取消

設定使用 Photoshop 編輯連結檔案時，要使用哪個圖層

置入 Illustrator 時，保留圖層

保持圖層可見度優先選項
使用 Photoshop 的圖層可見度

使用以 Photoshop 編輯存檔時的圖層

POINT

還可以置入使用「雙色調」等特別色的 Photoshop 原生檔案。

● 利用「連結」面板管理置入影像

在連結面板中，會列出所有在圖稿內的點陣圖物件清單。檢視清單，究竟置入了哪些物件，就可以一目瞭然。

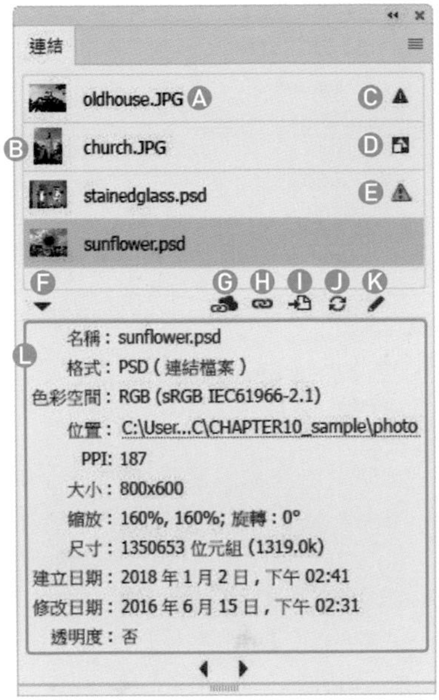

連結
oldhouse.JPG A
C
B
church.JPG
D
stainedglass.psd
E
sunflower.psd
F
G H I J K
L
名稱：sunflower.psd
格式：PSD (連結檔案)
色彩空間：RGB (sRGB IEC61966-2.1)
位置：C:\User...C\CHAPTER10_sample\photo
PPI: 187
大小：800x600
縮放：160%, 160%; 旋轉：0°
尺寸：1350653 位元組 (1319.0k)
建立日期：2018 年 1 月 2 日，下午 02:41
修改日期：2016 年 6 月 15 日，下午 02:31
透明度：否

- Ⓐ 檔案名稱
- Ⓑ 縮圖
- Ⓒ 找不到原始影像的連結
- Ⓓ 已經嵌入的影像
- Ⓔ 原始影像已修改過的連結
- Ⓕ 切換顯示／隱藏置入檔案的詳細資訊
- Ⓖ 用 CC 資料庫的影像更換選取中的影像
- Ⓗ 用其他檔案的資料更換面板中的選取物件
- Ⓘ 選取起在面板中選取的連結，並顯示在畫面中央
- Ⓙ 更新連結
- Ⓚ 使用製作物件用的應用程式開啟檔案，進行編輯
- Ⓛ 顯示選取物件的詳細資料

POINT

開啟 Illustrator 檔案時，檔案內連結影像的檔案名稱改變或異動了儲存位置，就會出現以下的交談窗。

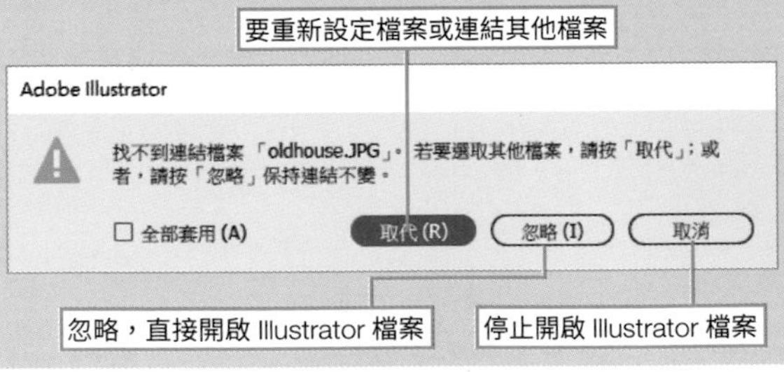

要重新設定檔案或連結其他檔案
Adobe Illustrator
找不到連結檔案「oldhouse.JPG」。若要選取其他檔案，請按「取代」；或者，請按「忽略」保持連結不變。
全部套用 (A)
取代 (R)
忽略 (I)
取消
忽略，直接開啟 Illustrator 檔案
停止開啟 Illustrator 檔案

POINT

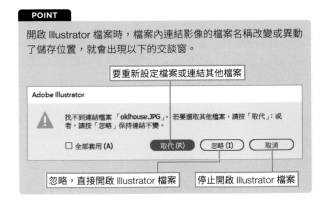

從其他應用程式中，拷貝 & 貼上影像時，不會顯示檔案名稱，但是一定會嵌入圖稿中。

TIPS 連結 Photoshop 影像

以連結方式置入用 Photoshop 製作的檔案時，按住 Alt 鍵不放，並在置入圖稿中的檔案上，雙按滑鼠左鍵，可以啟動 Photoshop，開啟原始檔案。

▶ 更新連結

將修改過的連結影像更新成最新狀態。

連結
oldhouse.JPG
church.JPG
stainedglass.psd
sunflower.psd
❶ 選取
❷ 按一下

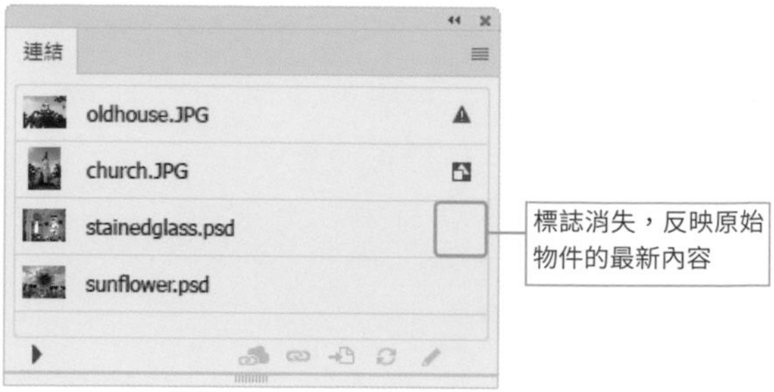
連結
oldhouse.JPG
church.JPG
stainedglass.psd
sunflower.psd
標誌消失，反映原始物件的最新內容

TIPS 更新連結

即使更新了連結後的檔案，重新開啟 Illustrator 檔案時，會重新連結並更新。開啟中的 Illustrator 檔案，若修改了連結檔案時，會依照在**偏好設定**交談窗的**檔案處理與剪貼簿**（請參考 11-9 頁）中，**更新連結**的設定，決定更新方法。

如果選擇的是預設狀態的**在修改時詢問**，會開啟確認交談窗，按下**是**鈕，就會更新連結。

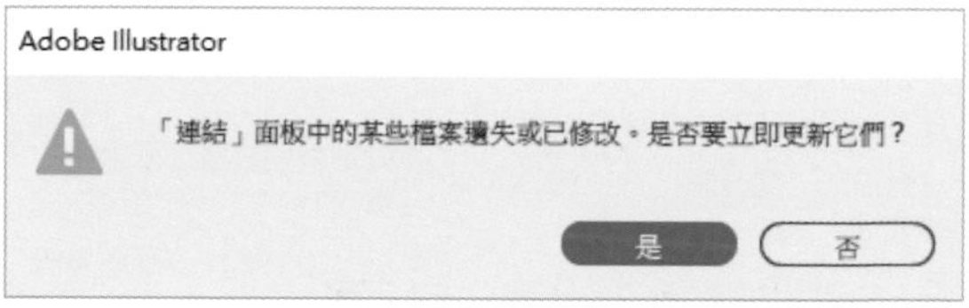
Adobe Illustrator
「連結」面板中的某些檔案遺失或已修改。是否要立即更新它們？
是
否

● 將連結物件取代成其他影像

在連結面板中選取的物件，可以取代成其他影像。在連結面板中，選取要取代的連結物件，按下重新連結鈕，開啟置入交談窗，選取影像。

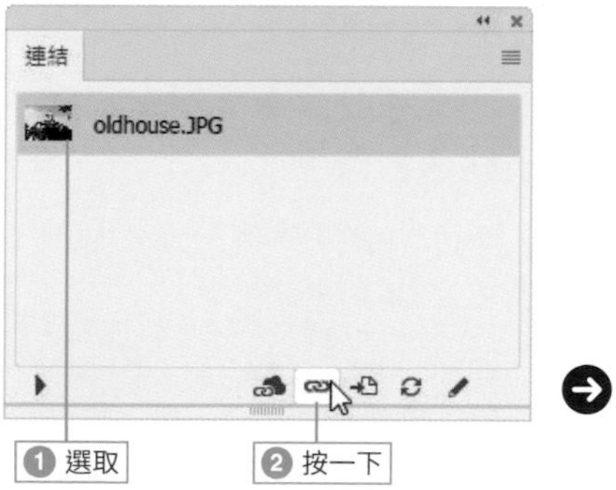
連結
oldhouse.JPG
❶ 選取
❷ 按一下

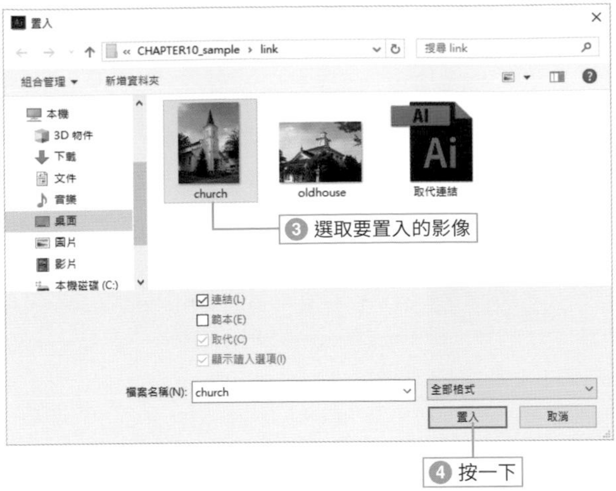

置入
CHAPTER10_sample › link
搜尋 link
組合管理
新增資料夾
本機
3D 物件
下載
文件
音樂
桌面
圖片
影片
本機磁碟 (C:)
church
oldhouse
取代連結
❸ 選取要置入的影像
連結(L)
範本(E)
取代(C)
顯示讀入選項(I)
檔案名稱(N): church
全部格式
置入
取消
❹ 按一下

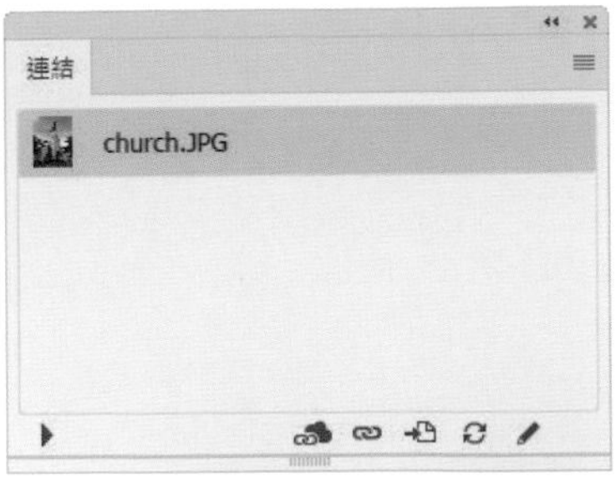

連結
church.JPG

❺ 取代成新影像

POINT

在**置入**交談窗中，也可以嵌入取代影像的連結。

嵌入與取消嵌入連結檔案

如果要將置入檔案內的連結影像嵌入 Illustrator 檔案中，可以選取該影像，按下控制面板的嵌入鈕。這個按鈕也可以取消嵌入影像，當作檔案取出（套裝版的 CS6 無此功能）。

▶ 嵌入檔案

檔案(F) 編輯(E) 物件(O) 文字(T) 選取(S) 效果(C) 檢視(V) 視窗(W) 說明(H)
連結檔案 oldhouse.JPG RGB PPI: 200 嵌入 編輯原稿 影像描圖 遮色片
取代連結.ai* @ 150% (RGB/GPU 預視)
❷ 按一下
❶ 選取

❸ 代表連結影像的 × 消失

連結
oldhouse.JPG
顯示嵌入影像圖示

▶ 取消嵌入檔案

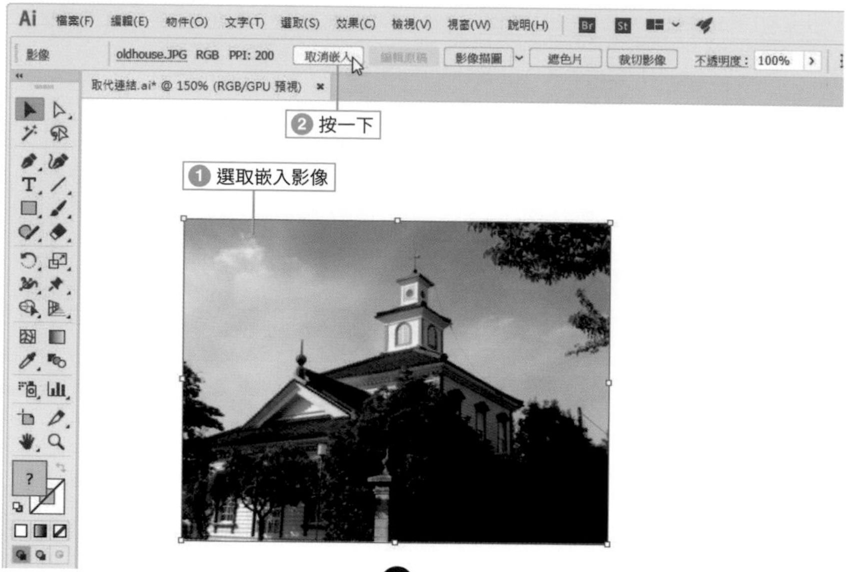

❷ 按一下
❶ 選取嵌入影像

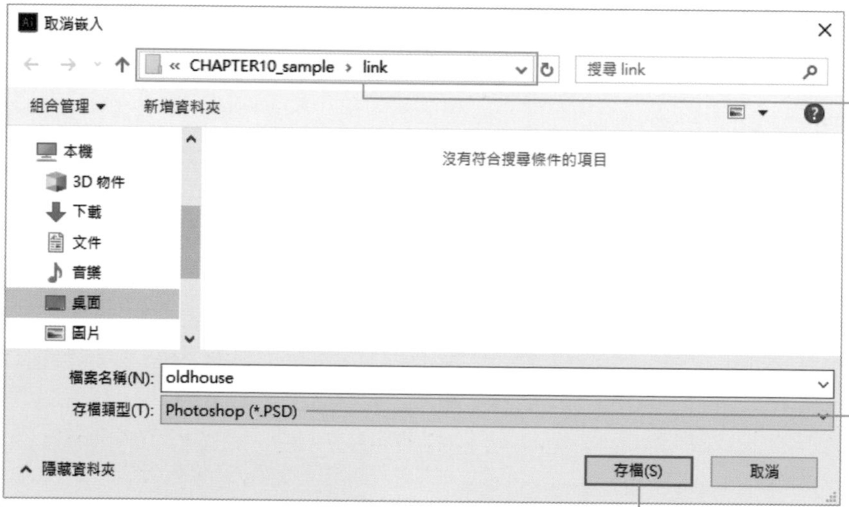

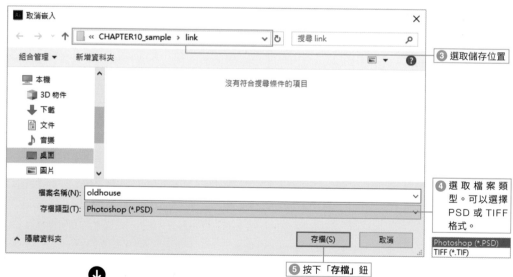

取消嵌入
CHAPTER10_sample › link
組合管理
新增資料夾
沒有符合搜尋條件的項目
檔案名稱(N): oldhouse
存檔類型(T): Photoshop (*.PSD)
隱藏資料夾
存檔(S)
取消
❸ 選取儲存位置
❹ 選取檔案類型。可以選擇 PSD 或 TIFF 格式。
❺ 按下「存檔」鈕

Photoshop (*.PSD)
TIFF (*.TIF)

❻ 取消嵌入，變成已經存檔的連結影像

> **TIPS 儲存時嵌入**
>
> 在 **Illustrator 選項**交談窗中，勾選**包含連結檔案**，會自動嵌入連結影像。

10-10
點陣化貝茲曲線物件

使用頻率	
★☆☆	使用 Illustrator 的各種工具繪製出來的物件為向量物件，但是執行『物件→點陣化』命令，可以轉換成點陣圖影像。

點陣化的設定

在點陣化交談窗中，可以設定解析度與背景。

POINT

點陣化是指，將向量物件轉換成點陣圖物件。

POINT

利用**點陣化**轉換成點陣圖影像的物件，除非使用**還原**命令，否則無法恢復成向量物件。因此，建議先拷貝物件，再進行轉換。

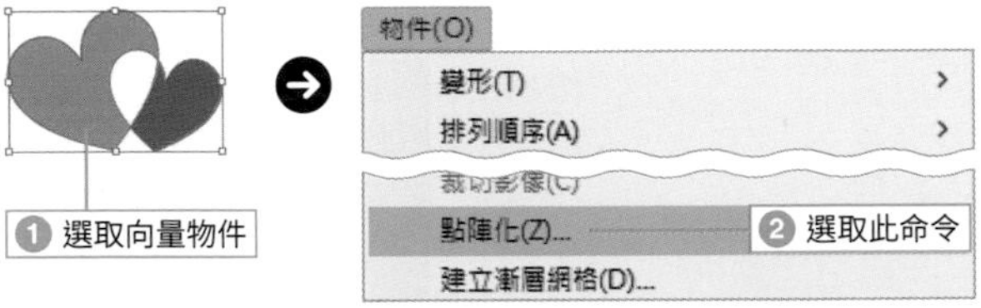

① 選取向量物件
物件(O)
變形(T)
排列順序(A)
點陣化(Z)...
② 選取此命令
建立漸層網格(D)...

③ 執行點陣化設定

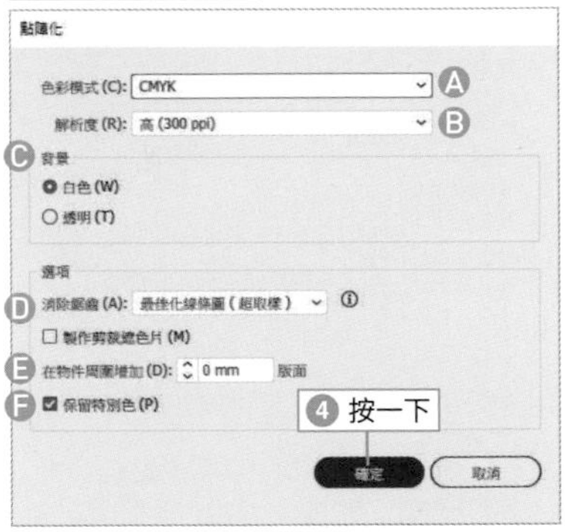

點陣化
色彩模式 (C): CMYK
解析度 (R): 高 (300 ppi)
背景
白色 (W)
透明 (T)
選項
消除鋸齒 (A): 最佳化線條圖（超取樣）
製作剪裁遮色片 (M)
在物件周圍增加 (D): 0 mm
保留特別色 (P)
④ 按一下
確定
取消

⑤ 完成點陣化

Ⓐ 設定轉換後的色彩模式

Ⓑ 若是網頁用影像，設為「**螢幕 (72ppi)**」，若是要用雷射印表機輸出，設為「**中**」，要以商業印刷為目的，則設定為「**高 (300ppi)**」

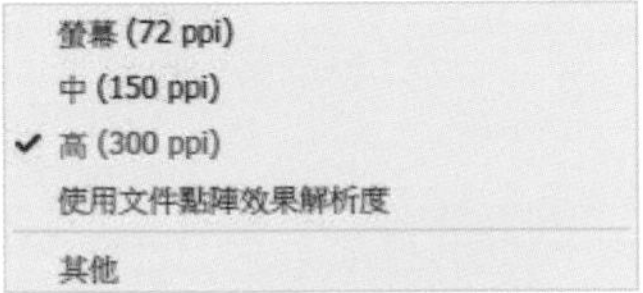

螢幕 (72 ppi)
中 (150 ppi)
高 (300 ppi)
使用文件點陣效果解析度
其他

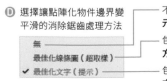

Ⓒ 設定點陣化後，物件的背景顏色。

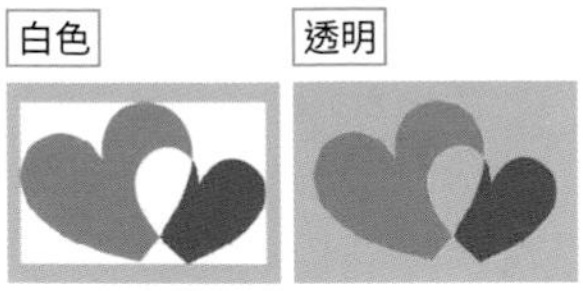

白色
透明

Ⓔ 點陣化物件會變成在原始物件加上設定值後的大小

Ⓕ 物件使用了特別色時，點陣化後，也會保留特別色

TIPS 使用「效果」選單進行點陣化

執行『**效果→點陣化**』命令，實際上不是將物件點陣化，而是當作外觀屬性來點陣化。因此，可以放棄點陣化，或更改設定，重新執行點陣化。

執行『**效果→點陣化**』命令，開啟的**點陣化**交談窗，和物件選單的一樣。如果要調整點陣化設定，在沒有選取物件的狀態，執行『**效果→文件點陣效果設定**』命令。

Ⓓ 選擇讓點陣化物件邊界變平滑的消除鋸齒處理方法

無
最佳化線條圖（超取樣）
最佳化文字（提示）

- 無：不套用消除鋸齒，邊緣部分變得凹凸不平。文字的邊緣也不平整，但是形狀會保持**字元**面板的**設定消除鋸齒方式**，進行點陣化
- 最佳化線條圖（超取樣）：包含文字在內的所有物件，套用消除鋸齒效果。文字會忽略**字元**面板的**設定消除鋸齒方式**，進行點陣化，和過去的消除鋸齒選項一樣
- 最佳化文字（提示）：包含文字在內的所有物件，套用消除鋸齒效果。文字會按照**字元**面板的**設定消除鋸齒方式**，進行點陣化

10-11 封裝必要資料

使用頻率 ★☆☆

封裝是把影像及字體資料，和置入影像的 Illustrator 檔案整合在一起的功能。在共同設計或繳交完成作品時，可以避免遺漏資料。

封裝設定

執行『檔案→封裝』命令（Alt＋Shift＋Ctrl＋P），可以將以連結方式置入的檔案及使用中的字體（限不受保護的字體），拷貝到一個檔案夾內（套裝版的 CS6 無此功能）。

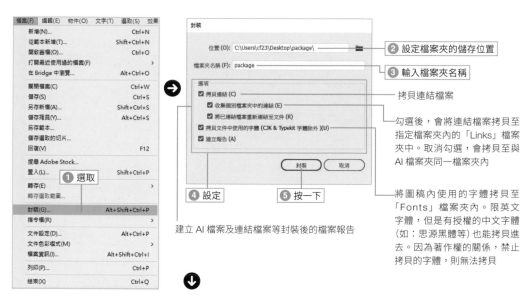

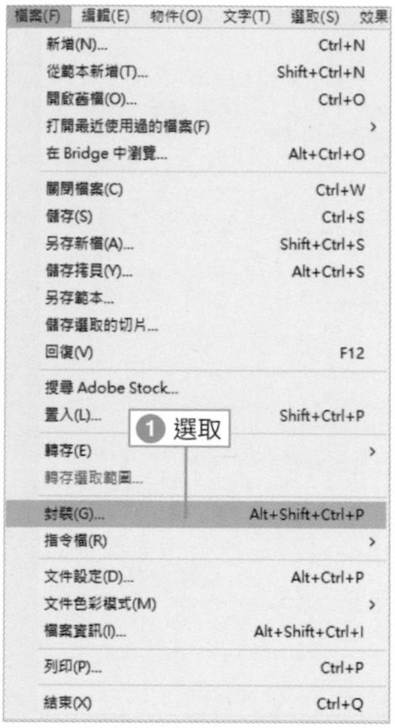
檔案(F) 編輯(E) 物件(O) 文字(T) 選取(S) 效果
新增(N)... Ctrl+N
從範本新增(T)... Shift+Ctrl+N
開啟舊檔(O)... Ctrl+O
打開最近使用過的檔案(F)
在 Bridge 中瀏覽... Alt+Ctrl+O
關閉檔案(C) Ctrl+W
儲存(S) Ctrl+S
另存新檔(A)... Shift+Ctrl+S
儲存拷貝(Y)... Alt+Ctrl+S
另存範本...
儲存選取的切片...
回復(V) F12
搜尋 Adobe Stock...
置入(L)... Shift+Ctrl+P
轉存(E)
轉存選取範圍...
封裝(G)... Alt+Shift+Ctrl+P
指令檔(R)
文件設定(D)... Alt+Ctrl+P
文件色彩模式(M)
檔案資訊(I)... Alt+Shift+Ctrl+I
列印(P)... Ctrl+P
結束(X) Ctrl+Q

① 選取

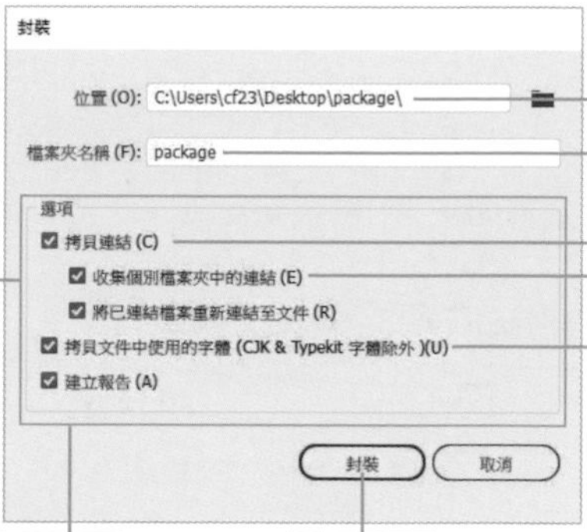
封裝
位置 (O): C:\Users\cf23\Desktop\package\
檔案夾名稱 (F): package
選項
拷貝連結 (C)
收集個別檔案夾中的連結 (E)
將已連結檔案重新連結至文件 (R)
拷貝文件中使用的字體 (CJK & Typekit 字體除外)(U)
建立報告 (A)
封裝
取消

② 設定檔案夾的儲存位置

③ 輸入檔案夾名稱

拷貝連結檔案

勾選後，會將連結檔案拷貝至指定檔案夾內的「Links」檔案夾中。取消勾選，會拷貝至與 AI 檔案夾同一檔案夾內

將圖稿內使用的字體拷貝至「Fonts」檔案夾內。限英文字體，但是有授權的中文字體（如：思源黑體等）也能拷貝進去。因為著作權的關係，禁止拷貝的字體，則無法拷貝

④ 設定

⑤ 按一下

建立 AI 檔案及連結檔案等封裝後的檔案報告

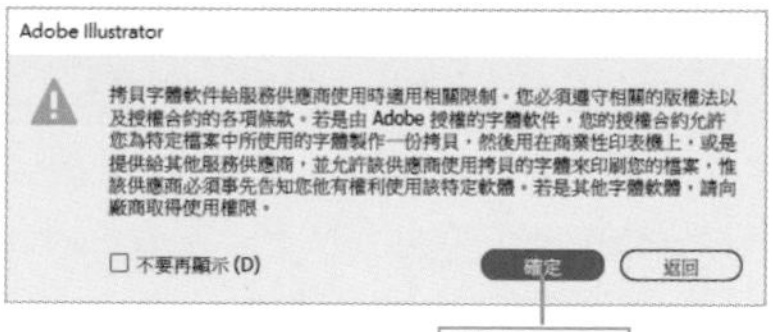
Adobe Illustrator
不要再顯示 (D)
確定
返回

⑥ 按一下

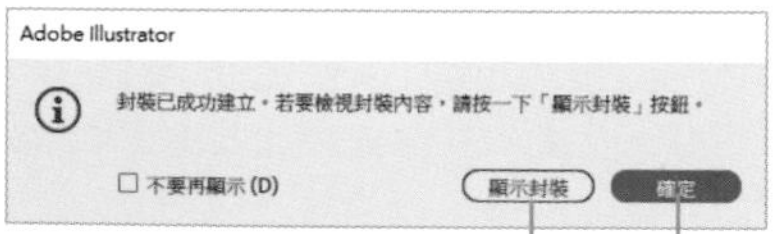
Adobe Illustrator
封裝已成功建立。若要檢視封裝內容，請按一下「顯示封裝」按鈕。
不要再顯示 (D)
顯示封裝
確定

按下這裡，可以顯示封裝檔案的檔案夾

⑦ 按一下

⑧ 完成封裝

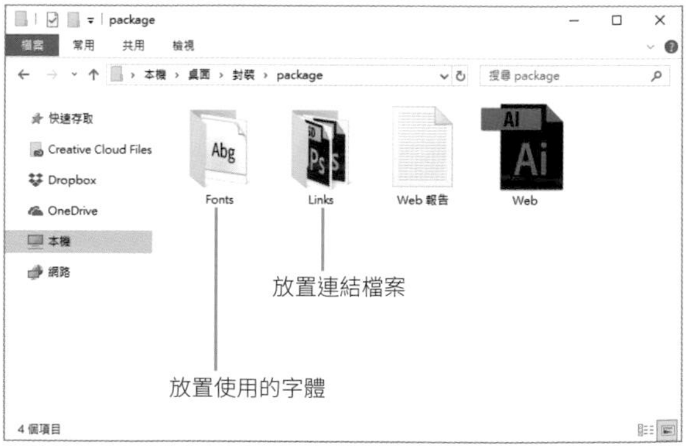
package
檔案 常用 共用 檢視
本機 › 桌面 › 封裝 › package
搜尋 package
快速存取
Creative Cloud Files
Dropbox
OneDrive
本機
網路
Fonts
Links
Web 報告
Web
4 個項目

放置連結檔案

放置使用的字體

10-12
將「剪裁標記」製作成物件

使用頻率 ★☆☆

一般而言，剪裁標記（出血）在執行列印時，會加在工作區域再輸出，但是剪裁標記也可以製作成物件。在一個工作區域中，製作多張名片時，使用這個方法，非常方便。

1 建立當作參考線的透明矩形

請先製作圖稿。使用和輸出大小一樣的參考線，製作出正確的尺寸。建立當作裁切標記的原始尺寸物件。這裡建立並選取起和參考線相同尺寸且「填色」與「筆畫」皆設定為「無」的矩形。

① 製作圖稿
Happy Heart
山下 美紀
Miki Yamashita
E-mail : miki-yamashita@H2H.ne.jp
MobilePhone:080-0000-XXAX

為了製作出正確尺寸，最好先建立參考線

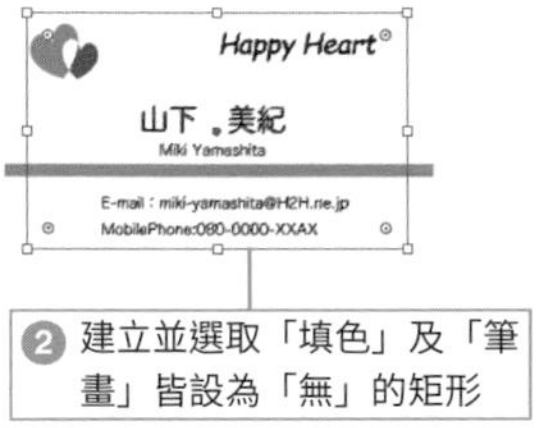

Happy Heart
山下 美紀
Miki Yamashita
E-mail : miki-yamashita@H2H.ne.jp
MobilePhone:080-0000-XXAX
② 建立並選取「填色」及「筆畫」皆設為「無」的矩形

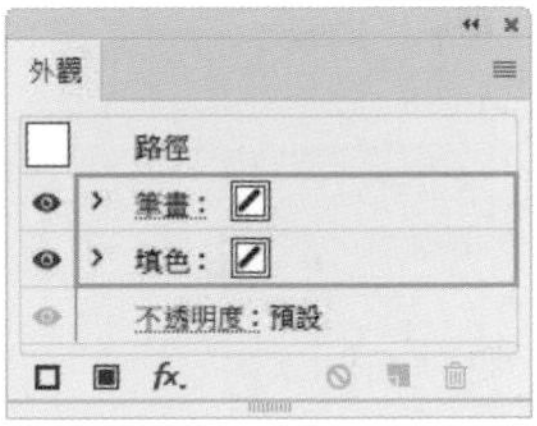

外觀
路徑
筆畫：
填色：
不透明度：預設

POINT

如果要建立和參考線一樣大小的矩形，請選取並拷貝參考線，執行『**編輯→貼至上層**』命令，接著執行『**檢視→參考線→釋放參考線**』命令，可以將參考線轉換成一般物件。

2 執行『建立剪裁標記』命令

執行『物件→建立剪裁標記』命令。

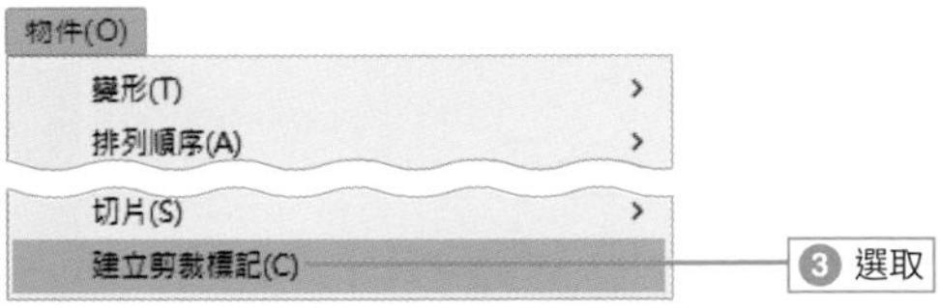

物件(O)
變形(T)
排列順序(A)
切片(S)
建立剪裁標記(C)
③ 選取

TIPS 為何要將原始物件的「填色」與「筆畫」都設定成「無」？

建立剪裁標記命令是依照選取物件的邊框大小來建立剪裁標記。假如選取物件設定了「筆畫」，而且筆畫描繪在路徑的外側，剪裁標記也會因此建立在外側。如果要精確製作出剪裁標記，請以精確的尺寸建立原始物件，並且將「填色」與「筆畫」都設為「無」。

3 製作出剪裁標記

依照選取物件的大小，製作出剪裁標記（出血）。製作出來的剪裁標記是「筆畫」為「拼版標示色」，「寬度」為 0.3pt 的群組物件。

④ 製作出剪裁標記
Happy Heart
山下 美紀
Miki Yamashita
E-mail : miki-yamashita@H2H.ne.jp
MobilePhone:080-0000-XXAX

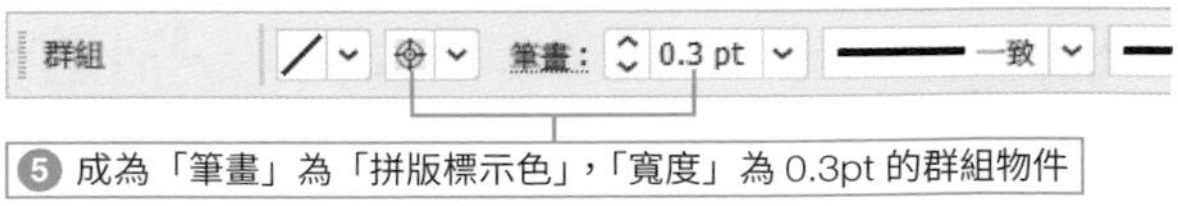

群組
筆畫：
0.3 pt
一致
⑤ 成為「筆畫」為「拼版標示色」，「寬度」為 0.3pt 的群組物件

POINT

「拼版標示色」是指，分色時，以全部色版輸出的顏色。

CS6 | CC | CC14 | CC15 | CC17 | CC18

10-13 列印與分色

使用頻率 ★★☆	在 Illustrator 中，除了能用家用噴墨印表機列印，也支援 PostScrip 印表機的分色輸出。

執行列印

如果要列印用 Illustrator 製作的文件，請執行『檔案→列印』命令（Ctrl＋P），開啟列印交談窗。

POINT

執行『**編輯→列印預設集**』命令，可以儲存列印設定。

「列印」交談窗：一般

在一般頁次可以設定紙張大小及列印方向。假如有多個工作區域，可以設定頁數，列印工作區域。

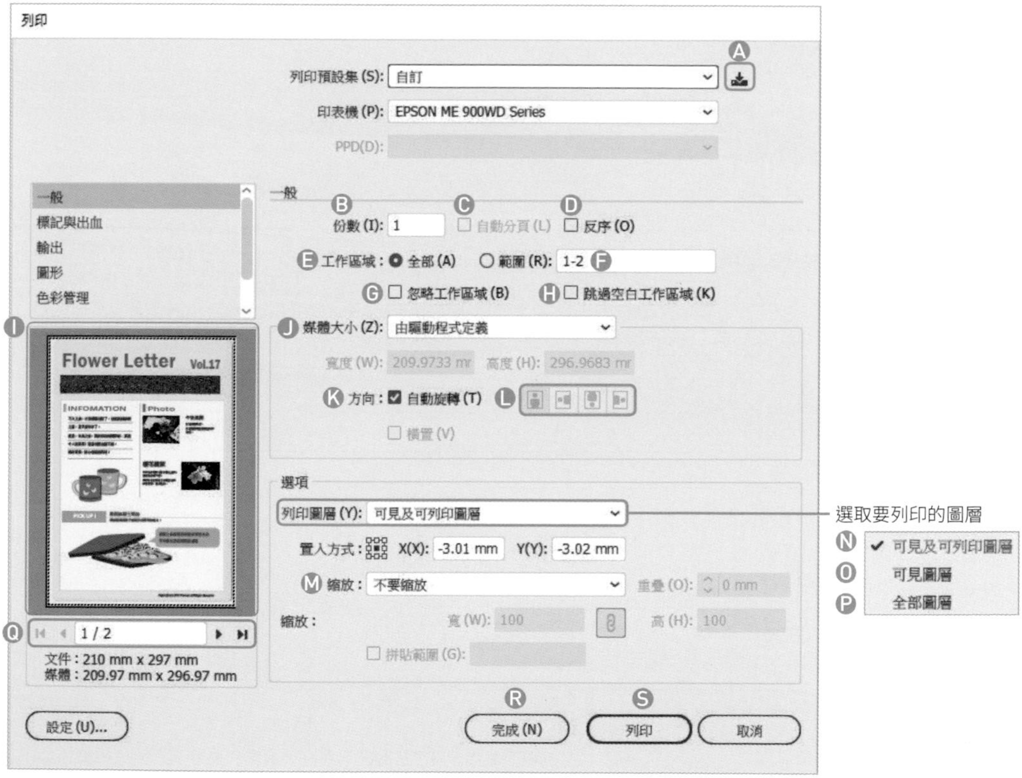

列印
A
列印預設集 (S): 自訂
印表機 (P): EPSON ME 900WD Series
PPD(D):
一般
標記與出血
輸出
圖形
色彩管理
一般
B 份數 (I): 1
C 自動分頁 (L)
D 反序 (O)
E 工作區域：全部 (A) 範圍 (R): 1-2 F
G 忽略工作區域 (B)
H 跳過空白工作區域 (K)
I
J 媒體大小 (Z): 由驅動程式定義
寬度 (W): 209.9733 mr 高度 (H): 296.9683 mr
K 方向：自動旋轉 (T) L
橫置 (V)
選項
列印圖層 (Y): 可見及可列印圖層
選取要列印的圖層
N 可見及可列印圖層
O 可見圖層
P 全部圖層
置入方式： X(X): -3.01 mm Y(Y): -3.02 mm
M 縮放：不要縮放
重疊 (O): 0 mm
縮放： 寬 (W): 100 高 (H): 100
拼貼範圍 (G):
Q 1 / 2
文件：210 mm x 297 mm
媒體：209.97 mm x 296.97 mm
設定 (U)...
R 完成 (N)
S 列印
取消
Flower Letter Vol.17

Ⓐ 按一下可以儲存成預設集

Ⓑ 設定列印的份數

Ⓒ 如果有多頁內容，設定份數為 2 份以上，會以份數為單位來列印內容，先印完第一份再印第二份

Ⓓ 從頁面的相反順序開始列印

Ⓔ 列印所有頁數

Ⓕ 設定要列印的頁數。如果要設定多頁，請用「,」分隔。若要列印連續頁面，請用「-」設定範圍。例如設成「1-3,5,7」，可以列印 1,2,3,5,7 頁

Ⓖ 忽略工作區域，執行列印

Ⓗ 設定是否列印空白頁

Ⓘ 預視各選項的設定內容。在預視圖上拖曳，可以改變列印位置

Ⓙ 選取列印紙張大小。選擇**自訂**可以設定紙張大小

Ⓚ 勾選後，如果工作區域的大小不同，會配合紙張尺寸，自動旋轉

Ⓛ 取消勾選**方向**項目，可設定紙張的列印方向

Ⓜ 請參考下圖的說明

Ⓝ 除了在圖層選項中，顯示為「**不可列印**」的圖層之外，會列印出其他顯示中的圖層

Ⓞ 列印顯示中的圖層

Ⓟ 列印全部的圖層

Ⓠ 假如有多個工作區域，可以切換預視的頁面

Ⓡ 儲存設定內容，關閉交談窗

Ⓢ 按照設定的內容列印文件

▶ 拼貼列印

假如工作區域的尺寸比紙張大，可以利用拼貼方式列印。如果有多個工作區域，勾選忽略工作區域後，就可以使用拼貼選項。

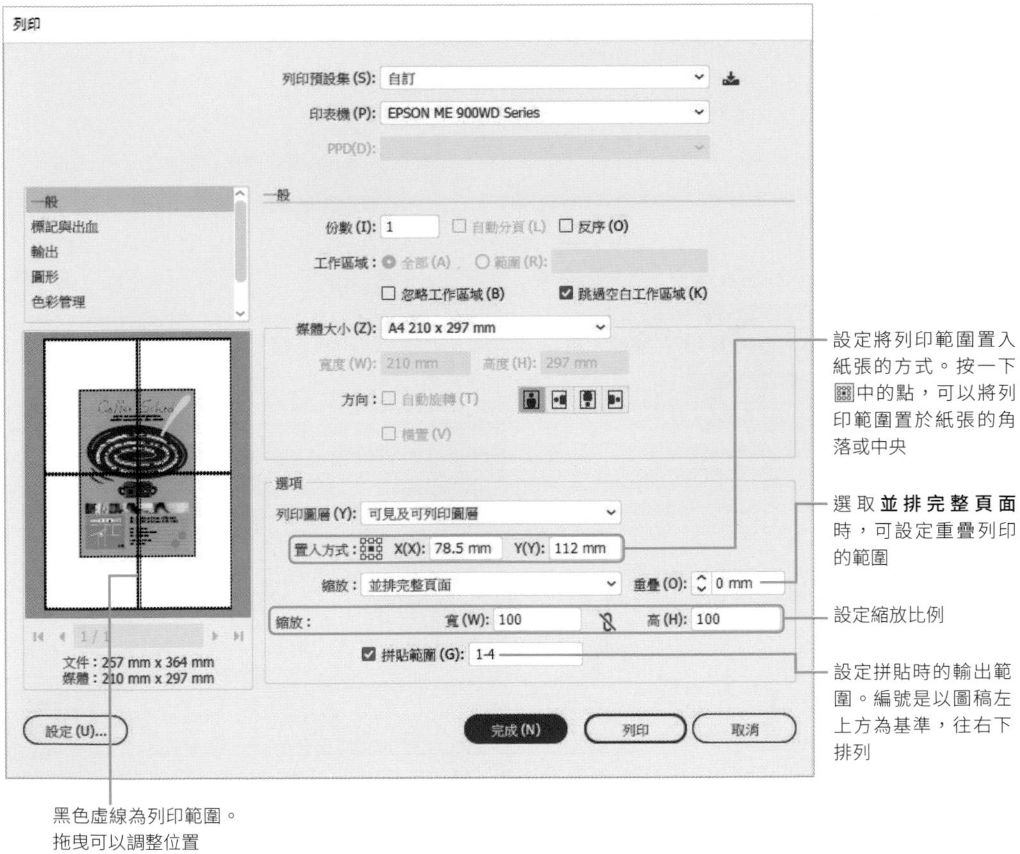

列印
列印預設集 (S): 自訂
印表機 (P): EPSON ME 900WD Series
PPD(D):
一般
標記與出血
輸出
圖形
色彩管理
份數 (I): 1
自動分頁 (L)
反序 (O)
工作區域：全部 (A)
範圍 (R):
忽略工作區域 (B)
跳過空白工作區域 (K)
媒體大小 (Z): A4 210 x 297 mm
寬度 (W): 210 mm
高度 (H): 297 mm
方向：自動旋轉 (T)
橫置 (V)
選項
列印圖層 (Y): 可見及可列印圖層
置入方式：X(X): 78.5 mm Y(Y): 112 mm
縮放：並排完整頁面
重疊 (O): 0 mm
縮放：
寬 (W): 100
高 (H): 100
拼貼範圍 (G): 1-4
文件：257 mm x 364 mm
媒體：210 mm x 297 mm
設定 (U)...
完成 (N)
列印
取消
設定將列印範圍置入紙張的方式。按一下中的點，可以將列印範圍置於紙張的角落或中央
選取**並排完整頁面**時，可設定重疊列印的範圍
設定縮放比例
設定拼貼時的輸出範圍。編號是以圖稿左上方為基準，往右下排列
黑色虛線為列印範圍。拖曳可以調整位置

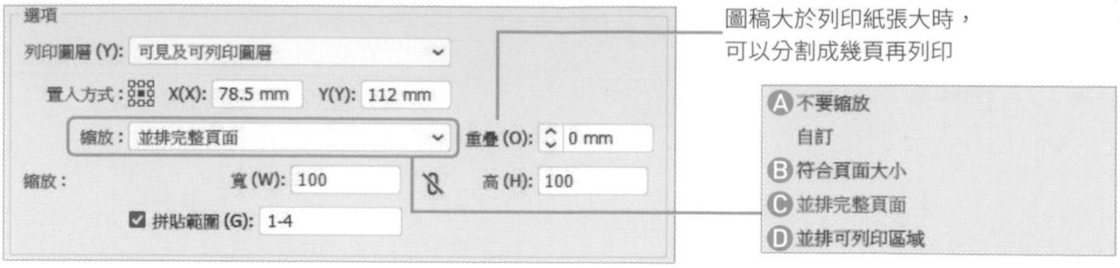
選項
列印圖層 (Y): 可見及可列印圖層
置入方式： X(X): 78.5 mm Y(Y): 112 mm
縮放：並排完整頁面
重疊 (O): 0 mm
縮放：
寬 (W): 100
高 (H): 100
拼貼範圍 (G): 1-4
圖稿大於列印紙張大時，
可以分割成幾頁再列印
Ⓐ 不要縮放
自訂
Ⓑ 符合頁面大小
Ⓒ 並排完整頁面
Ⓓ 並排可列印區域

Ⓐ 依照圖稿原尺寸列印

Ⓑ 圖稿配合紙張大小，自動縮放。

Ⓒ 並排完整頁面

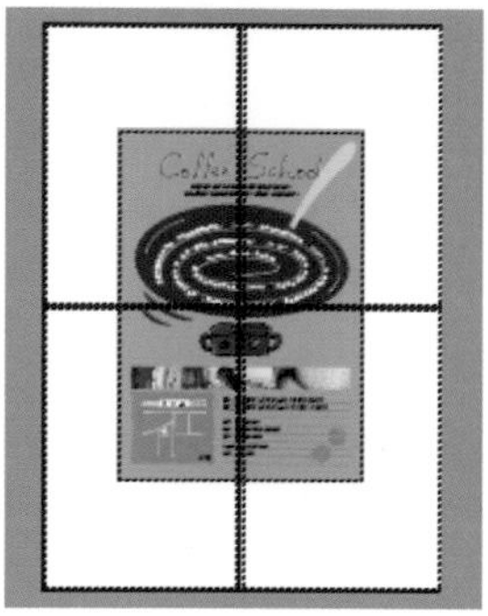

以紙張大小分割。一般而言，印表機無法列印整個紙張，四邊會產生留白。設定成這個項目時，是依照紙張大小來分割，所以頁面的邊界會變成印表機的留白部分，無法列印。利用右邊的**重疊**項目，設定重疊列印的寬度，就可以完美拼貼

Ⓓ 並排可列印區域

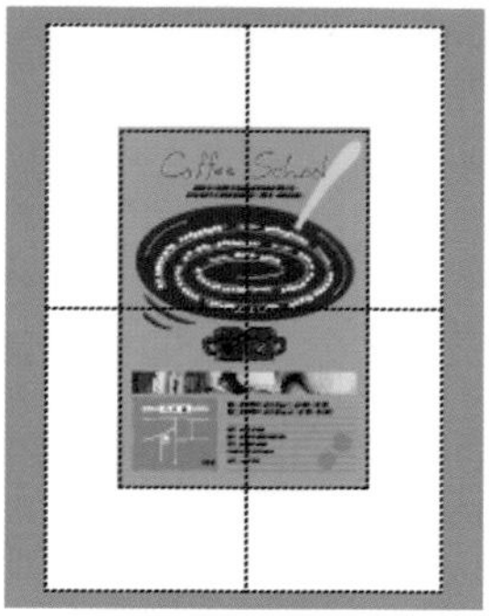

依照印表機的列印範圍拼貼。由於可列印範圍已經排除了印表機四邊留白的部分，所以能完美拼貼

TIPS 顯示列印並排

執行『**檢視→顯示列印並排**』命令，可以顯示列印並排的界線。另外，使用**列印並排工具**，（在**工具**面板的**手形工具**底下），在圖稿上按一下，可以改變圖稿的拼貼位置。

顯示列印並排界線的狀態。出現在這裡的編號是指**列印**交談窗中的「拼貼範圍」

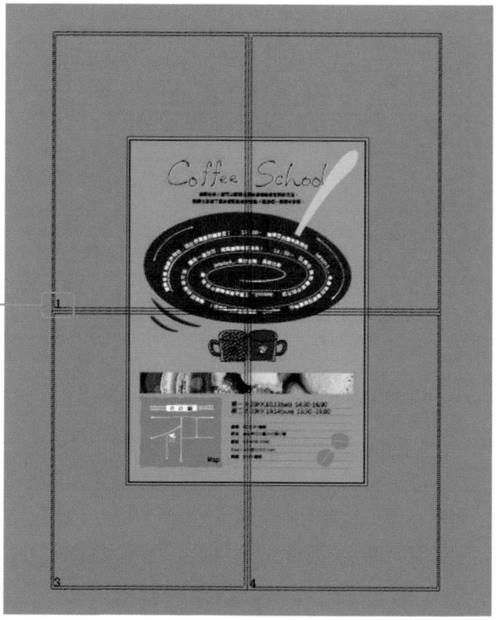

●「列印」交談窗：標記與出血

設定標記與出血的幅度。在 Illustrator 中，是以工作區域為單位來加上列印時的裁切標記。不論任何大小的工作區域，都可以設定頁數，加上裁切標記。

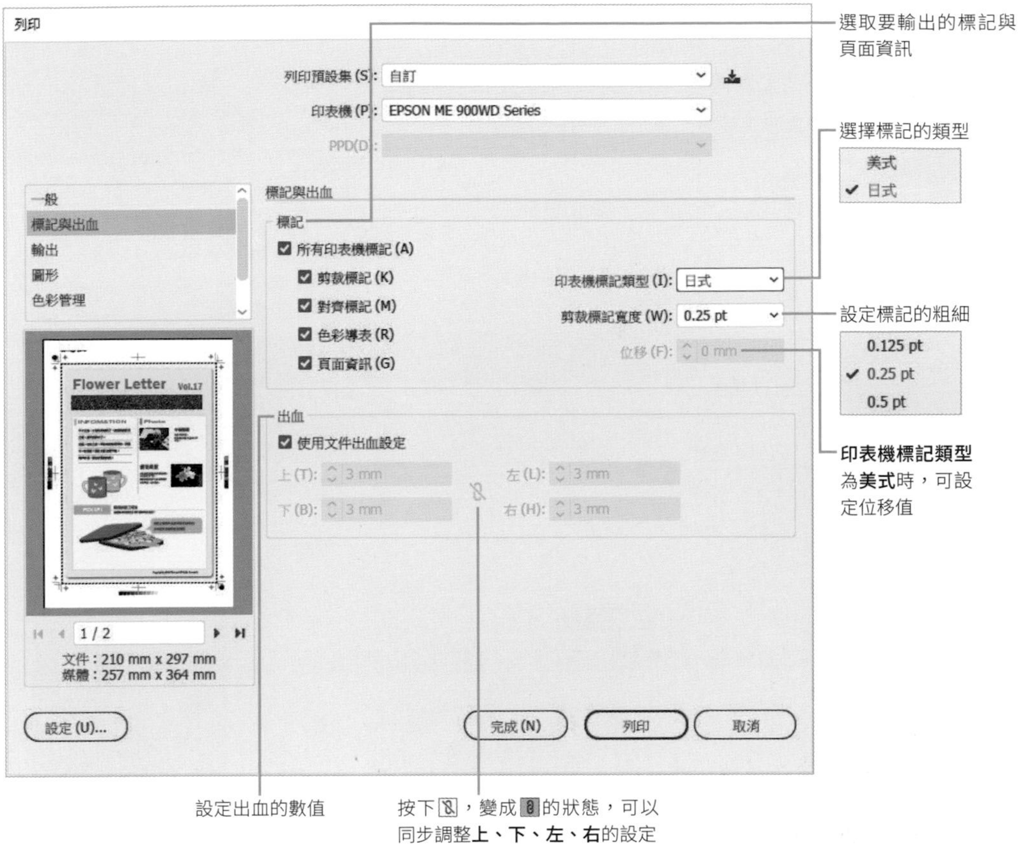

列印
列印預設集 (S): 自訂
印表機 (P): EPSON ME 900WD Series
PPD(D):
一般
標記與出血
輸出
圖形
色彩管理
標記與出血
標記
所有印表機標記 (A)
剪裁標記 (K)
對齊標記 (M)
色彩導表 (R)
頁面資訊 (G)
印表機標記類型 (I): 日式
剪裁標記寬度 (W): 0.25 pt
位移 (F): 0 mm
出血
使用文件出血設定
上 (T): 3 mm
下 (B): 3 mm
左 (L): 3 mm
右 (H): 3 mm
1 / 2
文件：210 mm x 297 mm
媒體：257 mm x 364 mm
設定 (U)...
完成 (N)
列印
取消
選取要輸出的標記與頁面資訊
選擇標記的類型
美式
日式
設定標記的粗細
0.125 pt
0.25 pt
0.5 pt
印表機標記類型為**美式**時，可設定位移值
設定出血的數值
按下 ，變成 的狀態，可以同步調整**上**、**下**、**左**、**右**的設定

▶ 舊版的裁切區域

由於裁切標記的設定對象是全部的工作區域，所以使用 CS3 之前的版本定義裁切區域時，開啟檔案時，會出現交談窗，可以選擇要把哪個範圍當作工作區域使用。

因為可以設定多個工作區域，所以 CS3 之前版本的工作區域與裁切區域，都可以當作工作區域載入。

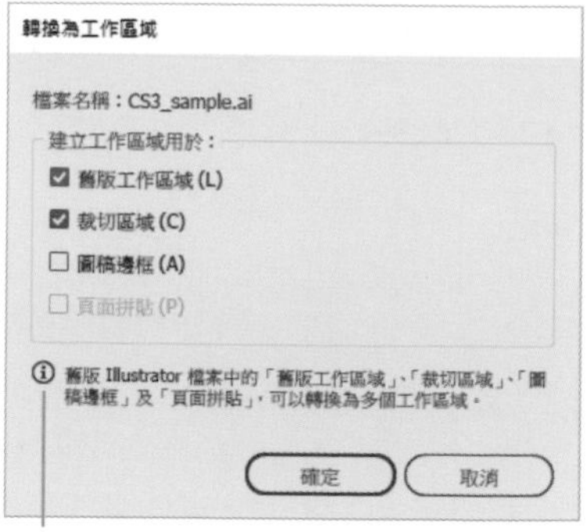

轉換為工作區域
檔案名稱：CS3_sample.ai
建立工作區域用於：
舊版工作區域 (L)
裁切區域 (C)
圖稿邊框 (A)
頁面拼貼 (P)
舊版 Illustrator 檔案中的「舊版工作區域」、「裁切區域」、「圖稿邊框」及「頁面拼貼」，可以轉換為多個工作區域。
確定
取消

CS3 之前的版本設定了裁切區域時，會顯示交談窗。在這裡選擇 CC 要建立的工作區域

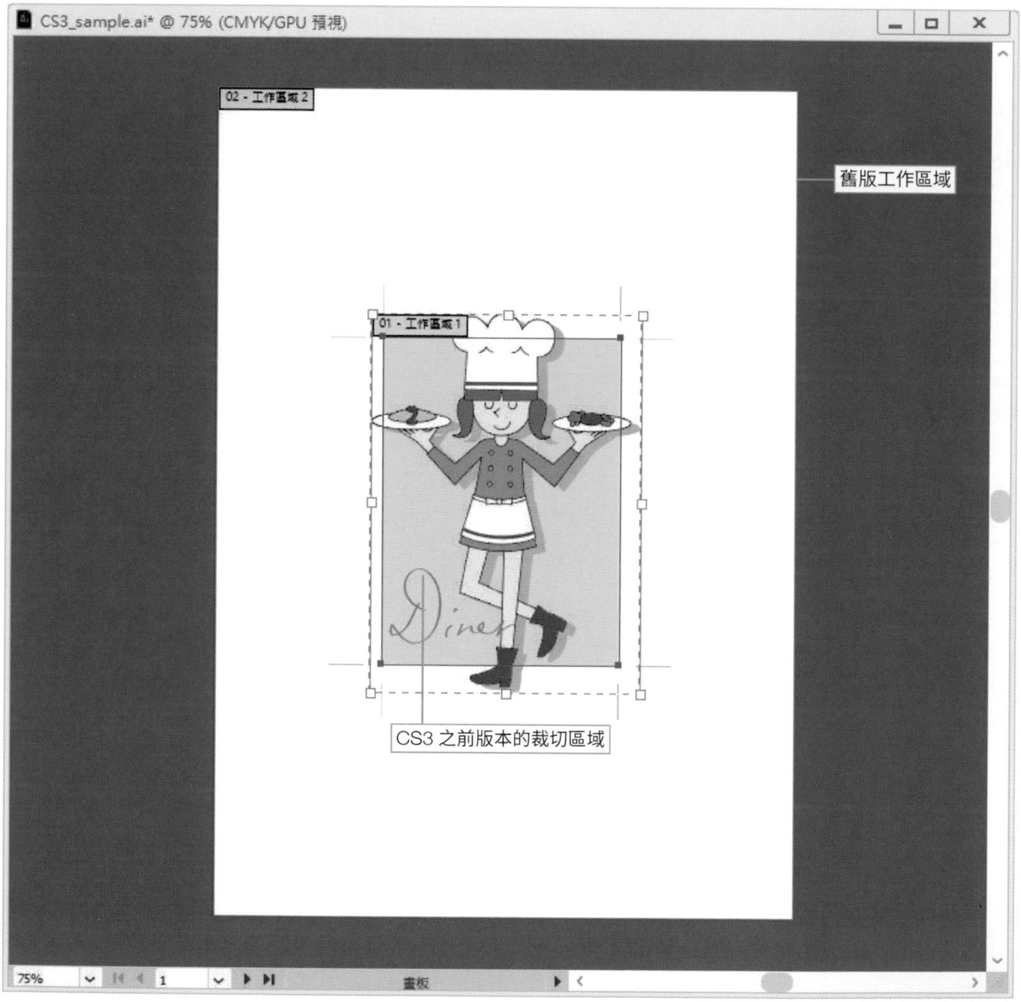

CS3_sample.ai* @ 75% (CMYK/GPU 預視)
02 - 工作區域 2
舊版工作區域
01 - 工作區域 1
Diner
CS3 之前版本的裁切區域
75%
1
畫板

這是使用「舊版工作區域」及「裁切區域」建立工作區域的範例。
在 CC 的版本中，CS3 之前版本的裁切區域也可以變成工作區域

●「列印」交談窗：輸出

列印時，執行分色設定。這裡大部分的設定需要使用 PostScript 印表機。

POINT

置入使用了雙色調的 Photoshop 原生檔案時，置入影像內的特別色也會顯示在清單中，進行分色。

設定是否分色

複合
✔ 分色（基於主機）
分色（在點陣化影像處理器內）

- 複合——不分色，全部顏色輸出在一張紙上時，選擇這個選項
- 分色（基於主機）——以 Illustrator 分色輸出時，選擇這個選項
- 分色（在點陣化影像處理器內）——使用 RIP 內建 In-RIP 功能，在 RIP 端分色並輸出時，選擇這個項目

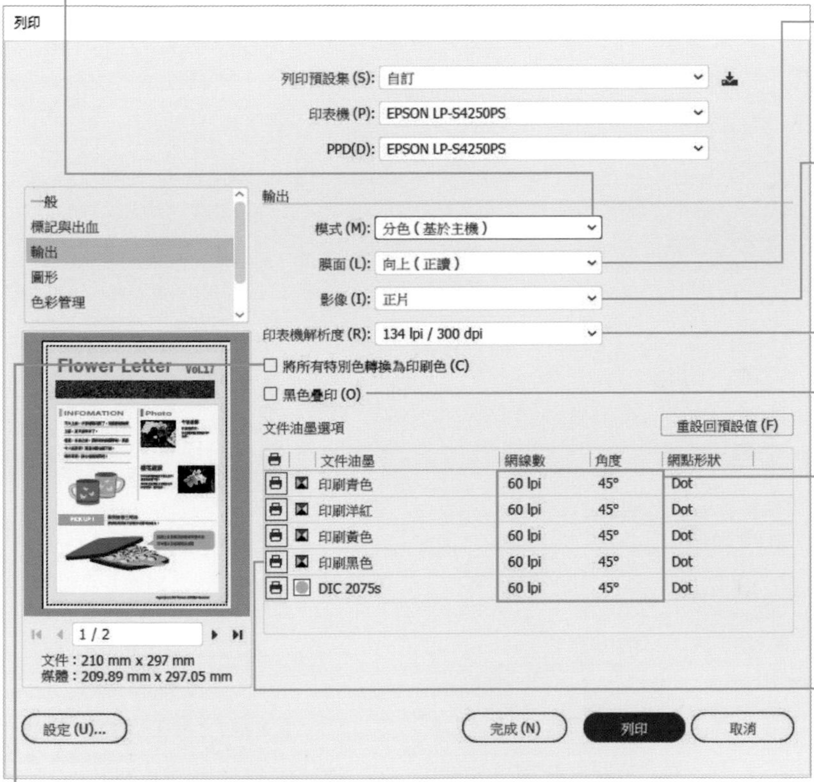

列印
列印預設集 (S): 自訂
印表機 (P): EPSON LP-S4250PS
PPD(D): EPSON LP-S4250PS
一般
標記與出血
輸出
圖形
色彩管理
輸出
模式 (M): 分色（基於主機）
膜面 (L): 向上（正讀）
影像 (I): 正片
印表機解析度 (R): 134 lpi / 300 dpi
將所有特別色轉換為印刷色 (C)
黑色疊印 (O)
文件油墨選項
重設回預設值 (F)
文件油墨
網線數
角度
網點形狀
印刷青色 60 lpi 45° Dot
印刷洋紅 60 lpi 45° Dot
印刷黃色 60 lpi 45° Dot
印刷黑色 60 lpi 45° Dot
DIC 2075s 60 lpi 45° Dot
1 / 2
文件：210 mm x 297 mm
媒體：209.89 mm x 297.05 mm
設定 (U)...
完成 (N)
列印
取消

✔ 向上（正讀）
向下（正讀）

選擇**膜面**的上下

✔ 正片
負片

選擇影像要以正片或負片輸出

設定印表機的解析度

勾選之後，以色版疊印黑色

顯示各油墨的輸出網線數與角度。這裡的數值是由「印表機解析度」的設定或 PPD 而定。如果要調整，請按一下清單內的各個顯示部分再變更

加上🖶的油墨是輸出色版。按一下🖶，可以不列印

勾選之後，會將圖稿內的特別色轉換成相近的印刷色再輸出

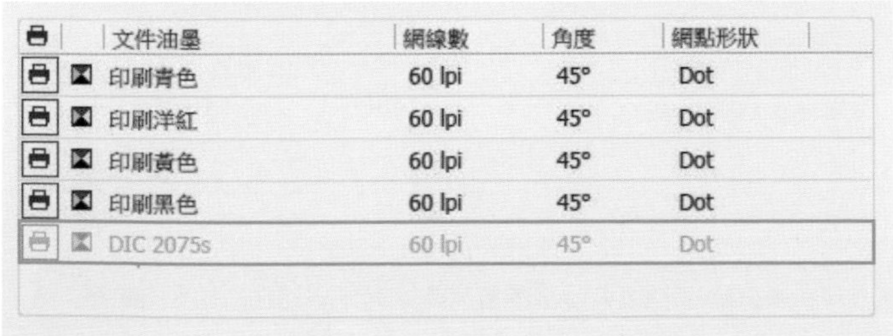

	文件油墨	網線數	角度	網點形狀
🖶	印刷青色	60 lpi	45°	Dot
🖶	印刷洋紅	60 lpi	45°	Dot
🖶	印刷黃色	60 lpi	45°	Dot
🖶	印刷黑色	60 lpi	45°	Dot
🖶	DIC 2075s	60 lpi	45°	Dot

CHAPTER 10 儲存／轉存／動作／列印

▶ 分色預視

執行『視窗→分色預視』命令，開啟分色預視面板，可以在畫面上預視列印前的分色狀態。

可以輕易隱藏 K 版，針對背景，確認是否設定了文字疊印。

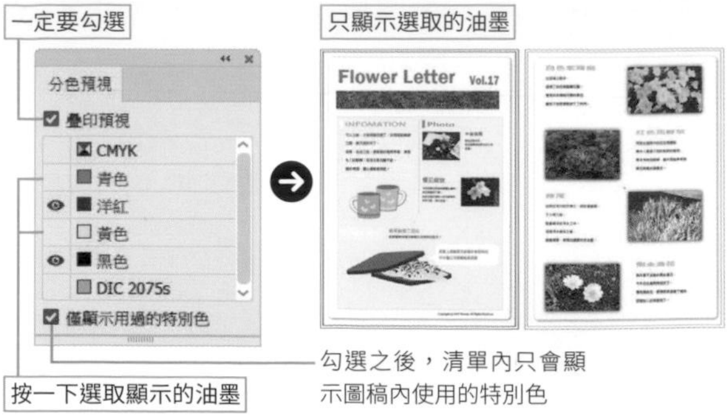

一定要勾選
只顯示選取的油墨
分色預視
疊印預視
CMYK
青色
洋紅
黃色
黑色
DIC 2075s
僅顯示用過的特別色
Flower Letter Vol.17
按一下選取顯示的油墨
勾選之後，清單內只會顯示圖稿內使用的特別色

「列印」交談窗：圖形

設定曲線的平滑度（平坦度）、字體下載有無、PostScript 等級等。只有使用 PostScript 印表機時，才可以執行設定。

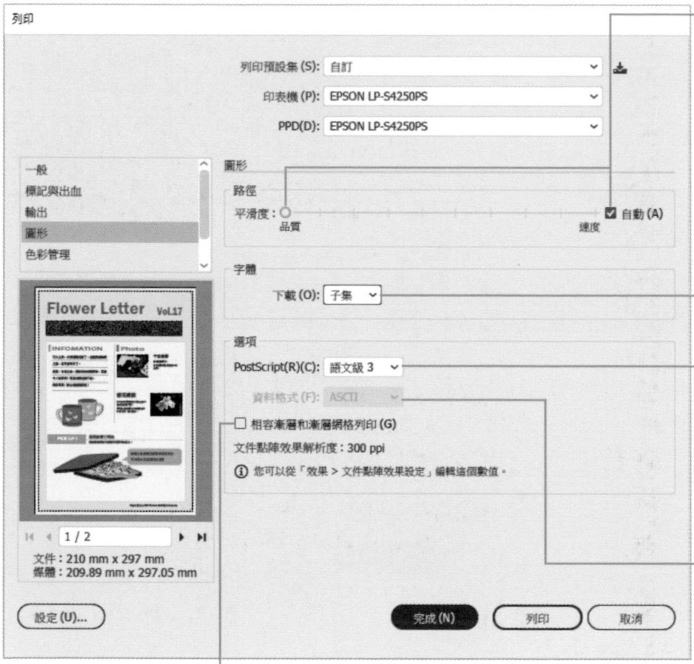

列印
列印預設集 (S): 自訂
印表機 (P): EPSON LP-S4250PS
PPD(D): EPSON LP-S4250PS
一般
標記與出血
輸出
圖形
色彩管理
圖形
路徑
平滑度：
品質
速度
自動 (A)
字體
下載 (O): 子集
選項
PostScript(R)(C): 語文級 3
資料格式 (F): ASCII
相容漸層和漸層網格列印 (G)
文件點陣效果解析度：300 ppi
您可以從「效果 > 文件點陣效果設定」編輯這個數值。
1 / 2
文件：210 mm x 297 mm
媒體：209.89 mm x 297.05 mm
設定 (U)...
完成 (N)
列印
取消

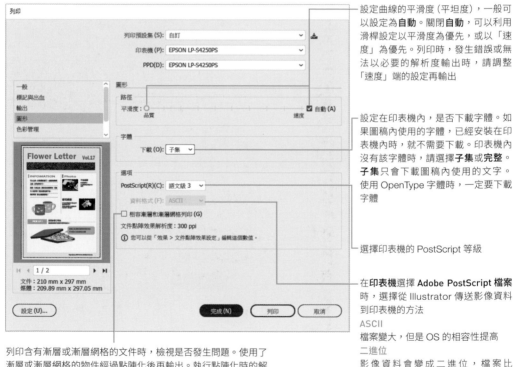

設定曲線的平滑度（平坦度），一般可以設定為**自動**。關閉**自動**，可以利用滑桿設定以平滑度為優先，或以「速度」為優先。列印時，發生錯誤或無法以必要的解析度輸出時，請調整「速度」端的設定再輸出

設定在印表機內，是否下載字體。如果圖稿內使用的字體，已經安裝在印表機內時，就不需要下載。印表機內沒有該字體時，請選擇**子集**或**完整**。**子集**只會下載圖稿內使用的文字。使用 OpenType 字體時，一定要下載字體

選擇印表機的 PostScript 等級

在**印表機**選擇 **Adobe PostScript 檔案**時，選擇從 Illustrator 傳送影像資料到印表機的方法

ASCII

檔案變大，但是 OS 的相容性提高

二進位

影像資料會變成二進位，檔案比 ASCII 小，卻會降低 OS 的相容性

列印含有漸層或漸層網格的文件時，檢視是否發生問題。使用了漸層或漸層網格的物件經過點陣化後再輸出。執行點陣化時的解析度顯示在下一行。這個數值是套用執行『**效果→文件點陣效果設定**』命令（請參考 **9-4 頁**）的設定值

TIPS 平滑度

實際上，Illustrator 的曲線也是組合短直線再輸出的結果。**平滑度**是指，規定直線的長短。「畫質」愈高，平滑度愈高，曲線變得愈平整。以「速度」為優先時，平滑度降低，但是處理較為單純，輸出比較穩定。

「印表機」交談窗：色彩管理

設定列印時的色彩管理。

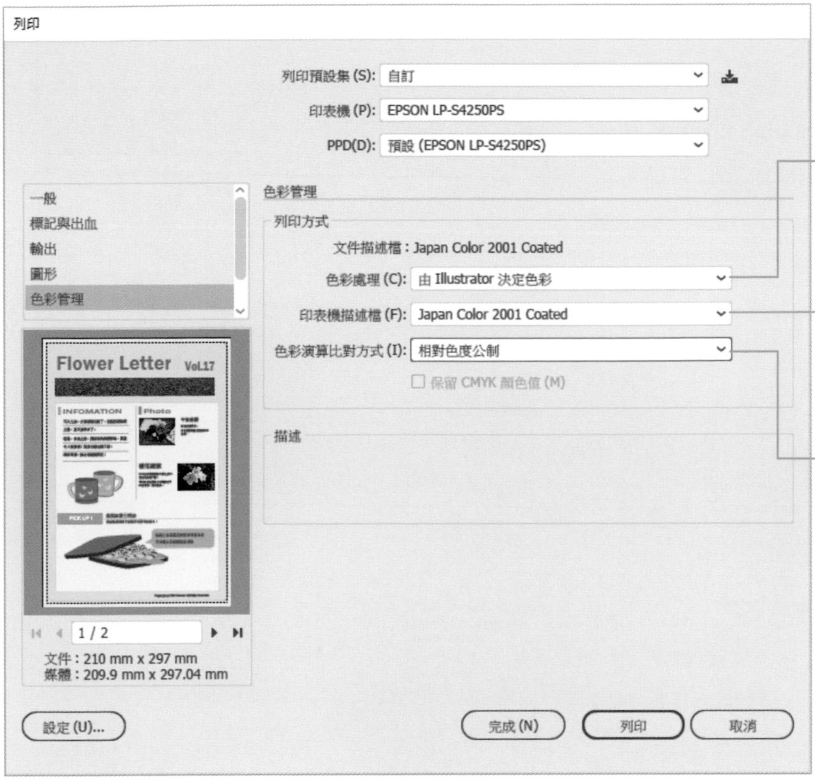
列印
列印預設集 (S): 自訂
印表機 (P): EPSON LP-S4250PS
PPD(D): 預設 (EPSON LP-S4250PS)
一般
標記與出血
輸出
圖形
色彩管理
色彩管理
列印方式
文件描述檔：Japan Color 2001 Coated
色彩處理 (C): 由 Illustrator 決定色彩
印表機描述檔 (F): Japan Color 2001 Coated
色彩演算比對方式 (I): 相對色度公制
保留 CMYK 顏色值 (M)
描述
Flower Letter Vol.17
1 / 2
文件：210 mm x 297 mm
媒體：209.9 mm x 297.04 mm
設定 (U)...
完成 (N)
列印
取消

選擇按照 Illustrator 或 PostScript 的色彩設定進行色彩處理

選擇列印時使用的描述檔

選擇更改描述檔時的比對方法

POINT

關於描述檔及比對方法，請參考**關於色彩設定（11-12 頁）**。

●「列印」交談窗：進階

針對列印包含透明部分的圖稿，進行詳細設定。

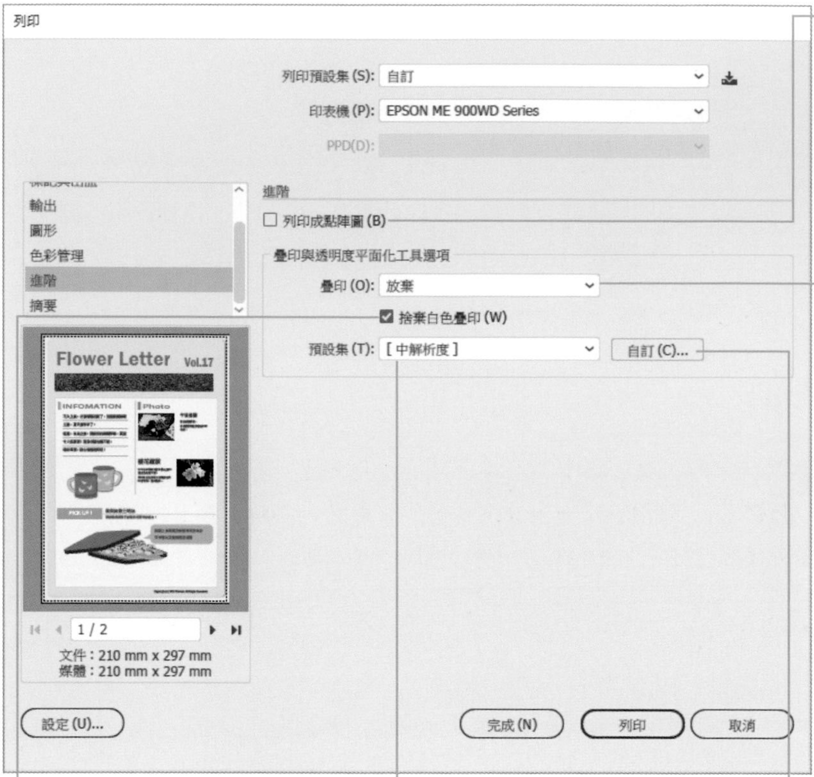
列印
列印預設集 (S): 自訂
印表機 (P): EPSON ME 900WD Series
PPD(D):
輸出
圖形
色彩管理
進階
摘要
進階
列印成點陣圖 (B)
疊印與透明度平面化工具選項
疊印 (O): 放棄
捨棄白色疊印 (W)
預設集 (T): [中解析度]
自訂 (C)...
Flower Letter Vol.17
1 / 2
文件：210 mm x 297 mm
媒體：210 mm x 297 mm
設定 (U)...
完成 (N)
列印
取消

這是 PostScript 印表機以外的印表機用選項，只有 Windows 可以使用。為了讓低解析度印表機，列印出漂亮的漸層物件，而將影像轉換成點陣圖再列印

設定是否保留在**屬性**面板設定的疊印設定

保留

列印時，保留疊印設定

放棄

列印時，放棄疊印設定

模擬

列印時，模擬分色輸出

勾選之後，當「填色」及「筆畫」為白色的物件加上疊印屬性時，刪除疊印屬性

開啟**自訂透明度平面化工具選項**交談窗，可以自訂解析度（請參考 **10-55 頁**）

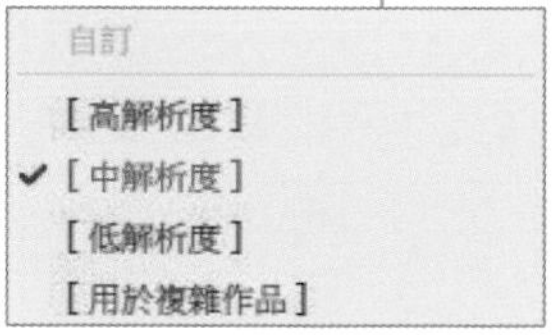
自訂
[高解析度]
[中解析度]
[低解析度]
[用於複雜作品]

選擇包含透明部分的圖稿輸出解析度。如果是商業印刷資料，請設成**高解析度**

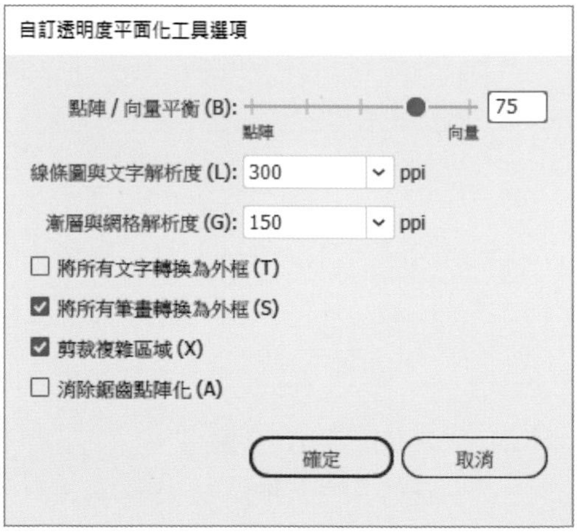
自訂透明度平面化工具選項
點陣 / 向量平衡 (B):
75
點陣
向量
線條圖與文字解析度 (L): 300 ppi
漸層與網格解析度 (G): 150 ppi
將所有文字轉換為外框 (T)
將所有筆畫轉換為外框 (S)
剪裁複雜區域 (X)
消除鋸齒點陣化 (A)
確定
取消

▶ 透明度平面化

圖稿若含有透明部分，列印或轉存成 EPS、PDF 時，會將透明重疊的部分，分割成擁有可重疊顏色資訊的獨立物件。這是因為輸出設備、EPS、PDF 的舊版檔案格式不支援 Illustrator 的透明資料所致。

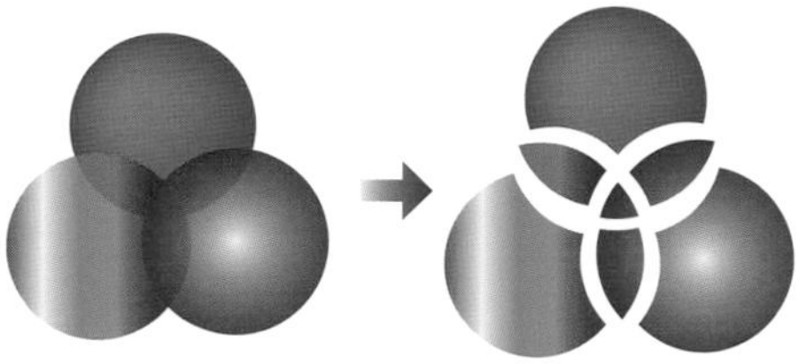

進行分割處理時，要決定分割重疊物件後，是分析出獨立物件、進行點陣化、變成影像，或是維持向量資料（以路徑製作而成的物件）。如果是漸層等比較複雜的物件，無法以向量資料表現時，就進行點陣化。

在自訂透明度平面化工具選項交談窗中，可以設定點陣化或保留向量資料的比例、點陣化時的解析度等。在 Illustrator 的預設集中，提供「低解析度」、「中解析度」、「高解析度」、「用於複雜作品」等 4 種解析度。

另外，按下自訂鈕，會開啟自訂透明度平面化工具選項交談窗，可以自行調整設定。

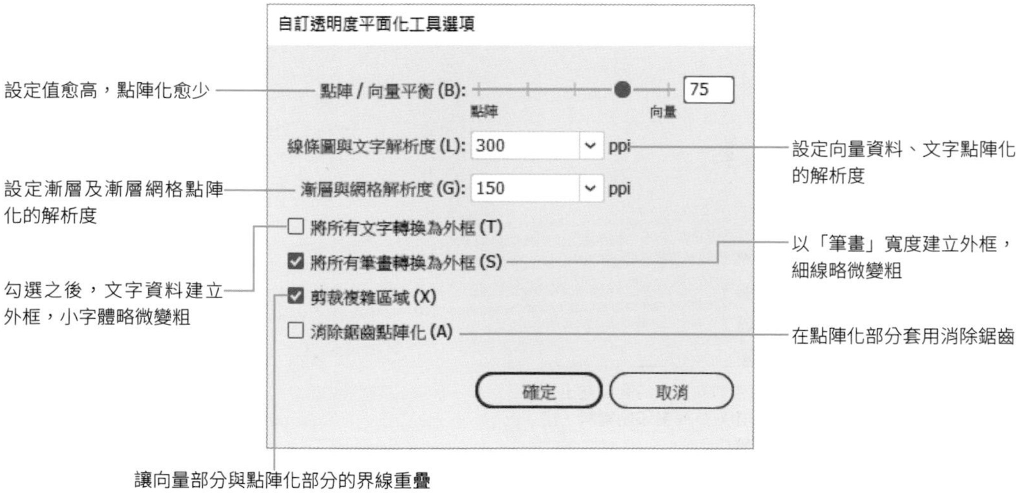
自訂透明度平面化工具選項
設定值愈高，點陣化愈少
點陣 / 向量平衡 (B):
75
點陣
向量
線條圖與文字解析度 (L): 300 ppi
設定向量資料、文字點陣化的解析度
設定漸層及漸層網格點陣化的解析度
漸層與網格解析度 (G): 150 ppi
將所有文字轉換為外框 (T)
以「筆畫」寬度建立外框，細線略微變粗
將所有筆畫轉換為外框 (S)
勾選之後，文字資料建立外框，小字體略微變粗
剪裁複雜區域 (X)
消除鋸齒點陣化 (A)
在點陣化部分套用消除鋸齒
確定
取消
讓向量部分與點陣化部分的界線重疊

執行『物件→透明度平面化』命令，可以將選取物件平面化。另外，執行『編輯→透明度平面化預設集』命令，能在「低解析度」、「中解析度」、「高解析度」、「用於複雜作品」等預設集中，儲存新設定。

▶ 平面化工具預視

使用平面化工具預視面板，可以預視哪個部分進行了平面化處理。

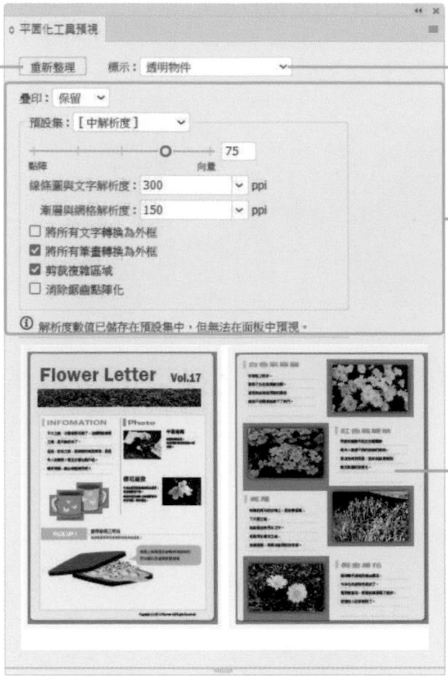
平面化工具預視
重新整理
標示：透明物件
疊印：保留
預設集：[中解析度]
75
點陣
向量
線條畫與文字解析度：300 ppi
漸層與網格解析度：150 ppi
將所有文字轉換為外框
將所有筆畫轉換為外框
剪裁複雜區域
消除鋸齒點陣化
解析度數值已儲存在預設集中，但無法在面板中預視。
Flower Letter Vol.17
調整設定後，請按一下**重新整理**鈕
選取標示部分
執行平面化的設定
「標示」選取的部分顯示為紅色，按一下可以放大，按下Alt＋按一下可以縮小，使用Space鍵可以移動

● 列印交談窗：摘要

檢視所有設定內容。

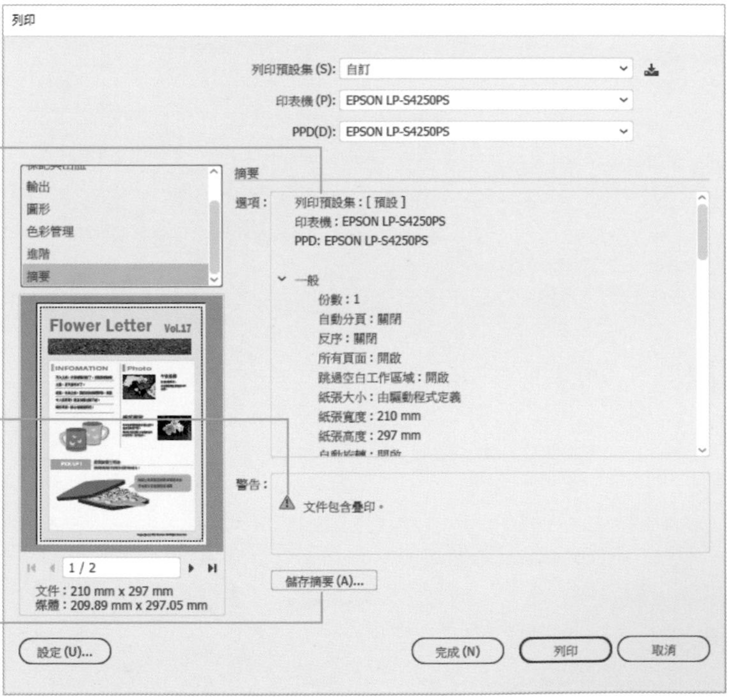
列印
列印預設集 (S): 自訂
印表機 (P): EPSON LP-S4250PS
PPD(D): EPSON LP-S4250PS
輸出
圖形
色彩管理
進階
摘要
摘要
選項：
列印預設集：[預設]
印表機：EPSON LP-S4250PS
PPD: EPSON LP-S4250PS
一般
份數：1
自動分頁：關閉
反序：關閉
所有頁面：開啟
跳過空白工作區域：開啟
紙張大小：由驅動程式定義
紙張寬度：210 mm
紙張高度：297 mm
警告：
文件包含疊印。
Flower Letter Vol.17
1 / 2
文件：210 mm x 297 mm
媒體：209.89 mm x 297.05 mm
儲存摘要 (A)...
設定 (U)...
完成 (N)
列印
取消
顯示設定內容
列印的圖稿中，含有透明部分而必須注意選項設定時，會顯示在這裡
以文字檔案儲存設定內容

CHAPTER

11

利用「偏好設定」讓 Illustrator變得更好用

透過「偏好設定」交談窗，可以針對 Illustrator 操作環境，進行各種設定。除了「偏好設定」交談窗，Illustrator 還提供大量有助於創作工作的功能。建議先大致瀏覽有哪些設定項目以及何種內容。過去會增加工作負擔的動作，或許能因此輕易獲得解決。

11-1
「偏好設定」交談窗

使用頻率
★★☆

如果要提高 Illustrator 的工作效率，先瞭解輔助工具的用法及各項設定，就很方便。剛開始，請先徹底記住使用單位、參考線、格線的設定。

整理繪圖環境

執行『編輯 (Mac 是「Illustrator」)→偏好設定』命令 (Ctrl + K)，可以設定整個 Illustrator 的操作環境。CC 2017 之後的版本，偏好設定交談窗有 13 個頁次，可以利用選單列的子選單進行選取。也可以開啟偏好設定交談窗後，從左側的頁次來選取。

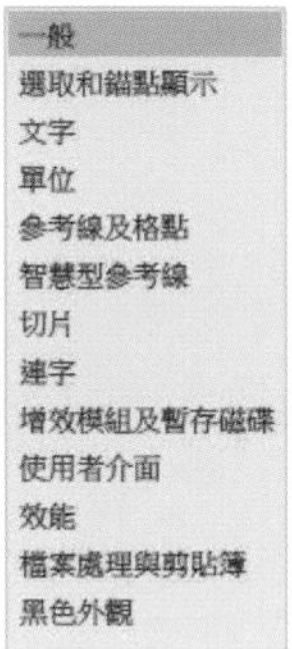
一般
選取和錨點顯示
文字
單位
參考線及格點
智慧型參考線
切片
連字
增效模組及暫存磁碟
使用者介面
效能
檔案處理與剪貼簿
黑色外觀

在沒有選取物件的狀態，按下控制面板的偏好設定鈕 (請參考 **11-6 頁**)，也會開啟偏好設定交談窗。

「一般」頁次

各選項的詳細說明，請參考右頁！

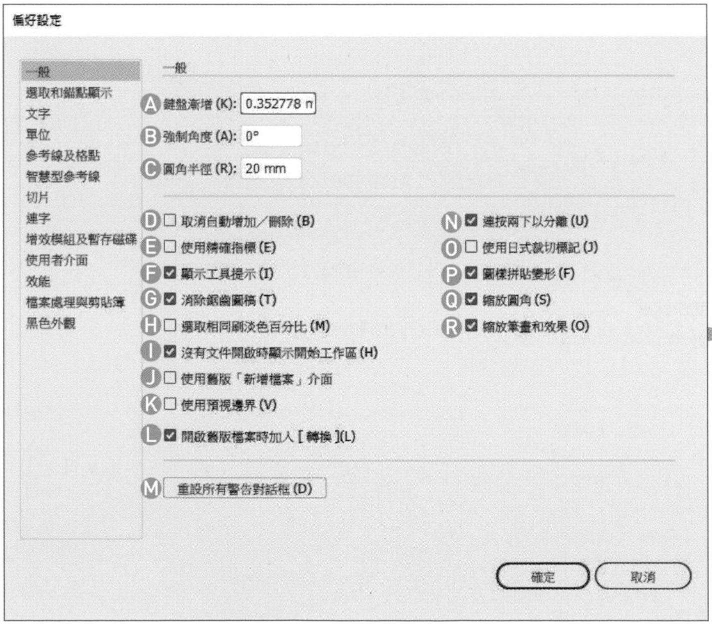
偏好設定
一般
選取和錨點顯示
文字
單位
參考線及格點
智慧型參考線
切片
連字
增效模組及暫存磁碟
使用者介面
效能
檔案處理與剪貼簿
黑色外觀
一般
A 鍵盤漸增 (K): 0.352778 m
B 強制角度 (A): 0°
C 圓角半徑 (R): 20 mm
D 取消自動增加／刪除 (B)
E 使用精確指標 (E)
F 顯示工具提示 (I)
G 消除鋸齒圖稿 (T)
H 選取相同刷淡色百分比 (M)
I 沒有文件開啟時顯示開始工作區 (H)
J 使用舊版「新增檔案」介面
K 使用預視邊界 (V)
L 開啟舊版檔案時加入 [轉換](L)
M 重設所有警告對話框 (D)
N 連按兩下以分離 (U)
O 使用日式裁切標記 (J)
P 圖樣拼貼變形 (F)
Q 縮放圓角 (S)
R 縮放筆畫和效果 (O)
確定
取消

▶ 強制角度

在 Illustrator 中，水平方向 (X 軸) 與垂直方向 (Y 軸) 的基準會分別變成水平線與垂直線。矩形或使用 Shift 鍵繪製的直線，就是依照這種基準線來繪圖。例如，設定成 30°，使用矩形工具時，可以和下圖一樣，精準畫出傾斜 30° 的四角形。

「強制角度」的數值是旋轉 X 軸、Y 軸。角度是往左轉 (逆時針) 為正向。

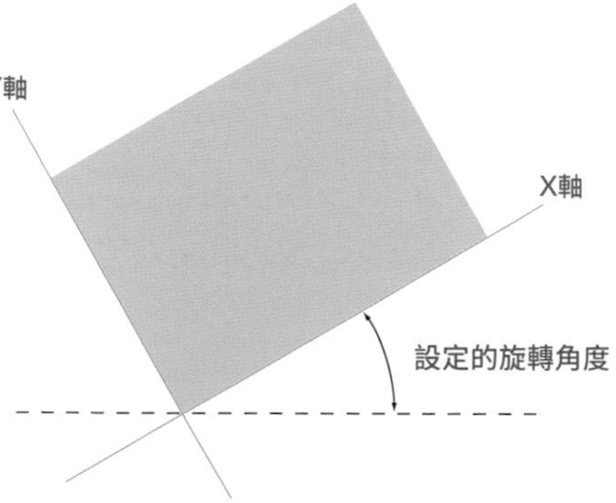
Y軸
X軸
設定的旋轉角度

- Ⓐ 設定使用方向鍵移動物件時，每次移動的距離 (參考 **4-4 頁**)
- Ⓑ 請參考本頁上圖的說明
- Ⓒ 這是圓角矩形的圓角預設值。使用圓角矩形時，若調整了半徑，這裡的數值也會改變
- Ⓓ 勾選後，會關閉以**鋼筆工具**按一下增加或刪除錨點的功能
- Ⓔ 勾選後，會切換成十字游標，方便精確繪圖
- Ⓕ 勾選之後，移入滑鼠游標時，會顯示工具名稱或快速鍵
- Ⓖ 加上消除鋸齒效果，讓物件的輪廓變平滑
- Ⓗ 設定特別色或整體印刷色 (設定成「整體色」的印刷色)，為物件上色時，在**顏色**面板中，可以設定深淺。勾選後，使用**選取**選單，以顏色來選取物件時，只會把相同深淺的物件當作選取對象。如果沒有勾選，即使深淺不同，只要同樣是特別色或整體印刷色，就會成為選取對象
- Ⓘ 沒有開啟文件時，顯示「開始工作區」，請參考 **1-5 頁**
- Ⓙ 建立新文件時，顯示和舊版一樣的**新增文件**交談窗 (參考 **1-7 頁**)
- Ⓚ 在物件套用**效果**選單的濾鏡或樣式時，如果物件的路徑與外觀大小不同時，使用**選取工具**選取時，顯示的邊框要符合路徑或符合外觀
- Ⓛ 開啟用 Illustrator 10 之前的舊版本建立的圖稿時，在檔案名稱後面會加上「轉換」
- Ⓜ 即使在關閉警告交談窗時，勾選了「**不再顯示**」，只要按下這個按鈕，所有交談窗就會再次顯示
- Ⓝ 勾選之後，在物件上雙按滑鼠左鍵，會進入編輯模式
- Ⓞ 勾選之後，執行『**物件→建立剪裁標記**』命令，或執行『**效果→裁切標記**』命令，建立的出血標記，會變成日式裁切標記。如果沒有勾選，會變成美式裁切標記
- Ⓟ 使用各種變形工具變形時，預設是否變形圖樣
- Ⓠ 勾選之後，縮放具有即時形狀屬性的圖形時，也會同步縮放圓角大小
- Ⓡ 勾選之後，縮放圖形時，筆畫寬度與效果大小也會同步縮放

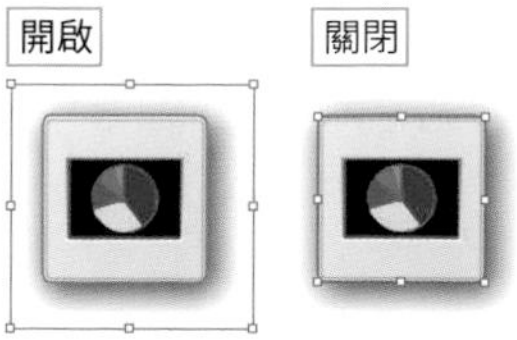
開啟
關閉

「選取和錨點顯示」頁次

這是設定選取路徑時，錨點的顯示尺寸、路徑選取方法等項目。

選取錨點時，選取按一下或在選取範圍容許值內的錨點。可以設定為 1～8，數值愈大，選取範圍愈大

勾選之後，即使按一下物件的上色部分，也無法選取物件，必須在路徑上按一下，才能選取物件

移動物件時，選擇是否靠齊錨點。勾選此項後，可以設定靠齊範圍。設定值為 1～8，數值愈大，靠齊範圍愈廣

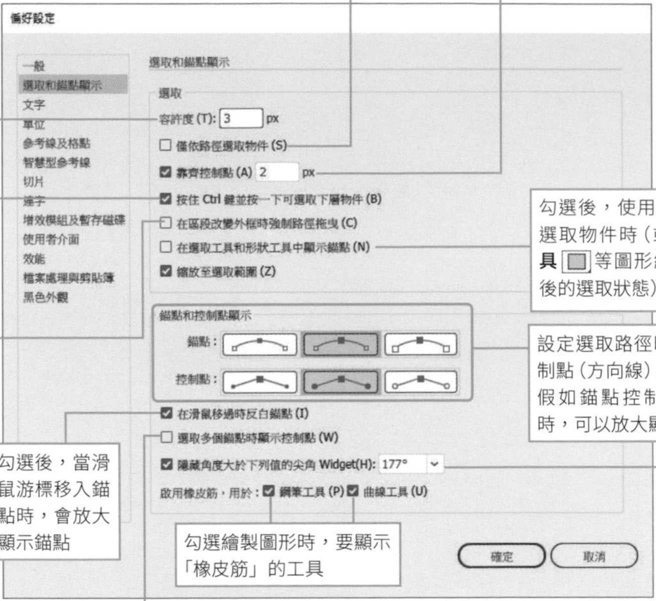

偏好設定
一般
選取和錨點顯示
文字
單位
參考線及格點
智慧型參考線
切片
連字
增效模組及暫存磁碟
使用者介面
效能
檔案處理與剪貼簿
黑色外觀
選取和錨點顯示
選取
容許度 (T): 3 px
僅依路徑選取物件 (S)
靠齊控制點 (A) 2 px
按住 Ctrl 鍵並按一下可選取下層物件 (B)
在區段改變外框時強制路徑拖曳 (C)
在選取工具和形狀工具中顯示錨點 (N)
縮放至選取範圍 (Z)
錨點和控制點顯示
錨點：
控制點：
在滑鼠移過時反白錨點 (I)
選取多個錨點時顯示控制點 (W)
隱藏角度大於下列值的尖角 Widget(H): 177°
啟用橡皮筋，用於：鋼筆工具 (P) 曲線工具 (U)
確定
取消

當物件重疊時，按住 Ctrl ＋按一下上層物件，可選取下層物件

勾選後，使用**選取工具**選取物件時（或使用**矩形工具**等圖形繪製工具繪圖後的選取狀態），會顯示錨點

設定選取路徑時，錨點及控制點（方向線）的顯示方法。假如錨點控制點看不清楚時，可以放大顯示

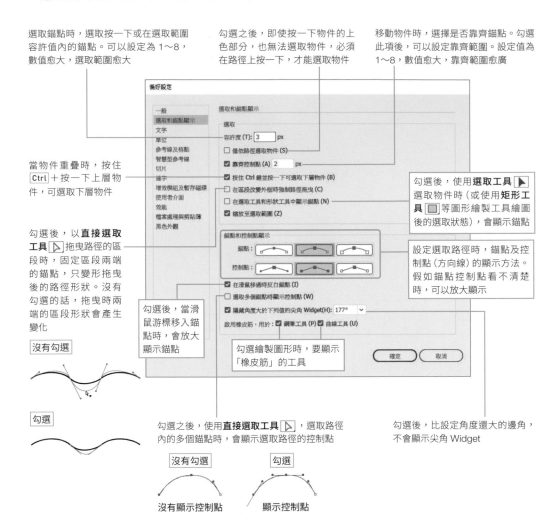

勾選後，以**直接選取工具**拖曳路徑的區段時，固定區段兩端的錨點，只變形拖曳後的路徑形狀。沒有勾選的話，拖曳時兩端的區段形狀會產生變化

勾選後，當滑鼠游標移入錨點時，會放大顯示錨點

勾選繪製圖形時，要顯示「橡皮筋」的工具

沒有勾選

勾選

勾選之後，使用**直接選取工具**，選取路徑內的多個錨點時，會顯示選取路徑的控制點

勾選後，比設定角度還大的邊角，不會顯示尖角 Widget

沒有勾選

沒有顯示控制點

勾選

顯示控制點

TIPS 利用「控制」面板切換

在**控制**面板中也可以切換選取多個錨點時的控制點顯示方式。

顯示控制點

錨點
轉換：
控制點：
錨點：

隱藏控制點

●「文字」頁次

執行與文字及描圖工具相關的設定。

這是以鍵盤快速鍵調整文字大小及行距時，每次的變動值

這是以鍵盤快速鍵（請參考 **8-26 頁**）調整文字的特殊字距／字距微調時，每次的變動值

這是以鍵盤快速鍵（**8-26 頁**）調整基線時，每次的變動值

勾選之後，會開啟在**字元**面板及**段落**面板中，字距及換行組合等東亞語言特有的選項設定

使用印度語言時，勾選此項目

設定執行『**文字→最近使用的字體**』命令時，顯示的字體數目

設定執行『**文字→字體**』命令時，預視字體的大小

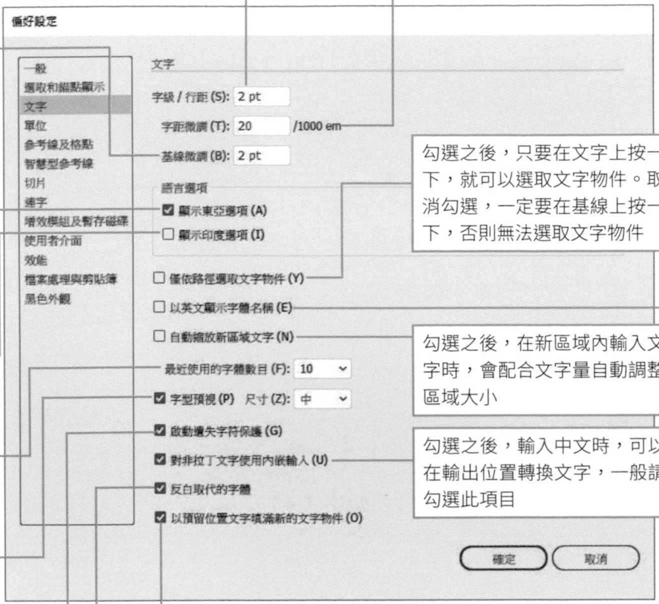
偏好設定
一般
選取和錨點顯示
文字
單位
參考線及格點
智慧型參考線
切片
連字
增效模組及暫存磁碟
使用者介面
效能
檔案處理與剪貼簿
黑色外觀
文字
字級 / 行距 (S): 2 pt
字距微調 (T): 20 /1000 em
基線微調 (B): 2 pt
語言選項
顯示東亞選項 (A)
顯示印度選項 (I)
僅依路徑選取文字物件 (Y)
以英文顯示字體名稱 (E)
自動縮放新區域文字 (N)
最近使用的字體數目 (F): 10
字型預視 (P) 尺寸 (Z): 中
啟動遺失字符保護 (G)
對非拉丁文字使用內嵌輸入 (U)
反白取代的字體
以預留位置文字填滿新的文字物件 (O)
確定
取消

勾選之後，只要在文字上按一下，就可以選取文字物件。取消勾選，一定要在基線上按一下，否則無法選取文字物件

勾選之後，在新區域內輸入文字時，會配合文字量自動調整區域大小

勾選之後，輸入中文時，可以在輸出位置轉換文字，一般請勾選此項目

假如有找不到的字體，保留字體，不會變成亂碼

勾選之後，以各種文字工具建立文字物件時，自動輸入預留位置文字

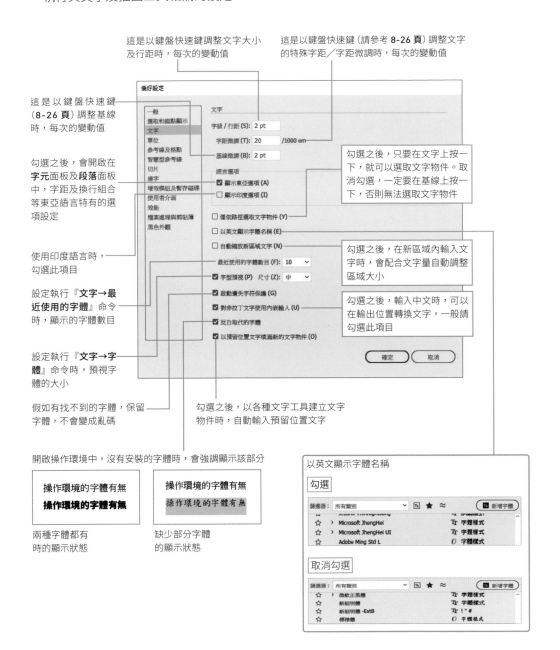

開啟操作環境中，沒有安裝的字體時，會強調顯示該部分

操作環境的字體有無
操作環境的字體有無

兩種字體都有時的顯示狀態

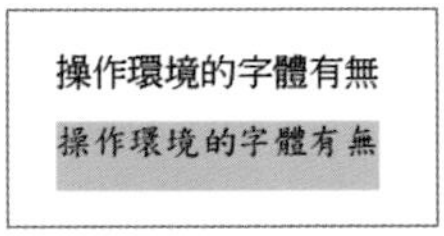
操作環境的字體有無
操作環境的字體有無

缺少部分字體的顯示狀態

以英文顯示字體名稱

勾選

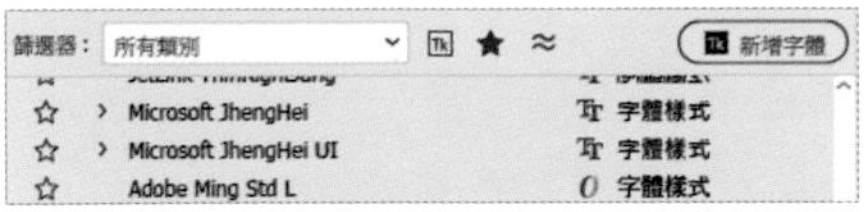
篩選器：所有類別
新增字體
Microsoft JhengHei
Microsoft JhengHei UI
Adobe Ming Std L
字體樣式

取消勾選

篩選器：所有類別
新增字體
微軟正黑體
新細明體
新細明體 -ExtB
標楷體
字體樣式

「單位」頁次

設定筆畫、文字、物件等單位。

設定物件的移動距離及**資訊**面板的單位

設定物件的筆畫寬度或虛線的單位

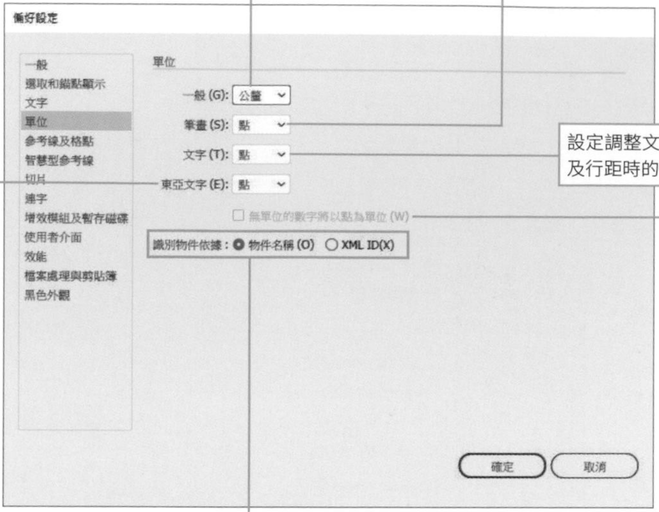

偏好設定
一般
選取和錨點顯示
文字
單位
參考線及格點
智慧型參考線
切片
連字
增效模組及暫存磁碟
使用者介面
效能
檔案處理與剪貼簿
黑色外觀
單位
一般 (G): 公釐
筆畫 (S): 點
文字 (T): 點
東亞文字 (E): 點
無單位的數字將以點為單位 (W)
識別物件依據：物件名稱 (O) XML ID(X)
確定
取消

在**字元**面板及**樣式**面中，開啟字距及換行組合等東亞語言特有的選項設定時，設定使用的單位。在**偏好設定**交談窗的**文字**中，設定**顯示東亞選項**，可以開啟或關閉「東亞選項」

設定調整文字大小及行距時的單位

選擇 **XML ID** 時，物件的名稱顯示／編輯／轉存會變成 XML ID

在**一般**設定為 **Pica** 時，勾選此項目，設定文字大小等數值後，若省略單位，只輸入數值時，會以點為單位來計算

TIPS 使用「控制」面板開啟「偏好設定」交談窗

在沒有選取物件的狀態，**控制**面板會顯示**偏好設定**鈕，按一下，就可以開啟**偏好設定**交談窗。

樣式：
文件設定
偏好設定

按一下可以開啟**偏好設定**交談窗

TIPS 智慧型參考線

在**偏好設定**交談窗的**智慧型參考線**頁次是設定使用智慧型參考線時，顯示的參考線。詳細說明請參考 **11-20 頁**。

TIPS 連字

在**偏好設定**的**連字**頁次，可以設定各國語言的連字例外。

「參考線及格點」頁次

可以設定參考線物件的顏色、形狀及格點的顏色與形狀。

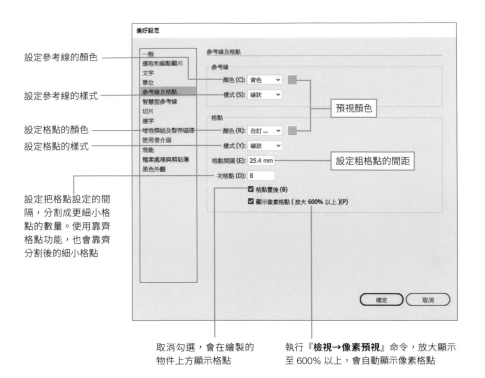

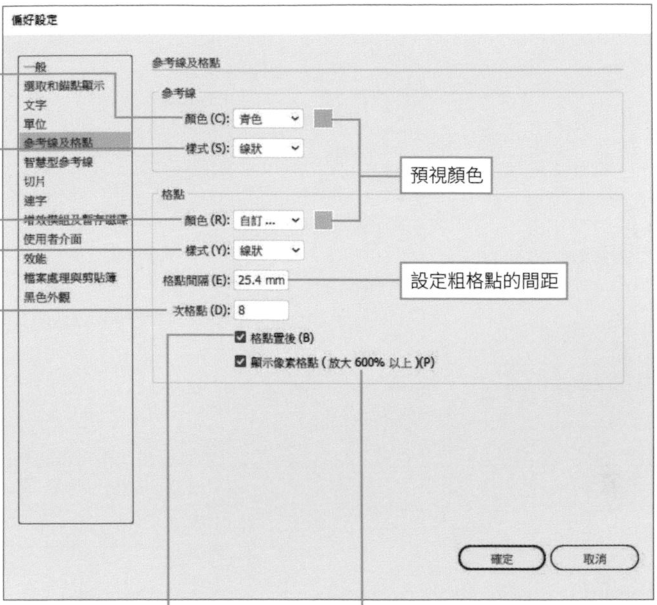
偏好設定
一般
選取和錨點顯示
文字
單位
參考線及格點
智慧型參考線
切片
連字
增效模組及暫存磁碟
使用者介面
效能
檔案處理與剪貼簿
黑色外觀
參考線及格點
參考線
顏色 (C): 青色
樣式 (S): 線狀
格點
顏色 (R): 自訂 ...
樣式 (Y): 線狀
格點間隔 (E): 25.4 mm
次格點 (D): 8
格點置後 (B)
顯示像素格點 (放大 600% 以上)(P)
確定
取消
預視顏色
設定粗格點的間距

設定參考線的顏色

設定參考線的樣式

設定格點的顏色

設定格點的樣式

設定把格點設定的間隔，分割成更細小格點的數量。使用靠齊格點功能，也會靠齊分割後的細小格點

取消勾選，會在繪製的物件上方顯示格點

執行『**檢視→像素預視**』命令，放大顯示至 600% 以上，會自動顯示像素格點

「切片」頁次

使用切片時，可以設定是否顯示切片編號、切片的線條顏色。

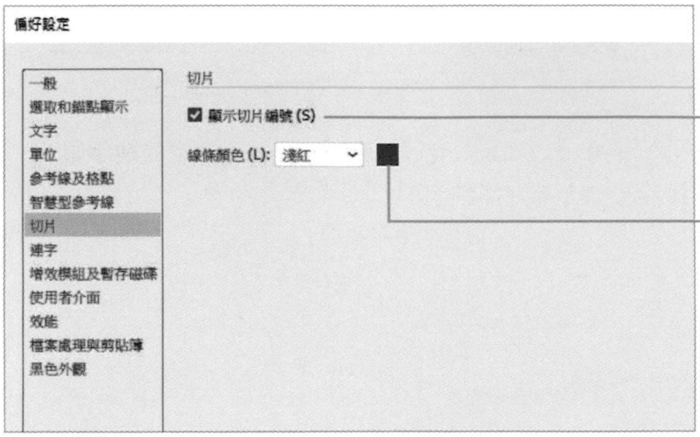
偏好設定
一般
選取和錨點顯示
文字
單位
參考線及格點
智慧型參考線
切片
連字
增效模組及暫存磁碟
使用者介面
效能
檔案處理與剪貼簿
黑色外觀
切片
顯示切片編號 (S)
線條顏色 (L): 淺紅

勾選之後，會顯示切片的編號

選擇切片的線條顏色

「增效模組及暫存磁碟」頁次

設定放置增效模組的檔案夾及操作 Illustrator 時，暫時使用的暫存磁碟。

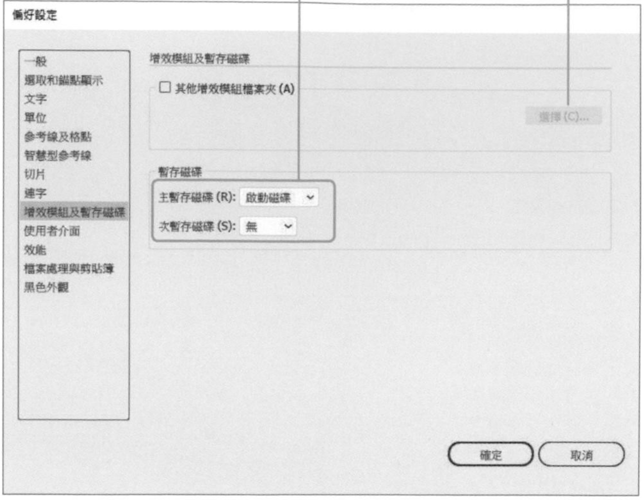

選擇當作暫存磁碟的磁碟機
勾選**其他增效模組檔案夾**項目後，按下此鈕，可開啟交談窗，選擇放置增效模組的檔案夾
偏好設定
一般
選取和錨點顯示
文字
單位
參考線及格點
智慧型參考線
切片
連字
增效模組及暫存磁碟
使用者介面
效能
檔案處理與剪貼簿
黑色外觀
增效模組及暫存磁碟
其他增效模組檔案夾 (A)
選擇 (C)...
暫存磁碟
主暫存磁碟 (R): 啟動磁碟
次暫存磁碟 (S): 無
確定
取消

POINT

暫存磁碟可以設定兩台。一般**主暫存磁碟**會設定成安裝 OS 的**啟動磁碟**。電腦內的硬碟分割成兩個磁碟或安裝多個硬碟時，建議在**主暫存磁碟**中，分配啟動磁碟以外的磁區。

「使用者介面」頁次

設定關於 Illustrator 的介面。

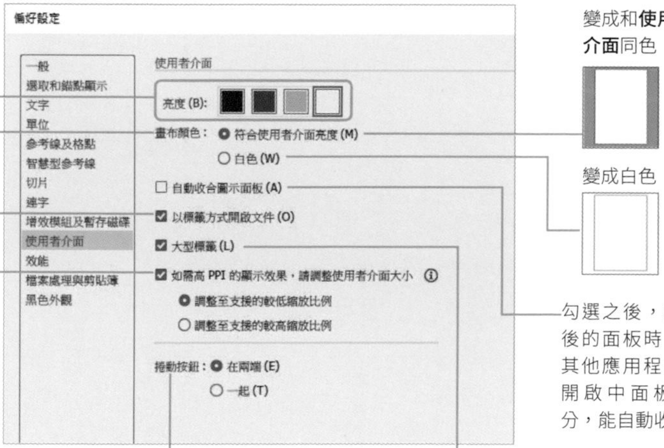

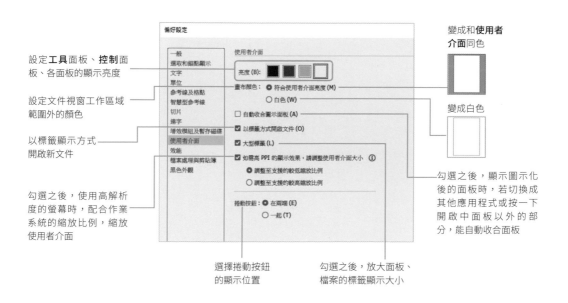

設定**工具**面板、**控制**面板、各面板的顯示亮度
設定文件視窗工作區域範圍外的顏色
以標籤顯示方式開啟新文件
勾選之後，使用高解析度的螢幕時，配合作業系統的縮放比例，縮放使用者介面
偏好設定
一般
選取和錨點顯示
文字
單位
參考線及格點
智慧型參考線
切片
連字
增效模組及暫存磁碟
使用者介面
效能
檔案處理與剪貼簿
黑色外觀
使用者介面
亮度 (B):
畫布顏色： 符合使用者介面亮度 (M)
白色 (W)
自動收合圖示面板 (A)
以標籤方式開啟文件 (O)
大型標籤 (L)
如需高 PPI 的顯示效果，請調整使用者介面大小
調整至支援的較低縮放比例
調整至支援的較高縮放比例
捲動按鈕： 在兩端 (E)
一起 (T)
變成和**使用者介面**同色
變成白色
勾選之後，顯示圖示化後的面板時，若切換成其他應用程式或按一下開啟中面板以外的部分，能自動收合面板
選擇捲動按鈕的顯示位置
勾選之後，放大面板、檔案的標籤顯示大小

「效能」頁次

關於效能方面的設定。

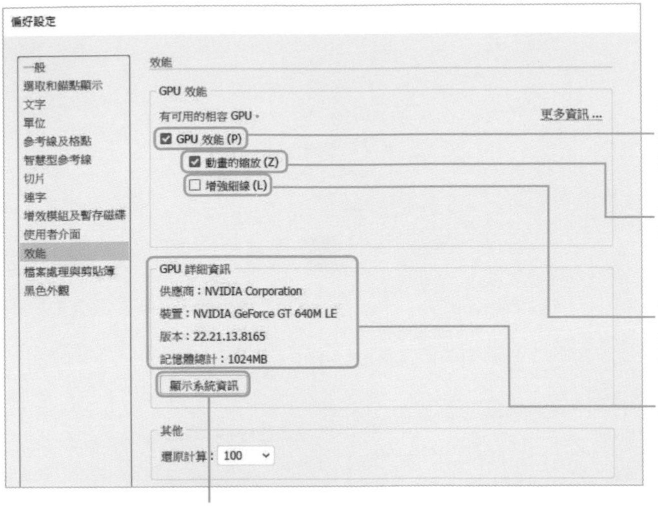

偏好設定
一般
選取和錨點顯示
文字
單位
參考線及格點
智慧型參考線
切片
連字
增效模組及暫存磁碟
使用者介面
效能
檔案處理與剪貼簿
黑色外觀
效能
GPU 效能
有可用的相容 GPU。
更多資訊...
GPU 效能 (P)
動畫的縮放 (Z)
增強細線 (L)
GPU 詳細資訊
供應商：NVIDIA Corporation
裝置：NVIDIA GeForce GT 640M LE
版本：22.21.13.8165
記憶體總計：1024MB
顯示系統資訊
其他
還原計算：100

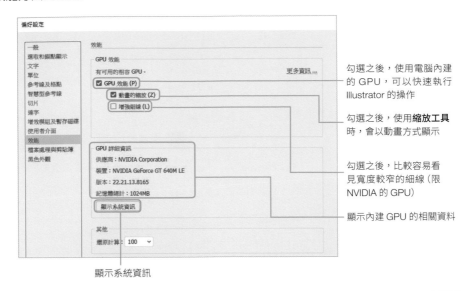

勾選之後，使用電腦內建的 GPU，可以快速執行 Illustrator 的操作

勾選之後，使用**縮放工具**時，會以動畫方式顯示

勾選之後，比較容易看見寬度較窄的細線（限 NVIDIA 的 GPU）

顯示內建 GPU 的相關資料

顯示系統資訊

「檔案處理與剪貼簿」頁次

執行復原資料、更新連結、剪貼簿等設定。

設定最近使用的檔案顯示數量

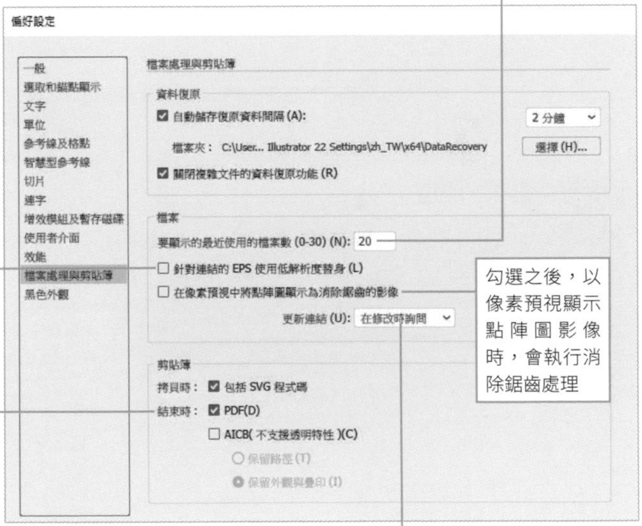

偏好設定
檔案處理與剪貼簿
資料復原
自動儲存復原資料間隔 (A):
2 分鐘
檔案夾： C:\User... Illustrator 22 Settings\zh_TW\x64\DataRecovery
選擇 (H)...
關閉複雜文件的資料復原功能 (R)
檔案
要顯示的最近使用的檔案數 (0-30) (N): 20
針對連結的 EPS 使用低解析度替身 (L)
在像素預視中將點陣圖顯示為消除鋸齒的影像
更新連結 (U): 在修改時詢問
剪貼簿
拷貝時： 包括 SVG 程式碼
結束時： PDF(D)
AICB(不支援透明特性)(C)
保留路徑 (T)
保留外觀與疊印 (I)

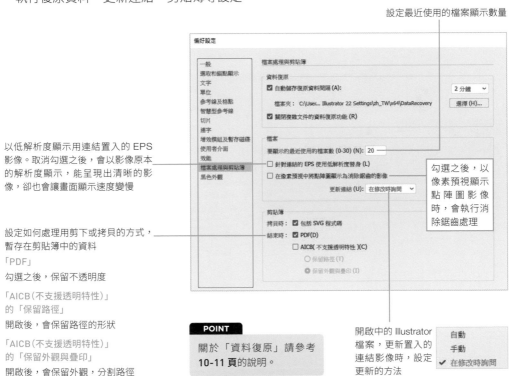

以低解析度顯示用連結置入的 EPS 影像。取消勾選之後，會以影像原本的解析度顯示，能呈現出清晰的影像，卻也會讓畫面顯示速度變慢

勾選之後，以像素預視顯示點陣圖影像時，會執行消除鋸齒處理

設定如何處理用剪下或拷貝的方式，暫存在剪貼簿中的資料

「PDF」

勾選之後，保留不透明度

「AICB（不支援透明特性）」的「保留路徑」

開啟後，會保留路徑的形狀

「AICB（不支援透明特性）」的「保留外觀與疊印」

開啟後，會保留外觀，分割路徑

POINT

關於「資料復原」請參考 **10-11 頁**的說明。

開啟中的 Illustrator 檔案，更新置入的連結影像時，設定更新的方法

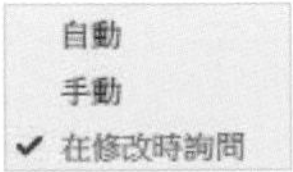

自動
手動
在修改時詢問

「黑色外觀」頁次

設定 K 版的顯示方法。

選擇螢幕上黑色的顯示方法

顯示所有精確的黑色

K100% 的黑色與 CMYK 混合的四色黑會按照文件的設定來顯示

顯示所有多色黑

K100% 與四色黑都會顯示成四色黑

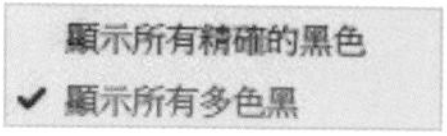

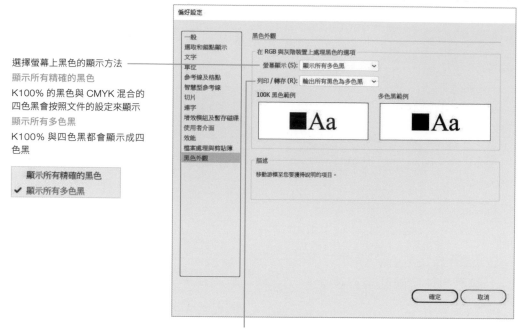

顯示所有精確的黑色
✔ 顯示所有多色黑

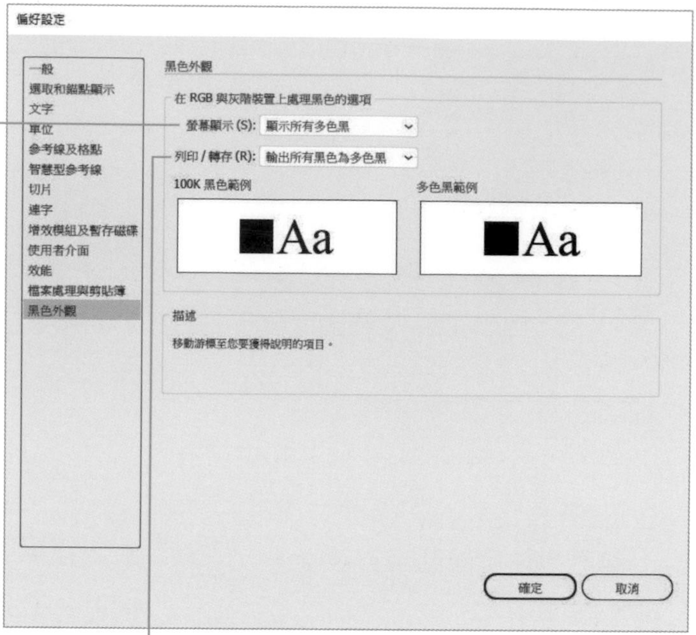

偏好設定
一般
選取和錨點顯示
文字
單位
參考線及格點
智慧型參考線
切片
連字
增效模組及暫存磁碟
使用者介面
效能
檔案處理與剪貼簿
黑色外觀
黑色外觀
在 RGB 與灰階裝置上處理黑色的選項
螢幕顯示 (S): 顯示所有多色黑
列印 / 轉存 (R): 輸出所有黑色為多色黑
100K 黑色範例
多色黑範例
Aa
Aa
描述
移動游標至您要獲得說明的項目。
確定
取消

選擇列印或轉存成其他圖形格式時的黑色輸出方法

「精確輸出所有黑色」

K100% 的黑色與 CMYK 混合的四色黑，按照文件的設定輸出

「輸出所有黑色為多色黑」

K100% 與四色黑都會輸出成四色黑

TIPS 觸控工作區

偏好設定交談窗中的**觸控工作區**頁次(具有觸控裝置的設備才會顯示)，可以在安裝 Windows 觸控裝置的電腦中，設定觸控工作區(請參考 **1-5 頁**)的使用環境。

11-2 編輯鍵盤快速鍵

使用頻率	
★☆☆	在 Illustrator CC 中，可以將常用的指令或功能，設定成鍵盤快速鍵。到目前為止的 Illustrator 版本，都能設定鍵盤快速鍵。

編輯鍵盤快速鍵

在 Illustrator 中，可以依照個人喜好自訂鍵盤快速鍵。執行『編輯→鍵盤快捷鍵』命令（Alt ＋ Shift ＋ Ctrl ＋ K），開啟鍵盤快捷鍵交談窗，在要更改的快捷鍵欄，雙按滑鼠左鍵，就可以編輯。

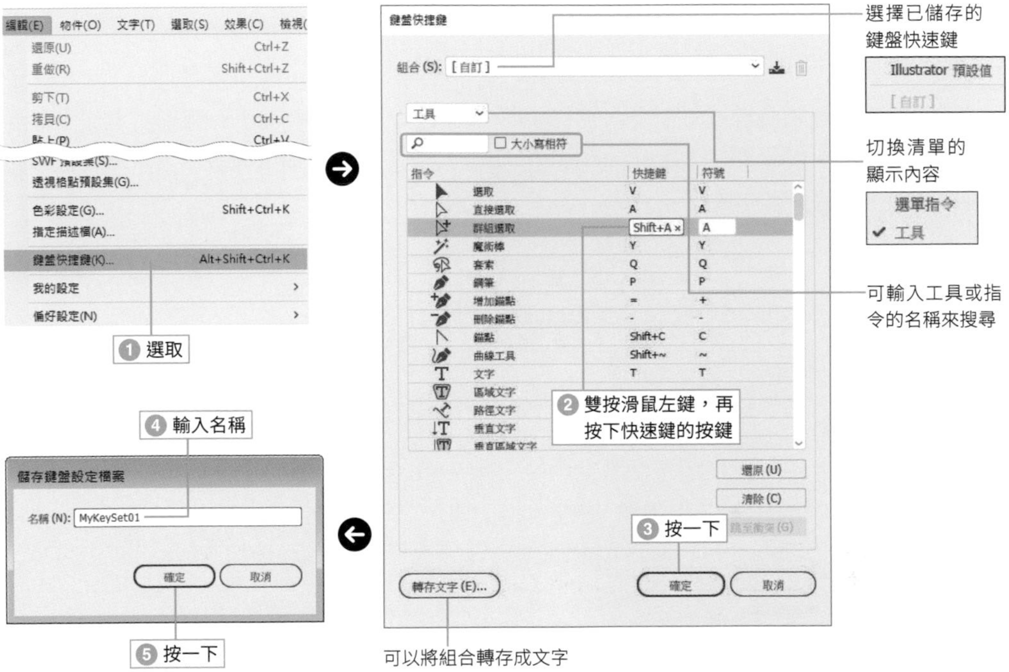

① 選取
② 雙按滑鼠左鍵，再按下快速鍵的按鍵
③ 按一下
④ 輸入名稱
⑤ 按一下
選擇已儲存的鍵盤快速鍵
切換清單的顯示內容
可輸入工具或指令的名稱來搜尋
可以將組合轉存成文字

TIPS 注意快速鍵是否重複

想設定成其他工具或指令已使用的鍵盤快速鍵時，會在**鍵盤快捷鍵**交談窗下方顯示提醒訊息。此時，請改用其他鍵盤快速鍵，或將原本的快速鍵調整成不同組合。

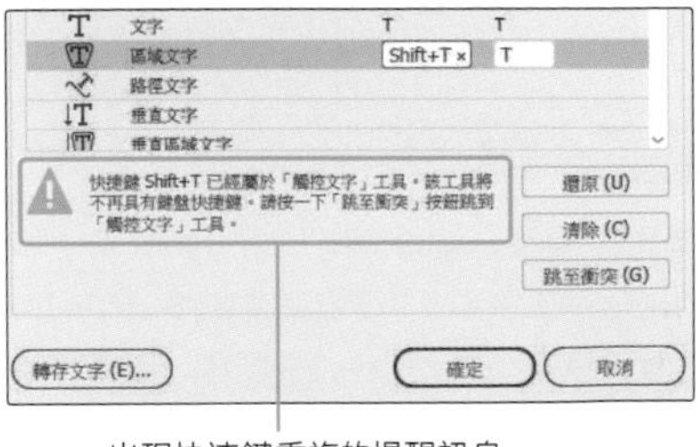

出現快速鍵重複的提醒訊息

CS6 | CC | CC14 | CC15 | CC17 | CC18

11-3 色彩設定

使用頻率	
★☆☆	在 Illustrator 及 Photoshop 的操作中，「色彩管理」十分重要。「色彩管理」是用來設定 Illustrator 操作時的色域。

何謂「色彩管理」？

調整螢幕及印表機等輸出裝置或軟體中的色域差異，讓色彩保持一致的結構，就是色彩管理。色彩管理利用定義使用色域的描述檔，調整裝置之間的色域差異。調整色域的管理方式稱作色彩管理引擎，在 Illustrator 中，Adobe(ACE) 是標準引擎。

Illustrator 的色彩設定

執行『編輯→色彩設定』命令（Shift ＋ Ctrl ＋ K）命令，即可進行色彩管理設定。一般在設定欄的清單中，選擇符合操作用途的設定，就會選擇最佳色彩描述檔或轉換選項。或者也可以用手動方式設定各個項目。

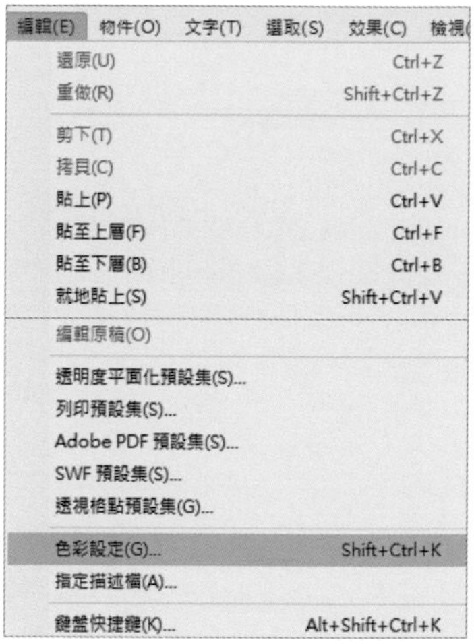

編輯(E) 物件(O) 文字(T) 選取(S) 效果(C) 檢視(
還原(U) Ctrl+Z
重做(R) Shift+Ctrl+Z
剪下(T) Ctrl+X
拷貝(C) Ctrl+C
貼上(P) Ctrl+V
貼至上層(F) Ctrl+F
貼至下層(B) Ctrl+B
就地貼上(S) Shift+Ctrl+V
編輯原稿(O)
透明度平面化預設集(S)...
列印預設集(S)...
Adobe PDF 預設集(S)...
SWF 預設集(S)...
透視格點預設集(G)...
色彩設定(G)... Shift+Ctrl+K
指定描述檔(A)...
鍵盤快捷鍵(K)... Alt+Shift+Ctrl+K

▶ 工作空間

分別設定在工作空間中，RGB 色彩與 CMYK 色彩的色彩描述檔。

▶ 色彩管理原則

色彩管理原則是，當色彩設定交談窗中設定的描述檔與開啟檔案嵌入的描述檔不一致時，設定處理方法。

▶ 轉換選項

當描述檔不一致時，會進行轉換。此時，檔案中設定的顏色可能與原始顏色不同。而轉換選項就是用來設定轉換描述檔的方法及顏色比對方法。

TIPS 校樣設定

執行『**檢視→校樣設定**』命令時，可以模擬輸出裝置的色彩。**舊版 Macintosh RGB** 能模擬 Mac OSX 10.5 之前的色彩，**網際網路標準 RGB** 是模擬 Windows 及 Mac OSX 10.6 之後的色彩。**螢幕 RGB** 是以目前使用中的螢幕描述檔來進行模擬。還可以使用**色盲 - 紅色色盲類型**（難以分辨紅色）及**色盲 - 綠色色盲類型**（難以分辨綠色）等適合色弱者的設定。設為**自訂**，可以選擇裝置進行模擬。

選擇已儲存的色彩設定檔案

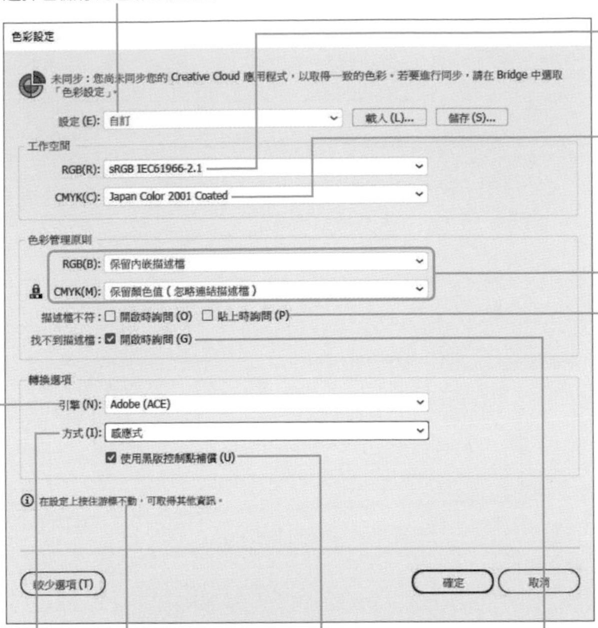
色彩設定
未同步：您尚未同步您的 Creative Cloud 應用程式，以取得一致的色彩。若要進行同步，請在 Bridge 中選取「色彩設定」。
設定(E): 自訂
載入(L)...
儲存(S)...
工作空間
RGB(R): sRGB IEC61966-2.1
CMYK(C): Japan Color 2001 Coated
色彩管理原則
RGB(B): 保留內嵌描述檔
CMYK(M): 保留顏色值（忽略連結描述檔）
描述檔不符：開啟時詢問 (O) 貼上時詢問 (P)
找不到描述檔：開啟時詢問 (G)
轉換選項
引擎 (N): Adobe (ACE)
方式 (I): 感應式
使用黑版控制點補償 (U)
在設定上按住游標不動，可取得其他資訊。
較少選項 (T)
確定
取消

選擇色彩描述檔

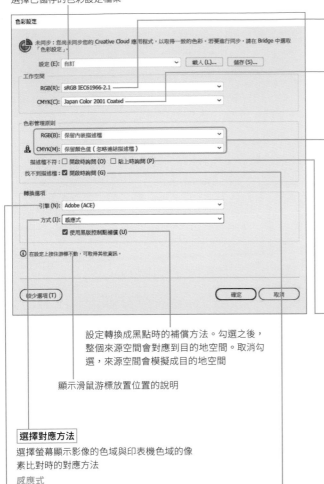

選擇 RGB 色彩圖稿用的色域描述檔。還可以選擇螢幕或印表機的描述檔。選單中會顯示 Windows 系統辨識到的描述檔

選擇 CMYK 色彩圖稿用的色域描述檔

當操作環境設定的描述檔與開啟圖稿的描述檔不一致時，設定處理方式

關閉

忽略開啟中檔案的描述檔，使用操作環境選擇的描述檔

保留顏色值（忽略連結描述檔）

忽略開啟中檔案的描述檔，但是保留色彩的 CMYK 值

保留內嵌描述檔

以開啟中檔案的描述檔為優先

轉換為工作空間

假如開啟中檔案的描述檔與色彩設定選擇的描述檔，工作空間出現差異時，將開啟中的描述檔轉換成選擇的描述檔

開啟時詢問

開啟中檔案的描述檔與顏色設定的描述檔不一致，開啟檔案時，會顯示通知，開啟交談窗，選擇處理方法

貼上時詢問

從別的文件拷貝物件時，物件的描述檔與色彩設定的描述檔不一致時，開啟交談窗，選擇處理方法

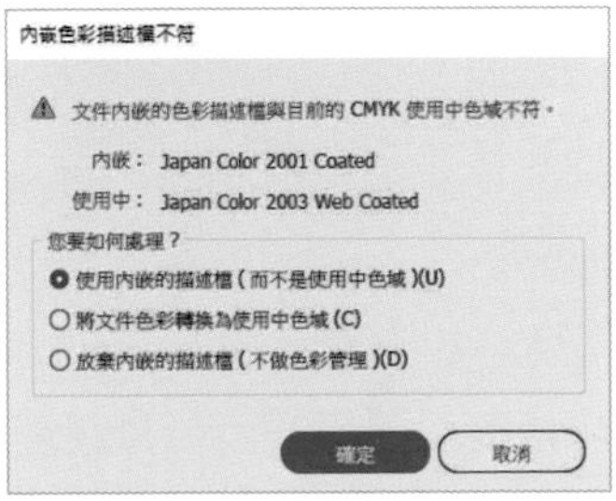
內嵌色彩描述檔不符
文件內嵌的色彩描述檔與目前的 CMYK 使用中色域不符。
內嵌： Japan Color 2001 Coated
使用中： Japan Color 2003 Web Coated
您要如何處理？
使用內嵌的描述檔（而不是使用中色域）(U)
將文件色彩轉換為使用中色域 (C)
放棄內嵌的描述檔（不做色彩管理）(D)
確定
取消

設定轉換成黑點時的補償方法。勾選之後，整個來源空間會對應到目的地空間。取消勾選，來源空間會模擬成目的地空間

顯示滑鼠游標放置位置的說明

選擇對應方法

選擇螢幕顯示影像的色域與印表機色域的像素比對時的對應方法

感應式

維持相對顏色，可以保持顏色之間的關係

飽和度

維持相對的飽和度。色域以外的顏色會轉換成同飽和度的色域內顏色

相對色度公制

不改變色域內的顏色，色域外的顏色轉換成同亮度的色域內顏色

絕對色度公制

轉換顏色時，會讓白點不一致，因此一般不建議選擇這個項目

當開啟的檔案中，沒有描述檔或位置不明時，打開檔案時，會顯示交談窗，進行通知並詢問處理方法

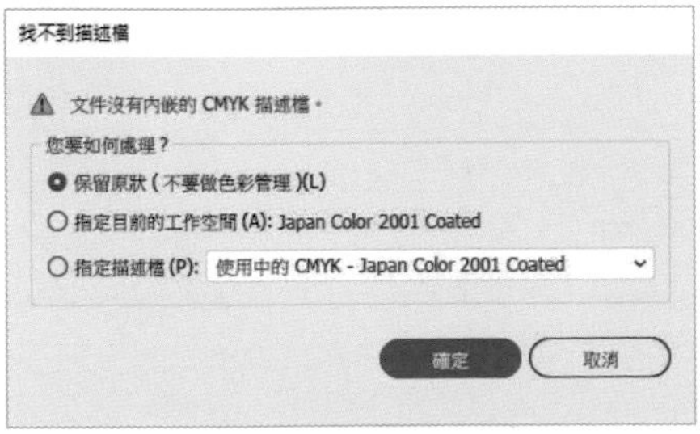
找不到描述檔
文件沒有內嵌的 CMYK 描述檔。
您要如何處理？
保留原狀（不要做色彩管理）(L)
指定目前的工作空間 (A): Japan Color 2001 Coated
指定描述檔 (P): 使用中的 CMYK - Japan Color 2001 Coated
確定
取消

選擇色彩管理引擎

選擇色彩管理系統的轉換方式，一般請選擇 Adobe（ACE）

● 嵌入描述檔

儲存圖稿時，在 Illustrator 選項交談窗中，勾選了內嵌 ICC 描述檔，就會將製作檔案時，使用的描述檔嵌入檔案中。其他電腦製作的 Illustrator 檔案，若嵌入了與自己在色彩設定交談窗中，指定的描述檔不一致時，是在色彩管理原則中，設定處理方法。

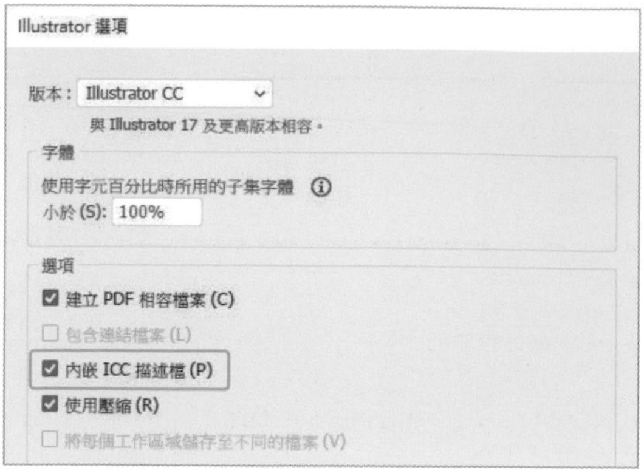
Illustrator 選項
版本：Illustrator CC
與 Illustrator 17 及更高版本相容。
字體
使用字元百分比時所用的子集字體
小於 (S): 100%
選項
建立 PDF 相容檔案 (C)
包含連結檔案 (L)
內嵌 ICC 描述檔 (P)
使用壓縮 (R)
將每個工作區域儲存至不同的檔案 (V)

● 文件中使用特殊的描述檔

建立新檔案時，色彩描述檔會套用色彩設定交談窗的設定，但各文件也能個別套用描述檔。請執行『編輯→指定描述檔』命令，在指定描述檔交談窗中設定。

指定描述檔
指定描述檔
不要對這個文件做色彩管理 (D)
使用中的 CMYK(W): Japan Color 2001 Coated
描述檔 (P): Japan Color 2002 Newspaper
設定個別使用的描述檔

● 同步 Creative Cloud 應用程式間的色彩設定

Photoshop、InDesign 等其他 Creative Cloud 應用程式要使用相同色彩設定時，請在 Adobe Bridge 執行『編輯→顏色設定』命令（Ctrl＋Shift＋K），進行設定，就能在 Creative Cloud 應用程式中，套用相同的色彩設定。

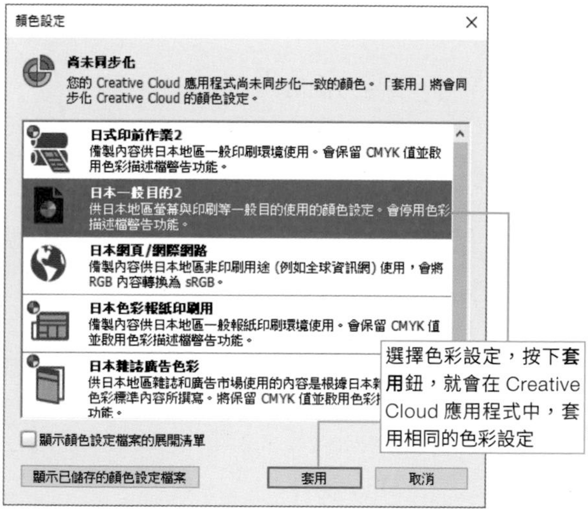
顏色設定
尚未同步化
您的 Creative Cloud 應用程式尚未同步化一致的顏色。「套用」將會同步化 Creative Cloud 的顏色設定。
日式印前作業2
備製內容供日本地區一般印刷環境使用。會保留 CMYK 值並啟用色彩描述檔警告功能。
日本一般目的2
供日本地區螢幕與印刷等一般目的使用的顏色設定。會停用色彩描述檔警告功能。
日本網頁/網際網路
備製內容供日本地區非印刷用途 (例如全球資訊網) 使用，會將 RGB 內容轉換為 sRGB。
日本色彩報紙印刷用
備製內容供日本地區一般報紙印刷環境使用。會保留 CMYK 值並啟用色彩描述檔警告功能。
日本雜誌廣告色彩
顯示顏色設定檔案的展開清單
顯示已儲存的顏色設定檔案
套用
取消
選擇色彩設定，按下套用鈕，就會在 Creative Cloud 應用程式中，套用相同的色彩設定

POINT

如果希望 Creative Cloud 的各個應用程式，統一使用相同色彩描述檔，只有 Illustrator 使用不同設定時，請在 Illustrator 的**色彩設定**中，進行設定。

11-4 「尺標」、「參考線」、「格點」、「資訊」面板

使用頻率 ★★★

在 Illustrator 中，提供了正確繪製插圖用的各種面板、尺標工具、自動顯示位置／角度／錨點等智慧型參考線功能。以下要介紹檔案預設狀態及圖稿的資訊。

使用「尺標」

Illustrator 準備了垂直方向及水平方向的尺標。

顯示「尺標」

如果要在視窗內顯示尺標，請執行『檢視→尺標→顯示尺標』命令。如果要隱藏尺標，按照相同步驟操作即可。尺標的單位是套用在偏好設定交談窗（Ctrl＋K）的單位頁次中，一般的設定值。使用放大鏡工具縮放畫面時，尺標會同步調整刻度。

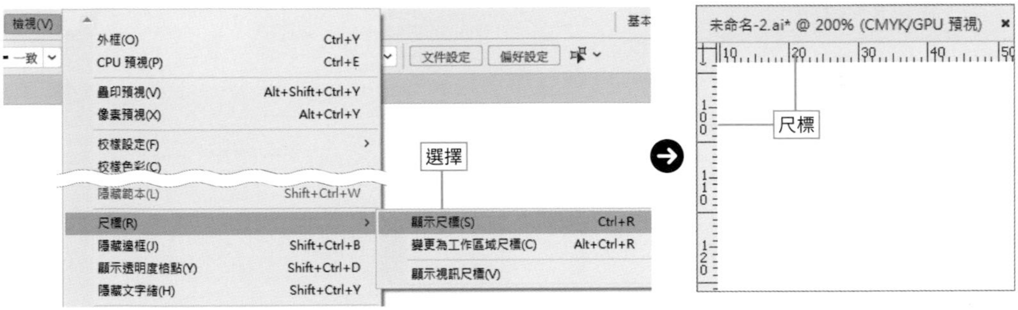
檢視(V)
外框(O) Ctrl+Y
CPU 預視(P) Ctrl+E
疊印預視(V) Alt+Shift+Ctrl+Y
像素預視(X) Alt+Ctrl+Y
校樣設定(F)
校樣色彩(C)
隱藏範本(L) Shift+Ctrl+W
尺標(R)
隱藏邊框(J) Shift+Ctrl+B
顯示透明度格點(Y) Shift+Ctrl+D
隱藏文字緒(H) Shift+Ctrl+Y
顯示尺標(S) Ctrl+R
變更為工作區域尺標(C) Alt+Ctrl+R
顯示視訊尺標(V)
文件設定
偏好設定
基本
選擇
未命名-2.ai* @ 200% (CMYK/GPU 預視)
尺標

尺標的原點與垂直方向的座標值

從 Illustrator CS5 開始，尺標的原點從工作區域的左下方變成左上方。另外，原點會自動變成選取工作區域的左上方。

由於原點位於工作區域的左上方，因此 Y 軸（垂直方向）的座標值變成往下是負值，往上是正值。

利用移動命令（請參考 **4-2 頁**）等，設定往垂直方向移動距離時，恰好與過去相反，請特別注意。

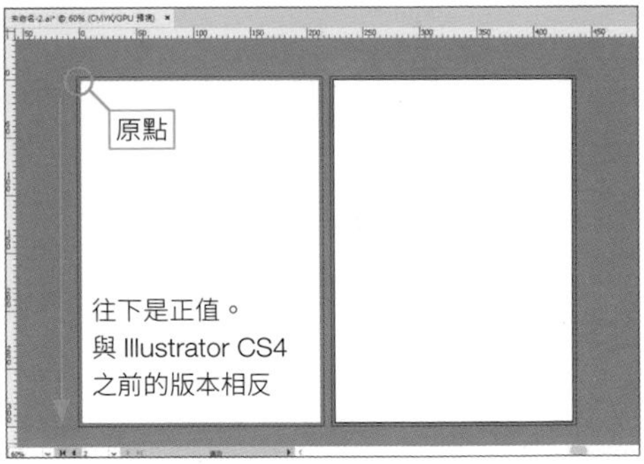
原點
往下是正值。
與 Illustrator CS4
之前的版本相反

TIPS 原點的位置

原點位於顯示在最左邊工作區域的左上方（整體尺標）。執行『**檢視→尺標→變更為工作區域尺標**』命令（Alt＋Ctrl＋R），選取工作區域的左上方會變成原點，成為「**工作區域尺標**」。

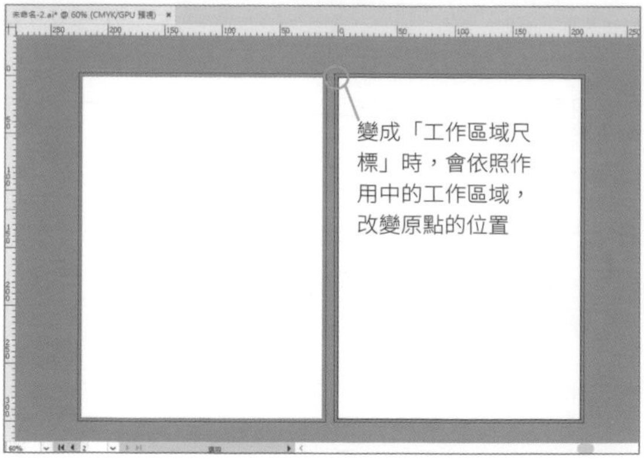
變成「工作區域尺標」時，會依照作用中的工作區域，改變原點的位置

▶ 改變尺標的原點

在預設狀態下，尺標的原點位於第一個工作區域的左上方。拖曳可以調整原點的位置。

另外，在尺標的交叉點雙按滑鼠左鍵，可以恢復預設狀態。此時，選取中的工作區域左上方變成原點。

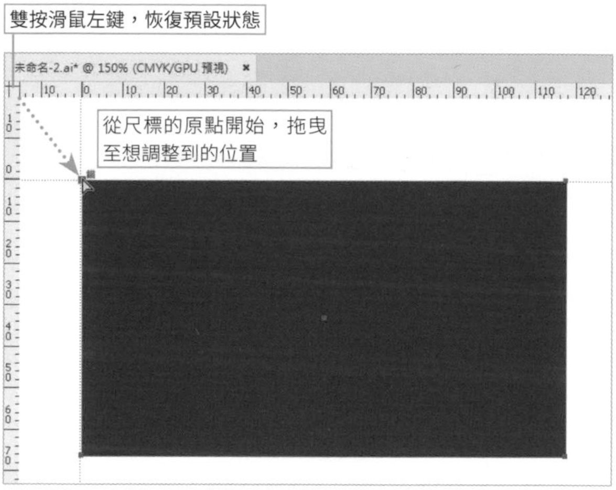
雙按滑鼠左鍵，恢復預設狀態
未命名-2.ai* @ 150% (CMYK/GPU 預視)
從尺標的原點開始，拖曳至想調整到的位置

TIPS 更改單位

在尺標上按下滑鼠右鍵，可以利用右鍵選單設定單位。

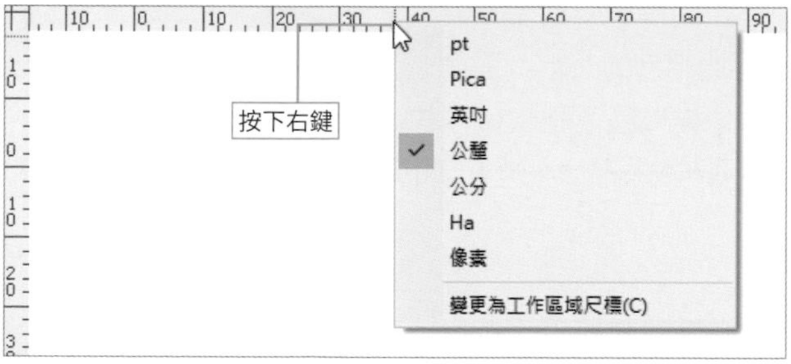
按下右鍵
pt
Pica
英吋
公釐
公分
Ha
像素
變更為工作區域尺標(C)

視訊尺標

執行『檢視→尺標→顯示視訊尺標』命令，可以顯示視訊尺標。視訊尺標會顯示在作用中的工作區域上。

單位和尺標中的單位一樣。另外，原點在左上方，可以調整。

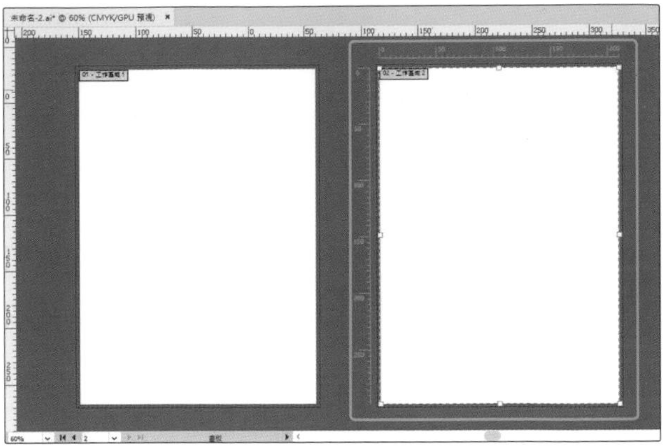

參考線物件

在 Illustrator 中，為了方便繪圖或編輯物件，可以建立具有輔助線功用的參考線物件。參考線物件充其量是輔助線，不會列印出來。

從尺標中建立參考線

想要建立水平或垂直參考線，利用尺標就很方便。從 Illustrator CC 開始，在尺標上雙按滑鼠左鍵，就可以建立參考線。

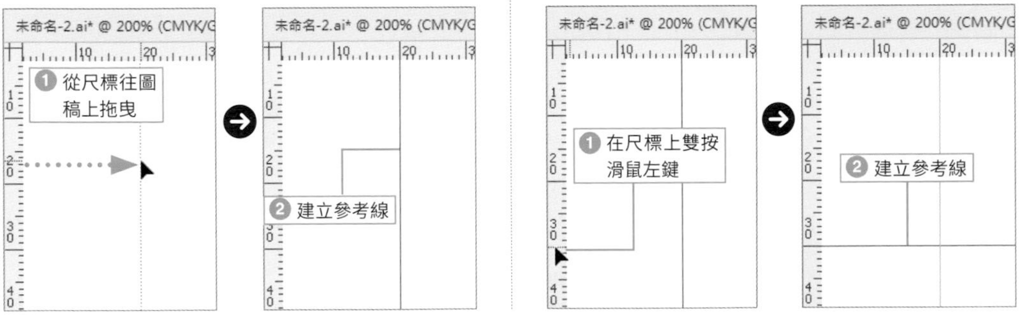

未命名-2.ai* @ 200% (CMYK/G
❶ 從尺標往圖稿上拖曳
❷ 建立參考線
❶ 在尺標上雙按滑鼠左鍵
❷ 建立參考線

POINT

在拖曳過程中，按下 Alt 鍵，可以將垂直參考線變成水平參考線，或把水平參考線變成垂直參考線。

POINT

沒有顯示參考線時，請執行**『檢視→參考線→顯示參考線』**命令（Ctrl＋;）。

POINT

從 CC 開始，按住 Ctrl 鍵不放，從左上方的尺標交叉點開始拖曳，可以同時建立水平與垂直參考線。

POINT

在 Mac 中，**顯示參考線（隱藏參考線）**的鍵盤快速鍵是「⌘＋;」。

▶ 將圖形物件轉換成參考線物件

除了文字物件以外的圖形物件，執行『檢視→參考線→製作參考線』命令（Ctrl＋5）都可以轉換成參考線。

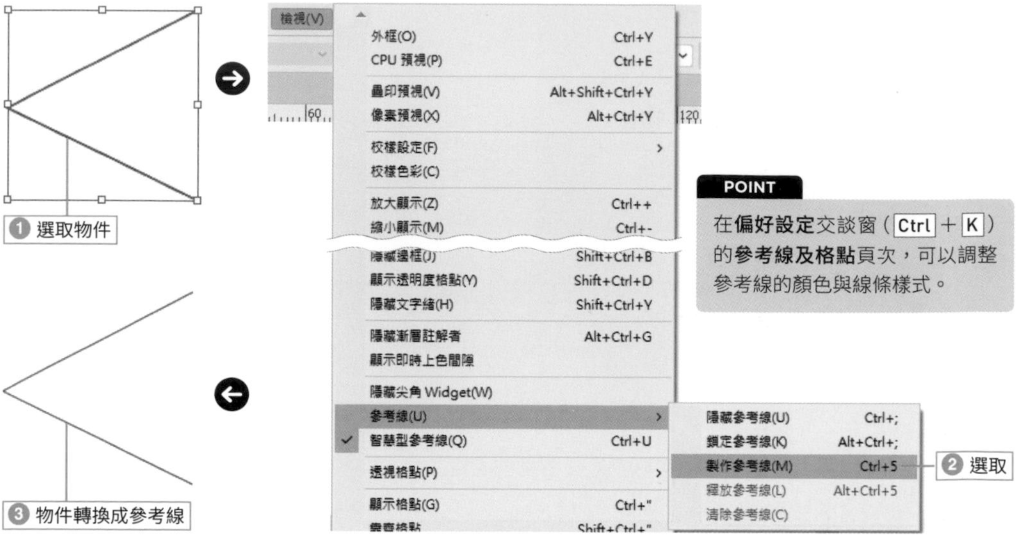

❶ 選取物件
檢視(V)
外框(O) Ctrl+Y
CPU 預視(P) Ctrl+E
疊印預視(V) Alt+Shift+Ctrl+Y
像素預視(X) Alt+Ctrl+Y
校樣設定(F)
校樣色彩(C)
放大顯示(Z) Ctrl++
縮小顯示(M) Ctrl+-
隱藏邊框(J) Shift+Ctrl+B
顯示透明度格點(Y) Shift+Ctrl+D
隱藏文字緒(H) Shift+Ctrl+Y
隱藏漸層註解者 Alt+Ctrl+G
顯示即時上色間隙
隱藏尖角 Widget(W)
參考線(U)
智慧型參考線(Q) Ctrl+U
透視格點(P)
顯示格點(G) Ctrl+"
隱藏參考線(U) Ctrl+;
鎖定參考線(K) Alt+Ctrl+;
製作參考線(M) Ctrl+5
釋放參考線(L) Alt+Ctrl+5
清除參考線(C)
❷ 選取
❸ 物件轉換成參考線

POINT

在**偏好設定**交談窗（Ctrl＋K）的**參考線及格點**頁次，可以調整參考線的顏色與線條樣式。

▶ 移動、拷貝參考線物件

執行『檢視→參考線→鎖定參考線』命令（Alt＋Ctrl＋;），當勾選了此項目時，參考線物件會被鎖定。解除鎖定之後，就可以和圖形物件一樣移動、拷貝。

▶ 解除鎖定參考線

執行『檢視→參考線→鎖定參考線』命令（Alt＋Ctrl＋;），取消勾選此項目。沒有勾選時，就不會鎖定參考線。沒有鎖定的參考線，可以使用選取工具 ▶ 移動或拷貝。

POINT

Mac「鎖定參考線」的鍵盤快速鍵是「option＋⌘＋;」。「隱藏參考線（顯示參考線）」的鍵盤快速鍵是「⌘＋;」。

▶ 隱藏參考線

執行『檢視→參考線→隱藏參考線』命令（Ctrl＋;），會將參考線隱藏起來。

▶ 從參考線恢復成圖形物件

執行『檢視→參考線→鎖定參考線』命令，在沒有勾選此項目的狀態，選取要恢復成圖形物件的參考線物件。接著執行『檢視→參考線→釋放參考線』命令（Alt＋Ctrl＋5），即可轉換成一般的圖形物件。

POINT

從參考線恢復成一般物件時，會套用當時設定的「填色」及「筆畫」。

▶ 刪除參考線

如果要刪除參考線，解除鎖定之後，執行『檢視→參考線→清除參考線』命令，或按下 Delete 鍵刪除。

靠齊格點

執行『檢視→靠齊格點』命令（shift＋Ctrl＋"），勾選此項目後，編輯物件等移動錨點時，就會靠齊參考線物件或其他物件的錨點，並完全重疊。

格點

Illustrator 具備了顯示格點的功能。如果要在圖稿中顯示格點，請執行『檢視→顯示格點』命令（Ctrl＋"）。

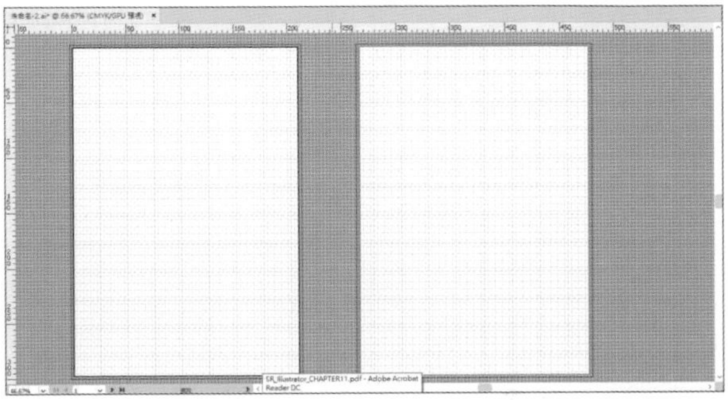

POINT

格點是當作繪圖時的標準，為圖稿上的方格，不會列印出來。

POINT

如果要調整格點的顏色或間距，請執行**『編輯（Mac 是 Illustrator）→偏好設定→參考線及網格』**命令，開啟**偏好設定**交談窗，進行設定。

讓物件靠齊格點

如果要讓物件靠齊格點，請執行『檢視→靠齊格點』命令（Shift＋Ctrl＋"）。

POINT

在沒有顯示格點的狀態下，**靠齊格點**命令也可以發揮作用。

透明格點

透明格點是設定物件的不透明度時，確認背景透視程度的格點。執行『檢視→顯示透明度格點』命令（Shift＋Ctrl＋D），就會顯示。另外，執行『檔案→文件設定』命令（Alt＋Ctrl＋P），開啟文件設定交談窗，可設定透明格點的大小與顏色（參考 **1-9 頁**）。

方格圖樣為透明格點，顯示設定了不透明度的物件背景及沒有物件的部分

● 智慧型參考線

智慧型參考線是在繪製或編輯物件時，與其他物件的相對關係，形成特定角度或位置時，會暫時顯示參考線或提示的功能。要使用智慧型參考線功能，請執行『檢視→智慧型參考線』命令（Ctrl＋U），勾選此項目。

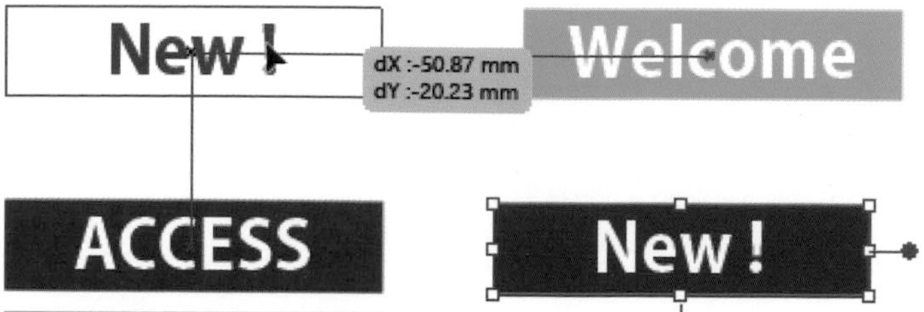

New !
Welcome
dX :-50.87 mm
dY :-20.23 mm
ACCESS
New !

使用智慧型參考線之後，拖曳物件時，也能整齊排列

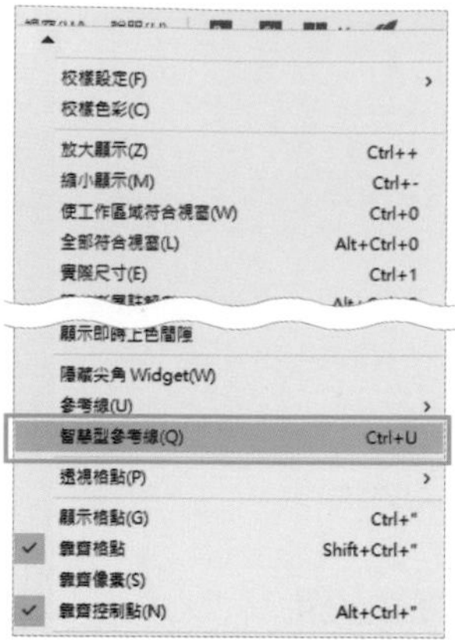

校樣設定(F)
校樣色彩(C)
放大顯示(Z) Ctrl++
縮小顯示(M) Ctrl+-
使工作區域符合視窗(W) Ctrl+0
全部符合視窗(L) Alt+Ctrl+0
實際尺寸(E) Ctrl+1
顯示即時上色間隙
隱藏尖角 Widget(W)
參考線(U)
智慧型參考線(Q) Ctrl+U
透視格點(P)
顯示格點(G) Ctrl+"
靠齊格點 Shift+Ctrl+"
靠齊像素(S)
靠齊控制點(N) Alt+Ctrl+"

▶ 設定智慧型參考線

在偏好設定交談窗（Ctrl＋K）的智慧型參考線，可以設定以智慧型參考線顯示的參考線類型。

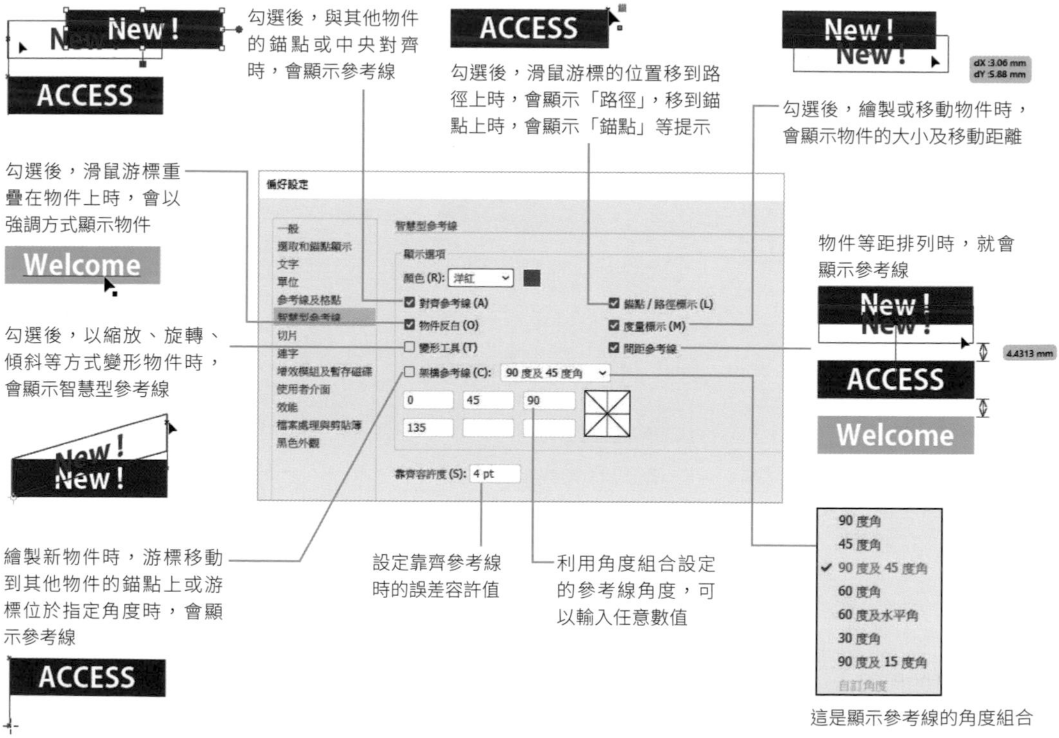

勾選後，與其他物件的錨點或中央對齊時，會顯示參考線
勾選後，滑鼠游標的位置移到路徑上時，會顯示「路徑」，移到錨點上時，會顯示「錨點」等提示
勾選後，繪製或移動物件時，會顯示物件的大小及移動距離
勾選後，滑鼠游標重疊在物件上時，會以強調方式顯示物件
勾選後，以縮放、旋轉、傾斜等方式變形物件時，會顯示智慧型參考線
物件等距排列時，就會顯示參考線
繪製新物件時，游標移動到其他物件的錨點上或游標位於指定角度時，會顯示參考線
設定靠齊參考線時的誤差容許值
利用角度組合設定的參考線角度，可以輸入任意數值
這是顯示參考線的角度組合
偏好設定
一般
選取和錨點顯示
文字
單位
參考線及格點
智慧型參考線
切片
連字
增效模組及暫存磁碟
使用者介面
效能
檔案處理與剪貼簿
黑色外觀
智慧型參考線
顯示選項
顏色 (R): 洋紅
對齊參考線 (A)
物件反白 (O)
變形工具 (T)
錨點 / 路徑標示 (L)
度量標示 (M)
間距參考線
架構參考線 (C): 90 度及 45 度角
0
45
90
135
靠齊容許度 (S): 4 pt
90 度角
45 度角
90 度及 45 度角
60 度角
60 度及水平角
30 度角
90 度及 15 度角
自訂角度
dX :3.06 mm
dY :5.88 mm
4.4313 mm

「資訊」面板

在 Illustrator 中，使用放大鏡工具可以縮放畫面顯示比例，所以有時無法瞭解畫面上的物件，實際上是多大。在 Illustrator 中，提供了顯示游標位置及物件大小的資訊面板，請顯示在畫面上。如果要開啟資訊面板，請執行『視窗→資訊』命令（Ctrl＋F8）。

「資訊」面板中顯示的內容

資訊面板會隨著操作狀態而改變顯示的內容。

選取物件時，會顯示該物件的原點開始位置及寬度、高度。拖曳物件時，會即時顯示移動角度等資訊。輸入或選取文字時，會顯示選取文字的字體及大小。

另外，顯示選項，還可以看到文件的色彩模式 RGB 值或 CMYK 值（▣是填色，□是筆畫）。如果是 RGB 模式，會顯示網頁安全色的十六進位值。

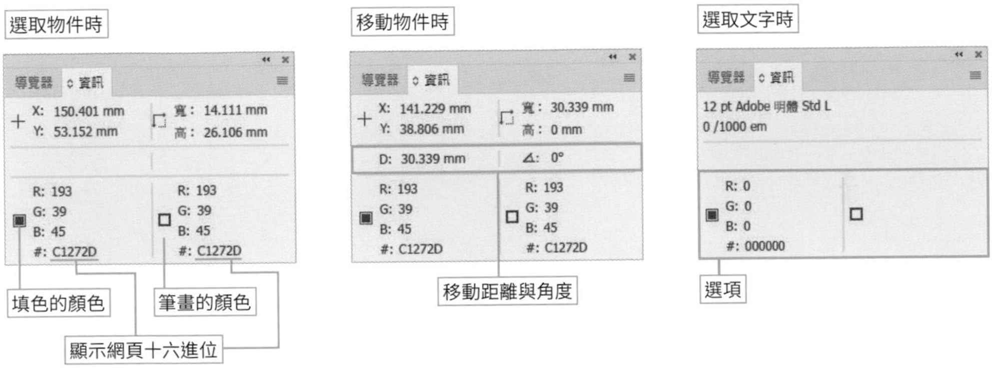

選取物件時
移動物件時
選取文字時
導覽器 資訊
X: 150.401 mm
Y: 53.152 mm
寬：14.111 mm
高：26.106 mm
R: 193
G: 39
B: 45
#: C1272D
X: 141.229 mm
Y: 38.806 mm
寬：30.339 mm
高：0 mm
D: 30.339 mm
∠: 0°
12 pt Adobe 明體 Std L
0 /1000 em
R: 0
G: 0
B: 0
#: 000000
填色的顏色
筆畫的顏色
顯示網頁十六進位
移動距離與角度
選項

「資訊」面板顯示的單位

資訊面板顯示的單位是套用在偏好設定交談窗（Ctrl＋K）的單位頁次中，一般的設定。

POINT

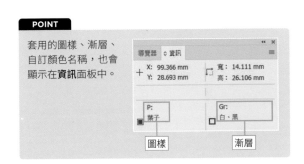

套用的圖樣、漸層、自訂顏色名稱，也會顯示在**資訊**面板中。

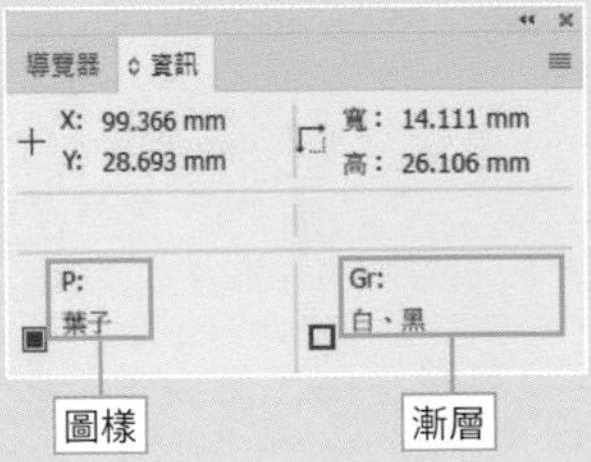

導覽器 資訊
X: 99.366 mm
Y: 28.693 mm
寬：14.111 mm
高：26.106 mm
P:
葉子
Gr:
白、黑
圖樣
漸層

測量兩點之間的距離（測量工具）

使用測量工具（在檢色滴管工具底下），可以測量兩點之間的距離。測量工具是將兩點之間的距離、角度、水平及垂直距離等資訊，顯示在資訊面板中的工具。這裡測量的只是兩點的距離，與路徑或錨點無關。

1 在兩個測量點上按一下

使用測量工具，在要測量的兩點上按一下。

1 按一下
2 按一下

2 顯示距離與角度

顯示出兩點之間的距離與角度。

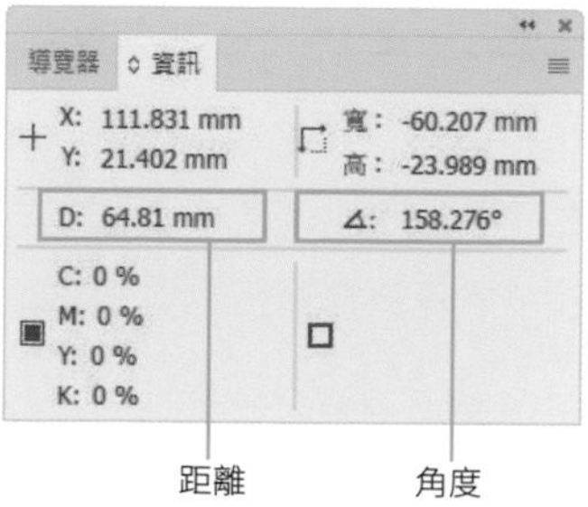

導覽器
資訊
X: 111.831 mm
Y: 21.402 mm
寬: -60.207 mm
高: -23.989 mm
D: 64.81 mm
∠: 158.276°
C: 0 %
M: 0 %
Y: 0 %
K: 0 %
距離
角度

檢視圖稿的資訊

執行『視窗→文件資訊』命令，開啟文件資訊面板，會顯示圖稿的各種資料，並能儲存成文字檔案。在其他電腦上使用製作完成的圖稿時，就可以瞭解該圖稿使用了哪種字體，有沒有置入檔案，利用輸出中心輸出檔案時，有了這些資訊就很方便。

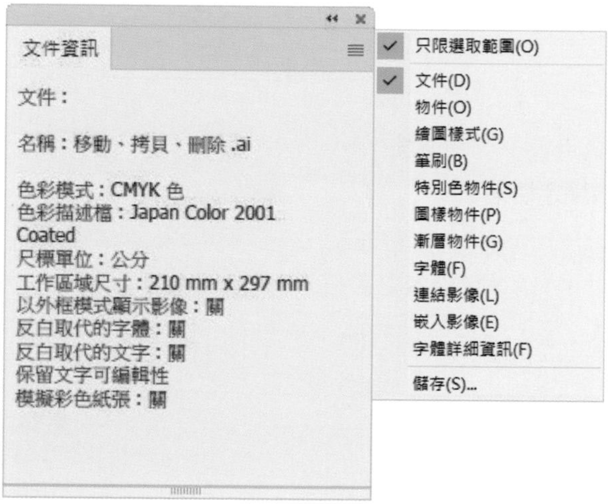

文件資訊
文件：
名稱：移動、拷貝、刪除 .ai
色彩模式：CMYK 色
色彩描述檔：Japan Color 2001 Coated
尺標單位：公分
工作區域尺寸：210 mm x 297 mm
以外框模式顯示影像：關
反白取代的字體：關
反白取代的文字：關
保留文字可編輯性
模擬彩色紙張：關
只限選取範圍(O)
文件(D)
物件(O)
繪圖樣式(G)
筆刷(B)
特別色物件(S)
圖樣物件(P)
漸層物件(G)
字體(F)
連結影像(L)
嵌入影像(E)
字體詳細資訊(F)
儲存(S)...

請在文件資訊面板選單中，選擇要顯示的項目。如果要將資訊儲存成文字檔案，執行『儲存』命令，會開啟儲存交談窗，輸入檔案名稱再存檔。若勾選了「只限選取範圍」，再選取物件，就只會顯示該物件的資訊。

11-5 匯出設定與匯入設定

使用頻率	
★☆☆	使用多台電腦或 Mac 執行操作時，最好統一操作環境，比較方便。Illustrator 可以匯出或匯入設定，透過設定檔案，可以統一操作環境。

匯出設定

執行『編輯→我的設定→匯出設定』命令，開啟匯出設定交談窗，將設定檔案儲存在適合的檔案夾內。

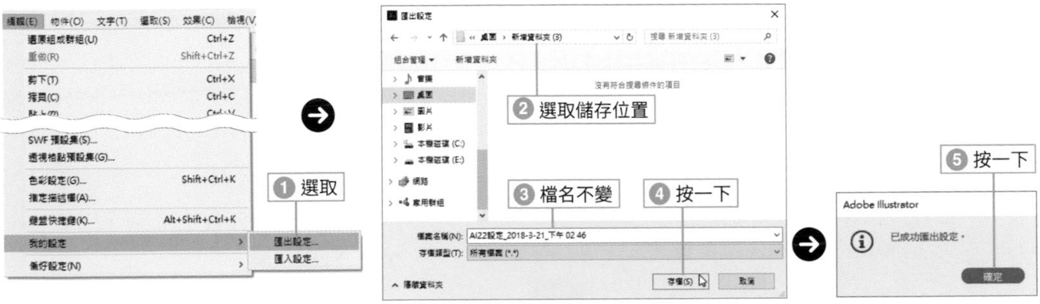

1 選取
2 選取儲存位置
3 檔名不變
4 按一下
5 按一下

匯入設定

執行『編輯→我的設定→匯入設定』命令，利用匯入設定交談窗，開啟匯入的設定檔案。

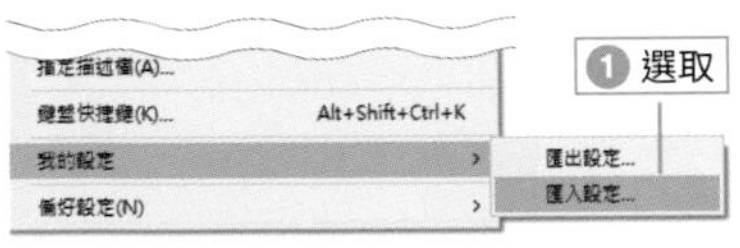

1 選取

3 選取要匯入的檔案
4 按一下

2 按一下
5 按一下

TIPS 限相同版本

設定檔案只能匯入同一版本的 Illustrator 中，無法匯入其他版本的設定檔案。

TIPS 使用 Creative Cloud 同步

從 CC 2015.2 開始，刪除了用 Creative Cloud 設定同步的功能。官網上也宣佈，CC 及 CC 2014 也無法使用此功能。要統一設定，請使用匯出與匯入功能。

11-6 Creative Cloud 資料庫

使用頻率 ★★☆

資料庫是使用 Creative Cloud 的雲端硬碟，保管常用色彩、文字樣式、圖形物件等功能。只要使用相同 Adobe ID 登入，其他電腦或 Mac 也可以使用。另外，除了 Illustrator 之外，還能與 Photoshop 等 Adobe 軟體共用。

何謂「資料庫」？

資料庫可以儲存常用的色彩、色彩主題、段落樣式、字元樣式、物件 (圖形)，像色票一樣，透過資料庫面板來使用。

儲存在色票面板中的顏色，可以在該文件內使用，卻無法使用於其他文件。儲存在資料庫的顏色，在 Illustrator 的任何文件內，都可以使用。另外，Photoshop 等 Adobe 電腦應用程式或手機應用程式，也可以使用。

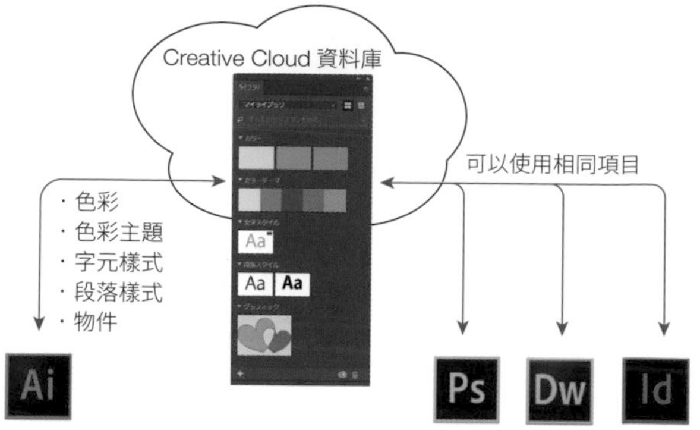
Creative Cloud 資料庫
可以使用相同項目
・色彩
・色彩主題
・字元樣式
・段落樣式
・物件
Ai
Ps
Dw
Id

資料庫是將常用的色彩等設定儲存在雲端上，讓所有 Illustrator 文件都能使用的功能。Photoshop 等其他應用程式也可以使用

TIPS 可以使用資料庫的應用程式

包括 Illustrator、Photoshop、InDesign、Premiere Pro、After Effects、Dreamweaver、Adobe Muse、Adobe Animate CC 等，但是文件視窗與面板無法一致。

「資料庫」面版

在資料庫面板中，會顯示儲存在資料庫內的項目。

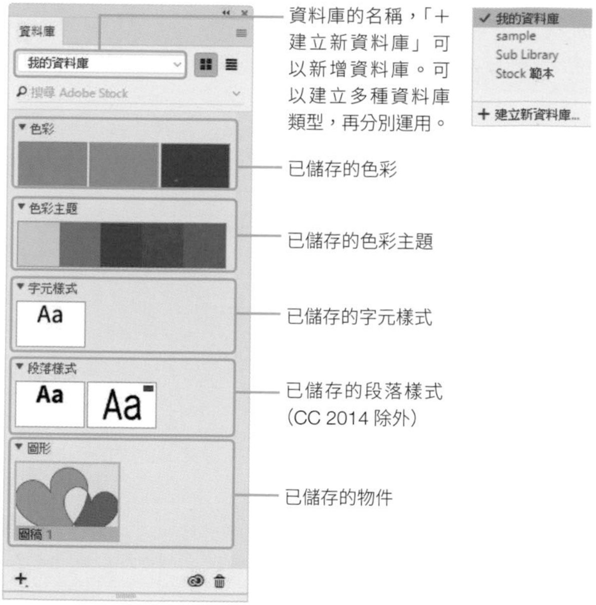
資料庫
我的資料庫
搜尋 Adobe Stock
色彩
色彩主題
字元樣式
Aa
段落樣式
Aa
Aa
圖形
圖稿 1
資料庫的名稱，「＋建立新資料庫」可以新增資料庫。可以建立多種資料庫類型，再分別運用。
我的資料庫
sample
Sub Library
Stock 範本
＋ 建立新資料庫...
已儲存的色彩
已儲存的色彩主題
已儲存的字元樣式
已儲存的段落樣式 (CC 2014 除外)
已儲存的物件

POINT

在色彩主題中，會顯示以 Adobe Color 製作的主題。另外，還可以儲存在**色票**面板中，可存最多 5 種顏色的顏色群組。將色票儲存成顏色群組後，在 Adobe Color CC 中，也會顯示成色彩主題。

儲存至資料庫

如果要將各個項目儲存到資料庫，請按下資料庫面板下方的＋圖示，這是最基本的儲存方法，但是以下要介紹幾種不同的儲存方式。

利用「色票」面板儲存至資料庫

在色票面板中，選取要儲存至資料庫的色票或顏色群組，按下面板下方的 。

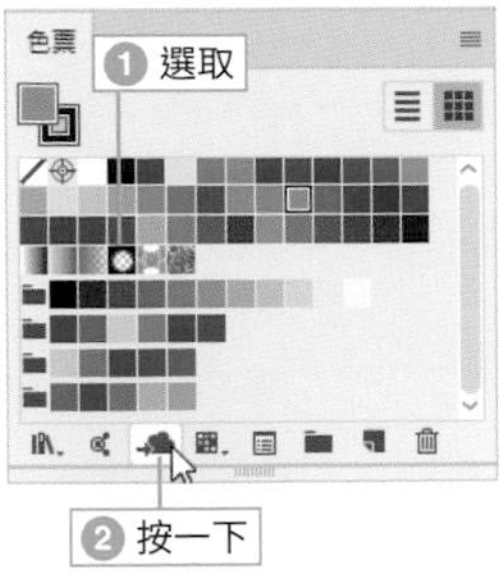

色票
❶ 選取
❷ 按一下

POINT

顏色群組最多可以儲存 5 種顏色。儲存成顏色群組後，在 Adobe Color CC 中，也會當作色彩主題顯示。

利用「段落樣式」面板／「字元樣式」面板儲存

先在段落樣式面板及字元樣式面板中，儲存樣式，選取要儲存到資料庫的樣式，再按下 。

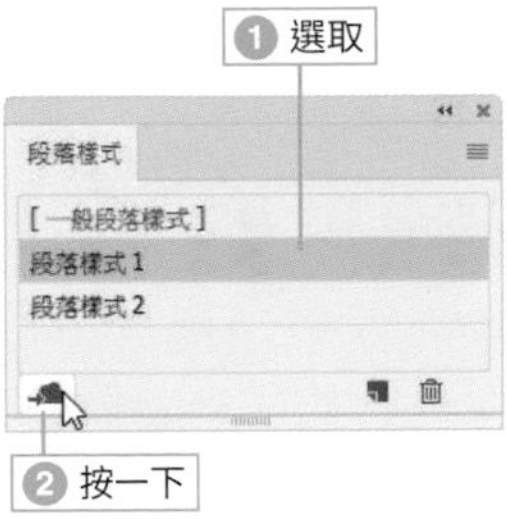

❶ 選取
段落樣式
[一般段落樣式]
段落樣式 1
段落樣式 2
❷ 按一下

POINT

資料庫可以儲存的項目最多為 1,000 個。

拖放物件（圖形）

將物件拖放至資料庫面板中，可以儲存成圖形項目。

POINT

儲存至資料庫時，如果開啟了與描述檔有關的交談窗，請按下**確定**鈕。

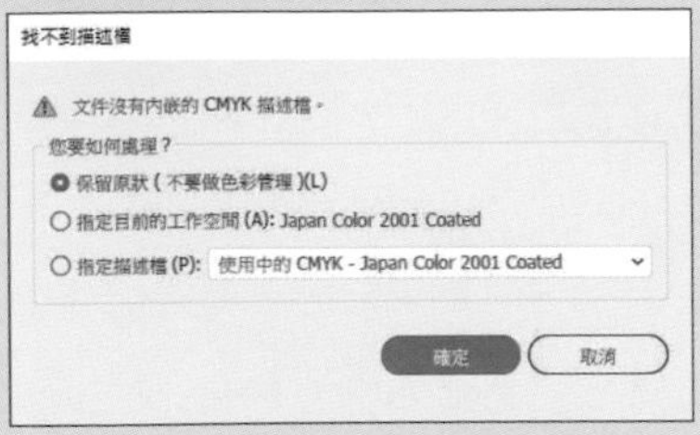
找不到描述檔

文件沒有內嵌的 CMYK 描述檔。

您要如何處理？

保留原狀（不要做色彩管理）(L)

指定目前的工作空間 (A): Japan Color 2001 Coated

指定描述檔 (P): 使用中的 CMYK - Japan Color 2001 Coated

確定　取消

❶ 拖曳
❷ 儲存至資料庫
資料庫
我的資料庫
色彩
色彩主題
字元樣式
段落樣式
圖形

使用資料庫

▶ 使用色彩／色彩主題

和色票面板的用法一樣，選取物件，再按一下，就會將色彩或色彩主題套用在作用中的「填色」或「筆畫」上。

▶ 使用段落樣式／字元樣式

段落樣式會套用在游標所在的段落上，字元樣式是套用在選取中的文字上。

▶ 使用圖形

如右圖，從資料庫面板，把圖形拖放至工作區域就能置入圖形。

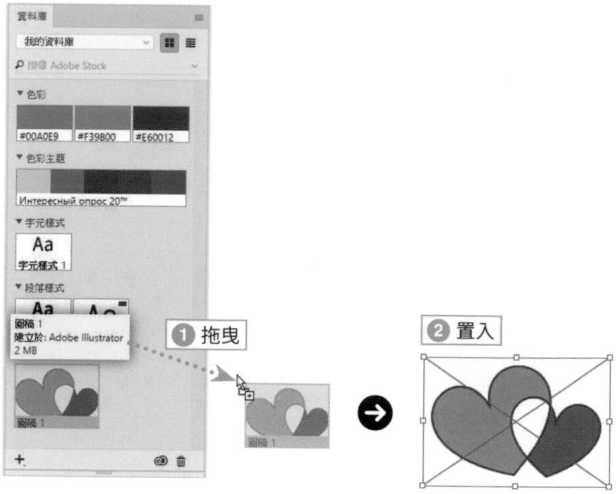

資料庫
我的資料庫
搜尋 Adobe Stock
色彩
#00A0E9
#F39800
#E60012
色彩主題
Интересный опрос 20™
字元樣式
Aa
字元樣式 1
段落樣式
圖稿 1
建立於: Adobe Illustrator
2 MB
圖稿 1
❶ 拖曳
❷ 置入

▶ 連結與編輯圖形

從 CC 2015 開始，以拖曳方式置入圖形時，會形成與資料庫項目連結的狀態(在物件上顯示 ×，為連結狀態)。只要在資料庫的圖形上，雙按滑鼠左鍵，就會顯示成獨立的圖稿。編輯之後再儲存，也會同步更新置入的圖形。

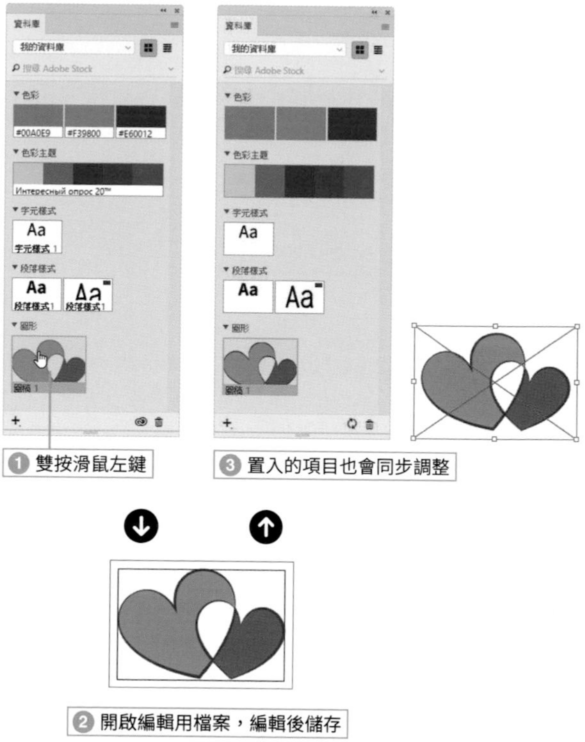

資料庫
我的資料庫
搜尋 Adobe Stock
色彩
#00A0E9
#F39800
#E60012
色彩主題
Интересный опрос 20™
字元樣式
Aa
字元樣式 1
段落樣式
段落樣式 1
段落樣式 1
圖形
圖稿 1
❶ 雙按滑鼠左鍵
❸ 置入的項目也會同步調整
❷ 開啟編輯用檔案，編輯後儲存

TIPS 共用資料庫

資料庫的設定內容可以和其他登入 Adobe ID 的使用者共用。在**資料庫**面板選單中，執行『**共同作業**』命令，會以瀏覽器顯示**邀請共同作業人員**畫面，輸入要共同作業的 Adobe ID，視狀況描述意見再按下**邀請**鈕。

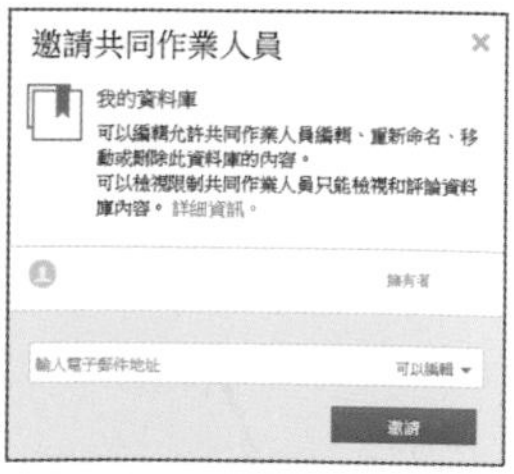

邀請共同作業人員
我的資料庫
可以編輯允許共同作業人員編輯、重新命名、移動或刪除此資料庫的內容。
可以檢視限制共同作業人員只能檢視和評論資料庫內容。詳細資訊。
擁有者
輸入電子郵件地址
可以編輯
邀請

POINT

若要以沒有連結的狀態置入物件，請按下 Alt ＋拖曳。CC 2014 是以沒有連結的狀態置入物件。

自學必備！
Illustrator
超級參考手冊

自學必備！
Illustrator
超級參考手冊

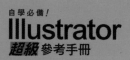